U0249787

四川省城乡规划设计研究院六十周年纪念

60th Anniversary of
Sichuan Institute of Urban Planning And Design

兼蓄中外经伦
统筹巴蜀城乡

四川省城乡规划设计研究院　编

优秀规划设计
课题标准规范
优秀论文

中国建筑工业出版社

图书在版编目（CIP）数据

兼蓄中外经伦　统筹巴蜀城乡 / 四川省城乡规划设计
研究院编 . —北京：中国建筑工业出版社，2016.9
　ISBN 978-7-112-19706-4

　Ⅰ. ①兼…　Ⅱ. ①四…　Ⅲ. ①城乡规划—研究—四川
Ⅳ . ① TU984.271

　中国版本图书馆 CIP 数据核字（2016）第 196840 号

责任编辑：胡明安
责任校对：陈晶晶　刘梦然

四川省城乡规划设计研究院六十周年纪念

兼蓄中外经伦

统筹巴蜀城乡

四川省城乡规划设计研究院　编

*

中国建筑工业出版社出版、发行（北京西郊百万庄）
各地新华书店、建筑书店经销
北京京点图文设计有限公司制版
北京方嘉彩色印刷有限责任公司印刷

*

开本：880×1230 毫米　1/16　印张：34½　字数：1178 千字
2016 年 9 月第一版　2016 年 9 月第一次印刷
定价：**330.00** 元
ISBN 978-7-112-19706-4
（29188）

版权所有　翻印必究
如有印装质量问题，可寄本社退换
（邮政编码 100037）

菜蔬鬲传中外经
偏道墨色图
城乡

中华人民共和国建设部副部长
叶如棠 题词

编辑委员会

主　　任：何　健

副 主 任：邱　建　樊　晟　高黄根

委　　员：陈　涛　刘先杰　曹珠朵　陈　懿
　　　　　毛　刚　王希伟　刘志彬　王国森
　　　　　李　矛　贾刘强

顾　　问：杨启厚　郑贵林　兰祥文
　　　　　应金华　洪金石　覃继牧

主　　编：曹珠朵

副 主 编：刘先杰　陈　懿　马晓宇

参编人员：王亚飞　王　萱　皮　力　刘　琳
　　　　　李梦姣　汪成璇　陈孟临　夏太运
　　　　　蒲茂林　戴　宇　刘　芸　辜　毅
　　　　　陈小清　章　颖　肖　顺　詹　怡
　　　　　郑眉生

前　言

　　四川省城乡规划设计研究院（以下简称我院）是全国成立最早的省级规划院。1979 年编制了全国第一个风景名胜区总体规划《峨眉山风景名胜区总体规划》，开创性地确立了风景名胜区规划编制的主体框架；1983 年率先打破"就城市论城市"的规划思路，建立了"城镇体系＋中心城区"的城市总体规划模式，为出台《城市总体规划编制办法》提供了理论基础；1988 年结合《绵阳城市总体规划》的编制，首次探索城市远景轮廓规划，推动了静态规划编制模式向动态规划编制模式的转变，远景轮廓规划纳入了城市总体规划编制序列。1995 年 7 月在全国规划院的综合实力评估中排名第四。

　　自成立以来，承担了"一五"重大建设项目选址、"三线建设"、三峡库区移民搬迁安置和唐山、汶川、玉树、芦山、昌都地震灾后恢复重建等各时期的重大项目规划，担负起了一个区域性规划设计大院的社会责任。

　　今年又迎来了建院六十周年，为"弘扬传统、展示成就、振奋精神、促进发展"，组织编撰了本成果集。成果集选取我院 2006 年 10 月之后所完成的 2000 多项规划设计和 200 多项科研、咨询、标准规范中的部分成果，分类汇集成册。其中优秀规划设计部分辑成了 112 个近十年获得省级优秀城乡规划设计二等奖、中国城市规划协会优秀规划设计奖表扬奖以上的项目，也包括了一部分有重大影响力、新型及前沿探索性的规划设计项目；课题标准规范部分包括了 35 个省级指令性科研课题、编制办法及标准，甲方委托的研究课题，国家立项、我院主编和参编的行业标准规范，以及院里筹资编制的技术标准；优秀论文部分选取了此次特邀征集的和已经在核心刊物发表过的 31 篇论文，从另一个角度展示我院的学术水平。

　　总结过去，我院始终把技术与创新视为生命，在城市规划实践中不断拓展业务领域，与规划同行们一起推进理论和技术的创新，不断充实技术实力，提升专业集成优势。近年来，我院主动顺应、引领"新常态"，创新规划理念、改进规划方法，探索研究了"多规合一"规划、非建设用地规划、海绵城市规划、街区路网规划、山体保护规划、地下空间规划和城市设计等新型规划设计，并形成相应的省级技术规范。先后荣获国家、部和省科技进步奖近十项，荣获中国城市规划协会和四川省城市规划协会优秀规划设计奖数百项。

　　展望未来，随着新型城镇化的不断推进，城乡规划事业依然任重而道远。让我们以六十华诞作为新的起点，创新驱动，稳健前行，与广大业内同行一起推进城乡规划事业的发展，再创新的辉煌。

编委会

2016 年 7 月 20 日

目　录

1　优秀规划设计

1.1　有重大影响力的规划

1.2　产城一体及城乡统筹规划

1.3　城市总体规划

1.4　"多规合一"规划

1.5　控制性详细规划

1.6　修建性详细规划

1.10　专项规划及论证

1.11　镇村规划

2　课题标准规范

2.1　省内指令性研究课题

2.2　国家规范及标准

2.3 省级编制办法及技术导则

2.4 甲方委托研究课题

2.5 内部技术规定

3　优秀论文

1 优秀规划设计

1.1　有重大影响力的规划

四川省城镇体系规划（2014-2030）

协 编 单 位：四川省城乡规划设计研究院

承 担 单 元：四川省城乡规划编制研究中心

项目负责人：高黄根

项目主持人：彭代明

参 加 人 员：黄剑云、贾刘强、陈　亮、
廖竞谦、李卓珂、温成龙、
何莹琨、郑语萌

主 编 单 位：中国城市规划设计研究院

参 编 单 位：成都市规划设计研究院

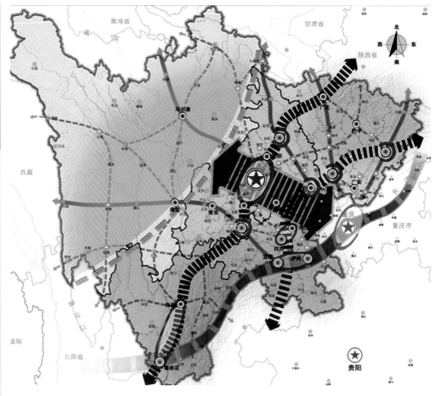

图2　空间结构规划图

1. 规划背景和过程

　　上一版的《四川省城镇体系规划（2000-2020）》于2003年6月17日获国家批准。在原规划的引领下，四川省制定了系统的城镇化发展战略，取得了较为显著的成效。但随着经济社会发展进入新常态，中央城镇化会议和城市工作会议提出了全新的发展理念，规划的背景和条件发生了较大变化；原《四川省城镇体系规划（2000-2020）》已逐渐显得不适应新的发展要求。

　　为切实贯彻落实中央和省委最新精

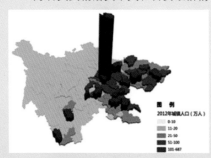

图1　四川省城镇人口分布图

神，推动经济社会健康快速发展，四川省政府做出了编制新一轮省域城镇体系规划的工作部署。2013年4月起，在省住房和城乡建设厅的组织下，中国城市规划设计研究院和四川省城乡规划编研中心牵头，成都市规划设计研究院和国内多家高校参加，组成了联合规划编制团队，成立了五个规划项目组，同时启动了《四川省城镇体系规划（2014-2030）》（以下简称"本规划"）和四大城市群规划的编制。经过三年多辛苦工作，于2016年4月25日获国家住房和城乡建设部审批通过。

2. 规划主要内容

　　本规划以新型城镇化全新理念和国家新的政策和战略部署为指导，贯彻省委、省政府"三大发展战略"、实现"两大跨越"的发展思路，提出了本次规划的目标任务是"探索以人为本的新型城

镇化路径，优化省域空间格局，为四川省加快建设西部经济强省和全面建成小康社会提供空间支撑"。

　　本规划在深入调研和分析省情三大特征为"发展阶段滞后，城镇化发展质量不高"、"生态环境和人居安全约束突出地区"、"城乡发展不平衡"，提出了"以人为本、四化同步、生态文明、优化布局、传承文化"的新型城镇化发展路径；围绕省域空间资源配置和城镇化空间格局优化，明确了六大策略：一是严格资源环境和人居安全的管控，制定了"一带六片八廊"的省域生态安全格局；二是引导次区域差异化发展，基于生态敏感性和资源环境承载能力综合评价，制定分区差异化发展指引；三是促进大中小城市和小城镇协调发展，控制成都人口规模的过快扩张，促进有条件的中心城市、重点县和重点镇加快发展；四是构建"两横、两纵"的开放型、网络化的城镇空间布局结构，两横为成渝城镇发

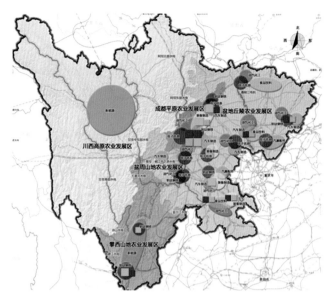

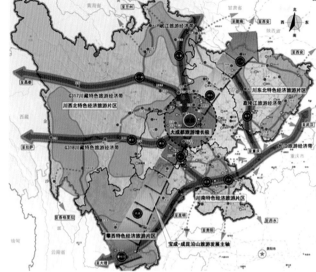

图3 产业发展空间布局图　　　　　　　　　　图4 旅游发展规划图

展轴、沿长江城镇发展带，两纵为成绵乐城镇发展带、达南内宜城镇发展带；五是加强省内重点地区的规划协调和管控，重点地区包括成都平原大都市圈、绵阳、乐山、自内、南充、达州、遂宁六大都市区，宜泸、攀西两个城镇协调发展带；六是提升品质，加快美丽城镇和宜居城乡建设，强调城乡安全，突出城乡文化特色和自然特色。

本规划提出了支撑全省城乡发展的重大产业布局、旅游发展布局、综合交通体系和区域重大基础设施布局；优化配置了全省社会公共服务设施要求；并细化了资源利用与生态环境保护、扶贫开发、空间开发管制、次区域规划指引、省际协调要求等内容。

为保障规划的实施，本规划提出了推进天府新区建设、加快园区建设、推进旅游资源开发等近期建设重大行动；明确了规划的法律效力和各级人民政府实施规划的职责；提出严格下位规划的

审查和审批、完善重大建设项目选址管理要求。

3. 关键技术和创新点

一是坚持以人为核心。本规划研究了四川省跨省外出、省内流动、城乡双栖等农业转移人口的特征和需求；并据此对项目、土地、公共服务等资源要素进行了优化配置；突出了以人为核心的城镇化发展理念，有利于引导农业转移人口合理分布，促进我省外流人口的就地就近转化。

二是强化了环境生态的安全保障。本规划以全省环境资源承载力为前提，制定了省域生态安全格局，突出了严格的空间管制、防灾减灾系统规划、资源保护利用和环境保护规划；提出了严格控制龙门山—安宁河谷人口和产业集聚、控制成都中心城区规模扩张等实施策略。

三是提高了执行力。本规划明确了各级人民政府实施规划的职责；突出了规划的法律效力，提出了严格下位规划的审查和审批、相关规划的统筹协调、城市总体规划的审查审批、完善重大建设项目选址管理等要求；在跨区域协调、土地管理、资金保障、生态补偿、政绩考核评价等方面提出了有针对性的政策和措施。

四是突出开放性，强化了跨省合作与开放型的省域空间组织。注重了参与性，具有"政府组织、专家领衔、部门合作、公众参与"的编制组织特点。

4. 项目作用与水平

本规划是对省域空间进行全面布局，指导省域内各市（州）城镇体系规划和城市总体规划编制的法定依据。

该规划原则性确定四川省各城镇布局、规模、发展方向等内容。

川南城镇群规划
（2014-2030）

设 计 单 位：四川省城乡规划设计研究院
委 托 单 位：四川省住房和城乡建设厅

承 担 所 室：城市规划所
项目主持人：王国森
参 加 人 员：胡上春、马晓宇、田　静、
　　　　　　　　杨　猛、任　敏、陈　东

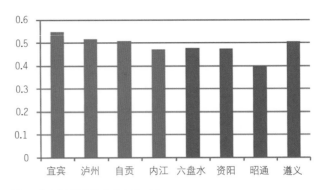

图1　与周边城市综合竞争力对比

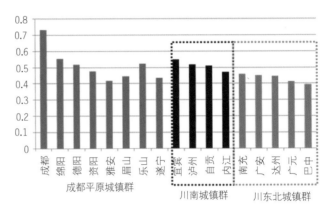

图2　省内综合竞争力对比

1. 规划背景

为贯彻国家"以城市群作为支撑全国经济增长、促进区域协调发展、参与国际竞争合作的重要平台"的战略要求，执行中央城镇化工作会议精神；在国家推进长江经济带纵深发展、成渝经济区"第四极"区域地位提升的形势下，为促进川南城市群的一体化发展，协调与周边地区的关系，保障四川省"多点多极"发展战略的有力实施，依据《国家新型城镇化规划（2014—2020年)》和《四川省城镇体系规划（2014—2030)》，我院受托编制《川南城市群规划（2014-2020)》。

2. 规划主要内容

（1）规划思路：以实现川南城市群区域整体竞争力的提升为核心目标，整合资源，构建川南城市群利益共同体；以川南城市群区域一体化为主线，以培育、协调、发展为手段，培育城市群成

长要素和条件，协调城市群发展的矛盾和问题，聚合群核、构建群集、群网共生、群力发展。

（2）总体定位：成渝发展第三极、转型升级新川南

（3）规划策略：全方位对外开放，对接国际化发展；沿江提升突破，建设长江上游经济带脊梁；区域联动，协同合作；创新驱动，引领发展；核心聚合带动，区域一体化发展；集群发展，群网共生；城乡自然人文辉映发展绿色城市群。

（4）空间发展结构

"一圈三区、三带四轴"。

具体结构为：内自泸宜聚合发展的川南大都市圈，由内自都市区、泸州都市区和宜宾都市区聚合而成；"三带四轴"构建乐山—宜宾—江安—泸州—合江的横向长江城镇发展带、成渝经济区腹心—内江—自贡—宜宾—高县、筠连至云南昆明的西部纵向城镇发展带和成

渝经济区腹心—隆昌—泸县—泸州—叙永—贵阳的东部纵向城镇发展带。

（5）重点推进地区：内自同城化地区、沿长江城镇带。

（6）中心体系：建立分工合理、特色鲜明、组合有序的"多中心、多节点、一体化"发展的城市群的规划体系结构。

3. 关键技术和创新点

（1）以新型城镇化会议精神为指引，将川南融入长江经济带和"一带一路"宏观战略发展背景中；为川南的发展寻找新机遇，探索新模式、开辟新途径。

（2）首次提出构筑多心聚合引领、大中小城镇协同、城乡联动的城镇化发展的川南大都市圈思路。

（3）按照区域协同的功能规划思路，建立川南全区域的统筹协调机制，规划川南的空间功能布局。

（4）以自然生态适宜性和承载力为前提，构建区域层面的生态安全格局，划定区域生态红线。

（5）以灯光数据模型为手段把握城乡空间发展态势，探寻城乡发展的客观规律，为空间结构的搭建创立良好的基础。

4. 项目作用与水平

本规划在新常态下，首次提出构建聚合发展的"川南大都市圈"思路，为川南的创新发展和转型升级开辟了新路径。统筹生产、生活和生态空间布局，为下一步的重大项目（如：川南国际机场、泸州、宜宾综合保税港区、泸—遵城际铁路等，以及其他市县项目）的规划选址和落地提供了宏观战略参考。

以此规划为指导，内江、自贡、宜宾、泸州四个都市区以及其他县域经济区调

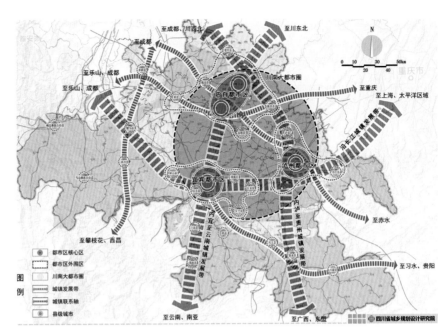

图3 空间结构规划图

整了发展思路；以此规划为基础，协调了《长江经济带（四川段）岸线利用规划》，《川南经济区规划》，《跨长江交通走廊规划》、《四川省高速公路网规划》等相关部门、厅局的专项规划。

川南城镇功能结构规划一览表（2030年）　　　　　　　　　　表1

城镇类型		城镇名称
综合型		自贡、泸江、内江、宜宾四个中心城区
县城职能分类	工业主导型	犍为县、合江县、宜宾县、江安县、隆昌县、威远县
	特色经济型	泸县、古蔺县、筠连县、富顺县、荣县、资中县
	基础服务型	井研县、沐川县、叙永县、珙县、长宁县、高县、兴文县、屏山县
	民族扶持型	峨边彝族自治县、马边彝族自治县
乡镇职能分类	工业主导型	自贡：新桥镇、邓关镇、代寺镇、成佳镇；泸州：玄滩镇、牛滩镇、兆雅镇、大渡口镇、白节镇、江门镇、落卜镇、石宝镇、大村镇；内江：连界镇、银山镇、山川镇、石燕桥镇、宋家镇、高石镇、铺子湾镇、公民镇、归德镇、圣灯镇；宜宾：大观镇、月江镇、高场镇、喜捷镇、安边镇、金坪镇、下长镇、沐爱镇、镇舟镇、孝儿镇、沙河镇、阳春镇；乐山：石溪镇、芭沟镇
	商贸主导型	自贡：长山镇、赵化镇、龙潭镇、五宝镇、何市镇、永安镇、骑龙镇、童寺镇、古佛镇、板桥镇、兜山镇；泸州：护国镇、嘉明镇、九支镇、龙山镇、双沙镇、摩尼镇、先市镇、白沙镇；内江：郭北镇、镇西镇、球溪镇、黄家镇、界市镇、新场镇、新店镇、龙会镇、龙江镇、凌家镇、白合镇；宜宾：观音镇、白花镇、红桥镇、水清镇、泥溪镇、蕨溪镇、中都镇、井口镇、罗场镇、双河镇、牟坪镇、李端镇、共乐镇；乐山：定文镇、竹园镇、马踏镇、舟坝镇、荣丁镇
	旅游主导型	自贡：仙市镇、双石镇、仲权镇、农团镇、艾叶镇、三多寨镇、留佳镇、狮市镇、怀德镇、牛佛镇；泸州：福宝镇、水尾镇、太平镇、二郎镇、况场镇、方山镇、通滩镇、特兴镇、大渡口镇、立石镇、天仙镇、上马镇、尧坝镇；内江：铁佛镇、渔溪镇、罗泉镇、两河镇、观英滩镇、山王镇和黄荆沟镇、云顶镇、龙市镇、响石镇、永安镇、田家镇、越溪镇；宜宾：李庄镇、南溪镇、竹海镇、石海镇、僰王山镇、洛表镇、来复镇、南广镇、夕佳山镇、龙华镇、江南镇、书楼镇、大坝苗族镇、九丝城镇、大雪山镇、横江镇；乐山：清溪镇、罗城镇、千佛镇、金石井镇、新民镇、三江镇、黄丹镇、永福镇、黑竹沟镇
	基础服务型	略

攀西城市群规划
(2014-2030)

设计单位：四川省城乡规划设计研究院

承担所室：韩华工作室

项目负责人：刘先杰

主审总工：王国森

项目主持人：韩 华

参加人员：唐燕平、李 毅、邓艳春、
田 文、侯方堃、李 强、
蒲茂林、刘剑平、丁文静、
张 蓉

1. 规划背景和过程

中央城镇化工作会议和《国家新型城镇化规划（2014-2020 年）》明确要求"把城市群作为主体形态，促进大中小城市和小城镇合理分工、功能互补、协同发展"。《四川省"十二五"城镇化发展规划》明确提出"着力构建'一核、四群、五带'的城镇化战略格局'，明确要求加快培育攀西城市群。为贯彻国家"五位一体"、"四化同步"发展要求，

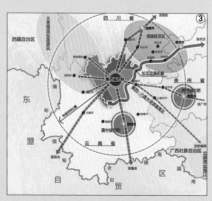

图1 区位关系图

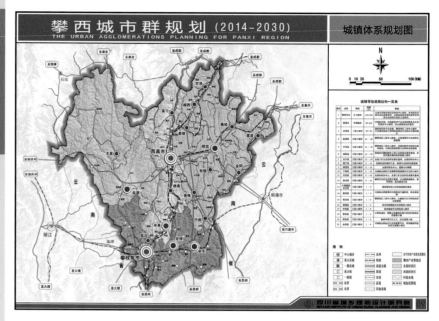

图2 城镇体系规划图

推进以人为核心的城镇化，落实四川省"多点多极"发展战略，构建攀西特点的生产、生活和生态协调发展的空间格局，促进区域合作，引导城乡发展，省住建厅指令我院编制《攀西城市群规划（2014-2030）》。

攀西城市群与四川省域城镇体系和成都平原城市群、川南城市群、川东北城市群的规划编制工作于2013年4月同时启动，方案多次征求地市州、各部门的意见，于2014年12月通过了专家组的评审。

2. 规划主要内容

以人的城镇化为核心，以城市群为主体形态，以综合承载能力为支撑，以城乡发展一体化为目标。通过做强产业来促进就业，积极培育特大城市、重点发展中小城市和重点小城镇；加强基础设施与公共设施建设，均衡配置公共资源，统筹城乡基础设施建设和社区建设，推进城乡基本公共服务均等化，把攀西城市群建设成为四川省南向开放的门户和重要增长极，以及具有较强竞争力的

川滇黔结合部的区域中心。

（1）交通引领、开放跨越，奠定区域协调发展基础。

继续完善成都－雅安－西昌－攀枝花－昆明中轴主通道；加快沿金沙江综合交通走廊建设，促进攀西地区乃至整个西南地区更好地融入长江经济带；建设攀西－六盘水资源富集区的区域协作快速通道；完善提升香格里拉旅游环线。

（2）优先构建生态安全格局，划定生态红线，指导城乡空间发展。

在对生态环境进行综合评价的基础上，落实《四川省主体功能区规划》的要求，划定生态红线，明确生态空间，保障生态安全，提升区域在保育长江上游生态屏障中的作用。

根据地形和资源承载力的差异，优化空间布局和形态，构建攀西特点的生产、生活和生态协调发展的空间格局。

（3）流域整合、区域统筹，调整产业布局

鉴于攀西地区特殊的区域地理环境，优化安宁河谷地区，极化攀枝花—会东地区，净化东西两翼地区；形成两

带、两轴、两核、三心、四区的产业空间结构。

（4）强化极核、培育主体，完善城镇体系。

创新驱动，联合转型，加快构建攀枝花市、西昌市作为区域经济中心；以县城为主体，全面提升社会服务能力；极核突破，形成两带互动、三轴联动的城镇空间发展战略。

（5）文旅互融、产业驱动，培育新的产业支柱

保护民族文化和地域传统文化，加强文化线路的发掘和保护，促进地方文化发展；加强风景资源的保护和利用。加强城乡风貌控制和建设指引，突出城镇的民族文化特色和地域特色。

加快转变攀西地区的旅游发展方式，提高产业竞争力；立足资源优势，优化旅游结构，转型升级旅游产品，构成"一轴三片、两核八区"旅游发展结构；将攀西建设为全国知名的旅游目的地和阳光康养胜地。

（6）协调区域基础设施

建立基础设施的共建共享机制，以提高资源配置效率，充分发挥规模经济效益；协调发展给水、排水、天然气、电力、通信等区域基础设施。

重点是加快建设水电基地，积极推进新能源的开发利用，规划布局安宁河谷风电场；规划布局太阳能发电；完善电网建设、构筑坚强智能电网。同时加快特高压电力外送通道的建设；引入外部气源，加快"缅气入攀"，建设楚雄—攀枝花—西昌的输气管道。

3. 关键技术和创新点

攀西地区是举世罕见的水能、矿产、生物、旅游资源高度富集且匹配良好的"聚宝盆"，其优势产业国内外竞争力都很强，是国家战略资源创新开发试验区。

图3　空间结构规划图

图4　空间管制规划图

同时，攀西地区又是少数民族聚居地区、长江上游经济带与长江上游生态屏障的重要承载地区，资源开发与区域发展对于四川乃至全国的现代化建设、科学发展与全面小康都具有重要意义。

《攀西城市群规划》深入研究了攀西这一特殊区域的新型城镇化道路，完善了城镇体系，并制定了适合本区域的城镇空间发展战略，引导各级城镇的发展。

《攀西城市群规划》中树立保护优先、生态优先的理念，重视攀西地区的生态环境保护、土地资源保护、历史文

化资源保护，并制定了可行的实施措施，能促进本区域的可持续发展与社会稳定发展。

4. 项目作用与水平

《攀西城市群规划》的编制推动了攀西城市群协调发展；有利于促进产业升级，推进以人为核心的新型城镇化、加快农业现代化，辐射带动周边区域的发展。

川东北城镇群规划
（2014-2030）

设计单位：四川省城乡规划设计研究院

承担单元：四川省城乡规划编制研究中心

项目负责人：高黄根

项目主持人：彭代明

参加人员：黄剑云、贾刘强、陈　亮、
　　　　　廖竞谦、李卓珂、邓生文、
　　　　　温成龙

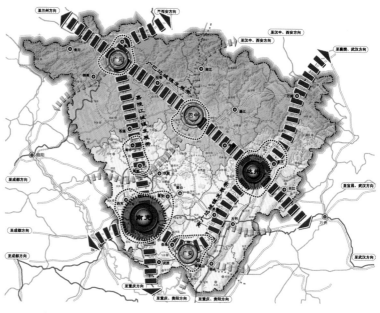

图 2　空间结构规划图

1. 规划背景和过程

　　城市群是经济发展的必然结果，是衡量一个国家或地区社会经济发展水平的重要标志。为贯彻国家"五位一体"、"四化同步"的发展要求，推进以人为核心的城镇化，落实我省"多点多极"发展战略，探索符合我省实际的新型城镇化道路下城市群城镇发展模式，构建川东北城市群生产、生活和生态协调发展的空间格局，促进区域合作，引导川东北城市群城乡空间集约、高效、和谐、可

图 1　区位图

持续发展；省政府委托我院主持编制《川东北城市群规划（2014-2030）》（以下简称"本规划"）。自 2013 年 4 月起，在省住房和城乡建设厅的组织下，项目组与省体系编制工作组一起同时启动编制。经过近三年的辛苦工作，本规划于 2015 年 12 月获四川省人民政府审批通过。

2. 规划主要内容

　　本规划以新型城镇化全新理念和国家新的政策和战略部署为指导，贯彻省委省政府"三大发展战略"、实现"两大跨越"的发展思路，结合省体系规划提出"以问题导向为出发点，加快转变城市群发展方式；以城市群为主体，促进大中小城市和小城镇合理分工、功能互补、协同发展；以综合承载能力为支撑，保护历史文化遗产，全面提高城镇化发展质量"的发展思路；并确定川东北城市群战略定位为国家重要生态功能区、川渝合作和川陕革命老区振兴发展示范区、辐射陕甘的成渝经济区新兴增长极。

　　本规划调查分析了川东北城市群城乡发展特征为"城镇化水平较低，异地城镇化现象突出"、"同质竞争问题突出"、"地域特征体现不够"、"中心城市的辐射带动能力不强，小城镇集聚能力较弱"。

　　本规划根据现状四大特征，基于资源环境承载力和主体功能区规划，提出了川东北城市群"南北差异化发展"的城镇化发展模式。

　　本规划提出了就地就近城镇化、以城镇群为主体形态、强化城镇产业支撑、提升城镇发展质量建设宜居城市和城乡统筹一体发展五大城镇化发展策略。

　　在"两区、三带、多点"的产业空间布局基础上，提出构建以南充、达州为核心，南广达城镇发展带、嘉陵江城镇发展带和广巴达城镇发展带为三带的"双核三带"的开放型网络状城市群空间形态。

　　按照强化大城市、培育中等城市、择优发展小城市和小城镇的原则，规划了城市人口规模 100 万以上的南充、达州 2 个 II 型大城市，广元、广安、巴中 3 个 50～100 万人中等城市，33 个 20～50 万人 I 型小城市，11 个 3～20

万人Ⅱ型小城市，414个小城镇。

本规划强调了生态建设、环境保护与资源利用、空间开发管制、综合防灾规划、扶贫开发、历史文化传承、旅游发展与旅游城镇规划等内容。

明确了支撑川东北城市群发展的重大产业布局、旅游发展规划、综合交通体系和区域重大基础设施布局；优化配置了公共服务设施，提出以美丽乡村建设为重点的城乡统筹规划。

为保障规划落实，本规划明确了近期建设项目库；提出了明确各级政府和部门工作职责、依据本规划编制和调整下位规划与相关专项规划、建立联席会议制、项目选址实施分级管理、推进激励与约束机制、完善修改程序等实施措施。

3. 关键技术和创新点

一是生态安全优先。在分析川东北环境资源特色和承载力基础上，提出了"一屏两廊两片"生态安全格局；并通过南北不同城镇化发展模式、严格实行空间管制、强化生态安全和防灾减灾建设、明确生态红线和城市开发边界，达到主动缩减人口和产业集聚规模、防止城市无限膨胀、严格管控生态空间的目的。

二是突出了南北差异化发展。川东北南部丘陵区环境资源承载力较强，作为川东北吸引外流人口回流、就近就地转移农村劳动力的城镇化重点地区；发展策略是以大中城市为核心推进新型城镇化，强化产业和人口集聚，做强中心城市，壮大城镇规模；北部山区为我省生态屏障，环境资源承载力有限，作为川东北城镇化适度发展地区；发展策略是择优培育特色城镇，合理引导产业人口集聚和特色化发展，城镇不宜过大；积极引导以旅游为主的绿色产业发展，加强生态控制区管控。

三是突出了以人为核心的新型城镇

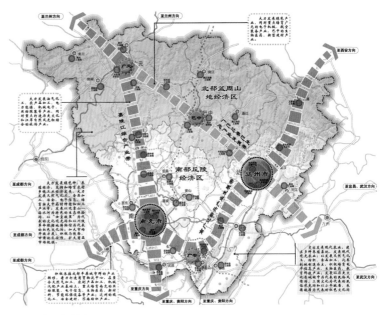

图3 产业规划布局图

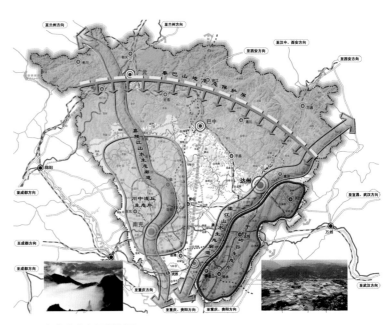

图4 山水生态空间规划图

化理念。川东北地区是我省农村劳动力外流最多的地区，在深入研究了本区农村劳动力跨省外出、省内流动、城乡双栖等特征和需求的基础上，通过稳步推进城镇基本公共服务常住人口全覆盖、产业集聚等积极引导省外劳动力回流、区内剩余劳动力向人口和产业承载力高的地区流动，提升人口主要流出地区对回流人口的容纳能力，稳步推进人口就近就地城镇化。

4. 项目作用与水平

《川东北城市群规划（2014-2030）》是指导川东北城市群发展，调整和编制下位规划和相关专项规划的重要依据。是促进川东北快速发展的宏伟蓝图。

成渝城镇群协调发展规划

参 编 单 位：四川省城乡规划设计研究院

承 担 单 元：四川省城乡规划编制研究中心

项目负责人：陈 涛

项目主持人：彭代明

参 加 人 员：高黄根、马晓宇、廖竞谦

主 编 单 位：中国城市规划设计研究院

协 编 单 位：成都市规划设计研究院

重庆市规划设计研究院

1. 规划背景和过程

在国家战略重心西移、扩大内需、转变经济增长方式、应对全球金融危机的形势下，为推动川渝两地的进一步合作，发挥"全国统筹城乡综合配套改革试验区"的示范作用；保障汶川地震灾后重建工作的顺利完成；提高成渝城镇群在国家战略格局中的地位；依据《中华人民共和国国民经济和社会发展"十一五"规划纲要》和《全国城镇体系规划（2006－2020）》，住房和城乡建设部会同重庆市人民政府、四川省人民政府联合开展《成渝城镇群协调发展规划》（以下简称"本规划"）。

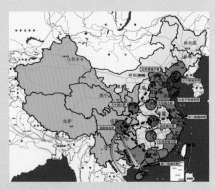

图1 区位图

2. 规划主要内容

（1）规划范围

成渝城镇群的规划范围为四川盆地的大部和重庆市的全部行政区域，其中，四川省和重庆市人口城镇密集、社会经济联系紧密和地域相邻的地区是成渝城镇群核心区，为本规划的重点工作区。

（2）战略定位

中国发展战略的"第四极"，西部经济高地。具体职能包括：落实国家发展战略的转型；辐射与引领我国中西部地区社会经济发展；建设国际化的区域中心城市和内陆地区对外开放的示范区；探索与示范城乡统筹发展道路；保障国家战略后方安全；承担长江上游地区生态环境保护和促进三峡库区可持续发展的重任。近期成渝城镇群成为我国西部经济高地和探索城乡统筹发展的表率；远期实现中国发展战略"第四极"的目标，成为参与全国乃至全球竞争的

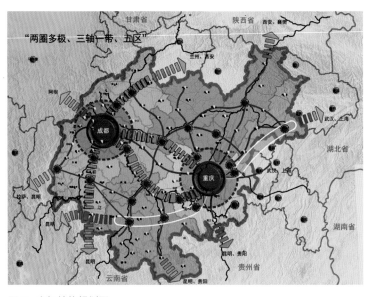

图2 空间结构规划图

国家级城市群。

（3）空间结构

规划形成"两圈、多极、三轴、一带、五区"的空间结构。发展策略为强化两圈、培育多极、提升三轴、完善一带、协调五区。

"两圈"是指以重庆、成都两大国家级中心城市为核心的1h经济圈，是成渝城镇群的两大发展极核；"多极"指地市级的区域中心城市，包括绵阳、德阳、乐山、遂宁、南充、内江、自贡、宜宾、泸州、资阳、眉山、广安、达州、雅安、万州、涪陵、长寿、江津、永川、合川、荣昌和南川等城市，是成渝城镇群的地区性增长中心；"三轴"指成渝南、成渝北和绵一成一乐城镇发展轴，依托并强化交通走廊，加快沿线各级城镇的培育，增强城市之间的联系，传递两圈的辐射与扩散作用，提升中部、带动南北，促进区域整体发展；"一带"指沿长江城镇发展带，沿线有宜宾、泸州、江津、重庆、长寿、涪陵和万州等城市，城镇发展与保护并重，应协调沿江地区产业布局，加强生态环境保护，依托长江航道、规划沿江高速公路和沿江铁路，完善基础设施建设，协调沿江城市发展和

岸线综合利用，整合港口资源，促进内陆地区出海大通道建设；"五区"指重庆1h经济圈、成都平原、川南、川东北、渝东北五个次区域。

（4）发展模式与道路

基于环境资源承载力，提出了成渝城镇群人口发展策略和城镇化模式和发展策略。

（5）城镇空间发展

提出了成渝城镇群"两圈、多极、三轴、一带、五区"空间发展目标和"强化两圈、培育多极、提升三轴、完善一带、协调五区"发展策略。

（6）城乡统筹发展

本规划提出了城乡统筹发展策略和乡村规划与建设具体要求。

（7）产业发展和布局

本规划在分析成渝两地特色和未来发展趋势基础上提出了第一、第二、第三产业重点发展方向和两地错位发展、协调共赢，提出了产业协作重点并落实到空间布局。

（8）基础设施支撑

本规划在交通、水资源配置和保护、能源开发利用、生态环境保护和建设、防灾减灾等方面提出了两地共建共享要求。

（9）规划实施与政策建议

本规划提出了政策分区引导、区域协调重点、制度与政策保障等措施和建议。

3. 关键技术和创新点

本规划明确和提高了成渝城镇群在国家战略格局中的地位；首次提出成渝城镇群是我国战略发展第四极和西部经济高地。

本规划坚持了以人为本、全面协调可持续发展的科学发展观。提出成渝地区地处内陆，经济发展较发达地区相对滞后，促进经济社会发展，提高人民生

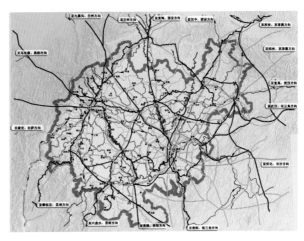

图3　交通系统规划图

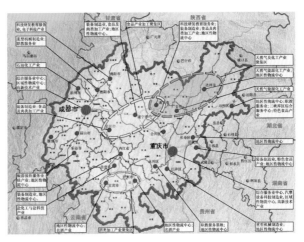

图4　产业发展规划图

活水平是其面临的首要任务。发展中要落实以人为本、全面协调可持续发展的要求，让发展的成果惠及全体人民；要转变经济发展方式，节约集约利用资源，加强生态环境保护，实现经济社会又好又快发展。

本规划明确了成渝两地的竞争与合作关系，提出产业分工与协作的发展方向和成渝地区一体化发展战略。重庆将以汽摩制造、仪器仪表、交通物流为侧重点，成都以房地产、科教服务、休闲服务和食品工业为侧重点，两地共同打造装备制造、电子、基础制造业、医药、资源加工类产业、商贸餐饮、金融服务、旅游等产业。

本规划提出加强区域城镇安全与环境保护，促进成渝地区可持续发展。成

渝地区人口密集、产业集中、生态环境敏感、自然灾害多发，在该区域特别是三峡库区和受龙门山断裂带影响的地区的发展中，应加强综合防灾体系和基础设施建设，切实提高城镇安全保障能力，创造良好的人居环境，促进区域可持续发展。

4. 项目作用与水平

《成渝城镇群协调发展规划》是落实西部大开发战略的具体举措；对西部地区发展意义不同凡响，特别是对促进成渝地区产业发展和结构升级、扩大内需和拓展新的发展空间优化国家城镇化空间格局具有重要作用。

天府新区空港高技术产业功能区永安组团总体城市设计

2013年度四川省优秀规划设计二等奖

设计单位: 四川省城乡规划设计研究院

承担所室: 韩华工作室

主审总工: 韩　华

项目主持人: 唐燕平

参加人员: 余　鹏、侯方堃、李　强、
谭　懿、袁明权、黎　军、
唐　密、杨　猛、吴　勇、
盈　勇

合作单位: 双流县规划管理局

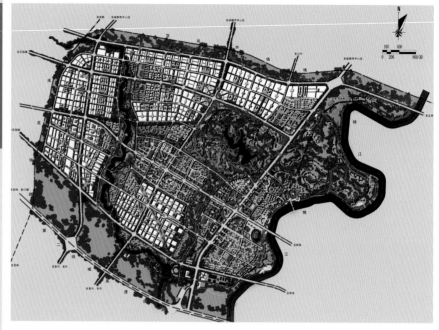

图2　总平图

1. 规划背景和过程

2010年9月,四川省委、省政府做出了"规划建设天府新区"的重大战略部署。为了更好地发挥永安组团电子信息产业集聚优势,深化落实《四川省成都天府新区成都部分分区规划》,重点研究城市空间形态、功能结构、交通组织和产业发展等核心问题,并与控制

图1　规划范围图

性详细规划紧密结合,指导下一层次规划编制和城市建设,受成都市天府新区规划建设小组办公室、双流县规划管理局的委托,四川省城乡规划设计研究院于2011年11月承担了《天府新区空港高技术产业功能区永安组团总体城市设计》的编制任务。

2. 规划主要内容

规划以"产城融合、三位一体"理念为总体指导,紧密结合永安组团独特的自然生态条件,借鉴世界先进的高新技术产业园区的成功经验;运用生态保护、重塑景观安全格局 、紧缩城市、公交引导、智慧城市等理念;以科学新颖、前瞻准确的定位,合理构建产业、空间布局、交通及基础设施、生态环境保护等城市系统。

(1)设计结合自然

充分尊重自然,保留永安水库、条条河生态谷地、白果村林地、凤凰村林地、毛家湾森林公园等原有的生态斑块,紧密结合地形进行规划,最大限度地达

到人与自然的和谐。

(2)重塑景观安全格局

在原有生态基底的基础上,充分保留原有场地的特色异质斑块;规划了锦江、白果村林地、条条河生态谷地等廊道,充分联系永安水库、毛家湾森林公园、白果村林地等生态斑块,强化永安水库作为组团"绿肺",对城区景观体系的统领作用;通过规划控制这些具有战略意义的关键性生态特征点的位置和联系通道,形成新的景观安全格局。

(3)紧缩型的产城一体发展模式

通过紧缩的城市发展模式,确立永安组团产城单元的合理布置;同时突出永安组团产城单元核心的集聚作用,积极带动城市发展。在此基础上,以公共交通廊道联系产城单元核心与各个产城邻里单元,探索一种紧凑、快捷、内在互动的城市发展模式。

(4)交通引导的城市发展模式

规 划 以 TOD(Transit-Oriented-Development)模式,构建城市公交社区。以元华路、新双黄路和南侧主干道构

成大运量快速公交轴线，将轨道交通站点与永安组团产城单元的核心紧密结合；同时辅以快速公交站点，形成步行 10min 的距离或 600m 的半径为空间尺度的城市公交社区；城市公交社区内布局公交站点、购物、餐饮等设施，以实现结构清晰、生活便利、运营高效、产城一体的城市空间脉络。

（5）以智慧产业发展智慧城市

通过对天府新区产业发展目标和各组团产业发展方向的分析，规划认为永安组团的产业发展策略为：重点培育电子信息产业升级和转型，大力提升自主创新能力，成为抢占产业制高点的前沿阵地。

因此，规划结合永安水库得天独厚的自然景观环境，设置"创智谷"，以"全面整合智慧产业，优化智慧资源配置"为核心发展目标，辐射带动天府新区各电子信息产业组团的跨越式发展。

（6）人性化城市

本次规划从"合理分配城市功能设施"、"将城市的多种功能设备结合在一起，创建复合型的功能设施"、"合理设计城市空间，鼓励步行和骑车"、"让建筑内部与外部空间产生互动"、"创造良好的空间环境"等五方面的人性化维度指导城市设计，以期营造充满活力的、安全的、可持续的城市开放空间体系，创造出能供人们更多选择性的活动和社交场所。

3. 关键技术和创新点

（1）生态复合产业园区理念贯穿项目始终

以建设世界级智慧产业城市为目标，通过对永安组团现状生态资源分布、生态敏感度分析、用地适应性评价等手段，以生态安全格局的塑造和保护为核心，合理安排工业、居住、公共服务等

图3　整体鸟瞰图

用地布局，确保城市建设与生态保护两个方面能够取得最大的协调。

（2）生态景观资源与城市空间的密切互动

通过对现状永安组团生态资源的评价，重塑景观安全格局；充分结合生态资源本底和地形条件，优化建筑外部空间形态，形成连续、多样的城市公共空间体系，串联各层次公共服务设施中心，创造良好的人居环境，推动城市良性健康发展。

（3）"产城一体"理念的深化和落实

规划通过公共交通引导、紧缩城市等设计理念，探索永安组团合理的公共服务设施分级发展模式，由此构建产城单元级、功能单元级、基层社区级的三

级公共服务设施体系；各级公共服务中心根据职能和规模的不同，分布在城市和各个产业组团中心位置，并与公共交通站点相结合，满足合理的服务半径要求，由此形成快捷、便利、高效的产城一体发展模式。

4. 项目作用与水平

《天府新区空港高技术产业功能区永安组团总体城市设计》于2012年5月10日通过双流县规划管理局组织的评审会审查，获得与会专家的一致好评；目前正对永安组团的开发建设起着科学有效地指导作用。

（1）以总体城市设计为指导，编制完成了该组团的控制性详细规划。

（2）目前已启动一期项目实施。永安组团与成都中心城区联系的主要通道元华快速路（剑南大道）已开工建设。

（3）安置小区已建成并投入使用。

图4　主要节点透视图

天府新区总体规划（2010-2030）——总体风貌特色专题研究

2012年度全国优秀城乡规划设计二等奖

总 规 协 编: 四川省城乡规划设计研究院
专题承担所室: 汪晓岗工作室
项目主持人: 樊 晟、汪晓岗
参 加 人 员: 严 俨、杨 猛、刘 旭、
单云飞
总 规 主 编: 中国城市规划设计研究院
总 规 参 编: 成都市规划设计研究院

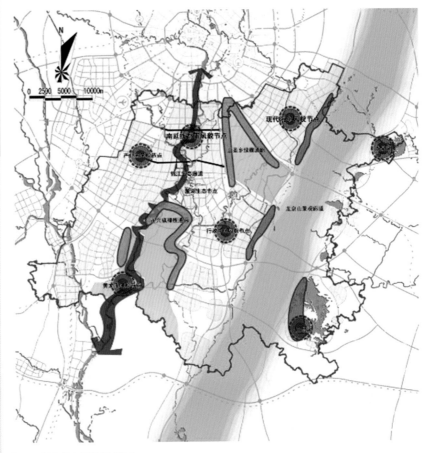

图2 总体特色风貌现状图

1. 规划背景和过程

2009年底，成都市委、市政府确定了建设"世界现代田园城市"的历史定位和长远目标。在成都城乡一体化既有规划基础上进一步提出更高更符合规划的目标。

当时，成都处在一个空前的历史发展机遇当中：一是中国的和平崛起，为实现新一轮发展奠定了坚实的基础，

全球对中国经济的增长势头和发展前景普遍看好；二是西部大开发的十年，为地处西部的成都奠定了坚实的发展基础，创造了良好的发展条件，使成都这座发展水平在西部比较高的内陆城市，有了一个更好的发展条件；三是东部地区结构调整和发展方式转变正在深入地进行，在经济全球化和信息技术普遍运用的当代，使得在局部地区三次产业顺次发展、产业梯度转移的传统模式被打破。

建设"世界现代田园城市"是成都科学审视自身所处的历史定位所提出的，树立敢于与国际国内先进城市竞争的意识，以更高的定位引领城市发展。

成都在城市形态和发展水平上，是超大型、现代化的城市，同时也是符合田园城市理想，统筹城乡发展的城市。

广大的农村地区是"人在园中"，二、三圈层是"城在田中"，中心城区是"园在城中"，把城市和农村两者的优点都高度地融合在一起，让广大城乡群众既享受高品质城市生活，又同时享受惬意的田园风光。

图1为成都市总体规划都市区用地布局规划图。充分考虑成都未来的发展方向，形成了特色鲜明的发展组团。同时通过合理规划布局，形成了独特的楔形绿地嵌入城市建设区的城市形态，保证了城市绿色通道，为成都建设世界现代田园城市提供了重要的保障，同时也体现了中心城区"园在城中"的核心规划思想。

2. 规划主要内容

面对日益快速的城市化带来的居住

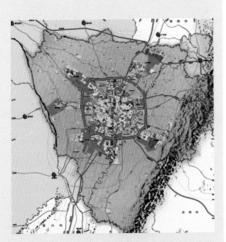

图1 成都市总体规划用地布局图2020

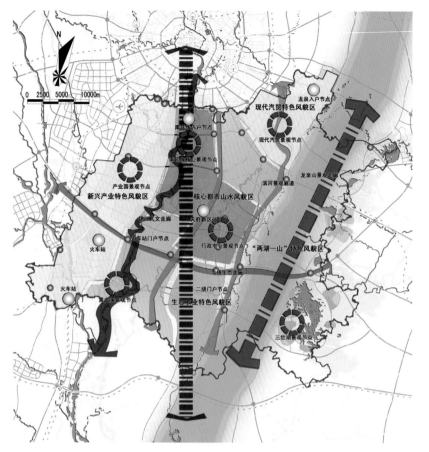

图3 总体特色风貌规划图

压力、交通拥堵、环境污染、耕地锐减、绿色消失等问题，在对新区的地理特征、产业特点、空间结构、文化特色等因素进行深入分析与解读后，对天府新区的景观风貌特色定位为：

人文与生态和谐、都市与自然共融、现代与传统呼应的"现代生态田园城市"。

现代生态田园城市景观风貌以大型生态片区为本底，通过动态的水系、绿廊链接各大风貌片区，通过组团状功能板块，将"山—水—田—城"相聚、相润、相合、相融；同时将成都市传统的平面田园风貌进行立体的三维引导，呈现自然风光纵深发展的景观风貌格局。

为全面塑造天府新区"现代生态田园城市"的景观风貌特色，对景观风貌规划提出以下发展策略和实施措施：

（1）山拥水润（温润和谐的山水关系）

以龙泉山、牧马山、老君山、锦江、鹿溪河、东风渠等山水资源作为规划区最重要的自然风貌，同时也是最具价值的景观要素。新区建设应强调其生态环境价值，使这些自然要素成为多元景观构筑的有利条件；主动接山引水，营造山拥水润的和谐气氛，利于形成山、水、田、林、湖多层次生态交融的特征地域类型。

（2）九区呈彩（纷呈异彩的风貌片区）

规划结合天府新区所在区域的地形地貌，利用区内的自然山水、交通廊道和生态隔离，引导城市形成"城山一体、湖山一体、城湖一体"的独特的功能关系。将规划区建设用地划分形成9个依

托于自然地理和人文特色的城市风貌片区；使新区国际化特征与天府传统文化两者之间交相辉映，田园风情与现代都市韵味巧妙结合，创造一种"既国际又成都"的城市风貌特色。

（3）绿廊聚文（绿廊聚合文化）

结合九大风貌区的不同景观风貌特征，通过众多集自然、人文特征于一体的、丰富多变的绿廊将城市与山体绿景、动态的滨湖滨江地区、历史人文地段系统地联系起来，"引绿入城、以绿聚文"；强化串联各区的绿色脉络的文化内涵。

（4）田园织锦——（锦绣般田园生活）

田园作为规划区的重要本底区域，体现的是建设区与自然要素的和谐关系，以及一种新的生产生活方式；利用交错的、棋盘状的田园板块，围绕城市各风貌片区描绘出"城市＋田园"的意向构图，铺陈出锦缎般的宜居宜业宜游的田园空间，倡导天府新区独有的田园生活方式。

3. 项目作用与水平

总体风貌特色专题研究作为天府新区总体规划的支撑专题，着重突出展现"世界田园城市"和"产业环境最优、人居环境最佳、综合实力最强的国际化现代新区"的景观特色。

（1）维护生态城市特征

天府新区与成都市主城区之间保留了大量农田、绿地及山林景区，组成城市板块间天然生态屏障；同时城市各组团内部分布的山体、绿地、河流、湖塘亦组成各组团间的生态分隔带；这些地段是城市生态系统的重要构成部分，城市发展中应注意保留这些城市内部的绿色空间，保持城市外围田园风光，保护山林景区背景关系，维护

城市生态环境。

（2）延续历史文化名城魅力

延续成都市作为国家级历史文化名城的文化内涵与特色的城市格局。整体城市风貌控制上应严格保护、妥善利用历史街区、遗迹遗址、名人故居等历史文化资源，妥善利用各种自然景观和人文景观，整治、恢复和展示历史文化感知元素，挖掘新区历史文化内涵，延续成都市作为国家级历史文化名城的核心风貌特色和文化内涵。

（3）升华世界现代田园城市特色

天府新区自然山水景观环境独具特色；外围有由龙泉山、老君山、牧马山楔入的山体绿带，内有锦江、鹿溪河、东风渠等水系贯通其中。自然山体、水系、湖泊、道路绿地等组成新区的绿色网络。

通过塑造各个功能组团内各具特色的中小尺度的山水环境，构建不同层次的"山—水—城—园"格局；全面提升成都世界现代田园城市特色。

（4）塑造国际化新区风貌

注重国际化新城的多元城市功能，强调产城协调发展，塑造新区居住功能、产业功能的相互融合发展。

以创造产业环境最优、人居环境最佳、综合实力最强的国际化现代新区为目标，全面塑造新区国际化、现代化、时尚化的城市气质。

天府新区龙泉高端制造产业功能区总体城市设计

设计单位：四川省城乡规划设计研究院
承担所室：汪晓岗工作室
主审总工：严 俨
项目主持人：汪晓岗
参加人员：马方进、徐 然、丁晓杰、
　　　　　　刘 旭、覃瑞旻、司徒一江

1. 规划背景和过程

　　成都是西南地区的中心城市，中国未来第四极，成渝经济区的中心城市。随着天府新区的建设，正在努力成为一座内陆世界级城市；将建成现代产业、现代生活、现代都市"三位一体"的国际化新城区，再造一个"产业成都"，建设西部经济发展高地，为打造西部地区重要经济中心提供有力支撑。天府新区将打造两个万亿产业基地，其中之一就是以汽车研发制造为主的成都经济开区万亿产业基地。

　　按照天府新区·成都国际汽车城

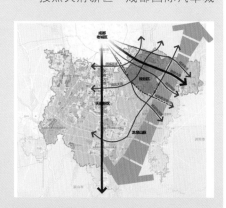

图1 区位图

图2 总体城市设计

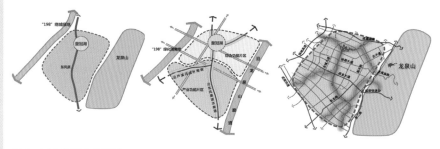

图3 重点处理几大关系

的核心定位，天府新区龙泉起步区建设将重点发展高端汽车制造业和汽车研发业，培育百亿企业集群、千亿产业支柱、万亿产业基地。

2. 规划主要内容

　　本规划以生态优先作为规划设计基本原则，总体城市设计着重处理几大关系：

　　（1）优化城市与自然环境的关系
　　优化城市与龙泉山、东风渠、绕城绿地（"198"）等自然山水和城市开敞空间的有机交融、和谐共生，塑造城市个性。

　　（2）整合城市内部各功能区的关系、提升区域品质和活力

　　提炼城市重要区域，如沿龙泉山、沿东风渠、芦溪河、中央公园区、产业园区等风貌分区，并对其进行风格控制；强化城市轴线、开放空间，塑造龙泉城市的格局特征。

　　赋予城市功能板块各具特色的性格特征，通过建筑、景观、公共活动的塑造，

创造一个充满活力的城市空间。

（3）强化便捷、高效和绿色、慢行相融合的城市交通

结合功能及布局，优化道路体系，新增内部道路，保持城区道路系统的特色化和便捷性；沿湖沿水提倡慢性系统，增强滨水的可达性，使之与城市融汇、贯通。

（4）提供城市持续发展模式

科学确定分期联动开发范围，提供弹性的发展模式，合理、均衡地达到城市肌体良性生长的效果。

（5）确定总体定位

融高端制造业和服务业为主的高智慧、成长型城区。将龙泉建设成为活力新城、智慧新城、文化新城、山水新城。

3. 关键技术和创新点

通过四大关系梳理，构建四大发展策略；提取理水、筑湖、引山、串绿、修城五大城市设计要素，构建龙泉高端制造产业区整体空间形态。

规划中贯彻生态优先基本原则，通过城市与环城生态绿地、龙泉山，城市与东风渠、驿马河、皇冠湖在空间的互动，形成城市多条呼吸通廊，并以此通廊划分组团、组建特色空间、形成重要公共空间。

规划中强调对沿主要道路、沿山、沿水、沿湖等重要城市界面空间的保护，制定相应建设控制导则，从大格局控制、体现和传承龙泉特色风貌。

4. 项目作用与水平

总体城市设计的编制为龙泉规划主管部门提供了决策的参考和依据；对统一城市形态和城市风貌有指导性意义。

同时，也对于皇冠湖区域的实施提出了建设指引，有效地指引了下一步该区域的深化设计工作。

图 4　总体结构

图 5　总鸟瞰

图 6　皇冠湖区域总平面

天府新区总体规划（2010—2030）——旅游发展策略专题研究

图1　天府新区文化与旅游资源现状图

2012年度全国优秀城乡规划设计二等奖

总 规 协 编： 四川省城乡规划设计研究院
专题承担所室： 汪晓岗工作室
项目主持人： 樊　晟、汪晓岗
参 加 人 员： 班　璇、王亚飞
总 规 主 编： 中国城市规划设计研究院
总 规 参 编： 成都市规划设计研究院

1. 规划背景和过程

2010年9月，四川省委省政府做出规划建设天府新区的工作部署。省住房和城乡建设厅组织中国城市规划设计研究院、成都市规划设计研究院、四川省城乡规划设计研究院共同编制了《四川省成都天府新区总体规划（2010—2030）》。

天府新区各区县同处"天府"核心区域，共同拥有悠长的历史文化渊源，存在着强烈的趋同性；同时，都将旅游业视为未来发展的重要产业之一，旅游业发展迅猛、态势良好，在新形势下，都有合作发展、做大旅游的客观要求和现实需求。天府新区旅游业发展和旅游合作前景广阔，旅游业是天府新区协调发展的优势产业、重要切入口和突破口。

天府新区建设成为成都打造世界现代田园城市、世界休闲之都、中西部商务会展休闲之都的重要组成部分，成为带动西部旅游经济快速增长的引爆点。天府新区应着力打造都市旅游高端产品，建设国际化的旅游基础配套服务设施，城市、旅游复合式发展，成为全省旅游业发展的"核中核"。

2. 规划主要内容

天府新区依托成都建设世界现代田园城市的理念，借助国际枢纽打造，定位发展以文化旅游为特征的都市型旅游，可以说是正顺乎"天时、地利、人和"。

（1）旅游发展模式

根据天府新区资源状况及发展态势，天府新区都市旅游将综合文化旅游、都市休闲、生态度假、商务会展等模式，其旅游业发展模式及对策如下：

1）文化旅游模式

以世界现代田园文化旅游产品为引领，构建以养生文化、水文化、古镇文化、餐饮文化、现代工业文化为重点，以民俗文化、宗教文化为辅的文化产品构架体系，打造"文化天府"旅游产品推广体系。

2）都市休闲模式

传承中国休闲之都城市品牌形象，利用城市景观、购物、商务、会议、休闲、娱乐、游憩、美食等资源，将城市观光产品升级为休闲娱乐产品，打造国际性的商业休闲中心。

3）生态度假模式

充分发挥天府新区周边气候条件佳、生态环境好、物产丰富、休闲文化深厚等特点，以田园度假、体育运动、养生度假、湖泊度假、山地度假、古镇休闲等产品组合，推出天府新区休闲度假旅游产品体系。

4）商务会展模式

总体打造会展休闲和商务度假产品体系，构建国际化的商务会展旅游城市。启动商务会展旅游(MIcE)规划，对成都市及天府新区站在国际视野进行商务会展产品布局、设计、推广营销；加强会展节庆与其他旅游资源的互动，推动会议经济衍生旅游产品的创新；申办重要会展，争取永久性世界论坛，树立成都作为会展之都的形象；把旅游、会展、文化娱乐等资源整合起来，打造大型、具有全国和国际影响力的项目和活动，促进天府新区都市旅游及城市经济的发展。

天府新区的旅游发展目标为：形成国际知名的文化休闲度假旅游目的地、国家旅游业综合改革试验区及旅游新业态的创新发展示范区、旅游促进经济社会全面发展的示范区。

天府新区的旅游发展定位与方向为：以"国际都市田园休闲度假旅游目的地"为发展主题，以"时尚都市·蜀山锦水·诗意田园交响曲"为形象定位；以文化旅游、都市休闲、生态度假、国际商务为主要发展方向；以旅游综合配套改革试点为契机，进一步优化旅游产业结构；实现旅游产业的集群化和高端化。

（2）旅游空间发展格局

根据旅游资源类别、品质、数量、空间组合关系、市场区位条件等，天府新区的旅游总体布局为："五个特色旅游区、七条精品旅游线、多个高端旅游景区景点"的发展格局。

1）五个特色旅游区："两湖一山"国际旅游度假区、国际都市旅游休闲区、现代田园旅游体验区、高端工业旅游示范区、天府文化旅游休闲区。

2）七条精品旅游线：依托区域绿道打造以国际交往、生态休闲、多元文化、现代科技、都市观光等为主题、以"三横四纵"为结构的七条旅游线路，分别为：环城生态旅游线、中部国际娱乐旅游线、南部养生文化旅游线、锦江多元文化旅游线、鹿溪河科技田园旅游线、东山自然生态旅游线、龙泉山度假休闲旅游线。

3）多个高端旅游景区景点：在7条精品旅游线路上布置多个具有较强带动作用的重大旅游项目。

3. 项目作用与水平

旅游发展策略专题研究作为天府新区总体规划的专题章节，着重发挥旅游业

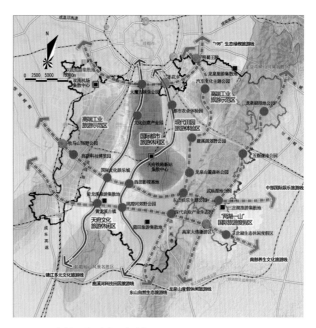

图2　天府新区旅游发展规划图

的先导产业作用，使旅游业成为建设内陆开放型经济、巩固成都生态屏障以及实现产业转型升级的重要拉动力量，成为推动区域经济社会可持续发展的优势产业，尤其是发挥旅游业在加快城乡旅游基础设施建设、提高城乡旅游公共服务水平、城乡一体化建设的先导作用。

（1）天府新区是旅游业创新发展示范区

随着城乡统筹发展、现代生态田园城市和天府新区建设，一方面，一个以现代制造业为主、高端服务业集聚，宜业宜商宜居，融产业、文化、商务、会展、社区、旅游为一体的现代化全新国际城区即将出现；另一方面，各种城市景观资源和都市文化资源不断产生，围绕都市产业形成都市产业旅游资源以及围绕经济社会发展而产生的都市新型业态资源不断涌现。

如何围绕这些产业、业态和资源产生的新型旅游资源体系，抓住历史难逢机遇，充分发挥成都作为世界优秀旅游目的地、中国最佳旅游城市和西南地区"两枢纽、三中心"的重要地位；本着"高起点、高品质、高标准"的原则，创新

旅游发展模式，重点围绕都市文化博览观光体验、都市休闲与商务会展、都市生态休闲度假等，构建"国际化、高端化、特色化"都市旅游产品体系和都市旅游产业集群，将天府新区打造成"国内一流、国际著名"的现代都市旅游目的地；构建旅游业促进统筹城乡改革示范区和内陆开放型旅游经济示范区，意义重大。

（2）旅游业是天府新区协调发展的重要切入点和突破口

由于旅游业的综合性、关联性、开放性和带动性，以及旅游业作为资源节约型和环境友好型产业，成为区域协调发展的优势和先导产业，并成为当今世界发展最快、前景最广的一项新兴产业。

一方面旅游业在推进天府新区区域空间布局、基础设施建设、产业发展融合、城乡一体化发展、市场体系构建、经济社会发展、一体化管理体系构建等将发挥独特作用。

另一方面，旅游业将在产业转型升级、提升产业素质、经济结构调整、转变增长方式、提高增长质量、推行低碳发展模式、体制机制创新以及天府新区全面可持续发展做出积极贡献。

天府新区（资阳片区）三岔湖起步区控制性详细规划及城市设计（2011－2020）

设计单位： 四川省城乡规划设计研究院

承担所室： 汪晓岗工作室

主审总工： 严俨

项目主持人： 汪晓岗

参加人员： 万衍、张瀚文、林三忠、任锐

合作单位： 天府新区规划委员会 简阳市规划局

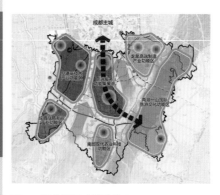

图2　天府新区功能结构图

图3　三岔湖起步区区位图

图4　三岔湖起步区城市设计鸟瞰图

1. 规划背景和过程

按照四川省成都天府新区规划委员会的部署要求，天府新区起步区控制性详细规划的任务是以天府新区总体规划和各分区规划为指导，控制建设用地性质、使用强度和空间环境；对城市滨水区环境设计和生态保护提出方案，将其作为未来城市规划管理的依据，并指导修建性详细规划的编制。

在总规和分区规划中，三岔湖起步区的功能定位（性质）为：以自然山水景观资源为主导，在处理好保护与开发的前提下，打造以国际会议、度假、高端旅游接待为主的现代国际休闲度假旅游区。

2. 规划主要内容

三岔湖起步区的规划设计目标包括以下几个方面：

（1）新的空间：三岔湖片区为天府新区城市建设用地提供了向东拓展的新空间，使天府新区跨越龙泉山与自然水环境形成了直接的对话。

（2）新的目标：从建设高标准、国际化的指导思想出发，融入先进的建设理念；把三岔湖片区打造成为休闲旅游功能高端、配套设施完善、生态环境优美、内外交通便捷、风貌独具特色的国际化旅游新区。

（3）新的支撑：特殊的区位、良好的交通、优良的自然禀赋，将以高端产业项目和服务功能项目为主，在该片区聚集生态休闲度假、运动休闲度假、养生休闲度假、文化休闲度假、文化旅游等现代服务业，这将促使三岔湖片区发展成为天府新区的"特色经济区"。

（4）新的特点：注重对于自然滨水界面和自然山水空间的保护。通过维系生态红线的控制、自然湿地的保育、岛

图1　资阳片区在天府新区中的位置

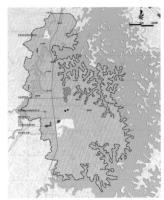

图 5　现状用地

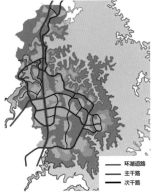

环湖道路
主干路
次干路

图 6　道路分级

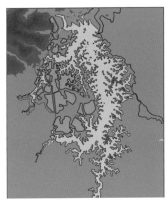

图 7　生态控制

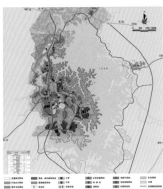

图 8　用地规划

屿开发量的平衡；保留相对完整的生态构架；同时提高滨水空间的公共性。

根据天府新区"产城一体"的特点，各个组团散布在自然山体之中，宛如自然生长一般，空间上既相互隔离又有机联系，功能上具有片区综合性和组团独立性。

3. 关键技术和创新点

（1）低碳营城，生态优先

保持及改善自然环境，以维护生态和谐、保护生态安全为目的；确定以湖、山、岛空间特征为骨架的生态网络。以绿色低碳的理念创造舒适、宜人的旅游度假环境。可以采取三种手段，第一紧凑高效的短出行—功能复合的组团，配置完善的社区服务；第二，低碳交通—安全健康的慢行系统和多种交通方式；第三，绿色建筑—疏密有致的建筑空间、环保节能、健康舒适的环境。

（2）山水景城，滨湖风情

维护山水环境，通过合理组织片区功能、景观系统，进行形态控制和建设强度控制，塑造具有国际水准景观风貌的旅游度假区。

（3）游走兴城，旅游社区

建设一个特有的度假区游走系统，串接各类主题区域，绿廊、广场、滨水区域等景观节点的综合展示系统。

① 艺术会所
② 度假别墅
③ 平坝院落
④ 半山别墅
⑤ 健身会所
⑥ 商务会所
⑦ 乡村会所
⑧ 滨湖会所
⑨ 主题酒店
⑩ 别墅客房
⑪ 长岛酒店
⑫ 湖畔酒店
⑬ 疗养医院
⑭ 旅馆
⑮ 临水会所
⑯ 健康俱乐部
⑰ 体验中心
⑱ 展览中心
⑲ 新民家园
⑳ 青年旅馆
㉑ 宾馆
㉒ 红酒庄
㉓ 养生庄园
㉔ 欧式庄园
㉕ 会议中心
㉖ 瑜伽会馆

图 9　三岔湖起步区城市设计平面图

通过塑造独具特色的游走系统，建立特色鲜明的分区组团和特色绿道，丰富的特色节点和空间。

4. 规划实施

规划项目尚在分期建设之中，其中的长岛酒店片区已经建成；展览中心与安置片区的建设也初见成效。

未来的规划落实，除了基础设施的建设之外，城市的分期开发、经营管理和项目接洽、居民社会安置等问题，则是规划在应用层面的需要逐步探索和研究的内容。

天府新区仁寿视高片区概念性城市设计

2013 年度四川省优秀规划设计表扬奖

设 计 单 位: 四川省城乡规划设计研究院

承 担 所 室: 四川省城乡规划编制研究中心

主 审 总 工: 高黄根

项目主持人: 樊　川

参 加 人 员: 陈　亮、黄剑云、岳　波、
何莹琨、向　洁、姜重阳

1. 规划背景与思路

四川省委、省政府根据国务院批准的《成渝经济区区域规划》与《成渝城镇群协调发展规划》作出了"规划建设天府新区"的重大战略部署;并明确要求:充分发挥和依托成都核心影响力、拓展成都的发展空间、构建"一核双中心"的城市发展格局;形成以现代制造业、高端服务业集聚、宜业宜商宜居的国际化现代新城区,力争再造一个"产业成都"。

按照《四川天府新区总体规划》提出的"产业高端、布局集中"的原则,科学合理地进行视高片区的功能分区,安排好各类用地和设施,组织好内外交通,处理好工业用地与生活居住、环境空间的关系,塑造片区空间特色。将天府新区视高片区建设成为布局合理、特色鲜明、效益显著,集各项功能设施配套齐全的"现代产业、现代生活、现代都市"的产城相融的具有天府新区南大门形象的现代化新型城区。

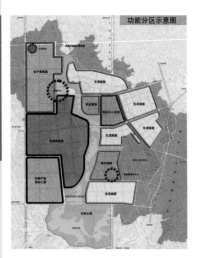 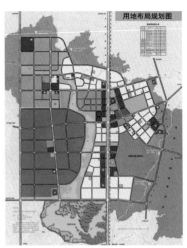

图 1　功能分区示意图　　　　图 2　用地布局规划图

2. 主要内容

（1）规划定位与规模

规划定位:天府新区南大门,以发展机械、电子制造、农副产品深加工为主导的产城一体的宜业宜居的现代新城区。

用地规模:视高片区的规划建设总用地规模为 1995.69hm²。

人口规模:规划区人口规模约 16 万人。

（2）空间结构与布局规划

1）空间结构

在充分尊重现状地形地貌的前提下,结合片区自然空间形态、视高工业园区现状建设情况,并考虑工业园的长远发展需求,强化生态环境建设与现代园区长远发展的要求进行功能组织。采用分区组团式集中发展模式,规划视高片区城市空间结构为:"一带两片、一心多组团"。

2）功能分区

规划结合视高片区空间结构,并形成东、西、中三大功能区,各功能区由数个功能组团集聚而成。

其中,东部城市发展区,按照产城一体发展的规划理念,视高片区的城市发展沿天府大道南延线两侧展开,形成"一轴九组团"的空间结构,以发展片区金融贸易、商业服务、行政商务办公

与居住为主的综合发展区。规划建设用地为 1022hm²（不包括天府公园组团）,规划居住人口为 15.3 万人。

西部工业集中发展区以发展机械、电子制造、农副产品深加工为主导的工业集中发展区,形成机械、电子、农副产品加工三个工业园;同时依托现状视高镇在尹家大坎山布置工业集中发展区的行政管理办公、商业服务与研发中心,并配套部分生活用地;整体形成"一心三组团"的空间结构。规划建设用地为 813hm²,规划居住人口为 0.7 万人。

中部柴桑河生态景观区以生态湿地的方式建设,安排景点、游览设施、休闲服务设施和户外活动场地等,形成城市生态休闲景观区。规划沿河控制 50～200m。

（3）开发强度控制规划

高强度开发区:主要指城市发展区金融商贸中心与文化娱乐中心,以及工业集中发展区的管理商贸中心。其用地面积为公顷 130.80hm²,容积率大于 3.5。

中高强度开发区:主要指城市中心周边与干道两侧景观需要控制的区域。其用地面积为公顷 185.44hm²,容积率控制在 2.0～3.0。

中低强度开发区:上述两类分区以外的建设用地。其用地面积为公顷 1044.46hm²,容积率 0.7～1.8。

（4）道路工程规划

以天府新区规划的剑南大道（站华路南延线）、红星路南延线及天府大道南延线三条南北向主骨架为依托，实现与天府新区同城化发展的战略目标，形成以"四横四纵"的快速路和主干路为主骨架的道路网络系统。

充分利用自然水系、山体等生态资源要素，强调绿色舒适的步游系统建设，规划"三横三纵一环网"绿道网络，并结合绿道设置多个步游节点，将规划区内的"三河三山"全部融会贯通。

（5）设计引导

1）形象定位

根据《天府新区总体规划》对视高片区的总体定位，结合片区控制性详细规划，本城市设计确定的形象定位为：天府新区南部门户，现代化田园新城。

2）规划设计重点

包括：细化片区的功能板块布局；确定片区的开发规模和发展时序；便于招商引资运作，带动区域地产市场的可持续发展；发掘片区的个性特征，在国际化、现代化中找寻城市特色的切入点；充分预见城市开放空间及环境的作用，确立科学的、得体的城市建（构）筑物

的空间容量和尺度，形成舒适宜人的空间环境和独具品位的城市文脉；充分发挥整体开发的规模优势，强调各功能区的互补联系，并依托主要干道形成多个有活力的核心，带动整体发展；运用空间限定的手法确定视线通廊，通过地标性建筑与地标性开放空间组织片区的景观序列和景观层次，根据功能特征确立城区的动态导向特征。

3. 规划特色

整体协调、统筹发展。

落实《四川省天府新区总体规划》与《四川省成都天府新区（成都部分、资阳部分、眉山部分）分区规划》的要求，将天府新区确定的总体定位、规划理念、产业布局以及基础设施等进行延伸，并统筹规划，处理好与天府新区周边建设组团之间的关系。

产城融合、三位一体：

强调现代产业、现代生活、现代都市"三位一体"的协调发展，实现产业发展与城市功能的有机融合与互动。

集约发展、绿色低碳：

发展循环经济，集约节约利用资源；

充分体现公交主导的绿色交通和TOD的发展理念，强化慢行交通和公共交通在空间布局中的组织作用。

尊重自然、生态田园：

充分利用山体水系创造良好环境，延续成都市提出的现代生态田园城市理念，以开放式组团布局进行功能组织。

强化同城、突出特色：

高起点高标准规划，保持与成都市的同城化；同时，根据视高片区的自然环境特点与产业发展业态，形成独具特色的城市空间形态。

4. 实施情况

目前，本规划的实施已初具成效；在本规划的指导下，建设完成工业大道、天府大道、213改线（隧道）、景观大道、1号干道等道路，工业园区发展迅速，视高管委会正按照本规划提出的《工业企业入驻标准》积极引进各大项目和企业。

现有落地项目主要有：中国软件西部研发中心、成都信息工程学院天府校区、西部文化创意博览园、金流明LED光电项目、四川宝生动力电池产业项目等。

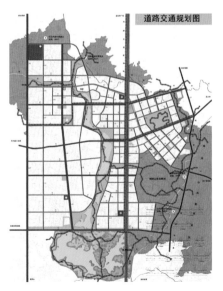

图3　道路交通规划图

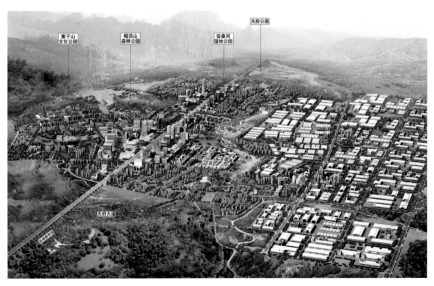

图4　规划区鸟瞰图

天府新区彭山青龙片区控制性详细规划

设 计 单 位：四川省城乡规划设计研究院

承 担 单 元：四川省城乡规划编制研究中心

项目主持人：李　奇

参 加 人 员：邓生文、黄剑云、岳　波、
　　　　　　陈　亮、安中轩、贾刘强、
　　　　　　向　洁、张　伟、姜重阳、
　　　　　　陈　兵

合 作 单 位：彭山区城乡规划局

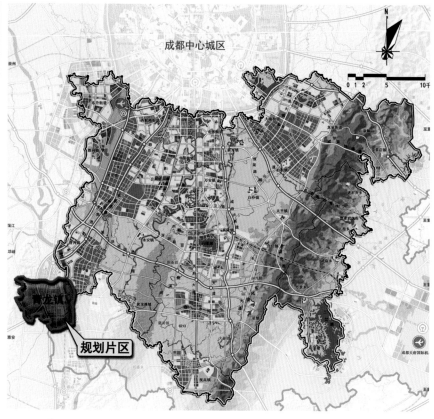

图1　区位图

1. 规划背景

为贯彻中央城镇化及城市工作会议与省委省政府《关于加快推进四川天府新区建设的指导意见》的精神，落实《四川天府新区总体规划》的要求，解决原青龙镇控详实施以来出现的主要问题，并融入新型城镇化的先进理念，对《天府新区彭山青龙片区控制性详细规划》进行重新审视、完善和优化调整；彭山规划局委托我院编制《天府新区彭山青龙片区控制性详细规划维护》（以下简称"本规划"）。

2. 规划思路

围绕《天府新区总体规划（2015版）》提出的新思路与新要求，在充分把握规划片区发展条件和资源禀赋，以及尊重原控详方案原则的基础上，坚持"创新、协调、绿色、开放、共享"的发展理念，以解决"规划实施的主要问

题"为主线，优化空间布局，对接天府新区，引导青龙片区城镇建设的健康有序发展，将片区建设城为"产城融合、配套完善、文化禀赋、业态多元"的天府新区的新型产城单元。

3. 主要内容

（1）调整片区定位

根据《天府新区总体规划（2015版）》的要求，将原规划确定的"以发展新材料、生物医药、节能环保及现代物流产业为主的新型产城单元"调整为"以发展新材料、装备制造等先进制造业和商务、物流等现代服务业为主的新型产城单元"。

（2）优化道路网络

根据《天府新区总体规划（2015版）》的要求，将双流机场第二高速纳入规划，并进行相关路网和布局的协调。

根据城际铁路预留涵洞位置调整新彭六路、十路与十二路的道路线形。

结合滨江大道改线和岷江防洪堤建设，优化南河西路的线型与断面形式；结合青龙片区引进企业的特点与建设需要，对产业区内的部分支路进行了弹性控制。

（3）优化用地布局

由于南河上游的邓双镇以发展化工产业为主，原规划位于南河西岸且紧邻邓双镇的生活居住区已呈现明显的不适宜性，规划将其调整为仓储物流用地；同时，为保障配套的生活居住用地规模不变，规划将产业服务中心西部与北部的部分用地调整为居住用地。

根据片区的整体定位，结合青龙片区商贸物流企业的业态发展模式和实际建设需求，规划将物流园区内临干道区域的用地调整为商业服务业用地；完善物流园区内的商贸及商务配套。

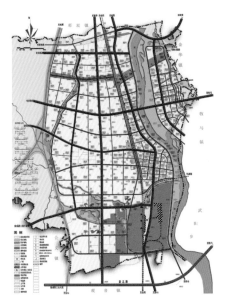

图2 原控详道路交通规划图

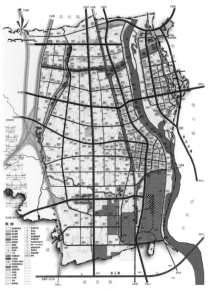

图3 控详维护道路交通规划图

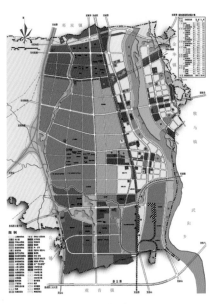

图4 原控详用地布局规划图

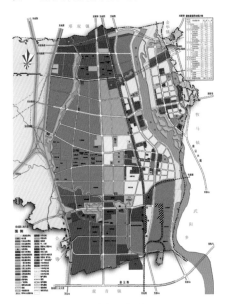

图5 控详维护用地布局规划图

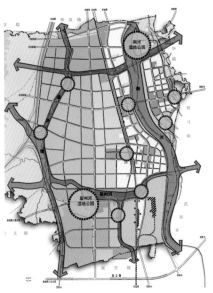

图6 原控详绿地系统规划图

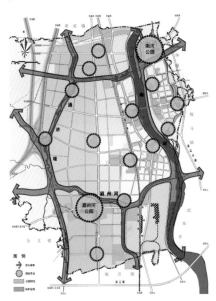

图7 控详维护绿地系统规划图

依托片区北部的邓双城际铁路站，将部分工业用地调整为商业服务业用地，强化片区北部的商业服务业配套。

（4）优化绿地系统布局

为贯彻落实中央城市工作会议精神，本规划在保证绿地总量不减少的前提下，将规模较大并过于集中的眉州河公园与街头公园绿地部分分解至各区域，降低公园绿地服务半径，提升片区整体品质；规划新增1个滨水公园、4个产业区公园和2个居住区公园。

4. 关键技术和创新点

（1）作为天府新区的一个产城单元，本规划基于天府新区整体空间结构，强化与周边区域的协调发展来重新审视青龙片区各功能区划分与用地布局的合理性，并结合现状实施存在的问题对规划方案进行优化调整。

（2）根据片区新的定位，以《天府新区总体规划（2015版）》为指导，结

合区域及周边综合交通规划，通过新的交通需求预测，科学划分交通小区；并结合片区用地布局，合理分配出行OD，最终分析得出片区各类交通运行特征；依据预测分析结果对规划部分道路走向、路幅宽度、道路横断面形式等进行优化调整，使规划路网结构及断面形式与区域和片区交通出行需求更加契合；进一步提高规划道路网络的科学性和合理性。

（3）同步开展了青龙片区城市空间

图8 整体空间效果图

形态塑造的研究，并基于该研究的结论来指导开发强度分区控制、建筑高度分区控制与景观风貌规划等；保证规划实施后片区空间形态的科学与合理性。

（4）采用"化整为零"的技术手段，将原位于青龙大道两侧规模较大、过于集中的绿地与水面，分散布局于各居住区与产业区内，实现青龙片区内"500m见绿、1000m见水"的生态目标。

5. 项目评价

彭山区、眉山市及天府新区的相关领导和专家一致认为该规划资料分析翔实、技术路线清晰、方法科学合理。

木规划达到了重点突出、用地布局合理、控制指标科学、生态格局有序；能够有效地落实《天府新区总体规划（2015版）》的要求，解决原控规实施遇到的问题，并科学地指导与控制青龙片区的进一步开发与建设。

通江县王坪新村—川陕革命根据地红军烈士陵园规划

获奖情况： 2013年度四川省优秀城乡规划设计三等奖；2015年度中国风景园林学会优秀风景园林规划设计表扬奖

设 计 单 位： 四川省城乡规划设计研究院

承 担 所 室： 黄喆工作室

项目负责人： 樊　晟

项目主持人： 黄　喆

参 加 人 员： 戴　宇、邓方荣、崔　雁、雍尚平

图1　总体鸟瞰图

1. 规划背景

1932年10月，红四方面军从鄂豫皖实行战略转移，经通江入川，开始了创建川陕苏区革命根据地血与火的斗争；历经两年多的时间，开创了中国工农红军革命第二大苏区。当时通江县23万人民，就有4万8千余人参加了红军，新中国成立后幸存者仅3千余人。

为纪念英勇牺牲的烈士，1934年，红四方面军总部决定修建烈士纪念墓。1985年四川省人民政府将其扩建为"红四方面军王坪烈士陵园"。

为缅怀英雄先烈，2011年10月，四川省委、省政府决定对陵园进行改扩建，将原来的35亩陵园核心区扩展到300亩。

规划区由红军烈士陵园、王坪新村、红四方面军总医院旧址构成，总面积约87hm²，呈"7"字形布局。

2. 规划设计基本思路

（1）园村一体化的规划思路：规划统筹考虑烈士陵园区、红四方面军总医院旧址群、王坪新村三个片区的功能定位和空间氛围。陵园区主要以观光、缅怀为主体功能，总医院旧址群主要为展览、观光功能、王坪新村可为前二者提供旅游接待服务。三个功能区相辅相成，互为补充。

（2）规划尊重自然，总体布局依山就势，保留了规划区内的大量林地、水系、巨石、民居等现状要素，使工程建设对自然和文化肌理的破坏最小化。

（3）加强烈士陵园核心区的保护，完全保留1985年修建的烈士陵园，并且通过轴线，构建序列空间，使之完全融入扩建后的烈士陵园之中，成为纪念性空间轴线上的重要组成部分。

（4）顺应地理地势特征，采用轴线对称的手法，构建了完整、肃穆的空间氛围。

3. 规划主要内容

本规划对规划区进行了详细的分析与研究，在此基础上，主要规划设计内容有包括如下：

（1）规划定位

总体定位：以红色爱国主义教育为主题，乡村休闲度假为补充的4A级旅游景区。

形象定位：庄严、肃穆的英烈追忆缅怀之地；安宁、祥和的居民安居乐业之所。

（2）总体规划

规划形成"陵园—总医院—新村"三区串联的空间格局。

内部以"纪红路"为主要联系通道，再与村道相连，形成旅游交通环线。

（3）烈士陵园区规划

规划扩建后的陵园面积约300亩，安葬烈士共计27327名。

烈士陵园区充分利用规划区南高北低的地势，通过"轴对称"的手法，先抑后扬，构建具有强烈纪念性的空间秩序，形成庄重、肃穆、安静的空间意向。

陵园区主入口位于北部，设置有停车场、游人中心服务于游客；红军主题雕塑位于陵园北端，空间轴线由此展开；沿台阶两侧种植松柏等乔木，设置碑亭、浮雕墙、石桅杆，进一步强化空间轴线；南部台阶总计330m长；中部平台处保留一巨石，刻有"红军魂"字样，其后为汉白玉牌坊，穿过牌坊为原陵园保留区

图2　烈士陵园鸟瞰图

域；绕原陵园两侧而上，进入扩建陵园主要区域，其内保留有多处巨石，万余座刻有红色五角星的石碑屹立于此；沿230m的台阶继续前行，最终到达陵园最高处的纪念广场；广场正中放置"川陕忠魂"雕塑，后部为纪念长墙，这里篆刻着在通江牺牲的7823名烈士的英名。

（4）总医院区规划

总医院旧址群采用"博物馆式"的保护方法，对其进行整体性保护。

规划迁出居住于总医院旧址群建筑内的居民至王坪新村。采取保护性维修手段对各处旧址进行修复；通过情景布置等手段再现革命时期的艰苦场景。

规划对现有建筑风貌不协调的民居，通过平改坡、立面整治等手法做风貌改造。

图3　红四方面军总医院建筑群

图4 王坪新村效果图

对于旧址群周围环境,通过大面积种植中草药,起到绿化美化效果,再现革命时期的农耕场景。

(5)王坪新村聚居点规划

王坪新村总计126户,布局于总医院旧址的西侧。

规划布局依山就势,以6~8户组成一个院落,形成既错落有致,又有秩序组织的空间布局。

总平面设计与新村产业结合,在新村四周布置茶山、桃园等作物的种植区,内部设置院坝,供农家乐经营使用。

户型设计灵活多变,既可满足农民的日常使用,也可作为农家乐经营用房使用。立面设计统一为川北民居风格。

对现状建筑,根据各户特点,进行风貌改造设计,整体上与川北民居风格统一。

4. 规划特点

(1)采用轴线对称的手法,构建"起、承、转、合"的空间秩序,强化了纪念性空间意向;

(2)尊重自然,利用自然。规划保留了现有的林地、水系、巨石等自然要素,布局依山就势,形成了"肃穆、震撼、安静"的空间氛围。

(3)"园村一体化"的规划思路,使王坪烈士陵园、红四方面军总医院旧址群、王坪新村功能上互为补充,视觉上互相隔离。

(4)采用GIS进行视域景观分析,设计团队能清晰地掌握规划前后各景观节点的视域情况,使方案更具科学性。

中江县石垭子村新村聚居点建设规划

2015年四川省优秀村镇规划设计表扬奖

设计单位： 四川省城乡规划设计研究院

承担所室： 黄喆工作室

项目负责人： 樊　晟

主审总工： 刘先杰

项目主持人： 黄　喆

参加人员： 戴　宇、邓方荣、崔　雁、
　　　　　　廖　丹、刘瀚熙

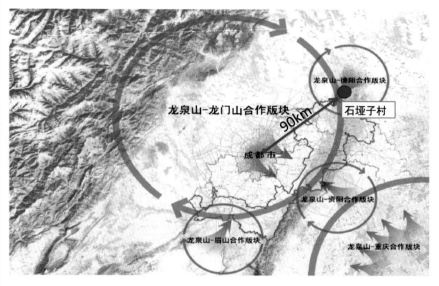

图1　区位分析图

1. 规划背景

2012年之后，党的十八大、中央城镇化工作会议等相关会议相继召开，新型城镇化思想逐渐成为新时代城镇发展的主旋律，要求规划设计要以人为本，让居民"望得见山，看得见水，记得住乡愁"。

石垭子村地处龙泉山脉深丘区，位于中江县西部，是集凤镇的东大门；距成都市区90km，德阳市区35km，东距中江县城25km，西距集凤镇8km。

集石（集凤至石泉）路穿境而过，石垭子村东邻高桥村、南接银冯村、西连云梯村、北有何家山村；是"中国芍药之乡"核心区和"中江芍药谷"主景区。

中江县集凤镇石垭子村，是一个典型的丘区小山村，处于4A级旅游景区——中江芍药谷的核心地带。为大力改善和提高集凤镇石垭子村的经济、居住等状况，并能更好地与景区协调发展，我院接受省上的指令，承接了编制此规划的任务。

2. 规划构思

本规划以"新型城镇化"为指导思想，提出产村一体、文脉延续、交通优先、发展旅游这四个规划理念。

（1）产村一体：结合石垭子村盛产芍药、桔梗等中药材特点，将村庄产业发展与村庄建设相结合，使产业发展与村庄建设相互融合，一体化发展。

（2）文脉延续：结合石垭子村的现状川西民居特点、农耕文化、芍药文化进行规划设计工作，使石垭子村新村建设与传统文化保护相适应。

（3）交通优先：为解决石垭子村村民的出行难问题，将解决交通问题作为石垭子村新村规划建设的首要任务。

（4）发展旅游：结合石垭子村第一产业的特点和自然环境特征，以"一三互动"的发展思想推动石垭子村旅游业发展。

3. 规划主要内容

（1）总体定位

根据上述规划背景，规划石垭子村的总体定位为：四川省乡村旅游示范村，环成都市都市游憩带的知名休闲度假旅游目的地。

形象定位为：中国情花谷，山村幸福园。

（2）总平面设计

规划形成一心双核，一带五区的空间结构。以"生态、生产、生活"三生空间一体化的原则进行总平面设计，做到保护生态，延续文态，提升业态，优化形态。

（3）交通组织规划

规划形成过境路、干路、支路相结合的道路系统；采取集中加分散的方式设置机动车停车场。入口综合服务区设置有旅游巴士停车场、生态公共停车场和观光车停车场，旅游高峰期，游客通过换乘观光车进入村落内部，以缓解旅游高峰期村落内部的交通压力。规划从入口区开始，设置有层次分明、连续性强、分布密集的人行步道，以方便游客观光、休闲。

（4）建筑方案设计

石垭子村以当地传统民居风格为主，采用坡屋顶、木穿斗、灰墙泥（石）勒脚。建筑色彩质朴、体型粗犷，建筑体量不大，

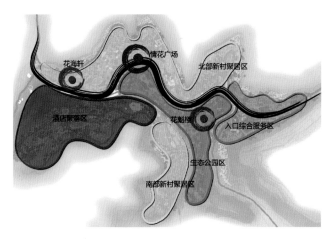

图2 空间结构规划图

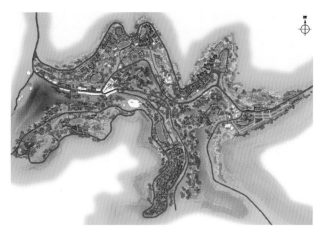

图3 总平面图

图4 鸟瞰图

以1-2层为主，与坡屋顶和当地植被共同构成了丘区乡村建筑的优美景致。

建筑设计主要有石垭子村新建民居、公共活动中心、村公共中心、游人中心以及观音庙、花魁楼、花海轩、石寨乡村酒店等景观建筑。

4. 规划特点

尊重自然，生态化空间布局，让居民"望得见山"。因地制宜，景观化处理堰塘，让居民"看得见水"；延续文脉，地域化建筑设计，让居民记得住乡愁；产住一体，复合型空间组织，让居民增收；土地集约化利用，共建共享基础服务设施。

5. 实施情况

本规划自批准实施一年后的情况来看，精准、有力地推动了石垭子村以下几项事业的快速发展。

（1）人居环境明显改善

本规划直接指导了石垭子村的村民新居建设、场镇风貌改造、村庄基础设施建设工作，极大改善了石垭子村人居环境。

（2）交通设施不断改善

中广快速路的改线以及村庄内部路网的实施，从根本上解决了村庄对外交通以及内部的通勤问题；当前，石垭子村至中江县城仅 15min 车程，从成都市区至石垭子村车程仅需 1.5h。

（3）旅游产业快速发展

规划的实施有力支撑了石垭子村乡村旅游业的快速发展，2014 年，石垭子村年接待旅游人次 30 万人次，比 2013 年翻了一番；村民人均纯收入达到 8021 元，预计 2015 年将达到 1.2 万元。

（4）公共服务设施不断完善

规划有力指导了村庄公共服务设施，如村委会、村游客中心、村史馆等公共服务设施的建设，完善了村庄公共服务设施配套。

（5）社会影响力快速提升

规划实施以来，石垭子村各项社会事业得以快速发展；四川省委省政府领导四次到石垭子村做实地考察，对石垭子村规划建设工作予以了高度地肯定。

四川日报、华西都市报、四川卫视、人民网等媒体争相报道，对石垭子村的发展建设均给予了高度的评价。

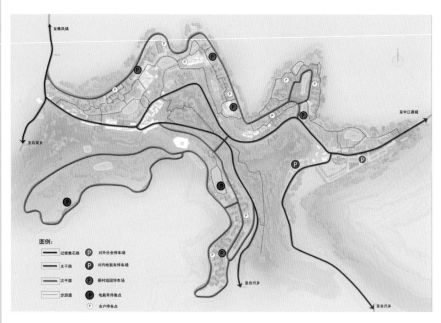

图 5　交通系统规划图

图 6　花魁楼效果图

三台县将军故里风貌整治规划

设计单位：四川省城乡规划设计研究院

承担所室：韩华工作室

项目主持人：韩 华

参加人员：余 鹏、李 毅、叶云剑、
　　　　　刘剑平、李 强、苗力会、
　　　　　骆 杰、童 心

1. 规划背景和过程

营盘山是三台县重点推进的新农村建设示范点，得到了原省委刘奇葆书记的关心和省政府及各级主管部门的指导和支持，省上将按照相关政策在产业发展、新农村综合体建设、水利配套设施等方面给予三台县大力的支持。

在省委省政府的关心和支持下，三台县也制定了相关的政策，从产业发展、项目引进、资金筹集、土地流转、设施建设等方面对营盘山综合体的建设予以支持，为推进营盘山综合体的快速发展提供了优越的条件。

营盘山村位于三台县县域东南部的景福镇，距离三台县城南36km，浅丘地理，海拔高度480m，东与罗family祠、槐花店村，南与麻柳树村，西与福家坝村，北与曙光乡接壤。

2. 规划主要内容

（1）发展定位

营盘山村的定位为：以藤椒、粮油产业一体化、规模化为基础，生产、生活、服务等多功能有机组合的现代农业生产示范基地和山地生态观光型综合体。

产业定位：重点培植藤椒、水稻、粮油等特色产业，形成规模和品牌影响力，打造丘陵山地特色生态观光农业。

风貌形象定位：建筑风貌与自然山体相协调，结合区域环境综合整治，以"新川北民居"风格进行风貌整治和聚集点建设，打造富有特色的丘陵山地乡村风貌，使民居建设与现代农业产业、乡村观光旅游产业发展相结合。

（2）整体空间发展战略规划

营盘山村整体形成"两心两轴，三区多点"的空间布局形态。

两心：一心指依托太和社区形成全村的行政、教育、商贸服务中心；

一心指在县道南侧形成全村产业展示核心，包括山地藤椒、谷地粮油，也是生态乡村观光核心。

两轴：沿县道及东岳庙所在谷地形成两条村民聚居发展轴。

三区：覆盖全村的三个产业示范区，包括藤椒产业示范区、双低油菜产业示范区、优质水稻产业示范区。

多点：除太和社区中心村，在全村再形成三个一般聚居点和保留五个散居点。

（3）产业空间布局规划

根据土地条件和市场发展需要，结合退耕还林和煤矿采空区的生态恢复，产业逐步向双低油菜、优质水稻、藤椒种植规模化发展，并重点形成以三大重点产业，包括藤椒产业示范基地81.52hm²、双低油菜生产示范基地30hm²和建设优质水稻生产示范基地29hm²。

（4）聚焦点及景观风貌规划

景观格局：根据新村聚集点所处环境及地形地貌条件，以及结合公共建筑和空间特质，以农田或山林为主景，通

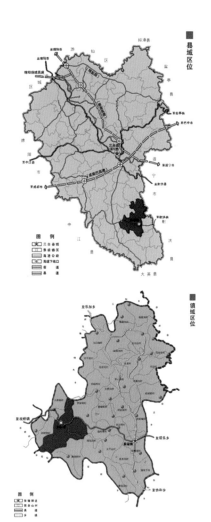

图1 区位关系图

过农业景观、山林景观的衬托，体现"半亩方塘一鉴开，天光云影共徘徊；问渠那得清如许？为有源头活水来。"的新村景观风貌格局。

建筑总平面布局：突出各村组特有的自然山水格局，充分结合地形，打破传统的军营式布局结构。在现县道两侧的场镇聚集点以风貌整治为主；在山地的聚集点主要依托4.5m的村道顺势分台布局，并根据地形条件和景观需要采取单栋独立式、多栋并排毗邻式、多栋交错退排式布局手法。

建筑风格：为了保持整个综合体建筑风貌的协调统一，农宅建筑总体上应以现代建筑技术和材料为主、风格形式

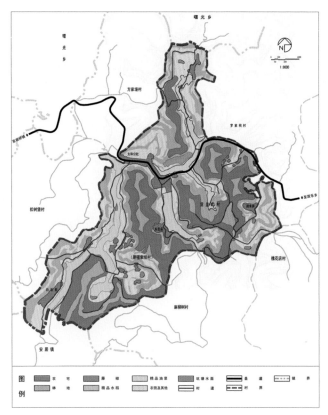

图2　总体布局规划图

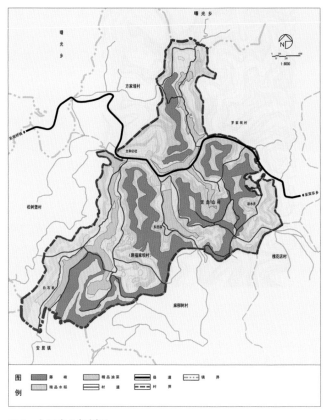

图3　主导产业规划图

图4　聚居点效果图

上体现"白（浅色调）墙、青瓦、木构架"的"新四川民居"风格。依山而建的聚集点原则上采用坡屋顶农宅，以取得与

外围山林的协调；同时为满足有一定的传统农业生产需要（如：晾晒粮食等），可采用平坡结合的形式。

（5）公共设施布局

考虑到新村的规模、经济性和服务半径要求，包括幼儿园在内的基层公共设施原则上采用相对集中式布局，一般在新村地理位置中心或紧临主要交通线路旁边布置；保留现状位于村口的方垭学校。生产性和旅游服务设施主要在相关产业基地或旅游景点、景区布局。

3. 关键技术和创新点

规划充分认识到风貌整治不仅在于外在建筑及环境形象，还应在于整体环境控制，因地适宜地进行整体空间用地规划；并根据产业发展需求，根据参观游览线路组织设计展示内容，做到既有产业展示又有文化展示；同时规划完善公共服务和基础设施。在细节上针对院落空间和节点、建筑及标识物提出合理的规划建议和改造方式。

■ 规划一条 5m 宽道路通往观景高台，在观景高台下方的平坝位置设置景观小广场，并由此通过一条梯道到达观景高台。景观小广场兼有回车功能，在其附近设置停车场，可提供泊车位 20 个。

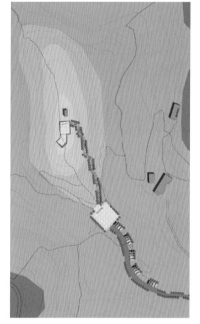

图 5　景观节点效果图

4. 规划实施 / 项目作用与水平

规划立足地区长远发展，尊重现状和地域文化特征，以城乡环境综合整治和新村建设为根本，切合实际。规划思路清晰，发展方向明确，实施管理方便，得到了省上及各方面的一致好评。

图 6　典型街道改造对比效果图

甘孜州白玉县
亚青寺整治改造规划

2015年度省住建厅指令性藏区援助项目

设计单位： 四川省城乡规划设计研究院

承担所室： 胡英男工作室

项目主持人： 陈俊松

参加人员： 胡英男、陈俊松、夏一铭、
邱永涵、陈翰丰、余小虎、
胡国华、余 超、巩文斌

1. 规划背景和过程

　　亚青寺位于四川省甘孜州白玉县昌台区阿察镇境内，距白玉125km，距甘孜121km，距新龙137km；具有浓厚的宗教氛围和优美的高山资源，但目前也隐藏着一系列问题。第一，规模过大、高度密集，消防安全隐患风险高，僧众居住安全堪忧；第二，建设无序无限增长，存在环境"脏、乱、差"，人居环境堪忧；第三，交通网络混乱，道路等级偏低，出行问题堪忧；第四：公共服务设施缺乏，市政配套严重滞后，无法深入内部，基本生活问题堪忧。

　　根据四川省委、省政府推动藏区旅游发展和精准扶贫的战略部署，在省住房城乡建设厅的直接指导下，受甘孜州白玉县人民政府委托，我院受命承担了白玉县阿察风情旅游小镇（包括白玉县阿察镇总体规划、白玉县阿察镇区近期建设范围修建性详细规划、亚青寺整治改造规划）的规划编制工作。

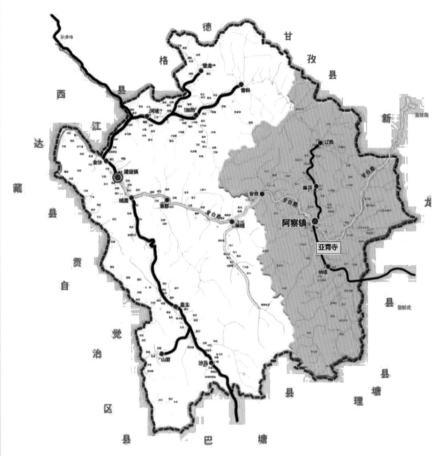

图1 亚青寺在白玉县的区位图

2. 规划主要内容

　　（1）现状概况

　　规划区海拔高度在4000m左右；现状地势北高南低，自南向西及自东向西有两条河流从规划区流过。现有登记僧众9019人，其中：扎巴2176人，觉姆6843人，四川省内3246人，省外5773人，常住村民300人，到法事季节高峰人口可达3万人。

　　现状肌理分析：根据现状建筑的建筑形态、建筑性质、建筑尺度的不同，我们将整个规划区大致分为三大区域，并对他们的建筑肌理进行了分析。

　　1）修行区，主要包括觉姆区、扎巴区以及居士区。觉姆区原始建筑密度最大（高达90%），建筑尺度最小（最小居住建筑3m²左右），布局混乱。扎巴区，

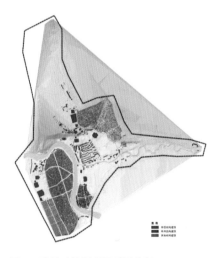

图2 现状建筑肌理及质量分析

该区西侧建筑密度较大，布局与自然地势结合较好；居士区建筑密度最小，建筑尺度最大，布局主要为不规则行列式。

　　2）宗教及综合服务区，包括各类宗教建筑、商业、管理建筑等；建筑密

度较小、宗教建筑尺度较大，建筑的质量也最好。

3）现状村庄，是一个有规划的牧民定居点—昌拖村，其建筑密度也较小，而且每家有比较舒适的院落空间。

亚青寺始建于公元1985年，虽然建寺的时间不长，但近年来发展迅猛，建设量激增，区域内部存在诸多的安全隐患。好在近30年的发展，还没破坏亚青寺独具特色的空间格局—"山寺一体，天人合一；依河两片，分区明确；高密发展。"

（2）规划目标

根据亚青的资源禀赋，规划目标定位为—"雪域吉祥盛德之地，高原佛学修行禅林"。

（3）规划手法及原则

1）问题导向，分类整治

以现有亚青寺问题为导向，通过现场调研诊断、僧侣意愿调查，提出整治方案。

2）尊重历史，有机更新

遵循原有建筑布局肌理，通过有机更新来达到新建与原有的融合，在街巷空间和建筑尺度的处理上遵循传统特色，对风貌较差的建筑进行改造，新建建筑使用当地建筑材料和传统色彩，保持亚青的传统风貌。

3）依法治寺，社区化管理

通过法治的手段推进宗教事务管理，落实一系列利寺惠僧政策举措，将寺庙管理辖区在尊重现状肌理的基础上划分多个管理单元；通过各个单元的服务管理系统相互联系，构建层次化、网络化的综合服务管理系统。

4）长远规划、分步实施、规模适度

以镇总体规划为依据，控制片区合理的人口规模及用地规模，以路、绿化带、水渠等为边界对规模进行控制；同时在整治过程中根据组团分区，成片推进，逐步实施，并应注意控制整治过程

图3 整治后觉姆区鸟瞰图

图4 整治后总平面图

对僧人、学员的生活和学习造成的不利影响，最终实现整治目标。

（4）规划理念——"一脉相承，延续传统，凤凰涅槃，化茧成蝶。"

一脉相承，延续传统：指的是规划的总体路网布局及建筑肌理不变，整体格局还是延续之前的"山寺一体、天人合一、依河两片"的发展模式，觉姆区保持觉姆之城的建筑肌理、扎巴区保持原有蝶形路网格局。

凤凰涅槃，化茧成蝶：指的是规划的通过对规划区的公共基础设施的完善、市政及道路基础设施的提升、社会管理设施入寺、主要出入口及广场空间的打造，最终实现凤凰涅槃，化茧成蝶。

（5）规划具体措施

1）分组团网格化管理，配套相应服务设施，梳理街巷空间，满足消防栓120m的服务半径为原则，结合公共厕所、公共厨房、小商品服务点、全民健身设施等公共配套设施，将整个觉母区分成9个管理单元，扎巴区分为6个管理单元。

2）通过对危旧房屋拆除、消防通道疏通以及必要的开敞空间打造，使现状杂乱拥挤情况得以疏解。

3）分步实施，成片推进，建设学员宿舍

以"体现亚青风貌、实用有效"为原则，优化寺庙僧侣生活社区环境，整治现有建筑，遵循原有建筑肌理，规划新建僧侣公寓，采用3～4个人为一组（每间住房15～20m²）联排或者错排式布局，配有公共厨卫间，根据僧侣需求在公寓上层搭建修行屋，由外挂楼梯上去，也可在建筑内部通过屋顶开小孔的

图5　僧人宿舍透视

方式达到屋顶。外墙采用仿圆木环保防火材质，满足僧侣基本生活需求。

僧侣宿舍主体为1层，由卧室和起居室构成，功能简洁紧凑。二楼为修行屋和屋顶平台。修行屋是亚青寺特有的一大景观，亚青寺作为宁玛派重要的修行禅林，每年藏历9月15日至12月26日，都会举行"夏加"佛事活动，为期100天。意在回顾、反思、巩固自身的修行。每位僧人都需要在大约1m²左右的一个小屋里进行修行，修行屋由于有个传统，必须上面无遮挡，俗称看得见天，所以大部分的修行屋都修建在建筑屋顶上面，但是由于部分房屋为简陋的木材搭建，无法承受修行屋的重量，所以近年来很多僧侣就把修行屋，搭建在他住所周边的山坡上和草坝上，莲花生大师山脚前的山坡上就修满了很多的修行屋，看上去有一定规模气势，实则存在诸多不便。

而规划的僧房的整体建筑外观通过对当地传统建筑语言进行提炼，采用了崩壳外墙辅以石材踢脚的处理方式，体现了当地特色与文化的传承。

4）梳理步行系统，贯通车行系统

梳理步行道路，打通断头路，形成合理步行道路体系。步行系统以现状道路为基础，维持原有机理，联网、联路。

3. 关键技术和创新点

本规划区别于以往的风貌整治规划"穿衣戴帽"的常规手法，从提高僧侣人居环境入手，结合现状，从硬件基础设施及软件管理手段上，针对性地提出了不同的规划整治措施。

该规划以问题导向入手，针对现状存在的主要问题，在充分尊重现状的基础上，提出可操作性的实施方案，同时保留了规划区原有的重要山水格局，最终达到依法整治、保证效果的目的。

4. 项目作用与水平

规划结合白玉县的十三五规划的编制，将所涉及的所有项目入库，以保证所有规划项目能落地顺利实施。

摩梭家园建设暨摩梭
文化保护
控制性详细规划

2015年度省级优秀城乡规划设计一等奖

设 计 单 位：四川省城乡规划设计研究院

承 担 所 室：罗晖工作室

项目负责人：樊 晟

主 审 总 工：罗 晖

项目主持人：贡建东

参 加 人 员：张 唯、王亚飞、魏 薇、
罗朝宽、赵静思、郭大伟

1. 规划背景和过程

位于四川、云南交界的泸沽湖风景名胜区，保留着中国唯一的母系社会生产生活方式、以母系社会为特征的摩梭文化。

该区域属大香格里拉生态旅游区，是香格里拉金三角环线上的主要节点之一，以其独特文化和高山湖泊自然景观成为香格里拉旅游区重要的旅游目的地，吸引着越来越多的境内外游客。

旅游的开发，游客的涌入，一方面促进了泸沽湖当地经济的发展，提高了摩梭人的生活水平；另一方面，也对摩梭文化赖以存在的基本社会单元——母系大家庭，以及传统的生产生活产生了不利的影响，摩梭文化的传承面临前所未有的危机！在此背景下，省委、省政府提出了"建设摩梭家园，保护摩梭文化"的重大决策。

我院受命承担了摩梭家园城乡规划的指令性编制任务；包括了摩梭家园建

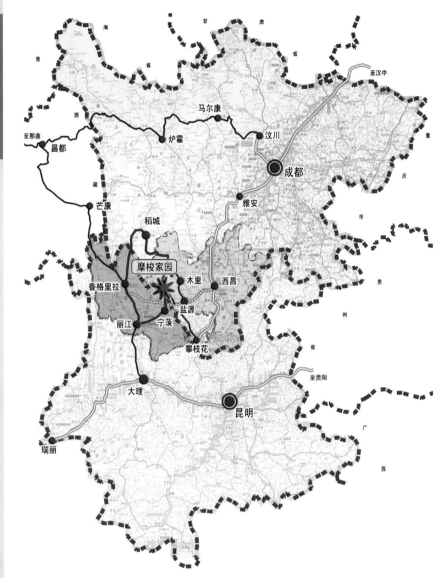

图 1 区位图

设暨摩梭文化保护规划大纲及控制性详细规划两个阶段进行规划编制工作。

2. 规划主要内容

前期完成的《摩梭家园建设暨摩梭文化保护规划大纲》须站在"摩梭文化，世界唯一"的战略高度来规划建设摩梭家园；此阶段划定了100km²的摩梭文化保护区；提出了"亮山亮海，保村护田；村内游，村外住；水边游，山边行"的规划思路；采取"游、住分离，游、行分离"的管控手法，通过保护、拆除、

整治等规划措施；总体规划了摩梭家园的空间布局体系、生态及文化保护体系、旅游展示体系、交通及市政基础设施支撑体系。实现"建设摩梭家园，保护摩梭文化"的目的，达到了"建设一个家园、打造三个胜地、实现两个满意"的目标。

为了进一步落实《摩梭家园建设暨摩梭文化保护规划大纲》的规划要求，指导摩梭家园的依法建设，统筹安排土地使用性质，保证建设项目落地，编制了《摩梭家园建设暨摩梭文化保护规划控制性详细规划》，使其作为摩梭家园和泸沽湖风景名胜区规划管理的依据。

《摩梭家园建设暨摩梭文化保护控制性详细规划》采用"尊重、引导、保护和控制"的规划构思，通过"村落保护如旧、设施全面配套、交通分类管控和新村空间分隔"等规划公共政策，实现"村内游、村外住"、"山边游、山边行"；保存和恢复了摩梭文化空间载体，维系了摩梭文化的延续和原真性。还对市政工程、生态环境保护与环卫设施、综合防灾等方面进行了规划。

《摩梭家园建设暨摩梭文化保护控制性详细规划》在《摩梭家园建设暨摩梭文化保护规划大纲》所确定的20.18km²的摩梭家园建设控制区内，划分出建设区和非建设区，分别从摩梭家园居民日常生活区域和承载摩梭人传统生活方式的环境区域两方面进行控制规划。建立了集镇、旅游新村、独立旅游接待点和村落四级结构，并按照集镇、新村、村落三级配套的原则进行公共服务设施、游览体系、交通设施等方面的配套。此外，还对市政工程、生态环境保护与环卫设施、综合防灾方面进行了规划。

《摩梭家园建设暨摩梭文化保护控制性详细规划》从建筑风貌控制、旅游设施控制、交通设施控制、水岸控制、农田控制和地块指标控制6个方面提出了控制要求。

3. 关键技术和创新点

由于摩梭家园规划由省级各部门的系列专项规划组成，包括文化部门的民族文化保护规划、旅游部门的旅游产业总体规划、住建部门的控制性详细规划、环保部门的生态保护规划、农委的农业产业规划等；这些专项规划在摩梭家园同一空间上同时编制，矛盾和冲突巨大。

因此，省住建厅坚持由住建部门先

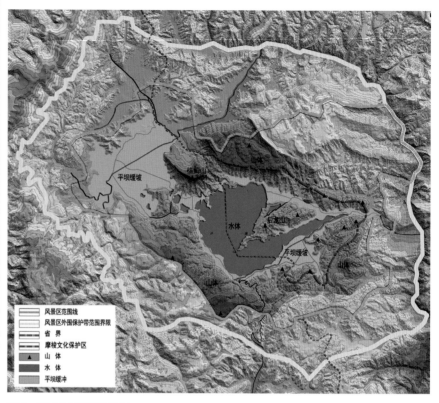

图2　区域空间格局分析图

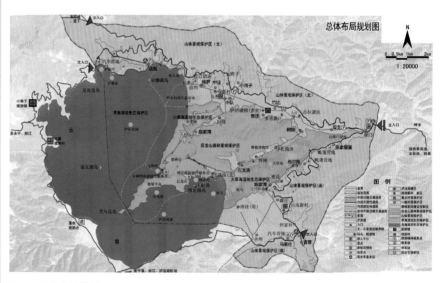

图3　总体布局规划图

行编制和审批"摩梭家园建设暨摩梭文化保护规划大纲"，并以此为总纲，在空间和用地上统筹各部门的所有专项规划，保证了各专项规划之间的协调；并通过将各专项规划的项目纳入省发改委的"总体规划"项目库；由控制性详细规划保证项目的落地。这种在摩梭家园

开创性的尝试由住建部门的空间规划统筹各专项规划的"多规合一"模式，得到了省级各部门的认同，建立了各部门规划间的良好协调机制。

在我院编制规划的同时，由西南建筑设计院同步进行摩梭家园10个传统村落的建筑设计；规划师与设计师同步进场、互相协调、紧密配合，保证了控制性详细规划的完整实施和传统村落的风貌保护；通过洼垮村传统村落整治和建设的试点，获得了良好的规划实施成果。

4. 规划实施

本规划的编制是我院一个由空间规划主导"多规合一"的成功实践，也创新了规划编制的模式。

截至目前，在规划的指导下，已实施了洼垮传统村落的整治和建设试点，泸沽湖文化站、游客集散中心等项目也正在实施之中。

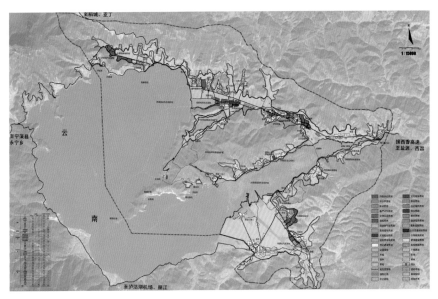

图 4　用地布局规划图

图 5　已实施项目

色达县喇荣寺五明佛学院片区整治实施方案

设 计 单 位： 四川省城乡规划设计研究院

承 担 所 室： 罗晖工作室

主 审 总 工： 罗　龙

项目主持人： 贡建东

参 加 人 员： 王荔晓、陈亚科、余斡寒、
　　　　　　刘　磊、陈　立、徐　佳、
　　　　　　蒲　文

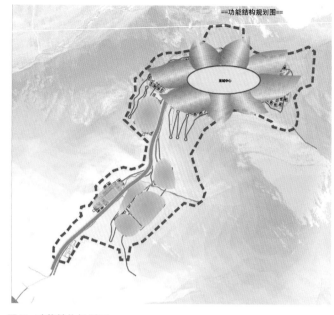

图2　功能结构规划图

1. 规划背景和过程

五明佛学院位于甘孜州色达县，是为了继承和发展藏学大、小十明以及佛教传统文化而创建的；30多年来，其规模日渐壮大，倍受各界的关注和高度重视。

尤其是近十来年，五明佛学院的学员人数不断增加，学院规模不断扩大；学院的影响力不断提升；前来朝圣和旅游观光的人数不断上升；但由于地形地貌和自然条件等方面的限制，学院的建

图1　区位图

筑呈现出密集、杂乱的形态，严重影响了学院的安全，破坏了整体风貌。

由于学院建筑的布局杂乱密集，加之用电、用火、学员自己搭建小木房等毫无规范，建筑之间防火隔离设施较差，各种火灾隐患不断上升，失火事故多发；另外，多处建筑修建于山体的冲沟内，存在着山体滑坡、泥石流等地质灾害隐患。

随着国家民族宗教政策的进一步细化，省州两级政府对五明佛学院的运行管理、安全防范高度重视；色达县政府委托我院承接了《色达县喇荣寺五明佛学院片区的整治实施方案》的规划设计任务。

2. 规划主要内容

本实施方案基于五明佛学院的总体规划及整治实施方案的特点，提出其最终成果应包括：项目介绍、现状分析、规划总则、定位及理念、总体设计等7章内容。

宏观层面对实施方案进行介绍，其内容包括定位、理念、策略、分期规模

控制、用地方案、公服配套、交通规划、景观规划、建筑设计、拆迁整治等多方面内容。

近期实施层面用区域的、发展的观点分析五明佛学院在色达县的地位和发展前景；从实际出发，从保护和利用传统村落的大局着想，将五明佛学院定位为"雪域佛学传承圣地，高原藏传文化明珠"；采用藏传佛教之八瓣莲花作为学院的形象定位，整体设计"以城为花、以水为茎、以路为脉"，形成"一心两区十四片"的整体功能结构。

整治学院道路交通系统，拓宽学院主干道，保证交通干道的通畅；在减少对地形破坏的基础上，改造学院交通支路成网成环，满足交通功能；并保证支路网密度能实现对所有建筑发生火灾时的及时消防扑救。充分利用学院的地形条件，沿山建设多条登山步道，既丰富学院景观，同时作为防火隔离带。

对学院现状建筑进行梳理，采用保留、改造、拆除、新建等多种形式；整治布局学院建筑空间形态，整合成组团式布局；将建筑形式分为宗教建筑和民居建筑，宗教建筑采用藏传佛教的塔、

经堂等建筑风格和形式,民居建筑则以大体量单体建筑为主。

整治方案对学院片区的供水、排水、供电等市政工程进行合理规划,解决学院原来市政设施缺乏的问题。

对学院的防灾减灾进行详细规划,建立洪水预警系统,避免洪水灾害;加强陡坡、峭壁区域的工程防护,严禁破坏植被,防止滑坡、泥石流等地质灾害。

对学院的分期建设、投资估算等做出安排;安排各项目建设时序、建设规模、开工和建成年份、投资类别、责任部门等。

3. 关键技术和创新点

该实施方案特点鲜明,理论联系实践,把"规"(规划)与"建"(建设)很好地结合了起来。

在总体层面提出了解决五明佛学院发展建设中的几个关键性问题,为五明佛学院的整治实施建设提供了方法和技术路径:

首先,尊重地方特色和民族特色,以藏传佛教文化内涵打造学院的整体形象;

其次,对学院意向、形象和印象进行"三象一体,意境塑造";通过整合学院的原始意象,打造出学院的崭新形象,形成世人心目中最大的美好佛学院印象;

再次,利用建筑空间布局形态、道路可达性等多方面解决学院的消防隐患;

最后,提出可实施的建设时序及投资估算;根据轻重缓急,按照省委省政府"一年见成效,三年大变样"的要求分三期进行项目安排,大大提高了项目的可行性。

4. 项目作用与水平

整治实施方案以全面保护喇荣寺五明佛学院片区人文文化、生态环境和传

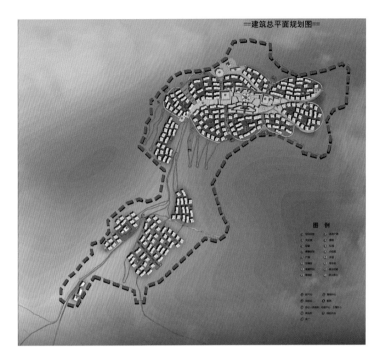

图3 建筑总平面规划图

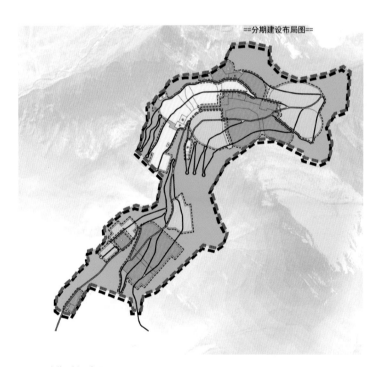

图4 分期建设布局图

统建筑资源为宗旨,以规划为先导,采取有效的保护措施和手段保护喇荣寺五明佛学院片区的原生态资源;通过整治、提升和配套完善,合理、适度的开发和利用,促进片区全面的可持续的发展。

本方案是在对五明佛学院的充分认知的基础上提出的、可尽快实施的规划方案;具有较强的系统性、科学性、实践性、学理性和严谨性。在现有城市规划编制办法的基础上,落实了可持续发展理念和"四态合一"的原则。

1.2 产城一体及城乡统筹规划

柴达木循环经济试验区格尔木工业园察尔汗盐湖化工区概念规划

2011 年度四川省优秀规划设计二等奖

设计单位: 四川省城乡规划设计研究院

承担所室: 城市规划所

项目负责人: 樊 晟

主审总工: 王国森

项目主持人: 程 龙

参加人员: 曹 利、曾建萍、廖 琦、
刘 丰、乐 震、伍俊辉、
李卓珂

1. 规划背景和构思

察尔汗盐湖化工区是柴达木循环经济试验区的核心园区;为更好地发挥格尔木资源和产业布局集聚优势,深化落实《柴达木国家级循环经济试验区总体规划》,受格尔木市经济和发展改革委员会的委托,四川省城乡规划设计研究院于 2009 年 12 月承担了《柴达木循环经济试验区格尔木工业园察尔汗盐湖化工区概念规划》编制任务。

规划以循环经济理论为总体指导,紧密结合察尔汗盐湖区及柴达木盆地独特自然生态条件,借鉴世界先进化工产业发展趋势及产业链、空间布局、基础设施、物流、生态保护等方面的成功经验;运用生态工业园区理论、新产业空间、工业生态学等理论为指导,将规划区纳入整个柴达木循环经济试验区统筹一体化规划;以科学新颖的理念,前瞻准确的定位,统筹规划区域产业、空间

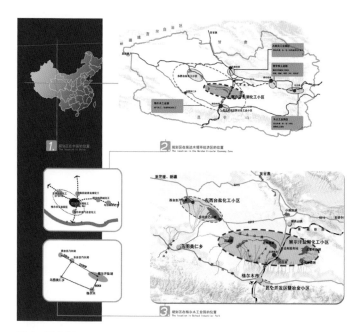

图1　区位图

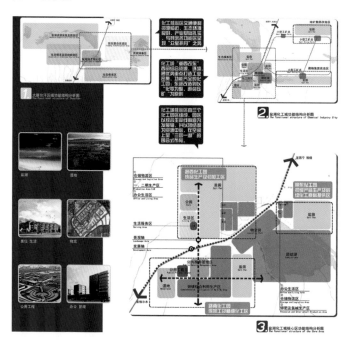

图2　功能结构分析图

布局、交通及基础设施、生态环境保护、资源循环利用等内容。

2. 规划内容

本次概念规划范围为察尔汗盐湖区,东西长 204km,南北宽 20～40km,面积 5856km²。规划区位于青藏高原腹心,是柴达木循环经济试验区的核心园区、格尔木市经济发展的核心地区,具有重要的战略地位。规划将察尔汗纳入柴达木国家级循环经济试验区和格尔木市进行统筹规划研究。

基于察尔汗盐湖在世界盐湖区的资源禀赋优势和在柴达木循环经济试验区的核心地位;规划从与世界对比的高度,以全球性眼光审视和谋划察尔汗盐湖化工区的发展;重点解决区域产业循环、

空间布局、交通网络、基础设施共享、生态格局以及新生态工业文明塑造等几大问题。

3. 规划创新与特色

（1）生态循环经济理念贯穿项目始终：以打造生态工业园区为目标，在产业链设计、能源梯级利用、水及矿产资源循环利用等方面遵照循环经济理念，功能布局、基础设施都依此规划。

（2）区域一体化：以柴达木循环经济试验区总体规划为依据，从柴达木循环经济试验区到格尔木工业园到格尔木市到察尔汗盐湖化工区各个层面，在产业、能源、基础设施等方面进行区域统筹一体化规划。

（3）现代产业园区新模式：从围绕能源和原材料综合利用的传统产业园区转变为以技术和信息交流为核心的新产业空间模式，构建产、学、研、展销、信息、交流一体化，生活、娱乐、社区交流一体化的综合体；创造充满生机、活力、人文气息的新工业文明。

（4）地域特色化：尊重当地独特的自然生态环境，园区风貌形象以盐湖文化为特色，通过中心区大面积盐湖水体、盐雕、盐滩，塑造盐湖特色浓郁的园区形象。

其次，在工程措施、绿化树种选择、种植方式等方面尊重当地自然条件，突出地域特色化。

4. 规划实施

《柴达木循环经济试验区格尔木工业园察尔汗盐湖化工区概念规划》于2010年6月8日在西宁市通过青海省发展和改革委员会组织的评审会审查，获得格尔木市、海西州、青海省等各级部门和单位的一致好评；目前正对察尔汗盐湖化

图3 用地布局规划图

图4 核心区效果图

图5 规划实施照片（一）

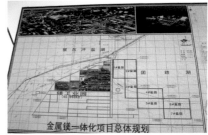

图6 规划实施照片（二）

工区建设起着科学有效的指导作用。

（1）以此概念规划为指导，还编制完成了《察尔汗金属镁一体化工业园区控制性详细规划》，并已启动一期项目实施。

（2）为区域重大基础设施建设提供规划指导，部分高速公路、二级公路已依此启动建设，察尔汗铁路支线也已以此为依据向铁道部申请立项。

（3）察尔汗盐湖化工区原有小型企业已依此概念规划进行整合、改造。

绵安北区域统筹发展规划（2010–2020）

设计单位： 四川省城乡规划设计研究院
承担所室： 韩华工作室
主审总工： 韩 华
项目主持人： 叶云剑
参加人员： 李 毅、田 文、余 鹏、
刘剑平、惠珍珍

1. 规划背景和过程

随着成绵高速复线、兰成铁路睢水设站、绵遂铁路、辽宁大道、江秀路、北川新县城、国家地震遗址博物馆、唐家山堰塞湖等项目的建设实施，一系列举措将使绵阳—安县—北川的区域经济得到振兴。

在灾后重建的特殊背景下，绵阳市向西发展已经成为不可阻挡之势。因此，"沿安昌河向西跨越高速公路发展"是灾后重建规划确定的中心城区发展的四个主方向之一；同时也因为地震的影响，该片区在城镇职能、规模、产业发展方向上将出现大的调整。

如何在加强该区域规划的相互衔接、整合的基础上，对该区域在交通、产业、旅游、风貌、基础设施上进行统筹考虑，使区域实现城城统筹、城乡统筹，社会经济及文化都得到协同发展，是本次规划的缘由及目标所在。

2. 规划主要内容

本规划分为两个层次：

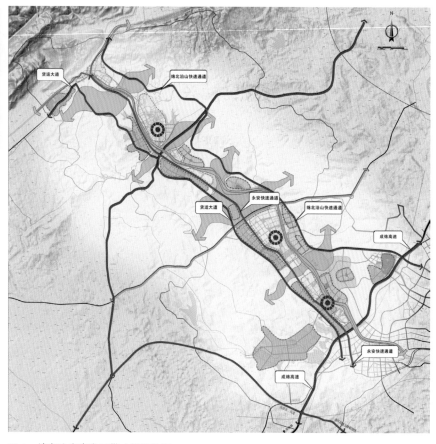

图1 绵安北走廊发展带功能结构图

其一为安县北川两县县域各乡镇在"绵安北一体化"发展的新形势下的统筹发展战略研究，面积约为 4767km²；

其二为安昌河谷地带的"绵－安－北城镇发展走廊"战略研究，这也是本规划的重点地带，面积约为 406.65km²。

（1）发展定位

随着灾后重建以及区域铁路公路交通条件的改善，安昌河谷地区将是安县、北川两县推进工业化、城镇化进程，逐步促进山区人口向平原地区转移、缓解山区资源环境压力的承接区域；是市域城镇、市域经济的主要发展区；是绵阳中心城区未来发展的四大主方向之一。

（2）区域城镇体系规划调整

目前该区域编制的规划众多，通过对各规划的解读并结合新形势下面对的问题，提出对城镇体系规划的调整如下：

1）睢水镇城镇等级由三级提升为二级城镇（兰成铁路睢水设站、绵遂铁路以睢水作为起始站），睢水镇将成为绵阳西北方向的交通枢纽中心之一。

2）强化桑枣镇作为旅游小城镇的龙头作用，联动北川旅游；形成"日游北川安县、夜宿温泉桑枣"的游程安排，以增加游客驻留时间。

3）安县城镇空间结构调整

在安县境内形成如下三条发展轴线：

第一，北川—黄土—花荄—界牌—绵阳发展主轴（主轴集高端旅游服务、新兴高科技工业、文化传承和休闲居住为一体的复合功能聚集轴。提升主轴辐射的带动功能，转变单一工贸职能为复合职能）；第二，花荄—兴仁—塔水—秀水—睢水工业发展副轴（形成以农业产业化和矿业资源深加工为主的工业职能承载轴）；第三，桑枣—晓坝—沸水—睢

水沿山旅游发展副轴（该轴依托桑枣镇带动，建设一批旅游特色小城镇）。

（3）区域交通规划

1）铁路规划

形成宝成、成绵乐、绵遂铁路及成西客运专线的铁路网。

2）高速公路

涉及本区域的高速公路有：成绵高速公路复线、绕城高速南环线、绵遂高速、绵九高速、成绵高速公路复线与绵九高速的连接线。

3）快速通道规划

结合现有快速通道即永安路、辽安大道、绵－安－北快速通道，新规划了踏水—乐兴—黄土—江油快速通道。除此外，本规划结合产业布局，在永安路西侧规划了一条专用货运通道。

（4）区域旅游规划

1）与周边旅游资源的整合及融入

融入大龙门山旅游试验区、融入九环线旅游、融入绵阳旅游环线

2）绵安北地区旅游资源类型

地震遗址及灾后重建旅游带、会议度假及沿山休闲旅游带、高山风光游赏及民族文化旅游带。

3）旅游线路的组织

规划绵安北地区形成"两主三副串两环"的旅游线路。两主线分别为，第一，地震遗址及灾后重建旅游主线，即绵阳—花荄—北川新县城（安昌）—永安镇—擂鼓镇—曲山镇—桂溪乡—接九环线东线；第二，会议度假及沿山休闲旅游主线，即睢水镇—沸水镇—晓坝—桑枣镇—北川新县城（含安昌）—花荄（安昌河以北的区域）。

三副线为高山风光游赏及民族文化旅游副线、九环线东西连接线、省道302旅游副线。

两环分为大小环：其中大环指桑枣镇—北川新县城（含安昌）—永安镇—擂鼓镇—禹里乡—墩上乡—睢水镇—沸

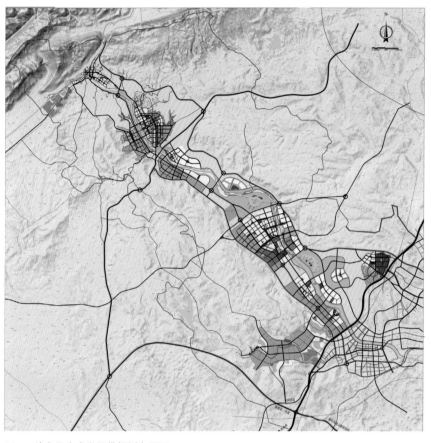

图2 绵安北走廊发展带规划布局图

水镇—晓坝—回桑枣镇，小环（地震遗址核心旅游环）指北川唐家山堰塞湖—禹里—擂鼓—曲山。

（5）绵安北城镇发展走廊总体构思

安县县城由原来的安昌镇迁移到花荄，北川县城灾后由曲山镇迁移到黄土镇一带之后，两县发展重心皆沿安昌河谷的下游前移，并依托辽宁大道，沿线形成了防震减灾园—界牌—安县—黄土—新北川（含安昌镇）的带状发展雏形；走廊模式相较于组团式将使交通和市政管线效率更高，而且更节约土地。

通过分析，在保证各城镇职能的基础上，按照本次规划的总体思路对未来各城镇发展提出统筹的引导：

1）北川新县城工业用地宜规划至安昌河西，河西用地不再规划生活区

2）安昌镇应与北川新县城一体化发展，即与北川新县城保持功能一致：

河东为生活区，河西为产业园区。

3）黄土镇生活区应该依托北川新县城，在安昌河东配套完善并发展；河西用地要发展也以发展工业为主，这样不但与北川新县城形成生活与产业的联动，同时也降低了市政设施投入成本，更利于黄土镇的自身发展。

4）花荄在河西发展用地充足的情况下，宜在河西发展；以后若要确需发展河东时，也以发展低开发量的住宅为主；使花荄形成绵安路以西的产业区，绵安路以东的宜居生活区、安昌河以东的高档居住区。

（6）功能结构

功能结构为"一河三带、三核五片、水串绿拥、城乡一体、带状发展"：

其中"一河"——为安昌河，"三带"则是：安昌河与绵安路之间形成生活带，绵安路以西形成产业带，安昌河以东形

成沿山旅游及高档居住带;"三核"分指北川新县城、安县(花荄)县城、循环经济产业园三大发展极核,是该城镇走廊的三大发展引擎;"五片"分别为该走廊由绿地及自然山体分隔的五片发展区:包括安昌镇、北川新县城、黄土镇、安县(花荄)县城、界牌及循环经济产业园。

水串绿拥系指安昌河顺流而下,横贯该发展走廊,与河谷两侧的自然山体、走廊上间隔的生态绿带,一起形成良好的生态环境;走廊上形成四条生态隔离带。

规划拟在各城镇的间隔生态绿地中引河成湖(或滞雨成湖),即:黄土镇与新县城间形成北湖,黄土镇与花荄之间形成花湖,花荄与界牌镇间形成南湖,从而形成"一河三湖,两山相映"的生态格局。

其后项目分别从绵安北城镇发展走廊生态隔离带、空间管制、风貌、交通及市政工程等诸多方面进行了科学合理的统一规划。

3. 关键技术和创新点

本规划在结合相关学术论文的基础上,基于绵安北现状发展态势,理论与实践结合,提出切合绵安北发展实际的城镇走廊发展模式。

规划从城市扩展形态模式、走廊发展模式形态、走廊发展模式支撑等诸多方面进行了深入的研究和探讨,并将此理论成果落实于项目中。

4. 项目作用与水平

本规划使绵安北灾后重建所涉的一系列规划得到梳理与衔接,避免了各自为政的弊端。以理论为基础,对绵安北城镇发展带的建设模式、功能结构、交通及市政工程进行了优化和统筹,对该走廊发展带的建设起到了及时的规范效应,具有较强的实践指导意义。

眉山机械产业园区控制性详细规划及城市设计

设 计 单 位: 四川省城乡规划设计研究院

承担所室: 胡英男工作室

主审总工: 严 俨

项目主持人: 陈俊松

参 加 人 员: 童 心、沈 阳、刘 琳、
陈翰丰、邱永涵、胡国华、
巩文斌

合 作 单 位: 眉山机械产业园区管理委员会
东坡区城乡规划和建设局

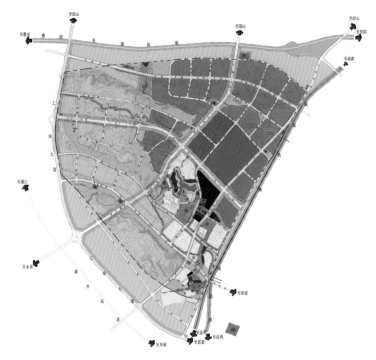

图 1 用地布局规划图

1. 规划背景和过程

按照四川省委、四川省人民政府关于"统筹推进新型工业化新型城镇化互动发展"的要求,结合四川省成都天府新区的建设,加快推进眉山产城一体、"两化"互动发展,以新型工业化为动力带动新型城镇化发展,以新型城镇化促进新型工业化发展,统筹城乡,实现"三化"联动,眉山市委、市政府委托我院编制《眉山市现代工业新城总体规划》。

眉山机械产业园区,作为眉山"一城七园"中最年轻的园区,面对的形势严峻,面临的任务艰巨。机遇不少,挑战更大。

根据已批准的工业园区总体规划的要求,为了使园区的建设更加科学有序,建设用地的各项控制指标和其他管理要求更加规范,为规划实施和管理提供依据,并指导修建性详细规划、建筑设计和市政工程设计的编制,特编制本规划。

2. 规划主要内容

（1）发展定位

将园区战略发展定位为打造眉山版的准 4.0 "智能产业" 现代新城。形成天府新区重要高端装备制造基地、中国西部轨道交通装备产业基地、中国西部智慧城市装备产业基地。文化发展定位为依托眉山及崇仁镇现有文化,形成崇文尚仁·修业天下的文化主题与东坡读书·山水为院的文化形态。

（2）整体规划

通过现状因子叠加分析,保留梳理生态基地,构建城市交通网络与功能核心,同时确定保留与新建范围。形成骨架后构建智慧体系,布局城市功能、融入人性化考虑。总体规划思路遵循绿廊渗透;产城一体;形成一心两轴八片的功能分区

平面设计采用指状发展、延伸渗透、构建廊道、界面互动四类策略,保护三条山体形成绿楔,向城市绿地及商业空间渗透延伸形成绿底、结合滨水系统与视线通廊构筑廊道,利用天然绿道及滨水区域提高片区活力与土地使用效率。

城市空间形态注重理水、秀山、层筑、景观、混用、快车、慢人、活街、兴场。

道路交通形成畅达并举、过境剥离、生态慢行的综合交通系统。发展策略遵循顺山、利地、网密、快车、慢人、景观。对外交通上增强与成昆铁路以及遂（宁）资（阳）眉（山）高速公路的联系;提高与工业大道的衔接能力;构建通畅的城市干道系统;建设区域对外客运及货运站点。对内构成"三横两纵"结构;注重道路与山体地势的适应,避免大规模的破坏山体植被,各组团沿滨河及山体构成"一圈四联"的慢行交通系统。

（3）核心区规划

将核心的商住服务区分为七类功能区:滨水休闲区、综合服务区、商教中心、研发职教、居住生活区、生态绿化区和林盘区。商住服务区周边则是智能产业区和仓储物流区,沿路控制建筑高度、

贴线率与天际线轮廓，形成张弛有度的轴线空间形态。结合园区文化发展生态旅游与工业旅游，注重崇仁的历史文脉和对未来的形象塑造。组织合理的人文科技游览线路和生态智慧线路，形成网状的开放空间与步行系统。对中央生态公园、白堰湖滨水商业街、企业孵化基地、主要入口景观区、崇仁镇区、南北生态绿廊沿线、车城湿地公园等重要区域做出了详细设计。

3. 关键技术和创新点

（1）强化生态规划的理念，摒弃了以往工业园区规划以工业为主的思路。本次规划同时进行了生态规划的研究，从规划区生态空间自然条件分析入手，运用了景观结构和功能原理、生态基础设施理论、生态承载力理论等生态学的相关理论，对整个规划区进行生态空间结构规划，构建规划区良好的生态景观格局。规划将按照生态工业园区"园在林中，人在绿中"的目标对公园绿地进行布局。对全区绿地进行分类规划，将其分为四类绿地进行规划控制，使居住在其中的居民和产业工人享有"出门见绿"的效果与便利。

（2）充分尊重自然地形，因地制宜，强调可实施性。采用"景城"、"文城"、"产城"的策略，利用自然地形特点，形成"环湖绿心"、"串城绿廊"、"护城绿屏"，成为城市独特的景观基质。道路布局上充分考虑现状地形与建筑，减小填挖方量与拆迁量。建筑风貌上注重保护现状生活区传统街区，对现有建筑进行风貌重塑与提升。

4. 规划实施

本规划已于 2016 年初评审。园区将以以"政府主导、企业主体、封闭

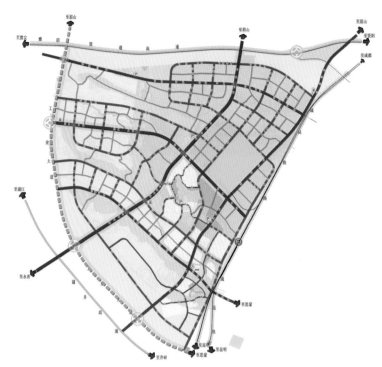

图 2　道路交通规划图

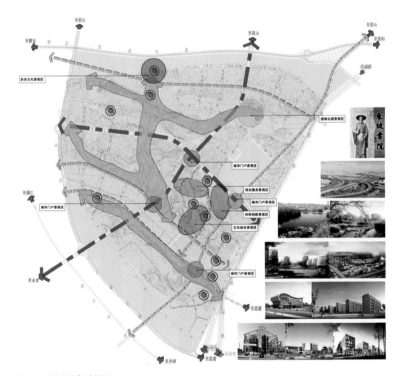

图 3　城市设计引导图

运行、市场运作、利益共享、风险共担"为原则，采取 PPP 模式，按照规划、设计、投资、建设、运营、移交一体化操作，对园区近中期 7.67 平方公里进行区域性整体性开发。预计项目总投资 150 亿元，建成运营后年度税收不低于人民币 6 亿元。目前已有部分 ppp 项目进驻。同时，规划组将继续编制核心区范围内的修建性详细规划，将控规成果深入落实。

眉山现代工业新城
总体规划

2013 年度四川省优秀规划设计三等奖

设计单位: 四川省城乡规划设计研究院

承担单元: 四川省城乡规划编制研究中心

主审总工: 高黄根

项目主持人: 陈 亮

参加人员: 彭代明、黄剑云、岳 波、
李 奇、贾刘强、何莹琨、
张 伟

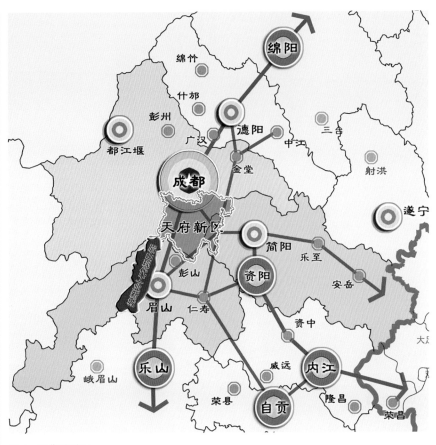

图 1 区位关系图

1. 规划背景和过程

按照四川省委、省政府关于"统筹推进新型工业化新型城镇化互动发展"的要求,结合成都市天府新区建设,加快推进眉山产城一体、"两化"互动发展,以新型工业化为动力带动新型城镇化发展,以新型城镇化促进新型工业化发展,统筹城乡,实现"三化"联动;眉山市委、市政府委托我院编制《眉山现代工业新城总体规划》(以下简称"本规划")。

本规划于 2011 年 12 月启动,于 2012 年 4 月通过专家评审,同年 6 月通过眉山市规委会的审议,现已提交了正式成果。

2. 规划主要内容

本规划按照"高起点、高标准、高质量"的要求,突出优势产业和特色,将眉山现代工业新城建设成为空间结构上产城融合、产业分工布局上合理、基础设施上共建共享、新型工业化和新型城镇化互动发展的国家级经济技术开发区;努力将其打造为以战略性新兴产业为主、产城一体高端聚集、宜业宜居的现代化工业新城。

根据上位规划与眉山市委市政府对眉山现代工业新城的产业发展要求,结合眉山现代工业新城的产业发展基础、现状自然条件,规划提出眉山现代工业新城应在现有化工、机械、铝硅产业基础上,加深延长产业链,提高产品附加值;培育特色优势产业,重点引进高技术和战略性新兴产业;以集聚集约的现代化产业为主导,积极承接成渝和天府新区产业转移,控制污染工业进入。总的概括为:重点发展新能源、新材料、医药化工、电子信息、机械装备、精细化工、特色农产品加工、现代物流等八

大产业;限制发展一些污染严重的冶金、建材、轻工产业,淘汰不符合产业政策的落后产业。

规划梳理工业新城发展的有利条件和不利因素,结合上位规划和区域其他产业园区规划、有机整合自身优势资源和产业;根据发展方向和用地之间的河流、地形、交通等天然分隔,并考虑风向及水系对污染的扩散,规划区划分为:4 个组团、7 个产城单元;每个单元形成1 个支柱产业,并配套相关产业;实现产城单元产业发展的资源整合和产业互补。

规划以自然山水和生态田园为本底,以体系方式组织空间结构,形成大分散、小集中的整体格局,构建"三楔两轴、两心四区"的工业新城空间结构:其中,"三楔"指产城单元之间的生态隔离绿楔和都市近郊型农业、田园生态型新农村;"两轴"指以基础设施干线

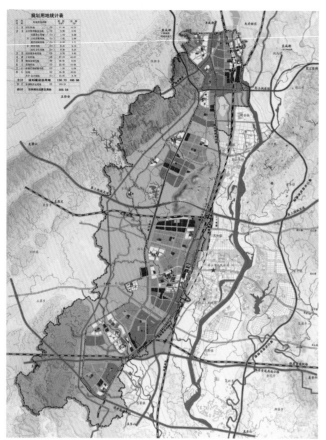

图 2　总体布局规划图

图 3　空间布局结构图

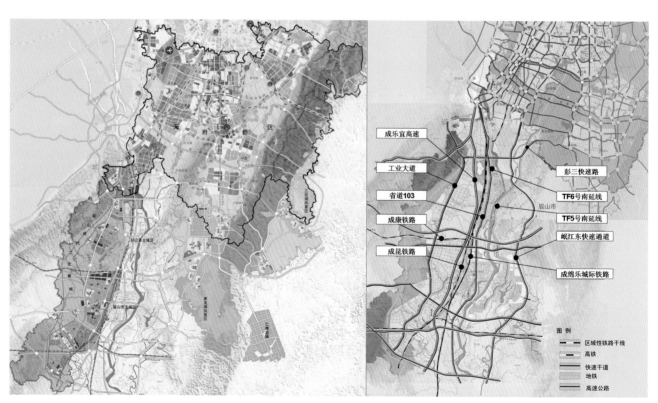

图 4　对接天府新区示意图

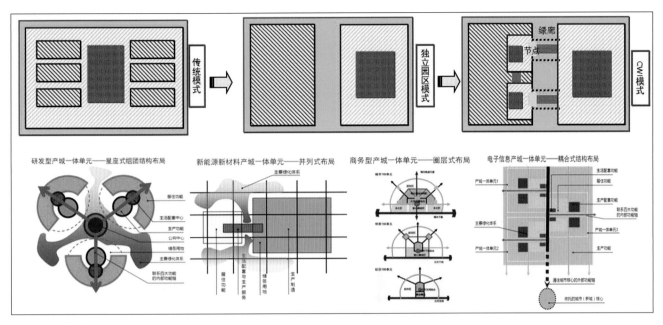

图 5 产城单元布局模式图

走廊为载体的产城联动发展轴和串联各个产城单元的战略新兴产业集聚带;"两心"指工业新城产业发展核心区和中央生态绿心;"四区"指青龙公义功能区、谢家义和功能区、尚义象耳功能区、修文崇仁功能区。

按照"产城一体"的理念,综合考虑眉山城区、彭山城区对产业园区的综合服务支撑,以及现状、交通、环境、产业门类等因素,充分结合临近场镇,合理配置各类产业用地、配套服务用地。规划区范围总用地 305.83km²,其中建设用地 150.70km²;规划还对公共设施、绿地系统、综合交通等提出了相应要求。

3. 关键技术和创新点

运用新理念、新方法,对现代工业新城的产城一体、城乡统筹发展进行了积极探索;为其他类似城市产城互动发展提供了有益的参考和借鉴。

无缝对接、融入天府。按照"有特色、无落差"的原则,延伸天府新区"一带两翼、一城六区"中高技术产业和战略新兴产业集聚带;构建串珠式发展链,形成与天府新区高速公路、区域铁路干线、快速干道一体化的快速交通网络;实现空间布局、产业布局、重大基础设施、交通物流、生态建设等与天府新区的无缝对接。

产城一体、产居融合。规划提出"CWI(city with industry)"产城单元的模式,通过量化的"用地 / 产出比"、"产城分配比"等指标体系实施对产城用地的合理控制;使生产生活协调发展,促进职住平衡。针对不同产业门类提出不同类型的产城一体的布局模式。

统筹城乡,集约发展。建设与非建设用地整体规划,明确工业产业园区、乡镇建设区、新农村社区、都市绿色产业基地,生态控制区、配套服务与特色旅游区的布局,建构多元共生的生态型城乡发展空间。

尊重自然、突出特色。延续大区域生态体系框架,保护生态隔离空间,增强产城单元自然净化能力;充分利用山体水系创造良好环境,打造工业新城绿心,并以河流为依托,将水系引入建设用地,构建大面积湿地公园和水景公园,形成水脉渗透、绿水相融的产城空间,打造宜业宜居之城。

4. 规划实施

在本规划的指导下,眉山市政府先后编制了各片区控制性详细规划;正在建设工业大道、工业环线等主干道路,并对省道106进行了改造;工业新城总部经济核心区正在实施招商,启动了铝硅产业园甘眉合作区商务中心建设;青龙工业园、铝硅产业园发展迅速,正在按照本规划提出的《工业企业入驻标准》积极引进工业企业;金象工业园东侧、醴泉河西侧污水处理厂正在按照规划抓紧实施建设。

格尔木市郭勒木德镇统筹城乡一体化发展总体规划 (2010-2025)

2011年度全国优秀城乡规划设计
（村镇规划类）二等奖

设 计 单 位： 四川省城乡规划设计研究院

承 担 所 室： 城市规划所

项目负责人： 樊 晟

主 审 总 工： 王国森

项目主持人： 程 龙

参 加 人 员： 伍俊辉、曹 利、刘 丰、
乐 震、胡上春、吴小平

合 作 单 位： 格尔木市经济和发展改革委员会

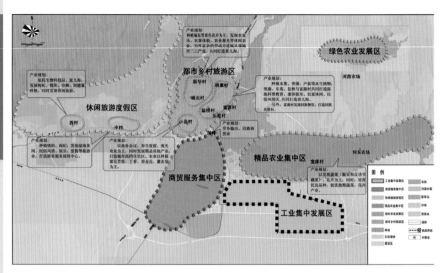

图1　核心区产业布局规划图

图2　核心区用地布局规划图

1. 规划背景和过程

格尔木郭德木勒镇地处青藏高原腹心；该镇生态脆弱、荒漠化严重，城乡二元结构突出；基于此，2009年5月，格尔木市政府委托我院承接了《郭德木勒镇统筹城乡一体化发展总体规划》的编制任务；要求做到规划理念新颖、思路明确，符合地方实情，突出地方特色，具有可操作性和指导性。

2. 规划主要内容

以七个一体化为主线，实现格尔木市郭勒木德镇的城乡统筹发展。

（1）城乡产业组织一体化

统筹城乡产业发展，以第一、第二、第三产业的有机耦合为核心，推进城市第二、第三产业向农村地区延伸；建立城乡产业一体化协调机制，使城乡产业相互沟通，实现城乡产业组织一体化。

（2）城乡空间布局一体化

推动城乡分割体融合成"区域综合体"，规划"七仙海"景区，形成相互渗透、相互协调的城乡空间布局一体化。

（3）城乡基础设施一体化

统筹规划城乡基础设施，设置接口，统筹协调，形成统一的交通、市政、信息等设施网络；让农民享有与城市同等的基础设施服务，实现城乡基础设施一体化。

（4）城乡公共服务体系一体化

按层级统筹配置城乡公共服务设施，促进城乡基本公共服务业均等化；完善科教文卫资源分配制度，规划实现城乡公共服务体系一体化。

（5）城乡生态环保一体化

构建城乡一体的生态格局，强化城市及近郊区的节能减排规划工作；提升城乡联动的循环经济建设水平，开展城乡环境综合整治，规划实现城乡生态环保一体化。

（6）城乡就业与保障一体化

完善农民养老、失业、教育、医疗等保障体系，并使之与城镇居民的养老、失业、教育、医疗等相关保障实现信息对接；建立城乡一体的就业平台，规划实现城乡就业与保障一体化。

（7）城乡管理政策一体化

调整城乡政府规划管理部门设置，提升以服务于城乡统筹为基本目标的行政效能，从机制上推动城乡管理政策一体化。

3. 关键技术和创新点

紧密结合郭勒木德镇地处青藏高原的生态、经济、社会区情，基于功能互补和有机共生理念，引导土地向规模集中、工业向园区集中、人口向社区集中；统筹布局城乡产业、用地功能、基础设施与社会公共服务设施，坚持市场机制在资源配置中的基础性作用，循序渐进，突出重点与特色，稳步推进试点示范；以服务"三农"为目标推进社会主义新农村建设，并进行有针对性的详细指引。

在规划编制中，主要运用反规划、生态学、城乡统筹、区域经济等理论，重点采用地理信息系统技术（GIS）、生态规划技术、空间经济分析技术等信息技术手段。规划主要进行了以下创新探索：

一是探索了高海拔大漠、生态脆弱地区城乡统筹发展模式；二是探索工矿小城市带小农村、城乡共同发展时期的城乡统筹建设与发展的路径；三是突出产业、基础设施、空间功能、公共服务体系、生态环保、就业与保障、管理政策等七个一体化的内涵，将其反映到空间布局；四是细化项目库，明确分期行动计划，实施操作性强，可有效指导格尔木市城乡发展与建设；五是针对格尔木特殊的管理体制，对城乡统筹的政策和体制进行了探索。

4. 规划实施

规划理念新颖，立足长远发展，尊重地域文化，思路清晰，规划充分考虑

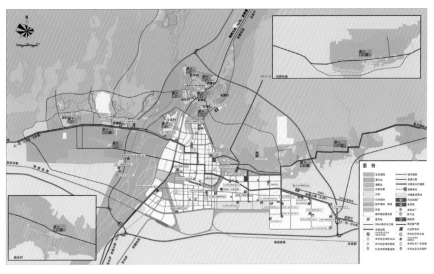

图3　城乡基础设施规划图

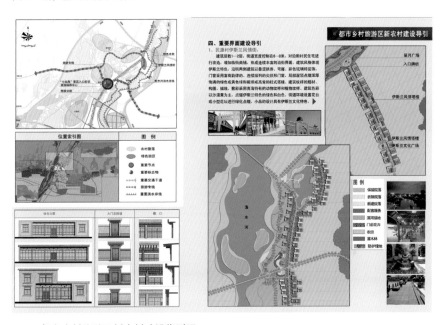

图4　都市乡村旅游区新农村建设指引图

高海拔、荒漠化地区具体情况，探索符合格尔木郭德木勒镇城乡统筹的路径，具较强的实际操作性；规划获得格尔木市、海西州、青海省等各级政府的一致好评。

目前，本规划得到了有效的实施，郭德木勒镇北部、西部新村建设遵循规划中新村建设原则而进行综合整治；生物园区的详细规划在总体规划的指导下进行编制；政策建议也在格尔木市城乡管理中得到了一定吸纳和实施。

格尔木郭德木勒镇城乡统筹规划不仅是解决郭德木勒镇城乡统筹发展的问题，更是探索了一条高海拔、荒漠化地区城乡统筹发展的科学路径。

吴忠市红寺堡区统筹城乡一体化发展总体规划

设 计 单 位: 四川省城乡规划设计研究院

承 担 所 室: 城市规划所

主 审 总 工: 王国森

项目主持人: 杨　猛

参 加 人 员: 刘　丰、胡上春、伍俊辉、
　　　　　　　乐　震、吴　勇

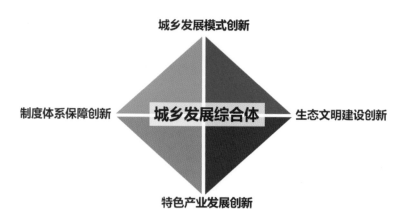

图 1　红寺堡城乡统筹的"钻石模型"

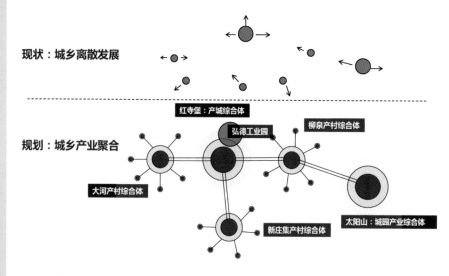

图 2　通过城乡发展综合体整合重构全域空间

1. 规划背景和过程

宁夏吴忠市红寺堡区前身为红寺堡开发区;2009 年设立吴忠市红寺堡区。是国家大型水利枢纽工程——宁夏扶贫扬黄灌溉工程的主战场;是全国最大的生态扶贫移民集中区。

红寺堡其特殊的移民安置、开发建设背景,为该区域的新型城镇化发展和城乡统筹建设带来了全新的挑战;规划提出将红寺堡的城乡一体化发展作为西北地区一种城乡统筹的典型模式来进行课题研究,以"红寺堡区后移民时代创新型城乡可持续发展行动计划"作为本次一体化规划的定位;研究探索城乡统筹发展和新型城镇化建设的"红寺堡模式"。

2. 规划主要内容

（1）模式探索:红寺堡城乡统筹钻石模型

规划结合红寺堡区的内部条件和发展机遇,提出转变发展模式,适应内外机遇,规划提出了红寺堡区城乡发展的"钻石"模型:以城乡发展综合体发展建设作为红寺堡区后移民时代可持续发展的核心,"城乡发展模式创新"、"特色产业发展创新"、"生态文明建设创新"、"制度体系保障创新"四个方面的创新发展作为四个支点,共同形成红寺堡区城乡统筹一体化发展的钻石体系模型。

（2）凸显特色:为城市发展寻找最佳名片

1）红寺堡区形象定位

确定为"塞上波尔多、慈善田园城"。具体内涵包括:宁中桥头堡——开放红寺堡;扬黄金灌区——富裕红寺堡;瀚海新绿洲——美丽红寺堡;幸福移民城——和谐红寺堡;弘德记大爱——慈善红寺堡

2）乡镇特色发展定位

结合各个乡镇的特色产业定位,以民族色彩隐喻民族团结融合,城乡一体富美,形成乡镇特色发展主题定位:

总体定位为"五彩回乡,移民福地"。其中绿色指大河——清真美食乡;蓝色指柳泉——乐活风情镇;红色指新庄集——罗山红景源;橙色指红寺堡——生态宜居城;黑色指太阳山乌金财富地。

（3）空间重构:建设城乡综合体,重构城乡空间。

城乡综合体是以城、镇、村为依托,统筹组织社区集群内的各项生产、生活资源,形成优化配套,共建共享,集约高效的城乡发展综合体。并以"产业有

支撑，生态有特色，设施一体化，服务集成化，管理社区化，环境更宜居"为总体特征。

规划形成"双极核、四综合体"的城乡空间发展单元

双极核：即红寺堡城区和太阳山（镇）开发区两个发展极核。

四综合体：四个产业差异发展的新型城乡综合体，包括：大河城乡聚合综合体；新庄集城乡聚合综合体；柳泉城乡聚合综合体；石炭沟产村聚合综合体。

（4）多规合一：多规协调，形成全域发展一张蓝图

规划以"生产、生活、生态"空间的可持续发展为核心，整合协调城乡发展规划、土地利用规划、旅游、交通等部门的专项规划，形成覆盖全域城乡发展的一张蓝图。

（5）行动规划：形成城乡统筹建设行动的总纲领

为有效地指导红寺堡区城乡统筹建设工作的开展，本规划以行动规划为编制目标，明确了城乡统筹工作的重点、实施路径和项目库；按照近期、中期、远期三个阶段进行目标分解和项目细化，形成了分年度的城乡统筹重点实施项目库。

图3 规划用地布局图

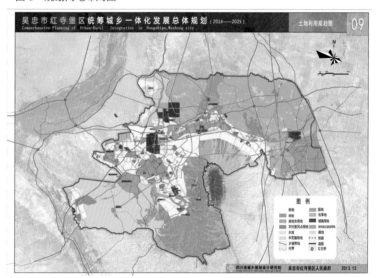

图4 多规合一：土地利用协调方案

图5 综合体发展引导

浏阳河新农村示范走廊
总体概念规划

2009 年度全国优秀城乡规划设计二等奖

设计单位：四川省城乡规划设计研究院

承担所室：汪晓岗工作室

项目主持人：汪晓岗

参加人员：严　俨、黄东仆、林三忠、
　　　　　　王亚飞、万　衍、李雪峰

1. 规划背景和过程

　　浏阳河新农村建设示范走廊是以浏阳河为依托而规划建设的沿河带状区域。

　　规划缘起于 2007 年以来湖南省实施建设"两型社会"的战略背景。为积极响应两型社会建设的要求，扎实推进浏阳市的新农村建设，更好地打响浏阳河知名品牌，为浏阳市的城乡一体化提供新思路、新纲领；浏阳市委、市政府创新地提出了建设浏阳河新农村示范走廊的决策。

　　通过参观学习成都市三圣花乡、虹

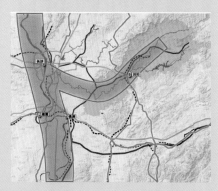

图 1　区位图

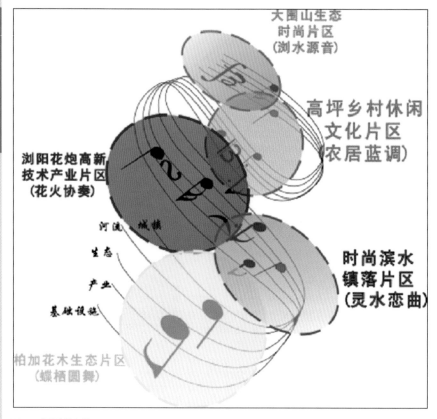

图 2　规划理念构思图

口乡等地的城乡统筹建设实践与经验，浏阳市规划行政主管部门充分肯定我院在城乡统筹规划方面的设计成果，特委托我院编制该规划。

2. 规划主要内容

　　浏阳河新农村建设示范走廊规划主要体现出"四个新"："新理念、新机制、新产业、新农民"。通过新农村建设，在农村地区全面促进科学发展与社会和谐。

　　首先，以"全域长沙"的视野出发，整合提升；依托长沙这个现代化大都市，面向长株潭城市群。通过新农村建设，打造以都市型农业和乡村休闲文化为一体的新的产业联合体，完成与长株潭城市群的对接和错位发展，实现都市型农业生态走廊和乡村休闲旅游目的地，形成具有国际影响力和吸引力的乡

村区域。

　　其次，从区域和城乡统筹的角度，完善浏阳市城乡形态和功能，对浏阳河流域地区进行综合利用与整体开发。在对农业产业结构进行调整的基础上，通过将传统农业向都市型农业进行转变，提升新型农业产业附加值，带动和促进浏阳河流域地区城乡经济、社会统筹协调发展。

　　最后，希望诠释一种"生活方式"的精神内涵。浏阳河流域发展必须与继承和创建"浏阳文化"充分结合；同时把其文化内涵形象化、体验化、参与化，并以乡村休闲的形式表达出来，充分诠释一种新的"生活方式"；创造一种以"望得见山、看得见水、记得住乡愁"为标志的新的休闲体验、旅游度假、生态居住的生产、生活新风尚。

　　通过统一的策划和协作投入，有效整合区域乡村休闲市场，将浏阳河流域

区域积极融入进去、做强做大，实现中国中部乡村旅游的跨越式发展。

规划确定了"中国最美丽的乡村河流"以及"九曲湖湘、五韵浏阳"的主题形象和定位。通过对沿河产业（农业、旅游业、服务业、工业发展、房地产业等）的发展分析，整体划分为五个各具风格的功能片区，各片区独具特色的发展自身产业和文化旅游项目。

强化以"走廊 + 轴线"的现代、快速和绿色的交通主体格局，使整个浏阳河区域迅速融入与周边各大城市的对接之中。

基础设施建设注重从区域和流域角度，兼顾上下游的关系，打破城乡二元结构，统一规划、合理布局，实现市政基础设施区域共享；加强整个区域基础设施建设，从而带动整个区域经济和社会发展。

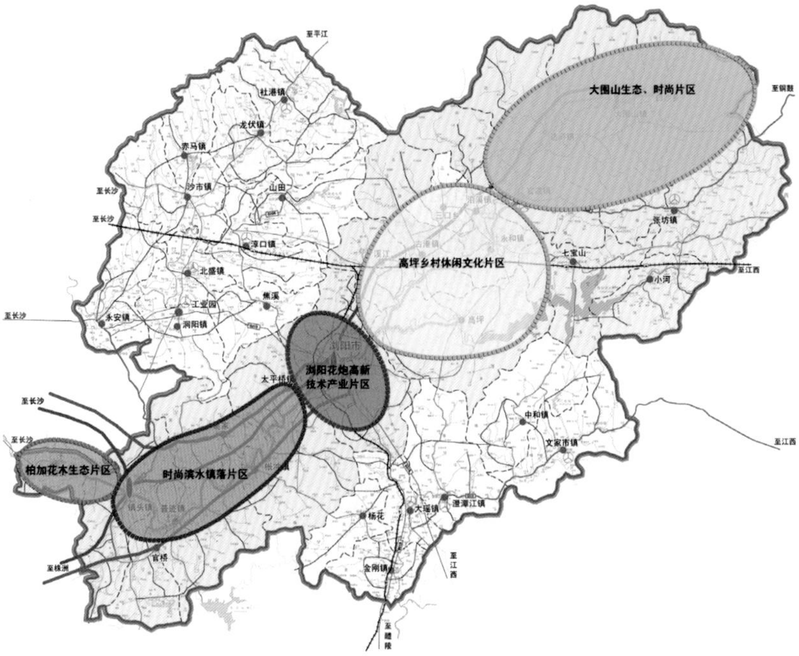

图3 功能布局结构图

3. 关键技术和创新点

注重先进的理念和概念的提升，以国际化的视野，多角度、宽领域、有深度分析，明确产业特色、文化内涵、比较优势，对规划区的发展战略、市场定位、主题品牌、产品体系、整体格局和开发项目及实施机制等进行科学的提炼和系统地规划。体现了规划的统筹性、创新性、差异化、系统化、特色化等原则。

规划从总体层面解决了浏阳河沿线发展的顶层问题。注重区域资源与产业发展、开发与保护、旅游发展与城镇建设、城市和乡村统筹发展的完美结合。

通过着眼于全局，将浏阳河新农村建设示范走廊培育成集生产、生活、生态为一体的"生态走廊、产业长廊、新村画廊"；以打造建设"中国最美丽的乡村河流"这一知名品牌为目标，为浏阳市的转型升级发展提供了新思路、新理念。

图4 道路交通组织图

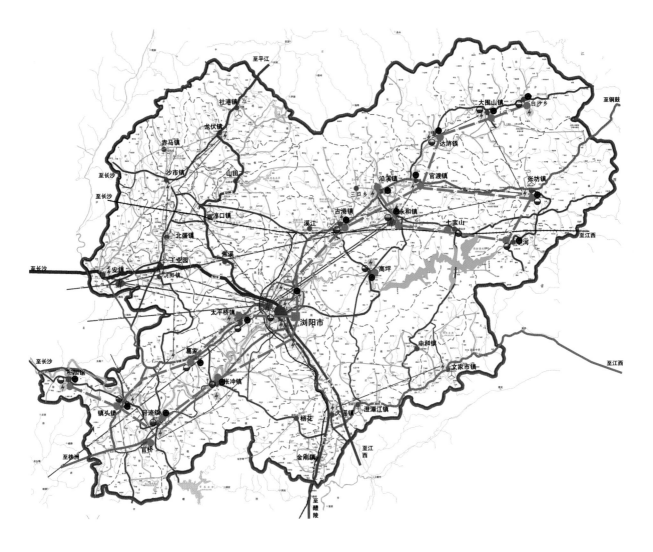

图 5　市政基础设施配置图

4. 规划实施 / 项目作用与水平

　　浏阳河新农村建设示范走廊是一个中长期投资建设项目，为此，规划制定了年度计划有步骤地实施；项目库按照近期 2009～2012 年、中期 2012～2015 年、远期 2015～2020 年三个时间段进行控制。资金筹措渠道采取镇村自筹、银行贷款、争取政府投资支持、吸纳社会投资等多种资金来源相结合的方式进行。

　　经过多年的建设，浏阳河沿线生态旅游迎来井喷，现代农业五彩斑斓，文化创意产业惊艳崛起。在浏阳版图上，浏阳河已然跳出单纯的地理名词概念，成为区域发展的闪亮坐标。

1.3 城市总体规划

广元市城市总体规划（2008-2020）

2011 年四川省优秀城乡规划设计一等奖

编制单位： 四川省城乡规划设计研究院

承担所室： 城市规划所

项目负责人： 樊　晟

主审总工： 王国森

项目主持人： 王洪涛

参加人员： 胡　伃、胡上春、刘　丰、
雍尚平、陈　东、乐　震、
彭代明、马晓宇、廖竞谦

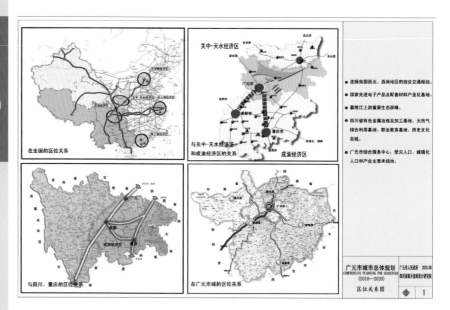

图 1　区位关系分析图

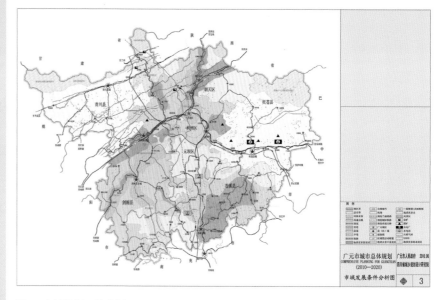

图 2　市域资源环境分析图

1. 规划背景

在国家深入实施西部大开发战略和汶川 5.12 特大地震灾后恢复重建的大背景下，广元市迎来了新的发展机遇；迫切需要新的城市总体规划来科学及时地指导城市的灾后恢复重建、解决城市建设发展中的各种问题，引领城市的长远发展。

2008 年 12 月，广元市人民政府委托四川省城乡规划设计研究院开始编制《广元市城市总体规划（2008-2020）》。

2. 规划构思

本次规划立足于广元市地处中国自然地理气候南北分界线、中国南北交通大动脉、长江上游嘉陵江生态屏障区、成渝经济区与关天经济区之间、一代女皇武则天故里、国家级历史文化名城、四川省盆周山区城乡统筹改革试验区、5.12 汶川特大地震极重灾区的基本市情；以科学发展观为指导，坚持以人为本、安全优先、远近结合、科学重建。

以灾后大规模恢复重建、区域性综合交通枢纽建设、沿海产业西移为契机，加快产业结构调整和城市功能转换，优化市域人口和产业布局，构建功能完善、布局合理的城镇体系，强化中心城市建设，打造安全、生态、宜居的新广元。

3. 规划主要内容

市域城镇体系规划根据广元市的资源环境条件，主要提出了沿市域河谷平坝地带构建"一主、两副、多点"的城镇空间结构。

一主：指广元市中心城区。

将广元市中心城区作为广元市域发展的核心。

两副：指苍溪、旺苍。

作为市域南部、东部的区域副中心城市，做大做强城市规模，改善城市形象，提高城市质量，辐射带动片区经济发展。

多点：是指剑阁、青川、朝天及重点城镇。

以县城和重点城镇为县域经济发展核心，大力发展产业经济，提高城镇经济实力；完善城镇基础设施和公共服务设施，提高城镇人口承载力，扩大城镇人口规模；充分开发境内风景资源，打造优越的人居环境。

中心城区规划根据广元市城市的资源环境条件和区域地位，提出了广元市城市性质为：连接我国西北、西南地区的综合交通枢纽，川、陕、甘三省结合部的区域性中心城市；以发展工业、物流和旅游为主的生态园林城市和历史文化名城。

至 2020 年，中心城区城市人口规模达到 60 万人，城市建设用地规模达到 61.2km²。

规划期内城市用地空间主要向西发展，其次向东延伸，形成"一心两翼，东西联动"的城市发展格局，形成"一心两翼"的"人"字形带状组团空间结构。

"一心"：指中心组团，包括嘉陵、东坝、上西、下西（含回龙河、杨家岩）、南河、袁家坝、盘龙、来雁、万源、大石、工农十一个功能片区。

"两翼"：指由元坝、荣山两镇区组成的东翼元坝组团和由宝轮、昭化两镇区组成的西翼宝昭组团，形成东进、西联的城市主要发展轴。

4. 关键技术和创新点

低碳生态发展理论的运用，是本次规划的一大特色。

根据低碳生态发展理念的要求以及山环水绕的空间环境特色，中心城区

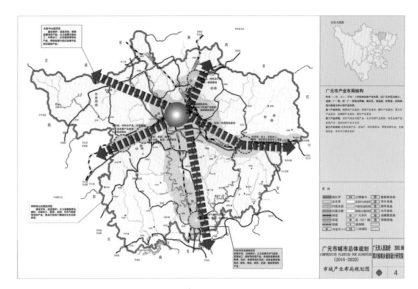

图3　市域产业布局规划图

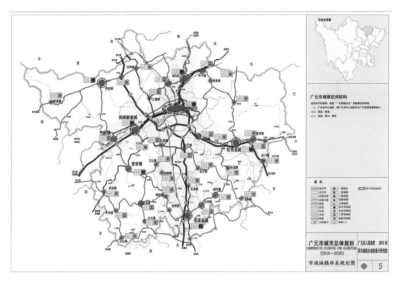

图4　市域城镇结构规划图

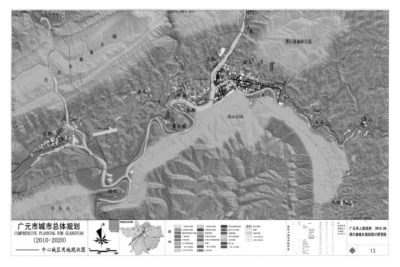

图5　中心城区用地现状图

规划提出了"一心两翼"的空间结构和"产城一体"的功能结构；城市经济实行低碳产业准入门槛，加强生态保护、碳氧平衡、污染控制、清洁能源供求、绿色交通出行、水资源利用、固废处理等；充分体现了广元作为连接我国西北、西南地区的综合交通枢纽，川、陕、甘结合部的区域性中心城市，以发展工业、物流和旅游为主的生态园林城市和历史文化名城——"山水绿城、文化名城、交通兴城"的城市特色。

坚持走低碳重建、低碳发展之路，也使广元市在"绿色中国 2011·环保成就奖大型评选"中，荣获"中国杰出绿色生态城市"奖。

5. 规划实施

本次规划自四川省人民政府批准以来，广元市人民政府积极稳妥地组织了实施，并取得了很好的效果；主要体现在：

在城市总体规划的指导下，全面完成了 5.12 汶川特大地震灾后三年恢复重建任务；

在城市总体规划的指导下，组织编制了城市各类专项规划和城市各片区的详细规划、市政工程设计，有力地保障了城市新旧区的更新和发展；

广元市奥体中心、急救中心等一批大型公共设施已建成投入使用；川浙工业园、下西物流园等近期重点建设的产业园区已建成投产；区域大型交通基础设施已陆续建成，如京昆高速公路广元至棋盘关段已建成通车，出川"瓶颈"彻底打通；广巴高速公路也已建成通车。

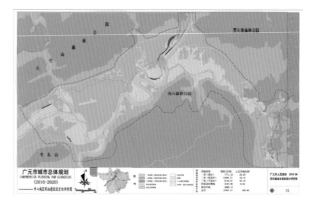

图 6　中心城区用地评定图

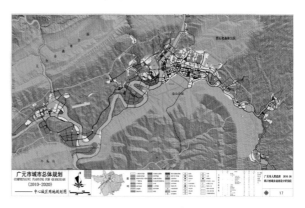

图 7　中心城区用地布局规划图

图 8　中心城区重建期建设规划图

图 9　中心城区远景发展设想图

泸州市城市总体规划（2010-2030）

2015年度四川省优秀规划设计二等奖

设计单位：四川省城乡规划设计研究院
承担所室：城市规划所
主审总工：王国森
项目主持人：程 龙
参加人员：王跃琴、陈 东、郑 远、
伍俊辉、胡上春、曹 利、
唐 密

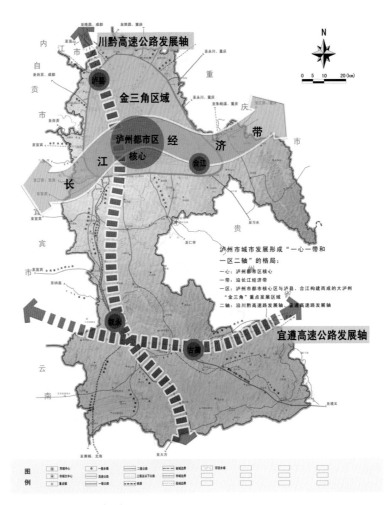

图1 市域城乡空间规划图

1. 规划背景和构思

泸州市地处四川省东南部，全市辖江阳、龙马潭、纳溪三区和泸县、合江、叙永、古蔺四县。是川滇黔渝毗邻地区和川南城镇群的核心地区，四川省的南部门户。

同时，泸州也是成渝经济区、环渝地区的重要组成，具有优越的区位条件。在新的发展背景下，泸州正处于大区位（川滇黔渝边缘盲点向毗邻节点区域中心）、大交通（交通断头向东南联系门户和综合立体交通枢纽）、大商贸（传统商业向现代商贸服务和大区域物流）、大工业（传统三大工业向现代产业集群）、大统筹（城乡二元向城乡一体和全域发展）和大都市的发展转折期。

规划总体构思为：先机突发，跨越发展；以港兴市，港产城联动，拓展腹地，融入区域；创新经济，壮大产业；做大中心，重点集聚；塑造特色，提升品位。

2. 规划主要内容

（1）制定发展战略，确立发展目标

1）发展战略

规划就区域、产业、社会、交通、生态、文化六方面分别制定发展战略，并确立泸州城市发展目标为区域性中心城市。

2）城市性质

中国酒城、川滇黔渝结合部中心城市，国家历史文化名城、四川南向综合交通枢纽和山水园林城市。

（2）城乡一体，全域统筹

1）优化城乡空间布局

规划从大区域的视角入手，分析泸州市域在川南乃至整个"成渝经济区"、川滇黔渝毗邻地区的发展定位与目标；以泸州中心城区为核心，以长江流域为重点经济带，以主要交通干线为骨架，以县城为辅助增长极，通过"核的集聚、带的生长、网的复合"，形成市域"一心一带、一区二轴"的城乡空间格局。

在市域内打造主城区和泸县县城、合江县城、叙永县城、古蔺县城等五个经济辐射中心；依托区域交通廊道、经济发展带培育一批特色鲜明、成规模的三级重点城镇，形成市域"一主、四次、多点"的主要城镇空间布局。

2）调整市域产业集群体系

规划依托区域资源优势和潜力基础，重构第一、第二、第三产业链接关系，

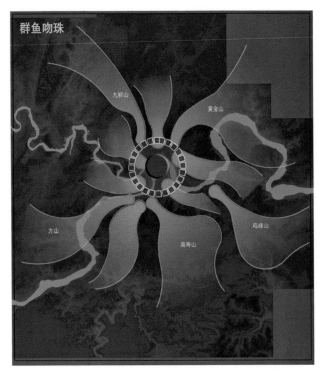

图2　"群鱼吻珠"意向图

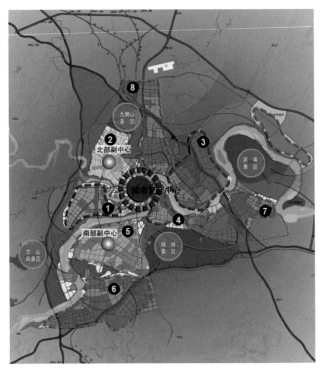

图3　功能结构分析图

培育新兴产业集群，整合产业空间布局，成链集群高效发展，与周边城市形成错位竞争。

依靠科技创新产业经济、发展产业中心、特色产业集聚，包括优势资源开发产业、东部产业转移承接、与重庆合作配套产业、毗邻区域服务产业和生产服务、创意、高新等特色高端产业，从而建立以现代制造业为主体，现代农业为基础，现代服务业和旅游业为支撑的产业集群体系。

3）建立五位一体快捷交通体系

充分依托泸州在川滇黔渝四省毗邻的独特区位优势，着力改善交通等基础设施条件，利用高速公路、铁路在泸州市形成的交通骨干网络和长江黄金水运通道的契机，加强与成都、重庆、贵州、云南的交通联系，建设成为西南通江达海的主通道和成渝经济区南部的联系通道，提升城市交通地位。打造以高速公路主骨架网络、地方公路骨干网络和农村公路网络相

互衔接、水陆空交通相互配套，连接西南地区的四川南向综合交通枢纽；形成铁路、高速公路、干线公路、水运、航空五位一体的快捷交通体系。

（3）中心城区新规划

1）构建中心城区新空间

规划结合城市现状发展格局和自然山水地理环境，确定四大空间发展策略："重点东拓南联北进、拥江发展，形成东、北、南三条走廊；港产城联动，分别以航空港（铁路货站）、龙溪口泰安港（铁路支线）、石龙岩港（铁路南站）及相应工业集中发展区为依托，建设三大产业新城；优化提升中心地区，以中心半岛为核心，构建环形拥江中心主城区；形成中心主城区和东、北、南三个战略新城构成的多中心、组团式、走廊发展的紧凑型、有机网络城市。"规划泸州城市最终形成"一核两副、八个功能组团"，"群鱼吻珠"式的城市空间结构。

2）建立中心城区新系统

主要包括绿地景观、生态交通、基础设施及防灾环保系统。

绿地景观方面，以自然环境和城市建设现状为基础，结合泸州城区规划布局结构，制定出基于"斑块（Patch）—廊道（Corridor）"理念，形成"两环、两带、四片、六楔、多点"的江、山、城、田、林相融合的生态绿地网络。

城市景观方面，以江河水系、城市内部山丘、外围山体和城市通道为基本骨架，以重点地段为节点，以自然环境为背景，把握和传承历史文化，展现城市山水景观风貌，突出泸州文化历史特色；将泸州规划建设成为"大江水岸之城，坡地立体之城，酒香人文之城，绿色生态之城"。

生态交通系统方面，配合城市一个中心主城区和三个产业新城的空间布局，形成"环形放射"的道路交通主骨架。内环综合性环线，以生活性为主，主要解决组团间通勤交通；外环结合成自泸赤高速城区段，改造为东部产业大道，

建设城市交通外环线，主要解决各产业区和货运港口站场的货运交通；射线为多条干道连接中心主城区和各大片区组团；同时，各片区组团之间形成多个内部环形交通系统。

城市给水、排水、电力、电信、燃气、环保、防灾等亦系统进行了专项规划。

3. 关键技术和创新点

（1）规划强化战略及重大专题研究

本规划着重对资源环境承载力、产业发展、区域定位、空间发展、综合交通、生态绿地、风貌特色等重大问题专题研究，以增强规划方案的科学性。指引泸州城乡统筹发展，引导中心城市良性发展。

（2）淡化时限，体现阶段性发展门槛。

规划从远景着手，确定承载容量和不可建设用地。在远景理想蓝图的基础上，淡化规划时限，体现城市阶段性规模和发展门槛要求，而不纠缠于某一时刻的或大或小的准确数量和规模。

同时体现城市不断生长性的特点及其持续发展中的转型，近期实施操作，远期引导发展；考虑够现实与长远持续优化及弹性生长性，形成与城市发展动力相匹配的发展方向和规模，而不追求某一时期的具体空间形态的完整。

（3）产城一体，引领泸州城市空间发展。

结合产城一体理念，合理功能分区。其中，中部"中心主城"片区主要以中心半岛为主体，市级公共服务和居住为主；东部"临港产业城"片区主要依托龙溪口、泰安港口资源，发展长江两岸的地区；打造临港产业新城和区域性物流中心；北部"高新战略产业城"片区主要以临空、高新、科教、战略产业和商贸物流为主；南部为"循环经济示范

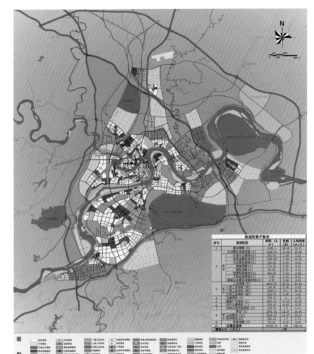

图4 用地布局规划图

城"片区主要以都市工业、产业服务中心和煤气化工综合利用，发展循环经济及仓储物流为主。规划的四片既功能分区合理，又就近配套完善，职住平衡、布局融合、交通便利。

（4）科学、远瞻、弹性规划公共交通。

规划建立快速公交为骨架，常规公交等为补充的公共交通系统，并预留轨道交通。轨道交通采取将BRT线路中核心线路改造的方式进行，其用地可采取在BRT专用车道上高架的方式；场站在用地困难的情况下可采取在路中架空的形式设置。

（5）注重历史文化名城保护规划

泸州是国家级历史文化名城，本规划充分挖掘泸州的山水和历史文化资源，科学划定5个历史文化环境保护区；对文化名城、镇、村，历史地段、文物古迹、风景名胜区提出全面的保护意见；重点对城区范围内的传统格局和历史风貌进行了研究和保护。

4. 规划实施

（1）指导后续规划编制

在本规划的指导下，泸州完成了泸县、叙永、合江部分县城及其乡镇的总体规划，以及中心城区各片区控制性详细规划，基本达到了控规全覆盖；同时编制了综合交通、绿地系统、城市防灾、商业网点、历史文化名城保护等专项规划和中心城区的近期建设规划。

（2）重要基础设施建设

加快泸州港、南渝泸高速公路、云龙机场等一批重大基础设施的建设步伐。

（3）重大新产业项目建设

促进西南商贸城、城西综合体、城东健康城、长江经济开发区、泸州国家高新区等一批重大新产业项目的实施建设。

（4）主要环境建设

包括两江四岸的整治打造工程和泸州长江国家生态湿地公园的建设。

南充市城市总体规划
（2008-2020）

2013 年度国家优秀城乡规划表扬奖

2013 年度省级优秀城乡规划二等奖

设 计 单 位： 四川省城乡规划设计研究院

承 担 所 室： 汪晓岗工作室

项 目 主 持 人： 严 俨

参 加 人 员： 汪晓岗、林三忠、任 锐、
常 飞、田 静、邓雪菲、
李雪峰

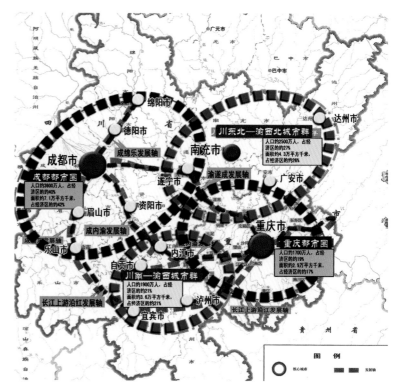

图 1 区位图

1. 规划背景和过程

21 世纪是城市的世纪，全面建设小康社会、信息化与新型工业道路、西部大开发以及经济全球化大趋势，使南充城市发展进入落实科学发展观、城乡区域统筹，确保经济平稳较快增长和社会经济、环境的协调发展的新阶段。

在国家宏观调整的背景下，城市总体规划作为全局性、战略性和综合性的规划，其无论在指导思想还是技术路线以及具体的规划内容上，均发生了很大的转变。

新形势要求城市总体规划实现从技术属性向公共政策属性转变，强化区域统筹、城乡统筹、空间管制与资源保护；突出强制性内容，促进可持续发展等，已经成为对传统城市总体规划编制的挑战。

2008 年，受南充市人民政府的委托，我院承担其总体规划的编制。本规划于 2011 年经四川省人民政府审批实施。

2. 规划主要内容

按照统筹区域发展、统筹产业布局的要求，通过加强区域协作，强化与成渝经济区内城市间的协调。加强交通等基础设施和产业衔接，加大生态保护和环境治理的协同力度，构建资源共享、信息互通、要素互补、产业互动的良性机制，加快成渝经济区的一体化进程，确立南充作为成渝经济区区域中心城市的地位。

形成"四中心两枢纽"—成渝经济区北部区域的产业聚集中心、商贸物流中心、科教文卫中心、金融中心、交通通信枢纽。

到 2020 年，建成以特大城市为核心、中等城市为支撑、小城市和一般城镇为基础的，布局合理、层级清晰、功能完善、设施配套的市域城镇体系。

以产业为支撑、城镇为载体；以集聚要素、农村人口向城镇转移为核心；以创新体制机制为动力，以增强城镇综合承载力为重点；优化完善城镇体系结构，提高集聚产业、承载人口、辐射带动区域发展的能力；走区域协调、城乡统筹、资源节约、环境友好、经济繁荣、社会和谐，具有南充特色的新型城镇化道路。

构建以石油天然气化工、清洁能源、汽车汽配、丝纺服装、轻工食品等为支撑，现代农业、现代服务业协调发展的现代产业体系。

按照"生态交通体系"，构建"三环多廊道"的道路主骨架，重点强调南北沿江方向的交通通行能力，并结合两条城市环线，加强城市"三城九片"各功能组团的交通联系；提出"一纵＋半环"的轨道线网设想；立足"以人文本"的目标，改善自行车和步行的通行条件以及与公交的换乘条件，鼓励短距离出行使用自行车方式，引导自行车交通的合理运行；以主城环路和放射性干道为货运通道网络，为快速货运和城市配送提供优质的运输条件。

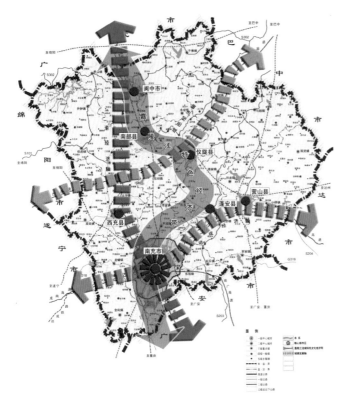

图2 城镇体系空间结构规划图

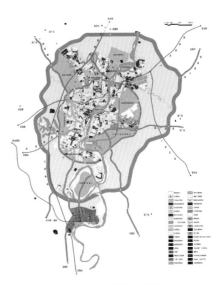

图3 远期2020年用地布局规划图

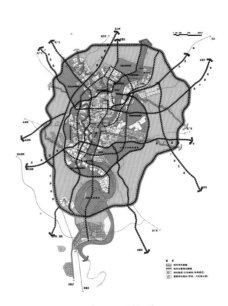

图4 市域工程地质适宜性评价图

按照"生态优先"、"魅力营城"的营城理念，深化"以江为轴、跨江东进、拥江发展"的战略，南北拓展、三城同构，全力建设嘉陵江畔生态、人文并蓄的山水城市。

以"反规划"理念为探索，突出生态城市建设，全力构建"蓝脉绿网、两圈九片"的山水园林绿地系统。

综合防灾，保障城市安全；提出了防洪、消防、抗震、地质灾害、人防的设防要求及主要防灾设施的规划布局，重点突出了避灾场地建设和综合防灾应急救灾规划。

保护历史文化，提升文态建设。合理利用历史文化资源，促进经济社会环境和谐发展。

3. 关键技术和创新点

本规划目标定位准确，条理清晰，

准确把握了南充市在区域的地位和作用；通过区域协调、城乡统筹、城市发展动力方面的引导，促进优势资源的整合，促进城市与乡村对于土地等资源的利用统一与协调。

通过探讨城市土地发展的新空间与方向，为城市发展寻找新的空间；深化并保持南充山水城市形象，提高生态环境质量，建设生态南充、宜居南充、和谐南充。

强调城市功能和空间，重视远景规划发展结构在规划控制与建设引导中的作用，以适应城市在各种条件下的发展要求，保证在特殊情况下规划结构的完整性。同时清晰地制定出近期建设的行动目标，保证建设项目的落地。

4. 项目作用与水平

本规划在"社会经济、规模控制、

形态引导、功能配置"等方面，有效指导了南充市各项建设；具有较强的系统性、科学性、实践性和严谨性；成果深度及内容与现有法定规划要求结合紧密，在现有《城市规划编制办法》的基础上，强化了生态低碳的规划理念，充分落实与体现了对中央及省各项精神的贯彻落实；对新型城镇化过程中的城市总体规划的编制具有较好的指导作用和借鉴意义。

达州市城市总体规划（2011-2030）

设计单位：四川省城乡规划设计研究院

承担单元：四川省城乡规划编制研究中心

项目负责人：陈　涛

主审总工：高黄根

项目主持人：樊　川

参加人员：李　奇、彭代明、黄剑云、
　　　　　岳　波、陈　亮、廖　伟、
　　　　　马晓宇、廖竞谦、邓生文

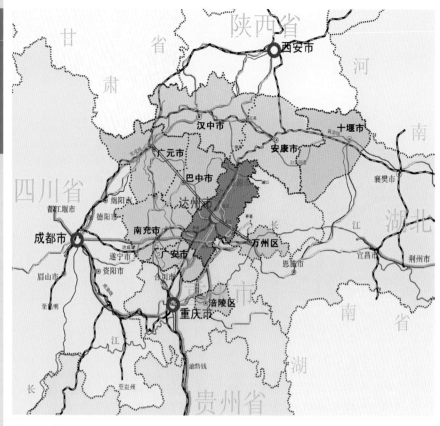

图1　区位图

1. 规划背景

在国家实施新一轮西部大开发战略等宏观背景下，四川省推进"两化互动、统筹城乡"，建设川渝鄂陕结合部区域中心城市战略目标明确；上版达州城市总体已不适应其社会经济发展，需按照科学发展观的要求，重新审视达州市的发展定位，进一步优化城市功能布局、完善设施体系、提高城市综合承载能力、改善人居环境质量，需修编《达州市城市总体规划》；经公开招标后，委托我院着手进行修编。

2. 规划思路

坚持以人为本、民生为重的原则，重点改善旧城与南外人居环境，维护公共安全；坚持节约和集约利用土地资源的原则，合理确定城市规模；突出城市区域职能的提升，以解决现实重大问题为出发点，提升达州在成渝地区、秦巴

地区和四川省的作用与地位；突出规划战略要素控制，统筹安排城市各项建设用地，解决城市快速发展中的结构性问题；突出城市空间特色，挖掘历史文化内涵；确立特色鲜明的达州城市空间形态，为建设高品位的山水宜居城市提供指引。

3. 主要内容

（1）城市性质与规模

规划城市性质为：中国西部天然气能源化工基地，川渝鄂陕结合部交通枢纽、文化商贸中心和生态宜居区域中心城市。城市人口规模2015年为100万人，2020年为130万人，2030年为160万人。

（2）城乡空间管制

根据城镇发展的空间优化和经济、社会、资源、环境协调发展要求，依据

全市的土地利用规划和各级城镇的总体规划，并按照《城市规划编制办法》，将全市划分为禁建区、限建区、适建区和已建区四类空间进行分类管制。

（3）城乡产业布局

按照城乡一体，一二三产业协调发展的要求，建设六大优势农业产业化基地；以"一心三带"为方向，优化全市工业发展与布局；大力发展服务业，加快建设秦巴地区生产性服务业中心；旅游发展以巴渠文化、生态文化和红军文化为特色，以打造川东北旅游目的地为目标，形成"一轴三片"的空间发展模式。

（4）城镇空间结构

构建一核一圈两翼三轴结构：

"一核"：指达州主城区；"一圈"：指以达州主城区为中心，大竹、宣汉、开江城区构成的半小时经济圈；"两翼"：指渠县、万源城区；"三轴"：指沿达渝、达陕高速路发展轴，沿达万、达巴高速、

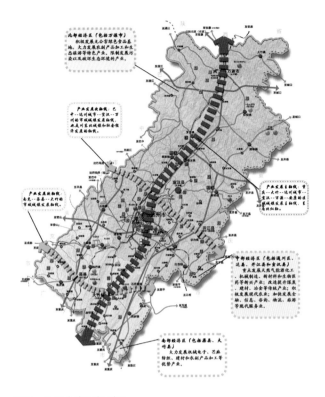

图2 生产力布局规划图

图3 市域城镇体系规划图

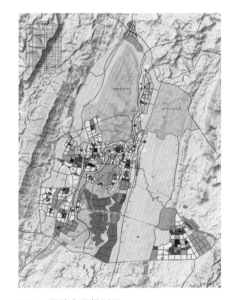

图4 用地布局规划图

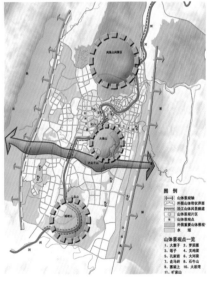

图5 山体保护结构规划图

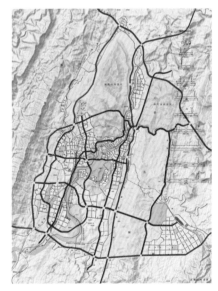

图6 道路规划图

南大梁高速的发展轴。

（5）城市空间结构

城市空间结构形态规划为："一心六片，沿州河与明月江发展的组团式布局结构"。一心：城市绿心火峰山与大尖子山；六片：包括老城片区、西城片区、南城片区、经济开发区、河市片区和亭

子片区共六个相对独立的城市片区。

（6）城市山体保护

城市山体按照"山城一体"的思路进行保护，形成"一轴两带三片多点"的空间模式，并划定了主要山体的核心区、外围区和协调区，提出了分级保护措施。

（7）城市路网结构

城市主要构建"一环三横四纵"的道路交通骨架。

4. 关键技术和创新点

（1）把生态理念融入规划全过程，

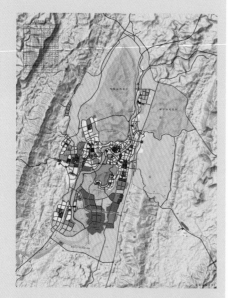

图7　近期建设规划图

图8　中期用地布局规划图

图9　远景轮廓规划图

按照生态优先的原则，充分挖掘山水资源潜力，突出达州山地城市的景观、风貌与生态特色，创造宜居的生态环境空间。

（2）根据达州城市资源环境承载能力，合理确定城市发展目标、城市规模和实施时序。

（3）优化城市功能与用地布局，拓展城市空间，调整城市用地发展方向和格局，重塑城市空间形态，明确旧城实施"内涵改造"，原则上只拆不建。

（4）为充分体现达州山地城市特色，规划以山体景观保护与利用为出发点，对城市山地景观进行了规划控制与保护。

（5）在规划时序上，分别对近期、中期和远期规划进行了重点研究和分析，近期突出规划的实施性，中期突出了规划的协调性，远期注重了规划的指导性，使规划更具有了可实施性和操作性。

5. 规划实施

（1）依据总体规划建立了完善的规划体系；指导下位规划编制，基本实现了控制性详细规划全覆盖；依据该规划编制了城市绿地系统、城市山体景观保护与利用等专项规划。

（2）成为达州市"十二五"经济社会发展规划的重要内容。规划提出的目标与城镇化发展战略等内容，已成为达州市"十二五"经济社会发展规划的重要内容，其近期建设项目绝大部分纳入"十二五"经济社会发展规划的实施项目库。

（3）指导实施了一系列重大项目。依据本规划，实施了达万、达巴与南大梁高速公路，建设了环城路、凤凰大道西延线、金龙大道南延线与北延线和金兰大道等重大基础设施项目；启动了莲花湖片区、翠屏山片区、三里坪片区、长田新区、马踏洞新区、滨河新区和能源化工园区的建设，引导了达钢、铁路货站及河市机场的影响城市发展与环境的项目搬迁。

内江市城市总体规划（2014-2030）

设计单位：四川省城乡规划设计研究院

承担所室：汪晓岗工作室

主审总工：汪晓岗

项目主持人：严俨

参加人员：丁晓杰、田 静、安中轩、
任 锐、邓雪菲、林三忠、
常 飞、李雪峰

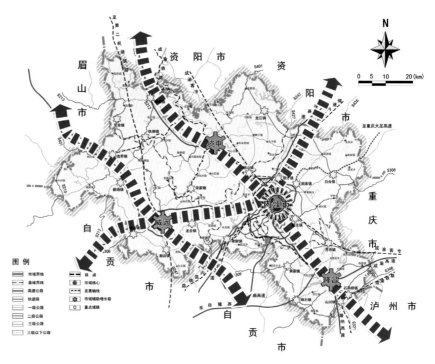

图1 市域城镇体系规划结构图

1. 规划背景和过程

在国家宏观调整的背景下，城市总体规划作为全局性、战略性和综合性的规划，其无论在指导思想还是技术路线以及具体的规划内容上，均在不断地发生着转变；新形势要求城市总体规划逐步从技术属性向公共政策属性转变，强化区域统筹、城乡统筹、空间管制与资源保护，突出强制性内容，促进可持续发展等。

为贯彻四川省委、省政府多点多极支撑发展，"两化"互动、城乡统筹发展，创新驱动发展三大发展战略，适应城市"科学发展、绿色发展、创新发展、跨越发展"的需要，更好地指导城市建设活动，受内江市人民政府的委托，我院承接了《内江市城市总体规划》的编制。

2. 规划主要内容

强化高铁引领，推进区域合作，

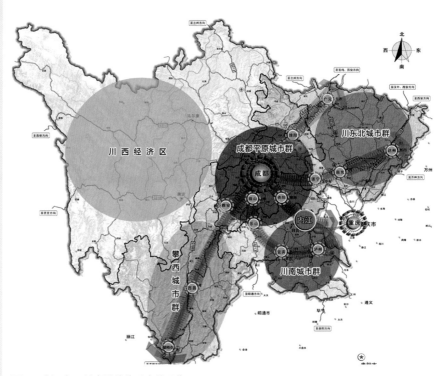

图2 内江在四川省城镇体系中的区位

构建川南中心城市；建设川渝合作桥头堡，打造成渝经济区新高地和重要增长极；形成"一枢纽、一中心、四基地"布局结构：即西部区域性综合交通枢纽，成渝经济区区域性商贸物流中心，中国西部汽车（摩托车）零部件制造基地、西部资源综合利用基地、成渝经济区电子信息产业配套基地、成渝经济区绿色食品基地；构建完善的现代化大城市基础设施和公共服务设施的框架，满足城市综合功能的发挥和人民生活的需要。

融入成渝、转型提升：主动融入成渝经济区一体化进程，充分发挥自身的潜在优势，尽快跻身于成渝经济区发展的先进城市的行列，通过成渝经济区区域发展平台来提升自身发展的地位，在现状基础上实现转型和提升。

对接成都、借力重庆：对接成都，在产业关联、人才引进、招商引资等各方面加强合作，积极承担成都外溢功能和承接产业转移，强化与成都的同城互动和产业交流。借力重庆，充分利用重庆优惠政策、先进制造业、广大市场、水陆空交通枢纽等优势资源的"外溢效应"，打造重庆相关产业配套基地。

错位竞合、川南共进：积极推动川南一体化发展，加强与自贡、泸州和宜宾的产业协作与要素交流；找准自身优势，强化产业的错位发展，在增强自身实力的同时，积极推进竞争与合作，促进川南地区的协同共进，实现区域经济的协调发展。

整合市域、整体提升：整合市域资源，完善区内交通网络，强化市区辐射带动能力，构建合理的市域城镇体系；加强城乡统筹力度，协调城乡设施建设，推进城乡一体化进程。

整合协调各种交通方式，构建推动经济社会发展，适应交通需求增长的和谐高效、绿色集约、便捷安全的综合运输交通体系；实现建设"四川次级交通、物流枢纽"的总体战略目标；城区形成"一环七射线"的城市快速路网系统：一环重点强调老城区、邓家坝、东兴、高桥、大冲山、城西工业园等片区间的直接联系；七条射线主要联系乐贤、椑木、白马、黄河湖乃至自贡市区。

中心城区的空间拓展方式为"中心集聚，轴线拓展"。

内江市城市空间结构将从以旧城和

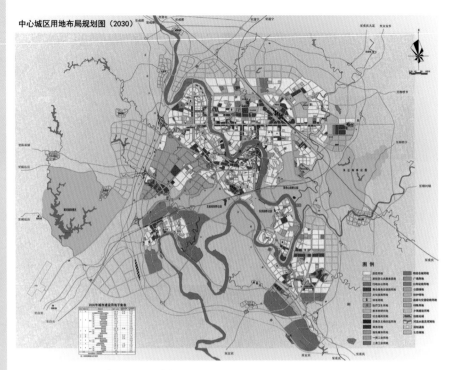

图 3　远期 2030 年中心城区用地布局规划图

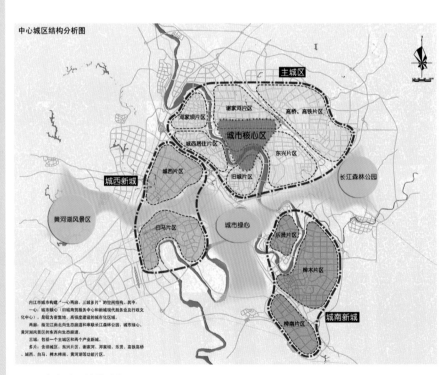

图 4　中心城区结构分析图

东兴为核心的团状布局，转变为以重要交通和沱江为廊道的网络化、组团式布局，充分利用优势资源；构建"一心两廊、三城多片"的空间结构。以城市主导产业门类和空间隔离划分，形成"产城一体"的十大主要功能片区。

以"反规划"理念来突出生态城市建设，构建山水相拥、城江相对，城野相依，体现多元人文的"生态园林式山水新城"。严控城市山水格局，形成"绿带绕城、绿水穿城、绿楔入城"、"两廊一环三轴七楔八区"的绿地景观格局。

保障城市安全，提出了防洪、消防、抗震、地质灾害、人防的设防要求及主要防灾设施的规划布局，重点安排了避灾场地建设和综合防灾应急救灾规划。

保护历史文化，提升文态建设。积极利用历史文化资源，促进经济社会环境和谐发展。

3. 关键技术和创新点

创新通道经济发展模式，大力推行承接与转型并重策略；利用国外和东部产业转移机遇和"成渝之心"的区位优势，积极利用外部资金技术，配套成渝，承接转移产业积极推进内自一体化发展，共同打造成渝经济区"第三核"。

充分利用成渝高铁建设带来的机遇，特别是高铁对高品质要素的吸引，规划建设高铁新区，积极发展高新技术产业以及商务、会展、休闲、娱乐、金融、信息等现代服务业，促进中心城市产业转型，引领全市产业升级。

4. 项目作用与水平

本规划在"社会经济、规模控制、形态引导、功能配置"等方面，有效指导了内江市各项建设；具有较强的系统性、科学性、实践性和严谨性；成果深度及内容与现有法定规划要求结合紧密，在现有《城市规划编制办法》的基础上，强化了生态低碳的规划理念，充分落实与体现了对中央及省各项精神的贯彻落实，对新型城镇化过程中的城市总体规划的编制具有较好的指导作用。

阆中市城市总体规划
（2012-2030）

2015年度四川省优秀规划设计一等奖

设计单位：四川省城乡规划设计研究院

承担所室：城市规划所

主审总工：王国森

项目主持人：程 龙

参加人员：王跃琴、张 波、郑 远、
樊伊林、曾建萍、廖 琦、
蒋 稳

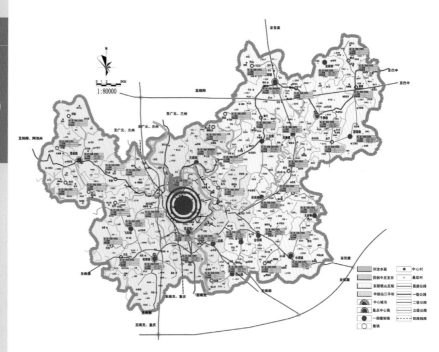

图1 市域村镇体系规划图

1. 规划背景和构思

阆中是中国四大古城之一，国家级历史文化名城，著名的风水古城。在国家提出新型城镇化，四川省提出"多点多极"发展战略以及蜀道申遗、区域旅游发展升温，对外交通格局与条件改善等大背景下，阆中进入快速发展阶段；如何让"老城焕发新生，新城塑造特色"是本次规划面临的重要问题。

规划建立目标与问题双重导向的技术框架，针对性地对重大问题进行深入地专题研究。理顺区域关系、城乡关系、发展与保护、传统与现代、古城与新区、景与城、近期与远期这七大关系，提出规划策略，形成规划方案。

2. 规划主要内容

（1）统筹城乡发展，优化村镇体系

以协同区域、统筹城乡的理念，提升中心城市、壮大中心镇、整合乡镇集

图2 城市用地布局规划图

图3 道路交通规划图

群发展，规划形成"一心、一带和一轴、五极、六区"的城镇体系空间格局。

（2）确立城市性质与规模

城市性质为：国家历史文化名城，国际知名的休闲度假旅游目的地；以风水文化为特色的山水园林城市。

规模远期（2030年）人口规模45万人，用地规模48.39km²，人均用地约为96.78m²（按50万人控制）。

（3）保护山水格局，优化城市空间布局

规划结合城市现状发展格局和自然山水地理环境，明确"南进、西扩、东拓、北控；保护古城、提升老城；发展新城、建立中心；开发景区、景城共荣"的城市空间发展战略；强调"景城一体"的整体空间形态，形成"两心三轴六功能区"的城市总体功能结构。

城市绿地系统和景观风貌，彰显"天人合一群星汇、景城一体风水魂"的独特城市风貌。规划形成"一廊一环、两楔四水；三核两轴、三区多点"的景观风貌结构和"一廊八片、五轴多点"的山城水层次分明、相互融合的绿地系统框架。

（6）整合资源、融入区域，依托品牌构建全域旅游框架

旅游发展定位为：世界风水文化体验度假胜地；中国蜀道三国文化游的重要节点；嘉陵江流域生态文化旅游区的核心支撑。

市域形成"四大旅游景区，全域旅游"。中心城形成"一城、一江、八区"水陆一体的休闲旅游体系；"一城"即阆中古城；"一江"嘉陵江水上风光体验带；"八区"是与城市相融合的八个景区。

（7）全面梳理、特色保护，构建完善的历史文化保护体系

市域划分为五个历史文化分区，并提出有针对性的保护措施；中心城按"历史城区—历史文化街区—文物古迹—非物质文化"的体系进行历史文化保护。历史城区按分区分级原则进行三区划定，重点维护城市风貌和风水环境的完整性。

（8）疏解、优化、提升、保护，全面有序推进旧城更新

明确旧城功能定位，优化用地布局。疏解老城工业、行政办公等职能，完善旅游服务、特色商业、公园等设施；完善道路交通系统；保护和延续古城传统街巷格局，合理组织动态交通和布置静态交通设施；加强市政基础设施支撑，完善水、电、气等基础设施更新，为人们的现代化生活提供基础支撑。

3. 关键技术和创新点

（1）以生态、文化、景观多维角度考虑的风水理念来引导城市空间的建

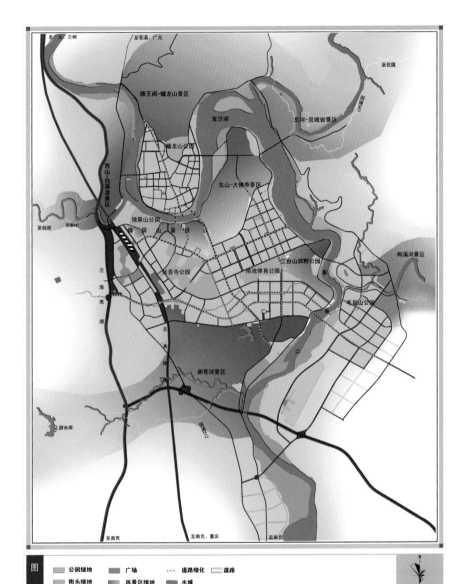

图4　绿地系统规划图

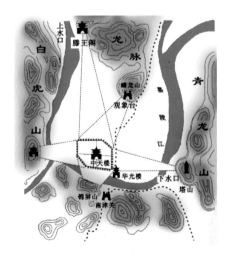

图5　阆中古城风水意象示意图

（4）缝合嘉陵江两岸，构建新老一体、景城相融的生态交通体系

疏导过境交通，缝合嘉陵两岸，构建"一环四纵四横"的路网骨架，促进两岸三片新老区交通一体化建设；提出化整为零、截疏并举、建管结合、以静制动、信息服务五大策略；构建快慢分离、水陆一体的休闲旅游交通体系。

（5）延续风水格局，构建融合生态景观文化一体的生态绿地系统和景观风貌规划充分传承和展示山水城完美融合的风水格局，通过风水文化和天文文化的延续和植入，结合山、水、文脉组织

083

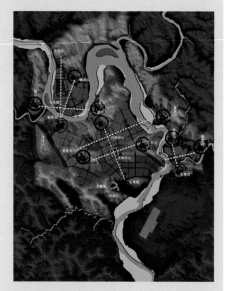

图 6　城市总体风水意象示意图

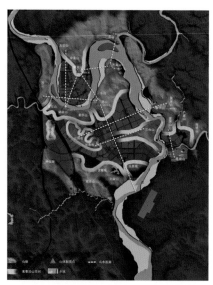

图 7　山体控制引导图

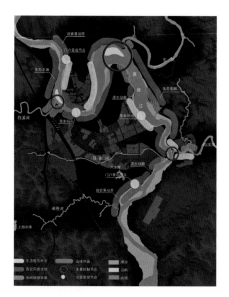

图 8　水体控制引导图

构和城市风貌特色塑造

　　阆中古城风水格局特色鲜明，规划严格保护古城的风水格局，同时在新区建构中融入风水的理念。汲取风水理念的精髓、"天人合一的哲学思想，持续发展的生态意识，因地制宜的形态法则和相辅相成的技术措施"；从生态、文化、景观多个角度分析，对重要的自然山体、水体进行保护和利用，并创造性地把"龙、砂、穴、水"等风水意向符号，运用到城市风貌塑造中。规划形成"一江带景城，太极生城市，两心置两仪，绿廊归四象"的总体空间格局。并在具体层面对城市的山体和水体提出了有针对性且具特色化的控制引导，保证风水理念得以贯彻。

　　（2）将风景区建设纳入城市总体发展，建立景城一体的阆中新城市概念。

　　空间上构建八个景区围绕或镶嵌于城中，一江山水串景城；形成景城相融

的空间格局；

　　交通方面城区和景区形成"大同小异"的交通格局——整体协同、分而治之，构建贯穿全城的快慢分离、水陆一体的休闲旅游交通体系；

　　设施方面兼顾持续旅游人口的容量，配套相应的设施；整体形成多级旅游配套设施：城区、重要景区、次要景区分别设置旅游服务基地、服务中心和服务点。

　　（3）以远景着手，引入持续旅游人口概念，立足资源环境容量，保证城市拥有一个科学合理的空间布局和功能结构。同时划定城镇开发边界，确定城市终极规模，防止片面追求规模扩张的不良倾向。

　　规划体现城市生长阶段性，不追求某一时期的具体完整空间形态和数量规模，以终极规模倒推近远期的合理规模。

4. 规划实施

　　（1）指导开展下位规划及专项规划编制：实现了城区控规的全覆盖；开展了城市综合交通、城市给水排水、人防、市政环卫设施、绿地系统、物流发展、商业网点规划等专项规划编制。

　　（2）有效有序推进了古城保护和旧城更新：启动了状元牌坊入口及礼拜寺古街改造工程；城区个协调建筑的拆迁改造加速，顾家井棚户区改造全面启动；老城区污水处理厂升级改造启动。

　　（3）指导实施了一系列重大工程：总体规划在江南新区、七里新区、阆中火车站、嘉陵江四桥以及一系列新区道路的建设中都发挥了不同程度的控制引导作用，为阆中城市科学可持续发展贡献了力量。

邻水县县城总体规划（2009-2030）

2011 年四川省优秀工程咨询成果二等奖

规 划 单 位：四川省城乡规划设计研究院
承担所室：城市规划所
责任总工：王国森
项目主持人：刘 芸
参加人员：雍尚平
合作单位：邻水县住房和城乡规划建设局

1. 规划背景

邻水县城上一轮总体规划是 1992 年编制的；时间跨度长，县城人口规模和建设用地规模已突破原县城总体规划，社会经济发展水平远超原规划相应时限的预测值；交通、通讯、电力、给水和污水处理等基础建设很快，外部环境和社会经济发展背景变化很大，原规划已不能合理指导县城的发展建设。

基于国家西部大开发战略和成渝经济区、成渝城乡统筹综合配套改革实验区的确立，邻水县城作为川东渝北的重要城镇和重庆的比邻区城镇，应抓住机遇，争取政策和项目，并运用"五个统筹"的思想，指导城乡开发建设。

沪蓉和达渝高速在邻水县城东南交汇并建成通车，极大地改善了邻水的对外交通条件，为其实现大交通、大旅游、大发展带来了机遇。县城发展建设已经突破了原总体规划的用地和范围。其城市化进程正由缓慢发展阶段向快速发展阶段过渡。快速的城

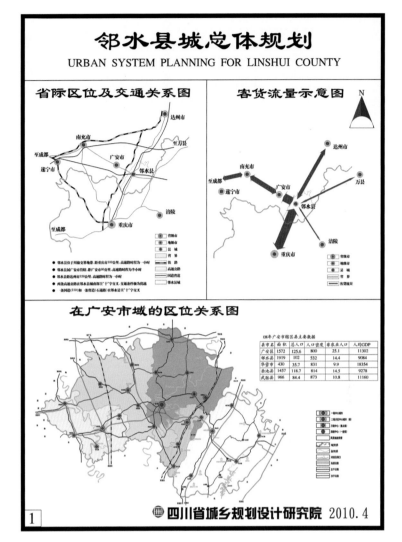

图 1 区位图

市化和大量的城市建设需要县城总体规划的引导和规范。

为进一步引导、促进邻水社会经济发展和城市发展的需要，邻水县政府委托我院对县城总体规划进行修编。

2. 规划主要内容

主要内容包括县域和县城两个地域层面：

县域层面：分析邻水县的社会经济发展背景，区域地位和作用，区位关系等，找准邻水县作为川东边际县和重庆市"郊县"的社会经济发展特点；提出邻水县经济与产业发展战略，对

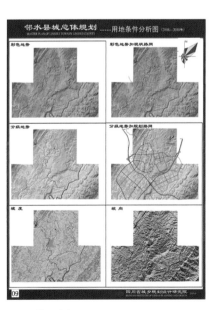

图 2 地形分析图

三次产业的发展目标和空间布局做出规划；

县域城镇体系规划包括：县域城镇化水平预测、县域城镇等级、规模、职能和空间结构；规划县域道路交通、电力通信、燃气等基础设施和教育、医疗、行政管理等公共服务设施；加强县域生态环保建设，做好防灾减灾工作；针对不同区域的特点，进行县域经济分区规划，提出分区管制的对策和措施。

县城层面：依据新近实测的地形图，采用 3S 技术（地理信息系统、遥感和空间定位技术）分析县城现状及用地发展条件，划定规划区范围，提出分区管制要求；

准确预测县城发展规模，包括县城发展的人口规模和建设用地规模；确定县城的性质、职能及发展方向；做出县城各类用地的空间布局规划；提出交通发展战略及全城交通设施布局，包括对外交通系统、道路主次结构、非机动车及步行道路系统；提出县城基础设施和公共服务设施的发展目标，并作出空间用地布局；保护县城生态资源和人文资源，加强县城依山临水的绿地系统规划，塑造低碳、环保、山水城林融合的城市特色；提出县城建立综合防灾减灾体系的原则和建设方针；并对县城规划建设作出时序安排，近期加强基础设施建设和保障房建设，提出保障规划顺利实施的对策措施。

3. 关键技术和创新点

（1）规划方法的创新

本规划采用了 3S 技术（地理信息系统、遥感和空间定位技术系统）和分层透明叠加分析方法；采用 ARC/INFO 软件进行地形三维仿真、坡度、坡向等分析；并对规划道路中心线结合现状地面高程进行纵断面分析和挖填方分析。创

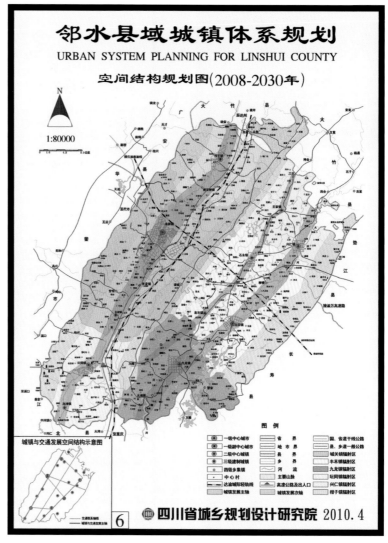

图 3　县域空间结构规划图

新采用社会经济发展与空间用地耦合的分析方法。

（2）规划理念的创新

结合国家社会经济发展的宏观背景，采纳当时较新的规划理念，包括城乡统筹发展的规划理念，低碳生态城市的理念和城市低冲击开发模式理念；规划中落实以上科学理念，在县域规划层面落实城乡统筹、基础设施的共建共享和公共服务设施的均衡配置；在县城规划建设层面强调生态城市、绿色建筑理念，保护山体，理清水系，以低冲击开发模式减少对自然生态环境的破坏。

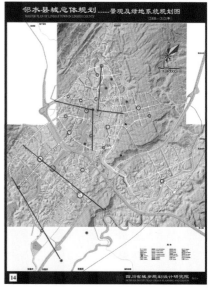

图 4　景观及绿地系统规划图

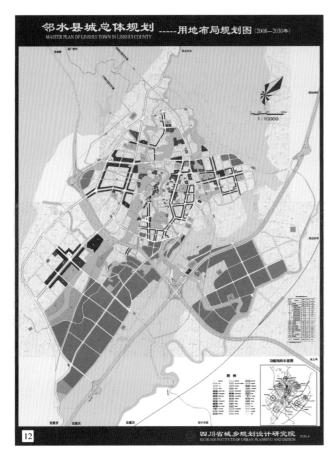

图5 用地布局规划图

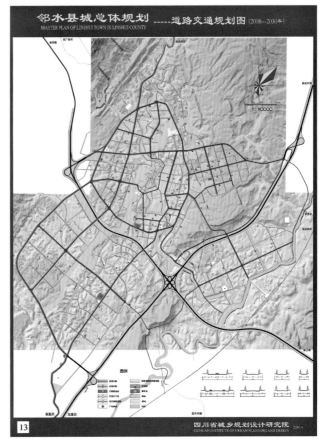

图6 道路交通规划图

4. 规划实施

本规划通过四川省住房和城乡建设厅的技术评审和省政府的批复后，县人民政府着力组织实施；在县城总体规划的指导下开展了县城控规的全覆盖工作，已按照本规划在县城西部增设了沪蓉高速公路出入口；县城大的道路骨架已按本规划实施。县城南部工业园区已按规划得以落实定位，县城东部片区和西部新城区正按本规划和其后的控规进行实施。

从邻水县城近几年的建设情况看，该项规划具有前瞻性、指导性和可实施性。

武胜县城市总体规划
（2013-2030）

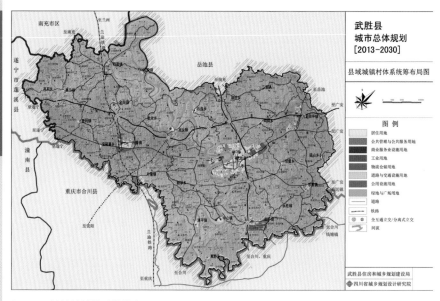

图1　县域城镇村体系统筹布局图

2015年四川省优秀城乡规划设计二等奖

设计单位： 四川省城乡规划设计研究院

承担所室： 城市设计所

主审总工： 彭万忠、严俨

项目主持人： 陶蓓

参加人员： 冯可心、夏太运、费春丽、樊伊林、余鹏

1. 项目背景

按照党的十八大及中央新型城镇化工作会议的精神，过去依靠土地等资源粗放消耗而推动的城镇化快速发展的模式已经不可持续。武胜的城镇化发展模式将由速度型转向以人为本的质量型；借助成渝经济体作为"一带一路"上的重要节点，武胜县因其交通优势迎来发展的黄金时期。

2. 规划内容

总体目标：成渝经济区重要的交流门户、嘉陵江流域生态经济的先导示范区、中国西部发展模式转型的示范县。

城市性质：中国西部著名的江湾湖畔休闲旅游城市、川渝合作节点、县域政治、经济、文化中心，宜居宜业的中等城市。

县域城镇村体系规划：一主（武胜县城）、一副（街子镇）三组团、多节点、多社区。2030年城镇化率为54.3%，城

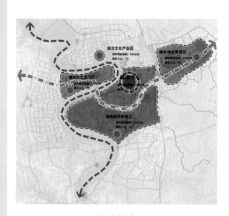

图2　中心城区功能结构分析图

镇人口为47.7万人。按村镇级别规划行政管理、教育、医疗、文化、商业设施。

县域经济发展空间结构为"两廊一轴"：南北产业核心发展走廊以兰渝高速、嘉陵江为骨架发展工业旅游；东西产业重要发展走廊以广遂高速、省道304为骨架发展现代农业；一轴以国道212和兰渝铁路为依托发展物流商贸。

生产力布局规划为"两带两区"：沿高速公路发展的工业发展集中带，沿境内嘉陵江流域的国际生态度假带；东面为农业产业化示范区，西面为现代农业提升发展区。

城市规模：2030年常住人口30万人，建设用地25.55km²，人均用地85.18m²。

功能结构分区规划：一心两轴四片。

一心：以旧城区为经济中心的城市发展核心。

两轴：城市沿嘉陵江发展轴和以沿省道304的城市经济发展轴。

四片：城北文化教育区、城西新兴产业区、城南旅游度假区、城东商贸物流区。

3. 关键技术和创新点

（1）多规合一、全域整合、一张图管理

整合县域国土、产业、新村建设规划和各部门的相关资料；整合各个乡镇已编的总规、控规和各专项规划。在此基础上一方面分析全县域生态容量、水容量、可建设用地规模，指导县域人口预测。另一方面统筹交通体系、基础设施、乡镇规模形态，形成县域用地布局一张图。

（2）科学确定城市开发边界和发展终极规模

通过多因子分析得出，武胜县城镇开发边界范围面积为80km²。终极用地规模为54km²，终极人口约45万人。

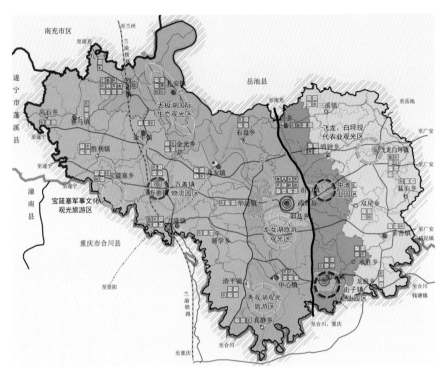

图3 县域生产力布局规划图

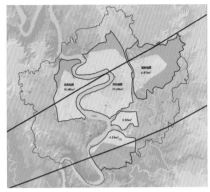

图5 城市开发边界规划图

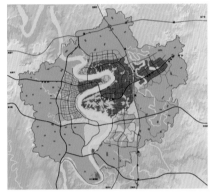

图6 生态保护红线控制图

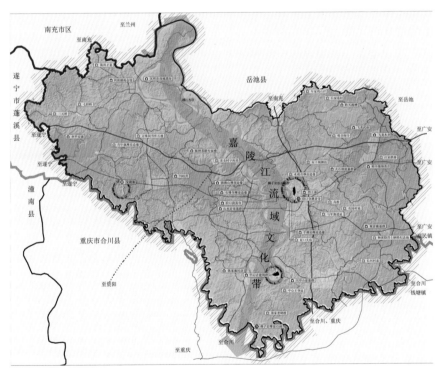

图4 县域历史文化保护规划图

（3）在科学分析人均建设用地的基础上做减量规划

首先，顶住压力降指标；通过对武胜资源条件和区域发展趋势的分析，深刻理解新型城镇化发展的内涵，将城镇化率的预测水平合理降低。

其次，通过从区域层面的人口流动和控规建筑总面积的双因子人口分析，考虑经济的作用力，认为人均建设用地面积应控制在人均90㎡以下，这样才能有效地抑制盲目的土地扩张式的城镇化。对比批复版和审查版的变化就可看出，2030年城镇化率降低7个百分点；工业用地大量减少，转移至街子镇（副中心）；中心城人口规模2030年也减少了6万人。

（4）挖掘历史文化要素，保护与发展并举

注重历史文化保护和旅游发展规划，挖掘和弘扬武胜县优秀传统文化，积极发展旅游业，为旅游产业由点到面的发展提供规划支撑。

（5）科学确定道路断面，公交分级及智能化解决道路交通问题

深入研究现状道路交通的通行能力和停车问题。面对不可避免的路边和路内停车问题，不回避；提出切实可行的解决方案：第一，旧城提出分路段分时

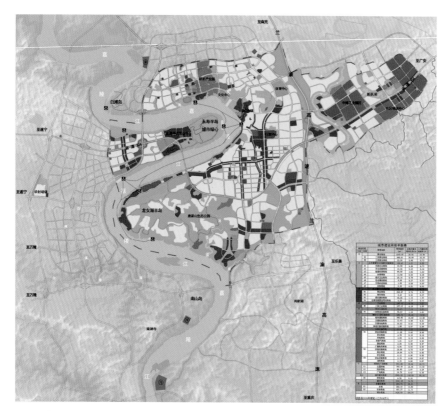

图7　中心城区远期用地布局规划图

间允许路内停车；第二，新区提出共享带概念，将建筑后退空间和人行道空间统筹，规范停车、绿化配置、人行区域。

（6）研究生态本底，为海绵城市的建设打下基础

本次总规结合空间管制中的要素、信息，对武胜的生态研究从县域到城区、从宏观到中观做一层层剖析，为生态红线的合理确定，为海绵城市的建设打下基础。

（7）总规层面确定用地强度分区和控规单元划分

总规统筹考虑，对控规加强指导。研究城市总体形态、规范管理单元，并将其纳入武胜县的《城市规划技术管理规定》的内容之中。

九寨沟县城市总体规划
（2011-2030）

2013年度四川省优秀规划设计二等奖
设计单位：四川省城乡规划设计研究院
承担所室：汪晓岗工作室
项目主持人：贾春
参加人员：田静、任锐、王月、
班璇、郭大伟

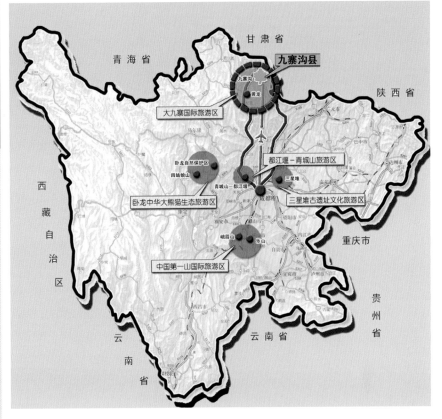

图1 区位图

1. 规划背景和过程

九寨沟县因九寨沟风景名胜区而得名，位于四川省阿坝州东北部，是一座风景优美、民俗多彩的西部山区高原城市。

随着城镇化进程和旅游业的加速发展，九寨沟县的宏观发展背景和区域交通建设发生了改变，城市规模、城市功能也产生了变化，城市发展也出现了新的问题：

（1）城镇建设问题：漳扎镇过热而县城无名、各自为政、缺乏合作互补；漳扎与九寨沟景区不匹配，接待设施级别低、品质跟不上、缺乏多元业态支撑；其余乡镇发展滞后，体系和产业未形成有机联系。

（2）旅游发展问题：九寨沟景区一枝独秀，旺季时期不堪重负；旅游产业单一，长期依靠观光旅游；文化资源丰富，却没有充分利用等。

上版总规在指导城市建设方面已不能适应发展的新要求，而局部调整也无法系统地解决所有问题。因此，我院

受九寨沟县住房和城乡规划建设局的委托，编制九寨沟县新一轮的总规，系统地解决城镇建设和旅游发展的问题，科学有效地指导城市建设和发展。

2. 规划构思

本规划从科学发展与城乡统筹的角度出发，系统地解决城镇建设和旅游发展的重要问题，提出"漳扎与县城一体化发展"以及"全域旅游"两大核心思路，这也是本次规划强调的修编工作的重点与特色内容。

3. 特色与创新

本规划通过对九寨沟全县旅游资源和建设状况进行了全面研究与评定，找准城市在城镇建设和旅游发展两方面最突出的矛盾和问题；在全面统筹的基础

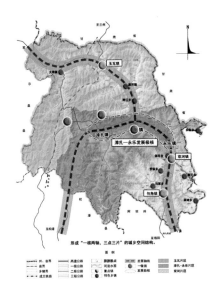

图2 县域体系结构规划图

上，围绕这两方面提出了6大实施策略，作为本规划的特色与创新：

（1）策略一：全域统筹，科学整合，协调发展。

从全域统筹的角度出发，划分三个城乡发展单元，突出片区发展特色，加强

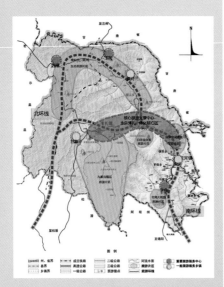

图3 县域旅游规划图

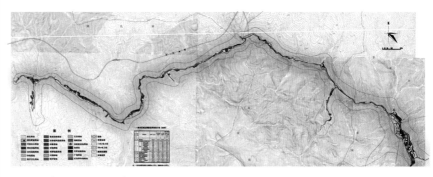

图4 一体化发展区用地布局规划图

各乡镇间的功能联系、分工协作和城乡互动。重点强化漳扎、白河至县城的经济发展核心区，以及沿九环线和黑河两条发展轴，优化整个县域城镇体系结构。

（2）策略二：全域旅游，积极应对游人量剧增的压力，走向转型升级。

随着成兰铁路、绵九高速、汶九高速和武九高速等对外交通的建设，九寨沟未来的游客还将大幅增长；面对压力，我们提出以九寨沟风景区为核心，加快南北两条旅游环线的建设和开发，构建三级旅游服务中心和五大旅游增长极片区，实现全域旅游。同时完善城镇业态，发展深度的文化、休闲、体验、度假等旅游项目和完善业态等综合功能，实现由观光旅游向休闲度假为主的综合旅游业态转变；把九寨沟县全域建设成处处皆景、风情各异的"九寨沟国家公园"。

（3）策略三：提出了县城和漳扎一体化发展模式。

针对县城和漳扎镇可建设用地稀缺、就地无法拓展以及长期各自为政、缺乏协作，导致漳扎旅游旺季不堪重负，而县城却又无法吸引和分流游客等实际情况；规划突破传统行政区划界限，提出县城和漳扎一体化发展的模式，将两地之间的40km白水江带状河谷地带作为一个整体，顺应地形，形成串珠式组合城镇空间格局，引入文化产业、休闲度假等特色亮点项目，将该走廊打造为世界级生态人文度假旅游综合体。

规划对一体化区域的三个片区（县城片区、漳扎片区、白河片区）分别作出了深入的规划和建设指引。

（4）策略四：以国际化标准完善旅游业态，植入文化产业。

依托自然观光旅游，发展休闲度假、娱乐体验、康疗养生、科考会展等多元旅游业态，同时依托多彩的民族、民俗文化特色，发展九寨特色文化产业，打造具有世界吸引力的旅游目的地。

（5）策略五：突出文化和大地景观特色，提升城市形象。

城市景观强调以景塑城，注重与自然山水的融合、现代与传统的交融，以生态和文化丰富城市内涵。同时将水引入城市，将观景、游走、休闲等功能引上县城后山台地，构建立体城市，按照国际一流旅游城市的标准进行规划和建设，全面提升城市的品位和形象。

（6）策略六：保障生态环境，强化"生态安全，低碳发展"。

优先关注生态环境的建设与保护，通过空间管制构建生态安全格局，建立高效可靠的综合防灾体系。重视资源的节约与有效利用，实现"低碳"和城市的可持续发展。

4. 规划实施

以本规划为指导，九寨沟县编制了各项控规、村庄规划、交通专项规划等；本规划对下层次的规划起到了科学有效地指导作用。

同时启动了全域旅游发展、特色村寨建设、县城旧城改造、新区旅游项目及五星级酒店的建设，指导着九寨沟县向国际旅游名城的目标迈进。

邛崃市城市总体规划
（2015-2030）

设计单位：四川省城乡规划设计研究院

承担所室：汪晓岗工作室

主审总工：严 俨

项目主持人：汪晓岗

参加人员：林三忠、司徒一江、班 璇
任 锐、邓雪菲、常 飞

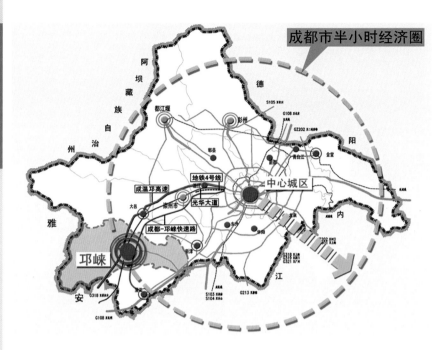

图 1 区位图

1. 规划背景和过程

在国家宏观调整的背景下，城市规划工作的任务和要求也在发生着转变；党的十八大"大力推进生态文明建设"与"推进新型城镇化"战略思路，要求将生态文明和美丽中国作为转变经济发展模式的新的衡量标准。另一方面，随着成都"都市圈"的逐步形成，邛崃以"大成都"的思维来谋求其发展，推动交通和产业一体化。

《邛崃市城市总体规划》坚持以人为本、四化同步、优化布局、生态文明、文化传承的中国特色新型城镇化道路，促进全面建成小康社会。本规划创新地提出"城乡发展单元"理念，合理构建差异化发展的城乡空间及梯次城镇体系格局；进一步科学规划邛崃现代化中等城市的同时，促进中心城区和小城镇协调发展。

在规划编制的过程中，邛崃市又遭遇到了 4·20 芦山 7 级地震。总体规划方案又结合当地灾后重建实际，立足于邛崃市发展的内在要求，与邛崃市土地

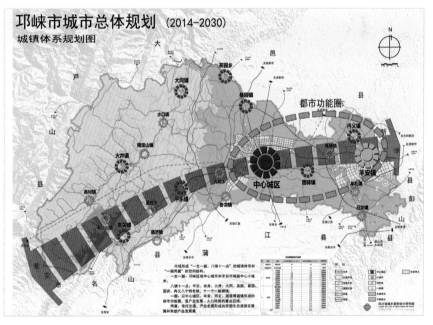

图 2 城镇体系规划图

利用灾后重建总体规划、邛崃市旅游发展总体规划、工业经济发展规划及相关专业专项规划进行了充分衔接与补充。通过多次专家咨询论证、社会公众广泛参与，邛崃市有关领导多次组织专题讨论，保证了规划的科学性、前瞻性和可操作性。

2. 规划主要内容

提出了区域一体化战略、县域差异化发展战略和美丽邛崃三个战略。规划以重大交通设施建设，促进交通一体化；积极承接产业转移，促进邛崃与周边产业协同联动发展。以多条干线公路的建设，对接成都中心城区和天府新区，通

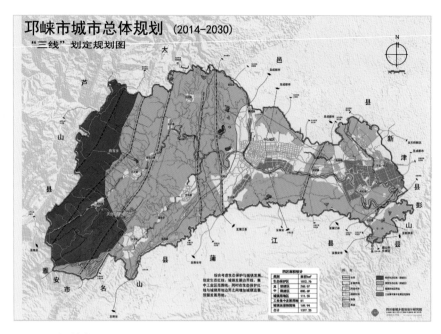

图3　三线划定规划图

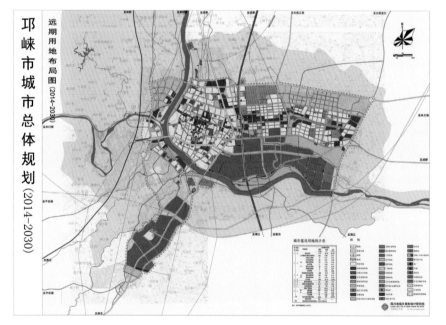

图4　中心城区用地布局规划图

过高速公路、快速路，将邛崃纳入成都全域快速公路网络，加速成邛同城化效应。通过轨道交通建设，加强与中心城区和天府新区点对点的快速联系。

根据邛崃市域东西两翼的差异，因地制宜，确立城乡发展单元，形成东中西差异化发展的格局，合理布局市域人口、城镇体系、产业；建立完备的城乡公共服务体系；形成以人为本的新型城镇化。

以生态保护为前提，以历史文化保护为重点，塑造邛崃"自然与人文相交融"的城乡特色，让城市融入自然、和谐历史文化和经济发展；使邛崃成为望得见山、看得见水、记得住乡愁的美丽城市。

规划形成三个单元、"一主一副、八镇十一点"的城镇体系；对邛崃区域

中心城市和羊安市域副中心（小城市）进行重点规划，同时形成平乐、夹关、火井、大同、茶园、桑园、固驿、冉义八个特色镇。

在生态保护方面，划定城市开发边界、生态红线；市域形成"三区六廊多点"的城乡生态格局；在此基础上，按照成都市的要求进行"三线"划定。综合考虑生态保护与城镇发展，划定生态红线、城镇发展边界线、集中工业区范围线。同时在生态保护红线与城镇用地边界之间增加城镇远景预留发展用地。

规划形成功能齐全、能量充足、布局合理、彼此协调的城市基础设施体系，按照城镇及产业发展需求进行配置，根据需要适时启动建设。

对邛崃中心城区定位：成都市区域中心城市、新型工业基地；省级历史文化名城、生态文化旅游城市。形成保护老城和"东进、西优、南兴、北绿"的发展策略；对照"十分钟公共服务圈"标准，结合邛崃市发展现状与功能需求进行规划。

3. 关键技术和创新点

本规划根据邛崃东西发展差异，提出"城乡发展单元"理念，强化区域主体产业，切实做到区域上功能错位、互动发展，单元内"产城一体"，"三产联动"。中部地区以提升中心城区、集约城镇化发展为思路；东部地区结合紧邻新津的区位优势以落实工业空间、实现职住平衡、羊安与冉义一体化发展为思路；西部龙门山边缘地区以保护生态、整体打造5A级景区为发展思路。

对西部地区，结合灾后重建要求提出实施生态移民，重点发展生态文化旅游业与都市休闲农业，重点打造平乐镇，形成西部旅游集散中心和节点城市；加快其他新型社区和聚居点建设，促进人

口、产业的合理布局。

对中心城区注重其文脉、生态环境的塑造。构筑网络化多层次的生态系统，打造望山亲水的城市，形成"两环、三楔、多廊、多点"的绿化空间；规划"一河两带，三轴多节点"的景观结构，形成疏密有致、尺度宜人、文化鲜明、中心突出的城市景观。

构建"古今文明交相辉映、新老城区各展风采、古城个性鲜明、文化经济复兴"的新邛崃；将邛崃打造成：文化之城、特色之城、活力之城。

4. 项目作用与水平

由于邛崃市上一版总体规划已不能适应邛崃发展建设的实际情况；本次修编的《邛崃市城市总体规划》，在编制过程中正逢邛崃市的芦山地震灾后重建期间，该总体规划的编制紧密结合灾后恢复重建的实际和要求，有效指导了全市各项灾后重建工作。同时，本规划有效指导了邛崃其他规划如历史文化名城保护规划、绿地系统规划以及各项控规的编制工作；为邛崃各项建设工作也起到了一定的指导作用。

道孚县城系列规划

设计单位：四川省城乡规划设计研究院
承担所室：韩华工作室
项目负责人：韩　华
项目主持人：黄　雯
参加人员：邓艳春、侯方堃、蒲茂林、
　　　　　　余　鹏、李　强、惠珍珍、
　　　　　　谭　懿、伍小素、唐燕平、
　　　　　　刘剑平

图1　鸟瞰图

1. 规划背景和过程

　　道孚县位于四川省西北部的高原，甘孜藏族自治州东北区域；是"香格里拉大旅游圈"上重要节点，并处于"环贡嘎生态旅游区"腹心地带。

　　根据中央藏区工作座谈会提出的"跨越发展，长治久安"的精神和要求，四川省委、省政府确定了"全面推进藏区旅游业发展　促进藏区繁荣稳定"的发展战略，甘孜州委、州政府推出了构建"全域旅游"的"以旅游为核心、以新型城镇化为载体、以现代农牧业为支撑"的"三化"联动、统筹城乡发展的战略，道孚县迎来了极大的发展机遇。

　　为此，我院受托承担了《道孚县城市总体规划（2013—2030）》、《道孚县县城控制性详细规划》、《道孚县花园新区修建性详细规划》、《道孚县城市风貌与景观设计》等一系列规划的编制工作。

图2　县城整体鸟瞰

2. 规划主要内容

规划充分研究道孚县自然山水环境、民族文化特征、道孚民居特色，确立了道孚"中国藏民居艺术之都，高原生态旅游城市"的城市发展定位；以"保护城市生态，塑造城市形态，丰富城市文态，提升城市业态"的"四态合一"策略引领，以建设花园道孚、文化道孚、现代道孚、特色道孚为目标，统领城市总规、城市详规、风貌景观设计等规划的编制。

（1）保护生态山水，营造花园道孚

结合河流，小溪，建设生态绿廊。打造湿地公园、花卉产业园、滨水绿带，在新区低洼地带结合防洪排涝工程设计一座人工湖，形成与城市水网结合的绿网，以此构建生态道孚大花园，在单位附属绿地、民居院落及各屋顶遍植花木，建设组团式的内部小花园。

（2）传承城市文脉，构建文化道孚

保护鲜水古镇及沿山村落，展示道孚民居独特的建造艺术；围绕莲花湖打造莲花藏寨、白塔公园、道孚印象馆、道孚文化活动中心，集中展示道孚丰富的传统文化、民俗民风；打造鲜水河湿地公园，形成独特的高原生态景观；打造果林温泉园、农耕风情园、藏文化风情园，展示高原田园风光，形成农耕文化、藏文化体验区；促使鲜水河、纽日河两岸城市文化与田园文化交相辉映。并通过各式桥梁连接沟通，在古老的麦粒神山下，让道孚文化在传承中发扬。

（3）建设 4A 级景区，打造特色道孚

以文化为支撑，打造多元旅游产品，配套旅游服务设施，按照 4A 级景区的建设标准，打造"吃、住、行、游、购、娱"六大旅游城市要素，着力打造布满全城的 16 个特色景点；并进一步完善城市功能，使县城形成现代化的旅游城

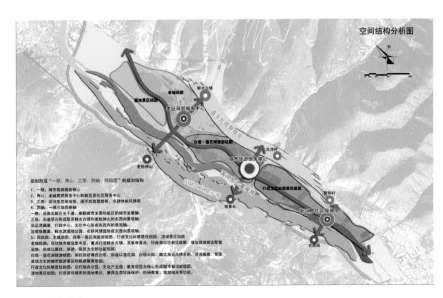

图 3 功能结构图

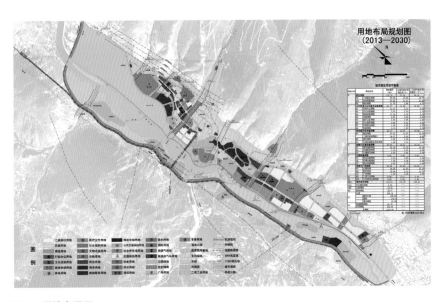

图 4 用地布局图

市，展现"康巴文化之窗"。

（4）完善城市形态，塑造现代道孚

道孚城市演变形成了藏居顺山、生态顺河的布局形态，规划延承城市发展脉络，在自然山水的环抱下，形成沿山藏民居展示带、农耕文化展示带；以鲜水古镇为核心，划定传统藏式风貌保护区，严格控制城市建设区风貌，塑造具有道孚特色的城市整体形象。

通过控制城市内部的自然冲沟、防护走廊，形成"一核两心三带四轴四组团"的沿河组团式发展的空间结构形态。

通过对道孚城市形态的研究，将城市风貌分为经典藏式风貌控制区、传统藏式风貌控制区、现代藏式风貌控制区三个风貌区。

在三大分区的基础上进行建筑风貌导控，注重不同区域空间风貌特色的塑造，形成一套完善的道孚县城市风貌和建筑特色系统。具体控制如下：

在经典藏式风貌区范围内对建筑形式进行严格把控，要求新建建筑应与传

图5　建筑立面图

统民居形式相一致；整体塑造道孚传统特色。

　　传统藏式风貌控制区内对于低层商业建筑，建议按照道孚传统风貌进行控制，多层住宅建筑及商业建筑可相对简化。

　　现代藏式建筑研究方面，在传统与现代的碰撞中提炼出能够代表道孚特色的风貌特色元素，在城市风貌规划中提出指导控制原则和体系。

3.关键技术和创新点

　　通过重点研究民族地区环境特色、文化特征，在规划编制中突出对生态环境的保护和文化传承，打造"中国藏民居艺术之都，高原生态旅游城市"；通过研究道孚民居建筑和人民生活习惯，在道孚传统民居的基础上予以发展，既传承了道孚民居的传统特色，又能满足道孚人民现代化的生活需求，促进了道孚县城的可持续发展。

金阳县城市总体规划（2014-2030）

设计单位：四川省城乡规划设计研究院
承担单元：四川省城乡规划编制研究中心
主审总工：高黄根
项目主持人：贾刘强
参加人员：岳　波、张　伟、温成龙、
　　　　　姜重阳、陈　亮、廖　伟、
　　　　　何莹琨、周　垒

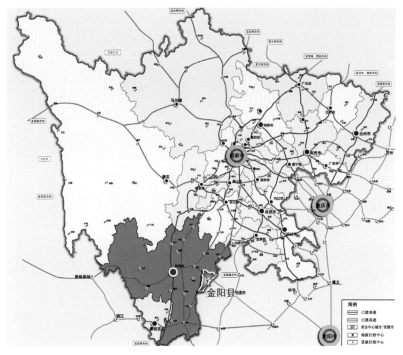

图1　区位关系图

1. 规划背景和过程

随着国家城镇化新政策的提出、四川省"三大发展战略"的全面实施、国家扶贫政策的深入实施、西昭高速和沿江高速、溪洛渡水电站建设等重大基础设施的实施、攀西城市群规划等上位规划的修编，对金阳县未来的发展带来了新的机遇和挑战。为贯彻落实十八届三中全会、中央、省及凉山州城镇化工作会议精神，抢抓新一轮西部大开发、乌蒙山和大小凉山国家及省扶贫等重大机遇，更新规划理念，以"城乡统筹、重点发展、特色发展"为总体思路，科学引导、促进金阳的发展与建设；依据《中华人民共和国城乡规划法》与《四川省城乡规划条例》，2013年金阳县城乡规划建设和住房保障局委托我院修编《金阳县城市总体规划》（以下简称"本规划"）。

2. 规划主要内容

规划定位与目标：本规划将金阳打

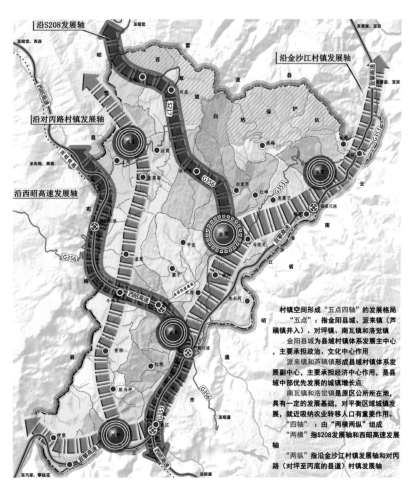

村镇空间形成"五点四轴"的发展格局
"五点"：指金阳县城、派来镇（芦稿镇并入）、对坪镇、南瓦镇和洛觉镇
金阳县城为县域村镇体系发展主中心，主要承担政治、文化中心作用
派来镇和芦稿镇形成县域村镇体系发展副中心，主要承担经济中心作用，是县域中优先发展的城镇增长点
南瓦镇和洛觉镇是原公所所在地，具有一定的发展基础，对平衡区域城镇发展、就近吸纳农业转移人口有重要作用。
"四轴"：由"两横两纵"组成
"两横"指S208发展轴和西昭高速发展轴
"两纵"指沿金沙江村镇发展轴和对丙路（对坪至丙底的县道）村镇发展轴

图2　村镇体系结构规划图

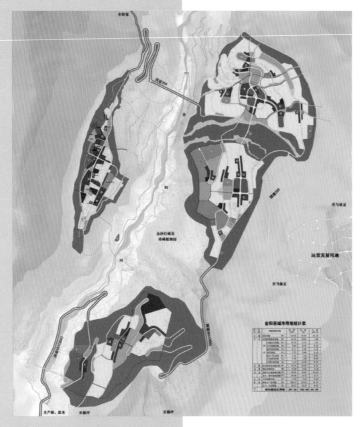

图3　用地布局规划图

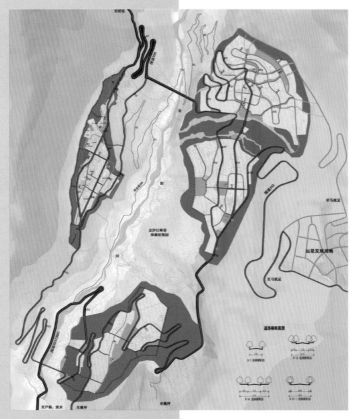

图4　道路交通规划图

造为乌蒙山片区川滇结合部金沙江北岸重要交通节点，县域政治商贸文化中心，生态宜居的山地小城市。2030年城市人口为6万人，城市建设用地为397hm²。

县域村镇体系规划：县域村镇体系以县城和重点镇为发展重点，总体形成"五点四轴"的发展格局。

基于县域地质灾害多发的特点，综合考虑城镇发展的空间优化、经济、社会、资源、环境、地质、地形条件等因素，协调土地利用规划和各级城镇总体规划；结合城乡用地评定，对县域空间管控提出要求。规划在旅游发展、综合交通、市政工程、综合防灾等方面提出了相应要求。

城市总体布局规划：规划采取"旧城疏散、向东跨越、组团发展"的空间扩展模式，形成"一环两区多组团"的空间结构，以环状道路为依托，以河西老城和河东新城为发展片，串起西城组团、唐家屋基组团、木腊沟组团和务科组团四个组团。

依托金阳生态功能特征，在金阳河两岸坡地建设"金沙江峡谷珍稀植物园"；并利用金阳河两侧山地自然冲沟、滑坡、泥石流等地质灾害防护绿廊，共同构建"一带两面多廊"生态格局。

从城市绿地的类型、布局结构和等级分工等方面着手，全面提高城市绿地的建设质量，充分结合地方文化和民族风情，营造多样化的绿化景观特征，形成分工明确、设施完善的绿化网络；展现出"园、林、山、城"相融的特征，构建"两屏多点块、四环多廊道"的生态绿地系统。

结合金阳城市发展实际，提出构建一个以公共交通和步行交通为主导，适度超前、合理引导城市空间结构拓展与优化的综合交通体系，形成以"一环双通道"为主骨架的城市干路网络和"两横三半环"的步行梯道系统。规划对城市景观及风貌、市政工程、综合防灾等提出相应要求。

3. 关键技术和创新点

金阳是国家级贫困县,对外交通不便,经济社会、城乡建设均有较大差距,城市周边地质灾害密布,建设用地紧张,城市人居环境较差。这些对城市规划提出了较高的要求,同时也突出了规划的特色,可为山地贫困地区的城乡规划提供借鉴:

首先,规划始终贯彻"以人为本"的指导思想,以用地安全为前提,通过构建安全避让、工程治理和群策群防等措施,健全地质灾害防治,有力保障少数名族地区人民的生命财产安全。

其次,坚决拒绝"摊大饼",科学评价用地适宜性,在保障城市安全的前提下,将城市布局为"组团式"发展格局,将地灾密集区建设成为城市的生态背景,对地质灾害进行了系统梳理,并提出治理措施。

再次,立足县城实际地形地貌,构建依山就势、系统高效的典型山地城市道路网络系统,有力地引导城市空间结构拓展与优化。

针对旧城存在的种种问题,专门制定了旧城更新规划,并列出了明确的项目,一方面可改善旧城人居环境、增加旧城活力,另一方面可为新区建设提供动力。

4. 规划实施

依据本规划,金阳县开展了下位规划编制,实现了中心城区控制性详细规划的全覆盖;同时规划目标与城镇化发展战略等内容成为金阳县编制"十三五"经济社会发展规划的重要内容,有力推动金阳向着全面脱贫致富的目标迈进;依据该规划,实施了省道208改建项目、县城供水改造工程、旧城污水厂建设等工程,实施了县检察院、金阳中学和武装部等建设项目;连接旧城与新区的"天马大桥"项目方案已基本完成,新区道路和市政管线建设工程有序推进;旧城风貌和基础设施建设取得了阶段性成果。

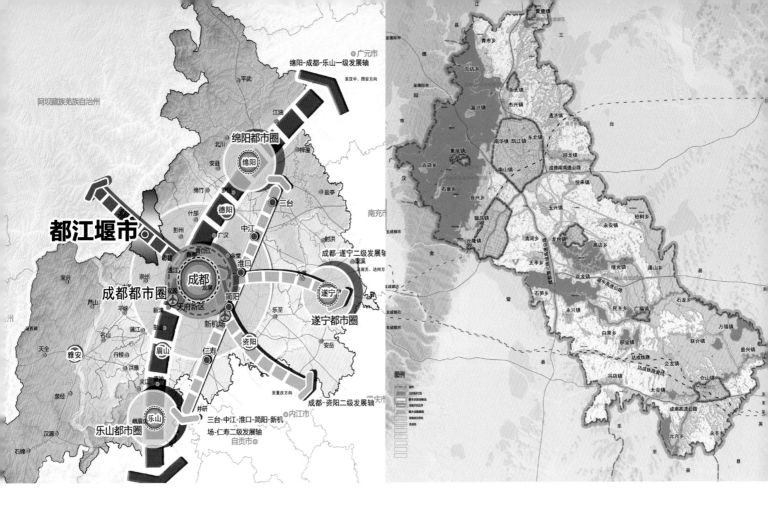

1.4 "多规合一"规划

泸县"多规合一"规划（2016-2030）

设计单位： 四川省城乡规划设计研究院

承担所室： 城市规划所

主审总工： 王国森

项目主持人： 程　龙

参加人员： 曹　利、廖　琦、郑　远、
蒋　稳、秦洪春、马晓宇

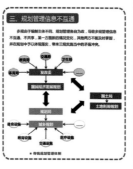

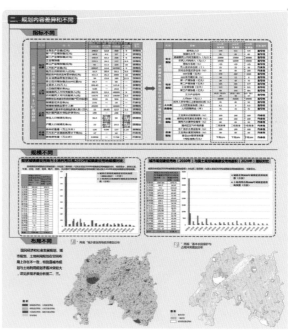

图1　多规矛盾分析图

1. 规划背景和过程

中央高度重视"多规合一"工作，是自上而下的顶层设计，由多部委积极推动。近年来各地针对部门规划自成体系、彼此缺乏衔接协调、城乡分割、内部冲突甚至相互矛盾，导致空间资源配置错位进一步加大等问题，相继开展了规划协调上的自下而上的地方性实践探索。

新形势下，泸县经济社会发展、新型城镇化和城乡规划建设将进入转型发展的新阶段；经济发展、生态保护、耕地保护、城乡建设、基础设施建设等对空间资源的争夺日趋激烈，矛盾愈发突出。

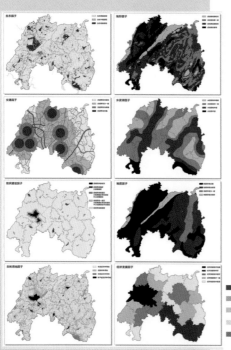

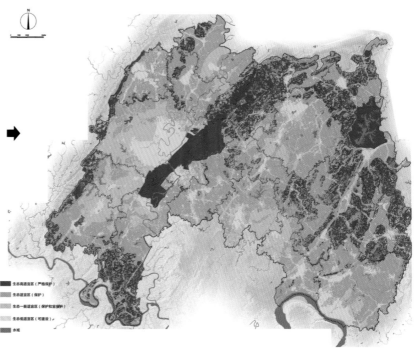

图2　空间资源适宜性评价图

在此背景下，亟需对区域空间资源进行统筹、协调；根据中央城镇化工作会议和城市工作会议精神以及省委的要求，我院受托编制泸县"多规合一"规划。

2. 规划主要内容

规划在制定高度共识的泸县城乡总体发展战略的基础上，整合协调经济社会发展规划、城乡规划、土地利用总体规划、生态环境保护规划和基础设施规划等部门的"多规"，构建"多规合一"核心控制指标体系。

结合住建、国土、林业、环保等相关部门涉及空间利用的用地分类标准，建立以生活空间、生产空间、生态空间和区域设施空间四个大类为统领的"3+1"全域空间利用用地分类体系，以此作为"多规合一"规划布局的基础。

把握区域生态总体格局和主体功能区的要求，根据土地空间的自然和社会经济两大属性，对各空间单元的生态敏感性、农地保护性、建设经济性和安全性等因素进行综合评价；从空间资源的生态适宜性出发，划分为生态高适宜区、生态适宜区、生态一般适宜区和生态低适宜区；对应严格保护、保护、宜保护（不宜建设）、可建设的理想空间模式，以作为合理利用空间资源的基础。

结合区域空间资源、经济发展、城乡建设和设施条件等，科学构建泸县区域空间发展利用与布局形态；统筹规划泸县整体生态格局及生态空间用地布局、生活空间布局（包括城镇生活空间、农村生活空间）、生产空间布局（包括农林生产空间、工业和物流生产空间）、区域设施空间布局（包括道路交通、给水、排水、环卫、电力、电信、燃气等）。

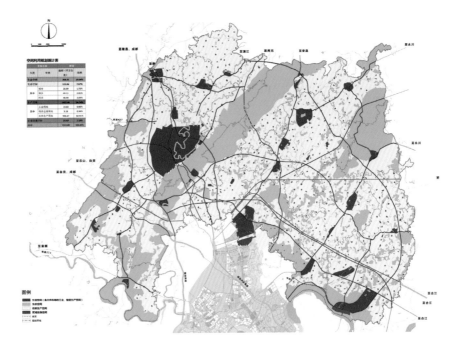

图3 四大空间布局图

图4 空间管制规划图

3. 关键技术和创新点

根据各部门行业规划的特性，将"多规"划分为发展类（经济社会）、约束类（土地、环境、林业）和建设类（城乡、工程设施）三大类型；提出以下规划思路：

（1）战略引领，凝聚共识——明确方向

"多规合一"不是"多规"的简单叠加和协调，而是针对新形势、新战略下以全域整体统筹发展战略为基础，进行全面、长远的考量，明确一个符合底线要求的、凝聚共识的发展目标和理想空间形态的纲领性规划。

（2）底线思维，精明增长——保护优先

以资源环境保护和承载力为前提，科学合理确定人口、建设容量和产业、空间布局，高效利用，集约发展，精明增长。

（3）科学布局，全域管控——建设布控

以多规的问题为导向，以全域空间资源评价为基础，以理想空间为目标，合理安排生态保护、产业布局、城乡建设和基础设施等空间。对涉及全域基本农田、生态脆弱敏感区域、历史文化保护、列入负面清单的产业类型、基本设施等，通过空间划界、管控清单及管控细则的方式，实现全域保护性空间的刚性管制。

（4）多规协调，设置接口——搭建平台

在破解"多规合一"上，以生态环境保护规划为底线——"定界标"，以国民经济与社会发展规划为目标导向——"定目标"，以土地利用总体规划为指标约束——"定指标"，以城乡规划为空间落实——"定坐标"。融合部门政策法规和理念，协调部门和地方规划，设置接口，以"多规合一"规划为平台，指导其专业规划的编制和落实。

4. 项目作用与水平

规划围绕"一个城乡空间，一个空间规划"，在制定高度共识的泸县城乡总体发展战略的基础上，整合协调"多规"；从技术、规范和规划内容、实施措施上将"目标"、"指标"、"坐标"、"界标"进行协调，统筹涵盖现有"多规"的发展目标、主要指标和重要空间管控内容，进行全域空间"多规合一"规划，建立统一衔接、职责互补、相互协调的空间规划体系；形成一个市县一个空间一本规划、一个发展目标、一张空间蓝图、一套实施机制；并从工作组织、规划制定、实施管理三个层面推进"多规合一"，实现全域空间发展"一张图"管理，提高政府空间管控能力和行政效能，实现国土空间集约、高效、可持续利用。

本规划是统领协调全县域空间规划的规划，是泸县县域各空间规划的上位规划和顶层设计（空间宪法），各专业空间利用规划应以本规划为指导进行编制和深化落实。

甘肃省夏河县城乡统筹总体规划（2015—2030）

设计单位：四川省城乡规划设计研究院
承担所室：韩华工作室
主审总工：韩 华
项目主办人：李 毅、侯方垫
参加人员：田 文、周剑锋、杨 猛、
　　　　　刘剑平、吴 勇、邱永涵、
　　　　　张 蓉、丁文静、叶云剑、
　　　　　王 涛

1. 规划背景和过程

针对各类规划自成体系、内容冲突，区域空间缺乏统筹，难以形成合理、有序的保护利用格局等突出问题，2013年中央城镇化工作会议提出了在县（市）探索经济社会发展、城乡、土地利用的"多规合一"规划编制，实现"一个县（市）一本规划一张蓝图"的要求。

2014年1月，国家住房城乡建设部发布《住房城乡建设部关于开展县（市）城乡总体规划暨"三规合一"试点工作的通知》，要求全面开展县（市）城乡总体规划暨"三规合一"试点工作。

2014年5月，甘肃省办公厅发布《甘肃省人民政府关于做好新型城镇化试点工作的指导意见》，决定在甘肃全省15个县（市）开展新型城镇化试点工作；意见明确提出夏河县为全省15个"多规合一"试点县（市）之一。2014年12月，甘肃省住建厅下发《甘肃省"多规合一"城乡统筹总体规划管理办法》。

2015年6月，受甘南州夏河县人民政府委托，四川省城乡规划设计研究院正式承接了《甘肃省夏河县城乡统筹总体规划（2015—2030年）》的编制工作。

2. 规划主要内容

夏河县位于国家级甘南黄河重要水源补给生态功能区，是我国藏区重要的宗教活动中心和西北、西南地区旅游资源联系的核心节点；生态地位突出，历史和文化旅游资源高度富集。

因此，本规划紧紧围绕"保护生态、传承文化、促进旅游、突出特色"的战略主旨，以集中体现高原少数民族生态旅游为核心目标，对夏河县"多规合一"编制工作进行探索。

规划形成"三条主线、一本总规、一张蓝图、一个平台、一套机制"的核心框架。

（1）三条主线

以城乡总体规划为基础。通过发展基础条件研判，制定夏河县全域空间发展战略；以建设世界级旅游目的地和国家黄河重要水源补给及草原生态保护示范县为目标，构建全域生态安全格局，强化拉卜楞寺等各级文保单位的保护体系，突出旅游资源空间整合战略；通过比对上版总规和土地利用总体规划对城镇化水平预测和人口聚集模式的差异，修正城镇化推进速度，制定夏河特色化人口聚集模式，并推导城乡居民点建设用地总量；以此为基础，优化全域城乡空间发展格局；构建由"生态空间、农牧业生产空间、城乡发展空间和区域设施及特殊用地空间"构成的"3+1"空间体系，并以此形成"全域城乡用地布局"，统一全域空间利用思路，落实用途管制。

以空间管控体系为手段。对夏河县现有各部门规划进行指标和图斑的差异

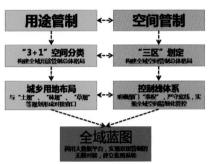

图1 夏河县"多规合一"蓝图系统构建

图2 县域城乡用地布局规划图

比对，提出多规协调准则和调整方式；以多规整合和全域战略格局为基准，划定全域"三区"（禁建区、限建区和适建区）；并依托夏河地方特点，将"三区"拆分细化为"基本农田、环境保护、林业保护、文物保护、生态安全、风景名胜、建设规模、弹性用地、特定功能"九条控制线，构建"三区九线"控制线体系，理顺部门管理事权，落实空间管制。

图3 县域"3+1"空间划定图

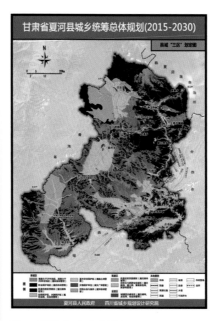

图4 县域"三区"划定图

以数据决策平台为支撑。将夏河县所有规划数据入库,统一入库标准;预留数据库接口,以备未来更新规划数据资料;将"3+1"空间分类体系和"三区九线"管控体系入库,建立控制线冲突检测机制,预留各部门的数据接口,为各级政府精细化管理提供有力支撑;最终形成各部门达成共识的"一张蓝图"系统,全面提升政府空间管控决策的科学性。

(2)一本总规

形成《夏河县城乡统筹总体规划(2015—2030年)》全套技术成果。内容包括县域、中心城区(县城)、镇(乡)域单元三个层次:

县域层面涵盖全域发展目标、空间战略、生态保护、旅游整合、城乡统筹、产业发展等;

中心城区(县城)涵盖发展定位、城镇规模、空间发展方向、空间布局、支撑体系等;

镇(乡)域单元层面是全域管控体系向乡镇的进一步延伸和细化,在总规的深度上做加法。

最终形成从全域战略到乡镇落实的纵向全套技术成果,强化"多规合一"的系统性和统一性。

由三条主线和一本总规为技术支撑,构建全域"一张蓝图"系统,向地方政府提交数据决策平台,配合"多规合一"创新机制,实现中共中央提出的"一张蓝图干到底"的总体要求。

3. 关键技术和创新点

本规划深刻解读中共中央多次强调的"多规合一"、"三生空间"、"一张蓝图"等含义,创新性提出"一张蓝图是用途管制和空间管制共同组成的全域发展共识系统"的总体概念,"三生空间"是用途管制的核心结构,是空间功能和土地利用的总体格局,是区域发展诉求

的具体体现;"三区划定"是空间管制的核心框架,是空间发展的底线控制,是区域核心保护空间的总体要求;基于上述认识,本规划制定"3+1"空间分类体系,落实"三生空间"和用途管制;制定"三区九线"管控体系,落实"三区划定"和空间管制;同时将《城市用地分类与规划建设用地标准》和《土地利用现状分类》的所有土地类型归类至"3+1"空间分类体系,将九条控制线归类至"三区",并将"3+1"空间分类体系与"三区九线"一一对应,形成用途管制和空间管制无缝对接的空间利用管控共识,既谋发展,又守底线,借助数据决策平台的技术支撑,最终构成"一张蓝图"体系,实现科学、系统、可持续的全域管控。

同时,规划制定乡镇精细化管理图则,利用"两图一表一通则"的模式,将全域管控要求向乡镇层面进一步延伸,提高管理的系统性和操作性。

4. 项目作用与水平

《甘肃省夏河县城乡统筹总体规划(2015—2030年)》是国内为数不多的高原少数民族地区"多规合一"的探索性编制工作;规划紧紧抓住夏河县"生态、文化、旅游"三大突出特色,通过大量细致的现状基础分析工作,制定符合夏河高原少数民族地方特色的空间战略格局;同时加强了对"多规合一"系统工作的一系列创新和探索,对于我国高原少数民族地区开展"多规合一"工作具有重要的参考价值。

通江县"多规合一"规划

设计单位：四川省城乡规划设计研究院

承担所室：黄喆工作室

主审总工：王国森

项目主持人：黄　喆

参加人员：邓方荣、郑曼文、崔　雁、

张　波、刘瀚熙、廖　丹

1. 规划背景

当前，我国各类规划面广量多，自成体系，各类规划空间利用矛盾突出，给我国空间管理带来了诸多问题。在此背景下，2014 年，在中央城镇化工作会议上，首次明确提出了推进"多规合一"规划编制的试点工作，以解决各类规划冲突，优化城乡空间结构。

同年，国家四部委于 11 月联合下发《关于开展市县"多规合一"试点工作的通知》。

四川省是开展"多规合一"工作较早的省份之一，2014 年，四川省以中江县、南江县为试点进行"多规合一"规划编制工作；2015 年又增加了 8 个试点县，四川省通江县即为其中一个；我院受托承担了《通江县多规合一规划》的规划编制。

2. 规划主要内容

（1）空间资源适宜性评价

通江县域空间资源适宜性评价是制作空间格局"底图"、绘制土地利用规划图的依据。适宜性评价因子包括坡度、高程、植物多样性、河流水域四类；通过 AHP 确定因子权重，各因子权重占比如下表所示。

空间资源适宜性评价因子权重表　　表1

空间资源适宜性评价因子			
评价因子	等级分类	评价值	权重
坡度	< 5°	5	0.294
	5°~15°	3	
	15°~25°	2	
	25°~35°	1	
	> 35°	0	
高程	< 500m	5	0.354
	500~1000m	3	
	1000~1500m	2	
	1500~2000m	1	
	> 2000m	0	
植物多样性	无植被区	5	0.176
	短伐期工业原料用材林	4	
	一般用材林	2	
	水土保持林、风景林、自然保护林	0	
河流水库缓冲区	≥ 400m	5	0.176
	300 ~ 400m	4	
	200 ~ 300m	3	
	100 ~ 200m	2	
	< 100m	0	

应用 ArcGIS 制作各因子生态敏感性分析图，最后再加权叠加，运用自然分类法将其分为高敏感、敏感、一般敏感、低敏感 4 个区域，并进行聚合和边界清理等处理，以消除小图斑；最后把具有重要生态敏感性的区域，包括自然保护区、森林公园、湿地公园、地质灾害缓冲区等叠加到综合评价结果图中，得到最终的空间资源适宜性评价图。

（2）资源环境承载力分析与终极规模预测

规划根据通江县自然资源环境承载力分析，按照短板控制，得出通江县资

图1　空间资源适宜性评价图

源环境承载的人口规模为 160 万人；但考虑到通江县处于四川省东北部，区位条件、资源条件有限，人口集聚效应较弱，在当前认知情况下，人口规模不可能突破 160 万人；最后，本次规划通过对上位规划分析法、区域人口比重法和曲线回归分析法，综合确定通江县终极人口规模为 84 万人。

农村人口预测：本规划将农村可耕种土地资源作为测算各乡镇农村劳动力的依据，进而按照带眷系数法预测农村人口；各乡镇农村人口相加得到县域农业人口总数约为 23 万人。

城镇人口：根据县域总人口 S,减去农业人口 N，得到通江县城镇人口为 61 万人，终极城镇化率为 72.62%。各乡镇（乡镇数量 X）城镇人口根据乡镇发展潜力评价结果 A 调整人口分布；在已知现状全县城镇人口 M 及各乡镇城镇人口 a 的情况下，将县域总规城镇人口 Z 减去现状全县的城镇人口 M 的差值 Q 分配，将 Q 按照现状的城镇人口比重（a/M）分布到各乡镇，得到每个乡镇被调整部分 $K = Q(a/M) = (S—N—M)(a/M)$；然后根据得分 A 调整每个乡镇分配的城镇人口，调整之后依然是一个比值关系。得出各城镇终极城镇人口规模预测模型如下：

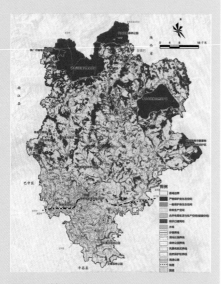

图2　县域空间格局底图

$$Y=a+\frac{a\left(S-N-M\right)^2(1+A-\Sigma A/X)}{M\Sigma[\left(As-An-aM\right)(1+A-\Sigma A/X)/M]}$$

根据该模型预测城镇人口在县域的空间分布。

（3）通江县空间格局"底图"

规划针对当前城乡用地分类混乱的局面，提出了"3+1"的城乡空间分类模式，即生态空间、生活空间、生产空间以及基础设施廊道空间。根据该分类模式，结合空间资源适宜性评价，建立对应关系如下表，得出空间格局规划底图。

（4）现有规划分析

根据项目组统计，通江县现行各类规划中涉及空间利用的规划有15项，直接进行空间布局的规划有22项，各类规划编制主体各异、年限不同，空间

空间资源适宜性评价结果与"3+1"空间分类的对应关系　表2

空间资源适宜性评价结果	"3+1"空间分类	对应关系
生态高敏感区	生态空间	原则上作为严格保护类生态用地，也是生态红线范围
生态敏感区	生态空间	原则上作为一般保护类生态用地

续表

空间资源适宜性评价结果	"3+1"空间分类	对应关系
生态一般敏感区	农林生产空间	原则上全部划入农林生产空间
生态低敏感区	农林生产空间	部分划入农林生产空间
	生活空间	合并布局的生活空间与生产空间（结合城镇终极规模和自然人工界限确定边界）

技术分类标准不同、编制侧重点不同，且有各自的政策、标准和审批程序；造成先行规划内容相互冲突，从而产生了区域空间资源保护和利用方面的问题。

规划通过对各部门空间规划统一空间坐标，进行矛盾分析，得出了先行各类规划的主要矛盾和冲突点；为解决这些矛盾，规划建立了空间规划协调准则如下表。

（5）县域空间"一张蓝图"

结合空间格局底图以及分析梳理规划矛盾协调准则的基础上，规划构建了县域用地规划"一张蓝图"；总体上形成"北林南田、三廊两带"的空间结构；在县域空间利用"一张蓝图"的基础上，规划又进一步划定了生态保护红

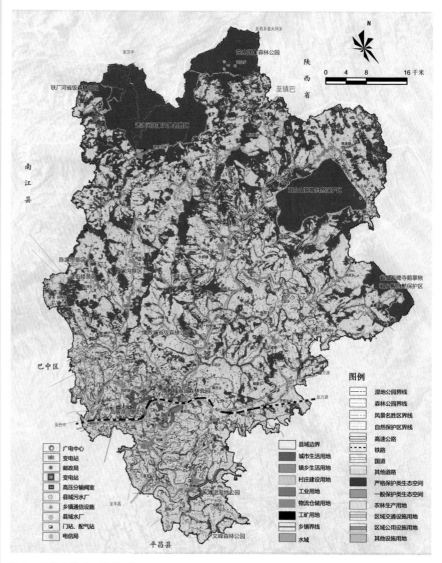

图3　县域空间"一张蓝图"

线、永久性基本农田控制线、城镇开发边界、重大设施廊道控制线，以强化空间管理。

空间规划利用矛盾协调准则　表3

序号	问题与矛盾	协调措施与建议
1	城规建设用地占用基本农田	原则按土规落实
2	城规建设用地位于土规有条件建设区	原则按城规落实
3	城规建设用地超土规建设用地或土规超城规建设用地	根据本次规划空间格局底图调整
4	在城规覆盖范围外的土规建设用地（村庄、其他零星区域）	原则按土规落实
5	城规建设用地与林规保护区冲突	根据通江县生态公益林，调整城规建设用地

续表

序号	问题与矛盾	协调措施与建议
6	城规建设用地与一般林地冲突区	根据本次规划空间格局底图调整
7	林规林地与土规林地差异区	原则按林规落实
8	林规林地与土规耕地冲突区	根据资源适宜性评价，位于敏感区按林规落实
9	林规林地保护区与基本农田保护区冲突	根据资源适宜性评价，位于敏感区按林规落实，位于一般敏感区或低敏感区按土规落实
10	城规建设用地与环保生态保护红线冲突区	根据本次规划划定的生态保护红线，对位于生态保护红线范围以内的规划建设用地予以调出
11	土规建设用地与生态保护红线冲突区	根据本次规划划定的生态保护红线，对位于生态保护红线范围以内的规划建设用地予以调出
12	河流水系、地块范围等边界的不同	城镇内部原则按城规落实，城镇外部按土规落实
13	区域设施用地差异	协调各专项规划落实

3. 规划创新

运用 RS 和 ArcGIS 平台定量分析空间资源，适宜性，提高规划编制的科学性。

采用 ARCGIS 分析既有规划的矛盾，并制定协调矛盾的准则和建议；

基于空间资源评价和人口规模预测，运用 ArcGIS 平台绘制空间格局"底图"、县域用地规划图等，形成 ArcGIS 操作平台为主的规划技术平台；

划定重要控制线，制定各类空间管制措施；严格保护永久性基本农田和重要生态空间，严控底线，确保生态和粮食安全。

中江县"多规合一"规划

设 计 单 位: 四川省城乡规划设计研究院

承 担 单 元: 四川省城乡规划编制研究中心

项目负责人: 高黄根

主 审 总 工: 彭代明

项目主持人: 岳 波

参 加 人 员: 黄剑云、何莹琨、周 垒、
廖竞谦、安中轩、邓生文、
郑语萌、温成龙

合 作 单 位: 中江县住房和城乡规划建设局

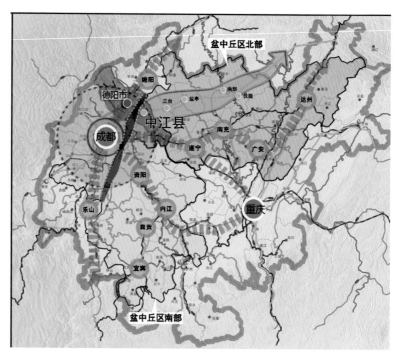

图1 区位图

1. 规划背景和过程

针对各类规划自成体系、内容冲突，区域空间缺乏统筹，难以形成合理、有序的保护利用格局等突出问题；中央城镇化工作会议提出了在县（市）探索经济社会发展、城乡、土地利用的"多规合一"规划，形成一个县（市）一本规划一张蓝图的要求。按照这一要求，我省从2014年开始，结合前期开展的县（市）域全域规划工作，启动了"多规合一"规划试点。

中江县作为两个首批试点县之一，是丘陵县的典型代表，率先委托我院在"多规合一"规划方面进行了探索。工作组于2013年12月开始规划编制工作；通过多次多方沟通和修改，于2014年12月25日通过了省住建厅召开的评审会；2015年6月25日通过了中江县人大召开的评审会，2016年1月19日通过了省城乡规划委员会召开的审议会。

2. 规划主要内容

本规划强调了认真贯彻落实中央和省委城镇化工作会议的精神，落实先进的规划理念；从以城镇为中心的规划向城乡一体化规划转变，从优先关注建设用地向优先关注非建设用地转变，从优先关注需求向优先关注供给转变，从城镇的外延扩张向城镇精明增长转变。规划强调以资源环境承载力为支撑，按照促进县域生产空间集约高效、生活空间宜居适度、生态空间山清水秀的总体要求；合理布局生产、生活和生态空间，形成城乡空间一体化发展格局。总的来说，本规划主要内容包括以下四大部分。

一是在建立全域空间分类体系和全域空间资源评价的基础上，根据区位条件、上位规划、当地经济社会发展的阶段特征，明确县域发展定位，确定区域空间保护和利用的总体策略。其中，规划确定中江县为成都平原城市群新兴增长点，成德经济合作重要组成部分；以现代农业为基础，以战略性新兴产业为支撑，以乡村旅游为特色的四川丘区强县。

二是突出底线思维，划定重要控制线。根据区域生态格局的总体特征，结合空间资源评价结论，划定生态保护红线、城镇开发边界、基本农田控制线、重大设施及廊道等四类重要控制线；明确各类控制线的范围、边界和保护控制要求。

其中，中江县生态保护红线包括龙泉山区、继光水库等饮用水水源保护区和水源涵养区、凯江河等河流水系控制区、生态公益林保护区等，面积约535km²；基本农田控制线面积1008km²，以确保规划基本农田面积不低于土地利用规划确定的面积；全县城镇建设用地规模约115km²，开发边界约200km²；设施廊道共享，规划共安排5条高速公路廊道，7条快速通道廊道，成巴城际铁路廊道，控制成达铁路廊道；安排4条电力廊道，1条电力、电信、燃气复合廊道，3条电信、燃气复合廊道，3条电力、电信复合廊道，面积共约80km²。

三是进行比对和多部门协调，从理想空间到"一张蓝图"。根据区域经济社会发展的需要，结合空间资源现状利用情况，对评估形成的区域空间保护利用理想模式（空间格局"底图"）进行调整，形成区域空间综合利用初步方案。在此基础上听取相关部门和专家的意见，了解各地各部门在空间保护利用方面的诉求，将初步方案与区域中现有的各类空间利用规划进行比对，找出冲突和矛盾所在，在当地党委政府的直接领导下，通过部门协调、统一思想，逐步缩小差距、化解矛盾、优化方案，调整形成空间保护利用规划图，即"一张蓝图"，成为各部门必须共同遵循的"空间宪法"。

四是指导其他空间规划，形成"1+N"空间规划体系。根据一张蓝图，落实基本公共服务设施规划、商业服务业设施规划、文化传承与旅游规划、综合交通规划、市政公用设施规划、防灾减灾与环境保护规划等专项规划；以方便相关部门编制和修订涉及空间利用的相关规划。

3. 关键技术和创新点

本规划结合目前存在的问题，针对几个关键技术问题进行了探索。

首先，构建了全域空间分类体系，设计出"3+1"区域空间分类方法，以此作为"多规合一"规划布局的基础。

本规划以《城市用地分类与规划建设用地标准》《土地利用现状分类》为基础，结合《国家生态保护红线—生态功能红线划定技术指南》，并参考林业、农业、交通等各部门相关标准，设计出

"生产、生活、生态空间和区域设施空间"四个大类，将各部门的现有分类纳入其中形成中小类。

空间分类体系一览表　　　表1

类别名称		
生态空间		
其中	严格保护类生态空间	
	一般保护类生态空间	
生活空间		
其中	城市	
	镇乡	
	村庄	
生产空间		
其中	工业用地	
	工矿用地	
	物流仓储用地	
	农林生产用地	
区域设施空间		
其中	区域交通设施用地	
	区域公用设施用地	
	特殊用地	
	其他设施用地	

其次，确立了空间资源评价标准和方法，采用加权叠加法对区域空间进行评价，分为"生态高敏感区、生态敏感区、生态一般敏感区和生态低敏感区"四个等级。

再次，明确了生态保护红线、基本农田控制线、城镇开发边界、重大设施廊道控制线四条重要控制线的划定方法。

4. 规划实施

目前该规划已通过省规委会的审查，形成了比较完善的工作思路和技术路线，作为第一批试点县，为省内其他

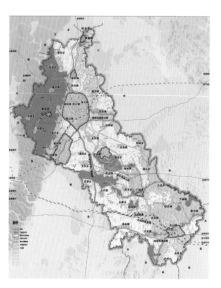

图2　重要控制线规划图

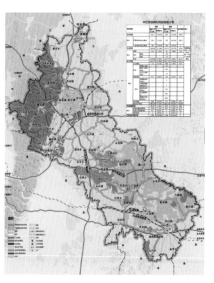

图3　空间利用总体规划图

城市编制"多规合一"规划提供了好的借鉴作用。

从实施方面来看，中江县正着手"多规合一"规划平台的建立；以本规划为蓝图，将各个部门的规划入库，协调调整并修编各类规划，以逐步实现"建立空间规划体系"和"一张蓝图管到底"的工作目标。

巴中市南江县"多规合一"规划

设计单位: 四川省城乡规划设计研究院

承担单元: 四川省城乡规划编制研究中心

项目负责人: 高黄根

主审总工: 彭代明

项目主持人: 岳 波

参加人员: 周 垒、黄剑云、安中轩、
何莹琨、郑语萌、温成龙

合作单位: 南江县城乡规划管理局

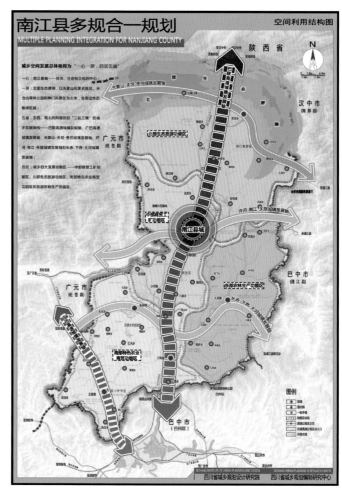

图1 空间利用结构图

1. 规划背景和过程

据不完全统计,我国经法律授权编制的规划种类至少有80余种;针对各类规划种类繁多、自成体系、衔接不够、空间利用矛盾突出等突出问题,中央城镇化工作会议明确提出要在县(市)探索经济社会发展、城乡、土地利用规划的"三规合一"或"多规合一",形成一个县(市)一本规划一张蓝图;2014年11月,国家四部委联合下发《关于开展市县"多规合一"试点工作的通知》,提出在全国开展"多规合一"的规划试点工作。四川省积极响应并推动"多规合一"试点工作,开展了以南江、中江两县为代表的第一批"多规合一"试点工作。

规划借鉴浙江和海南模式,结合南江实际,先后前往浙江、江苏、海南、厦门等地调研学习;广泛征求了县人大、政协及专家和公众意见,省级相关部门均提出了具体指导意见;本规划编制历

时2年,于2016年1月通过了四川省城乡规划委员会的审核。

2. 规划主要内容

本规划认真贯彻落实党的十八大和十八届三中、四中、五中全会及中央城镇化工作会议和城市工作会议精神,按照"四个全面"的战略布局,坚持"创新、协调、绿色、开放、共享"的发展理念,紧紧围绕我省"三大发展战略"实施、巴中建设"西部绿色经济示范区"的发展目标和南江"生态立县、旅游强县、绿色崛起、同步小康"的发展思路,以问题为导向,以空间资源评价为基础,合理配置全域空间资源;构建全域空间"一张蓝图",为促进南江县经济社会健

康快速发展,建设生态旅游强县提供有力的空间保障。

为实现以上目标,规划按照"生态优先、集聚资源、突出重点、统筹全域"的规划思路,通过对县域经济特征、社会特征、资源特征等各类要素的分析,结合交通条件、产业发展等方面的预测,确定城乡空间为"一心一屏,四区五廊"总体格局。并将南江县城乡空间划分为生态空间、生活空间、生产空间和区域设施四大类空间进行布局安排,其中:生态空间包括严格保护类生态空间和一般保护类生态空间,占县域比重69.60%;生活空间主要包括城市用地、镇乡用地和村庄用地,占县域比重3.25%;生产空间包括工业用地、采矿用地、物流用地和农林生产用地,占县域

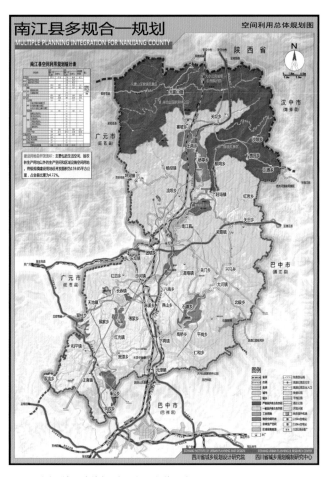

图2 空间利用总体规划图（一张蓝图）　　　　　　　图3 空间资源适宜性评价图

空间资源评价内容标准一览表 　表1

评价要素		生态高敏感区	生态敏感区	生态一般敏感区	生态低敏感区
工程地质	地震断裂带	活动性两侧300m	活动性两侧300～500m	其他	其他
	地质灾害危险性评估	危险区	高易发区	中易发区	其他
地形	坡度	—	≥35%	25%～35%	≤25%
	坡向	—	北	西北、东北	其他
水文气象	水体	水体及两侧30m范围	水体两侧50m范围	其他	其他
	洪水淹没区	—	淹没线内	淹没线内	其他
自然生态	生态敏感区	一类敏感区	二类敏感区	三类敏感区	四类敏感区
保护控制区	控制区	自然文化遗产、自然保护区、风景名胜区、森林公园等	—	—	—
	保护区	水源保护区等	—	—	—

比重26.09%；区域设施空间包括区域交通设施用地、区域公用设施用地、特殊用地，占县域比重1.06%。

规划坚持底线思维，以资源环境承载力为基础；突出生态安全，科学划定生态保护红线、基本农田控制线、城镇开发边界、重大设施廊道等四条重要控制线。在合理配置、集约使用空间资源、优化总体空间布局的基础上，依据相关法律法规，提出各空间分类和重要控制线管控的具体措施。最终强化政府空间管控能力，有效保护、有序利用区域空间，实现空间资源集约、高效、可持续利用，促进经济社会可持续发展。

3. 关键技术和创新点

南江县"多规合一"规划作为四川

115

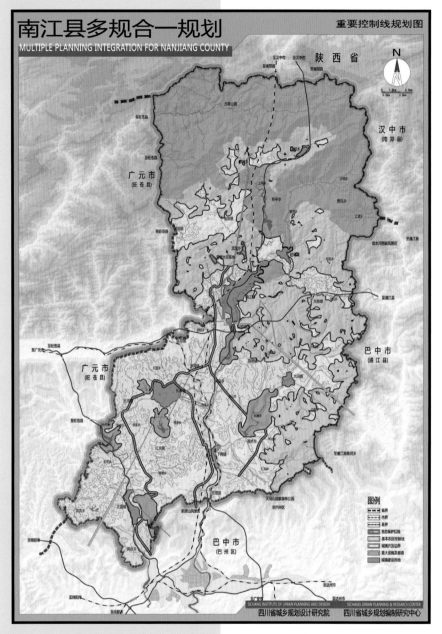

图4　重要控制规划图

其二，创建了全域空间分类体系。针对城规、土规、林规对空间用地分类方法目标不同，标准不一，内涵存在一定差异，需要对空间进行统一分类；按照习总书记提出的"生产空间集约高效、生活空间宜居适度、生态空间山清水秀"的总体要求，参照城市规划大类、中类、小类的分类方法，设计出"3+1"区域空间的四大分类："3"指生产空间、生活空间、生态空间；"1"指区域设施空间；在每个大类下，结合城建、国土、林业等部门现有分类系统确定"中类"和"小类"；建立起既适应现有分类标准衔接性强，又具有时代性和可操作性的区域空间分类体系，为"多规合一"规划的对接提供了基础平台。

其三，研究了预测城镇终极规模的方法。通过对土地资源、环境资源等方面进行资源环境承载能力分析，以资源短板确定县域人口终极规模，以满足现代化农业发展所需最低农村人口为基数，预测南江县终极城镇化水平；依据各城镇区位条件、建设条件和资源禀赋等多因素评价，确定各城镇终极人口规模和用地规模。

4. 项目作用与水平

南江县"多规合一"规划是四川省开展的第一批试点规划，规划顺利通过了省城乡规划委员会的审议。规划具有较强的创新性和示范性，符合当前中央和省委省政府最新精神，为四川省建立"一张蓝图管到底"的工作机制打下了坚实基础。

本规划已转入实施前的"多规合一"平台建设阶段，规划将在执行中得到验证和完善，为我省扩大试点工作创造了较好的基础条件。

省示范性的试点规划，起到了示范带头作用；开创性地探索出了一条编制"多规合一"规划的道路，其中，针对以下几个关键技术问题进行了研究创新。

其一，探索了空间资源评价标准和方法。参照《国务院关于完善退耕还林政策的通知》、《基本农田划定技术规程》和《城乡用地评定标准》等规范和要求，以生态敏感度为主，结合地质地形、水文气象等因子建立评价标准，采用GIS叠加法进行评价，本着优先保护、合理使用的原则，将评价结果归纳四个适宜等级的空间，为构建空间格局"底图"提供了基础。

都江堰市"多规合一"规划

设 计 单 位: 四川省城乡规划设计研究院

承 担 单 元: 四川省城乡规划编制研究中心

主审总工: 高黄根

项目主持人: 贾刘强

参 加 人 员: 周 垒、何莹琨、张 伟、
温成龙、姜重阳

1. 规划背景和过程

为解决区域中现有规划种类繁多、自成体系、矛盾突出等问题,2013年12月召开的中央城镇化工作会议明确提出:"要在县(市)探索经济社会发展、城乡、土地利用规划的'三规合一'或'多规合一',形成一个县(市)一本规划一张蓝图"。2015年12月召开的中央城市工作会议进一步强调:"要统筹各类空

图1 区位图

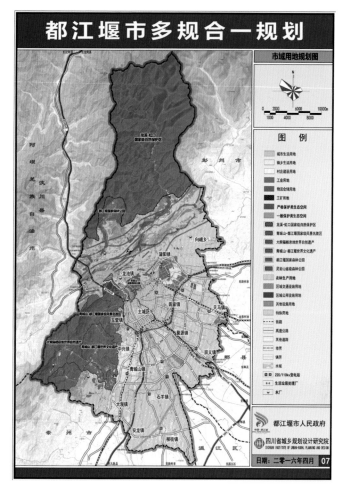

图2 空间利用总体规划图(一张蓝图)

间性规划,推进'多规合一'",要求及时总结试点经验,完善深化。为了贯彻落实中央会议精神,四川省积极响应并推动"多规合一"试点工作,都江堰市是省住建厅确定的第一、二批10个试点县(市)之一。

本规划于2015年底开始现场踏勘和资料收集,结合都江堰自身特征,通过大量研究分析和预测,并与都江堰市各行政主管部门进行了充分的沟通,形成了规划成果;也得到了市委、市政府和省住房城乡建设厅的高度认可,目前正处于上报省厅评审阶段。

2. 规划主要内容

规划主要分为七个章节。第一章,

主要阐述了"多规合一"规划的背景情况;第二章,分析了市域空间利用的状况与问题,深度剖析了都江堰市发展面临的形势、空间利用问题产生的根本原因;第三章,明确了规划思路与目标和规划技术路线;第四章是规划的核心章节,通过对空间资源适宜性的评价和终极规模的预测等分析和研究,构建了空间格局"底图",统筹协调各类矛盾空间,形成了全域空间的"一张蓝图";并划定了重要控制线;第五章,规划对"3+1"空间进行了细化布局安排;第六章,针对各类空间及控制线提出了相应的管控要求;第七章,为下一步规划实施提出了建议。

规划提出要坚持生态优先、优化布局、集约高效、统筹协调的基本原则,

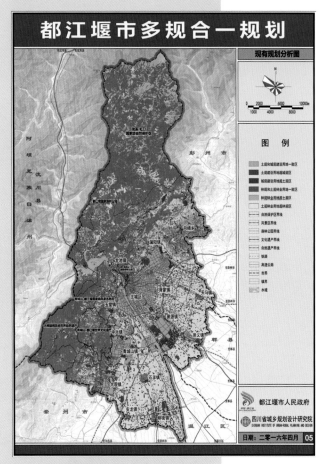

图3 规划差异分析图

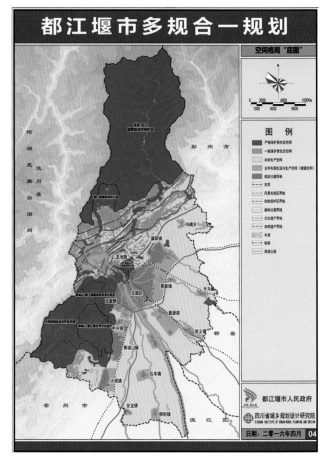

图4 空间格局"底图"

保护市域生态空间，优化市域空间布局，形成具有都江堰市特色的"一张蓝图"；努力实现全域空间集约、高效、可持续利用；为都江堰市全面建成川西旅游集散地、成都旅游休闲度假卫星城和国际旅游城市提供空间保障。

规划形成市域空间"西屏东楔、一城多点"的空间结构。其中，生态、生活、生产和区域设施空间占市域比重分别为51.76%、9.61%、34.70%、3.94%；生态空间主要包括青城山（赵公山）大熊猫栖息地、青城山—都江堰世界遗产保护区、青城山—都江堰风景名胜区、四川龙溪—虹口国家自然保护区，以及坡度较大的山体和非用材林地等；生产空间包括工业用地、物流用地、采矿用地和农林生产用地；生活空间包括城市用地、镇乡用地和村庄用地；区域设施空间包括

区域交通设施、区域市政公用设施、特殊用地等。

3. 关键技术和创新点

本规划结合都江堰市特征在构建空间格局"底图"、空间协调准则、分类空间管控措施和"GIS+CAD"技术运用等方面进行了探索和研究。

本规划对构建空间格局"底图"的方法进行了探索。即依据空间资源适宜性评价和各城镇终极规模预测结果，借鉴了类似特征城市的空间布局经验，构建了具有都江堰市特色的"指状"布局空间格局，有效防止城市"摊大饼"的无序蔓延，有利于保护基本农田和生态空间。

完善了空间协调准则。即将各类空

间规划与空间格局"底图"进行比对，对不符合"底图"要求的规划内容原则上按照"底图"进行调整；现状无法改变等原因确实无法调整的规划内容，在符合底线要求的前提下可予以保留；对各类规划空间利用不一致的，提出具体的协调方案。对省级空间规划中协调各类空间提供了基本思路和方法，极具参考价值。

系统研究完善了分类空间管控措施。即充分归纳和总结与空间利用对象管控有关的法律、法规和相关规划条文，包括《中华人民共和国自然保护区条例》《国家级森林公园管理办法》《中华人民共和国风景名胜区条例》《基本农田保护条例》《铁路安全管理条例》《公路安全保护条例》等；遵照了从严保护、弹性利用、分类细化的空间

图 5　GIS 平台规划成果展示图

管控原则，对不同类型的空间实施分类管控，最终实现社会、经济和生态环境的整体最佳效益，创造人与自然的和谐关系。

探索"GIS+CAD"技术在"多规合一"规划中的运用。即采用 GIS 和 CAD 双平台协同工作的方法，将空间现状矛盾分析、空间资源综合评价、构建"底图"、协调过程和规划成果展示全过程集成在 GIS 平台中，形成规划数据库，为将来建设规划管理平台建立基础，为提高行政审批效率提供了技术保障。

4. 项目作用与水平

都江堰市在我省盆地向山区过渡的地形中具有典型性，是我省具有代表性的旅游城市，是全省一、二批 10 个"多规合一"试点县（市）中较为发达的唯一县级市；编制都江堰市"多规合一"规划具有典型性和代表性。

编制规划采用 GIS 和 CAD 双平台协同工作的方法，形成完整数据库，为下一步规划管理平台建设打下了坚实的基础，规划具有较高的技术水平。

响应了中央和四川全面深化改革工作的号召，基本解决了现有 51 项涉及空间的规划自成体系、内容冲突等突出问题；划定重要控制线，为划定国家生态保护红线和永久基本农田等提供了依据；为强化政府空间管控能力，实现国土空间集约、高效、可持续利用提供了重要的规划技术保障；对都江堰市加快转变经济发展方式和优化空间开发模式，促进经济社会可持续发展具有重要的指导意义。

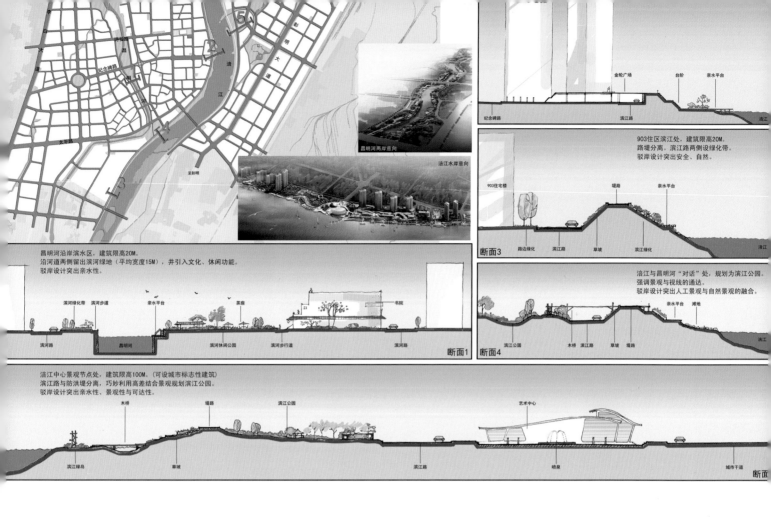

昌明河两岸意向

涪江水岸意向

昌明河沿岸滨水区，建筑限高20M。
沿河道两侧留出滨河绿地（平均宽度15M），并引入文化、休闲功能。
驳岸设计突出亲水性。

滨河绿化带　滨河步道　　亲水平台　　茶座　　　　　　　书院

滨河路　　　　昌明河　　　　滨河休闲公园　　滨河步行道　　　　滨河路　　　　断面1

纪念碑路　　　　　　滨江路　　　　　　　金轮广场　　台阶　　亲水平台

滨江

903住区滨江处，建筑限高20M。
路堤分离。滨江路两侧设绿化带。
驳岸设计突出安全、自然。

903住宅楼　　　　　　　　　　　　堤路　　亲水平台

路边绿化　滨江路　　草坡　　滨江绿化

断面3　　　　　　　　　　　　　　　　　　　　　　　　　滨江

涪江与昌明河"对话"处，规划为滨江公园。
强调景观与视线的通达。
驳岸设计突出人工景观与自然景观的融合。

亲水平台　滩地

断面4　　滨江公园　　木桥　滨江路　草坡　堤路

涪江中心景观节点处，建筑限高100M。（可设城市标志性建筑）
滨江路与防洪堤分离，巧妙利用高差结合景观规划滨江公园。
驳岸设计突出亲水性、景观性与可达性。

木桥　　　堤路　　　　滨江公园　　　　　　　　　　　艺术中心

滨江绿岛　　草坡　　　　　　　　　　　滨江路　　喷泉　　　　城市干道　断面

1.5　控制性详细规划

江油市旧城区及三合场片区控制性详细规划

2011 年度四川省优秀规划设计二等奖

设计单位：四川省城乡规划设计研究院

承担所室：城市规划所

主审总工：王国森

项目主持人：洪　杰

参加人员：程　龙、张　波、林国栋、
曾建萍、廖　琦

合作单位：江油市城乡规划建设和住房保
障局

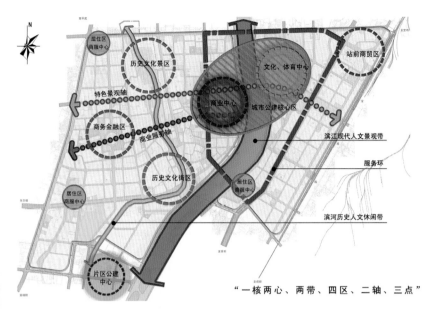

"一核两心、两带、四区、二轴、三点"

图 1　规划结构图

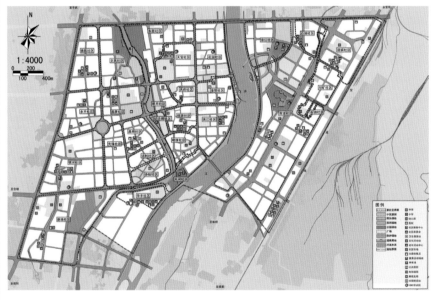

图 2　社区配套服务设施规划图

1. 规划背景和过程

在 2008 年"5.12"汶川特大地震中，江油城区及周边区域受灾严重，被国务院评估确认为四川省 51 个重灾区之一，灾后重建工作迅速展开，并得到全国各地的大力援助。江油旧城区及三合场片区是灾后重建的主要建设区域，随着灾后重建推进，倍感规划滞后。一方面本规划区是现状主要建成区，也是江油城市重要公建功能区及主要居住功能区，核心区位极为重要，但江油市控规全覆盖工作尚未涉及本规划区。另一方面灾后建设不是简单重建，它更应根据城市建设发展的诉求，高起点、高标准地提升、完善本规划区在江油城市中的发展定位及城市功能，可持续地指导本规划区建设。

规划工程组于 2009 年 8 月下旬进场工作，在江油市城乡规划建设和住房保障局大力支持协助下，进行了近 3 周时间现场踏勘和调研工作。随后形成方案多次与地方政府、部门沟通协调，于 2014 年 4 月提交最终成果。

2. 规划主要内容

（1）方案构思

规划提出"舒筋活血、吐故纳新、有机织补、李白遗韵"的规划策略。

舒筋活血：梳理优化旧城区交通网络，完善三合场片区道路骨架，打通对外辐射交通通道，注重江河水系滨水区域绿化景观打造，让城市近水、亲水、活水。

吐故纳新：城市是个生命有机体，旧城循环更新，方能让机体保持活力。功能复合多元，让城市保持生命力，焕发活力。

有机织补：灾后重建与更新改造相结合，尊重现状，对于城市旧区的改造更新，采取有机的、延续的、继承的、人性的改造和更新方式。

李白遗韵：承脉护遗，深度挖掘李白文化，传承历史文脉，延续江油城市传统文化。保护规划区内的旧城格局、老建筑、街道肌理特征，体现历史文化名城风貌。

（2）总体定位

拥有江油市级商业金融服务、文化体育、医疗教育等功能的都市核心区；环境优美舒适、配套完善的宜居住区；传承和发扬江油历史文化内涵的城市记忆带。

（3）功能结构

规划功能结构为"一核两心、两带、四区、二轴、三点"。

"一核两心"：规划江西形成商业中心、江东形成文化体育中心；并围绕市级的商业、文化体育中心形成城市的公共设施服务核心。

"两带"：形成涪江滨江现代人文景观带、昌明河滨河历史人文休闲带。

"四区"：规划在太白公园区域形成历史文化景区、在太白广场区域形成商务金融区、在太平场区域形成历史文化街区、在火车客运站区域形成站前商贸区。

"二轴"：以纪念碑路串联商务金融、传统商业、现代商业功能形成的城市商业服务轴；以诗仙路唐宋风格建筑景观，向东延伸至江东现代建筑景观形成的城市特色景观轴。

"三点"：规划三处居住区级的商业服务中心。

3. 关键技术和创新点

考虑本规划区大部分用地为建成区的特点，对现有建成区用地的建筑质量、建筑权属、社区环境质量、人口密度、开发强度，以及用地区位、交通条件等多因子综合评估，制定采取相应的保留、改造、拆除等土地使用策略。

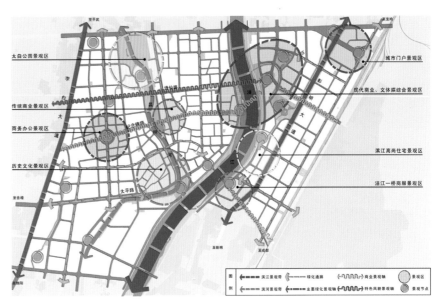

图3 景观结构图

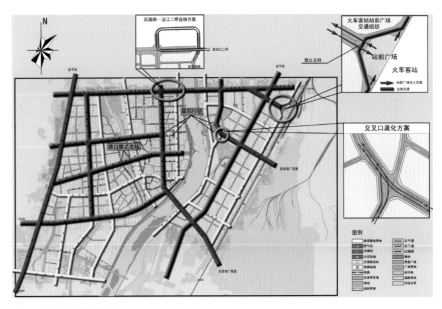

图4 交通组织分析图

城市更新改造策略和城市设计手段相结合，针对规划区内两大片区又侧重不同。旧城片区着重"中心区""城中村""老旧危房"改造更新，为多层面、多渠道更新方式；解决旧城区功能重构提升、居住环境、历史传统文化的延续。

三合场片区注重城市设计，着力打造江东新中心，强调与江西商业金融中心隔江呼应，结合滨水岸线景观，构建城市新的公建聚核、形成城市的新地标空间。

社区已逐渐成为当今基本社会单元载体。规划将社区公共服务设施规划内容完全融入控规中，以社区为单位，并根据现状社区各种服务设施的完善程度、服务范围及服务对象而确定配套规模，达到效率最优化，进行差异化配置。

交通优化疏解，通过对交通OD流向、通行能力及道路负荷分析，规划提出对外辐射干道直行高架，城区道路采用交叉口渠化、放大、交通行驶管制等设计手法，解决道路通行，提高道路整

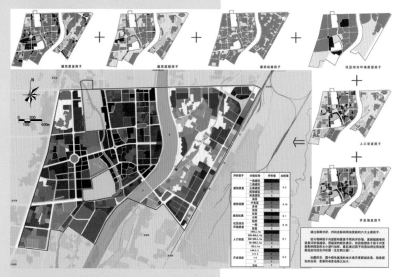

图 5　更新适应性评价图

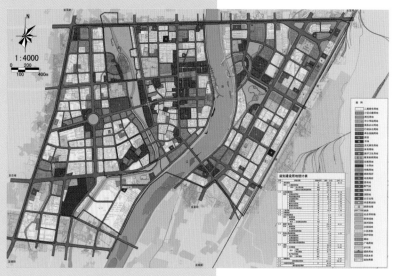

图 6　土地利用规划图

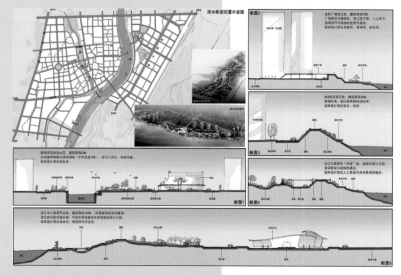

图 7　城市设计引导图

体效率。

　　地方灾后重建急需规划指导建设，提高规划的可操作性，本规划通过近期建设规划对涉及拆迁的面积、改造及新建项目的投资量进行量化分析，分时序详细安排灾后重建项目和投资估算。

4. 规划实施

　　规划区的更新改造和建设在规划指导下迅速开展，依据分期实施安排，已实施完成江西市级现代商业金融中心的前期改造建设；涪江两岸节点景观绿化建设；江油客运站及站前广场改造；昌明河两岸旧区改造，滨河绿地及休闲步道建设；江东城市中心建设。实施后的效果得到江油市委、市政府及市民的一致肯定。

绵阳旧城涪城中心片区控制性详细规划

2011 年度全省优秀城乡规划设计三等奖

设计单位: 四川省城乡规划设计研究院

承担所室: 韩华工作室

主审总工: 韩 华

项目主持人: 叶云剑

参加人员: 李 毅、邓艳春、田 文、
王 涛、陶 蓓、刘剑平

1. 规划背景和过程

2008 年绵阳市在新一轮总规方案的指导下,亟需实现全城控规的满覆盖;同时也需解决旧城区一系列的城市建设遗留问题,特委托我院承担了旧城区控规的编制工作。

与国内众多城市的旧城区一样,绵阳旧城区也面临交通拥挤、开敞空间少、公共设施配套不完善等诸多问题;有鉴于此,本次控规编制从根本入手,制定多项专题进行研究。

本规划基于现状条件,从规划标准的对比入手找问题;以社会发展趋势为目标找方向;参照对比国内外大中城市状况来定标准,以此作为本次规划成果的支撑。

2. 规划主要内容

本次规划分为两个部分:

其一为旧城区问题研究并制定标准的专项报告;

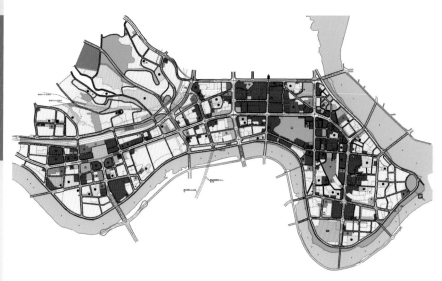

图 1　用地规划布局图

其二为基于专项报告结论而进行落实的规划方案。

（1）专题报告

1）社区研究报告

首先探讨了社区概念、社区职能,国内外社区建设模式及标准;其次深入调研绵阳旧城社区的现状情况,找出并发现主要问题;然后制定出切合绵阳实际情况的社区建设模式和标准,即:以人口规模 1 万人左右为标准,将社区管辖范围与控规管理单元进行对接吻合;用地条件允许时,社区用房独立设置,并具备"五室四站两栏一家一校一场所",用地有限时,则可尊重现状将社区活动站、社区卫生服务站等分开设置,灵活应对;

独立设置的社区用房,其土地来源可利用行政办公等划拨转出让地,工业仓储等生产性用地转经营性用地及城中村集体用地改国有土地的机遇进行争取。

2）中小学幼儿园专题研究

首先调研了国内大中城市中小学幼儿园用地规划的趋势,比对各城市生均用地标准与国家规范标准;然后梳理绵阳旧城中小学幼儿园的服务半径、生均用地现状,统计用地缺口;最后依托以上分析制定绵阳市旧城及新区生均用地

标准:

绵阳中心区小学改扩建生均用地标准不低于 $9m^2$,中学改扩建生均用地标准不低于 $15m^2$,新建小学生均用地标准不低于 $18m^2$,新建中学生均用地标准不低于 $21m^2$。在条件可能的情况下,可通过"逐级互换"的思路来解决中小学以及幼儿园的用地紧张问题。即:将需搬迁的专科、高职学校用地腾出作为高中用地,将中学用地作为小学用地,将小学用地作为幼儿园用地。

3）医疗卫生用地专题研究

采取类似的研究方式总结成规划建议:形成综合医院（专科医院）、中医院、疾病预防控制中心、妇幼保健院为中心,社区卫生服务中心为基础,社区卫生服务站为前哨的城市级、社区级医疗设施的二级结构模式。

在市总工会外迁后,可适当扩大市中医院的用地（其他医院已无扩建用地的可能）以改善医院的环境质量。在铁路以西的剑南路西段新建社区卫生服务中心一处,加强社区卫生服务站的建设。

4）菜市场专题研究

研究方式同上,制定菜市场标准:第一,农贸市场应单独占地为宜（主要是农贸市场本身气味及卫生条件的要求

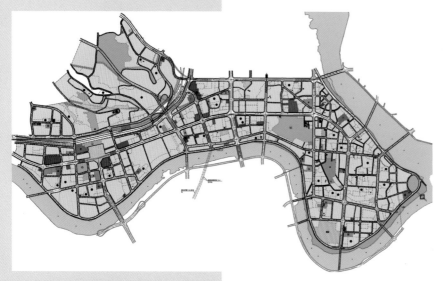

图2　公共配套设施规划图

决定）。与周边建筑应有不低于5m的绿化隔离带。

第二，用地规模：旧城大于2000m²，新区大于3000m²。适宜服务半径500m，最大服务半径不超过1000m。服务人口规模以1～2万人为宜。

第三，为集约利用土地，建议农贸市场与公厕、垃圾转运站、地下停车场联建。

第四，利用行政、工业等外迁的用地以及面临改造的区域，可适当加强独立占地的农贸市场规划布置。

第五，老城区由于用地紧张，在不能达标的情况下，可加强生鲜超市、便利店等辅助性农产品供应网点的市场引导。

5）公共绿地专题研究

第一，老城区在用地紧张的情况下，增加大面积的公园用地已无可能，所以应努力达到居住区级的1.5m²/人的绿地指标低限；既切合实际，同时也便于居民的就近使用。人民公园作为市级公共绿地，不包括在居住区级内，那么居住区级绿地缺口总量在14hm²左右。

第二，利用行政、工业仓储外迁的用地以及要改造的居住用地，适当增加块状绿地。绿地内设置供老年和儿童活动的场地，提高城市绿化率的同时解决居民活动场所缺乏问题。

6）旧城容量专题研究

中心区到底能承载多少人口，能承载多少建筑规模，这一问题需要从分析中心区建筑容量、容积率入手；而城市平均容积率能提高到多少，则受经济、社会、基础设施等多方面因素综合影响。从城市规划角度来看，城市交通、能源支撑是主要的制约因素，产业支撑是根本保障。

城市交通条件主要取决于道路资源的先天禀赋和后天潜力，集中反映在道路网密度和公交分担率两个指标上。

通过国内外著名城市的对比研究，再结合绵阳市交通及市政设施支撑情况得出如下结论：平均毛容积率应不大于2.0为宜，即在现状基础上最高可增加520万km²建筑量。以此结论为依托，制定了旧城区、新区住宅用地、非住宅用地之规划控制指标表（其中住宅用地容积率充分考虑自身及外部因素，容积率与地块大小成反比关系、与临路条件及临开敞空间情况成正比关系，使强度制定更合理）。

7）配套设施用地来源分析

主要来源于两大方面：行政用地外迁、工业仓储用地外迁。而城中村及棚户区改造则很难提供部分用地作为公共配套之用，除非对城中村、棚户区整体打包改造，部分采用异地拆迁，方才有统筹考虑配套的可能。

（2）规划方案

依托以上专题研究的结论与标准，同时充分利用行政、工业仓储外迁后可改造用地资源，将缺失的公共配套设施、市政公用设施逐项落实于控规方案中。

除此外，方案还特别注重了社区管辖范围与控规管理单元的契合；制定了住宅用地、非住宅用地、公共配套设施用地控制指标3个表格，让任何一块地的指标皆可以通过查表所得；对沿江界面进行了高宽比及建筑风格的控制；以弹性方式梳理或打通一系列支路（即具体实施时可调整线形但不得取消），增加旧城区的道路网的密度。

其余章节内容按控规编制标准进行。

3. 关键技术和创新点

本项目关键技术主要体现在：通过专题方式研究旧城问题，即：基于建设现状条件，从规划标准的对比入手，找问题；以社会发展趋势为目标，找方向；参照对比国内外大中城市状况，定标准。以此作为本次规划成果的支撑。

4. 项目作用与水平

该项目成果使绵阳市旧城纷繁复杂的问题有了条理清晰的解决办法，对各地旧城区控规编制具有一定的推广意义和借鉴作用。

1.6　修建性详细规划

昌都市孜通坝新区修建性详细规划

藏区灾后重建援助项目

设计单位：四川省城乡规划设计研究院

承担所室：城市设计所

主审总工：毛　刚

项目负责人：彭万忠

参加人员：石效国、费春莉、刘　磊、
　　　　　　冯可心、周智慧

1. 新区现状概况

　　昌都市位于西藏自治区东部，昌都地区的中北部，卡若区域关镇是昌都地区行署和昌都市人民政府的所在地，是藏东政治、经济、交通、文化、商业中心，素有"藏东明珠"的美誉。

　　孜通坝新城位于昌都市中心以南 7公里，是昌都城市总体规划确定的俄洛片区、核心片区、孜通坝片区三大片区之一；国道 214 公路从片区西侧经过。

图 1　总平面规划图

图 2　方案演化过程

图3 地形整理图

图4 鸟瞰图

图5 鸟瞰图

孝通坝新城修详的规划范围，东至达马拉山山麓，西至214国道，北至昌都监狱，南至砂石场；东西宽约1.7km，南北长约1.5km，总面积约2.01km²。

2. 规划主要内容

"新丝绸之路经济带"和"21世纪海上丝绸之路"的"一带一路"战略构想提出后，丝绸之路经济带将为中国西部，特别是昌都北部的青藏线地区的发展带来契机。孝通坝作为城市总体规划确定的新城区将成为主要接纳地，新型城市居住社区开发势在必行。

昌都是茶马古道重镇、康巴文化腹心、三江流域源头、香格里拉核心区域，旅游资源富集；但旅游影响并不广泛、游客量偏少，接待设施需要不断提档升级，需要创新新兴旅游产品来助推生态文化旅游。孝通坝作为最靠近机场和火车站的城市组团、作为城市门户，理应成为新兴的旅游接待基地和城市旅游目的地的复合体。

昌都撤地建市后，整个城市的文化、商业、金融业产生了巨大需求，目前昌都老城区发展空间有限，孝通坝作为城市的门户，可以承担发展新的城市文化、商业、金融中心的职能。

将规划片区定位为川青滇藏结合地区商业金融中心和旅游新基地；康巴地区新商贸文化中心；商贸文化旅游居住复合城区。

孝通坝新城将是一座澜沧江畔、群山之间生长出来的，蕴含着康巴藏区"香巴拉"文化底蕴的理想城市。现状地形为群山环抱、中部山丘突起，其形式与"香巴拉"描绘的理想城市暗合；因此规划布局力求将"香巴拉"描绘的各个部分在场地内具体落实。规划最终确定孝通坝新城的空间结构为："一心、两带、八组团"。

3. 关键技术和创新点

本规划结合当地自身，深入挖掘当

图6　沿江立面图

地文化特色，并将地域文化融入规划设计当中；将"生、形、文、业"四态合一，生态上保护地形地貌、在场地设计中将有一定大范围生态延续关系的地区作为生态绿地系统加以控制，强调其原生自然条件及生态的保护利用，避免过大的填挖；充分权衡规划区内的整体动土量，尽量在规划范围或周边地区就地平衡。

保护地表径流沟渠、改造成为生态排水沟；注重坡地微地形的延续，形态布局上对当地传统"格桑花"文化的展现，业态布局与功能分区对形态的强化、文态组织对公共空间塑造的充实提升。从而更好地建设生态城市。

4. 项目作用与水平

市政府按照本规划调整了片区职能，如垃圾填埋场建设的停止和重新选址。加强了交通建设，城区到新区的主干道隧道已经开建。

本规划详细落实并优化了城市总体规划和控制性详规；为新区开发建设提供了直观的未来形象，统一了认识，促进了城市规模的发展；生态保护与开发建设、传统保护与现代适用、本土特色与国际风范结合较好；摸索出了藏区山地城市新区发展建设的新路子。

青海省刚察县措温波 "藏城"修建性详细 规划

设 计 单 位：四川省城乡规划设计研究院
承 担 所 室：胡英男工作室
项目负责人：樊　晟
主 审 总 工：罗　龙
项目主持人：钱　洋
参 加 人 员：易　君、罗　龙、童　心、
　　　　　　　张华宾、余小虎、雍尚平、
　　　　　　　刘　琳
合 作 单 位：刚察县人民政府
　　　　　　　刚察县住房和城乡建设局

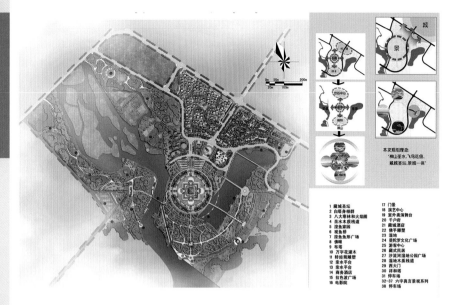

图 1　总平面图

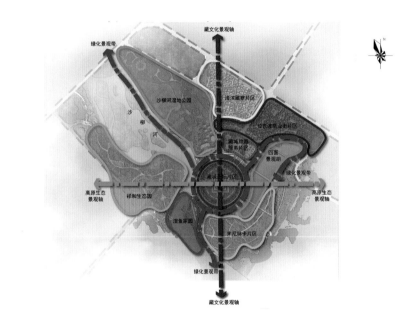

图 2　功能结构分析图

1. 规划背景

刚察县城是青海湖国家风景名胜区二级服务接待基地，为青海湖旅游接待服务次中心、景区重要的公共游憩空间。规划区位于县城南部，仙女湾景区北部。

规划区将建设成为"民族文化底蕴深厚、民族建筑别具一格、特色旅游经济彰显"的旅游接待核心区。使其建成后成为藏区乃至全国、全球独一无二的具有浓郁藏族风情的旅游小城镇。

2. 规划构思

规划总体构思："神山圣水、飞鸟花鱼、藏城圣坛、景城一体"。

（1）藏文化中的理想城市

曼荼罗（mandala），意思是"坛城"，是藏传佛教宇宙观的集中体现，也是藏文化中理想城市的模式，曼荼罗的空间

图式是藏城的规划构思的核心元素。藏城的空间图式并不是"曼荼罗"的简单再现，而是结合藏族传统文化的特点以及具体的条件而进行的再创造。

（2）景城一体的生态概念

措温波藏城与沙柳河湿地融为一体，刚察县城与青海湖融为一体。处理好城镇建设与景区建设的关系，旅游开发与传统文化保护、生态环境保护的关系。

（3）形成独特的藏城人文景观，打造青海湖景区新的旅游景点

将青海湖景域和游客活动地域延伸，形成青海湖风景区新的人文旅游景点，进而支撑青海湖的藏文化旅游项目。

3. 规划内容

（1）构建藏城特色空间格局

"两轴一带九区"的空间布局格局。

图3　藏文化博物馆效果图

图4　拉色波商业街效果图

"两轴"为藏文化景观轴线、高原生态景观轴；

"一带"为绿化景观带；

"九区"：藏城圣坛片区、藏城旅游服务片区、拉色波商业街片区、海滨藏寨片区、沙柳河湿地公园片区、湟鱼家园片区、祥和生态园片区、四面景观湖片区、末尼林卡片区。

总体布局以藏城圣坛片区的中心主体建筑为主导，通过景观绿化廊道和道路网络以同心放射、环状道路边界为约束向心凝聚；同时以景观绿化带为缓冲空间，划分神圣和世俗的界限，在空间上与其他功能片区隔离，由此构成圣俗有别、内聚外屏的曼陀罗神圣场所。

（2）打造藏城特色功能片区

藏城圣坛片区：创造性解构曼荼罗图式。曼荼罗是一种以几何图形为主的构图，其中心主体建筑代表佛陀，围绕坛城中心由内向外构成的六个同心环。

藏城旅游服务片区：主要功能为旅游配套服务，布置有藏城游客服务中心、藏文化演艺中心、坛城酒店、千户府、湟鱼博物馆等项目。

拉色波商业街片区：规划民族商品街、特色餐饮、手工艺品作坊、民俗客栈等设施，形成一个融合多元要素的旅游购物、商贸休闲片区。

海滨藏寨片区：结合游牧民定居工程规划，打造一个传统藏族村寨聚落形

式的居住片区，居民可开设藏家客栈、藏家美食等旅游服务项目。

沙柳河湿地公园片区：以沙柳河为自然本底，整治改善水质情况，培育形成清雅秀丽的湿地自然景观。

湟鱼家园片区：清理河道水系，结合河岸整治，搭建观景平台和亲水石梯，修建湟鱼主题广场。

四面景观湖片区：对现状人工湖进行岸线整治，修筑沿湖景观步道、景观建筑、亲水平台等游览设施。

祥和生态园片区：为藏城西入口，规划以祥和塔为景观对景，结合沙柳河湿地景观。

末尼林卡片区：依托自然水草林木，采用传统藏式人工园林设计手法，形成该区域的游览步道系统。

（3）塑造藏城特色景观风貌

规划以藏文化博物馆为核心景观统领，辐射多处景观控制节点，形成整个区域完整景观结构，打造藏城景观漫游街区。

（4）体验藏城特色交通

规划路网形成以圣坛路为核心，外向发散形成交通网络系统。在藏寨新区和拉色波商业区内组织"卍"字符道路系统，形成"吉祥如意"的美丽图案。

（5）感受藏城特色游览路径

规划形成了藏城乐活自然生态游、藏城文化深度体验游两条特色游览路径。

（6）培植藏城特色业态

规划考虑城市居民生活和旅游发展所需，对多项服务设施进行配套提升，形成多形式相结合的"藏城精品业态综合体"。

4. 创新与特色

在哲学意念的引导启发之下，规划在继承传统藏文化特征、审美特征和造型特征，并赋予时代特征的基础上，在

现代规划设计中对曼荼罗理想城市空间进行再创造和再应用。

（1）规划总体布局形态——藏文化元素的空间解构

总体布局形态上展现了曼荼罗图式内聚外屏理想空间观、藏文化世界观和洁净观，各功能片区围合藏城圣坛形成"环状向心"布局形态。

（2）规划布局及建筑设计——立体曼荼罗的空间再现

在各片区规划和重要建筑设计上也充分体现了曼荼罗（坛城）的设计理念，把藏族文化的型制和规划布局有机结合，创造了规划区的独特格局。

（3）景城一体——"生态"和"文化"理念

景城一体的生态概念，处理好风景名胜区生态环境保护、景区配套服务设施建设和城市建设的关系；完善青海湖风景区文化旅游景点建设，创造规划区的独特文化氛围。

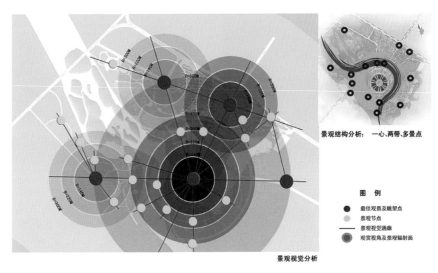

图 5 景观系统分析图

图 6 鸟瞰图

北川羌族自治县禹里乡修建性详细规划

2009 年度全省优秀城乡规划设计二等奖

设 计 单 位：四川省城乡规划设计研究院
承担所室：建筑市政所
项目主持人：梁 平
参 加 人 员：游海涛、邓永胜、陈 川、
黄胜坤、田 文、张 红、
袁华明、刘 磊、郑幸欣

1. 规划背景和过程

北川县禹里乡受汶川"5.12"特大地震的影响之后，又因唐家山堰塞湖的形成，场镇大部分房屋在水中浸泡了一个多月，房屋倒塌，损毁严重。大部分居民住在搭建的帐篷和临时板房内，生产、生活受到严重影响；原有保留较好的老街的历史建筑损坏严重。

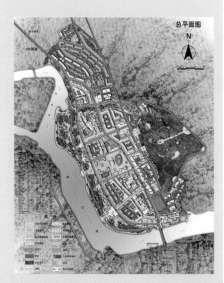

图 1 总平面图

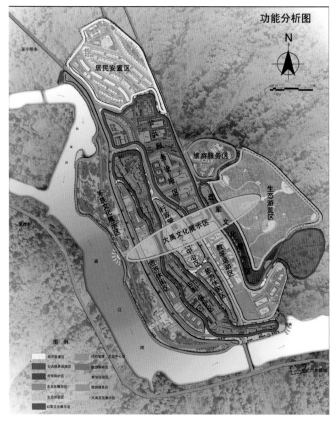

图 2 功能分析图

为了全面贯彻落实以人为本，城乡统筹、科学重建的方针。注重农村经济发展，引导人口、经济合理布局，重点恢复受灾群众的基本生活、生产设施和公共服务设施；使灾区人民生活、生产能力尽快恢复到灾前水平，使中央及地方的灾后重建政策、兄弟省份援建项目落到实处。我院受北川羌族自治县建设局的委托，承担了北川禹里乡修建性详细规划编制工作。工程组成员克服困难、数次踏勘现场，并与当地政府、受灾村民、中国规划设计研究院保护规划小组充分协调，顺利完成了编制工作。

2. 规划原则、目标、内容

（1）规划原则

以人为本，民生优先。着力解决与灾区群众生产、生活密切相关的基本问题。

尊重自然、科学重建。根据灾害和潜在灾害的分布状况，以及自然环境承载能力和变化趋势，科学制定灾后恢复重建规划方案。

城乡统筹、因地制宜。统筹规划镇、乡、村庄以及人口分布、产业布局、基础设施建设，推进城镇化和新农村建设。

远近结合、发展与提高。恢复重建和发展提高相结合，着力提高农业综合生产能力、农村基础设施与公共服务设施能力，促进灾区经济振兴。

传承文化、注重特色。灾后重建应注意与地形地貌的结合、保持传统的羌、汉等多民族地域文化特色。

创新机制、协作共建。建立"政府主导、生产自救"的重建机制，坚持自力更生与国家支持、对口支援、城市反哺农村以及与一般灾区政策相结合的原则；广泛吸收企业和社会各界参与灾后重建。

（2）规划目标

本规划满足 1 ~ 2 年内完成涉及民

生的住房恢复重建，3年全面完成灾区恢复重建任务要求；将禹里乡建成功能齐全、基础设施完善、生态环境优良、民族特色突出的以旅游为主的禹、羌、红色文化为一体的中国历史文化名镇；北川政治、经济、文化副中心。

（3）规划主要任务

根据省政府灾后重建的要求，提出居民安置区及廉租房、乡政府及行政管理部门、公共服务设施布局及规模；提出旅游及相关服务设施及道路、供水供电、污水垃圾处理等基础设施恢复重建规划方案；提出恢复重建的投资估算。

3. 规划构思及功能分区

（1）规划定位及构思

经过研究分析，将禹里乡的性质定为：北川境内政治、经济、文化副中心，并打造以大禹文化、羌文化和红色文化为特色的中国历史文化名镇河旅游重镇。

在保留传统格局的前提下，充分利用周边山水环境；通过大禹、羌、红色文化的展示以及自然景观及公共空间、古街、滨河、绿带的规划；整合功能，体现特色，使土地最大化地利用；满足灾后重建安置以及今后成为中国历史文化名镇和旅游重镇的基本要求。

（2）规划功能分区

功能上分为：大禹文化展示区、羌文化展示区、红色文化展示区、古街保护区、生态游览区（魁星山公园）、旅游休闲娱乐区、旅游服务区、文化中心、文化教育运动区、公共服务设施区、居民安置区。

4. 禹里乡灾后重建规划的特点

（1）历史文脉的把握

在灾后重建中，准确把握历史的文脉，延续历史，传承文化，是灾后重建

图3　大禹文化广场效果图

图4　古街入口效果图

图5　院落空间效果图

中保留原汁原味乡情和历史文化遗存的关键。

本规划中摸清了大禹文化、羌文化、红色文化的脉络，通过恢复相关的遗址、遗迹，如石纽、禹穴、跨儿坪、誓水柱、岣嵝碑、采药亭以及红军住所、标语、须知等；并通过游线的合理组织，使恢复的遗址由点连成线，再形成片，构成完整的历史空间格局；充实了禹里乡文化内涵，突出其特色。为游客提供了驻足、观赏、休味、感受禹里文化魅力的空间和场所。

（2）红色文化的挖掘

通过史记和走访、调查，摸清了红军足迹，在规划总平面及空间布局中保留了红四方面军的总指挥部、政治部等重要机关的所在地；并利用红军纪念馆展示红军的遗物，以此进行革命传统教育，弘扬红军的精神。

（3）地域特色，民族风格

从城镇形态、空间形式、建筑形象体现羌族建筑特色；在城镇建设中，建筑采用抽象的羌式符号，并把它应用到建筑立面设计中，使城镇既有现代化气息，又不乏羌式建筑特征；广泛应用在古街的规划设计中。原汁原味地保留原有的空间格局及建筑形式；而位于镇区边缘的乡村建筑，则尽量采用当地建筑材料，体现生态、古朴的羌族建筑风格，使建筑与自然和谐。这样，城镇、古街、村庄三个层次的空间得以完美协调；使北川禹里乡的特色、民族文化、建筑风格得以保留、延续、传承。

（4）经济合理性

灾后重建，快而省的原则应是我们奉行的宗旨，尽管从中央到地方乃至私人财团，都在人力和物力上援助灾区，保证灾区的建设，这是不容置疑的。但灾区的恢复重建一定要遵循经济、实用、美观的原则。就需要高起点的规划与项目论证，用好每一分钱，避免重复建设和无谓的浪费。

规划方案上尽可能使灾后重建的建筑在保留原有空间格局下功能合理、经济适用、质量可靠。

1.7　城市设计

稻城县城近期建设规划调整暨控详和城市设计

2013年度全国优秀规划设计表扬奖

2013年度四川省优秀规划设计一等奖

设计单位： 四川省城乡规划设计研究院

项目负责人： 刘先杰

主审总工： 毛　刚

承担所室： 规划所

项目主持人： 王国森

参加人员： 杨　猛、胡上春、周瑞麒、
郑　远、张　波

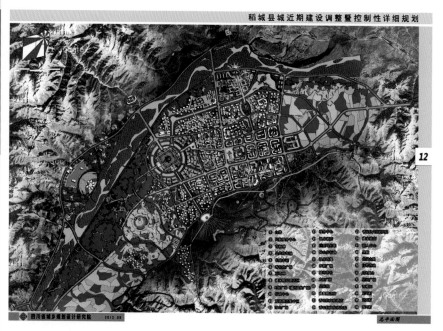

图1　总平面图

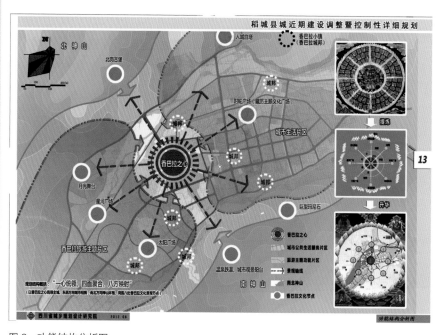

图2　功能结构分析图

1. 规划背景和过程

稻城县位于大香格里拉的核心地带，是香格里拉生态旅游区的核心区。县城金珠镇位于县域中北部，海拔3750m，距亚丁景区70km、亚丁机场50km，是亚丁景区和康南旅游区的核心支点。

2011年"大香格里拉旅游区"被国家旅游局列为十二五期间大力培育的旅游功能区；同年8月，四川省委省政府提出实施"北有九寨黄龙、南有稻城亚丁"的四川藏区旅游黄金品牌战略。

为深入贯彻落实省委省政府打造"香格里拉国际精品生态旅游区"战略部署，稻城县启动编制了近期建设规划调整暨控详和城市设计，对规划区的形态、业态、文态、生态进行全面的提升。

2. 规划定位

城市总体规划定位为"稻城亚丁

国际生态精品旅游区中心驿站，香巴拉人文生态名城，甘孜州西南中心城市。"总体形象定位："吉祥神仙邸，圣城香巴拉"。

近期为2012～2017年，规划期末用地面积2km²，人口1.5万人。

规划以"国际化、原生态、可持续"为核心发展理念，以"香巴拉圣城"为

发展目标，通过香巴拉特色形态、文态、业态、生态四大维度的打造，再现传说中的香巴拉王国。

3. 建设香巴拉7大特色系统

（1）香巴拉圣城特色空间格局

规划提出以香巴拉文化与景观要

图3 总体鸟瞰图

图4 乡巴拉之心鸟瞰图

图5 城周特色村落与香巴拉田园景观

素全面整合、重构城市空间，形成"一心统领，四面聚合"的城市空间发展格局。

在中部打造香巴拉之心，将旅游功能与文化功能结合，形成香巴拉文化圈核心地标，并通过八条放射轴指向周边八处香巴拉文化景观节点。

城市西部为旅游主题功能区，保留整合达瓦、尼玛、嘎玛三个藏式特色村落，结合万亩青杨林、青稞田共同形成香巴拉游览体验区域。

（2）打造香巴拉特色水系与绿地

规划以香巴拉特色水系与绿地系统作为串联文化景观要素的独特线索。蓝月河、大小香巴拉转水、雪山温泉造景三大要素组成了香巴拉特色水系统。大林卡、中田园、小广场、红湿地、微庭院五大要素组成了香巴拉特色绿地系统。

（3）塑造香巴拉特色景观

以香巴拉之心为核心景观控制节点，辐射8处一级景观节点，包括古堡、白塔、时轮广场、巨型玛尼堆、温泉叠瀑、太阳广场、香巴拉花园、月光舞台；通过对街巷、院落的梳理和整治，形成串联城市的完整的慢行系统，打造香巴拉漫游街区。

（4）体验香巴拉特色交通

作为香格里拉生态旅游区的中心驿站，县城北部形成集合航空服务、旅游集散、长途客运、自驾服务等功能为一体的交通服务中心；城市交通采用多种通行方式，形成集展示区域风貌、体验区域风情的高效、多元、交互的交通体系。

（5）感受香巴拉特色游览路径

结合丰富的香巴拉景观节点，形成了香巴拉印象游、香巴拉山水浪漫游、香巴拉乐活转水游、香巴拉文化深度体验游四条特色游览路径。

（6）培植香巴拉圣城特色业态

业态规划提出了创建"香巴拉圣城精品业态"的目标，形成以"心灵探访"、"心灵修行"、"心灵震撼"为内容的"香巴拉静（净）业态"，和以"休闲香巴拉"、"文化香巴拉"、"梦幻香巴拉"为内容的"香巴拉动业态"；突出香巴拉主题特色，一动一静，实现精神和肉体的双重净化与体验。

4. 规划特色——四态创新提升

（1）文态创新

以香巴拉文化为核心，保护和展示原生态的民族文化；强化文化展示体系和要素构建，并与独特的空间相结合；重点塑造形成新的文化旅游的吸引物。

（2）形态创新

创新提出香巴拉的七大空间要素：特色空间格局、特色水系统、特色绿地系统、特色景观、特色交通、特色游览路径、特色业态；保护、再造稻城空间形态和建筑群体关系，塑造独特的城市空间格局。

（3）业态创新

建立承载文化和地方特色，提供高水平服务的吃住行游购娱等商业服务体系，既包括引爆发展的国际旗舰项目，也包括大众参与的香巴拉特色风情街区等形态。

（4）生态创新

在稻城现状生态格局的基础上，有意识地建立多样化、具有地域特色的高原生态景观。

康定情歌文化园区规划

2011 年度国家优秀城乡规划设计三等奖

2011 年度四川优秀城乡规划设计二等奖

设 计 单 位： 四川省城乡规划设计研究院

承担所室： 汪晓岗工作室

项目主持人： 汪晓岗

参 加 人 员： 严　俨、丁晓杰、万　衍、
　　　　　　　林三忠、任　锐、黄　璐

合 作 单 位： 北京诺杰建筑咨询有限公司

图 1　国际文化创意产业基地片区鸟瞰图

图 2　公主桥片区鸟瞰图

1. 规划背景和过程

2008 年正式启动了具有划时代意义的四川"新五大旅游区"总体规划。甘孜州以复杂的地貌结构、多层次的原生自然景观、全国最为完整、独特、原始的高山自然生态系统以及神秘多元的康巴文化和多彩的情歌文化，构成了丰富多样、独具特色、资源品位极高的人文生态资源体系；同时，也是中国香格里拉生态旅游区的核心区域，被誉为"香格里拉之魂"。

2009 年，甘孜州委、州政府提出了"环贡嘎山两小时旅游圈"的战略构想，确立了康定（情歌城）为中心的圈层发展构思，对于满足整个民族文化产业市场需求以及优化甘孜经济产业结构，增加四川文化旅游休闲度假功能等都将产生积极和深远的影响。

本规划正是基于上述背景，并确定康定以情歌文化园为核心文化产业基地的构思成为城市未来发展的托点。通过建设康定最具品牌意义的情歌文化资源，赋予此园区以文化项目的人文内涵；以此来提升城市文化品位，将康定建设成为国际性文化精品城市。

2. 规划主要内容

（1）城市发展总体定位——"全域文化新城"

康定自古就是一座久负盛名、具有文化品位的城市。本次规划将在积极挖掘全城文化内涵的基础上，用全域的眼光，以建设情歌文化园区为突破点，作为城市空间发展和文化重塑和再造的重要载体；结合旧城节点和环境改造等措施，自北而南勾勒出展示文化延展的过去 -- 现在 -- 未来的时空轴线，展示康定城市独特的情歌文化、茶马文化以及汉藏交融等文化内涵，塑造"全域文化新城"。以文化重塑城市、以山水彰显生态、以产业提升品质。

（2）城市空间形象

"一带为魂、双河双彩；多景互动、山水共融"。

（3）功能定位

情歌文化园区是康定城市建成区的重要组成部分；是城市功能区划中的重要组成部分；是城市文化产业发展的重要载体；是集文化展示、文化交流、文化创意及文化体验、休闲宜居为一体的新型产业空间。其文化内涵核心为"多元、时尚风情文化园区"，其中情歌文

图3 康定情歌文化园区总平面图

图4 康定情歌文化园区局部实施图

化及民俗活动的展示之轴体现了自然生态与人文精神相融；茶马风情文化的时空重塑之轴体现出传统风情与现代风貌辉映；多元文化交融并存的集聚之轴体现了多元时尚文化与创意文化并存。

（4）空间布局结构

康定情歌文化园区是分别以传统场镇展示、文化演艺展示、国际文化交流、影视创意基地、宗教文化交流等文化产业类型为主，集文化商务休闲、旅游度假、滨河生态建设及居住开发配套为一体的综合型文化产业园区。以各具特色的文化项目实施来带动，在注重园区的市政基础设施建设和折多河滨河绿化生态建设的基础上，完善投资环境，对产业园区以全新的市场运作手段；全园采用"组团状发展带动整体发展"的建设模式；沿河形成南北联动和"一园六组团"的结构模式。其中六组团包括：公主桥传统场镇组团、康中配套居住组团、演艺中心组团、国际温泉小镇组团、博物馆聚落及国际村文化创意基地、康巴岭嘎影视基地等六大时尚文化产业组团及场景。该六个组团依托自然生态环境和文化资源，通过注入文化类产业项目，发展文化交流、展示与创作以及商务休闲、会展、旅游娱乐、人居等产业；提供集文化、商务、居住、休闲于一体的展现康定文化的价值体验。

3. 关键技术和创新点

（1）整体融入城市、全面带动城市发展

情歌文化园区必须把文化产业、旅游开发与城市发展相结合，探索以康定城市为中心，环贡嘎山旅游圈这一区域的文化旅游产业发展以及带动整个甘孜州地区文化旅游协同发展的新途径。

（2）诠释以"情歌文化"为主的多元交融的文化内涵

以多元、交融的指导思想把康定独有的情歌文化内涵形象化、体验化、参与化，以文化产业建设的形式表达出来。创造出一种全新的文化开发、体验、旅游、休闲度假、生态居住的生活风尚。

（3）提升文化产品，升华旅游开发模式

情歌文化园区的产业开发应按国际文化旅游目的地的标准进行规划建设，突破传统禁锢，大胆创新，推出若干主题鲜明的文化旅游新产品，同时深度延伸文化产业链条，全面提升文化园区的吸引力和生命力。

（4）贯穿生态与文化交融的理念

处理好建设开发与生态保护之间的关系，将自然生态环境与文化融入设计理念，最大限度地实现文化、生态双赢的价值观和规划目标。

4. 项目作用与水平

地方政府在本规划的指导下，通过对现有资源的整合、情歌品牌的树立、产业结构的调整、旅游项目的引入等多方面入手，进行整体打造；该项目覆盖范围广、涉及门类较多，开发阶段长，目前正通过本规划引导进行具体建设。

广安市中心城区滨江两岸城市设计

2015年国内方案公开竞标二等奖

设 计 单 位： 四川省城乡规划设计研究院

承担所室： 城市设计所

主审总工： 彭万忠

项目主持人： 冯可心

参 加 人 员： 陶 蓓、夏太运、唐 密、
周智慧

图1 城市设计整体鸟瞰图

1. 规划背景

中国城镇发展进入"新常态"，追求质量、稳步发展成了主导。"一带一路"国家战略实施推进并明确了成渝地区定位为："全国海陆联动开发的枢纽、国家向西开放的贸易前沿、国家战略主要后方"。

位于成渝城镇群中的广安市面临新的机遇。广安作为西部内陆山地滨江城市，其自然的山水环境极具特色，令人向往。

然而每年夏天一到，渠江流域的暴雨连年剧增，洪涝灾害越来越频繁，城市低洼区平均每两年就要被淹3次；确如一把利剑悬在人民的头顶中，让人们的生命财产饱受洪涝灾害的威胁。

正在进行的滨江两岸防洪工程建设可能对沿江景观造成巨大影响，却不能一劳永逸地解决防洪与内涝问题；反倒让自然景观遭到破坏，极可能让广安城市在竞争中失去环境景观优势，失去发展机会。

2. 规划主要内容

规划范围共计15km²。渠江的西岸为旧城建成区，仅剩零星地块可供开发；其余区域除白塔大桥桥头北岸建成部分工业厂房外，绝大部分田地已征用，道路骨架已建成，等待下一步开发。

（1）总体发展综合规划定位

广安城市中心区——具体承担商务贸易、商业购物、历史文化传承、城市旅游及服务、居住、教育中心职能。

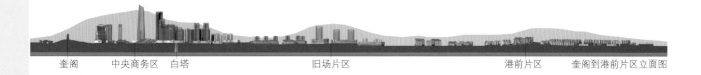

| 奎阁 | 中央商务区 | 白塔 | 旧场片区 | 港前片区 | 奎阁到港前片区立面图 |

| 旧城片区 | 北辰片区 | 双家码头片区 | 旧城片区到邓家码头片区沿江立面图 |

图2 滨江立面图

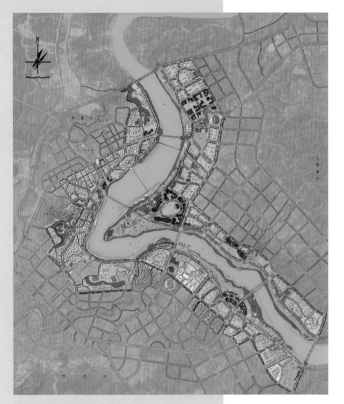

图 3　总平面图

图 4　北区中心透视图

图 5　城市设计总平面图

图6 城市设计夜景效果图

（2）形象定位

最美山水文化的城市新"外滩"。

（3）文化意象定位

蛟龙蜿蜒出海，灵凤思源归巢。

（4）生态规划

着重保护"一江两溪六岸一山一园三丘三坎"的自然生态格局，规划为各类公园。开辟四条绿廊连到背后的北辰湖－玛瑙山、翠屏山、神龙山、石佛山，构成融江贯通的动植物迁移走廊体系和海绵城市的绿地体系。

（5）道路交通规划

主城区中心构建"一环、一十字、一放射"的快速快捷路网体系。

（6）总体空间形态规划

以历史古迹建筑及街区为核心，中央商务区为制高点；片区节点为次高点，纵向由中心向周边逐步降低。

横向上新规划区临河第一层建筑用地50米范围内为低层和多层；第二层建筑临河绿地50～100m范围内为高层；第三层建筑可作超高层。

3. 关键技术和创新点

本次规划方案以生态手法处理洪涝给城市生活带来的隐患，从而使滨江两岸更美、更安全。实现城市防洪防涝、城市发展建设与山水环境景观保护三者之间的互动与共赢。

4. 项目作用与水平

滨江地区是一个城市的思想灵魂和肾动力，更是广安市的"脸面"与形象。她的建设质量的好坏，决定着一个城市发展与竞争的成败，绝不可以因当前的困境放弃理想的未来谋划。

规划方案本着保住自然山水，守住文化精髓的理念，为广安市民展现一幅滨江地区未来的画卷。

规划能够在常规城市设计研究问题的基础上，以更广的视角探索滨江地区防洪与城市生活的关系，能够给政府决策和下一步的规划和实施提供相应的参考。

武胜县永寿寺半岛城市设计

国内邀请竞标技术方案第二名

设计单位： 四川省城乡规划设计研究院
承担所室： 城市设计所
主审总工： 王国森
项目主持人： 胡 仔
参加人员： 唐　密、唐燕平、陈　东、
　　　　　　郑　远、李　强、彭万忠

1. 背景简析

永寿半岛，与沿江口镇隔江相望，因宋建永寿寺而名。半岛由龙女湖静水环绕，树木葱郁，水润草丰，山丘缓伏，堪称嘉陵江岸最具人文与自然禀赋的风水宝地。

为此，本规划设计在充分分析基地条件与特质及区域发展背景的基础上，着眼于远景，明确半岛发展定位，制定半岛整体规划、重点地段详细设计、近期实施蓝图，未雨绸缪，以期半岛新区成为新城建设的城市设计佳作。

图1　区位图

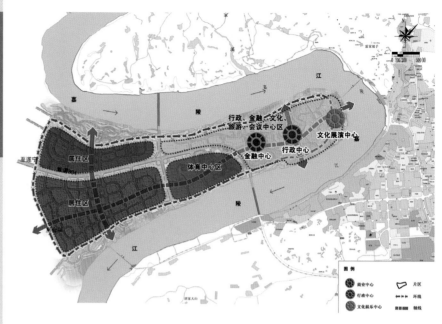

图2　规划结构图

2. 发展定位与目标

永寿半岛是武胜县沿江的紧邻旧城、交通便捷、水面宽阔、优美岸线、山坡秀缓、环境诗意、历史古迹集于一身，且大小适度、具有最广阔发展前景的唯一性区块。

半岛新区的发展定位为：嘉陵江水上旅游中心与会议中心和县域金融、商务、文化展演、体育、行政中心、城市居住生活新区。

半岛新区的建设目标为：中国现代半岛小城典范——具备资源节约、环境友好、产业现代、经济活跃、空间紧凑、尺度人性、公交环保、交通步行、文化明显、管理有序等特征。

3. 功能布局

（1）原则
依山水连旧城，独而不孤，混而各用。

（2）总体结构
四区、一脊、两轴、三心、一环。
四区布全岛：规划以国道、县道为界分为4个区。半岛东端为全县金融、文化、旅游、行政、会议中心区，配套商业、两个居住社区；中南部为全县体育设施区，配套一个居住社区；西南部、西北部为居住生活区，配套商业、医院、学校、市场、宾馆、餐饮娱乐等设施。

一脊连山水：东西向生活干道东达岛嘴，西连高台地，将各功能区串联，成为全岛的生活性的组织核心。

两轴通双江：岛嘴区、西区中部规划南北向绿化步行通廊连接嘉陵江岸。西区通廊两侧布局商场、超市、影院、宾馆、餐饮娱乐等公共设施，构成公共活动轴线；该通廊穿越高台地，北连邓家寨、石佛寺，南通江岸轮渡。

三心铸岛魂：半岛东端由西向东依次布局全县金融商务中心、行政办公中心、会议展演中心；形成全县最具魅力与向往的地区。最大限度提升半岛核心价值，力争塑造具有一流品牌的武胜城市名片。

一环镶岛城：沿江岸规划滨江公园、滨水广场、游船码头，将8公里长的岸线建成自然生态、充满活力的公共游乐区，成为一流的武胜水上旅游名片。

图3 商业区透视图

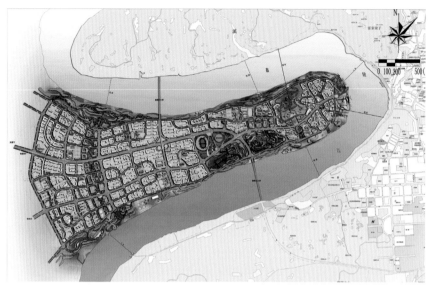

图4 总平面图

图5 重点地段鸟瞰图

4. 重点地段详细城市设计

（1）行政办公片区

主要沿玄武山、玺山两点所确定的南北轴线布局。政府行政中心背北山向南水布局，是为核心，即行政中心北以"太师椅"形的玄武山为靠，南以嘉陵江为照，以玺山为朝山，以嘉陵江南岸山体为案山，以东西高层簇群为门阙，形成中国建筑风水布局的空间序列。

（2）商业金融片区

密集布置高层建筑，为高层银行、写字楼、公寓式住宅。道路南侧为写字楼、宾馆等，均结合永寿寺台地布局；同时，永寿公园位于永寿干道上的北入口，为开敞式布局，公园入口铺装与乔木结合。

（3）会展演艺片区

岛嘴地区布置综合文化艺术中心、会议会展中心、临江酒店等大型公共建筑。建筑为大空间、木色薄壳建筑，构

成极富视觉冲击与美感的后现代建筑群。建筑群临水而起，造型灵动，局部伸入水面。

（4）东西干道与绿廊沿线

沿线布局商业、文化娱乐、酒店宾馆等公共建筑区，与干道交汇处设置塔式高层，构成干道景观的韵律感；建筑底层设计连续骑楼商铺，构成特色购物街道。

（5）滨江环带详细设计

1）横向上多段缝合

图6　南侧临江立面图

依次为：石刻艺术段、文化科技段、水岸生活段、生态缝合段。

2）纵向上多层叠合

滨水生态绿带：通过种植水生植物、本地草本植物，构成极富自然生态性江滩游憩区。

滨江公园：通过草坪、灌木、休息亭廊、观景茶楼等，组织形成公园游憩区。滨江公园与江滩之间的防洪堤岸采用自然护坡形式，形成多种生态堤岸。

滨江建筑带：建筑高低错落，建筑底层形成连续的各类购物、休闲、娱乐、文化店面，上层为住宅。

5. 项目作用与水平

本次规划紧紧围绕半岛环境优美、大小适宜、位置核心的特点，通过旅游、会展、金融等新经济设施的介入，全步行系统的构建，力求半岛新区未来能成为"中国现代半岛小城典范"。

通过半岛新区的建设，提升地区的城市品质，改善地区发展乏力的现状，实现后发超越！

该方案最终被县上选为了下一步的"实施方案"。

苏州市沿独墅湖周边地区城市设计

2011 年苏州市规划局沿独墅湖地区城市设计国际公开招标入围奖

设 计 单 位：四川省城乡规划设计研究院

合 作 单 位：OMA 亚洲（香港）有限公司

承 担 所 室：城市设计所、胡英男工作室

项目主持人：彭万忠、陈俊松

参 加 人 员：童　心、沈　阳、刘　磊、胡英男

1. 规划背景和过程

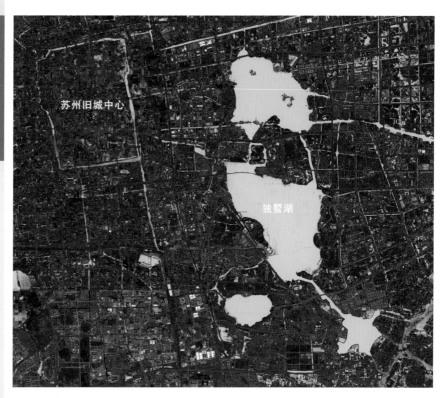

图 1　区位图

　　沿独墅湖地区，位于苏州古城东南部；北接金鸡湖、南接吴淞江，是苏州市东南部重要的滨水发展区域。

　　为进一步挖掘城市水文化，彰显滨水城市特色，协调周边地区空间布局和形态，协调、完善区域道路、轨道交通等基础设施建设，凸显独墅湖滨水地区的现代城市空间特色；2011 年苏州市规划局面向国内外进行了"苏州市沿独墅湖周边地区城市设计"的公开招标。

　　我院受 OMA 亚洲（香港）有限公司的邀请，共同组成了联合体参与这次国际公开竞标；并最终成为 6 个入围联合体之一。

　　规划从区域统筹角度为沿独墅湖地区谋求发展思路。从苏州整体发展的空间结构出发，调整、完善、优化功能布局和研究，确定沿独墅湖地区的城市特色和独特的空间形态。

2. 规划主要内容

　　以基地上的三个大面积湖泊和绿地作为生态的本底，作为主要基础元素。以具连贯性的总体规划为主要策略，为基地建立独特而容易辨识的形象。以城市密度为基础，在基地上提供灵活的布局；同时涵盖广泛的功能项目，营造各色各样的都市气氛。规划方案整体分为四个层面进行考虑：

第一个层面：三角洲

　　本设计最重要的规划元素就是水体与其周边的大自然环境。

　　三湖以及其周边的天然地理是基地的特征，这一特征为设计项目内的各个城区创造独特的环境。

　　规划前的湖泊并没有得到适当的利用，许多滨水地区都几乎被私有化了；水质也不如理想，人们因此不能够享有及亲近水源。

　　要改善这情况，我们建议设定一个

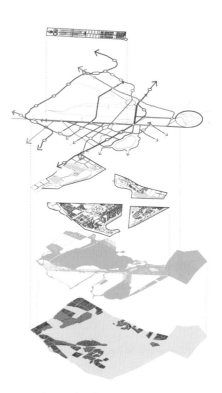

图 2　主要设计理念

水体管理计划：把三个湖泊连接起来，创造水流，并且用低坝来增加湖面高程的差异，同时引入过滤和废水处理系统。

图3　城市设计整体夜景鸟瞰图

图4　核心区模型总平面

　　三湖之间的联系造就成湿地,自然公园在此兴建,因此,湖泊与周边的自然环境将联手创造一个接通的生态系统,这将会是整个独墅湖周边发展项目最引人入胜之处。

　　这地区将会转化成生态三角洲,人们在这里生活、工作、休憩。

第二个层面:四个都会区

　　在现有的城市纹理、湖泊和绿地之间,我们规划了四个都会区,每个都会区都各自有独特的风格和布局。

　　第一个都会区位于基地以北;此区根据现有的城市发展而注入各个功能项目,并透过为零售和餐饮服务而设置的公共活动和休闲设施得到强化。

　　都会区二位于基地以西,主要功能为商业和住宅;以带状的工作、商业和住宅设施组成,这里是整个发展项目的核心地区。每个带状区域以一个功能项目为主要组件,带动多样化的流通和互动。

　　都会区三位于基地以东,为教育和医疗保健区域,布局现有环状塔楼群之外的新建筑;这个区域为正在建设中的区域,配套了教育、医疗保健和住宅设施的高密度建筑。

　　都会区四位于基地以南,系研究发展区域;将成为市区与郊区之间的过渡性联系区;现有的农地和周边的天然环境在此得到保护。

第三个层面:连系网络

　　规划尽量保持现有的路网系统,只是重点加强三角洲和四个都会区之间的道路联系。

　　人性的尺度是这项目的优先考虑因素,各种交通运输方式按照级别而组织得有条不紊;并腾出地上空间供行人使用。

　　轻轨列车是此地区的主要交通运输方式;轻轨列车比地下铁路更为有利,在基地上的路线安排也较为灵活。在项目的初步阶段规划基本路线,然后根据项目的发展速度和拓展,再重新配置轻轨路线。

　　最后,在项目注入一个独立的人行和自行车路径系统,发展区内的市民均可利用这些道路,来往邻近地区。这个系统能够使人们与大自然和与水体更加亲近。

第四个层面:都市聚点

　　独墅湖发展项目的第四个设计层面名为都市聚点,坐落在独墅湖,是三湖之中最大的一个。此聚点由一条水路贯穿,这里齐集生态教育设施、特色住宅、小艇游乐港,还有休闲地带。

3. 关键技术和创新点

　　该方案从区域生态保护的角度,

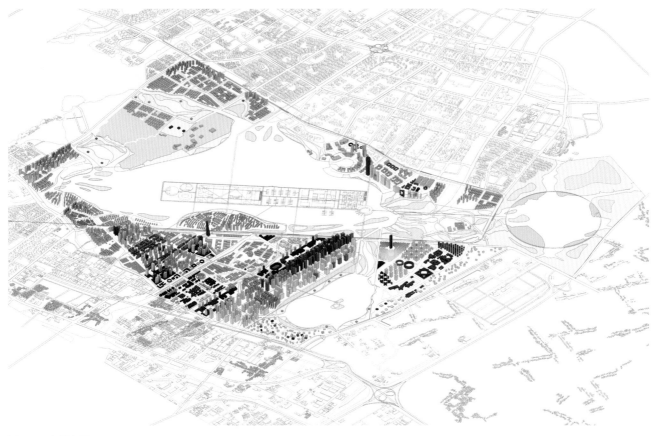

图5 四个都会区

以基地上的三个大面积湖泊和绿地作为生态的本底，作为主要基础元素，从四个层面切入；第一个层面以三角洲作为整个规划区的生态载体，第二个层面以四个都会区分别承载不同的功能，通过不同方式的交通联系串联整个网络，最终以都市聚点作为本次规划的核心和亮点。

规划方案大胆地突破创新，在独墅湖的中心湖面建设了一个核心区域，称作为都市聚点，它其实也是当代艺术的聚落，不仅是由现代技术创造的岛群，更是苏州历史文化的传承和城市精神的延伸；

空间形态与场所尺度吸收千年苏州古城的精髓，"小桥、流水、街巷、园林"在这里以全新的姿态向世人展露。

4. 规划实施 / 项目作用与水平

本方案摒弃了常规城市设计先从空间形态入手的方式；从区域生态的角度，先从做环境入手，再分层面详细解读。

在现有《城市规划编制办法》的基础上，强化了生态低碳的规划理念；对新型城镇化过程中的城市设计的编制具有较好的指导作用，最终从国内外知名的二十多家投标联合体中入围到了最后选定的6家深化设计方案之一。

石渠县洛须镇规划设计

藏区重要援助项目

设 计 单 位：四川省城乡规划设计研究院

承 担 所 室：城市设计所

主 审 总 工：彭万忠

项目主持人：胡　仔

参 加 人 员：冯可心、唐　密、刘　磊、
　　　　　　　张利伟、石效国

图 1　镇区鸟瞰图

1. 规划背景

党的十八大提出了将生态文明、经济、政治、文化、社会建设并列，"五位一体"地建设中国特色社会主义。甘孜州对各县的规划建设强调了进一步的高标准要求；成都市金牛区对口援助石渠县，洛须镇获得新的发展支撑，其城镇规划建设必须重新审视，按适应国际一流标准的起点和要求来进行新一轮的规划设计。

2. 规划主要内容

规划从镇域及镇区两个层面进行相关专题的研究，运用SWOT分析法来整体认识藏区新型城镇化的优势、劣势和可能面临的机遇与威胁；在此基础上确定洛须镇新型城镇化的发展定位和实施措施。

（1）区域经济发展战略

根据该区现状，把该区定位为川西北高原重要的商品粮自给基地、四川高寒牧区最大的"菜篮子"基地、具有石渠特色的现代农业示范基地的现代农业综合开发区。

（2）统筹城乡发展

大力发展生态特色效益农业及畜牧业，促进农村居民增产增收；巩固并加大农村劳动力就业的培训力度，促进农村剩余劳动力向非农产业有序地转移；大力加强农村基础设施建设。

（3）镇域交通规划

合理组织和协调不同层面的交通运输方式。对外交通要着眼于整体效能的提高以及综合交通体系的发展和完善。

图 2　镇区沿江风貌规划图

（4）城镇性质及规模

城镇性质：川、青、藏三省结合部旅游度假基地，县域的副中心。

形象定位：世界屋脊河谷田园部落，国际康巴心灵净地桃源。

城镇人口规模：全区总人口 2017 年将达到 15339 人，2030 年达到 18698 人。

洛须镇城镇人口 2017 年 6000 人以内，2030 年 10000 人左右。

（5）镇区用地规划

依托老城，相对集中，考虑客观用地条件，组团生长。洛须镇规划形成"一主一副"组团生长的布局形态。

（6）城市设计

通过相山、护山、显山；理水、净水、亮水；找坡、顺坡、敞坡；寻古、保古、扬古的空间布局手法，构建山、水、镇、田园相依相融的空间格局，改善城镇原有的空间环境、塑造良好的空间秩序。使小镇的空间格局与周边自然环境和谐统一。

3. 关键技术和创新点

提出了能够适应我国藏区高原城镇特点的城镇化发展模式，从而指导洛须镇的城镇发展。

规划中尊重地域文化，将文化渗透到规划布局及城市设计建筑风貌之中，以形成民族特色显著、因地制宜的藏区生态小城镇。

4. 规划实施 / 项目作用与水平

本规划能够从宏观到微观指导地方的发展，并有所成效。对当地的产业引导、生态保护、交通网络发展等方面都有良好的促进作用。

本规划初步探索出符合藏区实际的新型城镇化道路；引导藏区小镇洛须走向集约、绿色、低碳的城镇化道路。

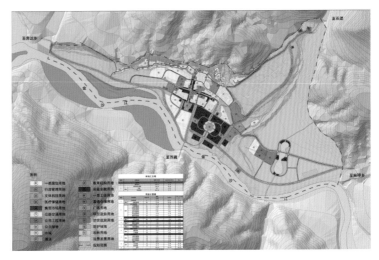

图 3　镇区用地布局图

图 4　镇区详细规划平面图

图 5　南部中心区夜景图

南充市燕儿窝片区控制性详细规划及炼油厂片区城市设计

设计单位：四川省城乡规划设计研究院

承担所室：汪晓岗工作室

主审总工：严　俨

项目主持人：汪晓岗

参加人员：马方进、皮　力、任　瑞、
　　　　　林三忠

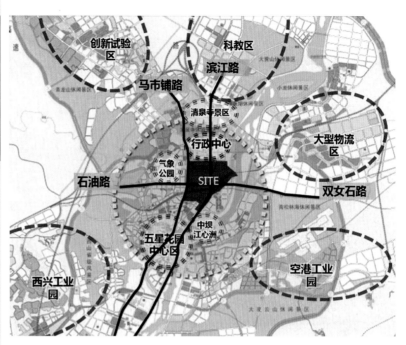

图1　区位图

1. 规划背景和过程

南充炼油厂建厂历史较早，是20世纪50年代中国四个石油天然气基地之一，它的建成结束了西南地区不产石油的历史。伴随南充市城市空间结构调整，炼油厂的搬迁，为南充市北向拓展建设腾出大量的发展空间，片区的改造利用成为城市未来发展的重要命题。

在目前国家及省市发展新常态下，如何利用该片区塑造城市特色是城市发展需迫切需要解决的问题。本规划中对原有控规进行必要的补充、修订、深化和完善，为投资者、管理者提供形象的资料与可操作的管理依据。

2. 规划主要内容

从国内外城市发展趋势研判，城市软实力是下一轮中心城市竞争的核心内容。文化功能区作为城市软实力的空间载体，逐渐在城市中出现。文化综合区是多种不同城市肌理的拼合，而不仅仅是高强高密；因此，它对历史资源的保

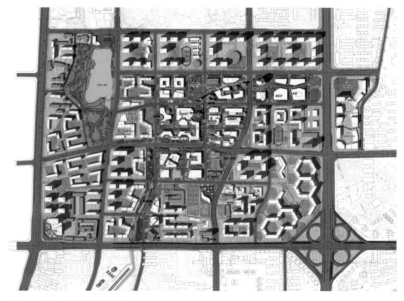

图2　炼油厂片区城市设计

护和利用模式也是多样化的；同时，文化综合区位于中心区和艺术区之间，肩负双重使命，既塑造商业的文化内涵，又发掘文化的商业价值。

（1）片区规划

汇聚多元文化活动的国家4A级特色文化综合功能区；领衔川东北区域可持续城市文态建设的示范区。

（2）三大策略

策略一，在空间上腾笼换鸟，工业背景注入新型服务功能；策略二，业态上多元复合，树立因地制宜的旧城更新模式；策略三，文化上构建文化慢城，多样性空间构建南充慢生活模式。

（3）规划措施

措施一，保留现有建设较好的区域。

结合用地、建筑质量分析，提出保留现状北侧、南侧、东侧较好的居住及

公共服务建筑区域；

措施二，保留厂区空间肌理。

在总体定位指引下，规划中对厂区原有肌理尽量保留，作为城市发展印记的延续，体现城市文脉，结合现状肌理构建城市文化商务旅游区。

炼油厂的肌理保留包括厂区厂房、构筑物（输油管、储油罐、炼油设备）、绿化、道路等。

措施三，高效交通组织。

根据总体规划及交通规划，保障马市铺路及滨江路的交通快速性，设置中央硬隔离，严控与其交叉道路的穿越性及交叉口形式。

设置互通立交1处（滨江路石油路交叉口），跨线桥4处（镇江西路与滨江路和马市铺路相交、马市铺路与石油路交叉口、石油后街东延线与滨江路的交叉口）。

在商业区穿越的道路，控制商业开口及中央隔离，控制机动车穿越交通，商业区人行交通以步行天桥或地道联结。商业区段石油东西路及南北路，均只有三处可穿越的交叉口。

规划中通过完善公共设施配套、构建高端产业、保留现有建设较好区域、保留厂区历史人文肌理、组织高效交通，形成"一心两核三区"的总体结构。

城市设计通过五大设计要素提出空间设计对策：留印记、造街巷、绿串城、多元混合、易识别，多维度营造城市整体空间。

3. 关键技术和创新点

规划中对炼油厂区建筑及构筑物进行了详细调研和分析，结合城市设计遴选，最终确定具有代表性的标志物；保留建筑面积约27000m²、保留构筑物基底面积约5600m²、保留输油管道约1200m。结合新业态的注入、场地空间的重新组织，构建南充文化商

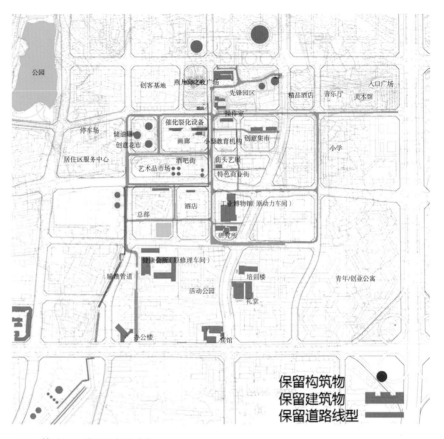

图3 炼油厂区域肌理保留分析

图4 总鸟瞰

务旅游高地。

4. 项目作用与水平

通过控规和城市设计分析，明确了跃进公园的定位及其范围；通过与规划管理部门多次沟通协调，为南充市城市内部增添又一绿色开敞空间。

本规划明确了片区空间特征即厂区低四周高的"锅底"形态，严格控制片区开发强度以及建设高度，为规划管理提供决策支撑。

宜宾市李庄组团控规及城市设计

2015年度四川省优秀规划设计表扬奖

设计单位： 四川省城乡规划设计研究院

承担所室： 汪晓岗工作室

主审总工： 严俨

项目主持人： 汪晓岗

参加人员： 万行、任瑞、常飞、
刘旭、丁晓杰、马方进、
李雪峰

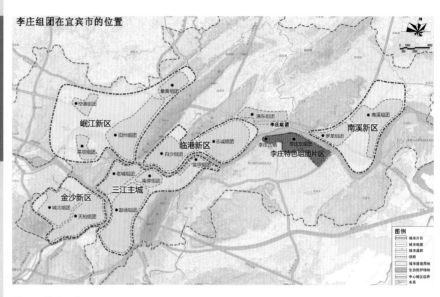

图1 项目区位

1. 项目背景及过程

李庄是一个文化和历史遗迹沉淀的古老的小镇，也是一个诉说着抗战风云和沧桑的古老的小镇，还是一个能折射汉族传统文化、涵养着汉族民族精神的古老的川南小镇。

2013年宜宾市进行了新一轮的城市总体规划修编；在新的区域背景和发展前景下将宜宾城市总体发展做出了战略性的规划，将李庄古镇战略地位作了明确：李庄古镇不再是原来单一的城郊历史文化名镇，而是作为宜宾城市主城区的核心区来看。同时在宜宾市委市政府的关心下，宜宾市翠屏区李庄产业园区管委会于2012年正是挂牌成立。为把李庄打造成宜宾市新的增长极，高起点高要求地开发建设李庄，李庄产业园区管委会委托我院进行李庄组团的规划设计。

在控规中，通过对《宜宾市城市总体规划2013—2020》等的深入解读，将对李庄组团的用地规模、功能定位、交通市政等的具体要求予以落实。对李庄独有的人文资源、历史文化进行解读，严格落实古镇保护规划，依托梳理现状古镇用地情况及周边山水田园资源情况，将重要的自然和人文的景观要素纳入控制范围，规划面积约8.37km²。

2. 规划的核心问题探究

（1）控规核心问题

1）如何科学定位新李庄

规划应基于宜宾的城市定位和产业前景，在当前生态文化产业大发展的趋势下，突显和提升李庄文化、生态特质。

2）如何科学谋划新李庄

重点在于梳理新旧李庄之间的关系，梳理李庄组团与沿江其他城市片区之间的关系，保持文化脉络、生态系统、交通市政等的合理延续。

3）如何科学塑造新李庄

从"生态、文态、形态、业态、神态"这5个方面入手，提升新李庄的吸引力和根植力。

（2）城市设计重点解决四大问题

1）现代与传统相互融合

新城建设与李庄古镇相互协调，重点协调建筑高度、风貌与李庄古镇的关系，同时利用300m的田园绿化带与城市其他组团过渡。在古镇片区，城市布局强调建筑肌理与现有古镇的契合，建筑形式、高度、色彩及材质与古镇相协调，塑造文化李庄片区特色。

2）展现李庄神韵，体现李庄神态

重点解决李庄文脉的延续，协调生态、文态、业态、形态之间的关系。在长江与天景山生态廊道中、环长江景观带界面、城市入口、山水视廊等重要节点以及项目上，展现李庄特有神韵，体现李庄神态美。

3）环长江旅游景观带的特色空间塑造

环长江旅游景观带是城市极为重要的公共空间，既是重要通道也是城市重要的功能景观窗口，规划中应强化突出长江景观主轴，通过建筑、景观、公共活动空间的塑造，形成片区的核心活力空间。注重沿江城市轮廓线塑造，突出塑造灵动的天际轮廓线。

4）水、城、山、田园关系

"望得见山、看得见水、记得住乡愁"。分别建立300m古镇廊道、200m健康文化片区廊道、100m创意文化廊道，沟通长江、李庄、天景山，通廊适当范围内设置文化娱乐设施，同时延续现有林盘、田园文化，体现李庄特有神韵；同时，建筑布局体现通透性，形成沟通山—城—田园—水的视廊。

3. 规划主要内容

（1）空间结构与功能布局

规划形成"双核两带三廊三区"的空间结构。

1）双核

古镇核心区及规划区中部的城市片区公共服务中心及商业中心区，是新李庄发展的主要增长核。

2）两带

环长江旅游景观带：按"五态合一"的理念，将环长江旅游景观带构建成李庄组团重要的文化长廊、生态长廊、产业长廊、景观长廊。

滨水生态景观游憩带：对红岩子河沟及两岸环境进行保护；同时，产业上呼应创意李庄组团，打造以生态休闲，文化产业为主题的滨水游憩带。

3）三廊

规划三条连接长江与腹地山体生态绿地的景观通廊。

4）三区

第一是传统人文李庄—古镇核心区及保护区。第二是以文化健康李庄—康体教育、商业商务、生态居住为主的功能区。第三是创意李庄—文化产业、休闲旅游为主的功能区。

（2）城市设计创新与特色

1）山体景观策略—"透山、依山"

建立沟通长江、李庄、天景山的300m古镇廊道、200m健康文化廊道、100m创意文化廊道，形成良好的"山—水—城"关系；建筑布局注重通透性，透山亮水。依托天景山，形成城市重要的生态文化载体

图2 城市设计构思图

图3 城市设计效果图

2）滨江景观策略—解决临江"看与被看"的关系

"被看"—滨江界面采用灵动形式，结合柔性道路打造环长江旅游景观带，高度由长江往内逐渐升高，与退台建筑形成优美的轮廓线。环长江旅游景观带应体现多样的滨江建筑形式，提倡滨水空间的多功能混合利用。

庄古镇协调区及李庄新区组团的开发建设、环长江旅游景观大道李庄段规划方案设计等；为李庄古镇及新区协调共建提供引导。

在本规划及相关规划的指导下，李庄古镇建设在迈向申报5A景区及世界文化遗产的目标上循序推进，稳步实施。

4. 规划实施

本规划设计有效地参与和指导了李

青川文化广场建筑工程设计

设计单位：四川省城乡规划设计研究院

承担所室：韩华工作室

主审总工：韩 华

项目主持人：苗力会

参加人员：余 鹏、惠珍珍、苗力会、
谭 懿

图2 概念方案

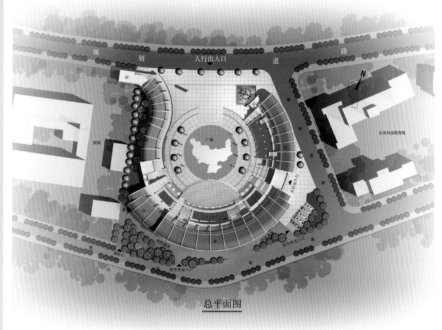

图3 总平面

1. 规划背景和过程

青川是"5.12"地震的重灾区，在经历灾后重建之后，各类行政单位和公服设施较为完备；但在青川新城区缺乏开敞空间，而广场建设又不在援建范围之内。

青川文化广场位于县城新区乔庄河南岸滨河路侧，广场坐南朝北，南靠青山，北向乔庄河及对岸小坝片区，东与

图1 区位关系图

县法院用地仅隔一条道路，西边紧邻县人民医院。用地形态接近于正方形，南北宽约139m，东西长约126m。

2. 规划主要内容

青川有着丰富的民间民俗文化，有藏、满、蒙、苗、壮、东乡、朝鲜、土家、回族、羌等10个少数民族；"海纳百川、有容乃大"，真值得好好展示。

"青川文化广场"整体景观以水景为主体景观。

在设计上将广场的建筑成采用半开敞式，近似圆形，层次跌落有致；广场上的水景设计多种形式，并与建筑融糅；中央的景观灯柱为主题的核心部分；广场上的铺装与植物配置均以体现青川文化为原则；象征着青川是个汇聚、包容多民族文化的好地方。

（1）总平面设计（广场设计）

本广场的用地，对于城市广场而言过于狭小；周边的法院、加油站、医院

图4 鸟瞰图

图5 夜景效果图

建筑无论是功能还是建筑形式对于文化休闲广场而言都没有积极的意义；因此，本设计以三栋条状圆弧形建筑布置于广场用地边缘，形成围合感较强的广场内空间，将周边分广场无关要素与广场空间隔绝，而建筑的形式与背景山体形成呼应。

为避免空间的过度封闭，弧形建筑分为三段且拉开一定的距离，以连廊相接，断续有致，围而不死。广场主入口西侧弧形建筑以反弧形建筑顺滨河路接出；为了增加广场容量，设计大量面向广场的梯步、屋顶平台连廊等灰空间，并使建筑室内空间也大多面向广场开放，最大限度地使建筑空间与广场空间融为一体。

从北边滨河路进入广场，右侧为一喷泉水池，水池内设雕塑小品，右侧为"青川文化广场"标志，既丰富了广场入口景观，增添空间动感和情趣，同时也是沿滨河路的重要提示和标志。

三栋建筑的二楼均为面向广场的大平台，由连廊连接，并有五个室外大梯道和8个室内楼梯与广场相连。西侧建筑一层为面向外部街道的商铺，面向广场形成一面草坡；南侧主体一层为停车场，面向广场形成一个大看台，看台正下方布置了一个多功能舞台，舞台和看台之间布置了条形喷泉水池。

圆形广场中心是青川县的地图图案，图案两侧各立四根文化灯柱。灯柱初定尺寸：直径0.6米，高约4米，上部为灯；柱身为雕刻或镂空艺术装饰；灯柱外围布有8个带座椅的树池，种植8棵银杏。

（2）交通组织

青川广场用地北边滨河路作为广场的主入口，广场用地东南角布置次入口；安排了数个大巴停车位，游人可由此处下车后进入广场。

东南角设一消防通道及停车场出口

通道。

（3）建筑设计

本项目二层为商业建筑，局部三层，坡屋面和圆弧形屋面，钢筋混凝土框架结构。建筑围合广场呈圆弧形，北边开敞，东南西三面围合，建筑分三段，分段处以廊道相连。西面建筑一层为临街商铺，安排小吃，小卖等功能用房；邻广场一侧二层楼面至一层广场地面设草坡（局面为种植屋面），草坡中设有下层空间通风采光的窗口，同时也为广场地下层照明；此段建筑设有两部室内楼梯和一个室外直跑梯，方便由广场直达二层平台；二层为面向广场商铺和宽达7m的平台。

东面建筑为二层，安排茶楼、酒吧、超市等功能用房；临广场一侧沿建筑长边由二层楼面出挑大平台，增加活动空间和室外营业面积；此段建筑设有两部室内楼梯，同时引导水景水流方式。由于此段建筑紧邻新建县医院，为方便医院使用，泵房楼梯间设有开向医院的出入口。

南面主体建筑为局部三层，一层为停车库和设备用房，二层以上为休闲娱乐等功能用房；临广场一侧，二层平台至广场全部设为看台和室外梯；看台由步道和叠水分为三段，看台中段有两段小步道连接下方的舞台。

3. 关键技术和创新点

由于广场现有场地周边被医院、公安局、检察院包围；如果纯粹的建设一个广场的话，反而让场所感缺失。故此规划的难点在于怎么样让周边建筑的不利影响减少到最小；使之既满足广场基本功能的同时，还得充分考虑周边建筑所缺少的设施补位，以便在广场地块内统筹安排。

规划经过充分调研和反复的方案推敲，确定了在广场上用弧形建筑进行围合的方式，营造新的场所感。同时用台阶式建筑和分段的方式以避免呆板和过度封闭的空间。

在此理念下组织交通和空间布局，将停车位放在背面的建筑一层台阶处，巧妙地利用了每一处空间。

4. 规划实施 / 项目作用与水平

规划立足发展，视野开阔，尊重现状和地域文化特征，以服务当地群众为根本；设计方案因地制宜、切合实际。规划思路清晰，发展方向明确，实施效果好，得到了各方面的一致好评；建成后已成为青川百姓休闲的好去处，也成为青川旅游的一个重要景点和服务点。

广安市西溪河居住片区城市设计

设 计 单 位: 四川省城乡规划设计研究院

承 担 所 室: 建筑市政所

主 审 总 工: 王国森

项目主持人: 杨　猛、李尹博

参 加 人 员: 刘　丰、周仿颐、郑辛欣

1. 规划背景和过程

近年来,我国经历了世界历史上规模最大、速度最快的城镇化进程,城市建设取得了举世瞩目的成就,但城市规划落地困难,规划管理难以精细,与建筑设计间缺乏联系,造成空间环境失控,城市品质不高。因此,精细化的城市设计在城市规划空间管理中充当着越来越重要的角色。

本项目是我院与广安市规划局共同开展的,以精细化城市设计为探索的,结合我院新技术发展的技术创新成果。以 1km² 的西溪河沿岸为标准单元,探索城市三维形态的"精细管理"路径。规划最终目的是将传统规划成果转化成"精细设计"、"精细管理"、"精细服务"的模式。

2. 规划主要内容

规划以塑造广安城市中独一无二的高品质滨水生态居住、休闲服务功能样板区,以及广安"山水生态旅游城市"、"宜居宜业宜游"战略的重要典范为目

图 1　西溪水街鸟瞰图

标,规划定位为"闹市静谷、西溪闲湾"。

(1)规划策略

"看山望水、生态地脉"——以生态环境为本底,保护好山脉、水脉、林脉,研究建筑形体布局,留出山体规线通廊,将人工设计的天际线与自然山体有机融合。"活力水岸、公共客厅"——整治西溪河水体质量与两岸景观,将滨河路局部内绕,形成生态优美的滨水岸线,控制滨水建设,还滨水空间于市民大众,再造广安最具活力和最美水岸。"景城相融、宜居宜商"——利用丰富的景观与文化资源基础,打造具有旅游休闲服务功能和高端居住的活力片区。在功能上合理分布岸线业态,形成"动静分区、

宜居宜商"的滨水活力片区。

(2)精细化设计的片区

规划形成四个功能片区,包括"西溪水街、中部复合生态街区、北部高地山水住区、南部溪谷山水住区"。

西溪水街是右岸水街的升级版,是西溪河沿岸重要的标志性节点,是未来广安的又一张重要的城市名片。

中部复合生态街区是与西溪水街相互配套支撑的多功能片区,包括多种业态的山地住宅、社区精品商业街、社区公共服务核等,是片区的公共服务核心。

北部高地山水住区是滨河北段高品质的景观生态住宅区,结合滨河绿地配

图2　西溪河居住片区鸟瞰图

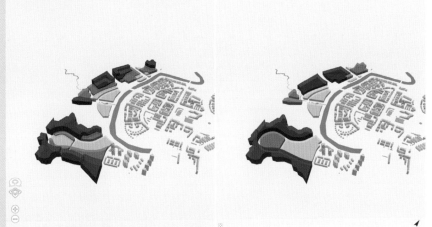

图3　WEB版城市三维形态研究平台——高度分区对比

套少量低密度商业服务功能。

　　南部溪谷山水住区是以坡地、山谷、溪流为特征的高端生态大型综合住区，是由多种住宅业态有机组成的宁静、内聚式山水社区。

　　根据每个片区的功能定位和环境特征，对建筑形态、建筑风貌、街巷系统、社区开放空间、滨水绿地等方面进行了细致的设计。

　　（3）山水通廊与天际线

　　通过三维虚拟平台和3D打印模型进行空间形态研究和模拟，规划留出5条山水通廊，对通廊的宽度和内部的建筑限高进行控制。

　　（4）大地块指标控制到分区精细指标控制

　　针对原控规地块划分较大，传统控规指标体系较粗放，形态控制结果难以

预测等问题，本规划以空间研究和精细化的方案设计结果为依据，细分地块，提出了更为精细的指标体系。包括容积率、限高以及开敞空间等。最终精细化指标体系形成地块城市设计导则。

　　（5）面向落地的支撑系统研究

　　对滨河路、上跨桥道路等重要道路进行细化工程设计，包括交通组织与道路划线、海绵道路设计等。

3. 关键技术和创新点

　　以城市三维形态的精细研究与控制为核心，解决传统规划与项目决策中"强度说不清、形态控不住、审查靠想象"的问题。应用新技术，包括基于WEB的三维系统、虚拟现实平台、3D打印模型三种辅助技术手段，实现对空间设计的真实、实时模拟和比对，既对规划设计过程提供了更为客观和直观的依据和反馈，也为规划管理者（规划局）提供了直观明了的规划成果和决策依据。

图 4 三维城市系统

4. 项目作用

　　本次规划运用三维城市系统等新技术平台,对传统城市设计方式进行了创新,也对本规划用地的空间形态进行了理性、科学、客观的研究,最终实现了城市空间的科学规划设计,也为规划管理者提供了有效管控的工具,为后续城市设计的精细化方向探索了一条可行的道路。

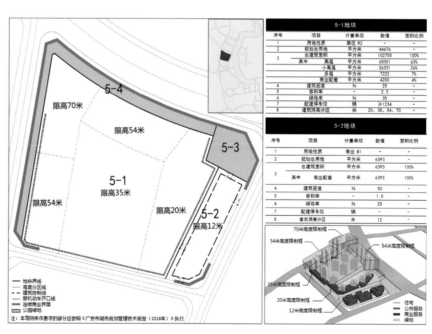

图 5 地块城市设计导则

1.8　风景名胜区规划

西岭雪山风景名胜区总体规划（2014-2030）

设计单位： 四川省城乡规划设计研究院

承担所室： 罗晖工作室

主审总工： 罗 晖

项目主持人： 王亚飞

参加人员： 罗朝宽、郭大伟、赵静思

1. 规划背景和过程

西岭雪山风景名胜区位于四川省成都市大邑县和雅安市芦山县交界处，风景区总面积 483.5km²；西岭雪山 1989 年 8 月被四川省人民政府批准为省级风景名胜区，1994 年 1 月经国务院批准为国家重点风景名胜区。

2012 年 4 月底，西岭雪山风景名胜区管理委员会委托我院编制《西岭雪山风景名胜区总体规划》；本规划 11 月 16 日通过了省住房城乡建设厅组织的专家评审。

编制过程中对资源进行了充分的调研、整理，充分听取地方政府及相关部门意见，还与中科院成都分院山地所大熊猫世界遗产地保护规划项目组座谈，确保风景区规划和世界遗产保护规划相协调。

2. 规划主要内容

（1）风景名胜区性质

西岭雪山风景名胜区，属亚热带山岳型，为中国四川大熊猫栖息地世界自

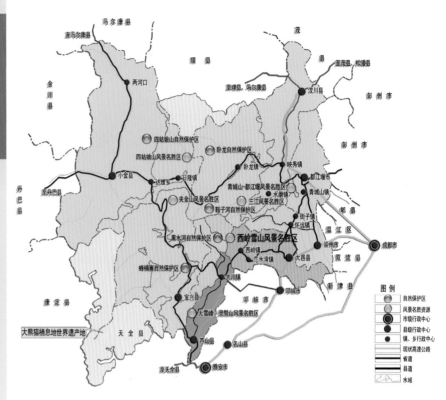

图 1 区位关系图

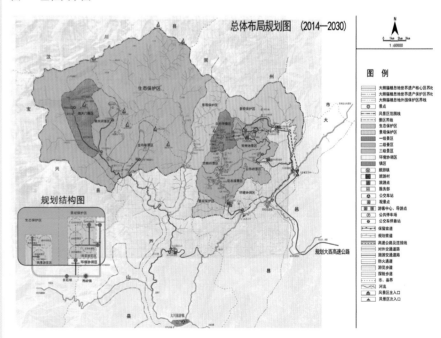

图 2 总体布局规划图

然遗产的重要组成部分，以南国冰雪、高山峡谷瀑布为特色，集观光旅游、度假休闲、运动健身、审美启智、科研科普、濒危动植物和生物多样性保护的国家级风景名胜区。

（2）功能分区

按保护和利用的强度共分为四个功能片区：生态保护区、景观保护区、风景游览区、环境协调区。

（3）核心景区范围

风景区内大熊猫栖息地世界遗产核心区区域，风景区的景观保护区，以及风景游览区内的日月坪、花石溪、南天门三片自然景观集中区；核心景区总面积为 341.7km²。

（4）资源分级保护

特级保护区：风景区内进行重点生物培育，禁止除科学研究和生态环境保护治理工程外的一切人为活动的区域作为特级保护区，其范围为西岭雪山风景区的生态保护区范围，也是风景区内的大熊猫栖息地的核心区范围；面积234.93km²。

风景区的景观保护区划为一级保护区。面积 106.81km²。风景区的风景游览区除去自然景观集中区、滑雪场、旅游点外的区域划为二级保护区，面积为100.76km²；风景区内的景观协调和游览设施区范围为三级保护区。

3. 关键技术和创新点

（1）处理好风景区与世界遗产地之间的关系

西岭雪山风景名胜区是四川大熊猫栖息地世界自然遗产保护地的一个组成部分，保护好区内的大熊猫及其栖息地环境也是风景区的首要职能；本规划重点在功能区划上与世界遗产地功能区划相协调一致。

规划风景区内的世界遗产核心区范围划为风景区的生态保护区，本区以野生动植物保护和自然生态环境保护以及科学研究为主要功能；规划风景区内的世界遗产保护区范围可开展适当的生态旅游活动，风景区的主要旅游活动和居民生活则位于世界遗产的外围保护区内。

（2）协调好资源分属两市两县的关系

西岭雪山风景名胜区位于成都市的

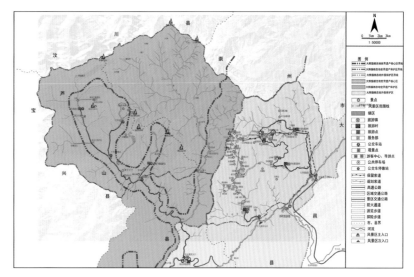

图3 风景区与世界遗产地的关系

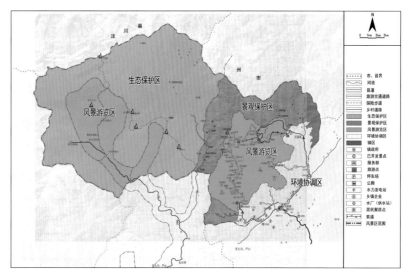

图4 功能分区图

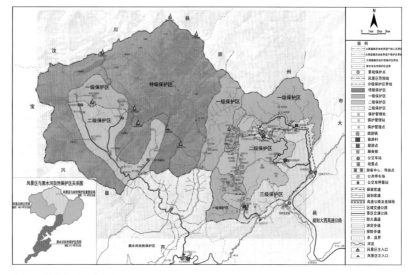

图5 保护培育规划图

167

大邑县和雅安市的芦山县境内，现存在由于资源分割造成发展步伐不相调、旅游开发各自为政等诸多问题。

本规划将两县区域的西岭雪山风景区范围进行统一规划，统筹协调西岭雪山风景区及周边的游览设施布局、区域交通、基础设施等。

规划建议成立统一的风景区管理机构对风景区实施统一管理、统一营销，并协调好两县间资源保护、景区建设等方面的关系，使风景区整个区域走上协调发展的道路。

（3）调整风景区发展方向

近年来，西岭雪山风景名胜区通过滑雪场的建设与实施，冬季旅游已经十分火热，风景区内的休闲度假旅游迅速崛起；规划通过挖掘资源潜力，发展四季旅游，配套完善观光与休闲度假设施，促使风景区顺应旅游发展趋势，向旅游观光与休闲度假并重的方向发展。

（4）调整风景区结构和布局

本次规划形成"一轴四环一枝九点"展示结构和"四片八景区"的功能结构。

结合风景区旅游观光与休闲度假旅游的发展需求，确立了风景区内以旅游村、旅游点、服务部的三级游览设施布局，以及以西岭镇、大川镇等外围依托相结合的游览设施结构。

4. 规划实施

在本规划的指导下，西岭雪山风景名胜区管理部门对鸳鸯池景区滑雪场等区域进行了建设完善；我院正受管委会的委托继续编制打索场旅游服务接待村等区域的风景区详细规划。

贡嘎山风景名胜区
总体规划
（2014-2030）

设计单位：四川省城乡规划设计研究院

承担所室：风景园林所

主审总工：黄东仆

项目主持人：黄　鹤

参加人员：王　丹、王荔晓、蒋　旗

合作单位：甘孜州住房和城乡规划建设局

1. 规划背景和过程

贡嘎山风景名胜区是国家级风景名胜区；以"蜀山之王"美誉的贡嘎山主峰及周围雪峰、冰川为主体，属于景源类型丰富、景观特异度很高、观赏性极强的世界级的生态旅游、科学考察、极高山探险目的地；是四川省风景名胜体系的核心区域之一。

经过多年的开发和建设，贡嘎山风景名胜区在国内外都有了相当高的知名度，虽然多数景区景点的可达性较差，仍吸引了无数游客前往。但由于风景名胜区面积较大且一直没有经国务院批准的总体规划用以指导开发建设，给风景名胜区的保护建设和管理工作造成了很大的障碍；也缺失了法定规划的依据。

为了适应新形势的发展，保证贡嘎山风景名胜区的保护和建设工作顺利进行，受贡嘎山风景名胜区管理局的委托，我院承担了贡嘎山风景名胜区总体规划的编制任务。

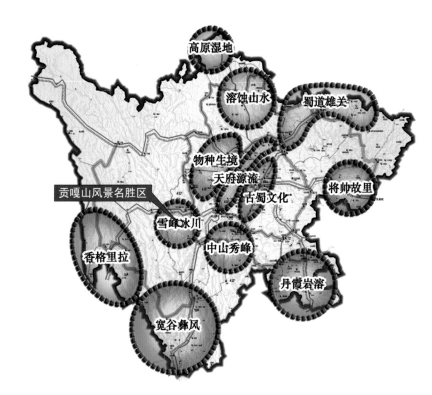

图 1　区位图

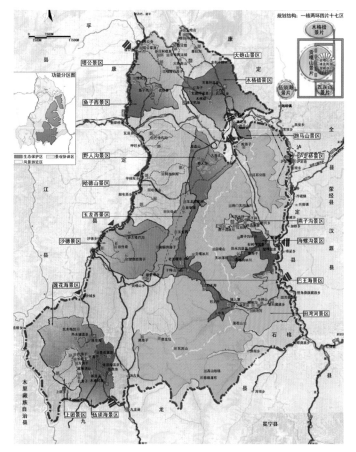

图 2　总体布局图

169

2. 规划主要内容

贡嘎山风景名胜区地跨甘孜州的康定县、泸定县、九龙县和雅安市的石棉县，批复的面积 10195km²，核心景区面积 4209km²，占风景名胜区总面积的 41%。

风景名胜区的性质与资源特色：贡嘎山风景名胜区属山岳型，以贡嘎山极高山、冰川、高山湖泊和康巴文化为主景，以原始森林、草原、温泉和红色文化为补充，是供观光探奇、科研科普、风情体验和休闲文体活动的国家级风景名胜区，具有世界遗产的价值和潜质。

规划将风景名胜区划分为 1 个生态保护区、17 个景区和 1 个景观协调区。其中生态保护区与贡嘎山国家级自然保护区的核心区和缓冲区范围一致，不作为游赏区域，除开展巡护监测及经上级主管部门批准的科学考察活动外，一般人员不得进入；17 个景区以景观、物种资源的保存、展示为主要功能，允许游人进行以观光为主的利用；将风景名胜区内景点分布较少，且有国家重大基础设施走廊通过、风景名胜区旅游设施相对集中布置和居民相对集中分布的区域均划定为景观协调区，以控制各类建设设施风貌，协调好各类设施与风景名胜区的关系，维护风景名胜区环境为主要职能。

特色景观与展示：围绕贡嘎山极高山、冰川、高山湖泊和康巴风情等核心景观，开展游览组织，建设完善已建和拟建景点的风景游赏设施配套，把风景名胜区的景观以最佳状态展示给游人。

3. 关键技术和创新点

（1）风景名胜区范围界定

贡嘎山风景名胜区是以生态为导向的著名风景名胜区，分布有大量生态

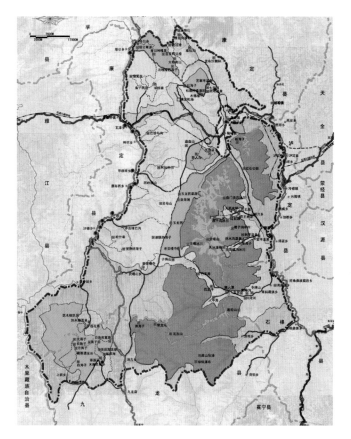

图3 保护培育规划图

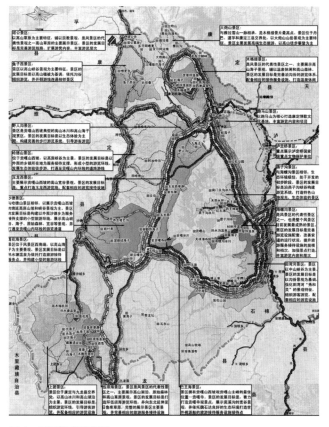

图4 风景游赏规划图

群系和珍贵的物种栖息地，也是重要的生态水资源涵养地，其保护对于构筑长江上游生态屏障、维护生物多样性十分重要。

同时风景名胜区在界定范围时涉及的情况复杂，必须要考虑多方面的因素：如风景名胜区自身的自然与人文资源的开发利用，风景名胜区内的城市和乡镇的发展诉求，国家重大基础设施走廊的建设与贡嘎山国家级自然保护区的协调等。

本次规划从保护景源价值和保护生态环境出发，为了确保风景名胜区的完整性，以国务院下达的关于贡嘎山风景名胜区成为国家级风景名胜区的批文内容为依据；以贡嘎山为中心，共计1万余平方公里的范围为基础，将除了作为甘孜州首府的康定市的城市建设用地和山丘河谷、大渡河谷及孟底沟谷等有大量居民生产生活的河谷地带以外的区域，作为一个整体纳入风景名胜区；同时从保护分区上为国家重大基础设施走廊预留通道，并积极与自然保护区做了相应的协调工作。

（2）风景名胜区游览组织

该风景名胜区面积大、地形复杂、地势险陡，游览交通组织的难度非常大；本次规划从地形地貌为出发点，依托现状交通，结合地方交通规划，综合考虑交通系统的合理性、科学性和安全性，以公路交通骨架串联各重要景区；以步游道为主要游览方式展示景点，局部采用索道的形式来实现快旅慢游的交通组织目的。

4. 规划实施

在本规划的指导下，贡嘎山风景名胜区对海螺沟、燕子沟、跑马山等景区景点进行了建设完善；已启动海螺沟等重要景区的详细规划编制工作。

邛海—螺髻山风景名胜区总体规划（2016-2030）

设计单位：四川省城乡规划设计研究院

承担所室：风景园林所

主审总工：黄东仆

项目主持人：王亚飞

参加人员：王荔晓、曹星渠、陈艺元

合作单位：凉山州城乡规划建设和住房保障局、邛海泸山景区管理局、螺髻山景区管理局

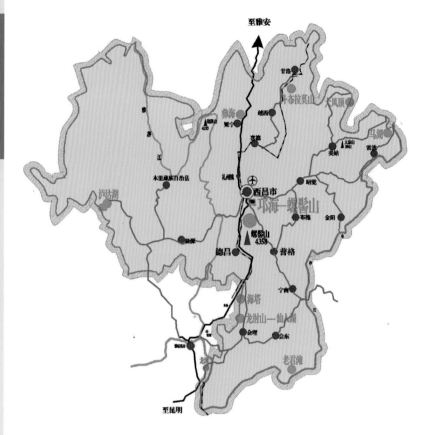

图1　区位图

1. 规划背景和过程

邛海—螺髻山风景名胜区位于四川省凉山彝族自治州境内，地跨西昌市、德昌县、普格县三个县市；于1992年完成首轮省级风景名胜区总体规划。2002年5月，邛海—螺髻山风景名胜区被正式列为国家级风景名胜区。受凉山州建设局的委托，我院2003年又着手邛海—螺髻山国家级风景名胜区总体规划的编制；2011年7月通过了部际联席会议审查。

2015年8月26日住房城乡建设部下发"建办城函〔2015〕775号"文，邛海—螺髻山风景名胜区需依据建城〔2015〕93号文件要求重新编制完善。重新编制完善的风景区总体规划于2016年1月14日通过了省住房和城乡建设厅组织的专家评审。

2. 规划主要内容

规划范围涉及四川省凉山彝族自治州的西昌市、普格县、德昌县行政区域，包括风景区范围及外围保护地带，共计1336.5km²。其中，风景区范围总面积633km²，在风景区范围外围划定外围保护地带，面积703.5km²。

风景名胜区性质与资源特色：邛海—螺髻山风景名胜区，属亚热带山岳兼湖泊型，以保存完好的古冰川遗迹地貌景观、湖泊风光为主要内容，并反映彝族和地方人文风情，供观光、科研科普、风情体验、探险探奇、休闲度假的国家级风景名胜区。

风景区分区：规划将邛海—螺髻山风景区划分为8个景区。珍珠湖景区、五彩池景区、邛海景区为风景区的代表性景区；鹿厂沟景区、温泉瀑布景区、泸山景区为风景区的重要景区，土林景区、飞播林景区为风景区的辅助性景区。

核心景区划定：规划将邛海水体及环湖湿地景观区域33.3km²、泸山景区的寺庙区及相关背景区域17.2km²，螺髻山主要自然景观分布区237.8km²划为核心景区。核心景区为288.3km²，占风景区总面积的45.5%。

资源分级保护：

一级保护区：将风景区邛海环湖湿地、泸山寺庙区、螺髻山主要景点及周围相关环境空间，以及德昌县位于鹿厂沟内的三水厂水源保护区划为一级保护区。面积269.4km²。

二级保护区：风景游赏区除一级保护区以外的区域，以及风景培育区区域均划为二级保护区。面积295.4km²。

三级保护区：将风景区内的游览设施基地、乡镇建设用地区域、村庄集中分布的区域、高压输电走廊、过境交通走廊划为三级保护区。面积68.1km²。

此外，规划将安宁河谷东侧、则木河流域与风景相关地带，邛海北部流域区域划为风景区的外围保护地带进行

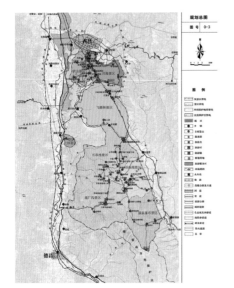

图2 规划总图

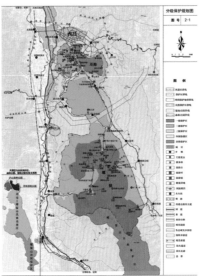

图3 分级保护规划图

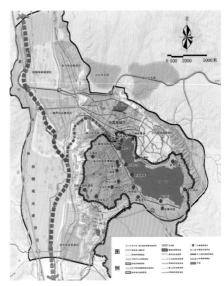

图4 景城协调规划图

控制。

3. 关键技术和创新点

本次规划处理3个方面重点:

邛海景区的风貌整治:要真正展示邛海景区的独特魅力,就必须表里兼治,既要对建筑、道路、环境等硬件进行整治,也要通过居民社会调控、功能区划调整等与景区的规划职能相协调一致。主要措施有:将108国道过境交通改道,形成真正意义上的邛海环湖道路;控制居民居住、经营活动,引导区内部分农民外迁;景区内全面实施环湖区域生态恢复治理工程;严格依据规划

管理邛海西岸旅游设施建设、居民社会建设等行为。

螺髻山的游览交通组织:螺髻山山体巨大,景点众多而分布较散。雅攀高速通车后,游人数量猛增,螺髻山区域新景区开发时机已日渐成熟,本次规划通过三条螺髻山索道解决游客上山难的问题,并对索道线路方案进行了初步论证。

风景游赏与旅游度假的关系:处理好西昌城市规划区、旅游度假区、邛海景区三者之间的协调关系。西昌市具有得天独厚的旅游度假条件,规划西昌城市作为风景区主要的外围依托,其中的川兴镇为旅游度假镇;依托城镇建设旅

游度假区,以完善西昌作为休闲度假胜地的功能。

4. 规划实施情况

从2009～2016年,西昌市启动实施了邛海湿地恢复工程,已将环湖路以下的村庄全部搬迁,确定了整个环邛海湿地分为六期进行建设;通过环邛海湿地恢复工程,现邛海周边的风貌已大大改善,景区容量也得以大幅的提升。

珍珠湖群景区对原有索道进行了扩能改造,现游客上山仅需约8分半钟,有效缓解了游赏高山区景观的需求压力。

新疆博斯腾湖风景名胜区总体规划（2015-2030）

设计单位：四川省城乡规划设计研究院

承担所室：风景园林所

主审总工：黄东仆

项目主持人：王亚飞

参加人员：钱 洋、王荔晓、曹星渠、
　　　　　陈艺元

合作单位：新疆巴州风景名胜区管理处
　　　　　博斯腾湖风景名胜区管理委员会

1. 规划背景和过程

博斯腾湖，是我国最大的内陆淡水湖，2002 年 5 月被批准为国家级风景名胜区。受新疆维吾尔自治区巴音郭楞蒙古自治州住房和城乡建设局与博斯腾湖国家级风景名胜区管理委员会的委托，我院承担了博斯腾湖风景名胜区总体规划工程。工程组于 2002 年 8 月进场，同年 9 月通过了自治区建设厅组织的正式方案评审。2009 年元月通过了部际联席会议审查。

2015 年 8 月 26 日住房城乡建设部下发"建办城函〔2015〕775 号"文，博斯腾湖风景名胜区需依据建城〔2015〕93 号文件要求重新编制与完善。重新编制完善的总体规划于 2015 年 11 月 12 日通过了新疆维吾尔自治区住房和城乡建设厅组织的专家评审。

2. 规划主要内容

博斯腾湖风景名胜区范围：涉及

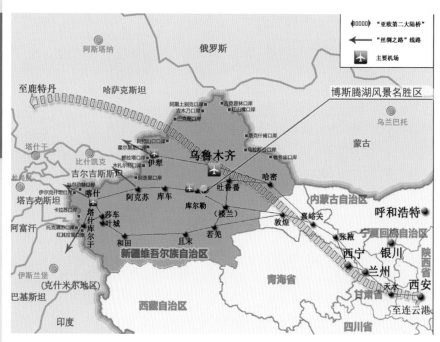

图1 区位图

图2 规划总图

库尔勒市、博湖县、焉耆县、和硕县"一市三县"的区域，风景区总面积为 3504km²。其中核心景区总面积 1464.2km²，占风景区总面积的 41.8%。

博斯腾湖风景名胜区性质与资源特色：博斯腾湖风景名胜区属内陆湖泊型，以湖沙交融和芦苇湿地为主景，具有极高的风景游赏价值和生态价值；是供观光游览、生态体验、休憩和健身娱乐活动的国家级风景名胜区。

规划将博斯腾湖风景区划分为风景游赏区和风景环境保持区两大类；其中风景游赏区由 12 个景区组成。博斯腾湖的大湖景区是整个风景区的中心，是风景区的形象代表。金沙滩景区、白鹭洲景区、莲花湖—阿洪口景区、铁门关景区、西海景区为风景区的重要景区；银沙滩景区、沙岛景区、阴阳湖景区、相思湖景区、长堤景区、开都河景区为风景区的辅助景区。

资源分级保护：

一级保护区：将大湖景区（包含大湖水面及风景区的西北方向大片芦苇湿地，面积1068km²）、小湖区大片芦苇湿地（面积312.4km²）、阴阳湖景区（面积83.8km²）作为一级保护区。总面积1464.2km²。

二级保护区：将除去阴阳湖、大湖以外的其余九个景区范围（不含旅游镇、旅游点）的区域作为二级保护区。面积616.6km²。

三级保护区：将2个旅游镇、1个旅游村、6个旅游点用地加上风景环境保持区中除去一级保护区范围外的其余地带作为三级保护区。面积1423.2km²。

特色景观与展示：

亚欧大陆腹地极端干旱区的水景系列是博斯腾湖风景名胜区的特色景观，以我国最大水域面积的内陆淡水湖——博斯腾湖为核心景观。

博斯腾大湖区：通过空中观光游、水上船游、水上水下运动，充分欣赏其景观价值；同时以恰当的方式介绍其提供水源、控制洪涝灾害、保护生物多样性、净化水质、提供生物产品、调节小气候、维持可持续发展方面的作用。

小湖群区：通过空中观光游、水上船游，充分欣赏其景观价值；同时介绍芦苇湿地的生态使用，体验人与自然和谐相处的生态意义。

阴阳湖：通过味觉的对比，展示咸水湖与淡水湖的不同的物质构成、景观效果，同时介绍其不同的生态价值。

铁门关水库（人工湖泊）：通过水上船游，充分欣赏其景观价值；同时介绍人工湖的历史背景、对人类的利用价值。

冰雪：开展冬季游赏活动，充分展示冰雪景观的独特魅力。

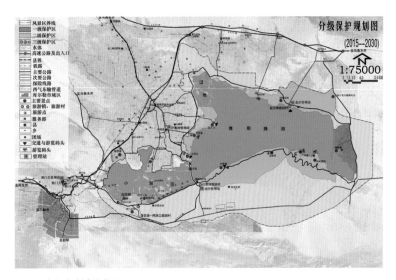

图3 分级保护规划图

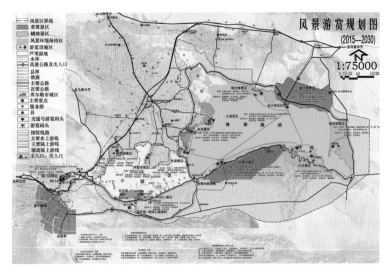

图4 风景游赏规划图

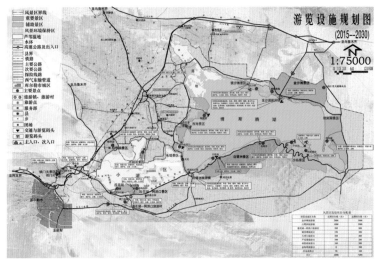

图5 游览设施规划图

自然河流：介绍其与博斯腾湖的关系，展示其动水景观的效果。

3. 关键技术和创新点

根据风景区的实际情况和发展需求，以下两个问题应作为本次规划的重点：

（1）生态价值与风景游赏价值的有机协调问题

博斯腾湖风景名胜区具有极高的生态价值和风景游赏活动价值，因此两者之间如何有机协调，是本次风景区总体规划首要解决的问题。

协调规划要点包括：风景区的规划分区采用综合方法进行；芦苇湿地应以保护和恢复为主；突出淡水沙滩浴场的利用价值；尤其要注重环境保护问题。

（2）风景展示效果问题

博斯腾湖风景区具有独特的风景游赏价值，但因其面积太大，难以组织有效的陆地及水上交通，让游人全方位了解风景区的内涵。而且风景区景观类型比较多，蕴含着丰富的美学内涵，没有科学、合理的游览路线安排，风景游赏效果难以保证。

规划通过多层次的视点，重要景观特征的对比，风景游赏、生态体验、体育娱乐活动的三方面结合的措施，使游人能够全方位的了解风景区，获取更多的知识。

4. 规划实施情况

在本规划的指导下，风景区对金沙滩、银沙滩、白鹭洲、莲花湖、阿洪口、铁门关、大河口、沙漠公园等景区景点进行了建设完善；已启动博斯腾湖陆域十一个景区的详细规划编制工作。

石海洞乡风景名胜区
总体规划
（2016-2030）

设 计 单 位：四川省城乡规划设计研究院

承担所室：风景园林所

主 审 总 工：黄东仆

项目主持人：王　丹

参 加 人 员：黄　鹤、王荔晓、曹星渠

合作单位：兴文县石海洞乡风景名胜区管
理局

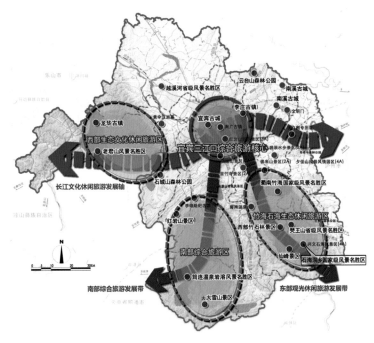

图 1　区位图

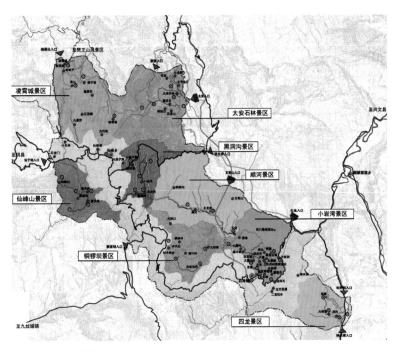

图 2　总体布局规划图

1. 规划背景和过程

　　石海洞乡风景名胜区位于四川省宜
宾市兴文县境内，2002 年被国务院批
准成为国家级风景名胜区。2009 年受兴
文县人民政府的委托，我院承接了石海
洞乡风景名胜区总体规划编制的任务。
2011 年 9 月，住房和城乡建设部在北
京主持召开部际审查会议，原则通过了
《石海洞乡风景名胜区总体规划（2009
—2020）》，并建议修改后上报。

　　但由于多方面的原因，修改完善后
的规划最终没有完成上报。2015 年 9 月，
住房和城乡建设部办公厅发文（建办城函
（2015）775 号）通知，石海洞乡风景名
胜区因超修改时限迟迟未报，需重新编制
完善。编制组按照相关编制要求完成总体
规划的重新编制及完善工作，并于 2016
年 3 月通过了省住建厅组织的专家评审。

2. 规划主要内容

　　石海洞乡风景名胜区涉及兴文县的
石海镇、僰王山镇、仙峰苗族乡和大坝
苗族乡，总面积 122km²，外围保护地
带总面积 11.4km²，核心景区面积总计
38.9km²，占风景名胜区总面积的 31.9%。

　　风景名胜区性质与资源特色：石海
洞乡风景名胜区属中山岩溶型，是以类
型齐全的喀斯特地貌景观为主景，辅以
山水峡谷景观和僰苗文化，供观光游览、
风情体验、科研科普、避暑休闲等的国
家级风景名胜区。

　　规划采用功能分区、景区划分相结
合的方式进行风景名胜区分区，共分为
8 个景区，1 个景观协调区。

　　资源分级保护：将风景名胜区内的

代表性景点及景点周围相关环境空间和重要水源涵养山林作为为一级保护区，面积38.9km²；将一级保护区以外的游览活动区域划为二级保护区，面积46.8km²；在风景名胜区范围内，以上各级保护区之外的地区划为三级保护区，面积36.3km²。外围保护地带总面积11.4km²：以青树子至赢方山至放牛厂的山脊线为界，将风景名胜区东南部的赢方山南坡原风景名胜区范围作为风景名胜区外围保护地带，面积7.4km²；以仙峰山至沟头的山脊线为界，将风景名胜区西部的仙峰山西坡原风景名胜区范围作为风景名胜区外围保护地带，面积4km²。

特色景观类型与展示主题：石海洞乡风景名胜区喀斯特地貌分布范围较广，以小岩湾和太安石林景区的岩溶类型最齐全，景点分布最集中，景物变化最多，景观造型最优美，景观内容最丰富，感官刺激最强烈，为整个风景名胜区的精华，具有最大的观赏游览价值。因此确定小岩湾和太安石林景区为石海洞乡风景名胜区的典型景观区。

通过游览典型景观区，可以了解掌握整个喀斯特地貌的全面特征和形成过程，既是观光游览、探奇览胜的胜地，也是开展岩溶科学研究、科普教育的理想场所，是石海洞乡风景名胜区的景观生命之所在，是风景名胜区的景观主体。

3. 关键技术和创新点

本次规划详细研究了石海洞乡风景名胜区的景观资源构成，挖掘了与小岩湾石林一脉相承的太安石林片区，并将其划入了风景名胜区范围，有效地搭建了完整的兴文石海喀斯特风景体系，提升了资源品质，丰富了游览内容，扩大了游客容量；

规划在新形势下，充分协调解决了风景名胜区遗留的历史问题，有效地促

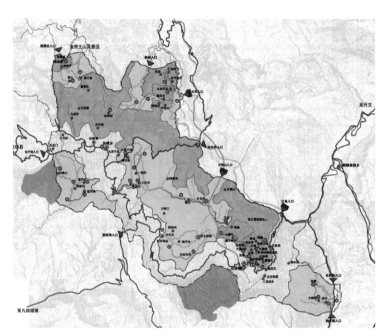

图3　保护培育规划图

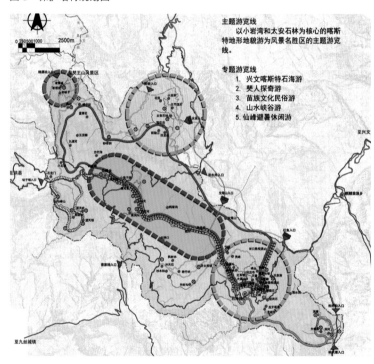

图4　风景游赏规划图

进了风景名胜区的可持续发展；规划充分挖掘了兴文特色的僰、苗文化，并将其融入自然山水环境之中，保护了风景名胜区内的历史建筑和民族特色建筑；力求将石海洞乡风景名胜区打造成为自然与人文并重的特色风景名胜区。

4. 规划实施

在本规划的指导下，风景名胜区管理部门已开始启动了对太安石林片区进行系统地保护管理；已按照风景名胜区的相关要求对风景名胜区内的乡镇建设进行控制和管理。

光雾山－诺水河风景名胜区总体规划（2006-2020）

2011年度全国优秀规划设计三等奖

设计单位：四川省城乡规划设计研究院

承担所室：罗晖工作室

主审总工：陈　涛

项目主持人：罗　晖

参加人员：李　虹、王亚飞、岳　波

合作单位：巴中市光雾山—诺水河风景名
　　　　　胜区管委会办公室

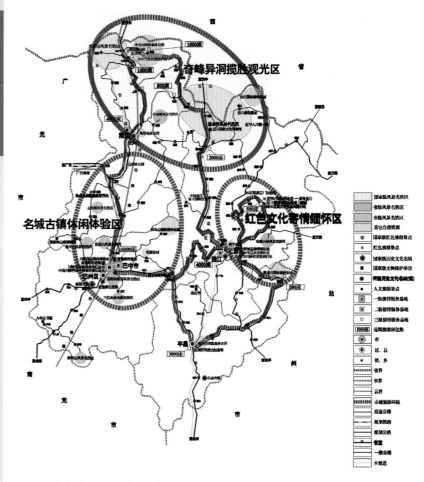

图1　巴中市域风景名胜体系规划图

1. 规划背景和过程

光雾山—诺水河风景名胜区于2004年1月被批准为国家级风景名胜区，它由原光雾山、诺水河二个省级风景区组成；原先编制的省级光雾山风景区总规、诺水河风景区总规已远远不能适应现风景区保护与管理的需要。

2005年10月，受风景区管委会的委托，我院承接了光雾山—诺水河风景名胜区总规的编制任务，次年10月编制完成。

光雾山—诺水河风景名胜区、总体规划规划针对本风景区特点，以"三统筹一统一"：区域统筹、资源统筹、设施统筹和统一管理为理念，首先从客源、市域、片区资源三个方面进行了专题的研究。

2. 思路与目标

规划遵循"严格保护、统一管理、合理开发、永续利用"的原则。以风景资源保护为前提，以塑造"红叶第一山"为目标；以回归自然的浪漫之旅、健康之旅为主题；通过区域统筹、资源统筹、设施统筹的手段，实现光雾山—诺水河风景名胜资源密集区的对外形象统一包装宣传，对内资源统一开发营销，达到风景区内的风景资源共享、旅游设施共享和基础设施共享的目的，促进风景区环境、社会、经济可持续发展。

3. 规划主要内容

（1）游人规模

风景区开发已有10余年，游客近两年呈快速增长的趋势；2004年全区约为15万人次，2005年约20万人次，增长率超过30%。主要原因在于对外交通有了较大的改善，对外旅游宣传力度进一步加强，以及光雾山红叶节的推出等。

随着风景区对外交通的进一步改善，特别是汉巴南高速公路立项建设，以及风景区内部基础设施的完善提高，可以预计风景区在近期将进入快速发展时期，远期将会是平稳发展时期；预测结果为近期（2010年）：游人规模为75万人次／年；远期（2020年）：游人规模为190万人次／年，均小于风景环境容量。

（2）范围界定

风景区分为东西两个独立的片区，东片区为诺水洞天片区，西片区为光雾仙山片区，总面积775km²。其中生态保护区为核心景区，即包括光雾山片、石人山片、大干溪片、龙王坪，核心景区总面积为 216.6km²。

（3）景区布局

以万字格和诺水河景区为代表性景区；以燕子岩景区、长滩峡景区、黄金峡景区、丽峡景区为主要游览景区；以焦家河景区、夏家沟景区和空山景区为辅助游览景区。

（4）功能分区

本规划按保护和利用的强度共分为三个功能区。

（5）保护培育

根据景观价值、生态地位、游览需要和管理实际来区别对待风景各地域范围，实行分级与分类保护相结合的保护模式；确定允许开发强度，达到全面保护风景区，严格保护生态保护区，重点保护风景游览区内的景点和生态保护区内珍稀植被群落的效果。

分级保护：规划风景内划分特级、一级、二级和三级保护区四级；风景区外划出外围环境协调带；每级保护按不同的保护原则和措施进行保护；

分类保护：规划风景内划分为自然景观保护区、史迹保护区、风景恢复区、风景游览区、生态保护区和发展控制区六类，不同类的保护则按不同的保护原则和措施进行保护。

（6）典型景观

风景区典型景观为喀斯特景观和植物景观。

风景区内喀斯特景观以石林峰丛、溶洞和漏斗而著名；喀斯特景观概括为一个"荟"字；

植物景观以常绿阔叶林为主，且垂直带谱十分鲜明，落叶阔叶林面积广阔，造就了绚丽无比的季相景观；植物景观特征概括为一个"艳"字。

本风景区的两大典型景观代表了风景区主体特色，是构成"光雾天下灵，红叶第一山"的主要支撑。典型景观的

图2　规划设计总图

图3　保护培育规划图

图4　典型景观规划图

规划目标为科学开发喀斯特景观资源，以"溶洞之乡"为品牌，"荟萃天下岩溶风光"为旅游营销牌，建成集国内喀斯特景观之大全的风景名胜区；以严格保护风景区植物群落为目标，以"红叶第一山"为游赏品牌，打以"红叶"为代表的植物景观牌，引导游客参观、了解本风景区特有的植物景观。

4. 实施规划建议

依法管理、合理经营。制定风景区地方法规，全面、统一对风景区各项事业进行依法管理，建立计算机信息储存和管理系统。

完善风景区各级规划。编制的风景区总体规划和详细规划应及时向公众公布，征求各界意见，鼓励公众参与；规划实施由光雾山—诺水河风景名胜区管理委员会组织。

基础设施优先。风景区基础设施实行产业化经营和有偿服务原则，严格实施项目特许经营制度，建立基础设施与风景区同步协调发展的良性循环机制。

坚持以旅游促发展。研究解决风景区内居民和农民生产生活，适当保留其生产用地，使其生产生活场景形成的田园风光成为一景，并引导游客参与游览，通过旅游促进原住民生活水平提高，从而引导其自觉参与并保护风景资源。

项目建设严格遵守国家基本建设程序。加强招商引资，制定禁入项目名录，对严重破坏风景区景观、植被、环境等的项目一律不得建设。建设项目必须先进行专项论证，按规定建设程序报批。

黑龙滩风景名胜区总体规划（2007-2020）

2009 年度全国优秀规划设计三等奖

2009 年度四川省优秀规划设计二等奖

设计单位：四川省城乡规划设计研究院

承担所室：风景园林所

项目负责人：刘先杰

工程主持人：罗　晖

参加人员：钱　洋、王亚飞、王荔晓、
黄　鹤、罗朝宽

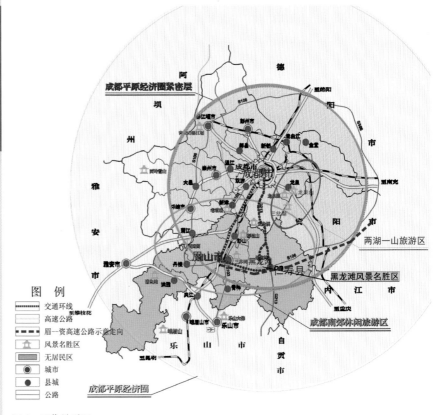

图 1　区位关系图

1. 规划背景和过程

黑龙滩风景名胜区于 1986 年被四川省人民政府批准为第一批省级风景名胜区。在眉山市融入大成都经济圈的背景下，为全面协调风景区与成都市、眉山市和黑龙滩镇的关系，满足新形势下风景区保护和发展的需要，风景区管委会急需编制《黑龙滩风景名胜区总体规划》。

2007 年 1 月，眉山市规划和建设局、黑龙滩风景区管委会面向全国进行风景区总体规划商务招标，四川省城乡规划设计研究院中标取得黑龙滩风景名胜区总体规划编制权；规划组于 1 月 20 日进场，3 月 9 日提出规划《纲要》；4 月 29 日，提出了规划初步方案；7 月 10 日，通过省内专家咨询会，7 月 30 日通过四川省建设厅组织的评审，8 月 31 日交付规划成果，12 月 31 日由四川省人民政府批复实施。

2. 规划主要内容

规划通过创新风景区的发展模式，运用城乡统筹的规划理念和方法，来协调保护与开发的矛盾，以突出景区主要职能，通过各种职能之间的相互协调，实现共赢。

具体做法是科学论证确定风景区和核心景区范围，对黑龙滩镇域进行合理的功能分区，明确风景区的职能，确定水源保护、水利和旅游之间的平衡，协调保护与开发的矛盾。

（1）风景区性质：黑龙滩是以"秀美、幽静"的湖光山色为主景，以灌溉、饮水、防洪为主要职能，兼具休闲度假、观光疗养、运动健身等职能的湖泊型省级风景名胜区。

（2）风景区范围：总面积为 106km²。

（3）核心景区：面积 40.31km²，占风景区总面积的 38%。

（4）规划结构：形成"二环三区"的空间结构。

二环：指规划的风景区交通大环线和小环线，大环线由环湖东路、环湖西路构成，连接整个风景区各景区及区外的旅游服务区、旅游村；小环线由环湖西路和双燕子车游道构成，连接风景区西北部的双燕子景区，以及区外的光明、四新村等新型社区，北部、西部旅游服务区及现代高新农业园区。

三区：指风景区内三种不同保护强度的功能区，分为以水源保护为功能的水源保护区，以水上运动、休闲观光和文化体验为功能的风景游赏区，以生态环境保护和植被恢复为功能的景观协调区。

（5）景区布局：一级为白果坝景区；二级为青龙嘴景区；三级为双燕子景区和荫溪沟景区 2 个。

（6）保护分区

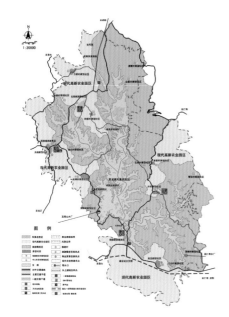

图2 镇域统筹结构规划图

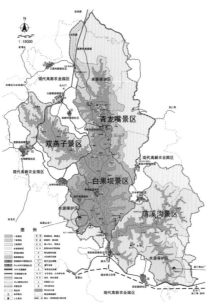

图3 总体布局规划图

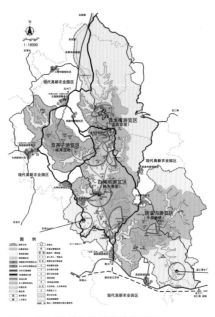

图4 风景游赏与游览设施规划图

一级保护区：风景区内水源保护区为一级保护区，占风景区总面积的15.3%。本区禁止游人进入。

二级保护区：风景区内的风景游览区为二级保护区，占风景区总面积的58.7%。本区允许游人进入其中游览，禁止与风景游览无关的项目进入。

三级保护区：风景区内的景观协调区为三级保护区，占风景区总面积的26%。本区保留村组的现有生产生活设施，向现代农业转型。

3. 关键技术和创新点

本规划的创新在于创新了风景区规划的模式：

创造性地在风景区总体规划中引入"城乡统筹"的规划理念和方法，改变了传统的风景区规划模式，将风景区及其周边一定地域作为一个整体考虑，明确"景区内游娱、景区外度假"的总体分工；统筹协调风景区区内和区外不同区块之间的职能、旅游设施、基础设施、居民调控等；改变传统湖泊型风景区单纯以水上观光为主的发展方式，在风景区内引入水上运动、休闲项目；在风景区外围适度发展度假、居住、农家休闲，引导原住居民积极参与风景区保护和开发，分享景区经济发展的成果。

本规划运用"城乡统筹规划"的手段，主要在以下5个方面作了一些研究和探索：镇域与景域的空间关系、区域居民聚居模式、旅游服务设施分散与共享、基础设施共享、其他区域的引导。

4. 规划实施

依据总规，完成了《黑龙滩镇城乡统筹规划》《黑龙滩镇新镇区的控制性详细规划》。同时，仁寿县国土局依据本规划调整了《仁寿县土地利用总体规划》。

鸡冠山—九龙沟风景名胜区总体规划修编（2011-2020）

2013年度省优秀城乡规划设计二等奖

设 计 单 位： 四川省城乡规划设计研究院

承 担 所 室： 风景园林所

主 审 总 工： 黄东仆

项目主持人： 王 丹

参 加 人 员： 黄 鹤、王荔晓、蒋 旗

合 作 单 位： 崇州市林业和旅游发展局

1. 规划背景和过程

鸡冠山—九龙沟风景名胜区位于四川省崇州市西北部，是四川省的重要风景体系组成部分。由于地处龙门山系，2008年5月12日发生的汶川特大地震，给该风景名胜区造成了巨大的影响，风景名胜区被划为灾后重建重点范围内的极度受灾风景区。为抢救风景区的景观资源，解决景区受灾居民的安置问题，风景名胜区管理部门委托我院编制了灾后重建规划以此指导灾后重建工作的开展。

2010年末，风景名胜区的灾后重建规划期限已至，为进一步落实四川省政府对风景名胜区的指示，加强风景名胜区的保护和管理，风景名胜区管理部门委托我院着手风景名胜区的总体规划修编工作。

2. 规划主要内容

（1）规划分区

首先将风景名胜区内与鞍子河自

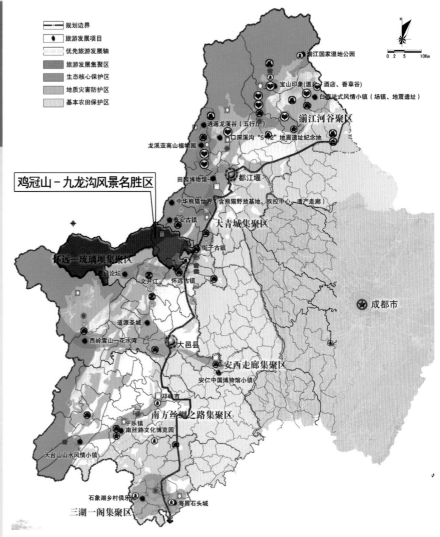

图1 区位图

然保护区的核心区和缓冲区相重叠的区域划作生态保护区；为与自然保护区规划相协调，要求按照自然保护区的相关要求和风景区的特级保护区的相关规定执行；

然后根据风景名胜区的景观资源相对集中于鸡冠山、九龙沟和凤栖山等三个景观组团的特点，将其划分为五个景区，以风景展示、游览体验等为主要目的，引导游人进入；最后将三大景观组团之间没有景观资源分布且有大量居民的区域划作风景环境保持区，作为风景名胜区的接待服务设施集中区和乡村旅游发展区，以接待服务、乡村旅游等为

主要目的。

（2）规划结构

以鸡冠山旅游公路为主轴，前后连接鸡冠山景片、九龙沟景片及凤栖山景片的共五个景区，形成"一轴三片五景区"的结构。

（3）游览设施配套

鸡冠山片区的旅游接待服务设施由鸡冠山旅游村承担，九龙沟片区的旅游接待服务设施由九龙沟旅游村承担，凤栖山片区的旅游接待服务由凤栖山旅游村来承担。

（4）内部交通规划

以街子至鸡冠山的旅游公路为骨

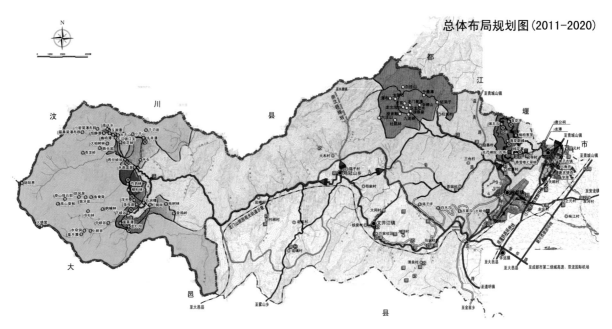

图2 总体布局规划图

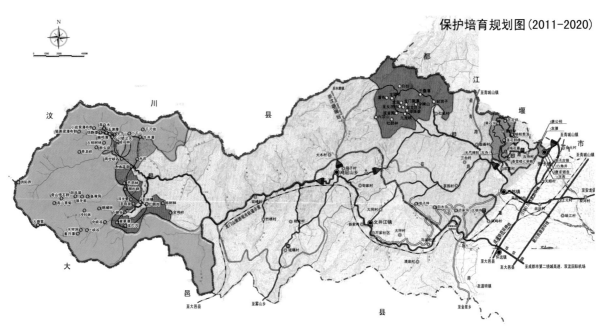

图3 保护培育规划图

架，再以索道、公路和步游道的形式相结合，形成各景区间的游览环线。

（5）景点规划

完善现有凤栖山景区和鸡冠山景片景点的游赏设施设备的建设，并开发建设新的景点，围绕天象奇观、水石群瀑、古镇风情、和宗教文化，为广大游人提供内容更丰富的设施、更完善的服务。

对于在"5.12"汶川大地震中景观体系发生损毁的九龙沟景区的景点，在地质条件稳定之前采用自然修复为主、人工培育为辅的方式，逐步恢复景区的生态环境和景观环境，为今后的风景游赏活动的开展打下坚实的基础；局部地质条件稳定的区域，可在保障安全游览的前提下严格按照相关程序恢复重建、

逐步开发。

3. 关键技术和创新点

（1）因地制宜、突出特点

风景区海拔高度从街子镇的630m上升到鸡冠山片区的火烧营3874m，相对高差达3200m以上；地形从平原到丘

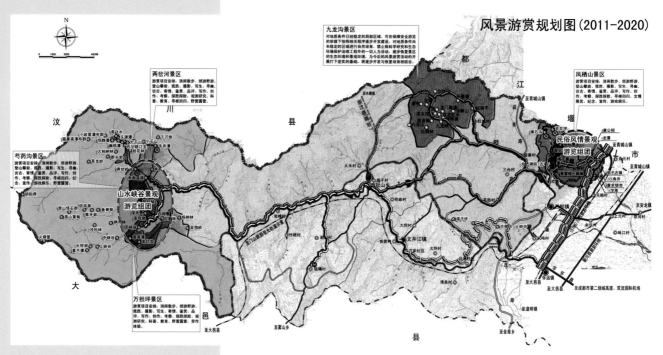

风景游赏规划图（2011-2020）

图4　风景游赏规划图

陵到中低山到高山兼有，依附地形生长的景观资源类型丰富，"山、水、田、林、城"兼备，大片无风景点分布且有大量居民生活的田园地带串联了三个景观资源集中区，具有将传统的自然风景观光与休闲度假和乡村旅游相结合的潜质。

通过深度挖掘风景名胜区的自身特色和潜力，组织好没有景点分布的田园地带的游赏内容，共同打造完整的风景名胜区游赏体系，则是本次规划的一个创新和特点。

将除生态保护区以外的景观资源相对集中的区域以观光游览为主要职能共划分为5个景区。其中，九龙沟景区由于受"5.12"地震影响，生态景观发生巨大变化，采取开发建设与修复培育相结合的方式进行组织；海拔较低的凤栖山景区结合街子古镇重建，以休闲观光为主要职能；海拔较高的万担坪景区、芍药沟景区和两岔河景区生态比较脆弱，以自然风景观光为主要职能。

将连接景观组团之间的大片田园地带规划为风景环境保持区，以乡村旅游

为主要职能，含风景名胜区的旅游接待服务。

规划加强风景名胜区内传统川西林盘聚落及田园农耕风光的保护，在保持自然质朴的川西聚落与建筑风貌的基础上，以行政村为单位，引导居民将自建小规模的低端农家乐向规模化、精品化的高品质乡村酒店发展，积极开展乡村旅游，要求农家宅院绿化力求简单、本土、自然、清新、实用，延续农家院落特色。

（2）高端与大众结合、提供多向选择

风景名胜区的游览设施接待与景区游赏体系相结合：在景观资源相对集中的三个景观组团，以旅游村的形式分别为各组团的游客服务，提供高端和精品化的服务；在风景环境保持区内，则以"龙门乡舍"为主题，发展各种特色旅游村和乡村旅游项目，为游客提供大众化的乡村旅游接待服务。

（3）居民生产生活与风景名胜区协调发展

规划通过对居民的现状、特征和发

展趋势的仔细分析，按照所在镇（乡）总体规划进行居民布局，居民的管理工作由所在辖区的镇（乡）人民政府负责。

同时根据风景区发展需要，将风景区内的特级保护区和一级保护区等包含风景区内景观资源最需要保护的区域划定为无居民区；风景区内除无居民区外，均规划为居民控制区，包括灾后居民安置点和相关规划确定的居民聚居点和行政村。并以乡村旅游为目标导向，引导居民的产业布局和劳动力流向。

4. 规划实施 / 项目作用与水平

本规划取得省人民政府批复之后，风景名胜区管理局已积极地开展了相关工作和有序建设：在三郎镇修建了风景名胜区的入口标志；建设完善了九龙沟旅游村和凤栖山旅游村的部分旅游接待设施；建设完善了各景区（特别是凤栖山景区、两岔河景区）的风景游赏设施；对街子古镇的恢复重建和城镇风貌改造也获得了各级政府与游客的一致好评。

图2 鹿顶核心区总平面图

图3 连珠台鸟瞰图

三亚热带海滨风景名胜区鹿回头景区详细规划

获奖情况：2015年全国人居经典方案竞赛规划金奖

设计单位：四川省城乡规划设计研究院

承担所室：黄喆工作室

项目主持人：黄　喆

参加人员：戴　宇、邓方荣

1. 项目概况

　　三亚热带海滨风景名胜区1994年被定为国家级风景名胜区；鹿回头景区位于三亚市区东南鹿回头半岛上，三面环海，一面毗邻市区，总面积为98.39hm²。鹿回头景区是整个三亚热带海滨风景名胜区中距离三亚市区最近的景区，与城市关系最为密切，具有三亚城市公园的功能，鹿回头雕塑是三亚著名的城市地标。

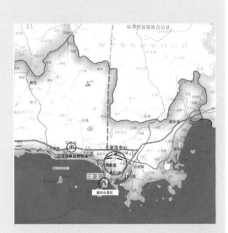

图1 区位关系图

2. 规划主要内容

　　（1）鹿顶核心区

　　景区核心景点鹿回头雕塑及其周边区域，用地面积4.35hm²。

　　严格保护鹿回头雕塑，严格保持三亚市区观赏鹿雕的视线通廊，禁止修建任何遮挡鹿雕观赏的建筑物。鹿顶铺设防腐木平台，改善现状水泥块铺装。改造现状进入鹿顶的沿线建筑、设施、亭廊；拆除现状建筑及设施约800m²，保留改造建筑面积约1100m²；新建其他观景设施1750m²，建筑高度1层，屋脊限高8.0m，檐口限高4.5m。

　　（2）连珠台观景点

　　连珠台位于景区西北低山部分，用地面积1.20hm²。

　　观景设施采用热带吊脚船型屋造型，新建观景设施950m²，建筑为1层，屋脊限高8m，檐口限高4.5m。

　　（3）入口综合服务区

　　入口综合服务区是景区与城区的结合部，用地面积9.69hm²。入口综合服务区建设项目的性质均为公益性；项目用地为国有，严格控制，不得直接或间接改变为房地产经营项目。

图4　入口综合服务区鸟瞰图

图5　月老山鸟瞰

图6　船形屋

图7　风貌改造

景区入口停车场占地8300m²,采取树阵地面停车场的形式,停车140辆;设山门广场占地4200m²;入口区连接渔港路增设步行出入口及沿线休闲设施。新建建筑游客中心、公厕、山门、购物中心、餐饮部、乡土文化展示厅等,控制总建筑量不超过10500m²。

（4）月老山观景区

景区西部的山头－－月老山观景区,用地面积3.0hm²。观景亭采用弱化体量的通透手法,低矮的体量掩映在绿树丛中;新建观景设施1150m²,建筑为1层,屋脊限高8m,檐口限高4.5m。

（5）新建建筑设计

新建建筑风格按照海南当地传统民居风格予以统一,建筑屋顶均为热带坡屋顶形式,屋顶样式"长脊短檐",墙身采用自然或仿自然材料覆盖,部分采用（仿）木板瓦、竹板瓦等天然生态质感材料。新建建筑均应结合地形观景条件,突出观景休闲功能。

建筑层数1～2层为主,局部最高不超过3层;应结合地形设置退台形成观景平台,弱化建筑体量;观景亭廊的基本尺寸为8400mm×8400mm,最大不超过8400mm×16800mm。

建筑外观为海南当地传统民居式样,结构梁柱为钢筋混凝土框架结构或钢结构,"小木作"部分为海南传统做法。

屋顶:坡屋顶,采用仿"草顶"可抗击台风影响的金属稻草瓦、有机材料仿稻草瓦,檐口高1200～1800mm,屋面坡度约1/2,屋脊高3000～5000mm,檐口出挑600～1500mm。

建筑底层宜设置架空木台或仿木平台,高于地面300mm,（仿）木质栏杆。

墙面宜采用石材、竹、木等自然或仿自然材料,适当增加玻璃、钢构件等建材增加材质变化。

（6）改造建筑

保留改造的建筑主要集中在鹿顶附近,建筑面积约1100m²。现状建筑风貌改造按照海南当地传统民居风格予以统一,屋顶统一平改坡,样式"长脊短檐";墙身增加（仿）自然材料覆盖,按照新的建筑功能进行空间划分。

现状建筑风貌改造应对现状保留建筑进行结构安全鉴定后才做改造设计,在保证结构可靠稳定及建筑防排水、避雷接闪安全的前提下进行合理的改造。

1.9　灾后恢复重建规划

芦山地震灾后恢复重建城镇体系建设专项规划

委 托 单 位：四川省住房和城乡建设厅

设 计 单 位：四川省城乡规划设计研究院

项目负责人：樊 晟

项目主持人：刘 芸

参 加 人 员：马晓宇、王洪涛、陈 东、
李 教、王跃琴、王亚飞、
谭 懿

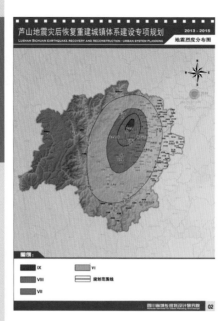

图 1 地震灾害分区图

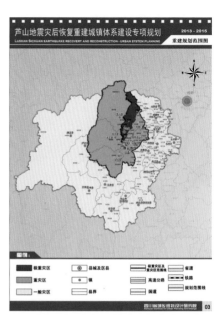

图 2 重建规划范围

1. 规划背景和过程

按照《芦山地震灾后恢复重建总体规划》和《中共四川省委关于推进芦山地震灾后科学重建跨越发展加快建设幸福美丽新家园的决定》，为有力、有序、有效地做好灾后城镇恢复重建工作，尽快恢复灾区正常的生产生活秩序，重建美好家园，四川省住建厅委托我院编制《芦山地震灾后恢复重建城镇体系建设专项规划》。

2. 规划主要内容

芦山地震灾后恢复重建城镇体系建设专项规划以国家地震局划定的极重灾区和重灾区为规划范围。

其主要内容为：

明确灾后重建城镇体系指导思想、原则、目标和策略，提出城乡空间布局，确定重点城镇建设要求，配套市政基础设施，抢救与保护历史文化名城名镇名村和恢复与重建风景名胜区等主要内容。

灾区人口安置是在保障安全的前提下就近安置为主，确需转移的灾区人口，采取分阶段、分散转移的方式；以城市中心城区、县城、重点城镇作为转移人口的主要安置地。逐步引导灾区人口从生产、生活条件恶劣、资源环境承载力低的山区向平原地区有序转移。

规划 2015 年芦山地震灾区城镇化率达到 42% ~ 45%。

重灾区重建分为四大区域，分别是人口集聚区、农业发展区、生态保护区、灾害避让区。

城乡空间聚合与组织模式采取区域统筹、"城—城"统筹、"城—镇"统筹、"镇—镇"统筹、"镇—村"统筹、新村综合体等多种方式。

规划重建类型划分为重点扩大规模型、适度扩大规模型、原地调整功能型、原地缩减规模型。

规划空间结构形成"中心带动、轴线集聚、县城提升、整体推进"的城乡空间发展格局。发挥雅安城区作为川西区域性中心城市功能，承接人口转移和产业发展，成为灾区经济社会发展的核心区域。

依托成雅高速公路—国道 318、国道 108—省道 210 两条联通灾区内外的主通道，沿轴线优化布局。推进芦山、天全、荥经、宝兴（穆坪组团、灵关组团）县城恢复和发展，强化四县城集聚人口和产业的功能，成为县域经济发展的重点地区。

提高灾区灵关、始阳、龙门、飞仙关、上里、中里、红星、百丈、大川、紫石、龙苍沟等乡镇综合承载能力，吸引人口适度集聚。

优化村庄布局，城镇周边和丘陵平坝等地区的村庄适度集中；山区村庄宜散则散、宜聚则聚，形成具有川西地方民俗风情的乡村人居环境。

提出了雅安市中心城区、芦山县城、宝兴县城、天全县城、荥经县城恢复重建规划指引。

明确了灾区城镇道路、市政公用设施、环卫设施、绿地系统的规划和建设要求。

城镇体系建设专项规划坚持以人为本，以人为中心，以人的空间分布和生活、生产活动为出发点；全面分析研究

图3 空间结构规划图

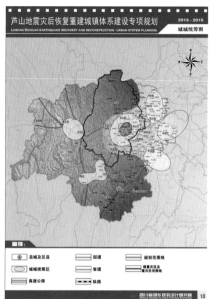

图4 城城统筹规划图

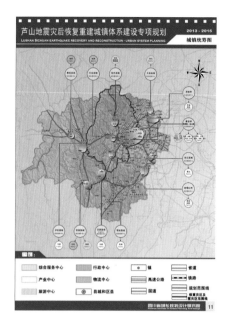

图5 城乡统筹规划图

各类空间资源要素，促进灾区城乡合理空间布局。

在此基础上统筹协调城镇住房恢复重建、城镇公共服务设施恢复重建、区域基础设施恢复重建、生态环境保护规划、城镇综合防灾体系建设等专项规划。

3.关键技术和创新点

本规划依据灾情和恢复重建标准及要求，采取因地制宜、合理布局，保护生态、突出特色，区域协调、城乡统筹，立足当前、兼顾长远，民生优先的重建原则。

充分借鉴汶川、玉树地震灾后恢复重建的成功经验，坚持以人为本、尊重自然、统筹兼顾、立足当前、着眼长远的基本要求；创新体制机制，发扬自力更生、艰苦奋斗精神。

结合生态环境保护，因地制宜、分类指导城镇恢复重建，推进新型城镇化和新农村建设，引导人口与经济合理布局；加强城镇基础设施、城镇住房恢复重建；强化城镇综合承载能力，建设灾区美好新家园。

4.规划实施

本规划是芦山地震灾后恢复重建的专项规划；规划期为3年，是灾区城

镇和风景名胜区灾后恢复重建的蓝图和依据。

现已形成空间合理、等级有序的城镇体系结构，完成受损城乡居民点、公共服务设施、交通和市政基础设施的恢复重建；

优先恢复重建受灾群众的基本生活和公共服务设施；指导受损的历史文化名城、名镇、名村和风景名胜区的尽快修复与重建。

汶川地震灾后恢复重建城镇体系规划

2009 年度全国优秀城乡规划设计特等奖

协编单位: 四川省城乡规划设计研究院

项目负责人: 樊　晟

参加人员: 李　矛、刘　芸、王洪涛

主编单位: 中国城市规划设计研究院

参编单位: 甘肃省城乡规划设计研究院
　　　　　　 陕西省城乡规划设计研究院

1. 规划背景

2008 年 5 月 12 日 14 时 28 分,历史上罕见的汶川特大地震,顷刻间,美丽的城镇、迷人的乡村瞬间化为了废墟,近十万鲜活的生命被狰狞而疯狂的大地吞噬。

为了保障汶川地震灾后城镇恢复重建工作有序、有效地开展,积极、稳妥尽快恢复灾区的生活、生产条件,促进灾区经济社会的恢复和发展,根据《中华人民共和国城乡规划法》、国务院《汶

图 1　灾后重建规划范围图

川地震灾后恢复重建条例》、《国家汶川地震灾后恢复重建规划工作方案》、《四川省汶川地震灾后恢复重建规划工作方案》以及国家相关规范标准,省政府委托中规院牵头、四川省规划院等配合编制《四川汶川地震灾后恢复重建城镇体系规划》。

2. 规划内容

本规划的规划范围确定在省域层面,重点规划范围为 39 个重灾县(市、区),总面积 9.8 万 km²,2007 年末总人口 1760 万人。根据国务院对灾区恢复重建的要求是 3 年恢复、8 年提升。鉴于灾后恢复重建规划的特征是时间紧、任务重、变化快,灾后重建城镇体系规划的期限为 2008 年至 2010 年,重点解

决 3 年恢复期所面临的主要问题。

灾后重建城镇体系规划的主要任务包括优化调整城镇布局,明确恢复重建城镇的分类;提出重建城镇的人口和建设用地规模;提出城镇公共服务设施的建设标准和要求;提出城镇基础设施建设标准和要求;提出历史文化遗产和风景名胜资源保护和修复的原则与措施;提出规划重建保障政策。

灾后重建城镇体系规划是对灾区城镇空间布局和城镇发展的统筹安排,是制定灾后城镇化政策和城镇恢复重建的基本依据。

城镇体系四大结构规划:根据各地自然、社会经济发展条件,分片确定灾区城镇化发展策略,进而预测灾区城镇化水平;在此基础上开展灾区城镇等级结构规划、灾区城镇规模结构规划、灾

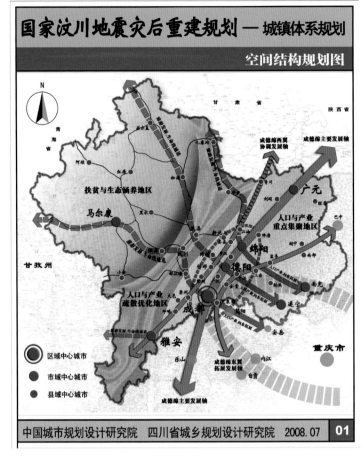

图 2　空间结构规划图

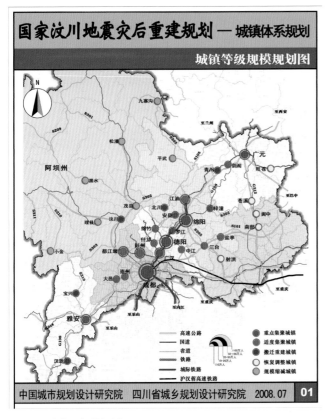

图3 城镇等级规模规划图

图4 区域交通规划图

区城镇空间结构规划、灾区城镇职能结构规划。

针对灾区住房建设是城乡建设的一个重点，在灾后重建体系规划中增加了住房规划的内容。

灾区还涉及许多历史文化名城、名镇、名村，不同程度地受到损害，因此也加强了历史文化名城、名镇、名村规划保护的要求。

灾区城镇体系发展的四大支撑体系包括产业、基础设施和公共服务设施、生态环保、综合防灾。产业发展包括产业发展方向、灾区各地主导产业、支撑产业、三次产业发展策略、产业空间布局；

灾区城镇基础设施支撑系统规划，包含区域性公路、铁路、城镇区道路、给水、排水、电力、电信、燃气等基础设施和污水、垃圾处理等环卫设施等；

灾区城镇公共服务设施支撑系统规划，包括学校、医院、体育场所及设施、文化活动中心、福利院、商业、娱乐等；

灾区自然生态恢复与环境保护规划，包括因地震引发的崩塌滑坡造成的植被恢复、生态建设、环境保护等；

灾区综合防灾体系规划，包括防震抗震减灾、消防、防洪防涝、地质灾害防治、人防等内容。

3. 特色与创新

（1）应急性：灾后恢复重建规划是应对"灾害"这一突发公共事件的"应急规划"，强调的是在灾害发生后的应急期内，对灾后情况做出及时的、有针对性的、可操作的反应策略。具有很强的时效性。

（2）问题导向性：灾后恢复重建规划的对象是一个由于灾害而千疮百孔，社会经济与城市建设问题纠结于一身的地区；其规划目的是力求最大限度地减少突发灾害造成的损失，恢复经济水平和社会稳定。因而，它是一种明确的，以问题导向为主，目标导向为辅的规划。

但"短期规划"绝非"短视规划"，因此，灾后恢复重建规划也强调关注未来变化的不可知性，寻找、剖析这些不确定性，在方案中制定即刻的解决方法，或为后续规划留下弹性和余地。

（3）复杂性：灾后恢复重建规划所面对的是灾害所造成的重大人员伤亡、财产损失、生态环境破坏、社会不安定等一系列问题叠加后形成的综合问题。

而本次地震灾害发生在少数民族聚居地区，世界自然和文化遗产所在地等因素又进一步增加了这个综合问题的复杂性。

相对常规城乡规划而言，它对科学性与专业性的要求更高，必须引入其他学科的理论支持。

昌都地区 "8·12" 地震灾后恢复重建总体规划

委 托 单 位：西藏昌都地区住房和城乡规划
　　　　　　　建设局

设 计 单 位：四川省城乡规划设计研究院

项目负责人：樊 晟

项目主持人：刘 芸

参 加 人 员：陈 东、王洪涛、李 毅、
　　　　　　　贾刘强、王亚飞、常 飞、
　　　　　　　李卓珂、温成龙

合 作 单 位：西藏昌都地区建筑勘察设计院

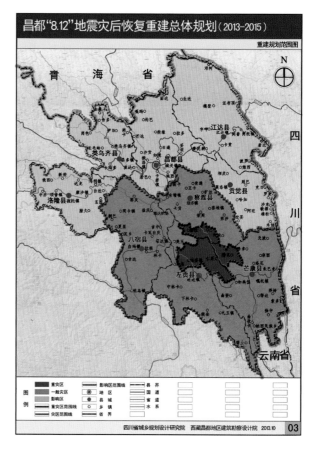

图1　重建规划范围图

1. 规划背景

　　2013年8月12日凌晨5时23分，西藏昌都地区左贡县仁果乡与芒康县交界处（北纬30.0度、东经98.0度）发生6.1级的地震，全地区11县均有震感，左贡、芒康、察雅、八宿四县灾情严重。为科学、依法、统筹，有力、有序、有效地推进灾后恢复重建工作，依据《西藏自治区人民政府关于抗震抢险救灾和支持灾区恢复重建若干政策的通知》（藏政发〔2011〕83号）、《西藏自治区人民政府办公厅关于印发西藏自治区抗震救灾资金物资管理办法的通知》（藏政办发〔2011〕90号）精神，结合灾区实际，在灾害评估、资源环境承载能力综合评价和房屋及建筑物受损程度鉴定的基础上，我院受托进藏援助，与昌都地区设计院共同编制本规划。

2. 规划内容

　　根据《西藏自治区昌都地区左贡、芒康县交界6.1级地震灾害直接损失评估报告》，地震波及区域划分为重灾区、一般灾区和影响区。

　　本规划范围为重灾区包括左贡、芒康、察雅和八宿4个县，其余5个县为一般灾区包括昌都、类乌齐、贡觉、江达和洛隆5个县，受灾面积为12.5万 km²。

　　分析灾区特点，自然条件严酷、生态环境脆弱、地质结构复杂、农牧民房屋抗震能力差、基础设施落后、人口密度低、施工条件较差、建筑资源缺乏、经济基础薄弱、藏民族聚居、风景名胜资源极为丰富。

　　明确区域地位：昌都位于西藏与四川、青海、云南交界的咽喉部位，地处西藏东部横断山脉、"三江流域"（金沙江、澜沧江、怒江）的中上游，是国家重要的生态安全屏障、能源接续基地和有色金属基地，是区域交通要道和商贸集散地，是民族宗教工作重点地区。

　　规划的基本原则是：科学重建、规划先行；以人为本，民生优先；保护生态、体现特色；统筹兼顾、突出重点；自力更生、多方支持。

　　明确重建目标为：居民拥有新家园。生态迈上新台阶。设施得到新改善。城乡呈现新面貌。社会和谐新局面。

　　规划重建分区为：重点发展区、农牧业发展区、生态保护区、灾害避让区。

　　坚持城乡统筹、协调发展的原则，切实保护生态空间，集约整合生活空间，优化拓展生产空间，形成"强化一心、带动六线、兼顾偏远、全面提升"的城乡发展总体格局。

　　重建类型以就地恢复重建为主，重

建选址应充分体现"三避让"原则：

避让地震断裂带、避让地质灾害点、避让洪水淹没区。

合理安排各项用地的规模，优化用地结构与布局；把恢复重建城乡居民住房摆在突出和优先位置，抓紧开展农牧民和城镇居民住房恢复重建工作。

坚持科学选址、民建公助的原则，集约节约用地，严格执行抗震设防标准和建设规范，建筑风格要突出地域和民族特色。

优先恢复重建保障受灾群众基本生活的公共服务设施，修复加固与恢复重建同步进行。统筹协调基础设施的恢复重建，重点恢复重建交通、能源、水利、通信、邮政等工程。

以国家相关规划技术标准为依据，恢复重建城镇市政基础设施；恢复重建重点旅游景区，改善重要旅游通道交通条件，建设旅游安全应急救援系统，修复旅游服务设施，提高旅游服务水平。

对国家级、省级、县级文物保护单位和重要文物点实施保护性清理、维修加固和修复重建。

对损毁宗教活动场所及宗教教职人员生活用房的恢复重建，要一视同仁，同等对待，合理安排，给予支持。

结合灾区生态环境现状、问题、特点分析的基础上，构建灾区"三区三带多点"的生态安全体系。采取工程措施，对严重威胁公共安全的重大地质灾害隐患点及时进行治理。

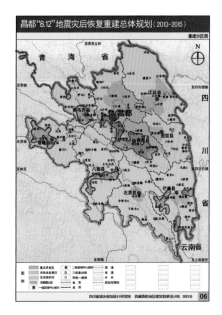

图2　重建分区图

3. 特色与创新

本规划以科学发展观为指导，坚持以人为本，尊重自然，统筹规划，合力推进，从受灾县经济社会、自然地理、生态环境、民族宗教文化等实际出发，借鉴玉树、当雄、日喀则等民族地区的地震灾后恢复重建的成功经验，特色与创新体现在5个结合，即切实把灾后恢复重建与加强生态环境保护相结合、与促进民族地区经济社会发展相结合、与扶贫开发和改善群众生产生活条件相结合、与保持民族特色和地域风貌相结合、与新农村建设、小康社会、城镇化建设相结合，建设生态美好、特色鲜明、科学发展、长期稳定、民族团结、宗教和睦、

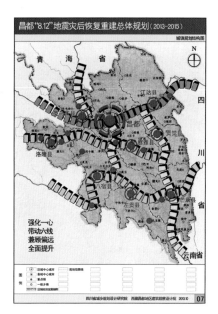

图3　空间结构规划图

安全和谐的社会主义新家园。

4. 项目作用与水平

本规划于2013年12月得到西藏自治区人民政府的批准实施；规划以2015年为恢复重建期，以2020年为发展提升期。现在基本完成恢复重建主要任务，其中房屋的重建须在1年内完成，受损基础设施重建两年内完成。

本规划确保了使灾区基本生产生活条件和经济设会发展全面恢复并超过灾前水平，生态环境切实得到保护和改善，设施服务和保障能力显著提高，为促进昌都地区的经济发展、社会稳定奠定了坚实的基础。

雅安市"4·20"灾后重建重点项目统筹规划（2014）

设计单位： 四川省城乡规划设计研究院

承担所室： 汪晓岗工作室

主审总工： 严俨

项目主持人： 汪晓岗

参加人员： 马方进、徐然、丁晓杰、刘旭、班璇、高原、常飞

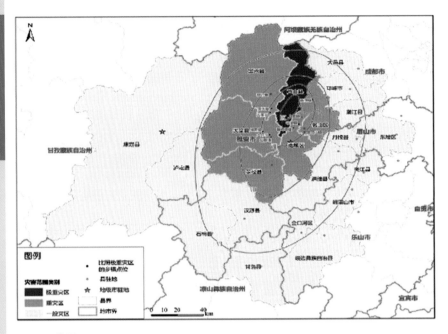

图1　区位图

1. 规划背景和过程

根据《四川芦山"4·20"强烈地震灾害评估报告》，地震波及区域划分为极重灾区、重灾区、一般灾区和影响区。其中，涉及雅安市的极重灾区芦山县和重灾区雨城区、天全县、名山区、荥经县、宝兴县等6个县（区），面积10275km²；2012年末总人口107.7万人。

通过对灾后恢复重建计划中的各类型项目分类整理，以"点、线、面"相结合的方式构建本次重点项目统筹规划的系统化架构。

2. 规划主要内容

首先确定统筹规划几个原则：

（1）以人为本，民生项目优先

优先满足城乡住房、基础设施和公共服务设施项目布局，合理调整生产及相关设施用地，促进灾区生活生产功能尽快恢复；通过民生项目实施一定程度改善片区社会经济发展水平

图2　重点项目规划布局结构

滞后的现状。

（2）生态优先，注重防灾减灾，确保安全

山地区域面临地质灾害和生态环境脆弱的巨大压力，"4·20"地震后雅安市的西北部（天全、芦山、宝兴）片区内建设用地容量和环境容量受到较多的限制。加之部分地区长期面临地质灾害、

次生灾害的潜在威胁，增大了发生地质灾害的风险。近期落实生态保护项目、注重防灾减灾项目落实，构建片区安全格局。

（3）文化旅游产业牵头，恢复重构灾区产业

落实区域龙头产业项目，加快构建以特色文化旅游业为主导，以特色农林

业、加工业和服务业为支撑的产业体系。实现宜居、乐业重建目标。

（4）提升形象，鼓舞人心

目前整体城市形象不够突出，城市进出口标识性不强，沿主要线路的城市建设较为混乱；形象提升项目的目的在于进一步强化、凸显灾后重建的成果，极大地鼓舞人们投入到重建工作中。

统筹规划依托成雅高速公路—国道318线、国道108线—省道210线这两条联通灾区内外的主通道，沿轴线优化布局；以城区及县城与成都市的经济联系为重点，成为人口和优势产业集聚的经济走廊。强化大康路及雅上路作为灾后重建重要轴线，带动沿线重灾乡镇产业恢复重构。

沿线串联重要县城（天全、宝兴、名山、荥经）、城镇（11个重点乡镇）、重要产业区、景区；构建雅安市域产业廊道及生命廊道。提高灵关、始阳、龙门、飞仙关、上里、中里、红星、百丈、大川、紫石、龙苍沟等乡镇综合承载能力，吸引人口适度集聚；

优化村庄布局。城镇周边和丘陵平坝地区的村庄适度集中，山区村庄宜散则散、宜聚则聚；形成具有川西地方民俗风情的人居环境。

规划具体分三类梳理：

点状重点项目：包括市域重要安置点、城镇公共服务设施、中心城区公共服务设施以及重要展示节点；地质灾害隐患点预警监测、地址灾害防治点。

重点线状项目：包括对G318、G108、S210受损路段进行修复；并新增S210复线，G351等对外联系通道。强化G318、G108、S201、X073雅上路等交通线路沿线环境综合整治；重要旅游走廊及重要文保单位。

重点面状项目包括重点生态保育区、精品旅游区。

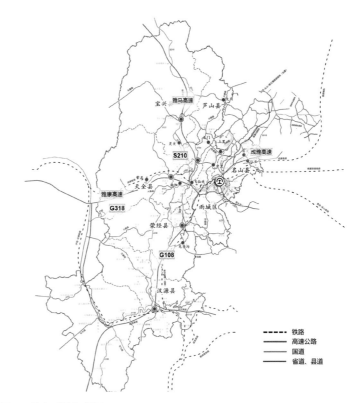

图3 重点"线"项目

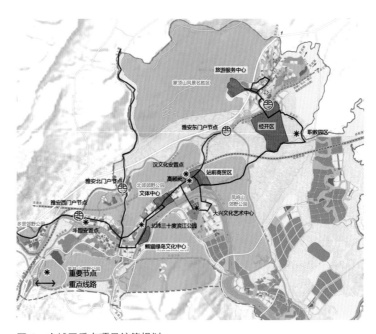

图4 主城区重点项目统筹规划

3. 规划实施 / 项目作用与水平

对雅安市灾后重建以来的建设情况进行梳理，梳理出具有标志性、引领性、重大意义的项目；

并通过空间交通线路组织，形成展示灾后重建主题的特色区域空间。

雅安市雨城区"4·20"灾后恢复重建总体规划

设 计 单 位：四川省城乡规划设计研究院

承 担 所 室：汪晓岗工作室

项目主持人：贾 春

参 加 人 员：汪晓岗、严 俨、丁晓杰、
　　　　　　 林三忠、高 原、刘 旭

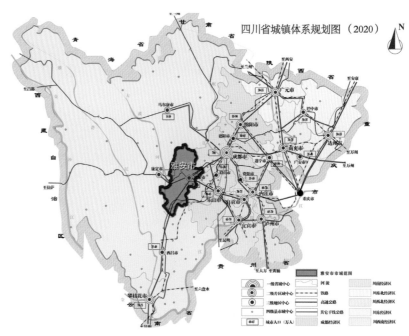

图1 区位图

1. 规划背景和过程

2013年4月20日清晨，雅安市芦山县发生7.0级强烈地震，雅安市遭受了重大损失，地震发生后，我院积极主动参与灾后重建工作，组建了规划编制组奔赴雅安地震灾区；本项目组负责雅安市雨城区以及中心城区的灾后重建规划编制工作，通过对地震灾区现场实地踏勘、与市、区各级领导以及各部门的座谈，深入了解地震灾区的实际情况；为有力、有序、有效地做好灾后恢复重建工作，尽快恢复灾区正常的经济社会秩序，重建美好家园并指导未来长远的发展，特受命编制这一援助性的重建规划。

2. 规划构思

地震导致大量房屋受损倒塌、大量道路桥梁等基础设施受到破坏，同时还隐含着大量的次生灾害，因此灾后重建急待解决的首要问题是：灾后安置点建设；同时完善公共设施及基础设施配套，恢复完善受损道路及基础设施，在地质

图2 区域城乡空间结构规划图

灾害隐患区域，结合灾后安置实行地质灾害综合整治和生态移民。

在此之上，加强生态保护、建立科学的防灾体系与生态安全格局，促进生态与生活、生产协调发展；同时树立"城城统筹－城乡统筹－镇乡统筹"的要求，对雨城区城乡空间结构进行全面优化，加强城镇聚落发展、成网成群，整合优势资源，全面优化城乡空间结构及布局模式。准确把握其区域发展定位，制定社会经济发展总目标、全面提升小康建设水平。

3.规划内容

全域灾后恢复重建规划，提出重塑城乡结构、发展绿色产业、挖掘景观特色、创新文化主题的发展策略，按照全域统筹的要求，打破行政区划，把城市建设、乡村建设以及产业发展统筹为整体进行考虑，提出城乡发展单元的理念，将雨城区划分为三个单元：

北部将上里、中里和碧峰峡三个镇作为一个整体统筹发展，整体形成"人文雨城"北部城乡发展单元，打造人文生态旅游园区，成为雨城区最具品牌的文化载体。

中部依托中心城区（含名山四个乡镇），整体形成"产业雨城"中部城乡发展单元，发展新型工业为主导，城郊旅游为特色，创新现代服务业，宜居宜业宜游的城乡发展核心单元。

南部以生态保护为前提，打破行政界限、统筹配置资源，整体形成"生态雨城"南部城乡发展单元，打造人文生态精典聚落，强调以生态型旅游为重点的特色城乡发展单元。

在三个城乡发展单元的基础上构建"两走廊、三圈层"的产业空间、形成"一心四点"的"1、4、8"的梯次城镇体系格局；构建"中心放射、串联片区"

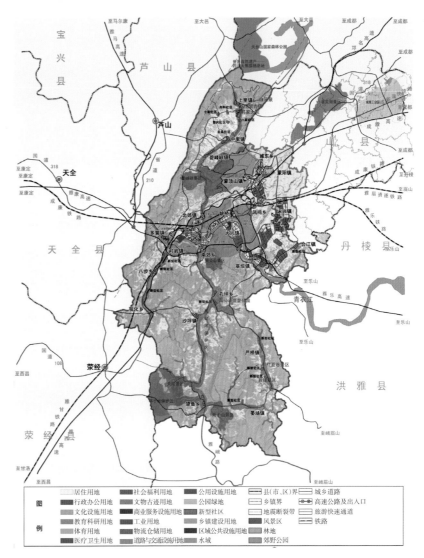

图3 区域总体布局规划图

的交通格局，建立城乡综合防灾减灾体系和完善、高效、安全可靠的城乡市政基础设施。

区域近期的恢复重建对安置点、道路交通、基础设施建设项目、产业建设项目作了详细可行的规划安排。

中心城区的部分在保障安置、公共服务和基础设施等进行全面恢复重建的基础上，结合中央和省委、省政府提出的灾后重建指导方针，力争要实现"三年基本完成、五年整体跨越、七年同步小康"的重建目标。针对雅安中心城区面对灾后重建迫切需要解决的问题，对原总体规划进行完善和提升；对中心城

区优化提升秉承"生态、文态、业态、形态"四态合一的规划理念：优化生态，凸显山水生态城市的自然环境；完善业态，强化多元产业支撑和产城融合；强化文态，体现城市品质，创新文化主题；塑造形态，提升城市整体空间格局。在原总规上对用地布局、道路交通、基础设施、防灾体系进行了合理地调整与规划。

此外本次规划还提出了中心城区总体城市设计提升的规划内容，将雅安城市及周边山水环境作为整体研究对象；以总体规划原则为指导，从全局上把握和制定城市空间发展整体框架，通过"引

山、理水、串绿"的手法以及游走系统
的构建、整合城市与自然环境、城市各
功能片区、城市局部建设与城市整体景
观体系的关系，营造出具有雅安特色的
城市形象；同时，有利于指导下一层次
的城市设计和具体建设活动。

中心城区近期的恢复重建对新建和
拆迁住房安置点、改善公共服务配套设
施、强化产业发展、提升城市形象、完
善道路交通及市政、防灾建设做出了详
细可行的规划安排。

4. 规划实施

《雅安市雨城区"4·20"灾后恢复
重建总体规划》突出科学重建、整体提
升的要求；不仅快速有效地指导近期的
安置工作，而且着眼长远目标加强生态
保护、建立科学的防灾体系与生态安全
格局。

本规划准确把握了其区域发展定
位，优化了城乡空间结构，全面提升了
小康建设水平；让灾区人民能够更快更
好地展开生活、生产活动，对灾后恢复
重建具有很好的实际指导意义。

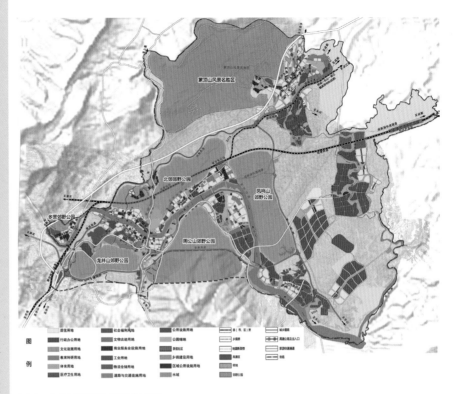

图 4 中心城区用地规划布局图

都江堰市城区 III、IV 大区灾后重建控制性详细规划

2009 年度全国优秀城乡规划设计表扬奖

设计单位：四川省城乡规划设计研究院

承担所室：汪晓岗工作室

项目主持人：汪晓岗

参加人员：严　俨、林三忠、万　衍、
　　　　　　覃瑞旻、贾　春、任　瑞、
　　　　　　常　飞、田　静、邓雪菲、
　　　　　　王　月、李雪峰

合作单位：都江堰市规划局、
　　　　　　都江堰市城乡规划设计研究院

1. 项目背景及过程

2008 年 "5·12" 汶川特大地震，给都江堰这个拥有世界遗产的宜居旅游城市带来了沉重打击，也是对城市自信心的全面考验；居民住区的重建工作迫在眉睫，这是摆在都江堰人民和政府以及参与都江堰建设的专业人士面前的一个重大课题。

在震后不到 1 年的时间里，在多个灾后恢复重建上位规划的指导下，在都江堰市规划管理局和都江堰市城乡规划设计研究院的大力支持下，我院受托完成了《都江堰市城区 III、IV 大区灾后重建控制性详细规划》的编制工作。

鉴于片区震后现状情况相对复杂，用地权属较为混乱，以及上一轮规划与现状用地之间存在的矛盾；项目组在完成规划区域内及周边现状情况实地踏勘、民意调查、项目配置情况调查和用

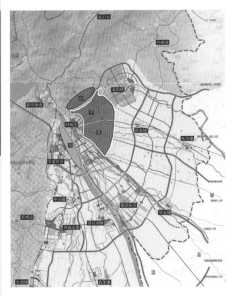

图 1　区位关系

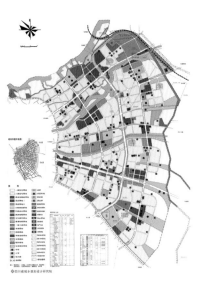

图 2　土地利用规划图

地性质、界线的核查与落实等工作后，在方案编制过程中，将规划设想与现状基础情况相结合，以充分体现震后重建工作的可操作性。

2. 规划的主要原则

（1）问题导向、针对性强、展示特色

规划范围的两大片区主要分为两种类型，一是二环路以内的高现状成熟区、另一块是二环路以外的城市待发展用地。

二环路以内的区域主要是生活居住、商业服务及企事业单位办公用地，现状成熟稳定；城市总体规划对本区没有功能调整要求。因此本区的规划主要是根据现状存在的问题，寻找可能的解决问题的途径，实现规划区和谐持续发展目标。

二环路以外区域大部分为待发展区域，按照总体规划的要求，此区域为城市西部边沿地带，与周边田园拥有良好的契合关系，是重点展示都江堰城市的 "以山体为背景、水网为脉络、田园为基底" 的独特城市形象的区域。

由于受现状条件的约束较少，该区域有较大的创作空间，规划思路大胆，实现规划区特色展示和良好形象塑造的发展目标。

（2）近远结合、完善系统、改善细节

对片区与周边联系的主次干道交通和片区整体布局结构等具有区域影响和系统性作用的内容，规划立足长远发展需要，提出明确的控制和引导要求。对于部分因现状改造难度较大、矛盾较多导致的局部问题，规划以引导为主，以协调矛盾并寻求改善为主，而不是追求规划方案本身的精致、完美。

本片区二环路以内主次干道系统较为完善，片区整体布局结构基本合理，但支路布局较为混乱，配套设施水平欠缺。规划对于因现状改造难度较大或用地存在矛盾的局部问题，以协调矛盾、尽力寻求有效解决途径为主，力争在本次规划期内实现局部的改善，同时提出远期控制和进行完善的目标。

（3）力求公平、和谐规划、利于实施、

由于区内部分用地是已建成的现状区，规划针对其需要解决的主要问题是部分地段市政公用和公共设施配套缺口

问题；规划在尊重产权所有者利益的前提下，以尽可能公平的原则进行市政和公益性设施的布点和配置，以审慎的态度进行配套设施的用地布局。

（4）刚性、弹性、引导相结合，特色突出，规范表达

按照都江堰市有关规划编制的规定要求，对规划刚性控制内容以规范的语言进行表述、明确的图形进行表达；对于弹性控制或需要在城市设计中提出的引导性内容，则在规划说明中加以明确的说明，以利于规划实施各方准确理解，便于规划管理过程中的协调。

3. 规划主要内容

（1）片区性质：深化片区性质定位

按照总体规划的要求，规划区除主要体现片区综合居住功能为主的职能之外还要体现以下职能：

第一，沿幸福大道的城市行政文化中心的职能；

第二，沿主要滨水和沿山地带的旅游城市特质；

第三，东部片区宜重点展示都江堰城—林—园相互融合的生态形象；

第四，蒲阳河北侧的工业物流组团职能及南侧城铁都江堰站周边提供公共设施和交通枢纽中心功能。

（2）区域交通：保持、延续总规确定的道路系统格局

落实总规确定的都江堰大道和二环路为快速交通、以三条放射状道路为片区交通性主干道、内二环和民丰路为主要生活性干道的片区道路系统格局。

同时结合现状建筑，采用近远期相结合的措施，对下一层次的道路网进行优化与细化。

（3）布局结构：合理优化布局、落实相应设施

规划充分保证方案的合理性，并优

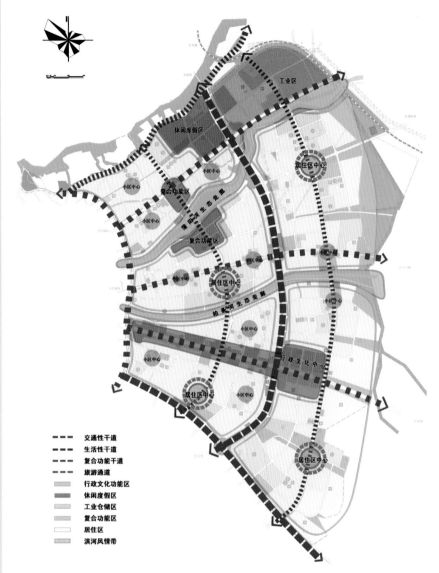

图3 功能结构图

化和细化用地，在市级及居住区一级的公共设施布局上对总规安排有一定的调整。并针对灾后安置，合理布局安置用地。

（4）片区特色：特别地区以城市设计导则控制

落实总规所确定的显山亮水原则，针对特别地区，本规划采用导则形式予以引导。

4. 规划实施

《都江堰市城区Ⅲ、Ⅳ大区灾后重建控制性详细规划》是都江堰市震后指导片区建设项目实施的重要纲领；它充分结合现实情况和规划意图，具有较强的系统性、科学性、实践性、严谨性，成果深度及内容与现有法定规划要求结合紧密，在现有城市规划编制办法的基础上，强化了对地震灾区现实问题的解决，进一步有效落实公共服务设施及防灾避险设施规划。

青川县灾后重建农村建设规划（2008-2015）

2009 年四川省优秀规划设计三等奖

设 计 单 位：四川省城乡规划设计研究院

承 担 所 室：城市规划所

项目负责人：樊　晟、曹珠朵

项目主持人：王亚斌

参 加 人 员：陈　东、唐燕平、田　静、
　　　　　　　兰　杰、李　强、盈　勇

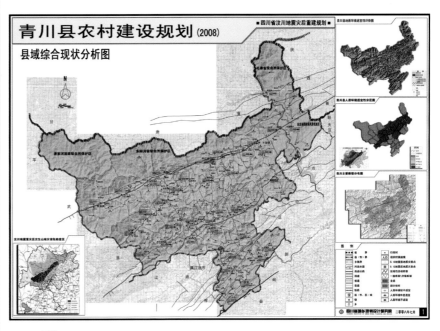

图 1　现状图

图 2　县域农村居民点选址与重建规划图

1. 规划背景和过程

　　青川县位于汶川 5.12 特大地震灾区的西北部，地震断裂从县域的东南部向西北部贯穿全境，受灾情况十分严重；位列北川、汶川之后的第三个极重灾县；全县 36 个乡镇全部受灾，9 镇 272 村遭受重大损毁，破坏严重。

　　《青川县灾后重建农村建设规划（2008—2015）》是汶川地震发生后编制的灾后重建农村专项规划。

　　按照党中央、国务院和四川省委、省政府对抗震救灾工作的一系列指示精神，为了加快恢复灾区农民正常的生产生活，引导灾后重建与灾区发展相协调的原则，受广元市人民政府的委托和省建设厅的指派，四川省城乡规划设计研究院承担了《青川县农村建设规划》的编制任务。

2. 技术难点及路线

　　由于规划的特殊性和紧迫性，规划难点主要在于相关基础资料统计和梳理，受灾情况及灾后次生灾害影响资料的统计和实时更新，以及与相关规划的衔接等内容，工作量极大。

　　其次是对农村居民点的恢复重建，应综合考虑多方面因素，在充分尊重灾区居民意愿的基础上、按照"就近就地"原则、与新农村建设相结合，有效引导人口向自然环境条件和区位条件好的区域集聚。

　　本次规划严格遵循"以人为本、尊重自然、统筹兼顾、科学重建"的方针；按照实地详勘、综合衔接、统筹落实的路线与方法。首先，通过对灾区现场的详细踏勘，与受灾群众充分交流，掌握第一手材料；其次，通过对地质、国土等其他部

门的充分衔接，认真核实，得出科学、准确的规划重建方案；最后，通过与青川县相关职能部门和重建对口援建单位紧密衔接，使重建规划方案科学合理、落地可行。

3. 规划主要内容

第一，规划立足资源环境承载能力，构建县域安全本底。

规划在地震灾害评估、地质灾害排查及危险性评估、房屋及建筑物受损程度鉴定评估以及灾后自然生态环境与资源损害影响分析、灾后资源环境承载能力综合分析的基础上，综合评定地震灾害、次生山地灾害的危险性、生态系统脆弱性、生态系统重要性、环境承载力、可利用土地资源、可利用水资源、经济发展水平、交通优势度、人口聚集度等10大要素指标，确定县域人居环境适宜性评价分区，作为规划的安全本底。

第二，规划明确了近期恢复重建、远期优化提升这两个远近结合、分步实施的规划目标。

提出 2008～2010 年，完成农村恢复重建的主要任务；解决道路、住房、学校、医院、供水、供电、通信等与灾民生活息息相关设施的恢复重建，基础设施进一步完善、农业综合生产能力、农业科技支撑能力、农村公共服务能力全面达到或超过灾前水平。

2011～2015 年，以发展提高为主，全面实现灾区优化提升；利用重建机会，实施产业和人口的布局调整与优化，全面实施灾区生态系统的修复和保护，发展特色经济，特色产业。

第三，规划对县域村镇体系结构进行了优化提升，形成"县城—重点镇—一般镇—乡集镇—中心村—基层村"六级村镇体系等级结构。

明确重点发展"T"字形轴线，带动全域经济，即乔庄—凉水—竹园的经

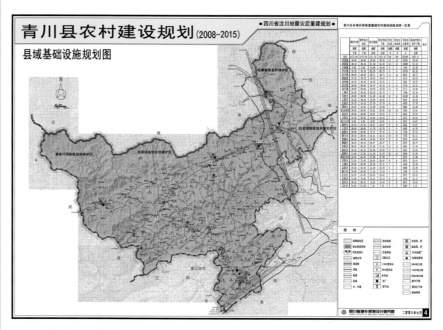

图3　县域基础设施规划图

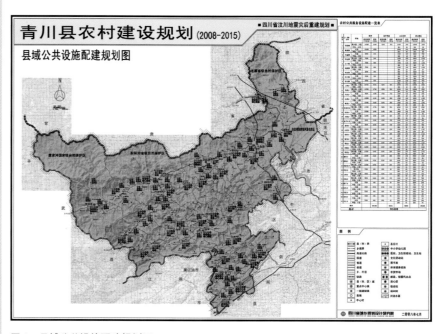

图4　县域公共设施配建规划图

济综合发展轴及青溪—乔庄—木鱼—沙州的旅游生态发展轴。并重点考虑安全性、建设条件、经济水平条件等因素，提出了乡镇撤并方案，调整和引导灾后人口合理布局。

第四，规划根据全域村庄等级、规模，提出了灾后农村居民点恢复重建方式，细分为原址重建、村组内集中建设与异地搬迁新建三种情况。

在"就近就地为主"的安置原则指导下，因耕地等生产资料灭失确需异地搬迁重建的，则按村内跨组、乡内跨村、县内跨乡镇、省内跨县市的次序安置。其中，确定原址重建 144 个，村组内集中 77 个，异地新建 73 个，按分区分类方式、进行差异化建设。

第五，规划明确了县域农村公路、村内道路桥涵、给水、排水、供电、燃气、垃圾收集转运处理等基础设施，以及村庄公共服务设施配置和贫困村恢复重建的任务和要求等。

并按全省农村住房平均标准以及国家公共服务设施与基础设施配建要求对灾区农村居民点恢复重建所需的投资额进行详细估算，供宏观决策和与国家政策对接时使用。

4. 规划实施

在各方共同努力下，青川灾后恢复重建"三年重建任务、两年基本完成"的目标如期实现。全县灾后恢复重建项目累计完工 852 个，完成投资 215 亿元。按"就地就近"方针安置因灾而失地的群众 3 万余名。全县居住住房优先建设，公共服务全面提升，基础设施根本改善、产业重建优化升级。"家家有房住、户户有就业、人人有保障、设施有提高、经济有发展、生态有改善"的重建目标基本实现。

青川县城老城区修建性详细规划

2010年度全国优秀城乡规划设计一等奖

设 计 单 位： 四川省城乡规划设计研究院

承 担 所 室： 韩华工作室

项目主持人： 韩　华

参 加 人 员： 樊　晟、韩　华、余　鹏、
叶云剑、黄　雯、刘剑平、
李　毅、陶　蓓、王　涛、
李　强

1. 规划背景和过程

青川作为在"5·12"特大地震中受灾最重的"三川"（汶川、北川、青川）之一，倍受关注。由于青川确定县城原址重建的批复较晚，在3年重建目标2年基本完成思想指导下，青川县不得不加快县城的灾后恢复重建步伐；但

图1　区位关系图

图2　鸟瞰图

由于地震断裂带避让的标准和相关要求不明确等问题影响，使青川县在老城区没有详细规划指导的情况下强推联建为主的恢复重建模式，导致恢复重建标准低、效果差，并存在严重的安全隐患。

2010年6月，刘奇葆书记在视察青川老县城后，对青川老县城恢复重建作了专门批示，提出了要达到"高起点规划、高标准建设、安全重建、科学重建"的要求。

2. 规划主要内容

青川县老城区，南起桅杆梁公园，北至现恺峰水泥厂，东包括乔庄河东岸阶地，西至乔庄加油站；四周山水环抱，自然环境优美，但城市建设却显得有些欠缺。

本次规划力求使青川老城区在确保安全的前提下实现：人与自然、新城与老城、近期与长远协调发展。在规划策略上以人为本，确保安全；引风借景，趋利避害（理山）；丰富层次，突显灵秀（理水）；重构再造，全面提升（理城）；创造岗位、乐业安居（理人）。

在规划布局上形成"一心、一轴、三带、五区、四点"的结构。

（1）乔庄河区域河东作为低密度的开发区域，滨河路按一定宽度设置绿带。河东侧形成一个连续的生态界面，依次建设特色餐饮街区、生态公园（附建游人中心，作为入城标志建筑），驴友之家特色农庄、滨水人家特色小街等；在河西则是掩映在绿带中的城市商业和生活区，沿河布置特色商店、啤酒广场、茶餐厅、街头公园、滨江客栈等，形成连续的滨河休闲带；在乔庄河上增建3个步行景观桥，加强与东岸的联系。

（2）城西沿山区域是城市重要的生态界面，根据山体景观和自然条件，设计不同形式的沿山步道，与城市内部步行系统结合，形成丰富多彩的步行休闲或游览空间。

（3）城市内部在南面老城区入口修建标志性建筑，建设入口广场；并在左侧山崖建造大型浮雕墙，打造一个富有文化韵味的标志性入口。

沿南北向主干道组织城市的生活轴线，打造一个特色的商业区，以解决目前老城区没有集中商业的问题；在交汇处形成薜草广场，设计特色建筑，营造城市的文化娱乐中心；在薜草广场和

时代广场之间，建设独具特色的购物公园，整个街区以步行为主；将阴平街打造为特色商业街，并沿商业街延伸至体育公园。

3. 关键技术和创新点

在以人为本，保障安全的指引下，贯穿理山、理水、理城、理人的规划策略，将地震断裂带穿越城区的不利因素，巧妙转化为城市独有的特色；规划城市的历史文化与城市空间和城市生活有机地联系起来；以多种形式提升城市环境品质，打造特色景点，增加城市旅游吸引力，在重塑城市形象同时增加就业岗位。在项目布置和建筑布局上：结合历史文化轴线和乔庄河生态景观轴布置多个特色街区。

利用自然河流水系建造城区的水景序列，丰富城市景观；结合现状建设打造园林式商贸、文化中心；改造原有住

图3　整体鸟瞰效果图

区建设宜居的山水园林魅力城区。

本规划完全实现了"高起点规划、高水平建设、安全重建、科学重建"的要求。

4. 项目作用与水平

本规划立足地区长远发展，尊重地方实际情况，定位准确，以保障安全为第一目标，项目布置和建筑空间布局上充分考虑了场地的安全和防灾避难疏散。本规划也贯彻落实了以人为本的思路，将不利条件转化为有利因素，规划发展方向明确，实施管理方便，具很强的实际操作性。

图4　总平面图

图5　局部鸟瞰效果图

理县甘堡藏寨修建性详细规划

2009 年度四川省优秀规划设计二等奖

设 计 单 位： 四川省城乡规划设计研究院

承 担 所 室： 韩华工作室

项目主持人： 韩　华

参 加 人 员： 余　鹏、李　毅、叶云剑、
　　　　　　　　黄　雯、刘剑平、陶　蓓、
　　　　　　　　王　涛、邓艳春、伍小素

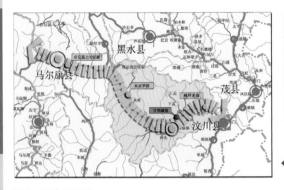

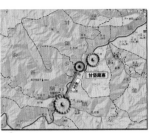

甘堡藏寨与理县县城的关系

▲ 理县甘堡藏寨与阿坝"藏羌文化走廊"的关系

图 1　区位关系图

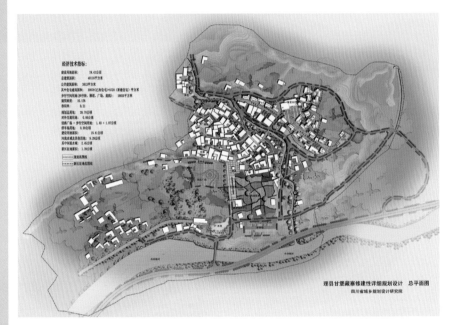

理县甘堡藏寨修建性详细规划设计　总平面图

四川省城乡规划设计研究院

图 2　总平面图

1. 规划背景和过程

　　甘堡藏寨位于理县县城以东 8km 处，东距汶川县城 50km；属典型的汉、藏、羌文化结合部。甘堡藏寨以其独特的地理位置、极富特色的民族建筑以及独树一帜的民风民俗赢得了中外游客的青睐，是千里藏羌文明走廊上一颗璀璨的明珠。

　　在"5.12"汶川特大地震中，甘堡村特别是甘堡藏寨遭受重创，千年古寨几乎毁于一旦。全寨房屋几乎全部受损，全村一百多户、三百多人立时变得无家可归，甘堡人们引以为傲的、藏羌地区仅存的守备官寨大部分垮塌（该官寨已拥有两百多年历史），省委书记刘奇葆同志对甘堡灾情非常重视，亲临现场视察，听取村民意见，并作出指示："原地重建，修旧如旧"。

2. 规划主要内容

　　（1）规划目标

　　保护古寨、重建家园，尽快恢复群众生产生活；因地制宜、改善居住环境，提高设施配套水平；发展旅游、传承文化；按 4A 级景区标准进行建设，促进经济发展和文化交流。

　　（2）重建规划构思

　　第一，传承文化，保护特色；第二修复文物，重建家园；第三，老寨新村，对立统一；第四，恢复藏寨景观、完善旅游功能；第五，理顺水系、营造水景。

　　（3）空间布局

　　整体形成"两区两带，三轴三点"总体布局结构。

　　恢复重建老寨，作为主要游赏体验区，传承风格，发展新区。沿杂谷脑河北岸打造田园风光带，作为村寨前景，沿日落河打造餐饮休闲带。

　　形成三轴：甘堡藏寨主入口景观轴线，进入寨门，左边是潺潺流水，右边是长长的转经筒长廊，直至"煨桑塔"前；自守备衙署到演艺中心，新村老寨的联系纽带；新村旅游商业街。

3. 关键技术和创新点

　　结合灾后重建发展旅游。采取建立新寨的方式，即保证了老寨的独特魅力，又增加了服务功能，完善了配套设施，同时还保证了居民灾后安置。将文物保护和旅游相结合，以 4A 级景区的标准

来打造，从长远出发，解决村民生计，改善村民生活，尊重千年古寨风貌肌理，传承文化特色。

在布局及项目设施安排上体现其独有的建筑空间布局，完善古寨水系，以及设置节庆活动场地，增加地域特色小品，营造修旧如旧的古寨氛围。

4. 规划实施

本规划立足地区长远发展，尊重地域文化，重建与新修皆以保护古寨肌理为出发点，切合实际。

规划思路清晰，发展方向明确，实施管理方便，得到了各方面的一致好评。

目前甘堡藏寨已成为一个重要的旅游景点。

图3 鸟瞰图

图4 守备衙署复原图

图5 演艺大厅效果图

丹巴县东谷乡灾后重建修建性详细规划

设计单位： 四川省城乡规划设计研究院

承担所室： 韩华工作室

主审总工： 韩 华

项目主持人： 周剑锋

参加人员： 李 毅、刘剑平、邱永涵

1. 规划背景和过程

　　2014 年 8 月 9 日凌晨 2 时 10 分，丹巴县东谷乡二卡子沟发生大规模泥石流灾害，造成东谷乡二卡子、三卡子、国如、阴山、东谷 5 个行政村受灾，其中 10 户农户住房完全冲毁，房屋严重受损 85 户，对道路、农田等造成不同程度受损。由于预警及时并组织涉险群众第一时间转移到了安全地带，所幸未造成人员伤亡。

　　灾后重建任务紧迫，情况特殊，规划的问题导向性强；因此，规划过程中项目组曾多次踏勘现场，与当地部门和当地村民进行充分沟通与对接，充分了解当地诉求；本项目规划、设计和地灾评估、地质勘察等工作几乎同时推进，规划成果与四川省地质工程勘察院编制的《丹巴县东谷乡灾后重建总体规划建设用地地质灾害危险性评估报告》进行了良好的衔接。

2. 规划主要内容

　　本规划基于灾后重建和修建性详细

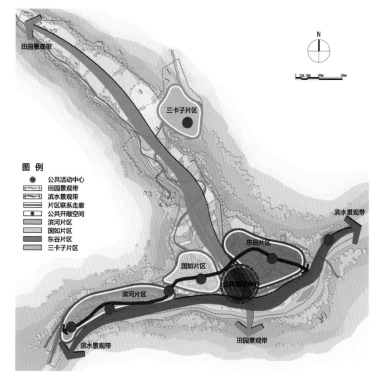

图 1　规划结构图

图 2　规划总平面图

规划的技术特点，提出规划成果含地灾评估及用地适宜性评价、平面规划布置、建筑布局及风貌引导、道路工程规划、管线工程规划等十二个章节。

　　规划从宏观层面分析项目的交通和旅游区位条件，提出应结合灾后重建的

契机，充分依托东谷天然盆景的景观资源，打造成为"东谷乡境内的一个配套完善、生态宜居的聚居点，以及旅游环线上极具谷地田园风光特色和藏式民居风貌的旅游节点"的目标。

规划提出对东谷乡重点从"安全、活力、民俗、便利"四个方面进行打造。

（1）安全之谷

首先结合地勘院的地址评估报告对灾后重建的建设用地进行科学选址，做到合理防灾避灾。规划也在消防、抗震、防洪、地质灾害防治、防灾避难场所等方面提出了相应的要求。

（2）活力之谷

规划结合场地河流、山体、林地等景观要素，因地制宜布置公共活动空间，在各片区之间规划有田园景观线路、滨水景观线路和特色旅游线路，串联区域内的主要景观节点，形成完整丰富的游走系统。

（3）民俗之谷

规划保留生产性田园等原真性的生活场景，在节点空间规划锅庄广场，适应当地人的生活及风俗需求；充分研究当地传统民居建筑的特点，在建筑形式、风貌、材质、色彩等方面的引导上强调对传统民居的传承和发展。

（4）便利之谷

梳理和完善东谷乡的对外交通，规划布置城乡客运站、加油站等设施，在规划区内打造双轴带式网络系统；完善公共服务配套设施建设，对乡政府、派出所、敬老院、学校、医院、人防指挥中心、旅游服务设施等进行统筹布局；结合现状完善给水、排水、电力、通信、燃气等市政设施规划。

3. 关键技术和创新点

本规划是应对突发泥石流灾害之后的灾后恢复重建任务的修建性详细规划，

图3 滨河片区鸟瞰图

图4 水景透视图

要求理论联系实践，具有较强的可操作性。规划贯彻"安全为本，生态优先"理念，在建设用地选址和规划用地布局时力求做到科学合理。规划结合灾后恢复重建，发展旅游，从长远出发，尽可能为解决村民生计，改善村民生活创造条件；同时为东谷乡打造成为旅游环线上重要节点的目标出谋划策，让东谷变得更有生机活力，让村民能谋求更好的生活方式。

空间布局和建筑风格上传承藏族民居特色，特别是结合地形和水系条件规划特色游走系统和景观节点、设置节庆活动场地、增加民族文化特色小品等独

具匠心的设计，营造出强烈的旅游氛围。

在整体上打造依山就势、层层叠叠、与自然山水融为一体的藏族民居形象。

4. 项目作用与水平

规划成果得到了丹巴当地政府部门和东谷乡村民的充分认可与肯定；它在灾后重建情况紧急的情况下，充分结合灾损情况和地质灾害分布特点，对规划区内建设用地进行了科学选址，对土地功能进行了合理布局，有效地指导了当地灾后重建工作的开展和实施。

绵竹市清平乡"8·13"灾后二次重建规划

设 计 单 位: 四川省城乡规划设计研究院

承 担 所 室: 汪晓岗工作室

项目主持人: 汪晓岗

参 加 人 员: 杨 猛、徐 然

1. 规划背景和过程

2010年8月13日绵竹市清平乡在遭受地震2年之后、正在恢复重建期间又发生特大山洪泥石流灾害。灾害给当地人民群众带来严重的人生、财产损失,同时对"5·12"地震灾后重建的安置点、公路等基础设施造成了严重破坏。

当时我院正受命编制《清平乡灾后治理重建新农村综合体规划》等规划,在短时间内完成了灾后的重建与安置工作;泥石流灾害之后,在重建规划的基础上结合省委提出的"将清平乡建设成为现代化的新农村综合体和山水秀美的世外桃源"的要求,我院受省建设厅的指令,再次承担编制清平乡的灾后二次重建规划。

2. 规划主要内容

本规划按照省委要求,从宏观、中观、微观三个层面,以综合体范围内城镇空间形态优化、环境打造、风貌塑造为核心内容,对清平乡产业、环境、风貌的全面提升做出了全面的规划。

首先,规划从宏观角度对清平乡定位、结构与规模,各个社区职能、公共服务设施配置、产业发展内容及产业特色进行了明确,对乡域旅游规划、基础设施与防灾规划、乡域风貌进行了研究。

规划打破传统的村镇体系概念,按照新农村综合体理念,由人口规模、公共设施服务、功能联系为标准,形成新型乡村社区聚落;形成以银杏社区为主中心,以乡域交通为纽带,成组团式发展。根据自然条件,沿绵远河形成串珠式布局。

其次,规划从中观层面对清平乡综合体概念、组成、规划建设措施、用地布局规划、空间结构、公共服务设施配套、绿地景观系统等进行系统研究;在整体山水格局方面使清平乡城区山城相间、山水相依,形成"山—水—城"有机交融的城市景观格局特征;规划提出应进一步梳理和加强山水格局形象,建筑布局依山就势,显山露水,建筑风格采用乡土材质和多样的色彩,营造"山水秀美的世外桃源"。

再次,从微观方面规划对城镇文化、滨江风貌、灾害治理、景观进行打造,突出山水立体城镇景观和世外桃源山乡风貌,通过游走系统的建立,形成完成的城镇空间体验系统;同时,对重要节点进行了详细设计。对场镇主要公共环境进行治理,塑造新农村综合体的新面貌,通过对滨水空间、特色商业主街、主要绿化廊道、主要公共空间节点的控制和治理,营造富有活力的城镇生活界面。

规划通过建立全域游走系统,重点打造不同特色的外部空间,建立完善的公共空间体系,形成展示和体验城镇整体风貌的游走系统。

本规划通过生态手段与工程手段对泥石流冲沟与泥石流淤积区进行治理,建设文家沟地质灾害治理公园和淤积区生态复建工程;细分用地与功能,建成

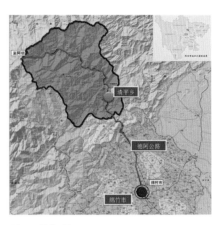

图1 区位图

图2 综合体全域风貌规划总平面

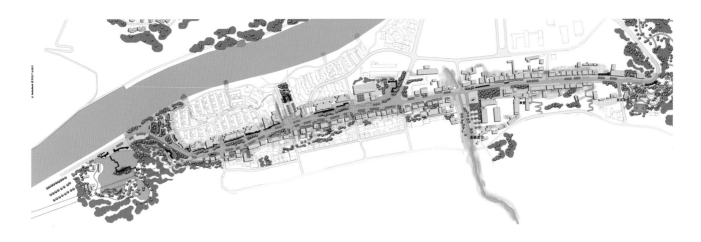

图3　金色大道规划总平面

全球最大的泥石流治理重建示范公园，同时形成农业观光、体验、康体运动等主题的空间系统。展示清平乡通过对灾害的治理，将地质灾害点转变为安全的新型城市休闲公园与特色旅游景点的成功实践。

建设小型田园绿地和精品田园庭院，将城镇内部小型荒弃地改造为小型田园景观；并结合乡村旅游，打造成为精品田园庭院，在为清平营造良好田园氛围的同时，彰显"世外桃源"的整体意向。形成可住、可娱的综合型精品农家院落。

在场镇中部设置以银杏为主题的金色大道，对综合体整体形态结构与游走系统设计要点进行细化，建立金色清平旅游小镇的林荫大道空间主轴。

将机动交通、步行交通、绿化场地、建筑环境、广场小品进行一体化设计，形成人车友好混行、适宜停留与体验的林荫大道。在金色大道的设计中，规划对两侧建筑风貌进行了初步设计，形成原创的、能够代表清平新农村综合体特色的山乡小镇风格。

3. 关键技术和创新点

本规划首次提出了全域游走系统概

图4　金色大道规划效果图

念并梳理了其基础内涵：充分利用城镇、乡村开场空间（道路、广场、水域等），建立一个展示、体验城镇特色的集交通、休闲、运动等城市功能的外部空间系统。

规划通过人车混行的交通路径和健康绿道，构建完整的开放空间体系，联系综合体各个组团、商业休闲功能以及广场与绿化空间。游人与居民可在此游走系统中感受风土人情、领略区域的自然生态、参与各节点的主题体验；是一个集交通、旅游、餐饮、娱乐、商业为一体的城市综合系统。

规划营造"世外桃源"意向的特色绿地系统，并提出"微田园"概念，利

用居民住宅围合的不同尺度空间，结合场地，以田园景观为主，塑造特色景观风貌空间。

4. 项目作用与水平

《绵竹市清平乡8.13灾后二次重建规划》作为灾后重建规划，具有较强的系统性、科学性、实践性；对清平乡地震及泥石流灾后的重建与发展具有较好的指导作用。

北川羌族自治县猫儿石村吉娜羌寨修建性详细规划

2009年度全省优秀城乡规划设计一等奖

设计单位：四川省城乡规划设计研究院

承担所室：韩华工作室

项目主持人：韩　华

参加人员：余　鹏、李　毅、叶云剑、
黄　雯、刘剑平、陶　蓓、
王　涛、邓艳春、伍小素

1. 规划背景和过程

北川羌族自治县擂鼓镇猫儿石村吉娜羌寨建设项目是绵阳市"5·12汶川大地震"灾后恢复重建阶段启动的第一个原址重建的永久性安置点。

2009年初温家宝总理挥笔为这个获得新生的山寨题写了新名字："吉娜羌寨"。温总理高度评价了建成后的吉娜羌寨，并动情地说，"保护与传承民族文化是我们共同的责任，我们的吉娜羌寨不仅解决了受灾群众住有所居的问题，解决了失地农民产业发展的问题，在更大意义上是保护与传承一个民族最重要一个时代、最重要保护的传统文化。"

2. 规划主要内容

本项目位于北川羌族自治县擂鼓镇猫儿石村，地处县域南部主要出入口"大禹故里"牌坊处，105省道和苏宝河自用地东北面经过。

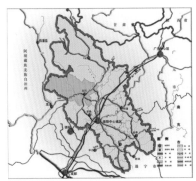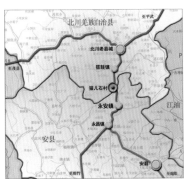

图1　区位图

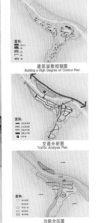

图2　总平面及相关分析图

图3　效果图（一）

"吉娜"是羌语"极品"的意思，"吉娜羌寨"，即"极品羌寨"；其建筑风貌和空间特色应有非常强烈的羌寨特色。

传统的羌寨景观要素：雕楼是最重要的标志特征；曲折而尺度宜人的步行路网与穿行于寨内的水系，形成丰富而充满生活情趣的空间序列；建筑多为依山而建的多层石砌平顶建筑（与汉族混居区也多有穿逗木石结构、坡顶形式），通常层层退台，形成大量屋顶平台，屋顶平台是其重要的生活空间，也是重要的交通空间。而建于山地上的羌寨整体形象特征是：依山就势、层层叠叠，与自然山水融为一体。

图4 效果图（二）

体现羌寨的精髓作为本规划最根本的出发点，规划后寨子将作为进入北川羌族自治县的第一个旅游山寨；采用经典羌寨形式和材料体现民族建筑的特色。重建后，村民将以发展休闲旅游业为主，同时提供满足游客的各种休闲活动的需求，以保持其持续的吸引力。

（1）规划构思

传承文化，保护特色；修复文物，重建家园；恢复羌寨景观、完善旅游功能；理顺水系、营造水景。

（2）空间布局

响水沟东岸临苏宝河的场地为本区块最开阔平坦用地，在此建设文化广场；有三座雕楼围绕广场周边，一栋仿官寨建筑和两栋仿羌族民居建筑，形成本区标志景观区和村社公共活动中心。

在响水沟西侧沿苏宝河岸，修建两排民居，车行道布于其南北两侧，两排建筑之间自然形成步行商业街，为形成较为连续的街道空间，大部分住户进行联排建设。

沿响水沟上游东岸布置独栋建筑，由于地形原因，基本上每户都处于不同高程的台地之上，台地多利用现有自然地形分台，以保留原有挡墙，一方面减少工程量和造价，另一方面增加村寨的

图5 实景图

历史感。

在中部保留一块空地用作民俗广场，可供村民举行羌族祭祀等民俗活动，可以建"5·12"地震纪念墙等构筑物。

3. 关键技术和创新点

结合灾后重建，发展旅游，从长远出发，尽可能为解决村民生计，改善村民生活创造条件；力求具有羌寨风貌肌理，传承文化特色。

在建筑布局及项目设施安排上体现其独有的建筑空间特色，特别是结合地形和水源条件建设遍布全寨的水系、设置节庆活动场地、增加民族文化特色小品等独具匠心的设计，营造出强烈的旅

游型羌寨氛围。

建筑单体设计更是兼顾村民自用和出租经营的多种需要。

4. 规划实施

规划立足长远发展，尊重地域文化。建筑的形体及空间布局具有浓郁的羌寨特色，与周边的自然地形有机结合。

规划思路清晰，工程措施得当，实施管理方便，具很强的实际操作性，项目已竣工运行多年。

项目得到施工单位和中央领导及省、市各级的一致好评，目前已成为北川县重要旅游景点之一。

安居区磨溪镇老木垭村安置点灾后重建规划

2010 年度四川优秀城乡规划设计三等奖

设 计 单 位： 四川省城乡规划设计研究院

承 担 所 室： 汪晓岗工作室

项目主持人： 严　俨

参 加 人 员： 汪晓岗、丁晓杰、马方进、
　　　　　　任　锐、常　飞

1. 规划背景和过程

2010 年 1 月 31 日，四川省遂宁市的市辖区与重庆市潼南县交界处发生了 5 级地震，震中房屋大面积倒塌，灾损比较严重。在省、市领导的高度关怀下，遂宁市委市政府立即行动；受损最严重的磨溪镇迎来了重建家园、建设新村的机遇。根据灾区具体情况，省里指令我院对震中的老木桠村四社、五社按灾后恢复重建示范村的模式进行规划，采用集中就地安置方式。

"一年好景君须记，最是橙黄橘绿时。"柑橘是磨溪镇经济型农业的支柱，面对"1.31"地震灾后重建，遂宁市磨溪镇的工作重心除了迅速完成灾后重建工作之外，更多地应考虑到村镇的产业发展以及农民"三生"问题。通过灾后重建中的产业创新和发展使磨溪镇的农业产业结构更加优化，布局更加合理，特色更加鲜明。

2. 规划主要内容

以灾后恢复重建和新农村建设为契机，打造"橙花·人家"—— 农事文化体验公园。

本规划是在对磨溪镇老木垭村农业产业结构进行调整的基础上，运用"农业带动旅游服务业，旅游服务业反哺农业"，的发展理念；引导传统农业向现代农业进行转变，提升农业产业附加值，全面带动磨溪镇及周边经济发展。

依托遂宁在成渝经济带的区位优势，面向更为宽广的市场，在"成渝经济带"的范畴内整合并错位发展，打造以都市型农业和乡村旅游休闲文化为一体的新的产业联合体。

充分利用灾后重建的契机，接轨新农村建设的标准，树立遂宁农村地区在四川省乃至全国范围内具有独特内涵的"丘区乡村生活、生产方式"。

图 1　老木垭村灾后重建整体鸟瞰图

结合灾后重建过程中的农房改造，发展庭院经济。在老木垭村四社、五社集中建房小区重点发展生态优质生猪、优质肉牛养殖小区，形成猪（牛）—沼—果—园立体农业循环经济；在分散重建农户中，鼓励农户发展沙田柚、柠檬、花卉、蔬菜等，形成生态和谐家园。

发展"1+2"（农业＋文化、旅游）休闲观光农业和旅游服务业，重点以大治水库和柑橘山林以及田园资源观光为核心，构建集旅游观光、休闲度假、文化娱乐、乡村体验等一体的农事主题公园。建设农业产业与主题旅游业相结合的有机教育农园、主题超市、柑橘博物馆、阳光咖啡厅等服务设施，建设观光生态种养农业旅游项目；形成重要的乡村旅游节点，打造风景优美、设施完善、信誉度高的丘区乡村旅游品牌。

规划区范围按照柑橘产业种植和柑橘文化展示，涵盖柑橘种植展示、柑橘文化参与体验、柑橘文化研究、自然休闲度假等不同功能。

总体划分为4个功能区域。分别为：

"橙花风景"—农业生产及柑橘文化旅游区：以柑橘种植、柑橘文化展示以及农业观光为主的农业生产、旅游发展区。

"欢乐花湖"—滨水休闲服务区：利用大治水库的水面，开展水上娱乐活动及滨水休闲。

"吉祥农庄"—农民新村建设区：以四社和五社安置点建设农民新村建设区，在妥善安置农民的基础上发展生态庭院经济和旅游接待。

"幸福田园"—田园文化观赏区：全面提升农业耕种技术，加强技术型与艺术性耕种的结合，营造大面积、艺术型的大地农业景观。

图2　五社庭院透视图

图3　老木垭村灾后重建总平面图

图4　老木垭村五社聚居点鸟瞰图

图5　老木垭村实施照片

3. 关键技术和创新点

本次规划借鉴了汶川"5.12"特大地震之后成都市的灾后重建工作中关于新农村产业问题的一些解决方案和成功经验。

在解决受灾较为严重的老木垭村的规划上，主要利用当地柑橘种植，大力挖掘柑橘产业的观光价值、体验价值与旅游价值；对老木垭村的柑橘农业资源和旅游资源进行了重新包装，从研发、种植、培育、销售等各环节与旅游产业相融合；促使灾后的老木垭村成为集柑橘种植、农业观光、农业科技、旅游度假和休闲养生为一体的新农村示范基地。

4. 规划实施

在本规划的指导和地方政府大力实施灾后重建的促进下，不仅解决了居民灾后安置问题；也结合了产业及旅游的发展，把老木垭村打造成了：国家2A级旅游景区，成为遂宁地区灾后重建的新农村样板工程，成渝经济区内知名度较高的乡村旅游示范区和科学、持续、生态、健康、富裕的新农村生活方式的引导者和开创者；其特色发展模式具有广泛和良好的社会效益与经济效益的示范意义。

汶川县漩口镇瓦窑村灾后重建规划

2010 年度四川省优秀规划设计二等奖

设计单位: 四川省城乡规划设计研究院

承担所室: 建筑市政所

项目负责人: 梁　平

主审总工: 刘　丰

项目主持人: 游海涛

参加人员: 杨承铭、袁华明、郑辛欣
　　　　　　 张　红、王荔晓、泽仁卓玛
　　　　　　 陈　川

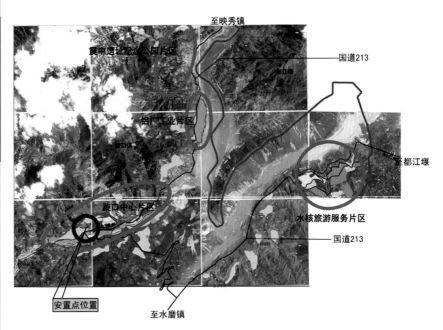

图 1　安置点位置

图 2　局部鸟瞰图

1. 规划背景和过程

2008 年 "5.12" 大地震之后,根据《汶川县漩口镇灾后恢复重建总体规划纲要方案》,震后漩口镇的重建目标是用 3 年左右时间完成恢复重建的主要任务,做到家家有房住、户户有就业、人人有保障、设施有提高、经济有发展、生态有改善。重建总体规划在用地方面,以镇中心区及重点发展区域为重点,兼顾村庄发展;在设施方面,以集镇基础设施为重点,兼顾村庄基础设施的安排;在内容方面,以灾民安置为重点,兼顾产业经济的恢复振兴。为了支援漩口镇灾后重建工作,受漩口镇人民政府的委托,我院承担了汶川县漩口镇瓦窑村安置规划任务,依据灾后重建总体规划确定的发展方向和规模,完成安置点的规划设计工作。

2. 规划主要内容

充分利用瓦窑村地理位置优越、基础设施齐全及自然生态环境资源较好的优势,依托现有道路,合理利用地形,形成依山就势、错落有致的岷江河谷山地建筑风格村落。

结合地质灾害评估报告,可建设用地选择在斜坡台地上,为适宜建设用地。对工程建设中形成的高陡边坡应采取工程防护措施,避免发生边坡失稳垮塌;在工程建设中合理堆放弃土渣并做好地表排水工作,预防引发坡面泥石流。

规划形成南北两大片区,总体格局为组团串珠式自由布局,结合地形分台由贯穿东西的主路串起多个小组团,组团之间由山林生态绿地和水系冲沟防护绿地作为间隔。

安置区设有两个主要的对外出入口,南部出入口位于 213 国道上,北部

图3　院落空间节点图

图4　透视图1

图5　透视图2

出入口位于中山大道上。南部片区地形高差较大，道路呈"之"字形上升与用地北侧的道路和北入口环通，形成区域外环路。区域内部道路结合地形自由布局，高差大的地方分台作护坡或堡坎。道路主路宽4.5m，支路3.5m，满足消防和防灾疏散要求，尽端路形成12m见方的回车场，台地之间以步行梯道联系，接近组团的山林绿地中设置步行游览道和休息亭廊等。

3. 关键技术和创新点

结合场地特征，规划不破坏现有农房、田、林、路形成的自然肌理，总平面布置采取以台阶式为主、围合式为辅的方式，让民居建筑掩映于绿树之中，用地较平坦的地方组织为院落围合式，几户人家围合形成公共的院坝，用于晒粮食、种菜和交流、休息；地形高差较大的地方则结合地形让建筑沿等高线错落有致地分台布置，形成层层叠叠、层次分明的山地建筑景观。在道路转弯的狭小区域内布置多处街头绿地，并在适当位置设置小型体育运动场地，丰富居民生活，组团之间的生态绿地内布置游步道、景观亭廊等，为村民创造宜人的休闲空间。

4. 规划实施

该安置点灾后重建规划经过多次修改完善，通过了专家评审，并在规划的基础上完成了场地施工图设计。场地平整工作完成后，严格按图施工，在不同高程的台地上，形成了错落有致的建筑群景观，并合理配置了安置区的给水、排水、电力、电信等基础设施，方便居民生活。

四姑娘山风景名胜区灾后重建规划（2009-2015）

2009 年度全国优秀城乡规划设计二等奖

2009 年度省优秀城乡规划设计一等奖

设计单位：四川省城乡规划设计研究院

承担所室：风景所

主审总工：黄东仆

项目主持人：王　丹

参加人员：黄　鹤、王荔晓、肖　顺

合作单位：四姑娘山风景名胜区管理局

1. 规划背景和过程

2008 年"5·12"汶川大地震给四姑娘山风景名胜区造成了巨大的灾难，风景名胜区被划为灾后重建重点范围内的重度受灾风景名胜区。为落实国家对风景名胜区灾后重建的要求，深化和细化《四姑娘山风景名胜区总体规划》，恢复四姑娘山风景名胜区的安全运营，恢复和提升风景名胜区的各项设施，促进风景名胜区社会、经济和环境协调发展；受四姑娘山风景名胜区管理局的委托，我院承担了四姑娘山风景名胜区灾后恢复重建规划的编制任务。该规划2009 年 4 月通过了省住建厅组织的评审，并根据《评审纪要》，修改完善后及时地提交了最终成果。

2. 规划主要内容

（1）规划构思

规划对风景名胜区在"5·12"大

图 1　风景名胜区在地震灾区位置图

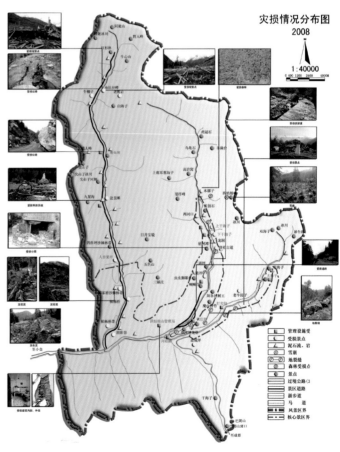

图 2　灾情分布图

地震中的受损情况做了全面而详尽的分析；以风景名胜区总体规划为依据，对应风景名胜区灾后恢复重建的重点和要求，提出相应的对策，做到有的放矢，缓急有序。

全面贯彻科学发展观，将灾区风景名胜区的恢复重建融入国家的总体框架之中，发挥风景名胜区在灾后重建中的生态恢复、历史文明传承、精神家园建设和旅游资源支撑作用。通过景区的恢复重建促进经济社会发展；同时，利用灾后重建中产业和空间调整的契机，优化风景名胜区保护与发展，促进人与自然和谐。

（2）空间布局

地震对风景名胜区造成的影响较大、但大部分的景观资源未受影响，损失主要集中在基础设施、管理和游览设施上；风景名胜区内地质次生灾害尤其严重。

因此，本次灾后重建总体规划的风景名胜区总体布局和结构将继续严格遵守《四姑娘山风景名胜区总体规划》的相关规定和要求。不对风景名胜区的总体空间布局进行大调整，只依据风景区受损的实际情况，改变近期出入口的位置和区内游览组织，合理组织不同景区的开放时序。

3. 关键技术和创新点

（1）突出重点，统筹规划

根据风景名胜区在地震中的受损情况，突出对景区地质次生灾害的处理和对受损设施的修复重建，并根据景区的发展预测，适当提高建设标准与规模。

（2）逐步开放，全面恢复

依据不同景区的受损情况和恢复难易程度，分景区分步骤的制定对外开放时序，确定每个景区的恢复重建重点。

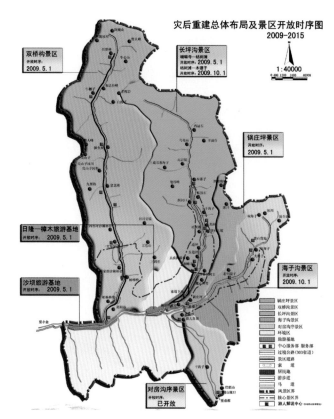

图3 灾后重建布局及景区开放时序图

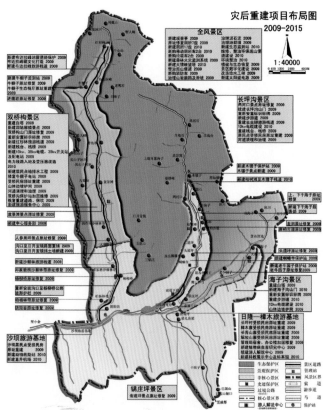

图4 灾后重建项目布局图

（3）针对灾损，落实重建

根据四姑娘山风景名胜区在地震中受损的情况，规划将四姑娘山风景名胜区的灾后重建项目类型分成风景资源、管理与旅游服务设施、道路交通、其他基础工程设施、居民安置、防灾体系建设、生态环境共7种恢复重建类别。有针对性地对灾后重建工作进行指导。

（4）细化灾后重建项目

除了将风景名胜区的灾后重建项目按风景资源恢复重建、管理与旅游服务设施、道路交通、其他基础工程设施、居民安置、防灾体系建设、生态环境分成七大类之外；将项目分为灾后重建重点修复和灾后重建重点新建两种，对每个项目从重建选择、项目内容、规模、措施、时序、投资几个方面进行详细规划；使之真正起到对灾后重建项目的指导作用。

4. 规划实施 / 项目作用与水平

本规划是"5.12"汶川大地震国家灾后重建工作的组成部分之一；是《汶川地震灾区城镇体系规划》和《汶川地震灾区风景名胜区灾后重建规划》的次级层次的规划；是四姑娘山风景名胜区落实国家灾后重建政策、项目和投资的具体细化。

依据本规划，四姑娘山风景名胜区管理局首先对风景名胜区内的景观资源进行了梳理，对因地震受损的景观资源进行了重新培育；对地震后新出现的景点开展了勘察和评估，重新组织游览；对地质次生灾害进行了治理；修复重建因地震受损的基础设施、管理及旅游服务设施。

青城后山景区灾后重建修建性详细规划

2009 年度全国优秀城乡规划设计三等奖

设计单位： 四川省城乡规划设计研究院

承担所室： 风景园林所

项目负责人： 刘先杰

项目主持人： 罗　晖

参加人员： 张　唯、蒋　旗、余小虎、
郭大伟、赵静思、周瑞麒

合作单位： 青城山—都江堰风景名胜区管
理局

图1　白云寨规划意向图

图2　飞泉沟地址遗址景点

1. 规划背景和过程

在"5.12"汶川特大地震中，青城后山景区遭受巨大损失。在对人员与财产抢救的抗震救灾第一阶段过去后，灾后恢复重建工作迫在眉睫，急需编制灾后重建规划。

本规划本着全面贯彻落实科学发展观的精神，坚持风景保护，科学恢复，有序建设，努力恢复青城后山景区的游览开放水平，发挥其生态、文化、旅游、经济等多重效益，通过恢复重建促进景区所在区域的经济社会发展；并通过本规划来指导青城后山景区灾后恢复重建工作顺利有序展开，促使青城后山景区的景观风貌、生态环境、游览条件、经济发展尽快恢复到灾前水平，局部实现提升发展。

2. 规划主要内容

规划布局方面：规划接待服务设施

包括：旅游镇—泰安古镇；接待站—又一村；度假设施集中设置于泰安古镇。二级导游设施设置为：导游中心—泰安古镇；导游点—五龙沟、飞泉沟。

保护规划方面：五龙沟和飞泉沟游览区规划为一级保护区，北至青城山镇界，南至五龙沟、庄家山，西至成都市与阿坝州的交界处，东至李家山的二级保护区。

规划对景区内的风景资源、管理设施、接待服务设施、交通设施、居民点、基础设施共六类设施的灾损情况进行了

现场考察和详细评估；根据整理的问题以及灾后重建总规的相关要求，从以下方面着手开展规划：

（1）恢复景区游线，因地质灾害而存在安全隐患的地段，进行选址改道；

（2）恢复受损风景资源，对地震后新出现的景观资源进行评估，确定地震遗址类景点和震后新添景点；

（3）恢复游览设施并提高设施水平，对风景资源有影响的设施进行布点和功能上的调整，以符合景区的发展需要；

（4）提出符合后山景区特色的建筑

及景观风貌要求；

（5）根据景点、设施分布实际情况，选择地质结构稳定、远离地质灾害及的地点作为景区内的避险区域，强调景区的避险功能完善。

规划恢复景点13处、新增地震遗址景点5处；恢复步游道受损点25处、桥梁30处、栈道8处和金骊索道；重建金娃娃沱管理点，新建青城山后山景区管理处、管理所2处、管理点1处；设置旅游村1处、服务部12处、导游点2处；并对五龙沟入口、飞泉沟入口、又一村、白云寨、金骊索道上站、白云寺等典型区域进行了详细的规划设计。

3. 关键技术和创新点

本规划的关键技术和创新点分为两个层面：

一是从宏观出发，就灾后青城后山景区范围内的景观资源进行全面评定，依据灾损情况对管理设施、接待服务设施、交通设施、居民点、基础设施等的布点、布局和规模做出调整，重新梳理了景区的游览结构。

二是从细部出发，对需恢复的景点、新出现的地震遗址景点、旅游村、服务部乃至步道、亭廊均做了详细的规划设计。

规划提供了具体的项目实施计划，为景区的恢复重建进行了详细指引。

4. 规划实施

在本规划指导下，已完成青城后山景区的受损景点、接待服务设施、交通设施、居民点、基础设施等的恢复和建设。

2011年初青城后山景区正式向游人全面开放。

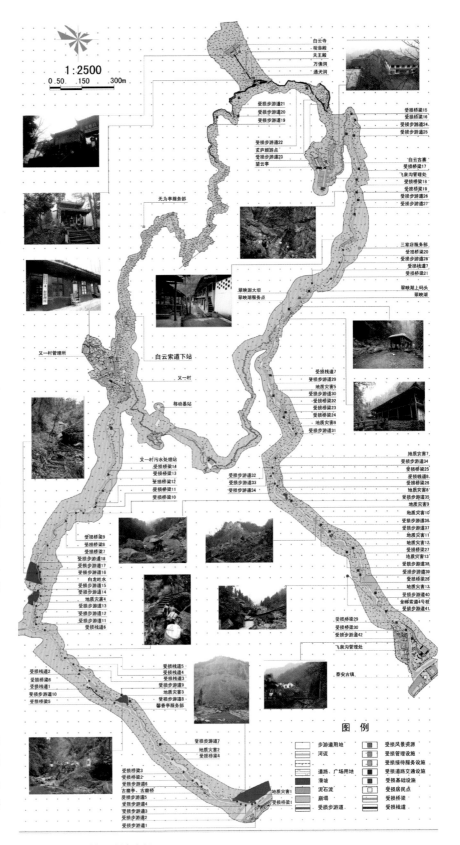

图3　现状受灾情况统计分析图

剑门关景区灾后恢复重建规划（2008-2010）

2009 年度全国优秀城乡规划设计二等奖

2011 年度全国优秀城乡规划设计二等奖

设计单位：四川省城乡规划设计研究院

承担所室：风景园林所

项目负责人：樊　晟

项目主持人：罗　晖

参加人员：罗　晖、谢　蕊、罗朝宽、
　　　　　　郭大伟

1. 规划背景和过程

　　在"5.12"汶川特大地震中，地处地震重灾区的剑门蜀道风景名胜区剑门关景区受灾严重。为落实国家对灾区的灾后重建政策和援助项目资金，推进剑门关景区灾后恢复重建，使其早日实现安全运营，受剑阁县剑门关景区开发建设管理委员会的委托，四川省城乡规划设计研究院承接了编制《剑门蜀道风景名胜区剑门关景区灾后恢复重建规划》的任务。

2. 规划主要内容

　　规划全面贯彻落实科学发展观，坚持以人为本、科学重建的方针，把景区居民和游客的安全放在首位；优先恢复重建景区受损的自然与人文景观，恢复重建景区旅游服务与基础设施，恢复景区旅游接待能力；注重景区灾后恢复重建和新农村建设的结合，

图 1　景区与灾区区位关系图

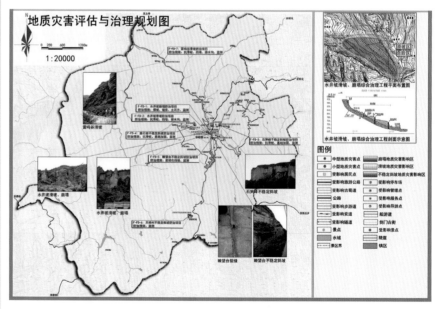

图 2　地质灾害评估与治理规划图

引导景区居民合理布局；统筹兼顾，科学规划，分步实施，努力把剑门关景区建设成为人与自然和谐的相处的三国文化核心体验区。

通过三年恢复重建，使剑门关景区全面恢复功能，具备安全运营能力。

（1）空间结构

规划采用"树枝状串珠式＋环线式"布局模式，形成"一主枝二分枝三环"的布局形态。

1）一主枝：下寺新县城—雷鸣谷—钟会故垒—古战场—新剑门关楼—姜维祠—剑门关镇；系由车游道和步游道结合的三国文化展示轴线。

2）分枝：东分枝：剑门关镇—姜维墓—营盘梁—梁山寺。

西分枝：剑门关镇—剑门茶山—仙峰观。

3）三环：主环游线：游人中心—钟会故垒—索道下站—索道上站（杨家岩）—梁山寺—玉女峰—石笋峰—古战场—新剑门关楼—游人中心。

副环游线：游人中心—钟会故垒—索道下站—索道上站（杨家岩）——梁山寺—原始森林—后关门湖—后关门—瞭望台—剑门尉所—新剑门关楼—游人中心。

梁山寺环游线：梁山寺大门—梁山寺—美女峰—翠屏峰—老虎崖—翠屏湖—梁山寺大门。

（2）主要措施

1）恢复重建景区受损的管理、旅游服务、道路交通和基础工程设施；重组景区游览线路，提升景区基础设施水平。

2）治理景区地质灾害，搬迁受威胁的居民，消除游客和居民安全隐患。

3）恢复重建景区局部受损的风景资源和生态环境；迁址恢复重建剑门关的关楼，恢复"剑门天下雄"的历史风貌。

3. 关键技术和创新点

（1）全国首个风景名胜区的灾后重

图3　灾后恢复重建规划总图

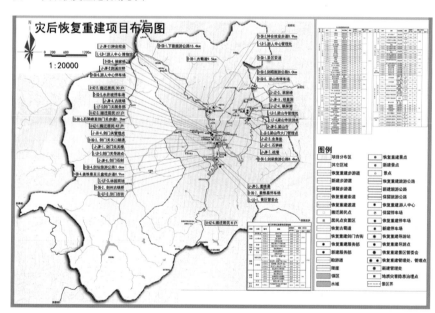

图4　灾后恢复重建项目布局图

建规划。摸索出了一套针对具体的灾区风景区灾后重建规划的基本模式，对我省编制完成灾区其他的风景区灾后重建规划起到了积极的推动作用。

通过前期分析，找到重建规划需解决的主要问题，针对问题提出规划总则和重建总体布局，并从风景资源、管理与旅游服务设施、道路交通设施、基础工程设施、居民避险安置、防灾体系建设、生态环境7个方面具体阐述了灾后重建项目的位置、名称、措施、规模、时序等各方面的内容；从而使整个规划更加具有科学性和可操作性。

（2）重视地质灾害的治理和避让，保证了游客、居民和各类设施的安全。

景区内对景区居民、游客、重要设施有影响的七处地质灾害点，规划进行了分析评估，提出了具体治理示范，对受影响的105户居民，采取了搬迁避让的措施；对受影响的重大设施，包括索道、关楼、石笋峰等，一方面采取了治理灾害，原址修复设施的措施；另一方面采取了异址重建的措施，从而使保证景区的安全。

（3）重建项目与黑龙江对口援建剑阁县的灾后重建资金紧密对接，保证了灾后重建项目的落地实施。

规划项目的重建资金安排，充分与援建资金衔接，保证资金安排不重复，每项重建项目都对应合理的重建资金。

（4）规划对景区重点区域的重建，提出了概念规划方案，将总规层面的专项规划延伸到详细规划的层面，使灾后重建规划的思路延伸到了详细规划，从而保证两个层面的规划有机衔接。

（5）规划直接指导具体重建项目的设计，为项目报批、建设提供法定依据；使灾后重建资金快速到位，重建项目及时开工，具有极强的可操作性。

4. 规划实施

依据灾后重建规划，已经完成黑龙江对口援建资金5.5亿元用于剑门关景区的灾后重建；99项重建和新建项目包括：

（1）对受地质灾害影响的105余户搬迁安置在安全的区域，保护了核心景区，消除了村民的安全隐患。

（2）完成了国道108关楼段的改道工程，打通了国道线的剑门关隧道。

（3）在原址重建剑门关的关楼，恢复了"剑门天下险"的剑门关关楼原貌。

（4）拆除了受损严重的索道，重建了旅游索道。

（5）修复了姜维墓景点、景区步游道、人行桥、旅游服务等受损设施，新建了防灾避险场地。

1.10 专项规划及论证

甘孜州州域城镇体系规划（2012-2030）

设计单位： 四川省城乡规划设计研究院

承担所室： 城市设计所

项目负责人： 樊 晟

主审总工： 彭代明

项目主持人： 樊伊林

参加人员： 马晓宇、伍俊辉、费春莉、
王跃琴

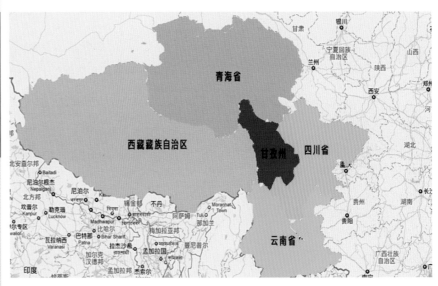

图1 区位图

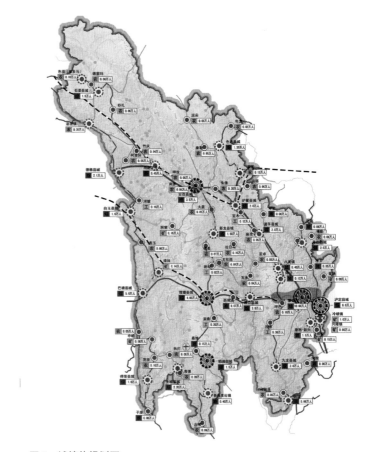

图2 城镇体规划图

1. 规划背景和过程

在经济转型的大背景下，国家把加快民族地区发展放在了更加突出的战略地位。随着国家对民族地区的投入力度日益加大，甘孜州迎来了跨越式发展的战略机遇期；同时，甘孜州的新型城镇化建设也将成为未来经济发展的重要动力。

西部大开发从重点支持中心城市转向对民族欠发达地区的扶持。甘孜州作为约占四川三分之一面积、高海拔地区、资源富集、生态敏感、人口稀少的自治州，其城镇发展战略的探索深具意义和代表性。其体系规划是政府调控州域城镇空间资源、指导城镇发展和建设，促进城乡经济、社会和环境协调发展的重要手段。

为了探索甘孜州新型城镇化的路径，确定高海拔、民族地区城镇化应当做什么和如何去做的问题，甘孜州住房和城乡建设局委托四川省城乡规划设计研究院开展《甘孜州州域城镇体系规划》的编制研究工作。

2. 规划主要内容

基于城镇体系规划的编制要求及高海拔地区的特点，提出其最终成果应包括目标、策略与指标体系等16章88条。

主要内容包括：综合评价城镇发展条件；制订区域城镇发展战略；预测区

域人口增长和城市化水平；拟定各相关城镇的发展方向与规模；协调城镇发展与产业配置的时空关系；统筹安排区域基础设施和社会设施；引导和控制区域城镇的合理发展与布局；指导城市总体规划的编制。

总则从宏观角度对规划进行介绍，其内容包括编制依据、适用范围、编制目标、指导思想以及规划原则条目。

战略地位方面2条目；明确了州域战略地位、城镇发展策略。

经济发展战略方面4条目，分别明确了州域的产业发展目标、产业功能定位、产业发展方向、产业空间布局等内容。

新型城镇化发展战略方面2条目；分别明确了城镇化水平、城镇发展策略等内容。

城镇体系布局方面3条目；涉及州域城乡建制规划调整建议、城镇体系结构规划、重点城镇发展指引等内容。

城乡统筹发展规划方面5条目；涉及州域城乡统筹发展原则、目标及主要任务、州域城乡统筹发展战略、州域城乡统筹空间协调规划、州域各县农牧人口聚居模式指引、州域农村劳动力转移的规划引导等内容。

空间利用及管制规划方面5条目；涉及空间发展目标、空间类型的划分、空间利用规划、空间管制规划、色线控制规划等内容。

交通运输规划确定以大区域交通主通道为依托，加快公路网络的加密与升级，大力促进铁路建设，突出航空优势，提高区域交通安全保障，缓解资源环境承载压力；构建安全、高效、集约、生态的综合交通运输系统，引导和支持全州社会经济的健康发展。

防震减灾、防洪（潮）、消防、人防、地质灾害防治以及公共安全保障规划；还介绍了对各种灾害的源头预

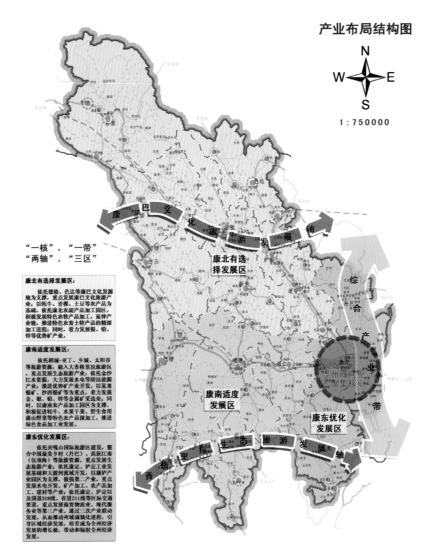

图3　州域产业空间布局规划图

防，疏散救援道路、防灾避难场所的选择、防灾避难宣传教育要点以及区域城镇减灾方法。

3. 关键技术和创新点

一方面坚持经济发展与生态建设并重的可持续发展之路。经济增长方式实现由"资源开发型"向"生态经济型"的转变；大力发展循环经济，推动建立资源节约型和环境友好型社会。

另一方面要以旅游为先导，将生态保护、经济发展及农牧业提升等方面的要求有机融合、协调解决；

三是以循环经济体系的构建为方式，在发展区域产业的同时，实现生态保护与经济发展相融合的新型产业化；

四是提出以城镇建设支撑社会公共服务水平的全面提升，实现民生优先的发展模式。

五是首提"区域组群式"城镇发展策略，自然条件决定了其难以发展成为连续区块状整体区域，在区域协同和城镇互动规划理念下，将城市功能将在跨区域范围内二级城镇中分散、扩散；这是本区域城镇主动顺应自然生态要求，在城镇职能的空间结构寻求持续发展的地域性取向。

4. 规划实施 / 项目作用与水平

　　《甘孜州州域城镇体系规划》是四川省高海拔生态敏感民族地区第一部城镇体系规划，具有较强的系统性、科学性、实践性、学理性和严谨性，强化了生态低碳的规划理念；是党的十八大精神的贯彻落实，对新型城镇化过程中的全州各级城镇总体规划的编制具有较好的指导作用。

　　《甘孜州州域城镇体系规划》成为州政府调控州域城镇空间资源、指导城镇发展和建设，促进城乡经济、社会和环境协调发展的重要依据。

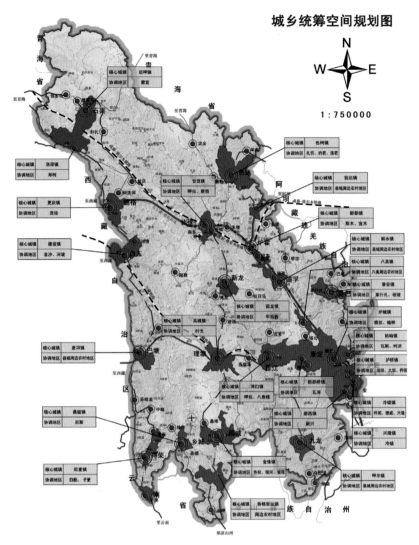

图 4　城乡统筹空间规划图

"建设美丽富饶文明和谐的安宁河谷"城镇体系规划(2009-2020)

2011年度四川省优秀城乡规划设计一等奖

委托单位: 凉山州住房与城乡规划建设局

项目设计单位: 四川省城乡规划设计研究院

承担单元: 四川省城乡规划编制研究中心

主审总工: 高黄根

项目主持人: 陈涛

参加人员: 李齐、岳波、廖伟、黄剑云、廖竞谦、马晓宇、安中轩

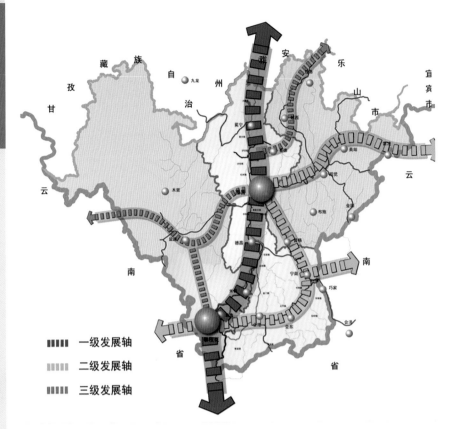

图 1　区位图

图例:
- ▦▦▦ 一级发展轴
- ▦▦▦ 二级发展轴
- ▦▦▦ 三级发展轴

1. 规划背景和过程

安宁河谷地区是四川省第二大平原,农业资源、水能资源、有色金属等矿产资源和旅游资源富集;新型工业化、农业化和新型城镇化基础较好。建设富饶美丽文明和谐的安宁河谷是四川省委省政府的重要部署;是贯彻科学发展观的内在要求,是全州乃至攀西地区发展的迫切需要。

随着科技的进步和经济的发展,攀西作为资源富集区的开发必须作相应的调整;除了要在广度上(储量与种类)继续勘探和开采,更要在深度上(稀有矿物的提炼与综合利用)加以充分的挖掘和利用,进行新一轮的整体开发。以西昌为中心的安宁河谷地区各城镇通过交通线路的连接,已基本形成一个整体,具有较强的产业承接能力和广阔的发展空间。在当前区域协作、群体竞争的时代背景下,安宁河谷地区正逐步成为攀西地区新一轮整体开发的主战场。

为科学制定推动安宁河谷全面发展的总体规划,凉山州同步开展了产业发展、新农村建设、水利建设、特色农业发展、交通建设、生态环境建设、社会事业发展、林业发展和城镇体系等9个专项规划的研究编制工作。2009年初,凉山州住房与城乡规划建设局委托四川省城乡规划设计研究院承担《"建设美丽富饶文明和谐的安宁河谷"城镇体系规划(2009-2020年)》(以下简称"本规划")的编制工作;经过现场踏勘、部门调研、方案沟通、大纲初审、修改完善、专家评审和深化完善等阶段,2009年9月底形成了正式成果。

2. 规划主要内容

本规划分为19章,第1至5章,主要是对安宁河谷地区情况进行深入的分析,特别是对当前城镇发展建设存在的主要问题和城镇发展的条件作了重点分析,为"问题导向"规划奠定了基础。

第6～7章,合理预测规划期安宁河谷地区人口和城镇化水平,并提出切合本地区实际的六条城镇化发展战略,确定"目标导向"。

第8～10章,从城镇发展、城镇结构和城镇建设三方面构建了区域城镇发展体系,强化产业布局与城镇发展的融合,并体现了主体功能区划下城镇分类指导,的思想。

第11～12章,对交通系统、水资源和能源等区域基础设施进行了区域统筹,强化对区域城镇体系发展的支撑。

第13～15章,针对少数民族地区旅游发展需要,强化了城乡景观风貌分区与引导,并根据本地区旅游资源状

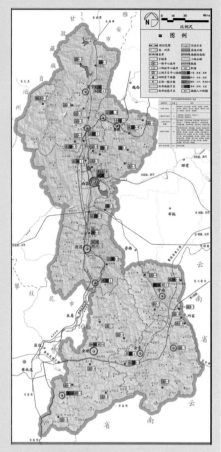

图 2　城镇体系规划图

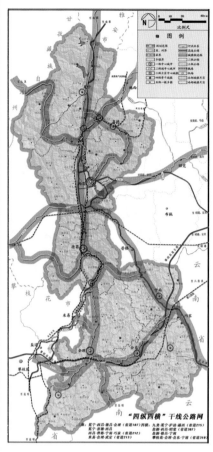

图 3　交通体系规划图

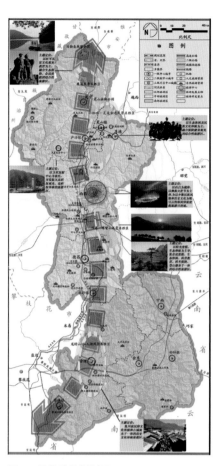

图 4　风景旅游规划图

况和发展条件，制定了相应的旅游发展策略。

第 16～18 章，根据国家主体功能划分要求和本地区地形地貌、土壤植被和生态敏感与环境保护，以及洪水、地震和地质灾害等现实情况，提出空间管制规划和综合防灾规划要求，确保生态和城镇安全。第 18 章，在把握"西昌-德昌"一体化发展的客观趋势下，对"西昌-德昌"城镇组群发展在空间组织、功能结构与用地、综合交通体系和公共及基础设施建设进行了空间协调。

第 19 章，为有序推进《规划》实施，提出了 9 个方面的实施对策和措施。

3. 关键技术和创新点

本规划结合"问题导向"与"目标导向"的规划方法，深入透彻分析问题，合理确定发展目标；并紧紧围绕发展目标制定发展战略和具体规划措施，着力于实际问题的解决，思路清晰，特点鲜明。

本规划创新和特色主要体现在以下几个方面：

首先是充分考虑本地区作为长江上游生态保障区的实际，以资源环境承载力分析为基础，强调经济社会发展与资源环境的协调。

其次是强调区域分工与合作，提出安宁河谷地区应利用有利的城镇建设条件和资源环境承载力强等优势，依托丰富的钒钛、铁矿资源，构建开放式的城镇体系发展空间，承接比邻的攀枝花钢铁基地的空间转移。

第三是在四川省内率先提出建立工业化、城镇化联动的机制，强化城镇发展的产业支撑，加强产业园区与城镇的融合发展，推动经济社会的协调共进。

第四是针对安宁河谷作为民族聚居区旅游发展的需要，强化了对本地区城乡景观风貌的分区与引导，将本地区分为乡村风貌区和城市风貌区；通过深入协调六县一市连接过渡地区的景观风貌关系，引导本地区形成统一的城乡风貌景观。

最后是顺应区域城镇一体化发展趋势，打破行政区划约束，重点加强对西昌、德昌河谷地区的整合，构建以西昌为区域中心的城市组群，强化了对"西昌-德昌"城镇密集区的空间协调。

4. 规划实施 / 项目作用与水平

本规划的若干重要结论被纳入《凉山州建设美丽富饶文明和谐安宁河谷总

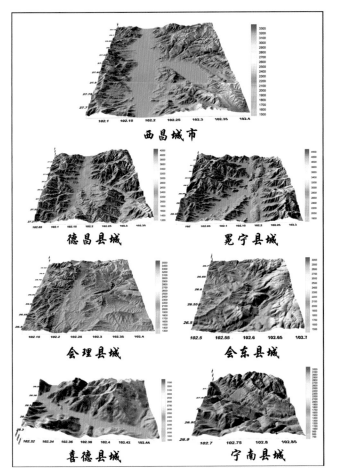

图5 主要城市三维地形示意图

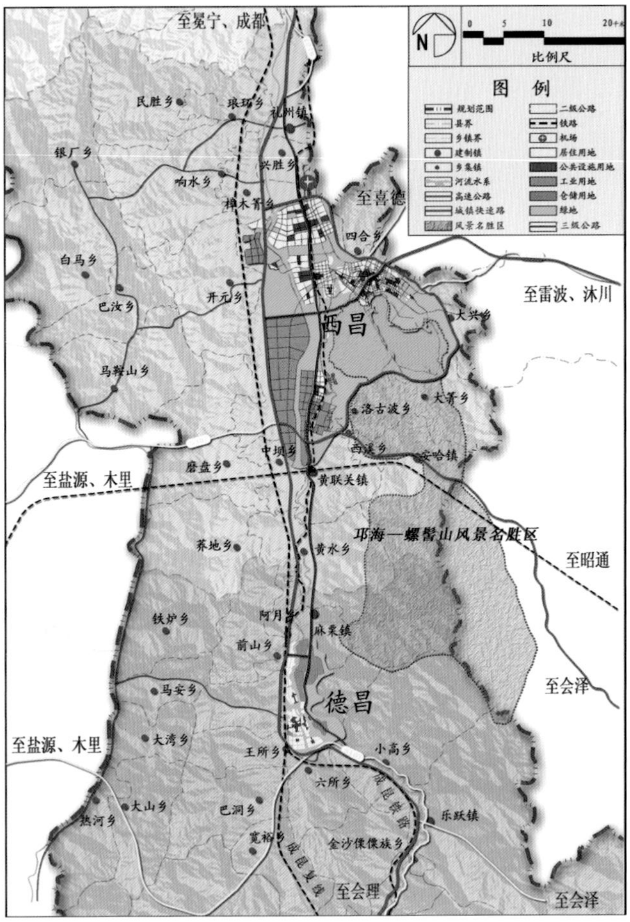

图6 重要地区城乡协调规划图

体规划》；其规划成果被凉山州政府作为指导安宁河谷地区六县一市城镇发展建设的重要依据；也成为编制凉山州"十二五"城镇化发展规划的主要依据。

本规划还对六县一市的城市总体规划、重点城镇的总体规划、风景名胜区保护规划的编制起到了重要的指导作用；同时也对该地区重要交通走廊、电力走廊的走向、重要区域联建水利工程、自来水厂、污水处理厂建设规模和选址等提供了重要依据；进而对当地经济社会发展产生了重大影响和推动作用。

《仁寿县城市总体规划（2010-2030）》审视和完善

设 计 单 位：四川省城乡规划设计研究院
承 担 单 元：四川省城乡规划编制研究中心
主 审 总 工：高黄根
项目主持人：樊　川
参 加 人 员：黄剑云、岳　波、廖　伟、
　　　　　　向　洁

1. 项目背景

　　为落实中央城镇化工作会议和省委的新精神，按照《国家新型城镇化规划(2014-2020 年)》的相关要求，结合经济发展新常态的发展判识；根据四川省住房和城乡建设厅《关于审视和完善城乡规划的通知》，以及仁寿县城市控制性详细规划编制和城市综合交通枢纽建设的实际情况；仁寿县委托我院对《仁寿县城市总体规划(2010-2030)》进行一次专门的重新审视和完善。

2. 主要内容

　　（1）突出正确的规划导向

　　以问题为导向，进一步提高规划的针对性。并按照当地资源环境承载能力的实际条件，以城市群为主体形态，合理确定城镇发展的定位、目标、规模和发展时序，防止片面追求城镇规模扩张的不良倾向。

　　1）主要问题

　　城镇化进程较快，但城镇化水平较

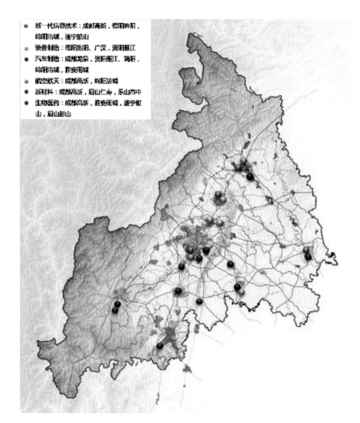

图 1　成都平原产业布局示意图

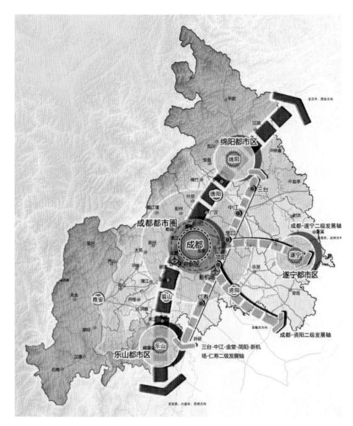

图 2　成都平原城市群结构示意图

低；大部分城镇规模小，发展慢，辐射能力有限；城镇发展外推力较强，但吸纳力与动力不足；城镇基础设施不完善，综合承载力不强；城镇基础设施不完善，综合承载力不强；村落村庄数量多而规模小，居住环境条件差。

城市空间拓展严重不足，旧城开发强度过高，人居环境差；城市功能结构不尽合理，旧城功能有待疏解；城市风貌特色塑造不够，城市总体形象较差；城市公共空间不足，山体绿化未能较好地融入城市；绿地不成系统；城市道路交通建设存在诸多待完善之处；配套设施建设依然滞后，城市防灾等压力大。

2）城市定位

《仁寿县城市总体规划（2010-2030）》中对仁寿城市的定位与《成都平原城市群规划（2014-2030）》对仁寿县城的职能定位基本吻合。

城市定位确定为："天府新区"延伸腹地，成都市卫星城市，以发展制药、纺织为主的景城一体生态田园城市。

3）城市规模

环境资源承载能力分析：分析采用了水环境容量、土地承载力分析、水资源分析和用地容量分析等多种分析方法，最终根据以上多种环境资源承载力分析结果，城市人口规模以 85 万人为最佳集聚人口规模的上限。

以城市群为主体形态分析：《成都平原城市群规划（2014-2030）》确定的仁寿城市的发展规模为 50 万人，而《仁寿县城市总体规划（2010-2030）》确定的仁寿城市的发展规模为 60 万人，超出城市群规划确定的人口规模，应作必要的调整。

4）城市发展目标与时序

仁寿总体规划远期 2030 年确定的城镇化发展水平为 75%，远高于全省（64%）、成都平原城市群（70%）和眉山市（65%）的规划远期发展水平；结合

图3 生态结构示意图

当前新的发展形势对仁寿县 2020 年和 2030 年中、远期城镇化发展目标作出调整，调整后的仁寿县中、远期的城镇化发展目标分别降为到了 53% 和 65%。

城市人口分期发展规模调整为近期 2015 年为 33 万人，中期 2020 年为 40 万人，远期 2030 年控制为 50 万人。城市建设用地分期建设发展规模调整为：近期 2015 年为 28km²；中期 2020 年为 36.5km²；远期 2030 年为 47.3km²。

（2）设定和控制城镇开发边界

1）城镇化终极目标

终极城镇化目标预测：城镇终极人口规模按全县城镇化水平 80% 左右的相对稳定状态，全县总人口控制在 200 万人以内，相应全县城镇人口约 160 万人左右。

城市终极规模预测：成都平原城市群人口到 2030 年末城市群城镇化水平达 70%，仁寿县作为成都平原城市群培育的 17 个中等城市，城市人口规模超过 50 万人。而成都平原城市群终极城镇化发展水平将控制在 80%，相应仁寿县城城市人口不应超过 100 万人。

区域人口分布法：根据终极城镇化发展水平预测的城镇人口，按县域内各城镇发展条件和可能进行区域匹配：35

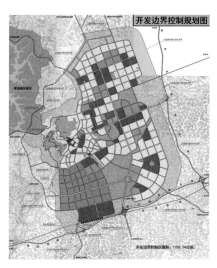

图4 开发边界控制规划图

个一般镇吸纳 10 万人、17 个重点镇吸纳 30 万人，5 个区域中心城镇集聚 40 万人，县城集聚 80 万人。

环境承载力分析法：根据环境承载力分析评结论，用地容量可满足 100 万人的发展需要；用水资源可满足 100 万人口的城市用水需求。但受水环境容量的限制，终极城市人口不宜超过 85 万人。

结论：综合以上分析方法，最终确定仁寿城市终极城市人口规模为 80 万人。

2）城市终极发展规划

终极建设目标：把仁寿城市发展成为集物流集散、经济合作、文化休闲、生态旅游、宜居环境为一体的现代化大都市。

终极城市人口规模：80 万人左右，城市建设用地：80km² 左右。

终极城市空间布局：形成"一城、两片、多中心"的紧凑型空间布局结构。

3）城市开发边的划定

按人均不超过 100m² 城市建设用地，确定仁寿县城市终极城市建设用地规模为 80km²，并依照基本农田、风景区、生态园地、水源保护地等保护要求和工程地质、用地适宜性状况，结合土地利用规划和城市发展布局，划定城市开发边界东至成自泸高速，北抵大化，西临黑龙滩，南到遂-资-眉高速，面积约

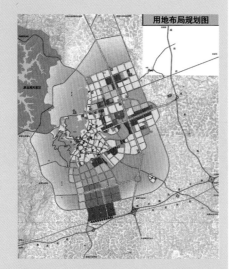

图5　用地布局规划图

为120km²。

（3）把握好城镇空间总体结构

1）生态格局控制

仁寿城市处于龙泉山脉东南边缘深丘和浅丘交接地带，西靠龙泉山；东、南、北面均为浅丘，山低而宽坦，中有金马河穿城而过，城市与自然相依相融。城市生态格局为"背山面野，一溪穿城"。

在维持上两版总体规划所确定的"生态田园绿楔"的生态格局基础上，规划城市的生态格局概括为"山水相连绕平川"。

2）道路网络结构

按"一城两翼"的城市空间形态，组织形成以"六横六纵加一环"的方格网式的道路系统。通过进一步的审视并根据已设计道路线形和对外出入口的调整，对城市道路网络进行局部优化和完善。

3）规划布局调整与完善

按产业发展集约、节约的要求，调整减少了工业、仓储物流用地；从改善居住环境角度出发，增加了生活居住用地和城市绿地。

同时按大力发展公共服务和第三产业的要求，增加了公共服务设施用地、商业用地和生产服务性设施用地。

（4）控制各类建设用地比例和人均建设指标。

3. 主要特点

本次规划审视与完善，结合当前经济发展新常态的形势，从城市群角度和环境资源承载力等方面分析着手，认真落实了中央和省委城镇化工作会议的精神；对原规划的城市定位、发展规模和用地布局进行了优化；同时严格划定了城市开发区边界，对城市空间格局和生态格局提出了控制要求；突出了生态和人居环境。使规划在下一步的实施中更具合理性和科学性。

远期城市建设用地指标调整对比表　表1

序号	用地名称	原规划指标		调整后规划指标		用地增减（公顷）
		用地面积（公顷）	比例（%）	用地面积（公顷）	比例（%）	
1	生活居住用地	1731.35	30.51	1827.44	32.46	+96.09
2	公共服务用地	455.22	8.02	574.85	10.21	+119.63
3	商业服务业用地	409.68	7.22	544.86	9.68	+135.18
4	工业用地	1027.92	18.11	629.53	11.18	−398.39
5	物流仓储用地	219.91	3.88	140.60	2.50	−79.31
6	绿地	810.22	14.28	927.29	16.47	+117.07
7	道路交通用地	923.19	16.27	887.97	15.77	−35.22
8	市政设施用地	90.53	1.60	90.53	1.61	0
	城市建设总用地	5674.74	100	5629.29	200	−44.95

巴中市城市总体规划调整
（2011-2020）
（2015版）

设 计 单 位： 四川省城乡规划设计研究院

承 担 单 位： 四川省城乡规划编制研究中心

主 审 总 工： 高黄根

项目主持人： 陈 亮

参 加 人 员： 黄剑云、樊 川、贾刘强、
安中轩、张 伟、蔡棂曦、
汪成璇、王 劲

1. 规划背景和过程

《巴中市城市总体规划（2011-
2020）》自2013年1月获省政府批准实
施以来，巴中市按照规划要求在综合交
通枢纽建设、人居环境改善、公共服务
设施配套等方面取得了显著改善。

在国家和四川省新型城镇化规划出
台、"一带一路"和长江经济带战略以及
四川"三大发展战略"的实施、川陕革命
老区振兴政策落实、恩阳设区和区域重大
交通设施调整的宏观背景下；巴中市需要
主动适应经济新常态，正确判识城市发展
的突出问题，强化科学规划的引领作用。

为了落实中央和四川省委城镇化工
作会议精神，按照四川省住房和城乡建
设厅《关于审视和完善城乡规划的通知》
（川建规发〔2014〕3号）要求，巴中
市人民政府于2014年9月启动了城市
总体规划的审视和完善工作。项目于
2015年3月通过四川省住房和城乡建
设厅技术审查，于2015年9月经四川省
人民政府批准实施。

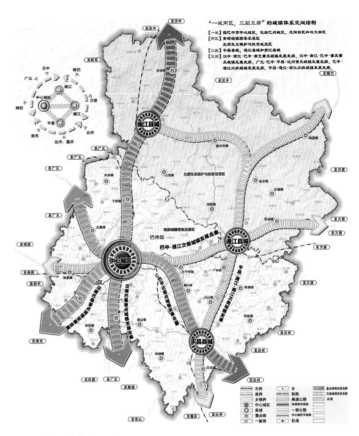

图1 市域城镇空间结构规划图

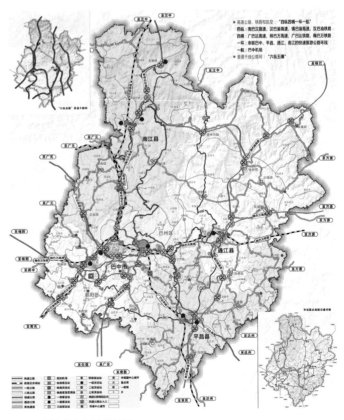

图2 市域综合交通规划图

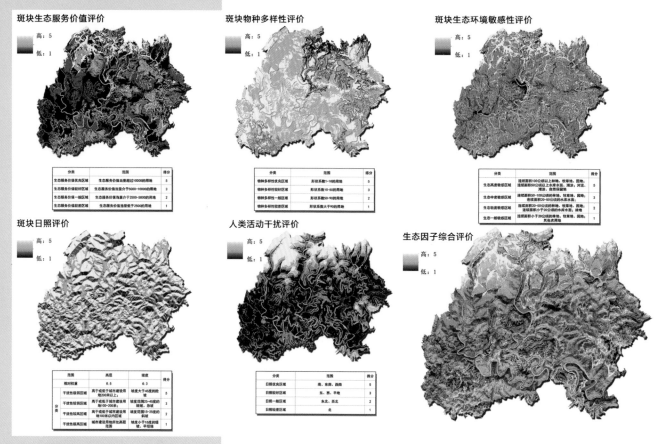

图3　生态因子分析图

2. 规划主要内容

规划以解决城市发展过程中积累的主要问题为出发点,认真剖析 2011 年版《巴中市城市总体规划》存在的不足,进一步修改完善总体规划,推动规划的转型升级。

规划明确了以成长型工业、现代特色农业、秦巴生态文化旅游业和新兴先导型服务业为导向的南北差异化、特色化的城镇化发展路径。规划到 2030年,市域总人口约 390 万人,其中城镇人口约 226 万人,城镇化率为 58%。确定了"一城两区,三副五廊"的城镇体系空间结构,形成以 1 个中心城市为核心、3 个副中心城市为骨干、24 个重点镇为节点、160 个乡镇和 200 个中心村为基础,布局合理、形态适宜、层级清晰、功能完善的现代城镇体系,提出了重点城镇规划指引和整村连片推进（巴山新居）指引。

规划通过用地综合评价、生态因子分析、山水空间格局研究,划定了城市生态红线,明确了严格保护的 19 座城区山体和 7 河 3 水库。

为防止城市规模盲目扩张,推动城市发展由外延扩张向内涵提升转变,规划结合资源环境承载力分析,预测巴中城市终极人口规模为 120 万人左右,划定城市开发边界约 230km²;并提出了城市终极布局形态和开发边界管控要求。

城市性质为:川陕渝地理中心枢纽联结地,秦巴山区中心城市,以发展资源深加工、现代制造、商贸物流和旅游为主,具有巴文化、红色文化特色的历史文化名城和现代森林公园城市。

规划到 2030 年城市人口 90 万人,城市建设用地 90km²。形成"一城两翼"多组团、生态化的布局结构。

规划构建"四纵四横一航"的现代化对外交通网络,强化与周边城市的无缝对接;构建一条市域环线快速通道,强化主城区与市域"两区三县"间的交通联系;通过提档升级打通了中心城市至南江旅游复线通道,加强交通网络对旅游业发展的支撑。为适应中心城市组团式分布和对外交通纵横穿插的现状,规划依托"两横两纵"的高速公路网络,以绕城快速环线和两条东西向结构性主干路（即"一环双通道"）为主骨架,形成多组团混合式路网系统,强化组团间的交通联系。

3. 关键技术和创新点

巴中是国家重点生态功能区秦巴生物多样性生态功能区的核心地区,是极有代表性的山地城市。本版规划调整，结合现状问题，立足区域研究，以城市群为主体形态，在发展定位、城镇化发展、产业布局、重大基础设施和交通物流建设、生态建设和城市空间布局等方面对2011年版《巴中市城市总体规划》进行了优化完善。

规划就山地城市规划建设的关键点进行了技术探索：

首先，通过城镇发展条件、资源环境条件和人口流动趋势分析，提出南北差异化发展的城镇化路径；

其次，强调在保护市域生态空间前提下，合理引导市域城镇产业错位互补发展，控制生态敏感区的城镇规模；强化交通走廊沿线城镇的发展带动作用；

最后，从传统扩张性规划转向限定性优化规划，以非建设用地管控为前提，通过多因子叠加分析得出城市生态保护格局，通过生态红线的空间管控，在疏解旧城功能、强化新区产城融合的基础上，形成多中心、组团式、生态化的城市空间结构和终极布局形态。

4. 规划实施

本规划的审视与调整完成后，巴中市规划管理局严格按照本规划实施和管理。在总体规划指导下，巴中市启动了中心城区地下空间综合利用规划、旧城更新规划及历史文化名城保护规划等专项规划编制工作，中心城区控规覆盖率达100%，机场、燕飞物流园、西部国际商贸城等编制了详细规划。

城市建设持续推进，中心城区旧城功能得到了疏解；新区主导功能得以突出，"一城两翼"形态基本形成；小城镇带建设和重点镇建设得以加强。

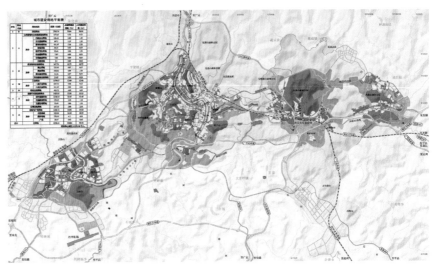

图4 城市用地布局规划图

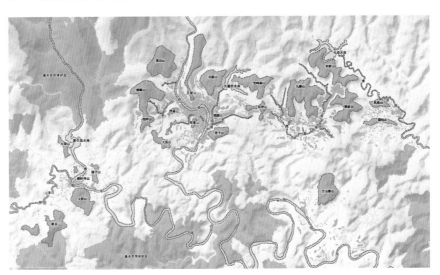

图5 城市生态红线管控图

泸州市历史文化名城保护规划调整修改（2015-2030）

设计单位：四川省城乡规划设计研究院

承担所室：城市规划所

项目负责人：王国森

项目主持人：程龙

参加人员：朱晓、曾建萍、廖琦

"世世代代人民的历史文物建筑，饱含着从过去的岁月传下来的信息，是人民千百年传统的活的见证。人民越来越认识到人类各种价值的统一性，从而把古代的纪念物看作共同的遗产。大家承认，为了子孙后代而妥善地保护它们是我们共同的责任。"

——《威尼斯宪章》

1. 规划背景

《泸州历史文化名城保护规划》于2007年3月通过泸州市城市规划专委会评审；5月通过泸州市城市规划委员会审查，并于2007年10月19日经四川省住建厅组织评审通过。后因《泸州城市总体规划（2010-2030）》修编出台，以及现状文物古迹、历史文化街区、历史文化名镇名村及非物质文化遗产情况变化，再对原规划方案进行了修改调整和补充完善。

2. 规划构思

本规划旨在保护泸州历史文化资源，传承城市历史文化，完善历史文化

名城保护体系，使泸州成为一个以酒文化为核心文化内涵、传承了宋代城市格局、保留了川南江城山水风貌特征的国家级历史文化名城，全国乃至世界知名的"江阳宋城"、"中国酒城"。

本规划依据"全面整合、协调发展、重点突出、遵循原真、传承文化、远近结合"的原则，搭建保护体系框架，完善保护和展示两个体系，在时间和空间上拓展保护外延。

方案调整修改的重点是对泸州历史文化名城现有资源进行信息更新和系统梳理，将规划保护范围扩展到新的泸州市域范围；并依据最新一轮的泸州市总体规划，整合保护框架，更新保护理念，完善展示体系。

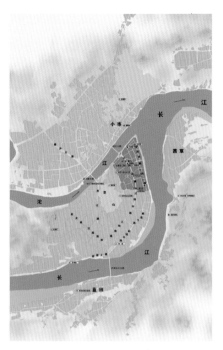

图1　历史城区保护现状分析图

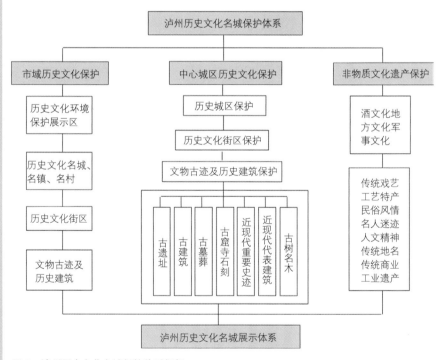

图2　泸州历史文化名城保护体系框架

同时依据最新政策及规范的要求，对新增的各级别的传统村落、历史文化街区、文物古迹的保护范围和保护措施等进行合理划定和核对梳理。

3. 泸州历史文化价值

泸州是第一批国家级历史文化名城。是一个历史悠久，文物古迹丰富，有着光荣的革命传统、灿烂的文化艺术、独特的古城格局、多样的风景名胜、众

多的古树名木的千年古城；是扼长江与沱江、赤水河、永宁河交汇之要冲，掌蜀地南下云贵、东出夔门、通达长江之要塞的"西南要会"；是西连僰道、东接巴渝，地兼汉彝、江带梓夔的兵家必争之"铁打泸州"；是传承千年、"浓香"源起、诗酒相寄、酒窖泰斗的"中国酒城"。

4. 规划内容

（1）市域历史文化保护

划分出五大历史文化环境保护区；以区内历史文化为内容依据，建立不同层次的保护体系，构成市域历史文化保护格局。梳理了各类各级历史文化名城、历史文化名镇名村、传统村落以及文物古迹与历史建筑的情况，提出了相应的保护措施。

（2）中心城区历史文化保护

保护泸州历史城区。通过梳理并保护历史街道格局，整治景观环境，控制空间建筑，保护文物古迹，传承古城风貌，使历史城区的宋城格局得以保护、重现和延续，使其成为泸州"江阳宋城"格局风貌的集中展现区。

保护历史文化街区。规划中尽量保存历史文化街区历史遗存的原物，保护历史风貌和历史信息的真实载体；突出街区整体风貌特色的保护，注重风貌的保持和延续，适当更新，逐步恢复。

保护和合理开发相结合，保持街区活力，促进繁荣。积极改善街区基础设施，整治环境，提高居民生活质量。

保护文物古迹及历史建筑。严格划定城市紫线，划定文物保护级别进行分级保护，修缮历史建筑，重建已损毁的重要历史建筑；保护古树名木，保护地下文物，保护其他历史环境要素等。

（3）非物质文化遗产保护

泸州传统特色文化主要表现在酒文化、民间戏艺、工艺特产、工业遗产、以及其他民俗风情和传统地名、传统商业等方面；通过深入普查、建立档案、抢救继承、结合发展，制定出相应具体的保护发展规划和保护管理措施。

（4）展示体系

泸州历史文化名城的展示体系是对泸州名城保护体系的重要补充，二者共同构成完整的泸州历史文化名城保护框架。

其构成要素上包括以下三个方面：现存历史文化遗产、博物馆体系、标志物体系；展示主题为"江阳古郡"、"酒香溯源"、"铁打泸州"。

5. 规划创新与特色

泸州历史文化名城保护规划体系搭建分为"三个层面一个展示"。

三个层面包括：市域层面、中心城区层面和非物质文化遗产层面的保护内容、保护重点和保护措施；一个展示是在保护历史文化遗产的基础上，恰当地构建历史文化展示体系，使得保护与展示相辅相成。

泸州历史文化名城保护规划对新的保护理念进行了研究，整合了城市历史文化保护体系框架，完善了历史文化展示体系。

同时对传统村落、工业遗产、文化步道等历史文化保护的新理念新思路进行了相应的探索研究，提出了规划反馈；并依据最新政策与规范的要求进行了落地实践。

6. 规划实施

本规划自2007年编制以来，对泸州市历史文化保护具体实施起到了重要指导作用；对名城的历史资源传承和文化内涵提升做出了应有的贡献；对挖掘城市特色、建立城市文化、树立城市形

图3 历史城区保护规划图

图4 中心城区保护规划图

象、提高城市品位等方面起到了基础支撑和方向引领的作用。

泸州市各类文物现已达4000多处，全国重点文保单位16处，国家历史文化名镇名村6个，中国传统村落10个，还有国家非物质文化遗产6项，其中泸州大曲老窖池已经被列入申报世界文化遗产的后备名录。

南充市历史文化名城保护规划（2014-2030）

设计单位： 四川省城乡规划设计研究院
承担所室： 汪晓岗工作室
主审总工： 严 俨
项目主持人： 汪晓岗
参加人员： 徐 然、贾 春

1. 规划背景和过程

南充市是历史悠久的川北重要城市；1992年被批准为省级历史文化名城。进入新世纪后，南充城市规模成倍扩张；随着城市现代化进程的不断推进和发展，历史文化名城的保护与城市经济建设发展之间的矛盾将日益突出，保护所面临的困难会愈来愈多。

为更好地保护南充历史文化遗产，继承和发扬优秀的历史文化传统，使城市的发展和建设，既符合现代及未来的生产生活要求，又保持其独有的城市风貌，南充市城乡规划和测绘地理信息局委托我院编制历史文化名城保护规划。

2. 规划主要内容

本规划从市域到城区对南充市的自然资源、历史文化资源进行了详细地梳理，建立了完整的历史文化名城保护体系框架，完善保护和展示两个体系；在保护历史文化遗存基础上，深入挖掘历史文化内涵；在时间和空间上拓展保护外延，推动名城保护工作的全面进展。

协调处理好历史文化名城保护与城市更新发展之间的关系，综合解决古城交通的现代化、用地功能的调整、风貌特色的形成等对历史文化名城保护有重大影响的问题，促进城市的可持续发展。

同时本规划与城市设计相结合，通过最大限度地发挥自然风貌环境、文物古迹等要素在构成城市风貌特色中的积极作用，来突出南充的历史文化名城地位；抓住文化遗产和历史建筑在其相应城市空间中的主导作用，创造一系列富有历史文化特征和地方特色的城市空间，并以此强化南充城市的景观风貌特色。

强调规划成果的可操作性，适应市场经济的宏观背景和管理体制，完善了相应法律法规和实施细则，以利规划管理的法制化、规范化。

市域历史文化名城保护规划以主要文物类型特征、价值及相关地段的历史文化环境为主体，结合风景名胜、行政区划等要素划分具有特色的历史文化环境；根据区内文物古迹内容建立不同层次的保护体系，构成市域"一带、三核、四廊、多点"的历史文化环境保护格局。

其中"一带"以嘉陵江为纽带串联三个核心展示城市阆中—蓬安—南充，形成阆山嘉水、嘉陵第一桑梓、嘉陵第一曲流为主体的嘉陵江展示带。各县结合本地特色及风景名胜区形成的各具特色的展示内容；并以阆中国家级历史文化名城、蓬安、南充省级历史文化名城为主，构建各具特色的三大历史文化环境保护核心。

中心城区在自然山水格局保护、空间轮廓控制、园林绿地保护、建筑风貌特色保护的基础上进行分区分级保护；在保持现有良好自然环境的基础上，全面完善、优化人工环境，丰富人文内涵，创造具有一流水准、融历史文化内涵与时代气息于一体的城市景观风貌。

城市景观以河道水系和城市通道为基本骨架，以重点地段为节点，以自然环境为背景，展现和突出兼具历史文化名城和现代滨江城市特色的城市景观风貌。

规划对市区内文物古迹、历史街区、历史文化景区进行了详细的保护规划设计；同时，划定了核心保护区、建设控制地带、环境协调区等。

本次历史文化保护规划在文物古迹的保护前提下，提出打造文态展示体系；重视城市文态的建设和展示，对文保单位和人工景观进行梳理，塑造特色风貌街区、打造人文景观带，提升城市软实力。

在中心城区规划提出沿山、滨江、城市中心的三条展示线路、丝绸文化和工业遗存的两个展示片区；结合各人文景观点的串联及工业遗存片区形成南充市中心城区文态展示体系。

3. 关键技术和创新点

本规划提出文态规划的理念，通过文态展示线路串联城市特有的自然环

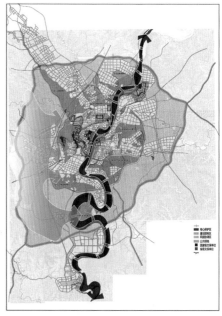

图1 中心城区历史文化保护规划图

图2 中心城区文态展示线路规划图

图3 中心城区历史文化街区保护规划图

境、空间格局、建筑街坊、文物遗迹等物质形态，建立公园＋历史街区／文保建筑、特色商业街＋历史街区／文保建筑、公园＋特色商业街的展示模式，来体现南充市的文化传承、文化形态、文化认知、文化符号、文化环境等元素。

本规划在传统历史文化名城保护的基础上提出将银行大厦、五星花园一带划为近代特色街区，并对其地标建筑、空间肌理、交通组织提出了保护和整治方法；将对指导地区更新、保留历史空间和肌理具有积极的意义。

同时，规划将南充特有的丝绸工业、炼油工业等工业遗产等纳入保护体系及文态展示体系内，反映出更为真实的城市生活记忆。

4. 项目作用与水平

历史文化名城保护是一个长期的工作；本次规划通过对南充市历史文化要素的详细梳理对历史文化名城、历史文化街区、文物保护单位进行保护提出了全面的、科学的、可持续发展的指导。

绵阳市历史文化名城保护规划

2011年度四川省优秀规划设计二等奖

设 计 单 位： 四川省城乡规划设计研究院

承 担 所 室： 韩华工作室

项目负责人： 韩　华

项目主持人： 黄　雯

参 加 人 员： 李　毅、余　鹏、伍小素、
　　　　　　　　叶云剑、陶　蓓、刘剑平

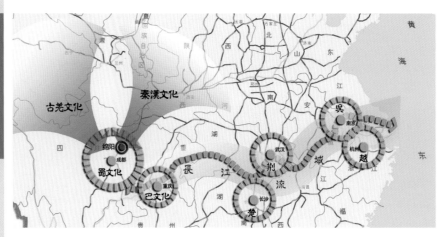

图1　区位图

图2　名城整体层次保护规划图

1. 规划背景和过程

绵阳市位于四川盆地西北部，成都平原东北边缘，"东通巴汉，南屏成都，西控羌氐，北扼秦陇"；自古便有"剑门锁钥"和"蜀道咽喉"之称；其文化深受巴蜀文化、秦汉文化和古羌文化的影响。

绵阳为四川省级历史文化名城，是全国唯一的科技城，其作为中国三线建设期间的代表城市之一，城市的工业发展、科技发展都具有举足轻重的作用。

绵阳古城面貌在快速的城市建设中已消失；如何延续历史文化名城的实质内容，通过规划的编制工作，加强保护仅存历史遗迹，并立足于绵阳近现代发展史，挖掘丰富历史文化名城内涵。

2. 规划主要内容

本规划以主城区核心保护体系、市域外延拓展体系、文化内涵保护体系三部分构成绵阳市历史文化名城保护框架；以主城区核心保护体系为核心内容，包括历史城区保护、历史文化街区保护、文物古迹保护、历史文化景区保护、地下文物保护；并针对绵阳近现代城市的发展特点，增加工业遗址保护、历史风貌区保护、近现代优秀建筑保护等内容。

市域以绵阳市、江油市、三台县城三座省级历史文化名城为保护核心，构建平武自然生态与白马藏族文化保护区、北川—安县羌禹文化保护区、三国文化保护区三大历史文化环境保护区；重点打造藏羌文化走廊、三国文化主走廊、华夏文明文化走廊、科技文化环廊

四大历史文化走廊。

从自然山水格局保护、空间轮廓控制、园林绿地保护、城市建筑风貌特色提升、景观视廊控制等方面保护城市整体环境风貌。

通过史料分析和现状历史资源评估，划定历史城区保护范围，作为历史文化名城保护的重要内容；通过保护古城墙遗址、建设古城文化公园、古城追忆系统建设、文物古迹保护、建筑风貌特色保护，尽最大努力地保留住弥足珍贵的真实历史遗存和传统风貌。

划定跃进路历史文化街区，作为绵

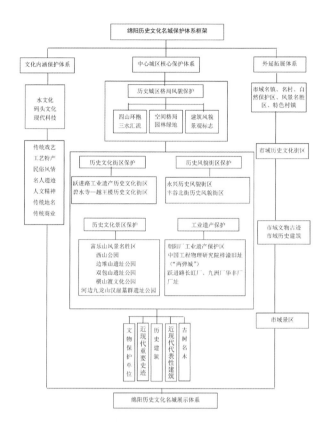

图 3　保护体系框架图

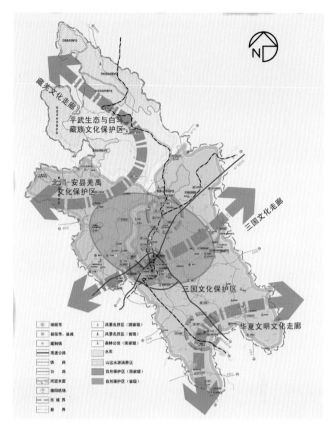

图 4　市域历史文化保护规划图

阳市乃至中国 20 世纪 80 年代改革开放
实现跨越跃进式发展的时代象征；划定
碧水寺—越王楼历史文化街区，体现唐
文化在绵阳的历史印迹。

针对绵阳市三线建设期间，具有鲜
明特色的国防科技工业遗产进行保护，
确定中国工程物理研究院梓潼旧址即
"两弹城"、朝阳厂、跃进路电子工业片
区为绵阳是工业遗产保护的核心内容。

规划将历史文化保护与旅游相结
合，构建文化展示系统，作为名城保护
体系的重要补充。市域展示体系以绵阳
城区为全市域旅游旅游接待中心，形成
三条旅游展示环线，打造六大主题旅游
文化区；中心城区形成"古蜀溯源"、"涪
城寻踪"和"科学城之旅"三大历史文
化展示主题，沿涪江形成水上观光线，
串联各文物古迹点、历史街区、历史风
貌区、工业遗址公园等形成的观光车行
环线；历史城区内，串联古城区、历史

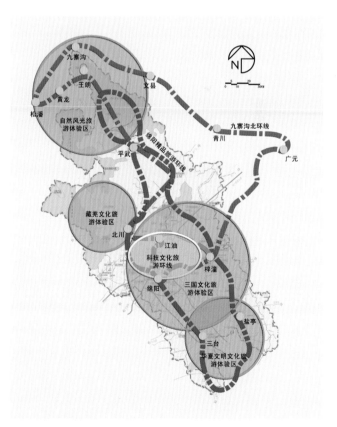

图 5　市域历史文化展示规划图

街区建设步行环线。

3. 关键技术和创新点

　　本规划针对绵阳的历史文化特色，在延续 2000 年历史文化脉络的同时，重点挖掘近现代历史文化要素，突出绵阳"三线建设"、工业和科技发展时期的历史文化特征；

　　通过增加历史风貌区保护、近代工业遗产保护和优秀历史建筑保护，丰富绵阳历史文化名城的实质内涵；

　　坚持保护与开发相结合，文物保护与旅游展示相结合；在保护历史文化的同时，促进城市旅游发展。

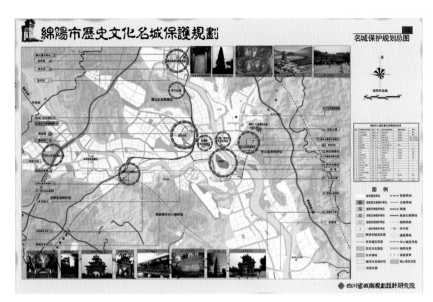

图 6　名城保护规划总图

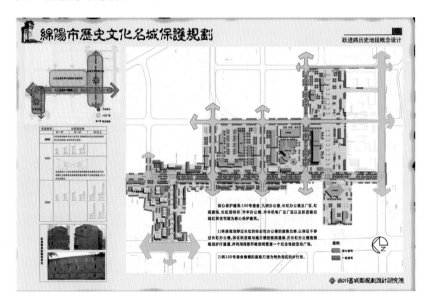

图 7　跃进路历史街区概念设计

达州市城市山体景观保护与利用规划

2013年度四川省优秀城乡规划设计二等奖

设 计 单 位： 四川省城乡规划设计研究院

承 担 单 元： 四川省城乡规划编制研究中心

项目负责人： 陈　涛

主 审 总 工： 高黄根

项目主持人： 樊　川

参 加 人 员： 李　奇、黄剑云、岳　波、
　　　　　　　 陈　亮、廖　伟、马晓宇、
　　　　　　　 邓生文

1. 规划背景和过程

　　达州市的城市周边山体起伏连绵，城市孤峰秀丽挺拔，具有"千峰环野立，一水抱城流"的山、水、城自然格局。

　　然而，随着达州经济快速发展，城市建设的跨越式向外扩张对山体蚕食，出现了无序开山、平地、采石、破坏山体植被的现象，城市形态从"望山"、"近山"向"抱山"、"侵山"发展。虽然新版《达州市城市总体规划》从用地布局的角度预留了山体保护利用的空间；但由于其属于宏观战略性规划，在如何形成山体保护利用的框架以及山体保护的重点、范围、力度和要求等方面并不十分具体。

　　因此，为了保障城市健康发展，有效推进城市生态文明建设，严格保护城市山体资源，充分展示达州山地城市特色，延续并塑造"高、中、浅、平"的立体山水城的格局，达州市委市政府提

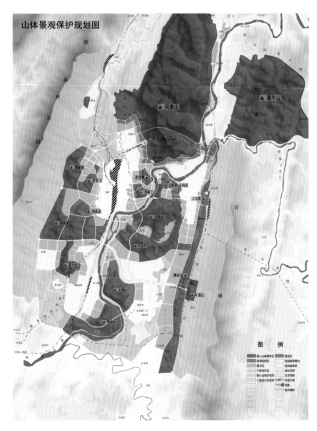

图 1　山体景观保护规划图

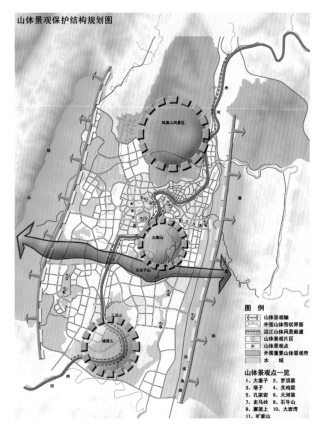

图 2　山体景观保护结构规划图

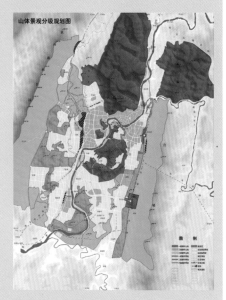

图3 山体景观分级规划图

出要高起点、高标准、高质量的编制《达州市城市山体景观保护与利用规划》。

2. 规划主要内容

保护格局—构建"一轴两带三片多点"的山体保护与利用的空间格局。

"一轴"指横亘城市中部，东西连接铁山山体与雷音铺山体的山体群，是城市中部的绿色生态轴线，也是城市与南部化工产业园区的生态屏障；"两带"指城市外围东西两侧的铁山与雷音铺山脉及其山脚延伸部分所形成的带状山体，构成城市东西方向背景轮廓线与群峰叠翠郊野景观；"三片"指分布在城市北、中、南关键部位的主要山体，是形成城市山水生态结构的基础性片区和功能性片区，也是构成城市山水风貌的重要标志；"多点"指散落在城市中的其他小型、独立山体，是城市山水景观风貌的节点，也是城市绿地系统和自然生态的跳板。

分级分区保护—针对不同类型的山体，根据七因子的评价分析，划分一级山体、二级山体、三级山体，划定核心区、外围控制区、协调管理区；提出明确的保护控制要求。并对不同的山体景观界面，采取有针对性的保护控制措施。

山体绿线控制—根据山体空间分布特点、山形轮廓、景观塑造等需要，划定仰天湾、火峰山、凤凰山、大寨子、罗顶寨、塔沱、翠屏山等山体绿线控制范围。并明确各山体核心区功能定位、布局结构、总平面布局、保护培育方式以及外围协调区控制、基础设施配置等要求。

山体风貌塑造是本规划的重点，具体做法如下：

一是保持和更新"一轴"、"两带"背景山体的植被景观，突出其"野"和"绿"的风貌特征，以及保持整体山体态势的远景效果。

二是恢复和营造三大片区的景观风貌；其中凤凰山片区强化以湖、山、林为背景，以"雅、秀、幽"为特色的景观风貌特色；火峰山片区大力培育植被群系的多样性、层次性，以具有观赏性的树种组合营造景观；城堡山片区布置病虫害抗性较强的树群，在以绿为主、强化防护绿地的多层复合结构基础上突出绿化景观的层次效果。

三是突出独立山体和"两门、八点"地段的景观标志性。

景观视廊控制—为达到显山露水、体现山地城市空间风貌特征的目的，划分山山视廊、山水视廊和山城视廊进行控制，对视廊总宽度、建筑高度控制提出明确要求。规划18条山—山视廊，控制宽度100m左右，确保能相互看到对方山体高度的2/3；7条山—水视廊，控制宽度100m左右，确保在对望点能够看到特定山体高度的1/3；9条山—城视廊，控制宽度50m左右，要求在道路末端的100m以外能看到对景山体高度的1/3。

山体生态保护—为积极保护山体生态植被，优化群落结构，突出山体景观的个性特色；采用加强山体的连通性、保护现有生态系统、完善生态网络结构，促进生态网络建设、恢复生态功能以及保护典型地方动植物、恢复植被多样性、防止水土流失、防止外来生物入侵等措施和手段来实现保护山体自然生态的目的。

3. 关键技术和创新点

城市山体景观保护与利用规划，在国内都还属于创新的规划，目前尚无相关标准和规范。

本规划坚持"整体控制与细部指导"、"保护优先与兼顾利用"、"突出特色与强化管理"的理念；在方法与内容等方面进行了创新性地探索，在四川省内是第一个试点先行；其创新点在于：

一是维系"千峰环野立，一水抱城流"的山水城空间格局，建立整体保护体系框架。

二是多因子分级分区保护控制。

三是制定廊道控制、功能组织、绿化布局、设施配置等子项措施，明确保护与利用的具体方式和要求。

四是划定绿线、制定指标，强化山体保护管理。

德阳市城市绿地系统规划及城市绿地防灾避险规划（2010-2020）

2011 年度中国风景园林学会优秀风景园林规划设计表扬奖

设 计 单 位： 四川省城乡规划设计研究院

承担所室： 风景园林所

项目负责人： 樊 晟

主 审 总 工： 罗 晖

项目主持人： 谢 蕊、张 唯

参 加 人 员： 蒋 旗、魏 薇、周瑞麒

1. 规划背景和过程

　　德阳市位于成都平原北部，是"5.12"汶川特大地震重灾区；震后修编了城市总体规划，城市规模和结构发生重大变化，城市的防灾需求强烈，通过城市绿地系统规划修编完善绿地结构，突出城市绿地的防灾避险作用。

　　本次绿地系统规划是依据住房与建设部《城市绿地系统规划编制纲要（试行）》对 2006 版《德阳市城市绿地系统规划》进行了修订、完善，并结合已经编制完成的中心城区部分控制性详细规划，对城市公园绿地进行绿线控制；同时补充了城市绿地防灾避险规划，使得本次修编的规划成果更加符合德阳市灾后的实际，更具有可操作性和针对性。

2. 规划主要内容

　　规划从分析入手，对上位规划、山水格局、地质灾害、绿地现状、发展需

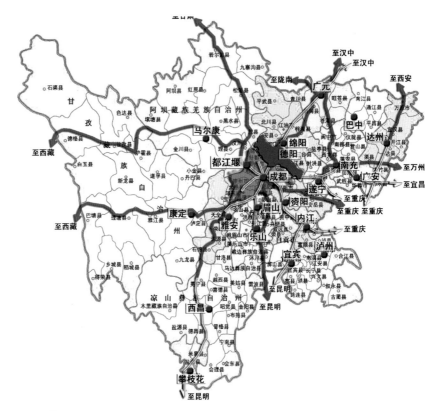

图 1　区位图

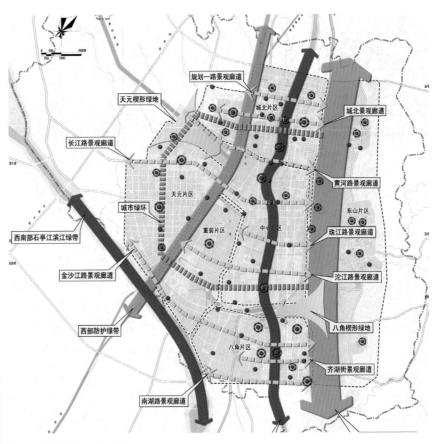

图 2　绿地系统布局结构图

251

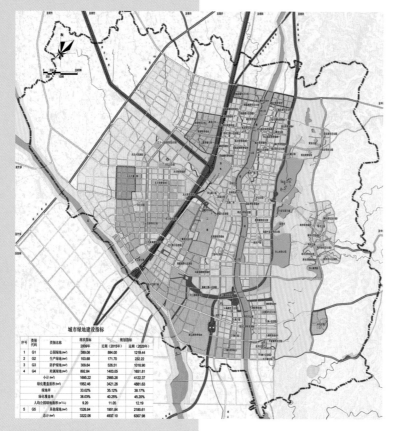

图3　绿地系统规划总图

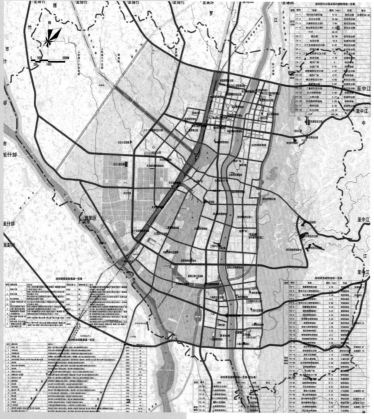

图4　防灾避险绿地规划总图

求等方面进行了深入分析，特别针对地震灾区和重工业城市，重点分析了城市绿地在"5.12"汶川特大地震中发挥的作用和不足，分析了城市灾害源的分布和扩散路径；在此基础上提出了对策和绿地布局，通过绿线规划明确用地，协调规划建设局落实了城市绿地的用地。

重建德阳市城市新的绿地系统结构。规划城市绿地系统"环状＋棋盘"结构，以道路绿带、防护绿带、成片公园绿地、滨水绿带形成"环状＋棋盘"状，以各级公园绿地以及防护、生产绿地、附属绿地构成"棋子"绿点，构成"一环四纵九横两楔多点"的城市绿地系统结构。

确定城市防灾避险绿地布局和配套设施。通过分析确定了德阳市面临的最主要的灾害为地震、洪灾、有害气体泄漏与扩散三种；在此基础上，确定了城市防灾避险绿地与城市里其他应急避难场所、防灾指挥中心、城市道路共同组成城市综合防灾系统，依托绿色疏散通道及城市其他干道连通防灾避险绿地和城市应急避难场所，形成"防灾避险绿地——城市其他干道——城市应急避难场"之间的联系，规划了"棋盘状绿网结合绿点"的城市防灾避险绿地结构。

3. 关键技术和创新点

（1）城市绿地系统规划与城市绿地防灾避险规划同步编制。

在城市绿地系统中，规划了防灾公园、临时避险绿地、紧急避险绿地、隔离缓冲绿带、绿色疏散通道等具有防灾避险功能的绿地；确定了 3890.15 万 ㎡ 的城市防灾避险绿地规模，将城市防灾避险绿地纳入法定规划。在规划编制的过程中，对《四川省城市防灾避险绿地规划导则（试行）》提出了反馈意见。

（2）规划对市域、城市规划区、城

市重点地段三个层面全覆盖。

本次规划从市域、城市规划区和城市中心片区三个层面分别作了市域大环境绿地系统—城市绿地系统—绿线控制三个不同层次的规划；使得城市绿地系统规划与规划管理相结合，即保证了规划的前瞻性，又突出了可操作性。

（3）注重了小沟渠的保护和临沟渠绿地的建设。

本规划对流经城市规划区的灌溉渠、泄洪渠均给予了保留，并将其两侧用地尽可能地规划为城市公园绿地、防护绿地和生态绿地，详细对9条沟渠分别提出了两侧绿地的控制宽度要求。

（4）单独编制了生物多样性保护规划。

在城市绿地系统规划的总体指导下，本规划尝试将"生物多样性保护规划"作为一个单独的规划内容，交由林业专业规划单位编制；再将其主要内容纳入到城市绿地系统中来，使生物多样性规划既专业，又具有法定规划的效力。

4. 规划实施

新建城北公园、青衣江大桥湿地公园；控制了城市规划区内沟渠的两侧用地不被占作他用，新增临沟渠小绿地；规划的主要防灾通道按规划得以修复和建成，包括：青衣江路、长江路西延线、东海路—阿德公路—绵竹、金沙江路西延线—金沙江路—金沙江路东延线、南湖路西延线—南湖路—南湖路东延线、泰山北路—泰山路—旌江大道、德中公路—东山大道—嘉陵江路东延—嘉陵江路—城西二路、规划二路等。

绵阳中心城区社区布点规划（2010-2020）

设计单位：四川省城乡规划设计研究院
承担所室：韩华工作室
主审总工：韩　华
项目主持人：伍小素
参加人员：侯方堃、叶云剑、李　毅、
　　　　　王　涛、蒲茂林、张　蓉

1. 规划背景和过程

随着绵阳市城乡一体化的推进和城市规模的快速扩张，中心城区的社区配套与发展就要求积极跟进。为了便于城市新区新增社区范围的划定及保证社区配套设施用地的落实，同时满足对老城区现有社区进行改善、完善、功能拓展等适应要求，受绵阳市民政局和绵阳市城乡规划局共同委托，我院承担了绵阳市中心城区社区布点规划。

本规划为我院承接的首个社区专项规划，在四川省和我院城市社区规划中尚属首创。本规划具有编制时间长、规划范围大、程序复杂、涉及面广、规划方案修改牵一发而动全身的特点。

2. 规划主要内容

（1）规划思路

从分析国内外社区规划和建设的经验模式，从中得到借鉴左右和启示；再调查研究分析社区布局和管理存在的问题，提出相应的解决途径；结合

绵阳的控规成果，寻求合理宜操作的社区划分及管理模式；合理配备和规划布局社区公共服务设施并落实社区管理用地。

（2）专题研究

由于没有相关类型规划的现成资料和可参考范本，为使本次规划成果得到支撑，规划专章研究分析了国内外社区发展历史和现状；参考和借鉴国内外社区职能及划分、规模及结构、标准及建设模式等方面的经验和对策；针对绵阳城市社区自身特点和发展需求，探索、找寻、规划出符合绵阳城市实际的社区规划体系和管理模式。

（3）规划范围

本规划范围为《绵阳市城市总体规划（2010-2020）》所确定的绵阳市中心城区的范围；由于绵阳市中心城区已实现控规全覆盖，本次规划范围亦即为绵阳市中心城区控规覆盖范围，涉及"绵阳市控规标准分区"确定的53个标准大区中的44个标准大区，包含：涪城区、游仙区、高新区、科创园、经开区、农科区、仙海区、科学城8个行政管理单元的27个街道办、镇、乡及园区；规划范围面积约283km²。

（4）规划重点

根据绵阳中心城区控规覆盖区域的用地布局规划，参照《绵阳控规标准分区（分区规划统一地块编码）》的分区及管理单元划分模式，结合绵阳社区现状实际和发展要求，确定社区规模标准；划定和调整社区边界；落实用地。

（5）规划成果

包含文字部分、总图（4张）和图则（38张）；涉及绵阳市中心城区263个社区的规模标准制定及布局；量化配置社区配套设施；定点定位落实社区工作和服务用房选址；图文（表）对应落实社区配套设施用地地块编号。

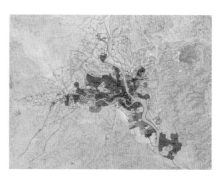

图1　绵阳市中心城区社区现状分布图

图2　绵阳市中心城区社区规划分布图

图3　塘汛镇辖区社区现状分布图

图4　塘汛镇辖区社区规划分布图

3. 创新点和关键技术

（1）首个社区布点专项规划

本规划开创了我院编制大城市中心城区社区布点专项规划的先河，其编制技术路线、理念、内容、操作模式及方法、成果内容深度等都属创新，形成了编制此类规划的基本框架体系，为今后开辟此类规划市场和实施操作打下了基础；

（2）兼顾规划部门和社区管理部门的双重要求

本规划的委托方为民政和规划两个部门，社区规划和管辖范围的划定既要充分对接规划部门《绵阳控规标准分区（统一编码）》的要求，并与控规管理单元的划分保持一致；又要便于民政部门对社区的划分和管理要求。规划成果同时满足城市规划及管理（规建局）与城市社区管理（民政局）两者的要求；由此，其成果就必须构建起便于社区管理、便于居民生活、便于城市管理、便于规划管理与控制的城市社区空间体系。

（3）解决了社区空间规划与具体实施操作的问题

深入调查分析绵阳中心城区现状社区管理部门的发展诉求、社区配套设施建设存在的困难、社区管辖范围特征等，形成现状分析结论；结合国内外社区规划和建设成功案例，以中心城区各片控制性详细规划为规划编制支撑蓝图，落实社区配套设施用地，梳理规整社区管辖范围。

（4）制定城市社区分区差异化配套设施建设标准

本次规划根据绵阳中心城区社区的现状及发展趋势，将城区分为旧城区和新区两类区域；将社区用房标准分为基础性标准和发展性标准，并针对不同区域按梯度进行标准配置，分别执行相应的社区用房建设标准。其中旧城区由于用地紧张，社区用房规模受限，应依照

图5 旧城区社区现状分布图

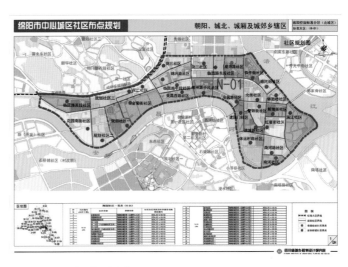

图6 旧城区社区规划分布图

基础性标准来建设；社区用房面积近期2015年按照400~600m²，远期2020年按照600~800m²配置；对于新区及有条件的社区依照发展性标准建设，社区用房面积近期按800m²配置，远期应达到1000m²。其他因城镇化进程加快、城市快速发展而被纳入中心城区的规划新区，为了保障规划新增社区用房面积留足留够，新增社区用房规划应一步到位，即规划新增社区用房建筑面积不低于1000m²。

（5）构建分区差异化社区建设模式指引

新区主要集中组合建设，选址位于服务区域的中心，交通便利的地点；旧城区则采取分散与集中相结合的模式。首先梳理整合、查缺补遗：以改扩建为主、适当新增以弥补不足；其次结合旧城改造集中建设，对于因旧城成片改造而有条件集中布置的地区，应将同一级别的配套设施集中布局，以体现节约集约的用地原则。

（6）信息管理便于动态调整

设立现代化信息管理系统。将社区现状、规划、建设、管理纳入统一的信息管理体系，以便能随时了解、掌握和跟踪社区发展实时变化信息，并以此为平台对社区布点及用地作相应地动态调整。

青海省黄南州泽库县环境整治规划

设 计 单 位: 四川省城乡规划设计研究院

承 担 所 室: 建筑市政所

主 审 总 工: 黄　喆

项 目 主 持 人: 杨　猛

参 加 人 员: 刘　丰、李尹博、罗显正
　　　　　　李梦姣、杨　靖、熊菲菲、
　　　　　　张　红、骆　杰

图1　民主路街道整治效果图

图2　东西大街街道整治效果图

1. 规划背景和过程

　　青海省黄南州泽库县位于青海省东南部,位于青、川、甘三省交界区域,是青川甘旅游环线的重要节点。泽库县具有独特的高原草原、湿地、森林景观,具有麦秀国家森林公园和日石经墙等省内著名的旅游资源,也是黄南州热贡文化长廊上的重要节点。随着高速路的修建,区域产业和经济将进一步发展。

　　泽库县城是泽库县的政治、经济、文化、旅游服务中心和县域最大的草原居民集中定居点,藏族人口90%以上。现状城市建设与环境存在建筑老旧、缺乏维护、风貌混乱、乱搭乱建、设施欠缺等问题,城市空间、人居环境品质较差,城市公服配套程度较低。本规划以承担区域旅游节点职能,发展旅游产业,提升藏民族同胞生活质量水平,建立和谐城镇为目标;以主要街道、公共空间和周边湿地为对象,对泽库县城进行综合型环境整治规划。

2. 规划主要内容

　　此次环境整治规划,以空间整治促进产业发展,空间整治改进民生,协调保护与发展、传承与创新、近远结合为原则,塑造具有高寒地区草原民族特色的城市新风貌。

　　(1)特色城市要素研究

　　建筑色彩——城市色彩是每个城市经过历史、自然和文化影响沉淀下来的特有属性。受到自然环境、建筑材料、文化审美、民族风俗等要素的综合作用,如欧洲历史名城都有着自身的代表色。因此城市色彩代表了一个城市的灵魂和记忆,寻找根植泽库地域文脉的城市色彩对泽库城市形象至关重要。本次色彩研究通过理性、科学的方式,用"色相比例、色彩明度、色彩重心、环境色"四个指标,对藏区经典建筑、泽库周边重要藏式建筑和泽库现状城市建筑的色彩作科学分析,找出泽库城市色彩的问题,制定符合泽库城市历史文化基因的色彩库。形成主色调、辅助色、点缀色组成的色彩系统。

　　建筑构件及符号——研究并选取适宜泽库历史文化和自然条件的建筑元素与装饰图腾。包括安多藏区、热贡地区藏族建筑的构件元素,藏传佛教、热贡艺术、格萨尔王装饰符号,适宜泽库自然条件的当地特殊建筑构件,以及现代藏式建筑的构成元素。以传承历史、进取创新为原则,融合传统性、地域性、

现代性。

（2）建筑风貌整治

整治街道包括泽曲镇空间功能架构中最重要的四条街道：东西大街、南北大街、民主路、王家路。根据四条大街不同的功能定位与环境景观，将四条大街风貌文化划分为四个主题，包括"藏文化风貌、现代生活风貌、现代行政风貌、五彩草原风貌"。

对公建、民居等不同类型建筑采取不同整治模式，公共建筑采用"一楼一策"的模式，街道民居采用"分段模块化"方式。突出重点建筑整治效果，同时全面提升整体城市面貌。

具体元素使用中，以传承和创新为原则，既要体现传统藏文化和地域文化，也要融合现代功能与元素，根据城市空间功能和性质，分类分程度运用现代和传统元素，塑造现代传统有机交融的创新形象。

（3）街道家具及其他设施

结合每条街道的总体风格特色，对人行道、路灯、公共座椅、路牌、公交站、垃圾桶、公厕、环卫亭等设施进行了风貌协调设计。包括材质、色彩及装饰图案等方面进行针对性设计，做到人行道与建筑及周边环境的有机协调。同时结合泽库县当地的气候环境，进行了针对性设计。

（4）湿地公园

规划充分利用城西、城北、城南外围的现状河流湿地和城内两条绿廊，以及区域内丰富而独特的湿地水系和草原自然生态资源，深度挖掘和传承独特的地域文化，将"草原文化"与"湿地文化"、"都市文化"相结合，以"勇敢泽库、浪漫泽库、吉祥泽库、五彩泽库、圣洁泽库"为主题，融合湿地建设、生态科普、草原户外运动、浪漫花湖观赏等功能为一体，优化利用原生态湿地环境，建设泽库县湿地公园。

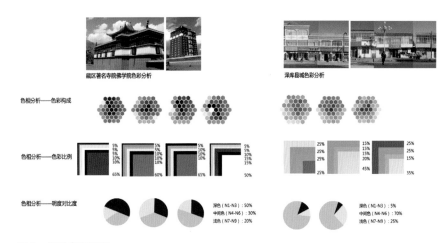

图3 色彩专题研究

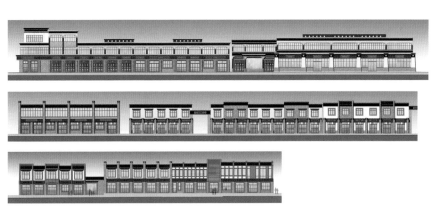

图4 街道立面整治设计图

图5 湿地公园鸟瞰图

3. 规划实施

规划通过深入挖掘民族文化、地域文化，为展示泽库县城市整体特色，提升城市空间品质，优化功能布局，美化城市环境，保护与开发生态湿地发挥了重要作用；作为成功的规划范例，也为高寒地区草原民族城市的建设提供了宝贵经验。目前泽库县环境整治工程正在按照规划实施，城市面貌已经得到了极大的改善。

合江县县域新村建设总体规划（2011-2020）

2013年四川省优秀城乡规划设计二等奖

设计单位： 四川省城乡规划设计研究院

承担所室： 胡英男工作室

项目主持人： 王亚斌

参加人员： 马晓宇、童　心、刘　琳、
张雪梅、李　强

合作单位： 合江县住房和城乡规划建设局

1. 规划背景和过程

　　合江县位于成渝城镇群南部，属川南城镇群范畴，是四川环渝经济区块的组成部分，川内重点发展的中小城市之一，处于泸州与重庆、宜宾的产业经济联系的主要通道上，产业、交通物流优势明显，特别是在长江航道整治等级提高后，合江更成了长江黄金水道上可通江达海的重要港口。

　　目前合江县经济社会发展速度较快，已进入了以工促农、以城带乡的发展阶段。为切实推进城乡统筹进程，解决农村建设中存在的建设用地粗放、规划缺位等问题，整合利用农房、基础设施、扶贫、移民等农村政策资金，保障新村建设工作有效开展，根据《四川省县域新村建设总体规划编制办法》，编制合江县域新村建设总体规划。规划已于2012年2月20日获四川省住房和城乡建设厅批复通过。

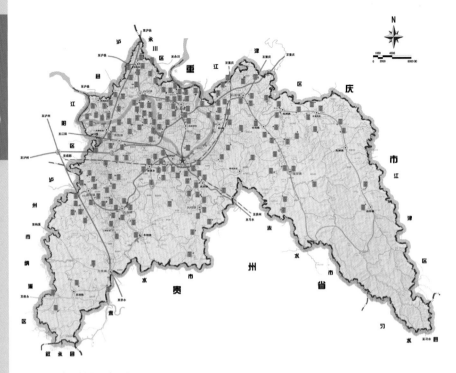

图1　县域新村布局规划图

2. 规划主要内容

　　规划科学建立了新村规模等级框架体系，重点从新村人口规模、用地规模、基础设施、公共服务设施、新村风貌、生态环境等方面进行了深入研究。

　　（1）调整县域功能定位和城镇化发展目标

　　确定合江县的功能定位为"成渝城镇群南部（轴）合作核心区，新兴港口经济增长区，西部化工城主要组成部分"。通过分析规划期内影响城镇化水平提高的关键因素，预测县域2015年城镇化率40%～43%，2020年城镇化率50%～56%。

　　（2）优化县域城镇体系结构

　　结合产业布局和产业结构调整，提出合江将构建起"一核三极两轴三区"的"1323"空间结构。即以县城（包括合江镇、榕山镇、实录乡、白米乡）为"一核"，以九支、福宝、白沙为"三个县域次级增长极"，以沿江（宜泸渝

一层平面图　　　　　二层平面图

▲ 传统川南民居典型户型一

一层平面图　　　　　二层平面图

▲ 传统川南民居典型户型二

图2　新村建筑风貌指引

高速）发展轴、泸赤高速发展轴为发展"两轴"，分别引导东部城镇发展区、中部城镇发展区、西部城镇发展区"三区"的发展。

全县城乡划分为一级中心城市、二级副中心城镇、三级骨干城镇、四级一般城（乡）镇四个等级，确定了各等级城镇的城镇人口规模，为提出县域新村人口合理聚居规模提供依据。

（3）合理确定新村建设规模

从经济发展、城镇化进程、土地资源的集约利用、村民对美好生活的追求、示范片带动、政策指引等方面提出了新村建设的基础动力、拉动力、可持续动力、内生动力、推动力等动力机制。在此基础上提出全县共规划 641 个新村，包括 33 个特大型、99 个大型、437 个中型、72 个小型新村。新村聚居农村人口约 29.87 万人，村民聚居度达到 64.9% ~ 72.5% 左右。按照人均用地规模 55 ~ 70m² 确定新村总建设用地规模，各村根据当地实际情况，适当调整。人均宅基地面积按 30m² 控制。

（4）合理布局新村空间结构

采用现场踏勘与资料分析方法，通过分析将合江现状农村居民点的分布模式分为"群聚状"、"线状"、"井字状"、"触须状"、"满天星状"分布，通过分析其形态特征、形成原因、分布位置、存在问题等，提出对应的新村建设空间优化指引，为下一步编制新村建设规划提供了建设参考。

（5）培育建设新村综合体

突破行政区划，选择空间接近、主导产业相似或互补的新村点共同构建新农村综合体，实现产业合作、基础设施统筹配置。以社区理念管理建设新农村综合体，采取统规统建、统规自建、统规联建等不同方式，因地制宜推进农房新建、改建、扩建和风貌改造。

（6）构建健康和谐的新村支撑系统

图 3 典型新村布局指引

按照新村规模、等级结构配置完善新村公共服务设施系统；以高速公路、等级公路建设为骨架，优化新村交通网络，加强与周边区县的重大交通设施的通联和整合；重视水资源利用、能源供应、给水、排水、电力、燃气等市政公用设施，提高县域新村整体防灾能力，形成安全高效、适合农村的基础设施体系和综合防灾体系。

（7）延续荔城文脉塑造新村风貌

提出合江新村的总体特色定位为"川南荔乡、传统民居、山水田园新村"。将合江分为三个风貌区，对核心区、协调区风貌进行了规定，对具体新村的选址、布局及路网组织、建（构）筑物造型、高度、色彩等方面进行了指引。在此基础上对六大景观节点所涵盖的新村从公共设施、环境设施、景观灯饰和硬质景观、树种选择方面又进行了更为具体的建设指导。

3. 关键技术和创新点

（1）以人为本，注重科学性和可操作性

在充分征求村民意愿的基础上，对拟建新村的选址、规模做出规划。长江两岸、西部、北部用地条件较好的乡镇，以大、中型新村聚居为主，而南部、东部山地地区则以中型新村聚居为主。

（2）城乡统筹，整体推进

新村布点与城镇和开发区建设拆迁安置相结合。做好城镇建设范围内的城中村或在城市开发区建设范围之内的城郊村规划布点。为方便村民与城镇的联系，实现城镇带动新村发展，符合城乡统筹发展的根本目标，新村布点在国道、省道、县道等交通干线两侧相对密集。

（3）强调规划协调，体现规划的综合性

与合江国民经济和社会发展规划、土地利用总体规划、城市总体规划、各镇（乡）总体规划、示范片规划及电力、交通等专项规划相衔接、与交通、水利等重点工程建设拆迁安置相结合，确保规划的综合性和整体性。

（4）建立新村建设动力机制

从宏观区域定位层面把握合江县域新村建设的主要动力、新村规模类型，使得新村总体建设符合合江县整体发展需求，有利于农民增收，促进城镇化、工业化、信息化、农业现代化"四化联动"机制的形成。

（5）对接产业，建设专业型产业新村

针对合江县的区域定位，将部分新村布置在工业园区、港口区附近，并在交通枢纽、交通便利的地区布局了以大型、中型为主的新村，为聚居村民提供就近的就业岗位，使之更好地参与地区经济发展，以促进专业新村的发展。

（6）传承文化，彰显特色

规划按照"区域联动、布局优化"的思路，强调对佛宝风景名胜区、佛宝古镇、尧坝古镇等风景名胜区、历史文化名镇的保护和利用，将新村建设迁出风景名胜区、历史文化名镇核心区，邻近的新村结合历史风貌特色进行新村建设。

4. 规划实施

规划已于 2012 年 2 月通过四川省住房和城乡建设厅审批并实施。

在本规划的指导下，已编制完成新村建设规划 126 个；建成新村聚居点 78 个，建成幸福美丽新村 10 个。规划范围内新建农房 3953 户，改建农房 7700 户，完成风貌塑造 3842 户。法王寺镇法王寺村、白鹿镇袁湾村、合江镇魏家祠、大桥镇莲花寺和密溪乡集中村等已展开新村综合体建设工作，分别完成了 560 万元、280 万元、430 万元、238 万元、301 万元的建设投资。共完成 39 公里道路建设，5 公里排污管网，15.6 公里电力设施；房屋建设完成 438 户。灵丹村、长江村、回洞桥村、赵岩村、胜坛中心村、三江幸福新村、大久村、流石村等人居环境建设重点村庄，在规划的指导下已积极展开治理工作，村庄人居环境正得到迅速提升。

叙永县城市排水（雨水）防涝综合规划（2012-2030）

2015 年度四川省优秀规划设计二等奖

设 计 单 位： 四川省城乡规划设计研究院

承 担 所 室： 胡英男工作室

项目负责人： 曹珠朵

主 审 总 工： 林三忠

项目主持人： 陈 东

参 加 人 员： 刘 琳、邱永涵、陈翰丰、
易 君

1. 规划背景和过程

城市排水防涝是事关民生问题和城市安全的重要工作，国家对此项工作高度重视，将其作为提高城市防灾减灾能力和安全保障水平、提升城市基础设施建设和管理水平的新型城镇化重大战略部署。

《叙永县城市排水（雨水）防涝综合规划》是在叙永县城市总体规划指导下的专项规划，同时也是《四川省城市排水（雨水）防涝综合规划》的组成部分，它对于确保叙永城市安全运行和维持城市良性水循环具有重要意义。为了全面落实《国务院办公厅关于做好城市排水防涝设施建设工作的通知》国办发【2013】23 号及四川省政府《四川省人民政府办公厅关于切实加强城市排水防涝设施建设工作的通知》办发【2013】31 号文件的要求，进一步加强对叙永县城市排水防涝基础设施建设的指导，特编制本次专项规划。

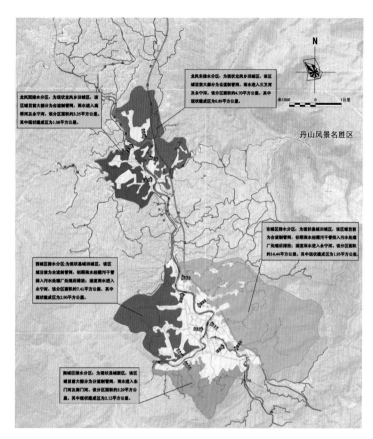

图 1 叙永排水分区图

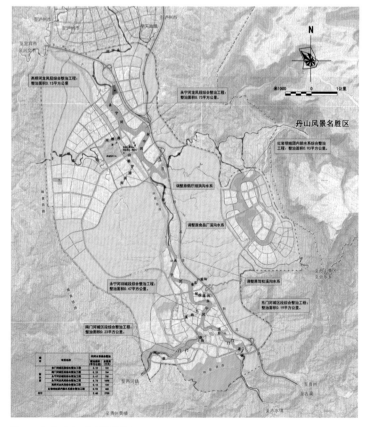

图 2 叙永内河治理规划图

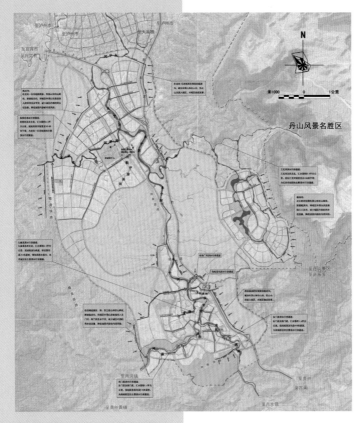

图3　叙永雨水行泄洪通道规划图

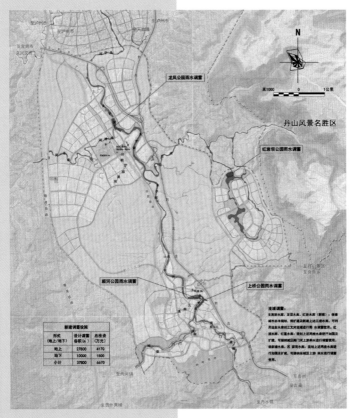

图4　叙永城市雨水调蓄规划图

2. 规划主要内容

由过去单一的"快排"模式、小排水系统转变为综合运用"LID"技术，实现源头系统、小排水系统、大排水系统相耦合、相协调的城市良性水循环，以便达到灰色排水设施转变为绿色排水设施的"海绵城市"建设目标。

（1）城市排水防涝现状及问题分析

通过对城市现状水系、现状排水分区、现状道路街坊竖向、现状排水管渠设施、现状易涝区等方面的调查研究，理清现状排水防涝的主要问题并分析导致城市内涝的主要原因。

（2）城市排水能力与内涝风险评估

对叙永县现行的暴雨强度公式进行评估，对现状城区下垫面进行解析，并对城市现状排水能力进行综合评估。根据内涝风险评估标准，对现状城市内涝分区进行划分，分别统计出各类分区的面积和比例，为下阶段的规划措施提供依据。

（3）规划目标及标准

本规划总体目标为建成较为完善的源头减量、过程控制与末端治理相结合的城市排水防涝工程体系。城市雨水管渠的重现期按2～5年取值，城市内涝防治标准为20年一遇。发生超过城市内涝防治标准的降雨时，城市运转基本正常，不造成重大财产损失和人员伤亡。

（4）系统方案

综合考虑"蓄、滞、渗、净、用、排"等多种措施相结合的方法，排蓄结合，建立绿色与灰色基础设施相结合的体系。

1）源头削减

拦蓄坡面洪水。叙永县城建设规划区域周边山体环抱，为减少外围山区雨水进入城区，采取修建截洪渠、环山堰以减少进入城区的雨水量；同时修建拦蓄设施并加大坡面植树造林，减小径流系数，削减源头雨水。

2）强化下渗

减小城区地表径流。根据叙永县城区地质特点及土壤情况，绿地是最好的渗透设施，渗透能力强，植物根系能对雨水径流中的悬浮物、杂质等起到一定净化作用。

3）蓄滞结合

结合城市公共绿地、防护绿地、广场、公园等景观需求，规划建设蓄滞洪、涝水的设施，在减轻城市洪涝灾害的同时，充分利用雨水资源。在雨季通过对降雨的集留、存贮，进行合理调用，提高雨水资源化程度，缓解雨水供需错位的矛盾，提高城市雨水资源利用效率。

4）下排畅通

统筹城市防洪水位和雨水排放口标高，新区建设保障在最不利条件下不出现顶托，确保城市雨水排出通畅。

（5）城市雨水径流控制与资源化利用

对城区径流污染控制、雨水资源化利用提出相应措施。针对城市公共区初期雨水污染治理一般采取路面渗滤处理、生态护坡、公园绿地等措施；对居民生活区初期雨水污染治理采取集蓄利用系统和屋顶花园系统。

（6）城市排水（雨水）管网系统规划

规划叙永城市新城区采用分流制排水体制，旧城区进一步完善截流式合流制。根据叙永城区城市水系、山脊分水线及排出雨水的受纳水体的不同情况，将规划区分成七个排水分区。排水（雨水）管网、泵站及其他附属设施根据各自的分区因地制宜地进行系统布局，设计深度达城市控规中工程规划的要求。

（7）城市防涝系统规划

本规划提出城市用地竖向控制、内河水系综合治理、防涝设施系统建设等

措施，以应对可能出现的内涝风险。同时加强与城市防洪设施的衔接，尽量避免雨水排放口倒灌入城区。

3. 关键技术与创新点

（1）注重现状调查，找准症结所在

在现状城区下垫面解析与内涝风险评估中，本次规划充分运用普查成果，通过 GIS 技术、遥感解析、图表分析等技术手段力求分析数据准确，结论科学。

（2）创新规划理念，强化蓄排结合

优先利用自然排水，全面推进"自然积存、自然渗透、自然净化"的海绵城市建设理念。在系统方案中，重点强调大排水系统及源头控制系统的规划，特别是针对叙永旧城管网改造困难的情况，更有现实意义。

（3）区域统筹规划，组团分类指导

在建立完善区域大排水统筹规划的前提下，根据城区各组团自然地形条件、水文地质特点、城市用地结构和现状建设情况等因素，提出分类指导要求。

各组团径流系数计算表　　表1

	综合径流系数（改造前）	评价	综合径流系数（改造后）
旧城组团	0.74	高于旧城0.7上限	0.68
红岩坝组团	0.47	达到规范要求	——
龙凤-石河组团	0.63	高于新区0.5上限	0.57

（4）完善雨洪防控，加强部门协调

本规划要求各部门要切实履行职责，统筹协调、各司其职，加大城市排水防涝设施运营维护方面的投入力度，加强部门之间协调，全面提升叙永城市排水防涝管理水平。

（5）明确政府主导，拓展投资渠道

明确政府主体责任，加大财政投入力度。完善政府与社会资本相结合的多渠道、多层次、多元化投融资模式，吸引包括民间资本在内的社会资金参与排水防涝设施建设。

4. 规划实施

在本规划的指导下，叙永县2014年开始分别对城区的东门河、南门河及永宁河进行河道综合治理，既提高了河道行洪、排涝能力，又丰富其景观功能。与此同时，结合三条河道的整治工作，实施了沿河敷设截污干管工程，沿河截污主干管长约9公里，管径1～1.5m管道。项目分三个标段建设，主要包括县城东城棚户区改造项目排水管网建设工程、府前街棚户区改造项目排水管网建设工程和公租房项目排水管网建设工程，项目总投资约5000万元，已于2015年底完工。

巴中市巴州区清风风景区环湖廉政文化公园规划

设 计 单 位：四川省城乡规划设计研究院
承 担 所 室：建筑市政所
主 审 总 工：黄 喆
项目主持人：杨 猛
参 加 人 员：李尹博、骆 杰、曹星渠、
　　　　　　吴 勇、杨 婧、郑辛欣、
　　　　　　游海涛

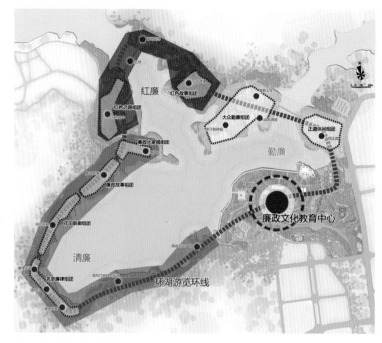

图 1 清风景区总体结构图

1. 规划背景和过程

巴中市位于四川盆地东北部，地处大巴山系米仓山南麓，全国第二大苏区——川陕革命根据地的中心，素有"红军之乡"、"川东北氧吧"的美誉。

清风景区位于巴州区化成镇化湖湖畔，距巴中城区约20km，化湖水体面积300万 m²，水质清澈、植被丰茂，清风景区是巴州区2014年重点建设的生态旅游景区，环绕化湖形成集生态服务、休闲旅游、现代农业、文化体验等功能为一体的生态旅游目的地。

随着清风大道与清风隧道的建设，清风景区将成为巴中半小时生活圈内市民日常休闲娱乐的新去处。

2. 规划主要内容

（1）总体定位

清风景区总体形象定位为"清风之源"，包括化湖之水源、生态之清源，廉洁之文源三层内涵。功能定位为"以培育山水田园生态为核心，以塑造廉洁美德文化为特色，以带动城乡统筹互动和共同富裕为目标，构建产城景村一体发展，文化、旅游、生产、生活、服务等多功能有机组合的特色文化生态观光休闲型5A级景区。"文化主题包括"清"、"红"、"勤"三大文化主题。

（2）规划结构

景区形成"一心、一环、三区、八组团"的总体结构，其中，一心指廉政培训中心与法纪教育基地形成的廉政文化中心；一环为环绕化成湖形成的6.6km生态绿道；三区指"清廉"、"红廉"、"勤廉"三大主题分区；八组团为名吏廉律组团、花田联廊组团、廉政故事组团、廉政大家唱组团、红色之路组团、红廉故事组团、大众勤廉组团八处步行参观组团。

（3）特色节点

清风景区结合"清廉"、"红廉"、"勤廉"三大主题分区和八处步行游览组团，设置形成了多处各具特色的文化旅游景点。

1）清廉组团

特色景点1"廉政互动广场"：依托法纪基地入口，在现状台地基础上建设形成以廉政互动体验为特色的小型广场。

特色景点2"清风竹林"：结合现状茂密植被，依山面水，形成在林间穿行的游览区域，以竹隐喻清廉之气节，沿游览绿道设置长500m的卵石健康步道，在观景节点设置木栈景观台、健身小广场，成为居民健身、慢跑、休息的绿色长廊。

特色景点3"名吏廉律"：该节点位于赵家湾村聚居点北部，水面广阔，视线开敞，是景区最佳的观景感悟之地，规划布局形成名吏廉律景点，包括廉吏长卷、廉律步道、清风台三部分，分别展示"廉之人物"、"廉之制度"、"廉之感悟"三大主题。

特色景点4"花田联廊"：由花田与联廊共同组成的特色景点。花田为面水坡地上的牡丹、栀子、菊、梅四个花田，隐喻清廉的高尚美德；联廊则收集和展示廉政名家的警言、对联与佳句，包括慎独廊、慎微廊、慎初廊、方正亭四个主题联廊。

特色景点5"廉政故事":廉政故事景点是巴中廉政人物、廉政部门、廉政活动、廉政成绩的展示区域,规划形成5处独具特色的"故事盒子",通过卵石石笼、垂直绿化、青砖拼缀等景观手段打造露天的生态展馆,形成串联在环湖绿道上的若干个特色展览厅,故事盒子之间设置"廉径",作为部门廉政文化的特色展示区。

特色景点6"廉政大家唱":结合地形设置廉政大家唱节点,在面向湖面的开阔草地上形成的大众文化活动场地,以条石和草坪形成生态看台,浮雕景墙作为背景,气氛自由而轻松。

特色景点7"廉政之光":在环湖景观节点设置观景灯塔,既是观水瞭望的最佳区域,也是景区的标志景观和夜景灯光的亮点

2)红廉组团

特色景点1"红色之路":以红色为景观元素,巴中红廉传统为内涵的景点,采用连续百米的红色座椅带、红色金属柱阵、大型川陕战役地刻等宏大的景观叙事手法,渲染红色场景。

特色景点2"红桥":联系化成老镇与对岸的步行景观索桥,以红色为主色,既是联系两岸的交通要道,也是横跨化成湖之上景区标志,无论从陆上或是水中观看,200余米长的红桥均是最吸引游客眼球的靓丽风景。

特色景点3"红廉花钟":红桥的对景节点,也是游客视线和游览体验的焦点,规划结合自然坡地,形成面向红桥的草坡花钟,花钟12个刻度对应为"义"、"勇"、"智"、"信"等川陕红色历史中的12种红廉美德,并沿花钟小径对应设置12种红廉美德故事的展栏。

特色景点4"红色故事":包括展示川陕名将的红廉广场,展现巴中红色印记、讲述红廉故事的红色故事组雕群,以及健康步道、观景栈道等,让游客在

图2 特色节点——廉政故事盒子

图3 特色节点——廉印广场

山水之间感悟巴中红色廉政的历史,实现以红促廉。

3)勤廉组团

特色景点1"廉影人生":主要通过戏剧剪影雕塑、剪纸雕塑、皮影雕塑等景观手法表现巴中地方美德传统故事,同时廉影广场打造为巴中大众休闲娱乐与文化活动的公共空间节点。

特色景点2"正本清源":以湿地水景为特色,以大众法制教育为内涵的"廉政进家庭"组团,包括静心湿地群、大众普法走廊、观鸟栈道等景观节点。

特色景点3"亲子勤耕园":勤劳坚忍是中华民族的传统美德,也是廉洁的基石。亲自勤耕园节点为培养少年儿童吃苦耐劳的品性提供了土壤,还能让孩子在劳作中学习农业基础知识,品尝耕

耘与收获的乐趣,同时也能在劳动中促进亲子感情。

特色景点4"人间正道":正气是激发人清廉自爱的根本推动力。正道音同政道,取谐音双关,意指为人从政都应该遵循正气的指引,方能凛然于世,无愧于心。正道景观序列包含清源水景、八德刻字、正道地刻、廉印广场等景点,用景观的手法诠释"正道"的内涵与感悟。

3. 规划实施

项目组对清风景区的建设进行了长期跟踪,对建设与实施过程中的绿化、道路、景观节点建设等各类问题进行现场协调,得到了业主单位的好评。

剑门关索道恢复重建工程对剑门蜀道风景名胜区剑门关景区的影响专题论证报告

2011 年度全省优秀城乡规划设计二等奖

设 计 单 位： 四川省城乡规划设计研究院

承 担 所 室： 风景园林所

项目主持人： 周瑞麒

参 加 人 员： 罗　晖、郭大伟

1. 论证背景和过程

剑门关索道恢复重建工程是《剑门关景区灾后恢复重建规划》确定的交通设施重建项目；是黑龙江省援建剑阁县地震灾区的重点项目，它的建设是为了落实和实施国家对剑门关景区恢复重建的措施，优化景区游览展示线路的需要，满足景区保护和展示所需要的重点项目。

由于迁址重建索道属于风景区内的重大建设项目，依据《风景名胜区条例》和《四川省风景名胜区条例》的要求，

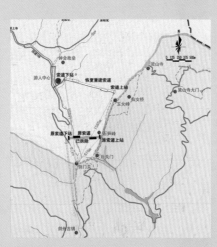

图 1　恢复重建索道位置图

266

需要编制项目对风景区影响论证报告，按程序报批后方可实施。

剑门关索道恢复重建工程位于剑门关景区志公寺片区，索道起于游客中心东北，止于杨家岩下，线路总长1037m，高差 280m，投资 2852.6 万元。

2010 年 1 月，受剑阁县剑门关景区开发建设管理委员会的委托，我院承担了剑门关索道恢复重建工程对剑门蜀道风景名胜区剑门关景区影响专题论证工作；随后，论证项目组现场踏勘了索道全线、上下站房选址及每一个支架柱桩点位，调查收集了景观、地勘、植被、人文等资料；详细研究索道选线与剑门关景区规划、灾后恢复重建规划的关系，得出索道建设可行的结论；并提出对景观、环境影响的减免措施等。

本专题论证报告于 2010 年 1 月经广元市规划与建设局组织市级相关部门和专家进行了初步审查原则通过；4月经四川省住建厅审查以议事纪要（第 16号）通过，2010 年 5 月由住房和城乡建

设部批复实施，2010 年下半年就投入了运行。

2. 规划主要内容

本论证报告基于灾后恢复重建工程的项目特点，结合风景区新的发展契机和未来发展趋势，重新整合风景区的游览线路、重点突出风景区的保护展示内容；论证恢复重建索道对风景区景观资源、景观视线、历史文化、古树名木、动植物、生态环境、居民社会等方面的影响。

主要内容包括：索道工程概况、景区受损情况、论证依据、目的、原则、法规符合性分析以及对景区的影响论证、结论、工程相关保护要求及建议等7 个部分。

工程概况部分重点阐述了工程项目的背景，项目建设的重要性和必要性，以及项目建设的地质条件。

然后分析项目建设的法律法规的依

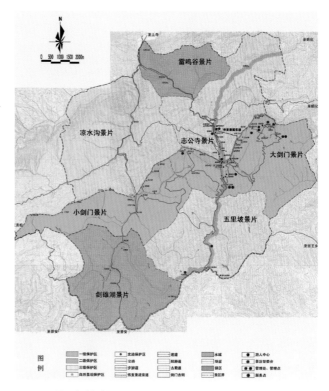

图 2　风景区保护分级图

▲ 从钟会故垒主导观景方向朝向剑门关，索道不处于此视线范围，次要观景方向朝向梁山寺，索道处于此范围，因此对钟会故垒的观景视线影响较小

玉女峰-仙峰观视角

▲ 从索道向玉女峰方向，由于索道提供了一处流动的观景点，使游客可以从峰下观赏玉女峰景点有好的作用 ▼ 从剑门关楼向索道方向，由于索道处于关楼观景视线坡向的背面且距离较远，所以几乎看不见索道

剑门关-玉女峰视角

图3 视线空间影响分析图

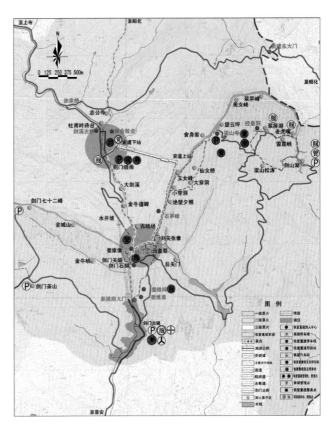

图4 游线影响分析图

据、提出论证目的和原则，得出项目建设在国家法律法规层面的可行性结论。

而后，分析了剑门关景区在地震中的受损情况，分析恢复重建工作中景区对索道恢复的急迫性和必要性。

然后采用分段评价的方式，从9个方面（政策法规、景观景点、观景视线、历史文化氛围、古树名木、野生动物、景观展示、生态环境、居民生活）定性与定量分析了拟建设项目对风景名胜区各方面的影响，并得出如下结论：

索道目前的选址建设符合风景区上位规划的要求，对景区的景观景点、历史文化氛围、古树名木没有影响；对观景视线、野生动物、生态环境和居民生活的影响较小，处于上述受影响的因子自身可接受的范围；索道建成后还可以优化景区展示线路，减轻剑门关关楼的旅游压力，从而促进景区资源的保护。因此，索道的选址是可行的。

3. 关键技术和创新点

该《论证报告》特点鲜明，论证报告成果符合《汶川地震灾区风景名胜区灾后重建规划》及《汶川地震灾区风景名胜区灾后重建指导意见》地相关要求，具备可操作性。

由于所处地理位置的特殊性，且位于剑门关关楼的一侧，其选址位置对关楼的景观视线影响程度大小，是其影响分析需要注意的重点。

本次论证采用了多种方法对景观视线的影响分析，如三维地貌图和现场实景照片相结合的方法，从定性和定量的角度进行分析，从而得出比较客观的结论。

4. 规划实施

新索道项目由剑阁县剑门关景区开

发建设管理委员会负责实施，于2010年下半年建成使用。

建成后，经过几年的实际运行看，有效地将景区的管理、保护和展示水平进一步提高，对景区的展示游览线路的优化尤为明显。

本次论证中，对景观视线的影响分析论证方法，也是首次采用三维地形和实景照片相结合的方法进行分析，对论证结论的科学性和客观性有进一步加强的作用，为以后编制同类型论证方案，提供了很好的借鉴作用和参考价值。

岷江航电老木孔工程对峨眉山－乐山大佛风景名胜区（世界遗产地）影响专题论证报告

2011 年度四川省优秀规划设计二等奖

设 计 单 位： 四川省城乡规划设计研究院

承 担 所 室： 风景园林所

主 审 总 工： 罗　晖

项目主持人： 余　飞

参 加 人 员： 熊　鉴、郭大伟、周瑞麒

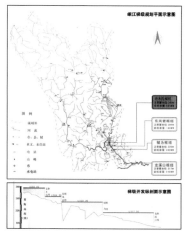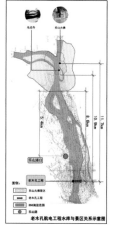

图 1　区位图

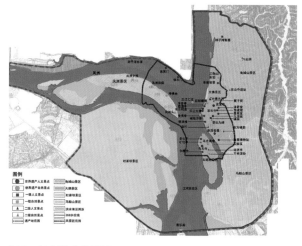

图 2　景点影响分析图

1. 论证背景和过程

　　老木孔工程是岷江航电项目的第一个梯级航电工程，其坝址位于乐山市五通桥区，距上游的乐山大佛 11.7km；工程以航运为主、航电结合，兼顾库区防洪、供水、旅游、环保等综合利用的需求；装机容量为 457MW。

　　老木孔工程建成后，景区水位将随着老木孔工程回水而升高，为研究论证老木孔工程回水对乐山大佛景区（世界遗产地）的影响，并提出相应的对策措施，2010年7月，我院承担了该项目专题论证工作。

　　2010 年 7 月项目组沿岷江东西两岸现场踏勘了任家坝、八仙洞码头、浩口码头以及老木孔坝址等处的沿线现场情况，调查收集了景观、文物、滩涂、居民、植被等资料，详细研究不同流量下回水水位线与天然水位线的关系；分析其对景区的影响。2010 年 8 月论证报告初稿征求了乐山市综合交通枢纽建设领导小组成员单位的意见，2010 年 9 月乐山市政府委托市航电办组织专家和市级各部门进行了《报告》的初审，同意通过本报告；2010 年 10 月 25 日，按四川省住建厅的综合审查意见，分别补充了356m、357m 水位对景区的影响分析，修改完成了专题论证报告交省厅复审，于2010 年 12 月 2 日经省厅复审通过。

2. 论证主要内容

　　本论证报告基于项目的工程数据指标，分析了其对风景区（遗产地）的资源点、景观视线、文物、生态环境、旅游接待服务设施、基础设施、居民社会、防洪等方面的影响。

　　整体上对项目工程进行分析，内容包括老木孔工程的概况；工作条件和内容要求；论证依据、目的、原则；法规符合性分析；工程对景区（遗产地）的影响分析；结论；相关保护要求及建议七个部分。

　　工程概况部分，重点阐述了工程项目的背景、项目建设的重要性和必要性，以及项目前期已经开展的工作情况。

　　工作条件和内容深度要求章节，重点分析了项目工程参数指标；结合乐山大佛所处位置，分析风景区与水库设计正常蓄水位线的关系，得出本次论证需要重点分析评价的内容。

　　而后分析项目建设的法律法规的依

据、提出论证目的和原则，得出项目建设在国家法律法规层面的可行性结论。

然后，针对拟设的三个蓄水位高程线，对风景区和乐山大佛遗产地的范围变化进行影响分析；进一步分析三个蓄水位线对风景区和遗产地的风景资源点的影响，通过数据测算和枯水期和丰水期的对比分析，得出三个蓄水位线对风景区和遗产地的资源点没有本质重大不利影响。

而后，分析因为水面高程的变化带来的景观视线的变化影响分析，通过对视线角度的量化分析，得出：在风景区的主要观景点位置（包括游船视点）和景点的景观轴线上，水位高程变化对景观视线影响较小。然后，针对三个蓄水位线的不同淹没程度，对风景区和遗产地的文物古迹、湿地生态环境、动植物、旅游及基础设施、居民社会、防洪等方面进行了量化分析并得出结论。

最终，综合比较后，得出了三个正常蓄水位线对风景区和遗产地的影响结论：设计蓄水位 356.00m、357.00m、358.00m 均都存在对乐山大佛景区有利和有弊的影响；三个设计水位对乐山大佛景区的影响仅仅是程度不同，但没有本质影响。

但由于设计蓄水水位的影响因素很多，需要进行各方面综合考虑，在下一步的设计中应研究各方面的影响因素，择优进行选择。

本论证认为老木孔工程 358m 设计水位原则上可行。但是，为了严格保护乐山大佛世界文化和自然遗产的真实性和完整性，应尽可能保持三江水域流动的流水景观，因此，建议老木孔工程常年按 357m 的设计水位控制运行。

最后，针对不利影响提出了减免措施和建议。

3. 关键技术和创新点

该《论证报告》关键技术点在于其

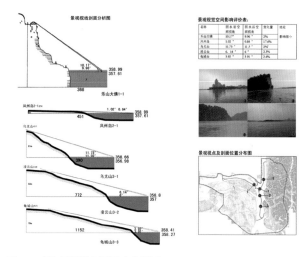

图 3　对景观视觉空间影响分析图

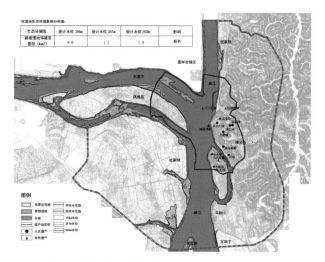

图 4　对景区湿地生态环境影响图

影响的前提条件是个动态变化的数据，即项目的工程可研报告给出的正常蓄水位线为三个数值，不同的蓄水位线对风景区的影响程度是不同的，需要同时对三个数值进行定性和定量分析；

针对风景区和遗产地的独有景观特色，重点分析了其对风景资源点和景观视线的影响分析，解决了工程可研报告中三个蓄水位线风景区的不同影响程度分析，得出工程可研报告中三个蓄水位线对风景区和遗产地可能影响的方方面面。

最后，根据三个数值的影响程度得出其在风景区和遗产地内的影响程度，

综合社会、经济等方面的因素，综合考虑给出建议数值。

4. 项目作用与水平

《岷江航电老木孔工程对峨眉山—乐山大佛风景名胜区（世界遗产地）影响专题论证报告》是我省第一次针对电站水库不同蓄水位线编制的对风景区和世界遗产地的影响论证报告，以往编制的论证报告，往往是工程可研报告给定的参数指标论证其可行性，对以后风景区和遗产地论证报告的编制提供了宝贵的经验。

1.11 镇村规划

西昌市安宁镇总体规划
（2013-2030）

2015年度四川省优秀规划设计一等奖

设计单位：四川省城乡规划设计研究院

承担单元：四川省城乡规划编制研究中心

主审总工：高黄根

项目主持人：陈　亮

参加人员：贾刘强、岳　波、安中轩、
　　　　　廖　伟、邓生文、姜重阳、
　　　　　毛　磊、陈　兵

合作单位：西昌市人民政府
　　　　　安宁镇人民政府

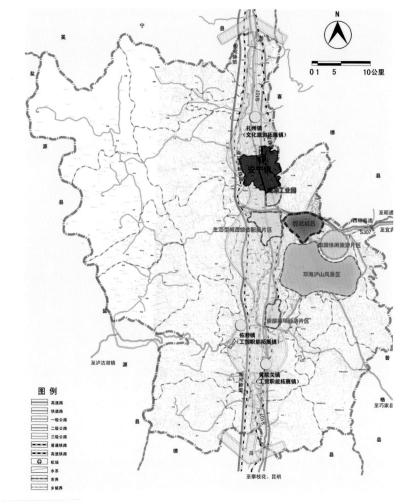

图1　区位图

1. 规划背景和过程

安宁镇位于凉山州西昌市的北部，距市区12公里、青山机场1公里；是凉山州唯一的"铁路、高速公路、机场"俱全的交通重镇；也是西昌市空港配套城镇和省级"成凉工业园"的主要承载地。

2013年，安宁镇列入四川省首批"百镇试点建设行动"的21个省级重点镇。随着四川省新型城镇化的加快推进、安宁河谷平原战略地位的提升、西昌城市的快速发展、成凉工业园的加快建设、区域基础设施的不断改善和《西昌市城市总体规划（2011—2030）》编制完成；一方面安宁镇面临了前所未有的发展机遇，另一方面97版《安宁镇总体规划》的规划期限至2010年，已存在着许多不适应和不足。

为了适应新形势和新要求，围绕四川省"多点多极支撑"和"两化互动、统筹城乡"发展战略，加快推进百镇试点示范工程，通过科学规划，引领安宁镇快速、有序、健康和可持续发展，特编制《西昌市安宁镇总体规划（2013-2030）》。

本规划于2013年7月开始编制，同年9月通过四川省住建厅组织的专家审查，2014年通过了西昌市城乡规划委员会审查，2015年经西昌市人民政府批准实施。

2. 规划主要内容

规划采取问题导向与目标导向的方法，科学客观评价原总体规划，以解决安宁城镇发展存在的主要问题为出发点；通过以攀西城市群为主体形态研究，充分把握安宁镇发展的区域宏观背景和资源环境禀赋，以强化安宁职能、塑造安宁特色、提升安宁活力为重点；优化城乡空间结构与城镇功能，推进产城融合发展，推动城镇转型升级；建设"小巧精致、绿环水绕、安静怡人、舒适便利"的新型小城镇。

规划安宁镇全域发展定位为："攀西阳光度假旅游区重要服务节点、安宁河谷特色产业基地、西昌市北部门户和空港现代服务基地"。

城镇性质为"西昌空港新城，成凉工业园承载地，宜业宜居的现代生态城镇"。

城镇化水平为近期（2015年）

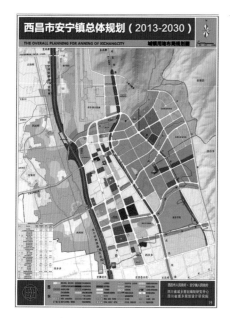

图2 城镇用地布局规划图

图3 区域规划布局衔接图

图4 城镇景观风貌规划图

65%、远期（2030年）83%；镇域总人口规模为近期5.5万人、远期9万人；镇区城镇人口规模为近期3.5万人、远期为7.5万人；镇区城镇建设用地规模为近期383.25hm²、远期801.95hm²。

规划镇域"东城西村、生态融合"的镇村空间发展格局，东部为产城一体的现代服务业和现代工业示范片；西部为产村相融的观光农业和旅游业示范片。

按照"组团式、生态化、微田园"理念，强调体现农村情趣，彰显地域文化特色；提出了新村建设和旧村落改造相结合的规划要求和措施。

规划镇区形成"两核两轴五区"空间结构。用地布局强调与西昌主城区、青山机场协调对接；构建多廊渗透、成组成团、成环成网的产城景相融的空间形态，形成集约高效的生产空间、山清水秀的生态空间、宜居适度的生活空间。

3. 关键技术和创新点

本规划在深入分析国内外小城镇特点的基础上，明确了安宁镇未来发展的

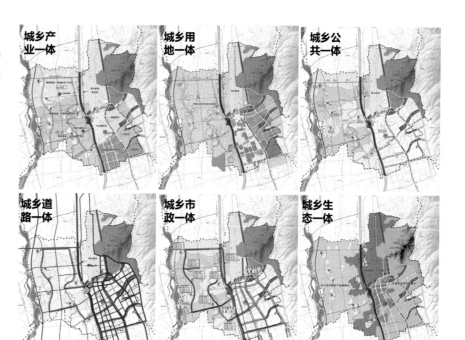

图5 城乡一体化规划图

特征导向；在创新规划理念和方法方面做了如下探索，对全省小城镇的规划建设具有一定参考价值。

融入西昌，无缝衔接—按照"同城同步"的原则，在用地布局、产业布局、重大基础设施和交通物流建设、生态建设、新村建设等方面，注重与西昌城市

无缝衔接，多层面优化城镇发展格局。

全域规划，统筹城乡—以全域规划视角统筹安宁城镇与乡村发展，提出协同规划城乡公共服务设施、城乡市政基础设施、城乡人口资源流动、城乡土地利用、城乡产业发展的"五协同"理念；构建了城乡产业与功能互融互补的一体

273

化发展格局。

山水文化、突出特色—遵循"显山亲水、以文营城"的理念，强化城市设计思路，将山水要素和地域文化元素组织到城镇绿地系统、景观风貌中；强调突破千城一面，体现空间形态精巧舒展、景观风貌特色鲜明、生态环境绿环水绕、游览体验安静舒适、生活服务多样便利的特征；凸显有别于城市的"小巧精致宜人"的小城镇特质。

生态优先，魅力营城—注重优先划定安宁镇非建设用地，强调保护利用四河、一田、一山的自然山水格局，通过构建"东山西田、四带串联，六廊贯通、多点渗透"的生态绿地系统网络，实现城在绿中、景在城中的景城融合。

产城一体，产村相融——以差异化和区域协作的思路确定安宁镇城乡产业定位；结合城乡特色产业空间，优化城镇格局和村庄布局，打造都市近郊型宜居城镇、田园景区型旅游新村；强调现代产业、现代基础设施、现代城镇、特色乡村"四位一体"发展。

4. 规划实施

本规划对安宁镇的发展具有较好的指导意义：首先，安宁镇人民政府严格按照本规划进行建设、实施和管理；

其次，在本规划指导下，安宁镇同步编制了全覆盖镇区的控制性详细规划，完成了北沟河绿化景观设计、大塘河岸线整治规划以及大量修建性详细规划工作；

第三，依据本规划，安宁镇启动了四河疏浚工程、天王山大道建设工程、川云路拓宽改造工程等建设项目，搬迁了老镇区牛马市场和小型村镇企业；引入了一批绿色食品、生物医药和装备制造企业进园，基本完成了产业的转型与升级。

得荣县俄木学村村庄规划（2015—2020）

2015年四川省住建厅精准扶贫行动的重要对口支援项目

设计单位：四川省城乡规划设计研究院

承担所室：城市规划所

主审总工：王国森

项目主持人：胡上春

参加人员：周瑞麒、秦洪春、杨　猛、
吴　勇

合作单位：得荣县扶贫移民局
得荣县规划建设局

图1　现状鸟瞰图

图2　总体鸟瞰图

1. 规划背景和过程

党的十八大以来，新一届中央领导集体把扶贫开发提升到了更加重要的战略地位，提出了"实事求是、因地制宜、分类指导、精准扶贫"的新时期扶贫开发方略。

为落实中央的精神，四川省相继出台了《四川省农村扶贫开发条例》、《四川省建立精准扶贫工作机制指导意见》等法规和文件，建立了厅局定向帮扶机制。2015年，甘孜州得荣县俄木学村被确定为省住建厅的"精准扶贫"对口试点。

为落实省住建厅的指示，扎实开展俄木学村精准扶贫工作，我院赴俄木学村开展现场工作。一是对村庄整体建设情况及风貌环境进行系统调研；二是开展了细致的入户调查和征集意见工作，对规划区内的15户贫困户进行了逐户调查，并系统听取收集了县、乡、村领导和村民代表的发展思路与建议；三是对规划区现状建筑、环境进行逐栋、逐点拍照建档，夯实规划设计基础。

我院协同四川省住房和城乡建设厅、四川省农业厅、成都中医药大学、得荣县扶贫移民局等单位共建具有示范意义的俄木学村"精准扶贫"项目，为指导俄木学村村庄建设和扶贫工作提供纲领性文件。

2. 规划主要内容

（1）精准调研，以问题为导向"精准靶向"

通过调研和走访，俄木学村的主要问题包括：产业基础薄弱，农民收入低。户均耕地不到4亩，有限的耕地其产出能力也有限。村民年均纯收入偏少，仅为4085元。农田供水无法满足，特色经济作物树椒种植规模小，效益低。"因

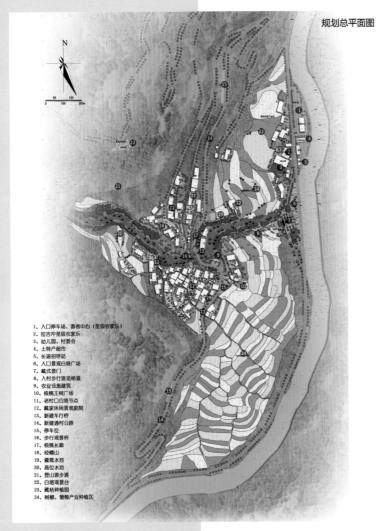

规划总平面图

1、入口停车场、游客中心（星级农家乐）
2、拉吉冲星级农家乐
3、幼儿园、村委会
4、土特产超市
5、长缨招呼站
6、入口景观白塔广场
7、藏式景门
8、入村步行游览梯道
9、农业设施建筑
10、核桃王树广场
11、老村口白塔节点
12、藏家休闲景观庭院
13、新建车行桥
14、新建通村公路
15、停车位
16、步行观景栈
17、核桃长廊
18、经幡山
19、灌溉水池
20、高位水池
21、登山游步道
22、白塔观景台
23、藏枯种植园
24、树椒、酿椒产业种植区

图3　规划总平面图

图4　村中心节点规划图

病致贫、因学致贫"现象普遍。基础服务设施不健全，集中反映在生产生活用水的保障和对外交通不便上。公共服务设施配套落后。村庄存在安全隐患，一半的农房建设年代久远（可追溯至新中国成立后的建设），且经历过地震损坏，建筑质量较差，需对建筑进行结构性加固。

（2）以产业发展为基础，促进农民持续增收

"精准扶贫关键扶在根上"。俄木学村贫困落后的根源在于落后的传统农业方式制约了村庄整体的发展。本次规划根据农业部门的产业发展意见，结合村民诉求，确定以高专精品农业的集中化、集约化、市场化发展为目标，逐步整合农户耕地，发展高原特色农业。以庭院经济和农业合作组织为经济带动，形成"产业园区＋小业主"的产业集群发展模式，打造"神山古村、藏源金椒"的旅游品牌，深刻挖掘俄木学传统村落和四兄弟神山的旅游资源，积极推动旅游发展。

（3）以基础设施建设为支撑，夯实发展基础

理顺俄木学村内外交通关系，打通南北入村公路，建设上下山步行道，满足村民出行需求。建设给水系统，增添净水设备。在每家已建设的厕所和淋浴房的基础上，继续完善污水处理系统建设，建设集中式一体化污水处理设备。完善入村宽带工程，满足特色农产品电商平台建设需求。设置垃圾收集点和垃圾处理设施。在定曲河谷建设太阳能光伏提灌站。结合俄木学村四季阳光充足的实际情况，考虑采用太阳能光伏路灯，鼓励各家使用太阳能热水器和阳光房，建设太阳能光伏通信基站和光伏提灌站。

（4）以村庄整治和农房扶贫为核心，改善村民生活条件

保护原始村落格局与环境，整治村容村貌，以山地田园为背景，以聚居点为亮点，通过保育高原的田园风光，塑造美

丽庭院细胞，体现生态美、村容美、庭院美、乡风美、生活美。使俄木学村真正成为"记得住乡愁、留得住乡情"的乐园。

1）体现"白藏房"的"得荣民居"建筑风貌特色。改造藏房使用功能，分离牲畜圈舍，加建冲水厕所、阳光房、改建、增设游客标间等。对建筑质量较差的农房，采取"灌浆、捆绑、扶根"等办法，对建筑进行结构性加固

2）以"微田园"的理念和手法处理村庄环境整治。在院落间或院坝内、屋前屋后种植核桃、藏橘以及其他瓜果豆菜，形成的一个挨一个、一群又一群的"小菜园"、"小果园"、"小核桃园"。院坝适当种植果树，采取夯土或木石铺装的形式铺设院坝。采用传统的煨桑、藏式经幡桅杆、白石等景观小品。使用条石、木道等自然材料铺设宅间路。以生态村落为载体，开展绿化建设，绿化覆盖范围包括泥石流冲沟、核桃长廊、村道、核桃王树广场等区域，通过绿化

种植，丰富绿化景观。

3）人畜分离。按照量力而行，循序渐进的原则，逐步将牲畜养殖分离出农房和村庄。建立养殖小区，进行统一规模化养殖。

3. 关键技术和创新点

将精准扶贫和旧村改造相结合，树立藏区美丽新村建设示范点。以旧村农房扶贫建设、环境整治和公共服务设施建设为思路的扶贫模式，是对藏区扶贫工作的进一步探索。以解决基础设施建设，方便生产生活为目标，把给水、排水、电力、电信等作为扶贫亮点工程，解决农民最迫切的问题。

4. 规划实施

规划制定了详细的扶贫项目库，目前俄木学村扶贫工作正以规划为指导，

稳步扎实地往下开展。

在2016年根据规划项目安排，已率先启动了一批基础设施工程项目，包括：俄木学村通村公路硬化工程，将俄木学村两侧的1.8km通村公路进行硬化；集中供水工程，新建集中供水站，配套供水管网2000m；农业灌溉工程。修建太阳能提灌站；垃圾治理工程，新建垃圾收集处理设施；改善住房条件。

根据规划对农房质量的调查结果，把符合条件的建卡贫困户住房纳入农村危房改造，修缮了贫困户的前院台阶。

产业空间布局调整得到实施，启动了特色农产品发展增收项目，以示范户为带动，发展乡村旅游。发展中、藏药材种植，由成都中医药大学组织专家，对俄木学村中、藏药材种植条件进行调研，进行试点。

苍溪县三会村连片扶贫开发园区新村建设规划

设 计 单 位：四川省城乡规划设计研究院
承 担 所 室：汪晓岗工作室
主 审 总 工：严 俨
项目主持人：汪晓岗
参 加 人 员：皮 力、张瀚文、高 原、
　　　　　　常 飞

图1　二组新建聚居点透视效果图

图2　沈家塝新建聚居点鸟瞰图

1. 规划背景和过程

在国家层面大力推动"农业现代化"与"精准扶贫"的政策导向下，四川省级层面提出了加快推进农业主产区"四化统筹"发展与建设"精准扶贫示范村"的具体目标。三会片区(三会村,马虹村,双树村)作为省委组织部的对口帮扶连片村落，必须按照"精准扶贫"的要求进行规划编制。

基于上述背景，确立了以规划先行，党建引领，项目落实，组织保障为路径；以农业现代化发展为支撑，以促进农民就地就业，盘活农村集体建设土地资源为目的；推动现代化农业向优势区域集中，人口以社区为单位集中，土地向规模经营集中，着力提升农业综合能力，构建适应现代农业发展要求的经营体制与机制，切实解决三会片区贫困根源；为四川省"精准扶贫"发展做好探索示范。事实上拟采用由企业扶贫带动新村建设，通过统筹培育连片产业，建设乡村文态、提升乡村生态，创建产业、生态、人文共享示范村。

2. 规划主要内容

（1）双层目标

"精准扶贫为保障"、"乡村旅游作提升"

保障层次：由企业扶贫带动新村建设，进行三会连片整体产业统筹发展；打破村级行政边界，带动基础设施建设，改善现状道路与水、电、燃气、通信等基础设施条件，建设服务配套齐全的聚居点，为生产、生活的发展提供基本条件；发展规模化猕猴桃种植，辅以先进技术和智慧化管理，鼓励村民参与，增效与拓展一产作为农民生计保障，实现普遍减贫、精准脱贫。

提升层次：在乡村旅游成为全国旅游发展新增长点的背景下，结合三会片区保存较好的川东北土坯房聚落资源优势，整治提升村庄环境，策划农村休闲体验活动，打造农事景观，并建立游走系统，合理配置乡村旅游要素。让三会片区在集中扶贫建设之后能建立自身造血机制，实现可持续的进一步的增收致富。

（2）两大定位

对接保障目标定位为"国家"精准扶贫+现代农业产业"示范园区；对接提升目标定位为"村庄、田园、山水"无边界高度融合的人文生态旅游示范乡村。

（3）产业规划

规划充分贯彻"产+村+文"有机结合，多层次环境综合整治，"生产+旅游"导向的规划理念。搭建"一产增效、二产配合、三产拓展"的新型产业结构，帮助农民实现减贫脱贫，增收致富。

一产增效：夯实农业基础、引进业主承包土地1600亩种植特色农产品——猕猴桃种植，发展优质粮油800亩，发展核桃种植300亩，发展生猪规模化养殖两处，肉牛规模化养殖一处，生猪、土鸡适度规模养殖户60户，发展畜禽家庭牧场9个，并通过机械化生产和智慧化管理，提升农业生产效率，切实提

高农民收入水平。

第二产业配合：结合第一产业、第三产业规划初步发展，成为旅游业的辅助产业，纳入整体产业链，例如先行推广发展家庭作坊，进行部分农产品粗加工（如猕猴桃酒酿制，猕猴桃干制作与礼品包装，乡土插花等）。

第三产业拓展：积极寻求新型城镇化背景下的城市反哺农村的发展路径，保持村庄面貌、改善村庄环境、发展乡村旅游提高村民收入。主要利用农宅置换改造的休闲主题农庄约10户，可提供30间客房；利用农宅置换改造的休闲生活设施，涉及30户农宅；村民自发利用农宅扩建改造的经营性服务设施，涉及20户农宅。

（4）空间布局结构

除基础设施规划外，组织新建聚居点，引导村民改善落后生活条件；配套公共服务设施，为村民提供便利的医疗、培训等服务；提供进行体育锻炼的运动场地；同时，保留具有旅游观光价值的土坯房聚落，综合整治村庄环境，为村庄旅游发展提供人文资源素材。

充分调查，不搞大拆大建，在尊重现状自然形成的"小聚落＋散居"的居住形态的基础上改善提升村民的居住条件与安置扶贫；规划形成6个新建大型聚居点为核心，9个中型自然聚居点为补充，小型散居点为点缀的"有限度聚居"空间布局结构。

新建聚居点以满足三会片区村民生产生活需要为出发点来进行选址，以村民诉求为切入点，合理设计新建住宅套型并结合周边生态环境进行科学布局；配置完善的生产、生活配套设施，形成"林盘旁种房子，田园中长房子，借山色，造水景，看梯田"的聚居点新风貌；

同时，针对中型自然聚居点与散居点提出综合环境改造引导；以"少改建筑，只改危房；门前屋后环境整治；微

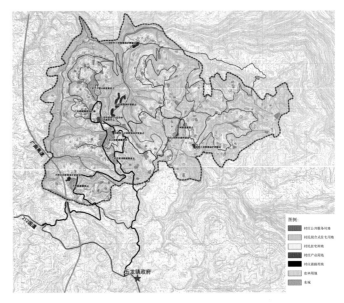

图3　三会连片用地布局图

田园丰富乡土特色"为原则提出经济化改造措施：

为了保存村落原生乡土聚居记忆，展示三会片区传统聚居风貌与特色，规划选取片区内5个聚落形态较好具有代表性的土坯房群进行集中保护，功能置换与更新利用并提出了有针对性的引导改造措施、开发主题、重点工程与景观特色。

功能建筑层次上：规划打破村级行政界线，以"1+N综合体"形式来统一建设一处管委会，布置于三会聚居点中心位置，提供园区村民日常生产生活配套服务；为传承和发扬"三会文化"中的"文昌会"，为三会村的人文承袭和文化产业提供条件，拟于三会村一组范围内，山体的南向缓坡地块。选址建设一处文昌书院。

3. 关键技术和创新点

（1）连片统筹建立农村新型社区

现代农业的连片培育与乡村旅游的统筹发展将打破传统村落现有的生产、生活组织关系，传统村落的行政边界逐渐失去意义；三会片区规划整合了三个

村的经济社会体量，以三会村为活动中心，共同形成从事农业的社会共同体，未来片区将形成新的连片经济、政治、文化关系组合，最终建设成为农村新型社区，彻底实现农业生产方式的转变、农民生活方式的转变和农村生态景观的转变。

（2）因地制宜建设有限度聚居结构

现状以"散居＋小规模聚居"为主要居住用地特征，规划在传承村庄生命机制（家族、生活方式、群际关系链、记忆）与尊重村民意愿的基础上，以项目落实与具体实践为考虑。因地制宜制定了"大型新建聚居点＋自然聚居点＋小型散居点"的有限度聚居的居住结构；以基础设施建设先行覆盖大型新建聚居点，逐步引导覆盖自然聚居点为措施进行实践性强、操作度高的有序扶贫提升。

4. 项目作用与水平

县政府在规划的指导下，通过对现有资源的整合、产业结构的调整、旅游项目的引入等多方面入手，进行整体打造；该项目目前正通过规划引导进行具体建设。

甘孜州稻城县香格里拉 "一镇两村"规划设计

2013年度四川省优秀城乡规划一等奖

设计单位: 四川省城乡规划设计研究院

承担所室: 胡英男工作室

项目负责人: 樊　晟、刘先杰

主审总工: 罗　龙

项目主持人: 钱　洋

参加人员: 刘　丰、易　君、周　垒、
童　心、余小虎、骆　杰、
陈俊松、刘　磊、秦洪春

合作单位: 四川省稻城县人民政府

1. 规划背景

2011年"大香格里拉旅游区"被国家旅游局列为"十二五"期间大力培养的旅游功能区之一,并确定为十大国家旅游线之一。同年8月,时任省委书记刘奇葆在甘孜州调研时指出:要打造"北有九寨黄龙、南有稻城亚丁"的四川藏区旅游黄金品牌。

为落实省委省政府关于编制金沙

图1　稻城亚丁风景名胜区仙乃日神山

280

图2　香格里拉镇生态主题酒店聚落效果图

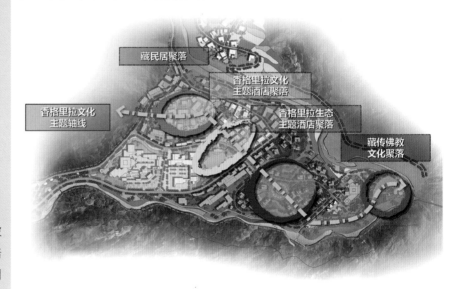

图3　香格里拉镇呷拥片区结构图

江流域大香格里拉生态旅游区四川板块系列法定规划的指示,以适应区域经济地位的提升和空间结构的重组,构建世界级的旅游吸引物和服务体系,协调城镇快速发展与原生态文化景观保护的矛盾,2012年5月,启动编制稻城县香格里拉"一城、一镇、两村"规划。

2. 规划构思

（1）发展目标

大香格里拉核心区旅游服务金三角之一、大香格里拉核心区旅游精品小镇。

（2）发展定位

形象定位:消失地平线上最后的田园小镇。

功能定位:旅游服务基地和旅游集散中心。

（3）规划构思

以景梳镇、以景梳村、镇村一体、文化感悟。

规划充分维护并展现"怀山抱水忘情园,香格里拉乌托邦"的形象与内涵。以"生态化、民族化、国际化"为核心发展理念,展现最后的"香格里拉"秘境;尊重自然,建立人与自然的和谐关系;

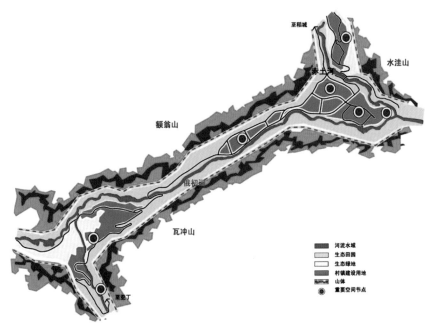

图4 规划空间结构图

图5 香格里拉镇呷拥片区平面图

传承文化，体现当地藏民族文化特质。

3. 规划内容

（1）香格里拉特色空间结构

香格里拉镇形成"两水造化，三山仙境，四区互动，七星卧斗"的城镇空间结构。

（2）香格里拉特色水系与绿地

以香格里拉特色水系与绿地作为串联生态和文化景观要素的独特线索，形成纵横交错贯穿于整个镇区，"绿网＋蓝道"的绿地水系漫游网络。

"蓝道"构筑：依托街巷村落景观水系、滨河慢游绿道、主题文化展示等方式对两河进行水体整治，打造街巷水系、俄初河水景观等特色水体景观。

"绿网"构筑：规划有机地利用山地生态绿化、林卡、青稞田园、滨河绿地、绿化广场、微庭院六大要素，形成本底、廊道、斑块绿地系统。

（3）香格里拉特色景观格局

规划通过"香格里拉生态和文化"研究，将自然景观、人文景观、城镇建

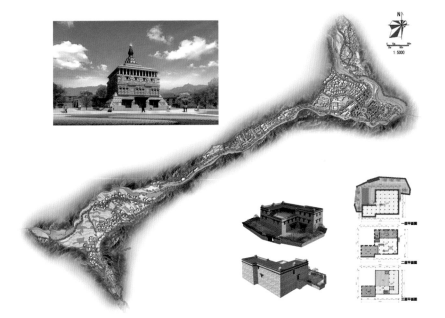

图6 香格里拉镇总平面图

设相融，形成生态优良、文化特色显著的景观城镇。

规划以香格里拉祥和塔为核心景观控制节点，统领7处景观控制节点，包括日瓦神坛、香格里拉广场、和谐广场、洛克广场、土司官寨、热光经堂、仁村村庙，同时通过对街巷、村落、院落的

梳理和整治，形成串联城镇的完整慢行绿道网络。

（4）香格里拉特色交通

结合香格里拉景观要素打造特色慢行系统，交通方式包括近、中距离的观光自行车、电瓶车、步游道、绿道和骑游道。游人可通过特色交通系统感受香

格里拉风土人情、自然生态和主题文化体验。

在硬件建设之外，建立面向旅游的数字交通系统，包括三级交通诱导系统、紧急事件管理系统、慢行交通管理系统，为城镇提供适应现代旅游需求的智能交通平台。

（5）统筹香格里拉旅游服务设施

根据景区极限日容量、高峰日游客数量及平均逗留天数，计算出景区所需床位数，严格控制香格里拉镇（呷拥、沿河、热光和仁村）最大床位数量，接待床位缺口在金珠镇和香格里拉镇周边村庄提供。

4. 规划特色

在继承传统藏文化特征、审美特征、造型特征的基础上，赋予时代特征，在现代规划设计中展开对理想中的香格里拉圣境的热烈追求。

项目构建了一套特色规划方法体系：多层次区域背景研究，明确香格里拉镇的目标与定位；广域型地域民族文化研究，探索香格里拉镇文化定位、塑造品牌；可持续生态环境优化，构筑支撑城镇发展的生态安全格局；创新性规划功能布局，打造"金沙江流域大香格里拉国际精品旅游目的地"。

图 7 香格里拉镇鸟瞰图

图 8 稻城亚丁风景名胜区央迈勇神山

叙永县水潦乡彝家新寨详细规划

2015年度四川省优秀城乡规划二等奖

设 计 单 位: 四川省城乡规划设计研究院

承 担 所 室: 胡英男工作室

项目负责人: 刘先杰

主 审 总 工: 黄　喆

项目主持人: 易　君

参 加 人 员: 胡英男、钱　洋、余小虎、
　　　　　　　骆　杰、邱永涵、陈瀚丰、
　　　　　　　曹珠朵

合 作 单 位: 四川省人民检察院
　　　　　　　叙永县人民政府

1. 规划背景

四川省委省政府结合实际、创新活动形式,构建"走基层、挂包帮"全覆盖格局。实施扶贫攻坚,打造特色村寨。

按照省委统一部署,省高检对口叙永县水潦彝族乡少数民族贫困山区进行重点帮扶活动,特请我院开展此次彝家新寨详细规划,为当地社会经济发展、群众脱贫致富、少数民族村民居住生活改善做出重大贡献。

2. 规划现状

彝家新寨位于水潦彝族乡海涯村第四组,赤水河上游北岸,鸡鸣三省的地方。历史上是土著彝族先民生活所在地,现状是一个纯彝族同胞聚居村落。

村寨在农耕文明进程中积累了丰富文化遗存。这里保留着元明时期永宁宣抚使的奢家屋基遗址、古祠堂、古渡口等历史遗存,旅游资源种类众多。

最为突出是非物质文化遗产资源,拥有省级非遗三项、市级两项、县级一项。

3. 规划研究

(1)研究一:川南彝族民俗文化及非物质文化遗产研究。

海涯村村落物质文化底蕴深厚,非遗文化传承十分完整。这些民俗或手艺,是村落的文化传统,也是村民们的生存所系和情感寄托。

(2)研究二:彝族聚落空间特色及传统村落格局研究。

海涯村原始崇拜的彝族先民具有"向心凝聚"的"同"态模式理念。从古彝文"群体"字意,古彝人的仪式活动,到古彝族村落建筑空间形态都体现出"同"态模式结构。大分散、小聚居的聚落组团也多因地形条件而形成葫芦藤脉的选址意向。

(3)研究三:彝族传统建筑研究。

通过对川南彝族民居的平面形式、立面处理以及整体环境风貌系统性的研究,海涯村属川南地区彝族建筑风格,与云南、贵州及大小凉山的彝族建筑风格有一定的区别,带有明显被"同化"后的川南民居地域特色。

(4)研究四:水潦乡彝家新寨资源承载研究。

当今社会进步在带给农村经济发展、劳动力解放的同时,也带来了许多负面影响,如何保护千百年来遗留下来的乡土风貌和文化景观,延续人们的家园认知,是此次规划编制的关键。彝家村落的可持续发展,必须注重传统文化的保护。

图1　彝家新寨规划总平面图

图2　彝族村落"同"态模式和葫芦藤脉选址示意图

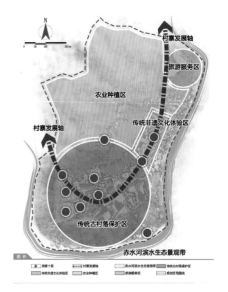

图3　规划结构图

4. 规划主要内容

(1)规划目标定位

赤水河流域第一彝寨、省级休闲农业和乡村旅游发展示范村。

图4 彝家风情园街景效果图

图5 太阳广场效果图

图6 传统彝家院落风貌改造效果图

（2）功能定位

叙永县南部赤水河流域门户村寨、水潦彝族乡彝族非物质文化传承村寨。

（3）形象定位

诗意海涯、魅力彝家。

（4）规划构思

规划充分维护并展现"诗意海涯、魅力彝家"的形象与内涵。以"文脉传承、景村一体、四态融合"为核心发展理念，追根溯源，展现川南彝寨村落特色；尊重自然，建立人与自然的和谐关系；传承文化，体现川南彝族民族文化特质。

（5）规划结构

根据彝族传统村落"同"态模式和葫芦藤脉选址特色，规划形成"一轴一带四区十点"的规划结构。

"一轴"为彝家新寨发展轴，主要依托村寨主要道路发展；

"一带"为赤水河滨水生态景观带；

"四区"指传统古村落保护区、农业种植区、传统非遗文化体验区、旅游推展区。

"十节点"指彝家新寨发展营造的十大景观。

（6）分区及重要节点详细规划

传统古村落保护区："同"态聚落空间主体，向心凝聚、依次串联多个重要景观节点。

传统非物质文化遗产体验区：建议远期新建，兼具居住、商业旅游、非遗传承及民族技艺交流等综合功能。

农业种植区：以独具特色的民俗村落种植景观营造村寨空间观览环境。

旅游服务区：结合大桥建设，满足游客增长需求，配套多元化旅游服务设施。

赤水河滨水生态景观带：近期与现状村落形成完整旅游环线，远期延伸至新建风情园，营造一个完整美好的赤水河滨水生态乐活景观。

同时塑造了西寨门、桃李观光园、

彝家太阳广场等十个重要景观节点。

5. 特色创新

构筑"四大系统一个机制"的特色创新。

（1）保护川南彝族村落空间格局，打造特色空间系统。

规划提出彝族传统聚落"同"态模式和葫芦藤脉选址特色，并在此次规划中加以实现。

（2）建立基于重要节点"旷奥度"分析的村落空间管制系统。

梳理传统民居遗存，以奢香夫人民俗博物馆为空间核心，结合景观动态视觉感受"旷奥度"分析，划定传统古村落保护区范围，同时叠加周边环境影响因素，确定村落空间管制规划。

（3）组织非物质文化遗产保护与展示的村落文化展示系统。

分解各类民俗活动步骤流程以及时令节气，与村落场所有机结合，形成民俗文化、宗教文化、婚庆文化、滨水生态四条彝族文化展示系统。

（4）营造传统特色建筑聚落、塑造川南彝族民居建筑风貌。

通过对现状建筑分类梳理，确定传统风貌保护修缮建筑、风貌整治改造建筑、新建川南彝族风貌建筑等三种有机更新类型。

（5）建立"文化扶贫"机制，进行村落旅游开发产业规划。

本着政府主导、专家参与、村民受益的原则，修复村落的文化生态，留住村民，留住手艺，避免空心化。建立"文化扶贫"机制，进行村落旅游开发产业规划。

重视发现、培养乡土文化能人、特别是非物质文化遗产代表性传承人；鼓励民族文化进校园、进课堂、进村寨；鼓励少数民族文化工作者和社会各界人士参与村寨文化建设和群众文化活动。

6. 规划实施

规划已于2014年12月通过叙永县人民政府审批并实施。彝家新寨立刻进入紧锣密鼓的村寨保护更新实施进程中，对村落环境、重要场所以及建筑风貌进行综合整治，基础设施建设全面启动。

"幸福美丽新派克"阿坝县安斗乡派克村规划

设 计 单 位： 四川省城乡规划设计研究院

承担所室： 胡英男工作室

项目负责人： 刘先杰、曹珠朵

主 审 总 工： 罗　龙

项目主持人： 陈俊松

参 加 人 员： 胡英男、童　心、唐　剑、
邱永涵、刘　琳、沈　阳

合 作 单 位： 四川省审计厅
阿坝县城乡规划建设和住房保
障局

1. 规划背景和过程

建设美丽乡村是社会主义新农村建设的一个有效载体，美丽乡村的美丽包含两层意思：一是指生态良好环境优美布局合理设施完善，二是指产业发展、农民富裕、特色鲜明、社会和谐。具体包括四个层面的美：规划科学布局美、村容整洁环境美、创业增收生活美、乡风文明素质美。

图 1　区位图

序号	项目	工程量
1	新建村委会	250平米
2	新建农业设施用房	3600平米
3	民居风貌整治	78户
4	经堂风貌整治	400㎡
5	新建旅游设施用房	720平米
6	新建民居部分	6户

图 2　村庄居民点总平面图

开展幸福美丽新村建设，要坚持统筹规划，成片推进。把新农村建设与推进扶贫开发和实施"四大片区扶贫攻坚行动"结合起来，统筹规划产业发展、基础设施和公共服务，保持高原农居特色的风貌，体现地方民居特色，注重文化传承和生态保护。

省委、省政府决定在全省开展幸福美丽新村建设，就是要围绕助农增收、脱贫致富这个核心，以新农村综合体和聚居点建设、旧村落改造提升、传统村庄院落民居保护修复为抓手，建设业兴、家富、人和、村美的幸福美丽新村，推动形成城乡一体化发展新格局，确保偏远农村地区与全省同步全面建成小康社会。

2. 规划主要内容

规划研究了派克村所在的安多藏区的传统文化、传统院落肌理、建筑风貌、建筑结构等，梳理了阿坝县旅游资源，并从乡域交通统筹、资源评价、产业空间布局、综合体规划、村域基础设施统

筹等方面进行了村域统筹规划；从规划措施、规划布局、道路与基础设施规划、防灾规划、村容、村貌方面进行了村庄居民点规划。同时确定了建筑及景观风貌导则。

乡域形成"Y"形县道交通结构，对村落周边旅游资源与景观要素进行了打分评价，提出通过人文小环线将周边四座寺庙与县城串联，通过河谷景观串联农牧区与莲宝叶则风景区，依托派克村村落形成山林穿越游。产业上构建"一三互动，二三联动"的产业结构，将牧业为主、农业为辅、二三产业为零的产业现状转化为"景区门口、三村合一"的农牧旅新农村综合体，形成莲宝叶则入口服务区与县城近郊旅游点。统筹三村居民点，形成车行、步行、骑马三类观光游线，村域基础设施按国家标准进行了规划。

村庄居民点规划上遵循发展生态经济、保护当地文化、改造传统建筑、植入基础设施、新建公共建筑等措施，形成"两横两纵三团五点"的规划结构。整治原有 78 户民居风貌，新建示范民居 6

图3 村庄风貌鸟瞰图

户，引导村民组团式发展，组团之间形成一定的绿化空间。保留原有村委会，设置医务室、小卖部等就近服务村民的公共服务设施；其他公共服务设施由1公里以外的集中安置点和乡场镇的公共设施提供。村落周围设置游客服务中心、滨河林卡、藏式餐饮及小酒吧、滨河遛马场、中心锅庄广场、帐篷露营区、大地农田景观等旅游设施。对公共空间、邻里空间和私密空间进行了界定。合理配置必要的公共服务设施与基础设施。村容村貌讲究人畜分离，组团式设施农业布局，并对重要节点和建筑进行了详细设计。

建筑及景观风貌导则对安多藏族建筑要素进行了提炼与提升，明确了建筑各个要素的风貌改造细节。提出了居民自住和兼顾旅游接待的两种模式，并对现有安置房出具了改造方案。规划充分协调自然生态景观与农业景观，对标识标牌、广告牌匾、垃圾箱、路灯、特色小品、广场铺装等进行了选型，提出了绿化设计导则。

图4 入口节点效果图

3. 关键技术和创新点

该规划从问题导向出发，着重协调和解决村庄实际发展中面临的几大问题：产业落后、靠天吃饭、安置房不符合居民生活习惯、基础设施薄弱等。规划将周边三个村落统筹考虑，形成一体发展的三村综合体。在产业上布局同一暖棚内牲畜养殖与农作物种植相结合的新型设施农业，为村庄引入旅游接待产业，升级村庄产业结构。对安置房进行改建设计，使其符合当地居民生活习惯，并增加旅游接待功能。同时还对村庄基础设施和公共服务设施进行了改造升级。

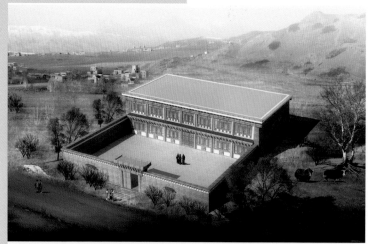

图5　居民用房改造效果图

4. 规划实施

　　《阿坝县安斗乡派克村规划》解决了派克村长久以来产业模式落后，基础设施薄弱，牧民定居安置房闲置的现状，为精准扶贫工作提供了良好的蓝图。规划于2014年7月评审通过。规划实施期间，四川省审计厅先后为派克村协调资金1100余万元，完成了连接乡村的安德桥、村防洪河堤370m、村水网改造、村内主干道建设、村内蓄水池、体育活动场等项目建设，引进专业大户试种200亩琉璃苣等，促进了该村产业结构调整。阿坝州发改委与派克村总投资90多万元修建了停车场、栈道、观景台，与村里共同打造了5户旅游示范接待户。阿坝州旅游发展局与阿坝县就业局也在阿坝县安斗乡派克村组织了阿坝县乡村旅游及中式烹饪技能培训，促进休闲农业与乡村旅游的发展。派克村正在逐步向"幸福美丽新派克"迈进。

峨眉山风景名胜区黄湾乡村民居住改善规划

设 计 单 位: 四川省城乡规划设计研究院

承 担 所 室: 黄喆工作室

项目主持人: 黄 喆

参 加 人 员: 邓方荣、郑曼文、廖 丹、
崔 雁

图 1 聚居点规划鸟瞰图(以万年四组为例)

1. 规划背景

峨眉山风景名胜区是国家级风景名胜区,更是世界自然和文化双遗产地,是我国最为宝贵的风景名胜之一。

现风景名胜区内部尚有 1.7 万余村民生活居住。从景区管理角度出发,这些村庄给景区自然和文化遗产的保护、景区建筑风貌管理、游客游赏管理等带来了很多不便;但从村民角度出发,受制于遗产地保护要求和风景名胜区保护政策影响,村民在住宅建设、生活设施配套等方面无法得到有效地改善和提高。

在风景区与村民之间发生一次冲突之后,为提高景区对村民住房建设的管理力度,保障景区内村民住房改善;峨眉山风景名胜区管委会特委托我院编制《峨眉山风景名胜区黄湾乡村民居住改善规划》。

2. 规划思路

针对峨眉山风景名胜区内村民住房的改扩建问题,本规划提出了从三个层面进行规划编制和控制的思路。

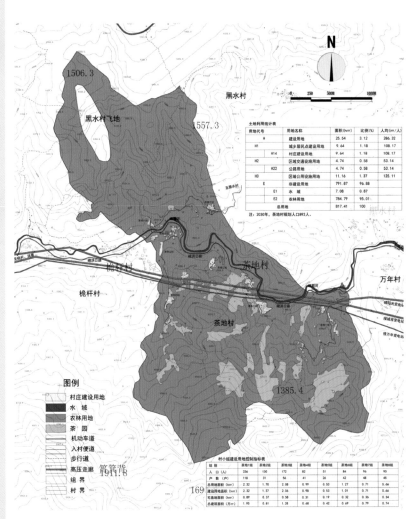

图 2 茶地村土地利用规划图

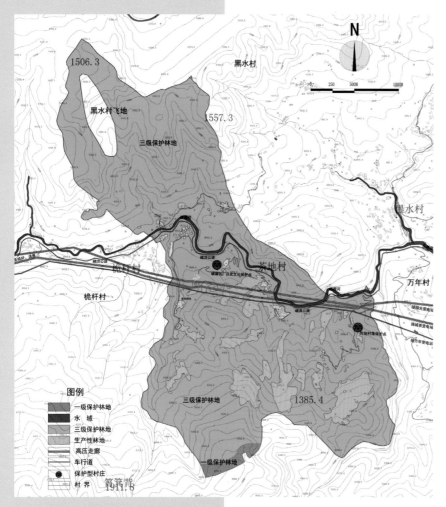

图3　茶地村生态与历史文化保护规划图

图例
一级保护林地
水　域
三级保护林地
生产性林地
高压走廊
车行道
保护型村庄
村界

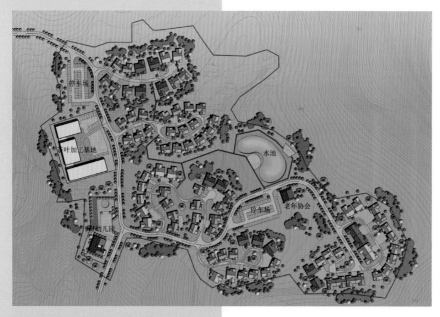

图4　聚居点总平面图（以万年4组为例）

第一层面为宏观层面，针对峨眉山风景名胜区编制住房改善总纲，从整体上控制土地使用和编制管理导则；

第二层面为中观层面，从村域层面进行土地利用布局、公共服务设施配套、基础设施配套等；

第三层面为微观层面，针对各村民小组编制聚居点详细规划，并进行户型设计。

3. 规划内容

（1）风景区村民住房改善总纲

1）规划目标

第一层次：实现"居者有其屋"，提高村民住房及生活配套设施质量。

第二层次：实现"产住"结合。结合本次住房改善，引导村民发展旅游服务业，改善村民可持续的经济收入情况。

第三层次：展现文化与美学内涵。结合村民住房改善，整体改善峨眉山新建或已建民居风貌特征，体现"峨眉山居"的特点。

2）人口

根据近五年峨眉山风景名胜区内部人口数据变化进行曲线回归分析，得出的结论是：峨眉山风景名胜区人口呈对数发生变化，并建立数学函数模型。根据模型预测峨眉山风景名胜区规划期末人口。

3）土地利用控制

峨眉山风景名胜区现状居民点建设用地总计357.25hm²，按照总人口1.71万人计算，人均居民点建设用地为208m²。

规划根据国家规范、省村庄建设相关标准，力图将人均建设用地控制在120m²左右。

4）规划引导

规划以编制导则的方式，对峨眉山风景名胜区范围内的住房选址、总体布局、景观环境设计、建筑设计、公共服务设施配置、交通系统规划、防灾减灾规划进行引导。

（2）新村建设总体规划

1）村域聚居点布局规划

该层面规划根据住房改善总纲中的人口、用地、导则等要求，对各个村庄进行土地利用布局。以茶地村为例，规划形成"一带两区多组团"的空间结构，控制人均村庄建设用地为108m²；对各个村民小组从人口、户数、总用地规模、建设用地规模、宅基地、总建筑面积等几个方面进行指标控制。

2）村域聚居点改善方式

根据峨眉山风景名胜区的生态及历史文化保护要求、区域自然条件、产业发展、村庄基础等现实情况，对各个村民小组提出聚居点改善方式，以茶地村为例，规划将茶地村新村建设类型分为保护、新建、改建三种类型，并列出各类改善模式的详细要求如下表1。

茶地村聚居点改善方式表　表1

组别	聚居点修建方式	原有建筑是否允许拆除	是否允许新建	规划前后用地性质是否允许变更（聚居点规划范围内）
1组	保护	否	否	不允许
2组	新建	是	是	允许
3组				
4组	改建	是	是	允许建设用地变更为非建设用地，非建设用地不得转为建设用地
5组				
6组				
7组				
8组				

3）生态与历史文化保护规划

林地保护：规划根据林业部门提供的林地资料，参照林业部门的管理要求，对林地分等级进行保护和管理。

历史文化保护：峨眉山风景名胜区

图5　户型立面图

内的主要文化保护对象有寺庙建筑群、传统香道、古道、传统村落等；规划根据各个村实际情况分门类进行保护管理。以茶地村为例，主要有以下几类保护对象，并分别提出保护要求。

寺庙建筑群保护：划定建筑群保护范围、一类建设控制地带、二类建设控制地带、三类建设控制地带。

传统香道保护：调查村域内部的香道走向，划定保护控制范围，制定香道保护控制线保护要求；

传统村落保护：建议历史文遗存丰富的村或组申请"中国传统村落"，编制《传统村落保护与发展规划》。制定保护措施。

4）村庄产业发展规划

结合村庄周边道路交通条件、景点资源和自然资源，着力培育本地特色优势产业，形成优势产业集群；实现农业、农村、农民三位一体的发展。

5）村域交通系统规划

主要包括对外交通系统规划、内部交通系统规划、公交线路规划；

（3）新村聚居点规划

聚居点详细规划从各个聚居点土地利用、总平面设计、鸟瞰图、绿地及景观系统规划、道路工程规划、市政工程规划进行规划设计。

（4）风貌控制与户型设计

风貌控制内容包括建筑风貌和建筑

体量两个方面。

建筑风貌控制的主要指标有建筑风格、屋顶形式、屋顶坡度、屋顶出挑尺寸、屋顶材料、外墙面、建筑室外场地；建筑体量控制主要指标有户型、宅基地面积、人均建筑面积、总建筑面积、竖向高度控制。

户型设计：结合农户人口构成、地域特点和村民意愿调查，规划设计有1人户至5人户五种户型；户型设计上考虑生产与生活相结合，引入自然山色和乡村农业景观。

4. 规划创新

针对风景区住房改善问题，提出了景区—村域—聚居点三个层面的规划控制模式，可为具有类似问题的风景区村庄住房改善提供借鉴。

住房改善规划注重自然和遗产保护，对重要历史建筑、传统香道、传统村落划定保护范围，提出针对性保护措施；

结合住房改善，通过户型设计、总平面布局等方式，引导村民发展旅游服务业。

户型设计尊重村庄生产、生活、生态。设计适应当地自然气候，体现地域乡土特色、传承传统建筑风貌。

宜宾市筠连县腾达镇春风综合体规划

2013年度全国优秀城乡规划设计二等奖及四川省优秀城乡规划设计一等奖

设计单位: 四川省城乡规划设计研究院

承担单元: 四川省城乡规划编制研究中心

主审总工: 高黄根

项目主持人: 李 奇

参加人员: 邓生文、黄剑云、岳 波、
张 唯、廖竞谦、安中轩、
向 洁

合作单位: 筠连县住房和城乡规划建设局

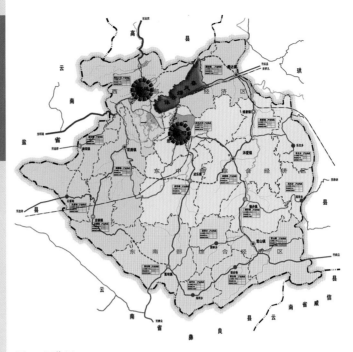

图1 区位图

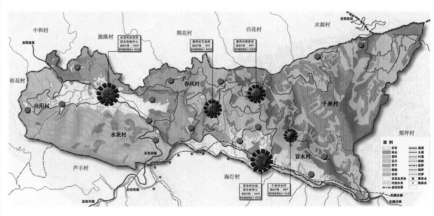

图2 全域总体布局规划图

1. 规划背景

为了进一步加快现代农业发展和新农村建设,根据四川省委、省政府的要求,筠连县在总结春风村产业发展和新农村建设经验的基础上,提出了建设以春风村为中心的新农村综合体的战略构想,并着手编制四川省第一个新农村综合体规划。

2. 规划构思

依托春风村的资源和品牌,整体联动冒水、千秋、向阳、水茨四个村,打造一、三产业联动、生产生活一体、功能完备、布局合理、宜居宜业的社会主义新型农村典范;具体包括产业发展与功能定位相衔接,建筑风貌与自然山水相协调,公共服务、社会建设与功能定位相配套;共同打造形成极具山地特色的省级示范性生态观光型新村综合体。

3. 主要内容

(1)梳理产业布局、优化产业结构

以提高农民收入为基本出发点,积极推动整个综合体的产业整合及专业化、规模化、差异化发展。重点在春风村和冒水村发展3000亩花卉;在向阳村、千秋村和水茨村发展5000头肉牛养殖;在春风村、向阳村和冒水村、水茨村发展以李子、核桃为主的水果基地6000亩;在春风村、千秋村和冒水村发展10000

亩茶叶基地。

(2)"以人为本、体现村民意愿"的新村聚居点布局

结合农村产业布局及村民的聚居意愿,创新农村村落及聚集点空间整理的布局模式,构建围绕产业布局、聚散相宜、各类生产生活设施统筹、配套的新村综合体。规划共安排大地嘴、水茨坝、三块田、田家庆与水坪五个聚居点;其中,冒水村大地嘴聚居点122户,建设用地约3.49hm²;水茨坝聚居点149户,建设用地约4.19hm²;三块田聚居点42户,建设用地约1.06hm²;田家庆聚居点

80 户，建设用地约 2.25hm²；水坪聚居点 29 户，建设用地约 0.77hm²。

（3）构建通达的道路支撑系统

建设宽度不小于 4.5m、联系整个综合体各产业片区、观光点、新村及聚集点，人机结合、并与外部区域性公路高效衔接的道路交通体系。

规划村道公路或产业路 79km，打通组道公路 18km，建设以步行为主的观光游道、入户路和产业连接道路 130km。

（4）构建支撑系统、完善公共配套

结合现状基础设施建设情况，按服务半径等的要求，在综合体内统筹安排 2 个山坪塘、8 个变压器、1 个湿地污水生物净化场、1 个污水处理站，以及沼气池与有线电视等基础设施的建设。

在整个综合体范围内按"1+6"模式和标准统筹配置农村公共服务设施；并完善教育、医疗、农资市场、农贸市场与乡村旅游接待设施等公共设施的规划配套。

（5）大力发展乡村旅游、构建七大乡村旅游区

本规划结合农业产业布局优化及新村建设，拟在目前以春风村猫儿湾为中心的乡村特色生态旅游的基础上，发展形成七大乡村旅游区；扩展旅游空间和接待规模；实现一、三产业联动和城乡互动发展；促进农民多产互补，持续增收。

4. 关键技术和创新点

（1）作为全省第一个新村综合体规划，本规划根据省委省政府主要领导指示，突出了围绕产业发展的新村综合体空间布局模式探索；有效地适应了农村产业结构调整升级和产村相融发展。

（2）充分利用春风村的品牌优势，打破村、组的行政区限制，整合周边

村组产业拓展空间，为实现综合体产业的品牌化、规模化和差异化发展指明了方向。

（3）在整个综合体范围内统筹各类公共和基础设施布局，既节省投资，又体现了相关设施的合理分级配置，为各类设施的高效利用创造了条件。

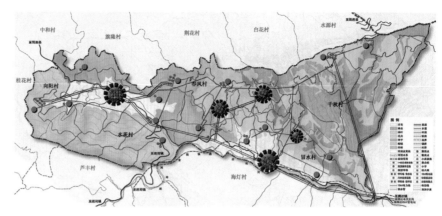

图3 全域公共及基础设施规划图

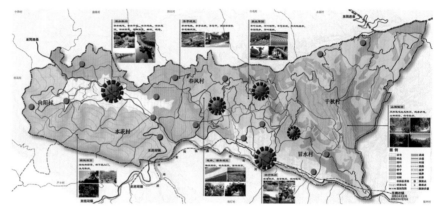

图4 全域旅游规划图

图5 冒水村大地嘴聚居点鸟瞰图

（4）通过强化道路系统建设，真正将各产业片区、观光点、新村及聚集点等要素整合为生产生活方便、乡土景观相融、农民持续增收的新村综合体。

（5）充分利用地缘优势和农业产业支撑，打造了的七个各具特色的乡村旅游区；多产互补，推动了第一、第三产

图6　春风村三块田聚居点鸟瞰图

业联动和城乡互动发展，利于农民持续增收。

5. 规划实施

　　在本规划的指导下，筠连县人民政府和腾达镇政府先后编制了综合体内的产业发展规划、各新村点的建设规划和农房改造规划等；并实施了春风村至千秋村、水茨村至向阳村等区段的村道及多条通达小组的道路；建设了千秋村撮箕湾、通草湾山坪塘供水设施；完善并建设了村委会、小学、幼儿园、卫生站、农家乐等公共服务与旅游接待设施。正在筹划水茨坝湿地污水生物净化场的建设。

武胜县白坪飞龙新农村示范区总体发展规划

2015年四川省优秀城乡规划设计二等奖

设 计 单 位: 四川省城乡规划设计研究院

承 担 所 室: 城市设计所

主 审 总 工: 彭万忠

项目主持人: 陶蓓

参 加 人 员: 冯可心、费春莉、余鹏

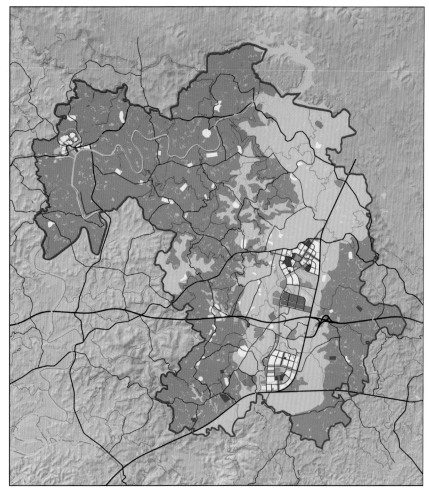

图1 用地布局规划图

1. 项目背景

武胜县是四川省新农村建设的示范县;在《武胜县城市总体规划(2013-2020)》和《武胜县产业发展"十二五"规划》中明确提出了:在县域的东北部布局"白坪—飞龙"新农村示范区,着重发展现代农业和观光旅游业。

2. 规划内容

(1)规划原则

产村相融——三产联动;景村相融——乡村田园化,生态更优;文村相融——传承本土文化,塑造文化高地;城乡统筹,乡乡统筹——基础公共设施一体化。

(2)规划目标

城乡统筹示范区、产业互动发展区、新农村综合体实验区、乡村旅游度假区。

(3)镇村体系

一城一镇多新村的"三级"镇村体系。新村分为三类:

新村综合体:在城市近郊、中心场

镇周边、旅游集散地或靠近交通要道的部位规划布局;

新村中心聚居点:根据中心地理论,考虑地形、环境、现状和区位条件等因素进行选址布局;服务半径1.5km;

一般集聚点:规划在地势较好、环境优良、交通便捷、与国土斑块和现状院落结合较好的区域。

(4)产业规划

三产融合、产业兴村、城乡互动。一产三园一基地,做优品质;二产服务一产,做长产业链;三产立足一产,做强乡村旅游;产业发展、农村变美、农民致富。城乡产业互动是城乡统筹的关键,是推进城乡协调发展的基本动力,是推动城镇化的重要力量,是农业现代

化的过程,是农民市民化的载体。

(5)旅游规划

县域形成"两环三心六区"的旅游空间结构。

(6)交通规划

县域形成"两环串六片"的路网结构。

3. 关键技术和创新点

(1)新村规划体现城镇化动态进程

到2030年,农业集聚人口逐步上升,散居人口急剧下降;农村建设用地面积较2013年减少6km^2;减少的用地指标可贴补城镇的发展用地。

对每个行政村及自然聚居点建立规

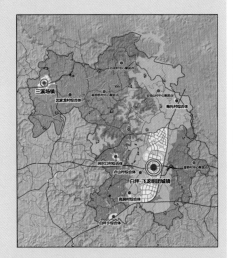

图 2　村镇体系规划图

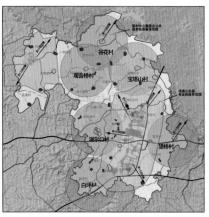

图 3　新村服务半径规划图

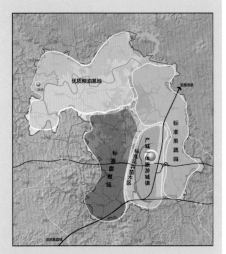

图 4　产业结构规划图

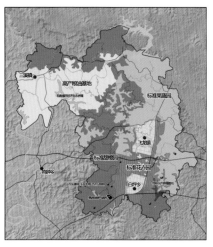

图 5　产业布局规划图

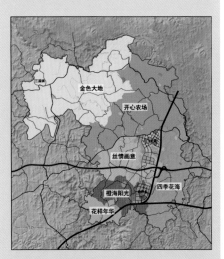

图 6　旅游规划布局图

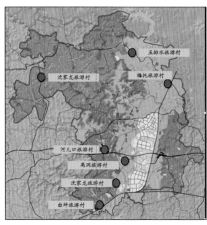

图 7　旅游村规划布局图

划要素的档案，保证可操作性；示范区城镇化率和农村聚集度稳步攀升。

（2）新村规划进行建设模式研究

经分析研究，武胜县新村建设可分为两种模式：

第一为入城模式，即城镇规划建设区周边丘区 1 公里的农村居民都应向入城社区集中，共享城镇基础设施。此模式社区保留现状，规划不再新增。

第二是丘陵散聚结合模式，即通过 3 ~ 5 个中型新型社区集聚部分人口（50% ~ 90%），公服设施相对集中。

（3）合理确定人均建设用地标准

适当降低人均用地面积，可减少人口外流造成的建设用地以及基础设施和公共配套设施的浪费；结合现状和发展职能，确定人均建设用地 50 ~ 100m^2。

综合体和中心聚集点约 100 ~ 200 户，职能为综合型或旅游型，人均用地较大；一般集聚点约 20 ~ 100 户，职能为旅游型或农业型，人均用地较小。

（4）建立建设技术导则

选址——显山露水，符合土地利用规划；布局要求——发展性、相融性、多样性、共享性；乡村建设环境——田园化；新村环境整治——干净整洁，具有乡村特色。布局方式：集中式和组团式；建筑进行单体形态、建筑风格、建筑元素规定。

（5）产业创新：一产是本底，二产做扩展，三产大提升。

一产业布局原则依地势、选水源、保运输；同时精选发展项目，分析发展方向及方式；对一二三产业分别进行年产值的初步核算。

（6）旅游规划强调特色

分析客源，分析乡村旅游吸引物资源；

规划布局旅游设施，包括旅游接待村规划、床位及基础设施。进行乡村

旅游开发模式研究，最终建议采用政府招商、企业经营、社区组织、村民参与的模式

4. 规划实施

本规划有效地指导了"白坪－飞龙新农村示范区"的各项建设项目的实施：

（1）统筹镇村建设。新建新农村综合体 4 个、新村聚居点 16 个，改造传统院落 43 个，农房风貌塑造 4000 余户，发展旅游新村 5 个。

统筹产业发展：规模发展品牌甜橙园 2 万亩、特色蔬菜园 1.5 万亩、优质花木园 5000 亩和"千斤粮，万元钱"粮经复合产业基地 2 万亩，建设现代、规模化的畜禽养殖场 22 个。

统筹基础设施建设：建成景观大道、内外环线道路 95km。

（2）社会影响显著。先后举办首届武胜乡村旅游文化节、"生态武胜．美丽乡村"五一活动、自行车骑游赛等系列活动；承办央视《乡村大世界》、四川电视台《两天一夜》《欢乐天府行》等节

目录制；先后被央视四套、七套、四川电视台等媒体专题报道。

2014 年，示范区农民人均纯收入达 13382 元，高于全县平均水平 33.4%；今年上半年，示范区实现农民人均现金收入 6642 元、同比增长 23%，高于全县 36%。

武胜县"白坪—飞龙"新农村示范区在保持示范区生态本底的基础上，实现了"农业发展、农村变美、农民致富"的新三农发展模式与转型升级。

遂宁市大英县幸福村、梓潼村等新村综合体示范规划

2013 年度四川优秀城乡规划设计二等奖

设计单位: 四川省城乡规划设计研究院
承担所室: 汪晓岗工作室
主审总工: 严　俨
项目主持人: 丁晓杰
参加人员: 汪晓岗、马方进、刘　旭、
　　　　　　班　璇、邓雪菲、林三忠

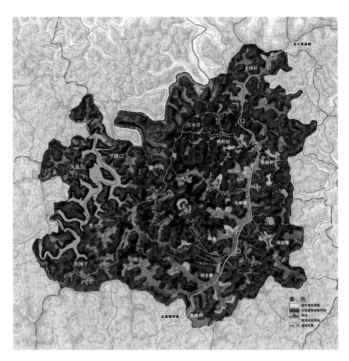

图 1　新村综合体总平面图

图 2　桅杆坝村示范点透视图

1. 规划背景和过程

为了加快推进遂宁建设现代生态田园城市,更好地体现遂宁市第三圈层"城在园中"的形象定位;规划借鉴"成都市世界现代田园城市"的发展思路,结合蓬莱休闲度假旅游区和卓筒井文化休闲旅游区之间的旅游串联,形成蓬乐沿线现代农业旅游观光片区;结合城市绿道和乡村产业建设发展等思路,打破传统镇村体系的行政区划概念,让原镇村体系中的集镇、中心村、基层村层级概念转化成为统筹整体的新农村社区集群,形成城镇和乡村两者优点高度融合的新村综合体示范片区。

通过产业转型和提升、农业产业结构调整,优化农村生产生活方式,探索全新的新村综合体示范发展模式。

打造中国国家级美丽乡村品牌—"中国橙海"。规划区新村综合体以自然生态环境和农业环境为基础,以优质甜橙产业为依托,将乡土文化要素、乡土生活精神与国际视野相结合,以农业产业集中化发展和乡村休闲度假为主要特色的现代特色农业新村综合体。

2. 规划主要内容

规划以优质甜橙产业为依托,将乡土文化要素,乡土生活精神与国际视野相结合,形成国内最具影响力的橙海休闲农业旅游度假地。

以特色产业 -- 橙种植,作为区域形象定位,打造"中国橙海",形成"现代农业 + 乡村旅游 + 旅游地产"的联动模式,将甜橙的研发、种植、培育、品鉴、销售等各产业环节与旅游产业相融合,形成甜橙种植、农业科技、旅游度假、休闲养生等综合功能。

规划区依托万亩甜橙基地优势,涵盖甜橙产业种植、甜橙文化展示、甜橙加工贸易、甜橙文化参与体验、甜橙文化研究、生态休闲度假等不同功能。总体划分为 11 个功能区,包括:

"创意综合体"—乡镇旅游商业区;
"橙海之心"—甜橙种植及农业文化旅游区;"花样果海"—梨、柠檬、猕猴桃

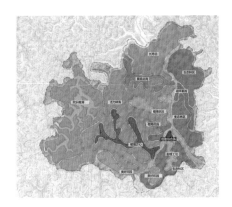

图3 新村综合体产业规划结构图

图4 新村综合体示范点效果图

等特色果品种植区;"长寿谷"—核桃种植及其衍生产品为主题养生产业区;"欢乐橙湖"—滨水休闲服务区;"橙海农庄"—传统型新村建设示范区;"橙海庄园"—多样性新村建设示范区;"美好田园"—田园文化观赏区;"活力林海"—林间运动康体区;"景观花海"—橙花风景等景观花田;"甜橙工坊"—甜橙展览及加工区。同时结合主干线形成蓬乐路沿线的现代农业休闲旅游片区。

通过土地整理引导现状居民集聚;结合地形地貌,通过土地整理对现状居民点合理集聚,平坝地区以集中为主,丘陵地区以适度集中为主,山区以相对分散为主。设置步行道、骑游道及自驾线路、汽车营地,串联田园、山体、水系、观景台、休息点等形成完整的乡村游走系统。

规划形成两类综合体发展模式,由四大新型社区和乡镇旅游中心组成。规划人口8710人。三级旅游接待点及配套公共服务设施配置。

规划选择蓬乐路沿线最能体现综合体特色的6处新村示范点作为近期建设重点实施内容。示范点建设规划遵循"四态合一"的原则,规划吸收林盘传统空间元素,塑造特色空间模式;重组农村社区内部系统,提高使用效率;营造社区归属感,延续民俗文化;将生产、生活、生态相结合,提高农民的幸福感指数。

3. 关键技术和创新点

本规划打破传统行政区划村镇体系概念,让原镇村体系中的集镇、中心村、基层村层级概念转化成为统筹整体的新农村社区集群,将幸福村、梓橦村、七桥村等15个自然村通过土地整理之后对现状居民点进行集聚,形成东、西两个新农村综合体示范片区。

打造中国国家级美丽乡村品牌—"中国橙海"。规划区新村综合体以自然生态环境和农业环境为基础,以优质甜橙产业为依托,将乡土文化要素、乡土生活精神与国际视野相结合,以农业产业集中化发展和乡村休闲度假为主要特色的现代特色农业新村综合体。

4. 项目作用与水平

在本规划的指导和地方政府实施下,通过对现有资源的整合、甜橙品牌的树立、产业结构的调整、旅游项目的引入等多方面入手,进行整体打造;大英县规划建设了第一批新村综合体示范点。其中幸福村、梓橦村等6个聚居点已经按照本次规划设计的要求,先后进行了风貌改造和新村综合体的实施建设。其特色发展模式具有广泛和良好的社会效益与经济效益的示范意义。

阿坝州若尔盖县班佑乡 班佑村定居点规划

2010 年度省优秀村镇规划设计一等奖

设计单位： 四川省城乡规划设计研究院

承担所室： 建筑市政所

项目负责人： 梁　平

主审总工： 毛　刚

项目主持人： 游海涛

参加人员： 陈　懿、郑辛欣、刘　磊、
张　红、吴凌云、苗力会、
罗　建、邬小蓉

1. 规划背景和过程

为加快四川民族地区发展，改善藏区牧民群众生产生活条件，四川省决定2009 ～ 2012 年投资 180 亿元实施藏区

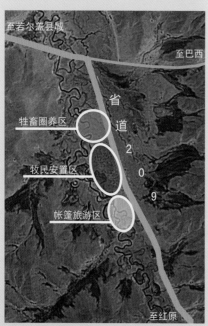

图 1　区位图

牧民定居行动计划。牧民定居计划是以改善民生为重点的社会建设的重要组成部分，是发展社会主义新农村的重要组成内容，是解决草原牧区人、草、畜平衡问题，发展现代畜牧业，加速牧区富余劳动力转移，实现牧民快速增收的必由之路，也是推进民族地区城乡统筹协调发展的有效举措。为了响应省委省政府"每个牧区要抓好一个省级牧民定居点规划设计试点，以此带动全省藏区牧区牧民定居点的规划设计示范工作"的号召，我院承担了阿坝州 11 个县的牧民定居示范点的规划设计工作。

2. 规划主要内容

（1）规划目标

牧民定居计划是四川省的富民安康工程，是维护藏区稳定、改善牧民生活条件的重要行动，通过示范点的建设，带动村庄经济发展，把定居点建设成生态型、园林式的特色民族村落。

（2）选址原则

村庄选址用地依据"三靠原则"，即靠公路边、靠乡（镇）周边、靠县城

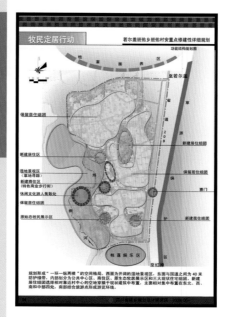

图 2　功能结构分析图

周边，避开自然灾害易发区，同时有一定的设施配套基础。

（3）规划构思

以科学发展观为指导，以建设牧区居住点、推进牧民集中居住为核心，结合当地牧民群众的生产生活需要，立足现状、合理规划、塑造特色、配套基础设施，建设社会主义新牧区。

充分利用班佑村的地理位置、红色文化资源、自然生态环境资源优势，依托现状建成区和已建道路网络，合理划分功能区，形成集居住、旅游观光为一体的新型牧区村落，突出"红军长征第一村"的品牌效应。

（4）空间布置

规划用地位于国道 213 线西侧，国道东侧为开阔的草原保护区，禁止进行任何建设。规划用地沿国道带状发展，分为北、中、南三大版块，分别为北部的牲畜集中圈养、中部的居住游览区和南部的帐篷旅游区。本次规划的重点为中部居住游览区。结合现有进村主路和已形成的约 9km 的碎石路，规划形成"一环一纵两横"的空间格局。西面为开阔的湿地景观，东面与国道之间为40m 防护绿带，内部划分为公服设施区、定居安置区、原生态牧居展示区和三大现状住宅组团；新建居住组团选择相对靠近村中心的空地穿插于现状建筑中布置，主要相对集中布置在东北、西、南和中部四处；南部结合旅游点形成游览环线。

住宅建筑设计尊重藏民族地方特色，体现藏族建筑的传统风格与文化习俗，结合藏族的生活方式并融入现代居住理念，同时充分考虑地域气候条件对建筑的影响。

3. 关键技术和创新点

村落现有的路网形态遵从了牧民长

期形成的生活习惯，是其最佳的生活路径。规划尊重并延续现状村落形成的路网及建筑布局肌理，将新建建筑自然嵌入原来的建筑群中，形成 4 个新建组团，其中中心组团底层门面形成特色商业步行街。村公共中心结合村委会布置，形成村民的集散广场，并设置相应的公共服务设施。在班佑村看不到兵营式的布局，所有新建的和以前固有的建筑有机地融合在一起，让建筑群落有机生长。草原牧居世世代代流传下来的布局肌理就是在看似无序的聚落布局中体现出和谐美，建筑犹如随意撒落在茫茫草原上的珍珠，再现了牧居的本色和原味。

4. 规划实施

班佑村定居点规划是我院承接的阿坝州 11 个示范点规划中的一个，对若尔盖县之后的牧民定居点规划起到了很好的示范和指导作用。对定居点的户型和幼儿园、活动中心等建筑均提供了施工图纸，从建成效果来看，能够满足牧区人民的生产生活需要，建成后的班佑村成了 213 国道上展示牧区原生态风情的美丽画卷。

图 3　鸟瞰图

图 4　单体透视图 1

图 5　单体透视图 2

松潘县川主寺牧场牧民定居点规划

2010 年度省优秀村镇规划设计二等奖

设计单位: 四川省城乡规划设计研究院

承担所室: 建筑市政所

项目负责人: 曹珠朵

主审总工: 毛　刚

项目主持人: 陈宇煊

参加人员: 张　红、任　锐、刘　琳、
张洪瑞、刘建君

1. 规划背景

胡锦涛总书记在党的十七大报告中提出加快推进以改善民生为重点的社会建设,指出社会建设与人民幸福安康息息相关,必须在经济发展的基础上,更加注重社会建设。加快牧民新村建设进程,事关民族地区推进社会主义新农村建设和全面建设小康社会的大局,有利于民族地区的社会稳定和经济又好又快发展。

为了切实改变藏区牧区贫困落后状态,从根本上改善藏区牧民生产生活条件,四川省委、省政府在全省藏区牧区实施以牧民定居行动计划为重点的富民安康工程,进一步把重点集中到解决纯牧民定居的民生问题上来。

2. 项目概况

川主寺镇位于松潘县北部,距松潘县城 17km。川主寺牧场安置点位于川

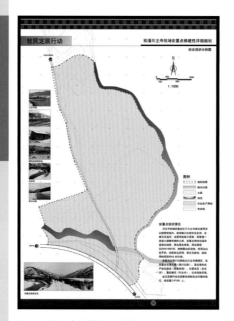

图 1　川主寺国营牧场现状

主寺镇北面两河口国营牧场内,南邻郎川公路和东北河,东靠无名溪河,北面深处是大草原,西面是一条进入国营牧场的土路,距川主寺镇 17km。

安置点用地沿溪河呈狭长地带分布,西北高东南低,用地高程在 2910 ~ 2897m,地貌属平谷洼地,地形较为开阔,现全为耕地。规划用地范围约 13.82hm²。安置点东南 17km 处为川主寺镇镇区。该安置点交通方便(郎川公路),靠近畜牧业产业化基地(国营牧场),水源充足(东北河),靠近镇区(川主寺),符合选址条件。此次定居行动为国营牧场牧民全村整整体搬迁,共安置 71 户 291 人。

3. 规划内容

川主寺牧场安置点是一个纯高原游牧藏族集聚村落,具有典型的高原特征与民族特色。规划遵循高原藏居村落的格局与肌理,顺应地形,形成南北两个组团的布局格局。南面组团采用以公共建筑(村委会)为核心,向心布局方式,安排宽阔的锅庄广场,结合东北河两岸

图 2　总平面规划图

建设亲水平台,营建新时期的藏寨公共空间。北面组团以休闲广场为中心,布局藏居围合的小组团,穿行其间的曲折小道,采用简洁实用、符合当地构筑方式的户型设计,为牧民提供舒适惬意的居住生活空间。

根据川主寺牧场安置点的用地形态和现行状况,规划靠郎川公路边为安置点主入口,以自然的生态环境结合人工景观为引导进入安置点内。锅庄广场内布置 2 层楼村委会建筑,村委会作为安置点的主要公共建筑,其功能包含了"两委"办公室、党员活动室、远程教育、科技服务站、卫生室、商业网点等。安置点内部主要道路宽度为 4.5m,呈自由式布局,宅前路均为 2m;沿溪河和东北河临水设置小型亲水平台,在安置点内部精心规划布置多处休闲空间。根据场地特点从安置点北端溪河上游引入流水穿越安置点内部,营造丰富的生活环境。安置点南侧公路是通往若尔盖的郎川公路,在郎川公路与东北河之间规划生态休闲地,可以为郎川公路过往旅客提供一处短暂歇息之地,同时也为牧民提供一个优美的休闲空间。

图3　鸟瞰图

图4　住宅户型透视图

图5　实施效果

4. 建筑风貌

　　建筑设计充分尊重牧民的生活习惯，满足牧民的生活需求，体现当地藏族文化特色和传统建筑风貌。牧民住宅设计采用庭院形式，每户独立小院，小院以石墙或木栅栏围合，院墙上开设院门，院内设有牲畜圈、柴火房；住宅内设有堂屋、卧室、厨房、卫生间等完善的生活设施。住宅建筑保持小青瓦与坡屋顶为主、平坡结合、带有一定木穿斗构造特征的形式，建筑外墙面为毛石或土坯，门楣、窗楣、檐口装饰体现藏式的表现手法。每户庭院占地面积为660m²，建筑为二层，面积为大、中、小等多种户型，以便牧民根据自己实际情况选择。小院内可种植果树花卉，形成优美的宜居空间。随着社会的进步、人们的生活水平的提高、生活条件的改善，在注入现代居住生活方式的前提下，安置点的风貌应保持统一。

5. 实施效果

　　川主寺牧场安置点在当地政府的统筹领导下，已经按照规划要求实施。规划主要道路基本建成，牧民已修建新居，部分水电已入户安装完成。

2 课题标准规范

2.1 省内指令性研究课题

四川省新型城镇化规划（2014-2020）

2015年度四川省优秀城乡规划设计城市规划类一等奖

项目编制单位：四川省城乡规划设计研究院

委托单位：四川省住房和城乡建设厅

项目总负责人：邱建

项目负责人：陈涛、高黄根

项目主持人：安中轩

参与人员：贾刘强、陈亮、周强、
　　　　　岳波、廖竞谦、温成龙

编制背景

2013年12月12日至13日召开的中央城镇化工作会议，提出了以人为核心、以提升质量为关键，走中国特色、科学发展的新型城镇化道路的总体要求；明确了推进新型城镇化的指导思想、主要目标、基本原则，对推进农业转移人口市民化、提高城镇建设用地利用效率、建立多元可持续的资金保障机制、优化城镇化布局与形态、提高城镇建设水平和加强对城镇化的管理等六大任务进行了全面部署；要求在2020年前重点解决好"三个1亿人"的城镇化问题。

2014年4月，中央印发了《国家新型城镇化规划（2014-2020年）》，对全国的新型城镇化工作提出了进一步的指导意见，要求各地区结合实际贯彻执行。

目前，四川省城镇化水平为47.7%，仍处于城镇化率30%~70%的快速发展区间，面临着良好的发展机遇和广阔的发展空间，但同时也面临着资源环境约束不断增强、城乡居民对生活环境需求不断提升带来的挑战和压力，使得传统粗放的城镇化发展模式难以为继，适应经济发展新常态、推动传统城镇化向以提升质量为主的新型城镇化转型势在必行。

因此，为贯彻中央城镇化工作会议精神、落实《国家新型城镇化规划（2014-2020年）》，以及四川省委、省政府提出要走符合四川实际的形态适宜、产城融合、城乡一体、集约高效的新型城镇化路子的决策部署，四川省住房和城乡建设厅委托四川省城乡规划设计研究院研究承接编制《四川省新型城镇化规划（2014-2020年）》的任务。

研究过程

通过对《国家新型城镇化规划（2014-2020年）》的和国家相关政策的研究学习，汇总参考多个省市的新型城镇化规划成果；并在深刻分析和认识四川省人口流动与城镇化发展、产业结构变化、工业化进程、城镇化空间结构演变、城镇建设和城乡统筹等方面的现状特点和存在问题，以及城镇化发展趋势的基础上，紧紧围绕新型城镇化"以人为本"的核心理念，提出了以落实国家"三个1亿人"城镇化工作部署为切入点的编制思路，构建了具有四川特色的规划编制框架，最终编制形成了《四川省新型城镇化规划（2014-2020年）》（以下简称《规划》）。

规划的主要内容

《规划》共计10章，分为4个部分：

第1部分"发展基础"。即第1章。主要包括：回顾近年来四川城镇化取得的成就、分析四川城镇化发展存在的主要问题；对目前四川城镇化发展面临重大战略机遇和挑战的研判等内容。

第2部分"总体要求"。即第2章。主要包括：指导思想、基本原则和发展目标等内容。本部分的核心，主要是要求全省坚持质量与速度并重，以落实国家"三个1亿人"城镇化工作部署为切入点，扎实推进以人为核心的城镇化；并强调了以人为本、公平共享，优化布局、集约高效，四化同步、城乡一体，生态文明、传承文化，市场主导、政府引导等五项基本原则；提出了引导农村居民就近城镇化、常住人口城镇化率达到54%左右，促进农业转移人口落户城镇、户籍人口城镇化率达到38%左右，改造约470万人居住的城镇危旧房和棚户区、全面提升城镇居民的居住条件，城镇化质量和水平得到明显提升的发展目标。

第3部分"主要任务"。包括第3~9章。根据《国家新型城镇化规划（2014-2020年）》，紧紧围绕落实国家"三个1亿人"城镇化工作部署，结合四川实际，提出了推进新型城镇化七大主要任务：

一是"有序推进农业转移人口市民化"，主要是要求成都要明确农业转移人口的落户标准，严格控制中心城区的人口规模，其他城镇要清理并废除不利于农业转移人口落户的限制条件，全面放开落户限制。同时，提出了统筹推进教育、医疗、社保和就业等基本公共服务均等化，使农业转移人口尽快融入城镇的工作要求。

二是"优化城镇化布局和形态"，主要是明确以城市群为主体形态，推动大中小城市和小城镇协调发展的新型城镇化发展思路，以及构建"一轴三带、四群一区"城镇化发展格局的总体布局要求。

三是"增强城镇就业吸纳能力"，主要是按照繁荣城镇经济的目标，对调整优化城镇产业布局和结构，以及加快发展服务业、大力调整制造业、积极发展建筑业、努力扩大就业容量等工作进行了部署。

四是"改善城乡居民居住条件"，主要在推进城镇危旧房和棚户区改造、全面提高改造质量、加强住房保障和供应体系建设、继续实施"农民工住房保障行动"、实现农民工住房保障制度化、打破住房建设"城乡二元分离"的管理体制、加强农房建设管理、提升农房建设质量、确保农房安全等方面明确了工作要求。

五是"提高城镇建设水平和质量"，主要强调树立先进规划理念、强化科学规划的引领作用，并在此基础上加强基础设施和公共服务设施配套、增强城镇综合承载能力，推动绿色城市、人文城市和智慧城市建设，创新城市管理与社会治理模式，提升城镇建设质量和管理服务水平。

六是"推动城乡发展一体化"，主要是对统筹城乡、促进一体化发展方面的重点工作进行安排，包括开展"多规合一"的县（市）域全域规划编制工作、进一步强化城乡规划的空间统筹功能，推动城乡统一要素市场建设、基础设施与公共服务一体化，加快农业现代化进程和幸福美丽新村建设，让广大农民平等参与现代化进程、共同分享现代化成果等。

七是"改革完善城镇化发展体制机制"，主要从人口管理、土地管理、资金保障、行政区划和管理，以及城市群发展协调机制等方面，提出了改革创新需要推动的主要工作；以激发社会活力，增强新型城镇化的发展动力。

第4部分"保障措施"，主要是围绕实施好《规划》，提出了"加强组织协调"、"分类试点示范"、"强化政策统筹"、"抓好人才培养"和"严格目标考核"5个方面的具体措施，要求各地各部门要高度重视、明确任务、落实责任、密切配合，把推进新型城镇化的各项工作落到实处。

关键技术和创新点

《规划》既贯彻了中央城镇化工作会议精神，又落实了《国家新型城镇化规划（2014-2020年）》。首先，《规划》切实结合四川实际，强调"质速并重"，在大力提高城镇化质量的同时，也注重提升城镇化的发展速度，以缩小与全国的差距。其次，《规划》以国家"三个1亿人"城镇化工作部署为切入点，从发展目标的确定、指标体系的设置和主要任务的安排上予以贯彻，特别是明确提出了"改善城乡居民居住条件"的主要任务和工作推进要求。第三，《规划》通过构建"一轴三带、四群一区"城镇化发展格局，以城市群为主体形态的发展思路更加明确。最后，《规划》特别针对长期以来城乡住房建设管理"二元结构"存在的问题，明确提出要切实加强农房规划建设管理，制定农房抗震设防以奖代补政策，强化抗震设防，提高抗灾能力，确保建筑质量，以保障人民群众生命财产安全。

项目作用与水平

《规划》成果获得了四川省委、省政府的高度评价，已成为四川省当前和今后一个时期指导全省城镇化健康快速发展的宏观性、战略性、基础性规划，并由四川省委下发四川省各市（州）、县（市、区）党委和人民政府以及省直各部门贯彻执行。目前，《规划》正对四川省推进新型城镇化的各项工作发挥着重要的引领和指导作用。

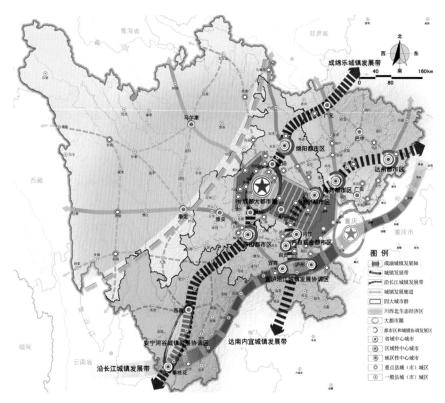

图1 "一轴三带、四群一区"城镇化发展格局规划图

城乡环境综合治理规划
建设知识读本

2011年度四川省优秀规划设计三等奖

规划单位： 四川省城乡规划设计研究院

项目主持人： 樊 晟

参加人员： 高黄根、陈懿、刘 芸、
汪晓岗、刘 丰、梁 平、
严 俨、罗 晖、陈 东、
李 毅、程 龙、唐 密、
覃瑞旻、戴 宇

图1 整治前城镇街道

图2 手工艺作坊

1. 项目背景

城乡环境综合治理是一项涉及城乡规划建设、环境卫生、容貌秩序、设施建设和长效机制建立等多个方面的、系统要求极强的综合性工作（见图1、图2）。

实施城乡环境综合治理工程，是四川省委省政府在科学发展观的总体要求和党的十七大精神的指引下，针对我省经济社会发展和城乡环境的现实情况提出的重大战略举措。

实施城乡环境综合治理，要着力抓规划制定和风貌改造，按照"四注重、四提升"的要求，抓好城市风貌的规划和建设。

一是要注重塑造风貌，提升城市整体形象。

二是要注重个性特色，提升单体建筑设计水平。

三是要注重色彩协调，提升建筑立面装饰美感。

四是要注重历史传承，提升城市文化品位。

2. 主要内容

全书共分4章。

第一章阐明了城乡环境综合治理的目的、意义、指导思想和原则。

城乡环境综合治理的目的是：形成城乡容貌改观、环境管理有序、城镇品位得以提升、发展环境优化、居民素质提高的局面。城乡环境达到"清洁化、秩序化、优美化、生态化、制度化"的标准要求（见图3、图4）。

其意义主要在于：是改善人居环境、提高生活质量的惠民工程；是创造发展优势、增强竞争实力的环境工程；是完善城镇功能、塑造品牌形象的管理工程；是坚持执政为民、检验干部队伍的作风工程。

结合四川省当时的实际情况，提出城乡环境综合治理的指导思想：围绕加快建设灾后美好新家园、加快建设西部经济发展高地战略目标，突出城乡环境卫生和容貌秩序两个重点，加强组织领导，科学制定规划，创新工作方法，注重宣

传教育，强化督促检查，加快营造清洁、整齐优美的城乡环境，着力提升发展环境质量。

城乡环境综合治理的原则是：生态建设与可持续发展相结合；重点突击与普遍推广相结合；以点带面、局部与整体相结合；规划建设与管理相结合；城乡环境综合治理与统筹城乡发展相结合；城乡环境综合治理与社会主义新农村建设相结合。

第二章介绍了现代城市规划设计的四项理念。

包括可持续发展的生态城市理念、统筹发展理念、城市风貌特色发展理念、安全发展的理念。

第三章是加强规划，塑造优美的城乡环境。

简要介绍了城乡规划组织、编制、审批、实施和监督程序，以案例的方式介绍了各层次的城乡规划主要内容。

第四章是重视设计，突出特色。

包括城乡整体风貌规划设计，城市（镇、村）重点地段规划设计、城乡建筑风貌改造设计、城市绿地系统规划与景观设计、道路景观规划设计及秩序管理、户外广告规划设计和市政环卫工程设计等相关内容（图5～图7）。

3. 特色和创新点

（1）城乡环境综合治理是一项长期的艰巨工作，其长远效果在于有一个好的规划作指导；其创新在于从加强规划、重视设计、突出特色为先期抓手，开展城乡环境综合治理。

（2）围绕城乡环境综合治理这一主题，以改善提升城乡环境为目的，突出城乡规划设计的地位和作用，有针对性地和侧重点地介绍规划设计内容和管理程序。

（3）本书将规划理论与案例相融合，既有理论知识，又有各项规划的主要内

图3 整洁美丽的滨河带

图4 生态活水公园

图5 老镇清洁的街道

容，还有各项规划设计的具体做法；同时，兼顾介绍了全省及各地的有关规划实例。

（4）本书的特色是以大量优秀成果为实例讲解城乡规划的相关知识和主要内容，图文并茂，生动具体，简单易懂，让各级城乡规划建设干部能在很短时间内如何理解城乡规划设计。

4. 项目作用与水平

作为中共四川省委组织部和四川省住房和城乡建设厅组织培训的主要教材，分发全省各级城乡规划建设管理干部上千人；在中国建筑工业出版社正式出版，面向全国发行。

图6　整洁的新村社区

图7　整治后水面

新农村规划编制标准研究

2010 年四川省城市科学优秀成果二等奖

项目承担单位： 四川省城乡规划设计研究院

委 托 单 位： 四川省住房和城乡建设厅

主 审 人： 高黄根

项目主持人： 陈懿

参 与 人 员： 熊胜伟、陈 亮、陈思颖

研究背景

为进一步落实科学发展观，统筹城乡发展，改善人居环境，加强对四川省新农村规划编制和管理的技术指导，促进农村经济社会协调发展，按照"生产发展、生活宽裕、乡风文明、村容整洁、管理民主"的要求，并结合四川省实际情况，制定了四川省《新农村规划编制标准》。

研究过程

首先是通过对相关政策解读以及国内外新农村建设情况的研究，把握新农村建设最新动态和研究发展趋势，并结合实际规划工作需要，拟定标准编制大纲。其次是采用问卷、走访、座谈等多种形式对四川省内主要的新农村建设示范点进行了深入调研，掌握我省的新农村建设的一手资料，特别是存在的问题与不足，有针对性地提出编制要求。再次是完成新农村规划编制标准初稿，并广泛征求有关建设部门及专家意见。最后是通过反复修改完善，最终编制了新

农村规划编制标准。

研究的主要内容

（1）国内外新村建设研究

通过对日韩、欧美及国内新农村建设及发展情况的分析研究，汲取经验和教训，明确新农村规划的难点和重点，为本次标准编制提供理论参考。

（2）村庄人口及建设用地规模研究

基于门槛人口规模理论和土地利用集中集约的理念，并结合四川省实际，明确了村庄人口及建设用地规模标准选取的依据及理由，提出了宅基地指标标准和建设用地选择的基本要求。

（3）村庄选址及分类研究

通过分析和研究国内相关技术标准、导则对建设用地选择和对村庄选址的一般规定和要求，结合四川的特殊地形地貌特征，提出了新农村选址和新农村建设用地选择的基本原则和要求。与此同时，该标准研究还根据四川省自然地理环境、村民的生活习俗，现有建设条件、经济发展水平等多种因素，借鉴学术界以及国内其他地区的分类方式，对四川省新农村村庄类型进行了分类研究。

（4）村庄（居民点）建设研究

分析研究了四川省传统村镇聚落的形成及其布局特点，明确提出了新农村居民点规划布局的原则，以及居住建筑规划和新农村住宅设计的基本原则和基本要求。

（5）村庄（居民点）景观风貌规划研究

总结了当前四川地区村庄景观风貌规划及建设现状，明确了新农村景观风貌规划的主要内容，并着重对村庄住宅风貌设计、河道景观规划、村口景观设计、环境设施、小品设施等方面进行了探索研究。

（6）农村公共服务设施配置研究

分析总结了四川地区农村公共服务

设施存在的现状问题及原因，明确了农村公共服务设施建设的难点，并通过对国内各地农村公共服务设施配置标准研究，提出新农村居民点公共服务设施配置的基本要求。

（7）新农村基础设施设置及指标研究

针对村庄道路交通、市政公用等基础设施特点，对村庄基础设施规划的内容深度和设置要求等方面提出了规范性要求。

（8）村庄环境保护与防灾减灾规划研究

结合村庄环境保护和防灾减灾的特点及要求，针对性地提出了相应的规划要求和具体措施。

关键技术和创新点

（1）本标准首次将村庄类型划分为改造型、新建型、拆并型、保护型、城郊型五类，并针对不同类型村庄的特点及规划要求，提出具体的分类指导原则。

（2）基于门槛人口规模理论和土地利用集中集约的理念，针对四川省特殊情况，本标准提出"新规划建设的村庄应尽可能超过1000人，对原有200人以下的行政村和自然村要积极引导撤并。条件受限的山区或丘陵村庄应逐步改变过于分散的现状。充分尊重农民意愿，不搞强行集并。村庄配套设施内容和标准应与规模相适应。"的村庄规划引导要求。

项目作用与水平

该标准于2010年编制完成，并于同年荣获四川省第十二次城市科学优秀成果二等奖。该标准的公布实施有利于规范我省新农村规划编制，促进农村居住环境的改善和提升，为我省新农村建设健康可持续发展提供理论支撑和技术保障。

四川省农村人居环境治理实用技术研究

2010 年四川省城市科学优秀成果二等奖

项目承担单位：四川省城乡规划设计研究院

委 托 单 位：四川省住房和城乡建设厅

主 审 人：陈涛

项目主持人：陈懿

参 与 人 员：衡姝、贾刘强、陈思颖

研究背景

我国城乡二元体制长期存在，三农问题一直被忽视，尤其是基础设施建设、公共服务配套、环境治理等方面，城乡差距尤为突出。随着工业化、城镇化进程的不断加快，这种差距态势呈梯状纵深发展。与快速推进的城市建设、日新月异的城市面貌、日趋完善的城市居民生活环境相比，农村社会经济明显滞后。农民的生产生活环境不仅未有效改善，还在生态环境、人居安全等方面显现出了恶化趋势。

2006 年四川省政府发布了《关于在社会主义新农村建设中加强村庄规划和人居环境治理的意见》，对农村人居环境治理提出了明确目标，并确定了主要内容。2006 年四川省建设厅出台了《四川省村庄整治规划编制办法》，在规划层面提出了具体要求，包括规划编制的内容和深度要求等。2009 年初，四川省召开全省农村环保工作会，为改善农村人居环境"脏、乱、差"的现状，会议提出了农村环保的 7 项重点工作。在此背景下，四川省住房和城乡建设厅提出编制《四川省农村人居环境治理实用技术》。

研究目的与意义

为适应城乡统筹的要求，稳步推进四川省社会主义新农村建设，提高农村人居环境治理的技术水平，加强农村人居环境治理的技术管理工作，保证农村居民基本的生产生活条件和居住环境质量，促进农村经济、社会和资源的协调发展，按照"生产发展、生活宽裕、乡风文明、村容整洁、管理民主"的要求，根据四川省农村区域城乡一体化发展的实际需要，四川省城乡规划设计研究院参照国家有关村庄规划建设的法规和技术规范，研究制定了《四川省农村人居环境治理实用技术》。

研究方法

研究方法分三个步骤。一是通过文献，对国内外新农村建设及人居环境改善方面的研究成果进行充分研究，以借鉴先进经验，保证规范理论层面的先进性和科学性；二是进行访谈调查，对四川省农村人居环境现状进行大量的调查工作，对农民进行针对性的访谈，掌握基本情况和有代表性的面上问题，取得第一手材料，使得本规范具有针对性；三是调研考察，对率先提出技术导则的省、区（直辖市）进行调研考察，研究比较各自的特色和特点，借鉴其编制方法，吸收其合理和先进的内容，结合四川省省情，制定适合四川省农村实际情况的农村人居环境治理实用技术标准。

国内外研究

（1）国外相关研究

20 世纪 50 年代以后，不少国家在农村人居环境建设方面进行了实践。20世纪 50 年代后期英、德等国开展了大规模的乡村规划，增强中心村功能，到 21 世纪初，欧盟已将农村人居环境列为农村发展的最重要课题。日本、韩国于 20 世纪 60、70 年代，相继开展了"农村整备事业"和"新村运动"，把农村人居环境治理作为核心内容，通过实施村庄基础设施建设和环境治理，大大改善了农民的生产生活条件，促进了农业和农村的发展。

（2）国内相关研究

我国对农村人居环境治理方面起步较晚，研究较少。2005 年底建设部召开全国村庄整治工作会议，印发《关于村庄整治工作的指导意见》，提出以村庄整治为主要形式，改善农村人居环境。2008 年建设部又出台了《村庄整治技术规范》GB 50445—2008，对村庄整治的具体技术进行了规范。

主要的国家标准仅有《村庄整治技术规范》（GB 50445—2008），但由于我国幅员辽阔，国家标准不一定适用于所有省市。为此各省为解决实际困难，分别制定了相应技术规范，如山东、湖北、广西、安徽等省，四川虽有 2006 年出台的《关于在社会主义新农村建设中加强村庄规划和人居环境治理的意见》《四川省村庄整治规划编制办法》，但对于人居环境治理却无地方统一技术标准。

研究现状

尤其是在"5·12"地震后，四川新农村得到快速发展，形成了具有四川特色的建设模式，但总体上人居环境建设问题依旧突出。首先，四川资源分布差异大、地形地貌多变、民族多样，导致农村社会发展各方面都极不平衡。第二，四川自然村分散、规模过小、布局凌乱，有村无庄。农房建设凌乱分散、质量安全存在隐患。第三，四川社会经济差异导致基础设施投入地域差异较大，部分地区设施不配套，共享性差；第四，农村聚居点环境"脏、乱、差"现象普遍存在，环境污染治理迫在眉睫；第五，农村聚居点的服务和管理功能相对薄弱，文化、体育、医疗等社会事业发展亟需改善。

研究重点及内容

（1）因地制宜

由于四川省农村社会发展各方面都极不平衡，自然条件、生活习惯和民族文化有很大差异，对于不同地区农村人居环境的治理，对其各类基础和公用设施的改造与完善，均需因地制宜，本标准不可一个模式和一刀切。要考虑不同地形地貌气候条件、民族民俗、经济发展水平等农村地区的切身需求。坚持以现有设施的整治、改造、维护为主，杜绝重复建设，统筹安排，优化整合，改善环境质量。

（2）分类指导

本标准就村庄、自然村落、散居的不同发展条件，进行分类指导。

对交通不便、自然条件差、规模小、建筑及环境质量差的散居户和自然村落，在尊重农民意愿的基础上，可向小城镇、中心村和有一定规模的大村迁建。

对具有一定规模且已有某些公用设施的村庄、发展条件和基础较好的村庄，应充分利用原有的设施和条件，实行整村就地整治，进行农村人居环境的改造和完善。

城镇规划区内的村庄要根据城镇总体规划和近期建设规划的要求实施控制和改造，城镇建成区内基础设施薄弱、建设无序、人居环境较差的自然村落，应按规划要求实施整治改造和重建。

（3）历史文化遗产与乡土特色保护

四川省农村具有丰富的历史、文化资源，但毁林开山，随意填塘，破坏特色景观与传统风貌，毁坏历史文化遗存的事情时有发生。在遵守国家相关法规政策基础上，本标准提出应严格保护农村自然生态环境和历史文化遗产，传承和弘扬传统文化，突出乡土特色。

（4）与其他规范的对比与衔接

由各省份技术导则与国家技术标准的纵向比较及各省份间的横向比较可知，国家标准基本上涵盖了各省份的技术要点内容，而各省份在具体侧重点上有所不同，这是四川省本标准编制遵循的基本原则。

"坑塘河道"和"生活用能"在国家标准中单独提出，而各省份均未涉及，本标准弥补了此项。四川农村建（构）筑物类型丰富且在"5·12"地震灾后暴露出较大的安全隐患问题，特增加对建（构）筑物的技术要点。对国家标准的"粪便处理"和"垃圾收集与处理"两项合并为"环境卫生"，以便针对四川省农村环境问题增加相应的内容，如其他省份提出的"厨、卫设施改造"。

农村人居环境治理是建设社会主义新农村的重要内容，是缩小城乡差距、促进农村全面发展的重要途径。农村人居环境治理有助于经济增长，激发农村发展活力。对农村进行人居环境治理，配套必要的基础和公用设施，搞好环境卫生，改善村容村貌，可以有效地改善农民的生活习惯和生产生活环境。本标准实施以来，有助于四川省规范治理农村人居环境工作开展，提高了治理的质量和水平，节约了投资，有效改善了农村人居环境。

四川省城市排水防涝及污水回用规划研究

项目编制单位： 四川省城乡规划设计研究院
委托单位： 四川省住房和城乡建设厅
项目负责人： 曹珠朵
项目主持人： 林三忠
参与人员： 田　文、陈　东、岳　波、
　　　　　　　常　飞、张利伟、乐　震、
　　　　　　　张　波、王荔晓、刘剑平、
　　　　　　　丁文静等

研究背景

国务院办公厅于 2013 年 3 月 25 日印发了《国务院办公厅关于做好城市排水防涝设施建设工作的通知（国办发〔2013〕23 号）》，四川省高度重视；省政府办公厅于 2013 年 5 月 31 日印发了《四川省人民政府办公厅关于切实加强城市排水防涝设施建设工作的通知》（川办发〔2013〕31 号），要求全省县城及以上城市 2013 年 6 月底前完成城市排水防涝设施建设专项规划的编制（修订）、审核和审批工作。为落实国家和四川省的相关要求四川省住房和城乡建设厅特委托四川省城乡规划设计研究院（以下简称川规院）承接编制《四川省城市防洪排涝及污水回用规划》的指令性任务。

研究过程

四川省城乡规划设计研究院组织全院 20 多个专业技术人员协助四川省住建厅对全四川省规划编制的全过程进行了督查、指导、培训、审核、汇总工作。

四川省城乡规划设计研究院配合四川省住建厅组成了 4 个督查组，于 2013 年 11 月 3 ～ 15 日分片分区对全省城市排水（雨水）防涝综合规划和城市污水处理及再生利用设施建设规划的编制及进展情况进行了督查，并根据督查情况，组织了专题培训；2013 年 12 月 30 日至 2014 年 1 月 8 日，川规院作为专家组成员对全省 21 个市（州）的城市排水（雨水）防涝综合规划和污水处理及再生利用设施建设规划进行了初步审查，提出了修改完善意见；各地根据专家初步审核意见进行修改完善。

四川省城乡规划设计研究院按四川省住建厅的要求，于 2014 年 3 月 10 日至 2014 年 3 月 20 日，对各地修改完善后提交了的规划文本电子文件进行审核；经全省上下共同努力，历时近一年，到 2014 年 6 月 20 日，全省已基本完成了编制；在各地规划验收合格后，川规院再据此编制完成了全省城市排水（雨水）防涝综合规划、污水及再生水设施利用规划的省级规划的编制汇总。

研究的主要内容

规划根据住建部下发的《城市排水（雨水）防涝综合规划编制大纲》的要求，提出其最终成果包括规划总论、省域概况及排水防涝现状、城市排水能力与内涝风险评估、主要任务、投资估算、保障措施等 6 章。

（1）规划总论

本章从全省层面对规划依据、规划原则、规划范围、规划期限、规划目标、规划标准等提出了要求。根据四川省城市规模确定内涝防治标准成都市中心城区能有效应对不低于 50 年一遇的暴雨；其他 20 个市州所在地中心城区能有效应对不低于 30 年一遇的暴雨；其他城市中心城区能有效应对不低于 20 年一遇的暴雨；对经济条件较好且暴雨内涝易发的城市可视具体情况采取更高的城市排水防涝标准。

（2）省域概况及排水防涝现状

本章分析了全省区位、地形地貌、经济社会、降水分布特征、水系和地形分布等情况，特别对城市排水防涝现状、问题及成因进行了剖析。

根据各县市区编制的城市排水（雨水）防涝综合规划汇总数据：

四川省城市现状排水（雨水）管道总长度约为 13454.64km，与各地每年上报的城建统计数据基本吻合，排水（雨水）管网密度约 4.53km/km^2，与完善的城市排水管网密度一般应达到 6-9km/km^2 的要求还有很大的差距，说明四川省排水管网整体水平还很低。

排水管网中现有分流制排水管道（渠）长度约 9442.54km，占总排水（雨水）管道的 70.2%；国家要求用 5 年时间实现雨污水分流改造，由于合流制管网主要集中在各地旧城区，要完成国家要求难度很大。

四川省现状城市排水（雨水）泵站共 109 座，总设计规模 315.54m^3/s，泵站主要是立交桥、下穿隧道设置的泵站，规模都较小，在四川省临江河的城市旧城区，很多区域地势低洼，经常出现洪水顶托倒灌，致使场地内雨水无法排除，易形成内涝，这些区域都应该设置排涝泵站，而目前大多数地方都没有设置排涝泵站。

城市调蓄设施都很欠缺；从全省情况看城市排水防涝主要问题集中反映为：城市排水（雨水）防涝缺乏统筹兼顾和系统性、排水（雨水）设施建设滞后、城市排水（雨水）设施建设标准偏低、城市雨水调蓄能力严重不足、城市竖向

控制不尽合理、部门间缺乏衔接。

（3）城市排水能力与内涝风险评估

本章对城市现状排水防涝系统能力、内涝风险进行了评估，为排水防涝设施规划提供支撑。

经评估：四川省城市现状城市排水管排水能力严重不足，排水能力2年一遇以下的管网占了74.6%。四川省现状城市现状易涝点个数1554个，内涝高风险区面积占9.91%，内涝比较严重。

（4）主要任务

本章对近期和2020年的雨水管渠改造与建设、雨水泵站改造与建设、雨水调蓄设施建设、内河水系综合整治建设、低影响开发相关建设、大型排涝行泄通道建设等6大主要任务明确了需实施的规模，并对近期提出了分年度实施计划。

到2020年，全省雨水管渠改造与建设总长度将达到24943.49km，城市雨水管网密度将达到约6.76km/km²，达到较为完善水平；

全省设雨水泵站改造与建将达到334座，设计流量1680.27m³/s，与现状相比，泵站排水能力提高了约4.3倍；全省新建雨水调蓄设施3450座，设计调蓄容积约10958万立方米；

城市内河整治面积448.37km²；各地重视城市低影响开发，雨水收集利用设施达到约795万m³，透水地面改造与建设达到约12972hm²，下凹式绿地、植草沟、人工湿地等滞渗工程改造与建设达到约26197hm²道路排水设施改造与建设达到约14142km。

（5）投资估算

本章对全省近期和2020年的排水防涝投资进行了汇总，并对近期提出了分年度投资计划。

到2020年全省城市排水（雨水）防涝综合规划总投资19637755.32万元，其中雨水管渠改造与建设投资6281935.59万元；雨水泵站改造与建设投资484049.57万元；雨水调蓄设施投资1617845.95万元；内河水系综合整治建设投资5522015.05万元；低影响开发相关建设任务投资5731909.16万元。

排水（雨水）防涝综合规划人均投资约3884元，与预计的全国平均人均4000元左右投资水平相近。

从2020年城市排水（雨水）防涝综合规划投资构成图表可以看出：

雨水管渠改造与建设投资占32%，低影响开发相关建设投资占30%，内河水系综合整治建设投资占28%，雨水调蓄设施投资占8%，雨水泵站改造与建设投资占2%。

由此可见，四川省排水防涝设施建设重点主要集中在雨水管渠改造与建设、内河水系综合整治、低影响开发相关建设这三方面，与四川省现状急需解决的城市排水（雨水）防涝问题一致。

（6）保障措施

本章提出了通过加大资金投入、加强体制机制建设、完善应急机制、强化

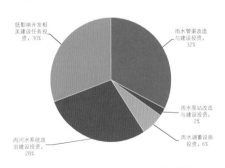

图1　2020年城市排水（雨水）防涝综合规划投资构成图

监督管理、加强科技支撑等措施保障四川省排水防涝设施的规划实施。

关键技术和创新点

本《规划》目的明确，即在全省各地城市排水（雨水）防涝综合规划基础上汇总四川省数据。

本《规划》的有别于一般项目规划的特点体现在以下几个方面：

首先，充分发挥了川规院专业技术人员力量优势，抽调全院给排水人员20余人，分成4个组，协助省住建厅城建处完成了对全省21个市（州），183个县（市、区）规划编制的全过程进行了督查、指导、培训、审核工作，保障了各地的规划按时按质完成。

其次，由于各地投资估算标准差距太大，为指导各地编制，川规院还专门拟定了投资估算参考单价，将各地上报的数据控制在科学合理的范围内。

最后，在省级数据汇总中由主要骨干力量对各地数据逐一核实，保证全省汇总数据真实可靠，科学合理。

项目作用与水平

首先，由于川规院倾力投入，省住建厅对川规院服质量和编制成果十分满意。其次，本规划最后的汇总数据采取的是自下而上的各级汇总，由于川规院全省防洪排涝规划全过程参与，保证了最后全省汇总成果真实可靠，科学合理；最后，国家住建部在汇编全国的排水防涝规划时，充分采纳了四川省级层面的排水防涝的汇总成果和数据。

四川汶川地震灾后恢复重建农村建设规划

2011年度华夏建设科学技术二等奖

项目承编单位：四川省城乡规划设计研究院
编 制 单 元：四川省城乡规划编制研究中心
委 托 单 位：四川省住房和城乡建设厅
项目主持人：高黄根
参 与 人 员：岳 波、陈 亮、廖 伟、
　　　　　　　樊 川、李 齐、彭代明、
　　　　　　　黄剑云、邓生文、廖竟谦

研究背景

2008年5月12日14时28分，四川省发生了里氏8级的特大地震，震中位于汶川县映秀镇，地处四川盆地与青藏高原东缘之间的龙门山断裂带，震源深度19km，震中烈度超过11度。受灾区域涉及四川省20个市（州）、140个县（市、区），其幅员面积为25.2万km²，占全省国土面积的52%，涵盖四川省大部分地区。

地震给四川省农村地区带来巨大损失，住房、公路、农村客运站、通信设施、供水设施、灌溉排涝设施、电力设施等遭到严重损毁，对农业综合生产、农村公共服务和农民生产生活造成重大影响。

为保障农村灾后恢复重建工作有力、有序、有效地开展，积极、稳妥地恢复灾区农民正常的生活与生产条件，促进灾区农村经济社会的恢复和发展，四川省住房和城乡建设厅委托四川省城乡规划设计研究院承接本规划的编制任务。

研究过程

基础资料收集及实地走访摸底：通过对灾区进行实地考察及相关文献资料收集，充分了解灾区农村资源环境、社会经济、农村建设等基本情况；再通过灾后统计，全面掌握灾区农村灾损情况。

研究内容的把握：正确领会国家和省有关法律法规以及重要的灾后恢复重建相关的文件精神，首先明确了尽快恢复灾区农村居民基本生产生活的工作重点，同时，考虑未来长远发展需要，以灾后重建为契机，充分研究灾后重建和农村结构调整、经济发展、城镇化、农业现代化、新农村建设等的结合，着力提升重建后农村品质和发展活力。

规划的编制：在四川省建设厅、农业厅、水利厅、交通厅和受灾市（州）人民政府，清华大学、同济大学、重庆大学、中国城市规划设计研究院、重庆市城市规划设计研究院以及四川省城乡规划设计研究院等省内外二十余家设计单位的共同参与下，经过几个月的连续奋战、协同作战，终于按时完成了本规划的编制。

研究的主要内容

规划共11章，主要包括灾区基本情况和灾损情况、规划总论、住房恢复重建、基础设施重建、农业生产设施恢复重建、农村环境保护、恢复重建投资估算、政策建议与保障措施等内容。

（1）灾区基本情况和灾损情况

规划文本第一、二章。灾区基本情况重点针对重灾区，从资源环境、社会经济、农村建设三个方面进行了论述；灾损情况重点论述了地震对住房及交通、通信、电力、给水、灌溉排涝等重要基础设施造成的损坏，同时论述了对农民生产、生活、农业服务体系等造成的影响。

（2）规划总则

规划文本的第三、四、五章。包含规划范围、期限、依据、指导思想、原则、目标、任务等主要内容。

规划范围涵盖全省农村受灾地区，并以重灾区为重点；期限为2008-2010年；坚持国家大方向大方针，提出要"注重灾后重建与结构调整、重振农村经济相结合"的指导思想。提出了"以人为本、民生优先"等六大规划原则，明确了"一年至两年完成涉及民生的农村住房恢复重建，三年全面完成灾区农村恢复重建任务"的规划目标。

确定了本规划的主要任务为：提出农村居民住房布局和规模；提出道路、供水供电、污水垃圾处理等基础设施建设方案；提出农业生产设施恢复重建方案；提出农村公共服务设施布局和规模；提出恢复重建的投资估算。

（3）农村居民住房恢复重建

规划文本第六章。主要包含重建方式与选址要求、乡村体系结构、恢复重建标准与规模、农村居民住房布局、农村公共服务设施建设、防灾规划六大主要内容，为本规划最重要的章节及内容。

首先分析了原地原址重建、原地异址重建和异地新建三种重建方式的适用条件并确定了各自的重建户数。在充分考虑灾区紧急需要、当地实际、未来发展、村民意见的基础上，提出"就地、原址、分散"、保护耕地和节约资源等四大选址原则，并据此提出了五条具体选址要求。

在灾区乡村体系结构的构建上，从空间结构、职能结构、等级规模三个方面给出了指引和要求，空间结构上，提出"依托县城与中心镇，以中心村为支

撑，以基层村为基础的乡村空间体系"；职能结构上，根据行政管理与服务功能等的需要，分为重点中心村、中心村与基层村三级职能；等级规模上，根据居民聚居规模，分为特大型（1001人以上）、大型（601-1000人）、中型（201-600人）和小型（200人以下）四级乡村等级规模体系。

确定了人均建设用地指标和人均宅基地指标，并就此对建设用地规模和建筑面积规模进行了估算。

确定了居民住房布局原则与要求，从"空间形态、公共空间布局、建筑群体组织、院落空间组织、滨水空间利用、生产用房"六大方面提出布局要点，并从"平面设计、风貌设计"等六个方面提出农房设计要求。

确定了公共服务设施的配建标准与原则，对村委会、学校、敬老院、市场设施等主要公共服务设施提出配建要求，并对配建规模进行估算。

确定了抗震、防洪、消防等防灾规划指引与要求。

（4）农村基础设施重建

规划文本第七章。主要包含村组内联系路、村庄道路、村庄供水、村庄排水、村庄供电、村庄电信及广播电视、村庄垃圾收集处理、场地平整八个方面的内容。

规划确定了各类基础设施的建设标准与要求，并就具体的恢复重建提出原则性的指导。

（5）农业生产设施恢复重建

规划文本第八章。明确了农业生产设施重建的总体目标，并就"设施装备保障能力恢复"、"科技支撑服务能力提高"、"农业有害生物和动物疫病防控能力增强"、"农村用能结构得到改善"四

项具体目标做出了定量和细化的规定。

具体而言，规划对种植业恢复、畜牧业恢复、渔业恢复、农机恢复、国有农场恢复、林业恢复、水利设施恢复八个方面涉及的各种设施的重建数量、规模进行了细致的安排统筹。

（6）农村环境保护

规划文本第九章。通过和省环保局的协调，将其提供的相关要点纳入本规划，对农村集中式饮用水源保护区保护设施、饮用水源保护区内排污口、乡村污水处理设施、畜禽养殖场废水处理设施的重建进行了安排。

（7）恢复重建投资估算

规划文本第十章。分农村住房与配套设施、农业生产设施两大板块进行投资估算，其中农村住房与配套设施涵盖了住房、公共服务设施配套、基础设施配套三项内容。

在进行估算时，通过确定估算范围、制定估算原则、确立估算标准，得出两大板块各自的投资额与投资构成，制定出分年度投资计划，并由此得到震后农村恢复重建投资总额。

（8）政策建议与保障措施

规划文本第十一章。提出了切实保护灾区农民利益、投资金融税收、土地、基础设施恢复重建、农业生产设施恢复重建、生态恢复、扶贫扶持等方面的政策建议；

并就加强组织领导、严格规划实施、注重设施建设、加强技术服务、简化审批手续、加强建材市场监管六方面提出相关保障措施。

关键技术和创新点

规划特点鲜明，理论联系实践，经过多个部门的协调，具有较强的指导意

义，为灾区农村恢复重建任务做出了科学合理的统筹安排。

一是突出了灾后重建的迫切性，规划期限为3年，重点恢复重建关系民生的基本生活、生产设施和公共服务设施。

二是树立破而后立的思想，立足资源环境承载力，注重灾后重建与结构调整、重振农村经济相结合，充分考虑了农村未来发展的需要。

三是结合社会主义新农村建设，将灾后重建和扶贫开发相结合，对农村公共服务设施和基础设施重建进行了重点安排，有利于农村生活水平的实质性提升。

四是以数据说话，科学深入，基础资料数据丰富翔实，任务安排、重建规模和投资估算都有详细数据。

五是准确把握规划中的弹性与刚性，更有利于实施。

项目作用与水平

该规划是"5.12"汶川地震后指导灾区特别是重灾区农村恢复重建的重要指导性规划。规划内容充实，考虑全面，重点突出，立足赈灾、兼顾长远，任务安排科学有序，对于灾区特别是重灾区农村恢复重建具有较强指导意义。

规划既充分考虑了灾区村民的意愿，又结合重建的紧迫性和新型城镇化、新农村建设、扶贫开发等国家和省的大发展战略，为灾后农村的长远发展留有余地。

规划文本简洁明了，结构清晰，逻辑性强，任务安排详细到点，数据详尽，具有很强的操作性，在"5.12"震后灾区农村恢复重建工作中发挥了重要作用。

四川省"百镇建设行动"阶段性评估总结

项目设计单位：四川省城乡规划设计研究院

委 托 单 位：四川省住房与城乡建设厅

项目主持人：严 俨

参 与 人 员：王世伟、常 飞、马晓宇、
司徒一江、林三忠、赵文恒

研究背景

根据省委、省政府推进新型城镇化的总体部署，我省自2013年以来，大力实施了"百镇建设行动"。通过近三年的实施，在全省形成了"点上突破、面上带动"的小城镇发展格局，取得了明显成效。

按照王东明书记的指示和要求，受四川省住房和城乡建设厅委托，四川省城乡规划设计研究院对我省"百镇建设行动"进行总体评估；在赴浙江等地考察学习、组织各市（州）总结评估和对21个重点镇三方评估的基础上，通过现场实地调研、统计调查、专家座谈等方式，全面了解"百镇建设行动"的工作进展情况和示范效应；对全省"百镇建设行动"的300个镇进行了阶段性的总体评估。

研究过程

（1）实地勘察、资料研究

收集整理了300个镇相关文字资料和建设方面的技术数据；重点分片区实地调研、主动走访和收集，为评估工作提供翔实的资料基础。

（2）问卷调查、专家座谈

通过向300个镇发放调查问卷和资料表格，与当地领导和小城镇建设管理专家座谈交流，把握"百镇建设行动"的组织机制、整体进展、项目建设等情况，总结各镇发展过程中的重要经验和突出问题。

（3）他山之石、学习借鉴

通过分析各镇的自查材料和统计资料，与先进地区进行对比，取其精华、为我所用，为试点镇建设工作的进一步提升和完善，提出合乎我省发展实际的具体措施和建议。

研究的主要内容

报告通过对全省300个镇进行全面总结评估的基础上，针对新情况、新问题，研究提出了深化"百镇建设行动"对策措施和建议。最终成果包括主要成效、探索和创新、问题和矛盾、对策措施以及建议。

（1）主要成效

1）城镇格局不断优化，城镇体系建设提速升级。

在300个试点镇的选择上，充分考虑与省域城镇体系建设相协调、与全省新型城镇化的空间布局相协调、与经济发展支撑城镇发展相协调，将288个镇安排在省内四大城镇群内，占300个镇总数的96%。

目前，全省已经构建了以成都特大城市为核心，3个Ⅱ型大城市、8个中等城市为骨干，35个Ⅰ型小城市、106个Ⅱ型小城市和1531个小城镇为基础的省域城镇体系，初步形成了小城镇建设与四大城镇群融合协调发展的新格局。

2）经济规模不断扩大，新的县域经济增长点正在形成。

从抽样调查的情况来看，试点镇的经济增长动能强劲。127个试点镇地区生产总值平均为16.26亿元，其中50亿元以上的镇有8个，占6.3%，最高的已超过200亿元。20-50亿元的有17个，占13.4%。从21个省级重点镇的地区生产总值的发展情况看，2012～2014年年均增长21.4个百分点，高于全省增速（9.8%）约11.6个百分点。

调查显示：镇平均统计财政收入0.3亿元/年，其中，年财政收入1亿元以上的镇有5个，占总调查数的3.9%，0.5～1亿元的镇有20个，占15.7%。试点镇经济增长推动了县域经济快速发展。

近郊试点镇正成为中心城区重要功能组团，与城市联动发展；远郊试点镇正成为服务农村、带动周边的县域次中心。

3）产镇村融合发展，城乡纽带作用得到充分发挥。

300个镇以"产业强镇增收，城镇辐射农村"的发展思路，坚持产镇和镇村联动，结合"幸福美丽新村"建设，大力促进城镇的产业向农村拓展、资源向农村流动、文明向农村传播；城镇集聚、带动、辐射乡村腹地的经济社会发展的作用逐步凸显，有力带动了县域新村建设提档升级和农民致富增收。

据对21个重点镇调查，2012～2014年城镇居民可支配收入平均增加4279.3元，年均增速达12.5%，农民人均纯收入平均增加2247元，年均增速达13.9%，高于全省9%、11%的增幅，城镇可支配收入达到2.2万元，城乡居民收入比缩小至2.1；优于小康社会监测指标（1.5万元和2.8），实现了城乡居民收入双增长，城乡收入差距缩小。

4）配套设施日趋完善，农民就地就近城镇化不断加快。通过近3年建设，试点镇的基础设施水平不断提高，城镇

承载能力不断增强。

2014年，300个镇通镇通村公路通达率达到100%，人均道路面积达11.9m²，较2012年增加1.3m²，城镇路网格局基本形成。城镇供水普及率达84%，燃气普及率达52.5%，垃圾收集清运率达100%、其处理率达90%以上，人均绿地面积达到9m²，高于全省小城镇人均指标2.6m²。

同时，今年抽样的127个试点镇，平均拥有幼儿园6所、镇卫生院平均有80名医护及工作人员，医疗卫生设施数达到9.8个，较2012年增加2.3个。由于设施配套，试点镇聚集人口的能力明显增强，城镇人口规模逐步扩大。

（2）对策措施和主要目标

锁定300个镇的规模不再增加，坚持突出重点、分类推进、示范带动的原则，持之以恒地抓下去，带动全省小城镇健康发展。

以创新开放理念增强小城镇的发展活力，以协调共享理念促进小城镇辐射带动农村，以绿色发展理念建设生态魅力特色镇，大力实施"两个一批"（即：巩固提升一批示范镇，培育创建一批专业镇）行动计划，辐射带动全省小城镇建设，实现大中小城市和小城镇协调发展、产业和城镇深度融合；促进城镇化和新农村建设同步推进，夯实新型城镇化底部基础。

到2020年，300个镇的质量和水平明显提升，城镇承载能力显著增强，产业实现提档升级，具有新兴业态的专业镇初具形态，小城镇年均吸纳农业人口50万人以上，城镇化率年均贡献0.5个以上百分点。

（3）实施路径

巩固提升一批示范镇：进一步完善政策措施，创新投融资机制，加大建设投入，提升综合承载能力；建设生态魅力城镇，增强人口吸纳能力；培育特色产业，促进产镇的相融发展。

培育创建一批专业镇：依托"成德绵"和其他区域中心城市的优势，引导有条件的试点镇向新型专业镇、创新创业镇发展，借力现代服务业来提档升级，以创新驱动、"互联网+"、大数据、休闲康老服务等新兴业态为主要内容，促进小城镇发展转型升级。

（4）措施建议

1）加大财政资金投入。

在每年省级财政安排的5亿元专项补助资金的基础上再增加5亿元。同时，市、县两级财政也要加大投入力度，专项用于支持小城镇基础设施建设。

2）创新投融资模式。

省财政在地方政府债券发行中专门切出一块，用于扶持"百镇建设行动"；采取财政贴息、政府购买公共服务等方式，吸引社会资本参与建设。

3）落实用地保障。

从2016年起，连续3年，对列入"百镇建设行动"的300个镇，每年安排60亩城镇建设用地指标，用地计划由省上单列，直接下达到试点镇。

同时，在300个镇中，开展城乡建设用地增减挂钩试点，将结余的建设用地指标和土地增值收益全部留镇。

4）加快体制机制改革。

将列入"百镇建设行动"的300个镇，全部纳入省上扩权强镇改革试点，

赋予其同人口与经济规模、事权与财权相适应的管理权，建立和完善试点镇规划建设管理机构，配齐乡村规划师。

关键技术和创新点

本次的总结评估工作，主要针对我省3年来的百镇试点的经济建设成就、特色产业培育、基础设施建设、公共设施配置、规划编制与实施监督、体制机制创新等内容；调查采用了300个镇大量的建设成果数据，采用定性分析和定量分析相结合的方法，并与发达地区示范镇进行对比，找出差异，谋划未来；

在此基础上，结合我省新型城镇化发展要求，提出下一步大力实施"提升示范镇、创建专业镇"的行动纲领；同时对我省培育"镇级小城市"的模式献计献策，为我省小城镇夯实发展以及我省城镇体系的优化发展找出符合实际情况的措施与对策。

项目作用与水平

《四川省百镇建设行动阶段性评估总结》工作围绕宏观政策、经济建设、社会管理、发展规划、人居环境等领域，客观评价了"四川省百镇建设行动"三年来取得的成效、存在的问题和尚需提升改进的地方；同时参考发达地区改革示范试点工作的建设经验和建设路径，研究提出"百镇建设行动"下一步工作的意见建议，为制定更加完善的、合乎我省实情的小城镇发展政策提供了技术与理论参考。

风景名胜区促进地方经济和城镇化发展研究

项目设计单位：四川省城乡规划设计研究院
委 托 单 位：四川省住房和城乡建设厅
主 审 总 工：黄东仆
项目主持人：黄 鹤
参 与 人 员：王 丹、王荔晓、曹星渠

研究背景

风景名胜区是为公众提供的、具有一定作用和功能的绿色区域；它作为重要的公共开放空间，不仅是公众的休闲游憩活动场所，也是各种文化的传播场所。因此，风景名胜区具有多样化的价值体系，集风景欣赏价值、生态价值、科学价值、历史价值和开发利用价值等于一身；不同的风景名胜区的价值体系侧重有所不同；同时，风景名胜区的价值体系也是一个动态发展的过程，随着新形势下的价值需求的变化，同一风景名胜区价值体系的侧重点也在不停地变化中。

近年来，在我国城镇化浪潮的席卷下，以风景名胜区为主导的生态旅游，展现了强大的动力价值及区域综合发展协调能力；在我国（尤其西部地区）的地方经济和城镇化发展进程中扮演了重要的作用。

研究过程

对全国风景名胜区，尤其是四川省内的风景名胜区进行了实地考察，汇总风景名胜区促进地方经济和城镇化发展的相关案例；通过对风景名胜区、旅游业、新型城镇化及现代化农业发展的进程分析，总结风景名胜区促进地方经济和城镇化发展的经验和教训；剖析风景名胜区规划及风景名胜区内城镇规划编制的指导原则及指导思想；提出了规划研究的重点，最终提出规划编制导则。

研究的主要内容

（1）发展概述

从风景名胜区、旅游业、新型城镇化和现代化农业等四个方面，分析了相关概念与发展进程，总结风景名胜区促进地方经济与城镇化发展的内部动力。

1）风景名胜区的发展概述

分析了我国风景名胜区发展的历程，以及与之相对应的功能和价值体系发展的变化，展望风景名胜区发展的趋势，提出未来风景名胜区发展的重点。

2）旅游业的发展概述

分析了我国旅游业组成的基本要素和发展趋势；提出旅游业在我国第三产业发展中的重要地位；总结风景名胜区对旅游业发展的重要作用。

3）新型城镇化发展概述

分析我国新型城镇化的发展现状和趋势，重点分析以旅游为引导的新型城镇化的现状和发展趋势；提出旅游业对新型城镇化的重要带动和促进作用。

4）现代农业发展概述

分析现代农业在风景名胜区内的发展现状，提出现代农业在旅游和城镇化发展中的重要作用和发展前景。

（2）风景名胜区镇（乡）发展模式

根据所在区域的不同，将与风景名胜区关系密切的镇（乡）分为风景名胜区内和风景名胜区外两种；并选取具有代表性九寨沟漳扎镇、峨眉山七里坪镇、四姑娘山日隆镇和蜀南竹海万里镇与万岭新型社区等为实例，分析随着风景名胜区发展，地方经济及城镇发展的进程，总结经验和教训。

（3）规划原则与指导思想

提出风景名胜区规划及与之相关的城镇（乡）规划的原则和指导思想。

（4）规划重点

1）保护和优化生态

将生态文明理念全面融入风景名胜区和城镇化发展，实行最严格的生态环境保护制度，形成节约资源和保护环境的空间格局和产业结构，构建绿色生产方式、生活方式和消费模式。

2）改善民生、服务游客

以风景名胜区为载体，积极发展以旅游服务业为支柱的第三产业，根据景区和城镇特征规划合理的产业结构，在服务游客的同时，带动居民社会的全面发展。要让风景名胜区居民分享到风景名胜区发展的红利，从而提高居民自觉保护生态和景观的积极性。

3）优化、提升基础产业

坚持走中国特色新型农业现代化道路，结合风景名胜区的特色加快转变以绿色生态为核心的农业发展方式；提高农业综合生产能力、抗风险能力、市场竞争能力和可持续发展能力。

4）塑造城镇特色

发掘城镇的文化资源，强化文化传承与创新，把城镇建设成为历史底蕴厚重、时代特色鲜明的人文魅力空间。

注重在城镇化进程中保护历史文化遗产、民族文化风格和传统风貌，促进功能提升与文化文物保护相结合。

注重在新区建设中融入传统文化元素，与原有城镇自然人文特征相协调。

加强历史文化名镇、历史文化街区、民族风情小镇的文化资源挖掘和文化生态的整体保护；传承和弘扬优秀传统文化，推动地方特色文化的发展，保存城镇文化记忆。

5）完善旅游设施配套

充分发挥风景名胜区的风景欣赏价值与生态价值，大力发展和完善观光游览、休闲度假、文化娱乐、运动健身、体验、养生、养老等配套设施，合理满足旅游市场的需求，造福于民。

（5）规划编制导则

1）规划编制的协调重点

提出风景名胜区规划与风景名胜区范围内外关系密切的镇（乡）规划在编制过程中的协调重点：

一是对详细的基础资料调查搜查。包括对风景名胜区内的镇（乡）或周边镇（乡）的行政辖属情况、人口分布、产业和经济、历史沿革、自然风景和人文景观资源等进行全面的调查、汇总、分析、整理；预测第一、第二、第三产业的发展前景以及劳动力和人口的转移、流动趋势。

二是进行 SWOT 分析，特别是依托风景名胜区旅游业的发展前景来进行分析。

三是对风景名胜区对镇（乡）的要求进行分析；含生态保护的要求、景观保护和提升的要求、旅游设施系统建立完善的要求、风景游赏系统建立完善的要求，居民社会系统完善的要求等。

2）编制导则

包括：风景名胜区编制导则、风景名胜区内镇（乡）规划编制导则和风景名胜区周边镇（乡）规划编制导则等三大方面。

其中风景名胜区编制导则从文化的保护和传承、风景名胜区内居民社会调控、旅游设施配备、建设风貌引导、社会经济发展引等五个方面提出相应的规划导则。

风景名胜区内镇（乡）规划编制导则从科学测算人口规模、划定镇（乡）区用地规划发展的控制范围、建设用地发展方向选择、规模控制、公共服务设施配套、产业发展布局、建设风貌引导、健全防灾减灾救灾体制、基础设施配套等九个方面提出相应的规划导则。

风景名胜区周边镇（乡）规划编制导则从优化镇（乡）布局和形态、加强对外交通联系、提高可持续发展能力、优化产业结构及打造产业综合体、优化城镇空间结构和管理格局、提升镇（乡）基本公共服务水平、构建绿色镇（乡）建设、建设风貌引导等八个方面提出相应的规划导则。

关键技术和创新点

本研究以大量实例为基础，充分分析了以风景名胜区为载体的生态旅游对促进地方经济和城镇化发展的重要作用，总结了成功案例的经验和失败案例的教训；

在此基础上结合我国生态文明的发展趋势，提出风景名胜区以及与其密切相关的镇（乡）规划编制的导则，力求站在全局的高度，综合协调风景名胜区、旅游业、城镇化和现代农业等多项学科的内容和要求；科学、合理地编制规划，以保护风景名胜区的生态环境为基础，充分考虑风景名胜区内外居民的发展诉求；正确处理生态保护与社会发展之间的关系，促进环境、社会、经济三方面效益统一。

项目作用与水平

本研究课题以大量实例为基础，与地方实际结合紧密，提出的规划导则具有较强的可操作性；积极地协调了风景名胜区与城镇之间的关系，对推进以旅游为主导产业的新型城镇化有较好的指导作用。

四川省级空间规划研究

编制单位：四川省城乡规划设计研究院

委托单位：四川省住房和城乡建设厅

主审总工：高黄根

项目主持人：贾刘强

参与人员：马晓宇、刘　芸、田　静

研究背景

我国涉及空间的规划种类繁多，存在规划职能定位不清、内容交叉打架、技术标准不统一、信息平台难共用和规划管理执行不到位等矛盾，不利于空间资源的有效保护和有序利用，严重削弱了规划的权威性和严肃性。

为此，中央城镇化工作会议和城市工作会议做出工作部署，要求统筹各类空间性规划，健全空间规划体系，推进规划体制改革。

健全空间规划体系，是对党的十八大和十八届三中、五中全会精神的具体落实，是对中共中央、国务院《关于加快推进生态文明建设的意见》《生态文明体制改革总体方案》等决策部署的具体落实，对优化国土空间开发格局、强化政府空间管控能力、推进空间规划体制改革具有重要意义。

按照国家发展改革委、国土资源部、环境保护部、住房城乡建设部联合下发的《关于开展省级空间规划研究工作的通知》（以下简称《通知》）要求，四川省住房和城乡建设厅结合四川实际，委

托我院开展了省级空间规划研究工作，形成本研究报告。

研究过程

通过对国外区域空间规划的实例进行研究，分析了省级空间规划的内涵、定义、规划及建设方法的演变过程，总结省级空间规划所应具备的要素，并对标分析得出结论，确定省级空间规划的编制内容，最终编制了《四川省级空间规划研究》（以下简称《研究》）。

研究的主要内容

《研究》基于省级空间规划所涉及的各个方面及特点，提出的最终成果包括省级空间规划的内涵及要求、四川省涉及省域空间的规划分析比较和省级空间规划编制的思路和建议三个章节。

（1）省级空间规划的内涵及要求

我国现有的规划类型按其主要内容可分为两类：

一是事业规划（如经济社会发展规划），该类规划是目标性规划，对某类事业或社会经济的发展提出规划目标、思路及措施；

二是空间规划（如城乡规划），该类规划又可分为专项空间规划和综合性空间规划两类。

发展规划对空间规划具有导向作用，会涉及空间发展方向的内容，但不可能取代具体的空间规划；发展离不开建设，可以把空间规划看成是发展规划在空间的落实。所以，发展规划与空间规划是相辅相成、互为补充的，二者应分工明确、相互配合、衔接协调。

本报告研究的省级空间规划属于区域空间规划的范畴，具有与区域空间规划一致的特征和内涵；通过分析各国区域空间规划管理的特点，《研究》认为

其基本内涵可归纳为：社会经济发展到一定阶段，为解决空间协调、资源与环境等问题而作出的总体空间安排，是政府进行空间管控的有效工具，具有战略性和综合性的特点。

参照国外经验，结合国家要求，编制省级空间规划的重点任务应包括合理安排省域范围内的生产、生态和生活空间，对各类空间规划进行协调，统筹布置交通、市政基础设施和协调各种空间利益等内容，为各类产业发展提供适宜的空间资源，保障居民生活的舒适、安全和稳定，提供均等化基本公共服务，保护自然生态环境，实现空间资源的有效保护和有序利用，做到"一张蓝图干到底"。

（2）四川省涉及省域空间的规划分析比较

涉及省域空间的规划主要有发改、国土、住建、环保、林业、交通、旅游等部门牵头组织编制的各类空间规划，从四川的实际来看，现已编制完成并覆盖省域空间的规划主要有《四川省主体功能区规划》《四川省土地利用总体规划（2006—2020年）》和《四川省城镇体系规划（2014-2030年）》等3个规划；《研究》从法律基础、重点内容和规划管理等方面，对标省级空间规划内涵及编制要求，进行比较分析，并得出结论：《四川省城镇体系规划》是依法由省政府主导、住建厅牵头、相关部门和地方共同参与，通过充分衔接协调而形成的综合性规划，在法律基础、规划内容和规划管理等方面符合国外区域空间规划发展趋势，也基本满足国家对区域空间规划的总体要求，是事实上的省级空间规划，通过市县城镇体系等规划的细化，已经形成了较为成熟的空间管制机制。

目前存在的问题，主要是由于目标类规划、指标类规划和坐标类规划职责不清，以及城镇体系规划执行不到位造

成的。下一步的工作重点，应当是建立健全严格执行四川省城镇体系规划的相关制度。

（3）省级空间规划编制的思路和建议

1）总体思路

鉴于《四川省城镇体系规划》具有较为充分的法律依据、基本完整的区域空间规划内容、有效运行的规划编制及协调机制、成熟的空间规划实施管理基础，为提高省级空间规划的编制效率和质量、最大限度地减小编制代价，建议以《四川省城镇体系规划》为基础，协调省域各类空间规划，形成四川省级空间规划；并构建以省级空间规划（省域城镇体系规划）为统领、各部门牵头编制的各类空间的规划为支撑的各司其职、统一协调的空间规划体系。

2）编制建议

在规划内容方面，在现有省域城镇体系规划内容的基础上，将"多规合一"的思路应用到规划编制过程中，进一步强化空间统筹方面的内容。

具体内容应包括构建省域空间分类体系、评价省域用地适宜性、形成省域空间理想格局、协调各类空间规划、优化空间布局和结构、形成省域空间一张蓝图、划定重要控制线、提出用地管控要求和措施等方面，对省域生产、生态、生活和重大设施空间做出统筹安排，促进空间资源的有效保护和有序利用，为实现全省经济社会发展目标提供空间支撑和保障。

在规划的编制组织方面，建议由省、自治区人民政府负责组织编制省级空间规划，省、自治区人民政府城乡规划主管部门负责省级空间规划组织编制的具体工作，并组建由发改、国土、城规、环保、农业、林业、交通等部门组成的空间规划办公室；整合相关领域的专家和技术人员，共同参与空间规划编制工作，形成协调高效的规划编制机制。

在规划执行制度方面，建议由国家出台文件，明确省域城镇体系规划在各类空间规划中的统领地位，厘清目标类规划、指标类规划和坐标类规划职责。

修订《省域城镇体系规划编制审批办法》，强化空间规划相关内容及要求。

完善城镇体系规划相关技术标准，形成空间规划技术标准体系。

在部门联动、信息更新、监督考核和动态维护等方面创新管理模式，形成相关制度；保障规划严格、高效地实施。

关键技术和创新点

该《研究》特点鲜明，理论联系实践，从国内外研究分析入手，提出了省级空间规编制的要点。

同时，将涉及省级空间规划内容的现有规划进行对比分析，得出了《四川省城镇体系规划》大部分满足省级空间规划的要求，但是需要从执行力度上、坐标系统上进行统一的结论；在其中融入"多规合一"研究理念，对省域空间的生产、生态、生活空间进行统筹安排，从而指导下一步规划的编制工作。

项目作用与水平

《研究》是在四川省住房和城乡建设厅的指导下，依据国家通知要求编制的。主要是解决各地区、各部门对于省级空间规划内涵、编制要求方面存在的思想不统一、要求不一致的问题；具有较强的系统性、科学性、实践性、学理性和严谨性，对于下一步编制省级空间规划具有前瞻的指导性作用。

UDC

中华人民共和国行业标准

P

CJJ 83－2016
备案号 J 2207－2016

城乡建设用地竖向规划规范

Code for vertical planning on urban and rural
development land

2016－06－28 发布　　　2016－08－01 实施

中华人民共和国住房和城乡建设部　　发布

2.2　国家规范及标准

城乡建设用地竖向规划规范（修订）

主编单位： 四川省城乡规划设计研究院

参编单位： 沈阳市规划设计研究院
福建省城乡规划设计研究院
广州市城市规划勘测设计研究院

委托单位： 住房和城乡建设部

规范主编人： 盈 勇、郑 远

参编人员：

四 川 院： 李 毅、韩 华、刘 丰、
曹珠朵、林三忠

沈 阳 院： 檀 星、徐靖文、钟 辉、
刘 威、赵 英

福 建 院： 白 敏、蔡新沧

广 州 院： 杨玉奎、刘明宇、陈 平、
陈子金

主审专家： 高冰松、彭瑶玲、陈振寿、
路雁冰、张 全、郑连勇、
戴慎志、史怀昱、翁金标

修订背景

原行业标准《城市用地竖向规划规范》CJJ83-99 于 1999 年 10 月 1 日起实行，为规范城市规划编制、提高城市规划的科学性等发挥了重要的作用。

由于制定的时间较早，其中一些内容不能适应新时期城乡建设、安全、生态与环境景观上更严格的要求；近年来新颁布实施的一系列标准规范也对原规范提出需要进一步衔接的要求。

根据住房和城乡建设部《关于印发 2009 年工程建设标准规范制订、修订计划的通知》（建标〔2009〕）以及《工程建设国家标准管理办法》和《工程建设行业标准管理办法》的要求，为适应《城乡规划法》的需要，原行业标准《城市用地竖向规划规范》（以下简称原规范）应修订为《城乡建设用地竖向规划规范》。

编制过程

（1）准备阶段

2009 年 8 月，原规范的主编单位接受规范修编任务，签订了合同。

2010 年 11 月 18 日于成都市召开了第一次编制组会议。会议统一了对规范修编工作的认识，学习了标准编写的相关规定，明确主参编单位的各阶段的工作内容和要求，研究确定了分片区调研汇总的工作计划安排，讨论了"规范条文大纲"与《工作计划大纲》及《问卷函》的内容设置，为下一步的实地调研和函调做好了初步的计划安排。

从 2010 年 11 月开始，至 2011 年 4 月结束，对国内具有竖向典型代表性的城市的竖向工程实例以及开展了竖向规划的主要编制单位进行了实地调研与座谈。

2011 年 6 月向国内的 62 家规划编制单位发出规范修订问卷普调函 62 份，34 家单位回函 71 份，收集到了一系列详细而具体的修订意见及建议。

2011 年 12 月 15 日，编制组完成各自的分片区调研报告之后，汇总形成了 3 个文件：《城乡用地竖向规划规范》的修订初稿、《实地调研和专题调研汇总报告》《普遍性问卷调查整理汇总报告》。

2011 年 12 月底，编制组在广州市召开编制组第二次研讨会。

2012 年 6 月 28 日，住房城乡建设部标准定额司、城乡规划司和城乡规划标准化技术委员会在成都市召开了《城乡建设用地竖向规划规范》修订的第一次工作会议（编制组成立暨开题会议），

并当场形成、宣读了《开题会议纪要》

（2）征求意见稿阶段

2012 年 12 月底，补充完成《乡村竖向专题调研报告》与《国外竖向规划专题调研》，然后汇编形成一个覆盖城乡建设用地竖向案例的完整的调研报告。

2013 年 1 月底，编制组汇编整理完成了《用地竖向相关技术导则、规范及资料汇编》。

2013 年 4 月 18-20 日，编制组在福州市召开"规范征求意见稿"讨论会。根据这次会议的讨论成果，2013 年 5 月主编单位完成了"征求意见稿"提交征求意见的准备工作，补充了《修订数据来源报告》。

至 2013 年 7 月底，完成"征求意见稿"向标委会专家委员会 12 位委员及宁波院先行征求意见，总收到 129 条初审意见；依据这些意见及时修改之后，形成了正式的竖向规范征求意见稿。

2013 年 8 月 13 日，经主编管理部门审查同意后，于 2013 年 10 月 8 日将"征求意见稿"寄发 41 家定向征集意见的单位。同时在国家工程建设标准化信息网上公开征求意见。截至 2013 年 11 月 20 日共收到 13 个规划设计研究院的回函，共有 72 条反馈意见。

（3）送审稿阶段

2013 年 11 月编制组对标委会专家、函调单位反馈的意见进行了逐条整理和汇总，2013 年 11 月 25 ～ 26 日在成都市召开"规范送审稿"编制组讨论会，接受并采纳了许多中肯而正确的修改意见，对某些不合适的建议做出了"不采纳"或"暂不考虑"的谨慎处理，形成了《竖向规范（送审稿）》。

2013 年 12 月 20 日四川省城乡规划设计研究院的技术委员会对《城乡建设用地竖向规划规范》送审稿进行了认真审查；形成了技术审查的《会议纪要》；

2013 年 12 月底《城乡建设用地竖

向规划规范（送审稿）》正式上报住房和城乡建设部城乡规划标准化委员会。

编制组根据行业标准《城乡建设用地竖向规划规范》（修订）审查会的通知（建规城函【2014】172号），于2014年11月12日召开了《规范》审查会。

会议由城乡规划司调研员汪科主持。住房和城乡建设部城乡规划司、城市建设司、标准定额司、村镇建设司、标准定额研究所、城乡规划标委会副秘书长万裴以及编制组成员等参加会议，来自安徽省住房城乡建设厅等单位的9名专家应邀参加会议。

（4）报批稿阶段

编制组根据《城乡建设用地竖向规划规范》（修订）审查会议纪要（建规城函【2014】226号），对《规范》进行修改，同时对强制性条文进行了梳理，并报住房和城乡建设部强制性条文协调委员会。住房和城乡建设部强制性条文协调委员会2015年10月23日在《关于回复行业标准＜城乡建设用地竖向规划规范＞强制性条文审查意见的函》（强条委函【2015】78号）同意将第3.0.7、4.0.7、7.0.5、7.0.6作为强制性条文。

同时为贯彻落实《国务院办公厅关于推进海绵城市建设的指导意见》（国办发〔2015〕75号文件），住房和城乡建设部启动海绵城市相关标准规范修订工作，对《城乡建设用地竖向规划规范》进行了认真审查，并于2016年3月2日召开海绵城市建设相关标准规范局部修订定稿会，编制组根据专家组意见对《规范》又作了多轮修改完善，形成《规范》报批稿，上报住房和城乡建设部城乡规划标准委员会。

研究的主要内容

编制组在研究过程中，完成了《实地调研和专题调研汇总报告》、《普遍性问卷调查整理汇总报告》、《乡村竖向专题调研报告》、《国外竖向规划专题调研报告》《用地竖向相关技术导则、规范及资料汇编》、《修订数据来源报告》等研究，最终报批稿包括九章，分别是包括总则，术语、一般规定等9章。

（1）总则

本章从宏观角度对导则进行介绍，其内容包括编制目的、适用范围、规划原则、规划主要内容等5条条目。

（2）术语

本章是在竖向规划领域用来表示概念的称谓的集合。

（3）一般规定

本章共包括7条条目，是竖向规划的一般性规定。

（4）竖向与用地布局及建筑布置

本章共7条条目，包括城乡建设用地选择及用地布局的竖向要求、不同规划地面形式适用条件与竖向规定、竖向规划与用地的性质和功能结合、挡土墙与建筑物关系等多个方面的内容。

（5）竖向与道路、广场

本章共6条条目，包括道路竖向规划、道路纵坡和横坡、广场竖向规划、步行系统的竖向规划等多个方面的内容。

（6）竖向与排水

本章共6条条目，包括竖向规划与排水防涝、城市防洪规划及水系规划协调关系，场地排水方式，与低影响开发雨水设施和超标径流雨水控制设施关系等多个方面的内容衔接。

（7）竖向与防灾

本章共6条条目，包括竖向规划与城市及镇村防洪、内涝、次生地质灾害等多个方面的内容规定。

（8）土石方与防护工程

本章共9条条目，提出竖向规划中的土石方与防护工程方法、原则、标准。

（9）竖向与城乡环境景观

本章共4条条目，提出城乡建设用地竖向规划应贯穿景观规划设计理念，重视景观要求。

关键技术和创新点

适用范围由"城市用地"扩展到"城乡建设用地"，凡原规范中可扩展到适用于乡村建设用地的条款，均将原"城市用地"替换为"城乡建设用地"，不可简单扩展的，则在条款规定上做差异化处理。

在修改框架的基础上，针对近年来新颁布实施的一系列标准规范，补充与相关的规范或标准的对接和衔接情况，形成专题报告。

根据新时期城乡建设安全、生态与环境景观上更严格的要求，新增竖向与防灾的条款，同时为贯彻落实《国务院办公厅关于推进海绵城市建设的指导意见》（国办发〔2015〕75号文件），对条文进行了局部修订。

特殊个案（如高边坡、高挡墙、规划用地最大坡度等）不做硬性的规定，但给出一些推荐或参考的建议。同时在条文说明中增加方法性、说明性内容；进一步明确了强制性条文。

项目作用与水平

《城乡建设用地竖向规划规范》编制组在广泛调研与征求行业意见的基础上，深入总结分析了我国城乡建设用地竖向规划的实践经验，统一了对城乡建设用地竖向规划的基本认识，为指导和规范城市规划设计、城市建设、减灾防灾、优化城市空间景观做出了积极的贡献，为节约集约城市建设用地起到了积极的促进作用。

与现行相关标准协调，其科学性、实用性、可操作性强，修编成果能满足城乡发展和规划行业的需求，技术内容达到国内领先水平。

镇（乡）域镇村体系规划规范

课题来源： 住房和城乡建设部

主持单位： 四川省城乡规划设计研究院

课题主审人： 王　东

课题负责人： 陈　懿

课题组成员： 汤铭潭、衡　姝、熊胜伟、
陈思颖、贡建东、王　宁、
赵　辉、熊　燕、王　佳

参编单位： 中国建筑设计研究院
河北农业大学

研究背景及意义

我国村镇规划及其标准研究起步较晚，基础薄弱。尤其是涉及行政管理末梢的乡、乡域、村庄的相关研究更是凤毛麟角。随着 2008 年《城乡规划法》的颁布以及中共中央对农村工作的日益重视，对镇（乡）村体系的研究才日趋多元；遗憾的是，村镇规划技术理论明显落于村镇建设发展，没有形成自身系统完整的村镇规划理论与技术管理体系。

建设部于 1993 年 9 月 27 日颁布实施的《村镇规划标准》GB 50188-93，对村镇规划建设起到了积极的推动作用，2000 年以后再次对实施中的标准进行了调研、总结、修编，在 2007 年将标准修订为《镇规划标准》GB 50188-2007，此版规范至今仍是村镇规划的主要标准。

该标准的重点侧重于镇区（乡政府驻地）的用地布局、公共服务设施及基础设施配置等方面。对镇（乡）域的规划指导作用相当有限，实际运用中还有一些问题和困难：一是由于两个标准里村镇体系规划的内容太少，1993 版标准里基本上没有；2007 版虽然写入了部分强条，但仅仅 300 余字，其实质内容少，对镇（乡）域体系规划指导不强；二是由于镇（乡）域体系规划与镇（乡）建设规划部分有一定内容重叠，标准指导性不强，使得大部分镇（乡）时以镇（乡）总体规划代替镇村体系规划；三是镇（乡）域体系规划与县域城镇体系规划有相似之处；目前的相关技术标准不能满足镇（乡）域规划的要求，各地在编制镇（乡）域体系规划过程中都在进行不同程度的探索，规划成果大相径庭。

镇（乡）域规划作为镇、乡规划的重要组成部分，迫切需要相对应的标准具有直接指导性、可操作性及法定性。

为了更好地完善县域镇村体系到镇（乡）域镇村体系结构的衔接，从城乡统筹角度实现镇（乡）域与区域空间资源的合理互补与调控；结合当前地方发展与农村管理工作的需要，兼顾我国地区差异性，清晰明确镇（乡）域规划编制的深度与难点，制定相应的规范。

我院根据原建设部〔2006〕77 号文《2006 年工程建设标准规范制订、修订计划》的要求，于 2007 年领受主编《镇（乡）域村镇体系规划规范》的任务。

研究过程

本规范编制划分为 3 个阶段：第一阶段主要是对国内外的相关规划实践进行系统梳理，总结国内外镇村规划实践的经验与问题；第二阶段是通过调查研究，深入分析研究镇（乡）域镇村体系规划编制的重点和难点，提出规划建议与创新；第三阶段是提出村镇体系规划的规范内容框架和条文建议，明确镇（乡）域镇村体系规划的内容与深度，规范法定镇（乡）总体规划。

研究主要内容

（1）国外镇村规划体系规划实践的借鉴和启示

20 世纪 50 年代后期，发达国家的乡村迎来了快速城镇化时期；在高度工业化和市民化的背景下，乡村规划以增强中心村功能，完善镇（乡）域体系为核心。村镇规划管理逐步由以政府主导向政府、社会利益集团和地方居民的合作主体转变。

镇村体系规划理论路线大多从镇村体系空间分布特征、地域结构演变及空间组合关系进行研究，形成以生态和以人为中心的两大阵营。宏观尺度从环境承载力出发，注重保护镇村人居环境和生态环境，尤其是村庄周边的自然环境资源。如欧盟将农村自然环境和农村人居环境列入农村发展的重要议程。英国的《21 世纪地方发展纲要》指导设计镇村规划体系，主要从空气、水、土壤等自然资源及交通、建筑、能源供应、生态循环、社会服务和居民的活动空间等多项因素综合考虑。微观尺度从提高居民生活质量和水平为目标，并考虑公众参与镇村规划和设计活动，尊重村民意愿。如韩国从农村基础设施改善入手，推行新村运动；政府以资金和政策支持产业发展，增加就业机会，促进其进入自我发展，并辅助进行文明与法制教育。

国外理论还从城乡统筹角度考虑改善镇村体系，并以此解决城市病，通过聚落结构与服务中心的设置，培育农村增长中心和发展方向，维护镇村扩张与农田资源的平衡关系，促进农村快速发展及其镇村体系的构建。如英国在乡村地区规划"新城"，吸引人口，成为发

展中心。美国著名学者约翰·弗里德曼提出建立"农村都市",形成强有力的农村中心。美国还提出郊区卫星城镇作为改造大都市的办法之一。

（2）国内镇（乡）域镇村规划体系规划的发展与趋势

我国已进入加快改造传统农业、走中国特色农业现代化道路的关键时刻,进入着力破除城乡二元结构、形成城乡经济社会发展一体化新格局的重要时期。《城乡规划法》原则上都要求镇编制规划,乡和村庄可以根据需要编制规划。

国内镇村体系规划的理论路线多为以人为中心,着重提高生活水平和基础设施。主要方式为:首先是从县域镇村体系层面出发,确立城乡一体化发展理念,镇（乡）域镇村体系则为镇村体系的细枝末节,重点在于承接县域镇村体系的资源配置同时,统筹本区域内产业布局,强化镇（乡）特色;对非建设区域的规划和引导,保护农田资源。其次是布局结构合理的空间形态,提升聚落层级功能;合理确定村镇建设用地范围、数量和布局,调控与引导农村居民点有序整合撤并,优化城乡空间资源和生产要素配置,引导资金和资源重点建设中心镇和中心村,适当兼并自然村、改造空心村。最后是推进城镇基础设施和公共服务设施向农村延伸,按层级配置农村服务中心。

重点与难点

（1）社会经济发展导致的多种转变

从城乡分割到城乡统筹、国家社会经济发展进入新常态,以"人的城镇化"为核心,从城乡二元论向城乡统筹发展、一体化发展。从以往的点面分离转变为点面立体构架,侧重于从城乡统筹角度

对镇（乡）域的社会经济多方面资源（如:产业园区、公共服务设施、基础设施等）进行调控,不仅限于建设用地。向上与上层次的县域城镇体系相互衔接,往下与镇（乡）村建设规划相互衔接。

从单一功能到综合功能。即不仅仅是促进发展或是优化控制,而是促进发展（包括经济社会、城镇化、三农等发展）、优化控制（包括生态保护、限制性要素控制保护等）、引导规范（比如聚落重组）并重,三管齐下。

从资源计划配置到市场调控,从过去的按行政级别和管辖范围进行各项资源及设施的项目配置。转而考虑公益导向型与市场导向型的差异;政府主导的公益型设施,满足行政管理和居民基本生产生活,进行必要性配置。市场导向的公共设置配置,应遵从市场规律,政府主导,市场投资,规范进行引导性配置。

从单一规划到多规合一。包括生态、低碳、循环经济、国土管理、公众参与等多个方面,并积极探索"多规合一"的途径与方法。

（2）多种标准的衔接

首先,本规范衔接县（市）域城镇体系规划编制相关标准,与后者比较是不同区域范围的城乡体系标准规范,借鉴相关标准规范。本规范编制把突出镇（乡）域载体和镇（乡）村体系规划的规范主题内容与对相关规范的指导作用放在首要位置。一是避免和减少与以镇区为载体的《镇规划标准》的重复,二是确保对相关规范与规划的指导作用。

目前,我国乡村、农村层面的规划标准,如《农村公共服务设施规划规范》（天津城市规划设计研究院）、《农村基础设施规划规范》（北京市政设计院）、《乡村住区道路与工程管线综合规划规范》（中国城市建设研究院）、《镇规划标准》（重庆市规划设计研究院）等标准规范的

讨论稿和修编讨论稿都在编制阶段,上述相关标准编制过程中均缺少上位规范标准指导,涉及概念混淆不清、相关内容过多重复的问题;本规范突出镇（乡）域区域和镇（乡）村体系的较高层次和较高层面规范的指导作用,能对相关规划规范起到较好的分类分级指导作用。

（3）镇（乡）域镇村体系构建

镇（乡）域镇村体系规划实质上应是:在镇（乡）行政辖区区域与辖区内,对镇区（乡政府驻地）、村庄,各级聚落之间的规模结构、空间布局、设施配置与联系等体系做出相应的规定。规范编制中市、县、镇（乡）、村都用行政建制的称谓,为行政辖区。而城市、镇区（乡政府驻地）、村庄,则是在行政辖区内的各聚落,为中心地理论为基础的空间集聚点。镇乡域镇村体系规划的重点在于对面、点之间各类资源配置的研究,而非单纯布点研究,但为满足未来镇（乡）域体系规划由政府主导向空间资源、公众利益转化的趋势,规范提出了村庄拆并的要求,以满足管理和将来发展的需求。

项目研究作用

在我国社会经济新常态,城乡发展一体化的历史时期,镇（乡）域镇村体系规划规范紧跟新问题、新要求;在城镇化方式、等级结构、体系布局等各方面提出了新认识与新方向。新的规划中,在公平公正的前提下,对镇（乡）域开发活动的空间布局进行引导,激励镇（乡）发展,重新组合、分配镇（乡）域内各种资源要素,并加强其联系,同时体现以人为本的原则,谋求人与自然和谐统一,真正实现镇（乡）域镇村体系与区域整体发展的高度融合,达到经济、社会、环境、人才等的协调和可持续发展。

乡镇集贸市场规划设计标准（修订）研究

课 题 来 源：住房和城乡建设部

课题起止时间：2014.10—2016.12

主 编 单 位：中国建筑设计院有限公司城镇规划设计研究院

课题参编单位：四川省城乡规划设计研究院

课题负责人：陈懿

课题组成员：衡姝、熊胜伟、周颖

参 加 单 位：河北省城乡规划设计研究院
常州市规划设计院
沈阳市规划设计研究院

研究背景

现行的行业标准《乡镇集贸市场规划设计标准》CJJ/T87-2000(以下简称《标准》)制订于20世纪90年代中后期，2000年开始颁布执行。该《标准》执行十多年来，国家宏观政策、经济社会发展水平和乡镇发展形势均发生了变化，原有《标准》中引用的上级标准也有修订或废止。

社会经济发展中出现的新情况新问题，特别是新型城镇化、现代物流体系等对集贸市场规划提出的新要求，都急需对原有《标准》进行进一步的补充和完善，以适应新常态的发展需要。

根据住房和城乡建设部《关于印发2014年工程建设标准规范制订修订计划的通知》（建标2013【169】号）文件要求，需要对原《标准》进行修订。我院受主编单位的邀请，此次依然作为参编单位继续参与本规范的修订任务。

研究过程

本次研究分为三个阶段：

第一个阶段是以相关文献的研究为主，通过对相关法律法规、各地相关技术标准以及国内外相关理论研究的梳理和分析，寻找修编的重点和突破口。

第二个阶段是实地调研与分析，根据《标准》修订编制组内部分工，我院主要承担四川地区乡镇集贸市场的调查研究；由于四川省地域广阔、自然地理环境多样、乡镇众多、各地民族民俗特色迥异，导致集贸市场类型及发展特点各异，地毯式调研任务重、难度极大，且不现实。我院《标准》修订课题组按照地形地貌、地域文化和经济发展状况等因素，采取了分区分类调查、典型选点及地区侧重相结合的方式，对全省20多个有代表性的农村集贸市场进行了调查研究。

第三个阶段是基于原有《标准》，并结合各地实际情况和集贸市场发展新特点，以及《标准》使用过程中存在的问题与不足，提出《标准》的修订建议。

研究的主要内容

（1）对乡镇集贸市场的定义和标准适用范围的研究

原《标准》对乡镇集贸市场的界定过于笼统和宽泛，特别是原《标准》将具有特殊要求的批发市场和专业市场纳入乡镇集贸市场范畴；但规划指标和配套设施内容又未作分类要求，使得《标准》在实际使用过程中难以把控，从而大大降低了该《标准》的科学性和可操作性。

本次《标准》修订对乡镇集贸市场的定义和适用范围进行了进一步地明确，以提高《标准》的合理性和可操作性。

（2）集贸市场类别和规模的研究

本次修订提出的乡镇集贸市场的类别基于原《标准》做了调整，主要包括：因本次修订将集贸市场的内涵不包括批发市场和专业市场，故不再保留原标准按照商品交易类别和经营方式的分类方法；通过调研发现现有集贸市场的服务范围均涵盖镇区、镇域和域外，故不再保留按照服务范围的分类方法。

另外本次修订从四个方面对集贸市场进行分类，目的是对集贸市场的布点、规模预测、布局和规划设计、防火防灾进行分别指导：

1）根据集贸市场的建筑类型进行分类，进一步指引市场的人均用地面积、建筑防火标准。

调研显示：露天市场、厅棚型市场、商业街型市场人均用地面积大，而商店型市场人均用地面积小。建筑类型不同，防火要求也具有差异性。

2）根据集贸市场的地段类型进行分类，进一步指引市场的规划布局。

3）根据集贸市场的行政区划进行分类，进一步指引市场的布点、规范人均用地面积。

4）根据集贸市场的营业时间进行分类，进一步指引市场的人均用地面积。

调研显示：每日市场因经营时间延长，人均用地面积小于定期市场。

（3）对乡镇集贸市场布点的研究

集贸市场的合理布点不仅能方便居民日常生活使用，而且能提高集贸市场使用效率，繁荣地方经济。

集贸市场布点除了从区域统筹的角度，综合考虑当地经济发展水平、城镇化水平、风俗习惯、出行方式等地方特点外；还应充分考虑集贸市场的服务人口、服务半径以及现代物流体系的配送半径和服务范围等影响因素。

除此之外，对于发展基础条件较好，旅游资源丰富以及历史上一直设有集贸市场的镇、乡、村等应优先考虑设置。

（4）对乡镇集贸市场规划及配套指标主要影响因子的分析研究

通过对四川地区乡镇集贸市场进行广泛和深入地分类调研，了解当前四川地区各类乡镇集贸市场发展现状，掌握其发展趋势及特点。并通过对集贸市场的案例分析，总结影响乡镇集贸市场规划布局及配套指标的主要因子；从而把握乡镇集贸市场的普遍发展规律，为本《标准》的修订提供科学可靠的理论依据。

（5）对乡镇集贸市场用地规模预测的研究

原《标准》确定集贸市场的用地规模是以规划预测的平集日高峰人数为计算依据。但平集日高峰人数获取难度大，且受季节、气候、风俗习惯以及经济发展水平等因素影响，平集日高峰人数周期性变化较大，难以确定。

本次修订则引入以"服务人口"作为规模预测依据，既利于统计，又便于预测。但考虑到服务人口规模通常远远大于入集人次，因此，建议以服务人口为用地规模预测依据时，可考虑引入服务人口入集系数或是适当调整人均用地指标标准，以提高规模预测的科学性和准确性。

（6）对集贸市场布局规划的研究

集贸市场作为满足居民基本生活需求的具有一定公共服务职能的设施场所；其规划布局既要满足当地居民的基本需求，又要符合当地的传统和地方特色。

市场选址除了综合考虑自然条件、交通运输、环境质量、建设投资、使用效益、发展前景等因素外；还应考虑其对镇乡社会经济、职能、城镇形态及用地发展方向的引导作用。

此外，还应考虑服务对象主要来向，并结合现有和规划的交通站点及停车设施进行合理布局。

集贸市场的规划布局应考虑用地形态、销售商品种类、摊位形式、交通流线组织、安全布局、干湿分区以及主要人流来向和不同类别商品之间的相互影响等因素；并处理好与历史文化要素之间的关系，为下乡商品交流会及庙会等活动预留发展空间。

（7）对乡镇集贸市场配套设施的研究

主要是对集贸市场公共服务设施、安全防灾设施、物流仓储设施、环卫防疫设施、市政公用设施等五类设施进行了深入研究。

着重增加了公共管理与服务的设施，如检疫检测、医疗救护等，也结合集贸市场的发展趋势对设施进行了扩充，如服务中心、信息中心、电子结算系统等。

对于安全防灾设施在原《标准》的基础上进行了扩充，不仅限于消火栓、灭火器的配置，更强调了对建筑耐火等级、防火隔离带、安全出口等方面的要求。

同时，考虑到集贸市场用地特点，建议有条件的集贸市场除了满足自身防灾减灾能力，还应考虑灾时承担乡镇部分避难及抗灾物资储备的特殊功能需要。

对于环卫设施在原《标准》的基础

上进行了扩充，增加了对废物箱、消毒设备以及卫生防疫等方面的要求。

关键技术和创新点

（1）本次《标准》修订强化了"城乡统筹"的概念，并从区域统筹的角度，提出集贸市场选点的相关要求。

（2）集贸市场不仅仅是商品交易的场所，它还是地域文化与农村传统生活场景的展示体验平台；同时也是乡村重要的社会交流场所，是农村"乡愁"记忆最丰富，最深刻的地方。因而对集贸市场文化功能的挖掘和重塑无疑具有重要的意义。

本次《标准》修订首次明确提出乡镇集贸市场在地域文化传承和社会交流方面的重要性，并针对性地提出了相关规划设计要求。

（3）本次修订还将现代物流体系对乡镇集贸市场的影响纳入考虑范畴，并结合现代物流的特点，提出了相应的规划设计要求和措施。

项目作用与水平

在我国推进新型城镇化建设的新时期，针对集贸市场建设过程中出现的新情况、新问题，对其规模分级、规划布点、规模预测、设施配套以及文化传承等方面的进一步研究；不仅有利于提高该《标准》的科学性和时效性，为我国乡镇集贸市场的规划建设提供强有力的技术支撑；而且有利于乡村文化和地域文化的保护与传承，从而促进我国乡镇集贸市场的健康可持续发展。

城市微波通道建设保护要求

课 题 来 源：国家标委
代 管 部 门：中国通信标准化技术委员会
课题起止时间：2014.1—2016.12
主 编 单 位：中国城市建设研究院
　　　　　　　国家无线电监测中心
参 编 单 位：四川省城乡规划设计研究院
参编负责人：陈　懿

研究背景

近年来，我国随着城镇化进程的加快，对城市基础设施和对外信息交流的要求越来越高，通信系统是一个城市和社会的神经系统；随着信息化蓬勃发展，其重要性日趋突出。

微波传输作为一种快捷的信息交流通道和载体，为人们的生活提供了方便。但城市高层建筑如雨后春笋拔地而起。城市微波传输通道的保护也给城市建设高速发展带来了新的问题。

《城市微波通道建设保护要求》是国家通信标准技术委员会的新编规范，也是城市重要基础设施建设规范。《城市微波通道建设保护要求》编制的目的是科学指导各地城市在编制城市规划时对城市微波通道的建设保护管理，有利于城市建设，避免和减少有关重复建设和经济损失；同时也为国家和信息传输安全提供保障。

研究过程

主编单位从相关课题研究到标准立项得到工信部、住房城乡建设部和国家其他相关部委的高度重视；十多年来相关课题在广东中山市等试点示范，取得了十分明显的综合效益。标准初稿在2015年4月，由中国无线电通信技术工作委员会和中国通信标准化协会在北京远望楼宾馆召开第二次工作会议，审议各项标准（包括本项目多个行标编制不同阶段具体要求），现已通过四次通信标协组织的审议，进入了征求意见稿阶段；计划2016年8月完成征求意见稿，2016年12月完成送审稿。

主要内容

《城市微波通道建设保护要求》主要用于城市规划行政主管部门和无线电管理行政主管部门的相关工作指导，为住房和城乡建设部、工业和信息化部的城市微波通道建设、保护、实施做好服务。

主要技术内容：

（1）城市微波通道分级；

（2）城市微波通道分级划分的原则；

（3）城市微波通道等级划分的标准；

（4）城市微波通道分级保护；

（5）城市微波通信频谱合理利用与电磁环境保护。

项目作用与水平

现代微波通信主要是数字微波通信。数字微波通信与光纤通信、卫星通信是现代通信传输的三大支柱。数字微波因通信容量大，上、下话路方便，长途传输质量稳定，投资较少，跨越江湖河海方便、建设周期短而颇受世界各国

的青睐。而我国城市微波通道保护和管理水平相对落后，跟不上微波通信的发展；同时由于微波通道保护缺乏统筹规划，城市规划部门与城市微波管理部门或使用部门缺乏有效沟通，微波通信常因此被遮挡阻断。

微波通信只能在视距内传播，如果要作为远距离传送，必须采用接力的形式，即采用中继方式。微波通信具有良好的抗灾性能，对于水灾、风灾以及地震等自然灾害，微波通信一般都不受影响。但微波经空中传送，易受空间的干扰，在同一微波电路上不能使用相同频率于同一方向，因此微波电路必须在无线电管理部门的严格管理之下进行建设。由于微波直线传播的特性，在电波波束方向上，不能有阻挡；因此，城市规划部门要考虑城市空间微波通道的规划保护，使之不受高楼的阻隔而影响通信。

《城市微波通道建设保护要求》结合城市微波通信情况和发展趋势，提出依据微波传输特性划定保护分级，计算新建建筑物与微波最大辐射方向的垂直距离的要求。微波通信通道保护作为城市基础设施规划的一部分，对城市空间的有效利用和城市的发展起到了互利共赢的作用，为规划部门在建设前提出《规划设计条件》作为对微波通道的保护提供了标准，在微波通道保护领域填补了标准的空白。

镇村体系及镇规划技术与标准研究

——"十一五"国家科技支撑计划重大项目

子课题编号：2008BAJ09-5

课 题 来 源：科技部住房和城乡建设部

课题起止时间：2008.1—2011.10

承 编 单 位：四川省城乡规划设计研究院

子课题负责人：陈 懿

参 加 人 员：杨国良、沈 山、衡 姝、
熊胜伟、彭文甫、任 锐

课题主编单位：中国建筑设计研究院城镇规
划设计研究院

参 加 单 位：四川师范大学
徐州师范大学

研究背景

为推动我国新型城镇化的进程和发展，国家设立了"十一五"国家科技支撑计划重大项目，并由科技部、住房和城乡建设部牵头组织了攻关项目，项目名称：《农村住宅规划设计与建设标准研究》；课题名称：村、乡及农村社区规划标准研究；子课题名称：镇村体系及镇规划技术与标准研究。

课题研究目的是针对我国新型城镇化过程中镇、乡、村及农村社区发展规划建设中出现的问题进行梳理和总结，为《镇规划标准》《乡规划标准》等村镇规范的制订与修编提供技术支撑。

本子课题研究目标与课题研究总体目标一致，主要是针对我国城镇化发展全局和提高农民生活质量的农村地区规划建设关键问题，结合目前中国农村规划建设中层次不清，地域差别较大，不同类型镇、乡和村庄发展方向不明确、特点不突出；缺乏合理的镇村体系结构和空间布局模式，针对镇村体系等级界定模糊、缺乏理论支撑等现状；通过对镇村体系等级与分类技术、镇村空间布局结构等重点问题的研究，提出科学合理的镇村体系及镇规划技术与标准，建立完整的镇村体系类型数据库；编制镇村经济、社会、环境、人口和用地规模统计技术和标准，研究提出镇乡基础设施配套体系和类型标准、农村生态环境保护技术，为镇、乡和村庄的统筹协调以及镇村建设发展提供技术保证。

重点研究镇规划建设中的土地利用、镇村体系、基础设施、公共服务设施、生产设施、道路交通、环境保护、防灾减灾等规划技术标准，为我国农村地区规划建设在物质条件改善、技术水平提升、技术人才培养等方面实现整体发展提供依据与保障，对相关技术法规的完善起到引领和示范作用，为《城乡规划法》的贯彻实施提供技术支撑。

研究执行情况

（1）研究过程

基于以上研究目的和背景，以及国内镇、乡、村规划技术标准研究的经验，课题组首先对其内容进行分解，由各子课题承担单位对子课题内容及研究方向提出初步报告。2009年4月，在北京进行了初稿大纲讨论会；5月又对《大纲》修改稿进行了进一步的研讨；8月开会确定课题《大纲》。2010年11月，在大量实地和资料调研基础上，完成子课题报告初稿；12月在北京汇总报告。2011年1月15日，在北京完成研究报告初稿合集；3月4-6日，在北京完成统稿及解决相关问题；10月完成课题研究报告；12月课题验收。

（2）研究思路

本子课题采取专家、政府、公众共同参与，针对技术难点和创新点进行重点研究，力争取得较大突破。

首先，选取不同地域、不同经济、不同区位的镇、乡进行深入调研，分析总结不同地域镇乡的经济发展、建设特征、城镇类型、空间布局形式等，建立数据库；利用地理信息技术，对关键技术进行重点研究。

其次，合理设计量化指标体系，对调查结果进行分析、研究和评价；根据分析评价结果，提出不同地域镇发展方向的确定技术、各类用地选择标准、用地规模、空间布局、公共服务设施和基础设施等分级配套建设标准，以及环境保护指标与控制技术。

第三，在分析研究的基础上，总结出指导镇规划与建设的技术标准、规程和控制指标，撰写相关研究报告。

（3）研究的关键点、难点

该子课题我院独立研究内容为：一、基础设施规划技术；二、公共服务设施配置标准；三、生产设施布局；四、道路交通规划建设技术标准。子课题其他部分为与其他单位共同研究；因此，我院课题组充分重视了三方面的问题。

共建共享：镇基础设施严重不足与重复建设、资源浪费的问题同时存在；究其原因，是缺乏区域内统一的配置；各城镇各自编制自身发展规划，与周边的城市和镇缺乏协调联动机制；导致资源不能合理配置，基础设施达不到共享，重复投资、重复建设严重，未能建立起区域性大配套的有效供给体系。

研究认为应从区域的全局角度出发，打破行政壁垒，考虑相邻城、镇、村之间的基础设施共建共享，实现基础设施向农村延伸和社会服务事业向农村覆盖，防止重复建设。

共建共享的城镇应主要为城镇密集

分布型镇和紧临中心城区的近郊型镇。

管理体制：应进行农村基层政权建设，提升其对农村各项公共事务和公共财产的管理能力；从农村各项基础设施建设的实际出发，分类制定相应配套的管理办法，提高基础设施建设使用效率，最大限度地在社会主义新农村建设中发挥出更大的作用。

环境竞争力：在我国，绝大多数乡镇普遍存在基础设施配套不完善，环境设施缺乏等问题；加之城镇管理水平滞后和管理投入不到位，造成了镇区生态环境质量恶化，生产要素聚集效率低下，进而造成了城镇在居住、就业方面的环境吸引力不足。因而，在镇乡基础设施配套中应立足城镇环境改善，提升基础设施的环境效能，减少其对环境的不利影响，促进城镇环境竞争力提升。

研究的主要内容

本子课题研究内容为"镇村体系和镇规划技术与标准研究"。主要包括：

（1）镇村体系分级与定义

按我国地域特点，分区、分类调查、收集、统计各地镇村规划发展情况；各地镇村分级情况对比分析；研究各地镇村体系分级情况和特色，对基本情况进行归类分析，研究提出镇村体系分级，确定符合中国特点的镇村体系分级与定义。

（2）镇村体系等级界定技术

研究影响和决定中国镇村体系等级的主要、内在原因，提出界定镇村体系等级的主要要素、各要素的权重；并通过数学模型反复调校各要素权重，确定等级界定的标准；结合镇村体系的分级与定义，提出镇村体系等级界定的技术标准。

（3）镇社会经济发展规划编制内容和技术。

分析镇经济社会发展对区域城镇

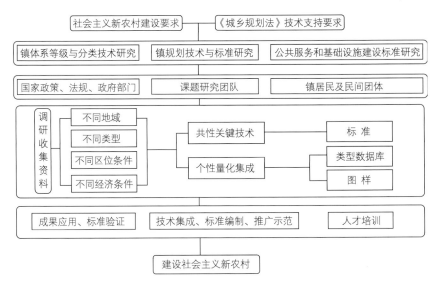

编制技术路线图

化的推动作用与增长极核效应，研究三次产业在镇发展不同阶段的比例构成、发展状态，提出不同地域、发展条件、资源状况下的经济社会发展方向、重点以及与之相适应的配套设施建设需求，构建持续、协调的全镇社会经济发展框架。

（4）土地利用与功能分区规划技术

以保护耕地等自然资源和历史文化遗产、优化生态环境、集约利用土地、节约与综合利用能源、资源为原则，借鉴国内外相关先进经验与技术，明确镇内禁止、限制和适宜建设等功能分区标准，确定各土地利用类型、强度、规模以及集约利用模式，实现经济、社会、环境的可持续发展。

（5）镇村体系规划技术

以发展经济，建立以工促农、以城带乡的长效机制，形成城乡经济社会发展一体化新格局为目标，发挥镇区带动作用，针对不同地域发展情况，提出镇村体系结构模式、规模等级、职能分工以及布局形态，完成镇村体系规划技术标准。

（6）基础设施规划技术

从满足镇内生产活动、方便居民生活的角度出发，提出给水、排水、供电、

通信、供热、燃气等基础设施配置标准、设施建设选址技术要求，重点考虑与区域性基础设施的衔接以及区域基础设施共建共享，集约利用能源、资源。

（7）公共服务设施配置标准

根据不同地域自然、历史文化特点，结合区域社会经济发展与建设条件，提出镇公共服务设施配置类型、规模以及级配模式，确定教育、文化、医疗等公共服务设施最低配置标准，保障基本公共服务均等化。

（8）生产设施布局、规模规划标准

分析研究现状不同地域镇经济发展特征，归纳生产设施类型，综合考虑社会、经济以及生态环境效益，提出生产设施布局形式、规模、配套设施设置标准以及与村庄之间的相互作用模式。

（9）道路交通规划建设技术标准

针对现状多数镇过境交通穿越镇区、道路体系不完整、路况差等问题，提出道路交通系统结构、建设标准、布局模式以及道路系统与工程管线协调建设技术。

（10）环境保护规划技术与标准研究

重点研究镇经济发展与环境保护、生态优化之间的相互关系，以建设"资源节约型、环境友好型"的发展环境为

目标，提出环境保护内容，明确水体、空气、土壤等要素的环境保护技术指标以及环境优化技术措施。

（11）防灾减灾规划技术与标准研究

重点研究防洪、消防、抗震、防地质灾害等防灾减灾设施规划与建设标准、技术指标，构建城镇综合防灾减灾体系。

（12）镇建设用地选择及主要用地比例研究

调查分析现状建设用地类型，结合已有相关用地分类标准，借鉴国际通行惯例，确定用地类型名称、定义以及计量、统计方法；提出用地分类标准，针对各类用地布局要求，提出用地选择指标体系及用地比例标准。

（13）镇空间形态与风貌特色规划技术

研究不同地域镇的空间形态、风貌，以保留和体现地方、民族、人文、历史特色为出发点，提出不同地域镇的空间形态布局模式；提供保护、利用、充实与更新的关键技术措施。

（14）县政府驻地镇规划技术研究

考虑县政府驻地对县域社会经济发展的统领作用，为发挥县政府驻地镇对区域城镇化发展的辐射与促进效应，实现城乡统筹，提出县政府驻地规模预测技术、发展方向，确定技术、用地布局模式以及基础设施和公共服务设施配套指标体系。

成果作用、水平

通过本子课题研究，将全面系统指导镇规划建设及相关规范编制，确保各种基础设施建设质量和水平不断提高，切实提高农村居民生活质量，引领各地新农村建设，全面提升我国城镇化质量。

通过本课题的研究，利用阶段性和最终研究成果，在全国范围内选择了25个具有代表性的镇进行规划设计技术成果与技术标准的试点工程的建设。通过实例验证技术成果先进性、经济性、适用性，并以规划建设及示范工程向全国辐射，带动农村规划建设健康持续发展。

本子课题研究的完成，确保了《农村住宅规划设计与建设标准研究》和《村、乡及农村社区规划标准研究》的编制按期完成。

泸州市中心城区地下管线综合规划
（2015—2030）
第一册：文本·说明书

2.3　省级编制办法及技术导则

四川省海绵城市专项规划编制导则研究

项目设计单位: 四川省城乡规划设计研究院
委 托 单 位: 四川省住房和城乡建设厅
项目负责人: 曹珠朵
项目主持人: 林三忠
参 与 人 员: 刘 丰、陈 东、常 飞、
张利伟

研究背景

近几年来,全国各地积极贯彻新型城镇化和水安全战略有关要求,全面展开了海绵城市建设的探索和尝试;特别是随着海绵城市建设试点工作的推进,在有效防治城市内涝、保障城市生态安全、缓解水资源短缺等方面取得了积极的成效,全国各地已经逐渐形成共识,要加快推进海绵城市建设的速度与力度。

但前期的探索都是碎片性的点状建设,缺乏系统性的海绵城市建设规划做指引;为了充分发挥规划在海绵城市建设中的控制与引领作用,科学编制海绵城市专项规划及其他相关规划,优化顶层设计,加强系统布局,强化规划管控,切实提高建设和管理水平;四川省住房和城乡建设厅委托四川省城乡规划设计研究院承接《四川省海绵城市专项规划编制导则》的编制任务。

研究过程

通过对国内海绵城市建设试点城市

实地考察,并对四川省在水安全战略方面存在问题的调研之后,认真解读国家和四川省相关文件,领会中央和省里的精神。

收集国内各地海绵城市规划建设相关案例,借鉴其经验和教训。

根据国家法律法规结合四川省实际情况提出了编制方法和要遵循的原则;明确了要解决的主要问题;梳理出了相关的技术要点和成果内容;最终编制完成了《四川省海绵城市专项规划编制导则》(以下简称《导则》)。

研究的主要内容

《导则》针对海绵城市规划的特点,提出的最终成果包括总则、规划编制要求、规划编制内容、规划编制成果、附则共5章25条。

同时,为更好地指导各地编制,还制定了分类指导建议和海绵城市规划编制大纲两个附件。

(1)总则

本章从宏观角度对《导则》进行介绍,其内容包括目的与意义、适用范围与地位、编制组织、公众参与、审查与审批、规划实施要求、规划方法7条条目。总则明确了海绵城市专项规划是城市规划的重要组成部分的地位。

为保证重要城市的海绵城市专项规划的质量,《导则》要求设市城市及海绵城市建设试点县人民政府所在地镇的海绵城市专项规划应报四川省住房和城乡建设厅进行技术审查。

(2)规划编制要求

本章共包括基础资料、规划期限、规划范围、总体要求、规划理念与原则、主要任务、专题研究、其他规定8条条目。

对于基础资料收集,《导则》强调海绵城市专项规划要特别注重气象(降雨)、水文、土壤以及城市下垫面资料的收集。

《导则》明确规划范围宜与相应的城市总体规划所定的城市规划区一致,同时兼顾雨水汇水区和山、水、林、田、湖等自然生态要素的完整性,特别是对海绵城市影响较大的小流域水系应当从整个流域进行分析。

海绵城市建设不是简单地进行一些低影响设施建设,其本质是将绿色发展理念注入城市规划和建设的全过程,因此《导则》提出海绵城市专项规划,应坚持绿色发展理念和保护优先、生态为本、自然循环、因地制宜、统筹推进、保障安全6项主要原则;《导则》明确了海绵城市专项规划主要任务为研究提出需要保护的自然生态空间格局、明确雨水年径流总量控制率等目标并进行分解、确定海绵城市重大设施的空间布局和规模、确定海绵城市近期建设。

为使各地提出的海绵城市专项控制指标体系科学合理,《导则》要求海绵城市专项规划宜同步开展水生态、水环境、水安全、水资源等方面的专题研究,提出合理的海绵城市控制指标的取值。

(3)编制内容

本章包括规划层次、规划区海绵城市专项规划主要内容、中心城区海绵城市专项规划主要内容、强制性内容5条条目。明确海绵城市专项规划应当对规划区和中心城区海绵城市建设做系统安排。

《导则》确定规划区海绵城市专项规划应当包括以下内容:第一,分析区域内自然生态要素与城镇建设的关系;第二,解读上位规划及相关规划与海绵城市规划相关的要求;第三,准确把握规划区海绵城市建设存在的主要问题,以此确定规划区海绵城市建设的原则和目标,提出生态格局的构建思路;第四,确定规划区海绵城市建设的自然生态空间格局,提出保护与修复的任务与措施;第五,提出规划区主要城镇、道路、涉水设施的管控要求;第六,确定规划区

近期主要任务。

《导则》确定中心城区海绵城市专项规划应当包括以下内容。第一，调查中心城区现状情况，找准城市水资源、水环境、水生态、水安全等方面存在的问题；第二，认真解读上位规划和相关专项规划，重点评价各类规划在海绵城市建设上的作用，总结其存在的不足；第三，要确定海绵城市建设目标和具体指标；第四，提出海绵城市建设的总体思路；第五，提出海绵城市建设分区指引；第六，落实海绵城市建设管控要求；第七，提出规划措施；第八，确定海绵城市建设主要任务；第九，提出和相关专项规划衔接的建议；第十，明确近期建设重点；第十一，进行投资估算；第十二，提出规划保障措施和实施建议。

为强化海绵城市专项规划的实施，《导则》特别提出了海绵城市专项规划应有强制性内容。

（4）编制成果

本章共包括成果构成、规划文本、主要图纸、规划附件4条条目。明确了规划成果构成。对规划文本、规划图纸、规划附件要反映的主要内容提出了要求。

《导则》提出规划图纸应当包括区位分析图、规划区海绵城市建设综合现状图、中心城区海绵城市建设现状图、中心城区海绵城市建设条件综合评估图、规划区海绵城市建设布局及管控规划图、中心城区海绵城市自然生态空间格局图、中心城区海绵城市建设分区图、中心城区海绵城市建设规划管控总图、中心城区海绵型建筑与小区规划管控图、中心城区海绵型道路与广场规划管控图、中心城区海绵型公园绿地规划管控图、中心城区涉水基础设施规划管控图、中心城区海绵城市分期建设规划

图、重点地区整治规划图等14张基本图纸，并对每张图纸需包含的主要内容作出了规定。

（5）附则

本章共包括规定解释权、实施日期2条条目。

（6）附件1：分类指导建议

为便于各地在海绵城市专项规划中把握各自特点，特别提出了分类指导建议，分别从分级指导、城市建设分区指导、城市分区指导3个方面提出建议。

（7）附件2：海绵城市专项规划编制大纲

为使各地在海绵城市专项规划中更加规范，特别制定了海绵城市专项规划编制大纲。大纲主要包括现状调查与海绵城市建设条件评估、规划总论、规划控制目标、总体思路、规划区海绵城市管控规划、中心城区海绵城市建设分区规划、中心城区海绵城市建设管控规划、中心城区海绵城市建设主要任务、与相关规划的衔接、分期建设规划、投资估算、非工程措施和实施建议共12个章节。

关键技术和创新点

该《导则》目标明确，针对性强，突出了专项规划的特点：

第一，明确了海绵城市专项规划的地位，并根据四川省各地规划建设管理情况提出了编制组织审查与审批要求。

第二，针对目前关于海绵城市建设的不当观点，特别提出海绵城市的本质是将绿色发展理念注入城市规划和建设的全过程，《导则》提出海绵城市专项规划，应坚持绿色发展理念和保护优先、生态为本、自然循环、因地制宜、统筹

推进、保障安全6项主要原则。

第三，针对四川省灰色雨水基础设施水平普遍落后的情况，要求海绵城市不能只注重低影响开发雨水系统，应将低影响开发雨水系统、城市雨水管渠系统及超标雨水径流排放系统统筹考虑。

第四，由于四川省处于多种灾害频发地区，《导则》要求注意对化工产品生产、储存和销售等面源污染特殊地块的专门控制，避免特殊污染源对地下水、周边水体造成污染。对于城市地质灾害区域、城市防灾设施、避灾场地的海绵城市建设应进行安全评估，确保城市安全。

第五，强调了海绵城市专项规划不能只局限于中心城区建设用地管控，还应注重对规划区乃至整个小流域内实施管控。

第六，特别强调了近期建设及重点地区的整治要有可操作性。

项目作用与水平

《四川省海绵城市专项规划编制导则》是根据国家《海绵城市专项规划编制暂行规定》结合各地实际情况而率先制定发布的省级海绵城市专项规划编制的导则。它具有较强的系统性、规范性、标准性和科学性，同时易于操作和实施。

成果内容与深度要求与现有法定规划要求结合紧密，充分体现了绿色发展理念，严格落实了国家和四川省关于海绵城市规划的相关要求，为规范了四川省海绵城市专项规划编制，提高编制水平具有较好的引领指导作用。

目前四川省各地正按照该《导则》编制海绵城市专项规划。

四川省城镇地下管线综合规划编制技术导则（试行）

四川省住房和城乡建设厅 2015 年度课题

课题编制单位：四川省城乡规划设计研究院

委 托 单 位：四川省住房和城乡建设厅

课题负责人：曹珠朵

课题主持人：陈 东

主要参加人：林三忠、刘 丰、常 飞、
张利伟

编制背景和过程

"十八大"提出了新型城镇化道路在城市建设中要体现"三新"，即城市建设发展由粗放式管理转向精细化管理，建立良好高效的城市基础设施，完善城市公共服务体系，提升城市承载力；转变"重地上，轻地下"的城市发展观念和"重建设轻维护"的市政管理模式，转向"先规划、后建设、先地下、后地上"科学发展理念；加强城市空间的管理，调整优化空间布局，特别是对城市地上地下空间的统筹。

为贯彻习近平总书记讲话及中央城镇化工作会议精神，落实《国务院办公厅关于加强城市地下管线建设管理的指导意见》（国办发〔2014〕27 号）、《四川省人民政府关于加强城镇地下管线建设管理的意见》（川府发〔2014〕52 号）要求，加强对四川省城镇地下管线规划建设工作的指导，规范城镇地下管线综合规划的编制，统筹协调城镇地下各类管线布局，受四川省住建厅的委托，四

川省城乡规划设计研究院受命编制《四川省城镇地下管线综合规划编制技术导则（试行）》（以下简称《导则》）。

课题组于 2015 年 9 月提交开题报告，并拟定了工作大纲；10 月初至 11 月中旬，课题组收集整理资料、开展调查研究、编写征求意见稿，公开征求各有关方面的意见；11 月中旬至 12 月中旬，意见处理（补充调研）、编写送审稿、筹备审查工作、组织审查。12 月 17 日，四川省住房和城乡建设厅在成都组织召开了专家技术审查会，原则通过了本《导则》。随后课题组根据评审纪要，修改完善导则，由省住建厅组织下发。

前期调研及工作思路

（1）充分调研掌握省内外典型城镇各类工程管线现状情况，准确厘清现状问题，以问题导向作为本次编制的切入点。目前省内外城镇管线现状主要存在管线安全、管线建设管理混乱、管线监测维护不足、管线法规标准不健全等问题。

（2）充分解读国办发〔2014〕27 号文及川府发〔2014〕52 号文，以目标导向作为本次编制的落脚点。川府发

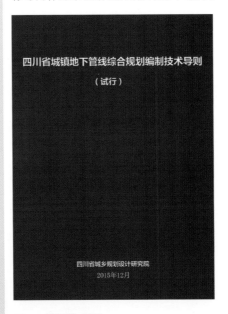

图 1 《导则》封面

〔2014〕52 号文在主要任务中提出"2015 年底前，设市城市完成规划区地下管线综合规划编制，县级城市和试点镇在 2016 年底前完成"。根据以上"两个文件"的目标任务要求，结合目前编制情况来看，四川省的城镇管线综合规划编制面临时间紧、任务重的情况。在如此短的时间内，如没有一个统一的"编制导则"作为编制技术标准及支撑依据，很可能造成编制成果不规范、内容参差不齐、可操作性差等问题。因此尽快出台《导则》是顺利落实"两个文件"任务要求的技术保障手段之一。

（3）国内《城镇管线综合规划》编制类型及类似案例借鉴解析。与我国现行城市规划编制体系相对应，国内城市（镇）管线综合规划可分为城市（镇）管线综合总体规划（含分区规划）和城市（镇）管线综合详细规划；这两类规划分别所对应的是城市总体规划和详细规划的专项规划，与城市规划同步编制和审批。

同时，每一层次的城市（镇）管线综合规划均与同层次的各行业管线专项规划相协调和衔接。

主要内容

《导则》包括总则、一般规定、编制内容及技术要点、编制成果要求、附则五大部分。《导则》对规划的编制原则、组织与审批、内容与深度、成果文件等提出了明确的规定要求。

城镇管线综合规划编制应根据城镇总规协调各相关专项规划，其内容主要包括以下九个方面：

（1）城镇管线现状分析与评价

根据城镇地下管线普查结果，对规划区现状各类工程管线路由、种类、规模、功能、服务区域及安全性等进行分析，并根据分析结果进行综合评价，明

确现状存在的主要问题。

（2）与市政专项、专业规划相衔接

管线综合与城市规划、人防规划、道路规划、地下空间利用规划、各工程管线专项规划等相关规划的协调。主要包括城市用地布局、海绵城市规划、道路交通系统、市政设施以及地下空间利用设施的协调，提出相应的协调原则与意见，更好地指导下一阶段的规划编制。

（3）分区指导，分片控制对策

针对城镇不同分区、不同组团的特点，提出下阶段分区指导原则性要求。特别是要根据城镇老城区和新建区的不同特点、不同发展需求，差异化地提出管线综合标准，增强规划的可操作性。

（4）城镇管线平面、竖向综合原则及节点控制导则

提出城镇地下管线平面、竖向布置、综合协调的原则与策略，根据管线性质、特征分区分层布置，充分利用好地下空间。并对城镇特殊地区及重要节点进行地下管线的平面、竖向综合，提出具体的节点控制导则要求。

（5）强化对通过城镇的区域及城镇自身重大管线的规划布局

区域及城镇重大（敏感）管线是指区域性燃气、燃油、供水、通信、供电、工业管线及城镇规划区内高压燃气、燃油、供水、工业干线。这些管线重要性高，一方面承担着区域性资源、能源、信息供给任务；另一方面，它们中的燃气、燃油、工业等管线又具有较强爆炸性，一旦发生事故，波及面大，后果严重。

因此，在城镇管线综合规划中，重点结合城镇用地布局与地下空间布局，在充分考虑区域性管线设施与城镇管线设施衔接的基础上，提出城镇相应管线的布局方案，以及这类管线与其他地下管线综合

协调的细化原则，进一步细化完善城镇重大管线平面、竖向综合布局规划。

（6）稳步推进具备条件的城镇进行地下综合管廊建设

通过可行性研究分析，在部分具备条件的城镇试点建设城市地下综合管廊。综合管廊建设区域一般在城镇重要地段、管线密集区、地下空间高强度开发区、交通繁忙区、不能反复开挖的地区。

同时要求试点城镇要有一定的经济发展水平和示范带动效应，并具有切实可行的投融资渠道及良好的建设维护、定价收费、运营管理模式。

（7）近期建设规划及项目库

明确近期城镇地下管线建设范围、位置、规模、工程量及空间布局。分年度编制近期城镇各类地下管线建设项目库；明确项目名称、位置、规模（管径、断面尺寸、长度）、管材、建设性质、投资估算、资金来源等内容。

（8）投资估算

分年度统计近期城镇各类地下管线（综合管廊）建设工程量，根据当地各类地下管线（综合管廊）建设单价列表进行近期地下管线（综合管廊）建设投资估算。

（9）规划实施保障措施

包括组织保障、资金筹措、技术保障等措施，完善法规标准，强化科技创新，落实城镇"智慧管线"解决方案。

关键技术和创新点

本《导则》从四川省实际出发，以问题导向为切入点，以目标导向为落脚点，理论联系实践，把"学"（学术性）与"理"（理论性）很好地结合起来。同时为了更好地指导管线综合规划的编

制，还同步制定了《四川省城镇地下管线综合规划编制大纲》和《各类城镇分区、分级指导建议》2个附件。使《导则》的执行更有针对性和可操作性。

在编制技术层面提出了解决管线综合规划中的几个关键问题，为城镇地下管线有序建设提供了方法和技术路径。《导则》理顺了地下管线综合规划与上位规划及相关规划的关系，即管线综合规划作为城乡规划的专项规划，是对原总规及详规的深化和细化，是从系统性和可操作性得以提升的工程规划。

项目作用与水平

本《导则》是全国较早出台的省级地下管线综合规划编制技术导则，它为响应与落实国家及四川省加强城镇地下管线规划建设管理相关要求，提高城镇综合承载能力和城镇化发展质量，保障城镇运行安全起到较好的指导作用，同时推动全省城镇地下管线综合规划编制和管理工作朝着务实、有序、规范、高效的方向迈进。

在本《导则》的指导下，截至2016年2月29日，泸州、德阳、绵阳等8个地级城市已完成地下管线综合规划编制工作，占全省的44%；成都、自贡、攀枝花等9个城市正在进行编制工作，占全省的50%。

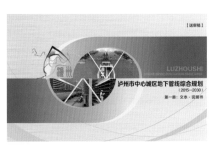

图2 泸州市中心城区地下管线综合规划

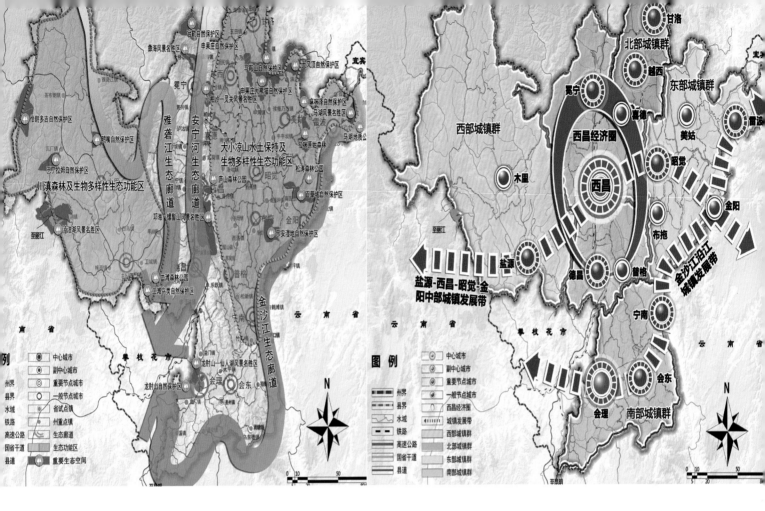

2.4　甲方委托研究课题

凉山州"十三五"新型城镇化规划

项目编制单位： 四川省城乡规划设计研究院

委 托 单 位： 凉山州城乡规划建设和住房保障局

项目主持人： 安中轩

参 与 人 员： 邓生文、廖竞谦、温成龙、谢正伟

规划背景

新型城镇化事关我国现代化建设的全局，是惠长远、利当前的战略；是"转方式、调结构、扩内需、惠民生"的重要抓手；是破解城乡二元结构的重要途径；是促进区域协调发展的有力支撑。积极稳妥扎实有序推进新型城镇化已成为我国推动经济转型升级、解决农业农村农民问题和促进社会全面进步的重大战略举措。

近年来，随着经济和社会发展，加之工业和旅游业的蓬勃发展，凉山州城镇化率稳步增长，2015 年达到了 32.4%，迈入了快速城镇化发展阶段。但总体来看，凉山州的城镇化整体发展水平还低于全国、全省的平均水平；尤其是市民化进程滞后、城镇产业支撑不足、中心城市发育程度低、带动力弱、小城镇发展滞后、城乡公共服务差距大等问题亟待解决。

"十三五"时期，凉山州将处于城镇化 30% ～ 70% 快速发展区间的加速阶段，面临着良好的发展机遇和广阔的发展前景；但同时也面临着城乡居民期盼共同小

康生活的意愿日益强烈、资源环境约束不断增强的严峻形势，适应经济发展新常态，推动城镇化由注重发展速度向质速并重发展转型，走新型城镇化道路势在必行。

因此，为落实国家和省新型城镇化规划，并指导"十三五"时期凉山州新型城镇化推进工作；凉山州城乡规划建设和住房保障局委托四川省城乡规划设计研究院研究编制完成了《凉山州"十三五"新型城镇化规划》。

研究过程

通过对国家和省新型城镇化规划和国家相关政策，特别是最近召开的中央城市工作会议精神的认真学习，并在深入分析凉山州人口城镇化、城镇化空间结构、产业结构、城镇建设质量和农村发展，以及民族文化、生态环境等方面的特征和存在的问题；分析研判城镇化发展趋势的基础上，切实结合凉山州实际，抓住人口城镇化、空间非均衡发展、少数民族地区生态保护与民族文化传承以及农村发展与精准扶贫等重要环节，构建了具有凉山特色的新型城镇化规划编制框架；最终编制形成了《凉山州"十三五"新型城镇化规划》（以下简称《规划》）。

规划的主要内容

《规划》共 10 章，主要内容分为 4 个部分，包括发展基础、总体要求、围绕总体要求提出 7 个方面的主要任务和《规划》实施保障。

（1）发展基础

回顾总结近年来凉山州城镇化取得的成就、分析凉山州城镇化发展存在的主要问题、研判凉山州城镇化发展面临重大战略机遇和挑战。认为，凉山州已进入城镇化 30% ～ 70% 快速发展区间的加速阶段，正由偏重速度向质速并重发

展转型，走新型城镇化的道路正逢其时。

（2）总体要求

包括"指导思想"、"基本原则"和"发展目标"。核心内容是按照国家、省新型城镇化目标和要求，牢固树立创新、协调、绿色、开放、共享的发展理念；立足凉山州实际和特色，以落实国家"三个一亿人"城镇化工作部署为切入点，以人口城镇化为重点，优化城镇化布局，坚持"以人为本、生态集约、优化布局、统筹协调、产城相融、彰显特色"6 项基本原则，探索具有凉山特色的"生态文明、布局优化、产城融合、文化传承"的新型城镇化道路。力争到 2020 年，常住人口城镇化率达到 45% 左右，户籍人口城镇化率达到 24% 左右；改造约 2.3 万人居住的城镇危旧房和棚户区，城镇居民的居住条件得到大力提升；凉山州"一圈四群两带"的城镇化发展格局基本形成，城镇产业就业支撑能力持续提升、城镇综合承载能力明显增强、城乡基本公共服务均等化步伐加快、体制机制支撑体系不断完善。

（3）主要任务

依据以上指导思想、基本原则和发展目标，《规划》提出 7 个方面的任务要求。

1）优化城镇化空间布局。强化西昌经济圈，培育南部、北部、东部和西部四个城镇群，打造金沙江沿江和盐源－西昌－昭觉－金阳中部两条城镇发展带，构建形成"一圈四群两带"城镇化发展格局。加快西昌现代生态田园城市建设、大力提升县城发展水平、积极发展小城镇，促进中心城市、县城和小城镇协调发展。同时提出了完善区域综合交通运输网络、加强区域基础设施建设、强化城镇化生态安全格局，以加强对城镇化发展格局的支撑。

2）大力推进农业转移人口市民化。全面放开农业转移人口落户城镇限制、

大力提升农业转移人口就业创业能力，以及保障随迁子女平等享有受教育的权利、确保农业转移人口享有医疗卫生和计生服务、扩大社会保障覆盖面、拓宽住房保障渠道，以实现基本公共服务城镇常住人口全覆盖。

3）增强城镇产业支撑能力。内容包括：大力发展特色工业、加快发展服务业、推进建筑业转型发展，推动产业结构转型升级；强化产业发展与城镇体系的结合、协调处理好产业园区与城镇发展的关系、协同推进景区开发与城镇建设，推进产城融合发展；营造良好的创业就业环境、推动产业与人口协同集聚，促进产业与就业的协调发展。

4）提高城镇建设质量和管理水平。树立先进的规划理念、完善规划编制程序、依法强化规划实施管理，推动城乡规划转型升级；加快城镇道路交通设施、地下管线、市政公用设施和公共服务设施建设，提升城镇基础设施和公共服务水平；全面推进城镇危旧房和棚户区改造；加强特色文化城镇和绿色城镇建设；推进海绵城市和智慧城市建设；提高城镇安全保障能力；创新社会治理和社区管理。

5）推动城乡发展一体化。推动县（市）域"多规合一"规划，实施一个县（市）一本规划一张蓝图的规划管理模式；推动人力资源、土地、资金等生产要素在城乡之间自由流动、合理配置，促进城乡要素均衡配置；统筹城乡基础设施建设，加快基础设施向农村延伸，合理配置农村生产性公用设施；加快公共服务向农村覆盖，推进城乡基本公共服务均等化。

6）全面推进幸福美丽新村建设。围绕业兴、家富、人和、村美的幸福美丽新村建设目标，提升村庄规划建设管理水平；

推进产村融合、多业并举，夯实农村发展产业基础；加快农村危房改造，提高农村困难群众的居住条件和房屋抗震能力；加强农村环境治理，改善农村卫生条件、提升农村环境品质；扎实推进扶贫攻坚，大力实施精准扶贫、精准脱贫。

7）完善城镇化发展体制机制。创新人口服务管理机制，建立与统一城乡户口登记制度相适应的文化教育、卫生计生、就业、社会保障、住房、土地及人口统计制度；深化土地管理制度改革，优先保障城镇化建设项目用地需要，探索建立进城落户人员自愿退出承包土地经营权、宅基地使用权和集体收益分配权补偿机制；创新城镇化资金保障机制，建立政府主导、社会参与、市场运作的城镇化建设投融资机制；推进行政区划管理创新，形成设置科学、布局合理、服务高效的行政区划和行政管理体制。

（4）保障措施

围绕实施好本《规划》，主要从"加强组织协调"、"强化政策统筹"、"开展试点示范"、"抓好人才培养"和"实施评估考核"提出了5个方面的具体保障措施。

关键技术和创新点

《规划》既落实了国家和省新型城镇化规划要求，又结合凉山州情，具有欠发达少数民族山区新型城镇化发展的特点。首先，《规划》切合凉山州实际，提出了特点鲜明的"生态文明、布局优化、产城融合、文化传承"的新型城镇化道路。其次，《规划》针对凉山州城镇化水平较低的现实，把"全面推进幸福美丽新村建设"单独成章，作为推进新型城镇化工作中的重要一环。第三，《规划》积极落实省城镇化空间格局的

规划部署，围绕建设攀西城市群，构建了"一圈四群两带"的城镇化发展格局。

项目作用与水平

《规划》的总体思路、发展目标和主要任务得到了凉山州各部门和各市县的认可；《规划》中提出的"生态文明、布局优化、产城融合、文化传承"的新型城镇化道路和"一圈四群两带"的城镇化发展格局等，逐步成为指导凉山州新型城镇化发展的重要战略思路。作为凉山州重要专项规划，《规划》正对"十三五"期间凉山州推进新型城镇化的各项工作发挥着重要的引领和指导作用。

图1 "两区三带多点"网络化生态安全格局规划图

图2 "一圈四群两带"城镇化发展格局规划图

广安市城市规划管理技术规定

项目设计单位：四川省城乡规划设计研究院

委 托 单 位：广安市规划局

项目主持人：程 龙

参 与 人 员：王国森、曹 利、郑 远、
蒋 稳、秦洪春、陈明希

研究背景

我国城市化已进入快速发展阶段，城市的快速发展必须有一套科学合理的城市规划管理制度与之相适应。

城市规划管理是一项综合性、政策性、技术性很强的行政管理工作；实施城市规划管理，必须以大量的城市规划配套法规和技术规范作为管理的具体依据。

《城市规划管理技术规定》是城市人民政府制定的城市规划编制和实施、管理方面的规范性技术文件，是实施日常城市规划管理的直接技术依据。

受广安市规划局的委托，我院承接了《广安市城市规划管理技术规定》的编制任务；在市局规划管理科及编研中心的大力协助下，历时两年多，终于完成了最终的成果，现已颁布实施。

研究过程

通过对城市规划法规体系构成的分析和对各地规划管理技术规定的内容的研究与借鉴，研究探讨地方城市规划管理技术规定的制定方法和框架内容；提出制定技术规定的一般性方法，拟定技术规定的框架和基本内容；通过对我国现行城市规划法规体系和规划管理体制的系统考察研究，明晰技术规定在城市规划法规体系中的地位和作用；并界定了技术规定与控规成果之间的关系。

本次技术规定的编制过程中，工程组多次与广安市及相关部门、区县主要领导、规划同仁们进行了深入地交流、汇报和征求意见；对技术规定的内容框架、各项条款都进行了深入地沟通与研究协商；并对制定技术规定应重点研究的问题进行探讨，梳理相关的技术要点。

结合广安实际情况，充分考虑部门事权划分、相关法规政策及管理的操作性，提出适应广安市实际情况的管理规定，最终编制了《广安市城市规划管理技术规定》（以下简称"本规定"）。

研究的主要内容

本规定基于城市规划管理的各个方面，提出其最终成果应包括总则、建设用地规划管理、建筑规划管理、建筑形态及公共空间规划管理、绿地规划管理、市政工程规划管理、其他规划管理等8章、若干条的管理技术规定。

（1）总则

本章从宏观角度对规划管理技术规定进行介绍，其内容包括编制依据、适用范围、与各层次城市规划、法律法规的关系4条条目。

（2）建设用地规划管理

本章共包括建设用地性质、建设用地规划指标控制等10条条目。其中，建设用地性质主要按照国家规范，结合当地实际，并对各类用地的性质、适建内容和相容性等提出建设原则。合理划分城市各项用地的类别，明确单一性质用地兼容规定、混合用地性质规定等的内容。

建设项目用地规划指标控制主要包括城市分区、地块控制单元及相应的控制指标、用地选址的审批程序等内容。

城市分区则主要根据城市总体规划中关于新建区、改造区的布局要求，划定不同的建设管理分区；这有利于结合新区、旧城不同地区的建设强度现状，有针对性地提出建设标准和要求。

（3）建筑规划管理

本章共包括建筑间距和建筑退让两大方面21条条目。

一般按照国家有关规范要求确定建筑高度及日照间距要求，可分别提出居住建筑、公共建筑的间距；明确建筑平行相对布置时的间距控制；高层建筑主要朝向、多层建筑长边成角度布置时的间距控制；建筑错位布置时的最小间距控制，混合功能建筑间距控制；建筑与非建筑实体相邻的建筑间距控制；低层辅助用房单独设置时，与相邻建筑的最小间距控制；相邻建筑地坪标高不一致时的建筑间距控制，非居住建筑与居住建筑的间距控制；各类建筑后退用地红线的最小距离控制；各类建筑后退规划道路红线的最小距离控制；沿城市快速路与高架道路两侧新建、改扩建居住建筑后退道路红线的最小距离控制；建筑后退不临规划道路的市政线路（管线）及河道等保护带的距离控制等内容。应尽可能对所涉及的不同类型都做出规定。

（4）建筑形态及公共空间规划管理

本章共包括建筑形态规划管理和公共空间规划管理两大方面15条条目。

对道路两侧和交叉路口周围新建、改建建筑工程与城市道路之间的距离，按规定宽度保留的空地绿化要求，以及新建大型公共建筑工程须按规划要求留足停车场和绿化用地等内容做出详细规定。

对沿湖边、山边、江边的周边地区建筑规划管理，以及审批新建、改建和扩建的建筑物时，必须确保对建筑后退

蓝线、绿线距离、控制望湖视线通廊、城市干道开敞面等内容做出详细规定。

就广安市区内主、次干道两侧建筑（含新建及改造）立面的设计、改造、街景设计、后退城市道路距离、休闲广场宜设置配套设施及设计方案文件要求等内容做出详细规定。

应尽可能对所涉及的不同类型都做出规定。

（5）绿地规划管理

本章共9条条目。重点对城市公共绿地建设、自然资源保护的强制性规划要求做出规定。对各类用地开发必须配套建设的公共绿地的规模、占总用地的比例、绿地率的绿地面积计算方法等均做了较详细的规定。

规定重点对湖边、山边、江边的新建建筑必须满足的后退距离、视线通廊、绿化带建设等提出明确要求。规定对市政设施必须满足的绿化防护距离提出明确要求。

（6）市政工程规划管理

本章共包括道路交通规划管理和市政公用工程规划管理两大方面的35条条目。主要对市政基础公用设施的分类、分级、用地位置、规模、安全距离、与城市规划的衔接要求等做出详细规定。对高速公路防护带及建筑红线后退距离、旧城改造项目的防护带宽度、车库设置、停车位面积、城市道路与铁路的交叉方式、交叉净空、建筑物与铁路的安全距离、架空管线与建筑物之间的距离、地下敷设工程管线之间及其与建筑物之间的距离、各类建筑物配建停车场车位控制指标等做了详细规定。

（7）其他规划管理

本章共包括地下空间规划管理、城市综合体规划管理两大方面26条条目。城市地下空间规划管理部分对人行地下通道、地下街、地下商业设施、建筑物地下室、地下公共停车库、地下公共设施等城市地下空间内容做出详细的控制规定并对地下空间土地出让做出控制和管理规定。

城市综合体规划管理部分对城市综合体的主体功能、用地性质、建筑容积率、建筑密度、绿地率、公共空间、建筑后退距离、地下空间、货物集散空间、停车泊位等城市综合体内容做出详细规定。

（8）附则

本章共5条条目，及有关附件材料。主要包括名词解释、《城市用地分类与规划建设用地标准》、计算规则和综合技术经济指标等内容。名词解释主要对规定中出现的各类常用术语予以解释，如对建筑重叠面、建筑间距、外墙轴线、规划用地范围线等名词予以解释。附件材料主要将技术规定中一些技术标准和难以用文字形式表述的各项表格、公式等作为附件归并列出，一般包含建筑面积计算规则、建筑密度及容积率计算公式、建筑物退让计算公式，表格包括各类市政公用设施净空及交叉方式、管线之间及与建筑物之间距离、各类建筑物配建停车场车位指标等。

关键技术和创新点

本规定积极适应新的宏观发展形势，根据广安市编制的新一轮城市总体规划的总体目标和相关要求，融合城市建设、发展新的趋势和理念；依据近年来更新出台的国家相关法律、法规和规范标准，在对现行《广安市建筑规划管理技术规定（试行）》（2009年版）和现

状城市建设和规划管理中遇到的诸多问题进行深入剖析的基础上，研究借鉴各地技术规定的有益经验，完善了广安城市规划管理技术规定内容框架；增加了建筑形态与公共空间规划管理、绿地规划管理、道路和市政公用工程规划管理、地下空间利用与城市综合体管理、混合用地等方面的规划管理规定。

对广安市规划管理中遇到的普遍问题进行了重点规定，对各类计算规则进行了详细规定，并针对广安地形条件特点，对建筑间距、容积率计算规则等配以图示，以便于管理实施的清晰理解与操作。

本规定符合广安城市长远发展目标，适应新的宏观发展形势和城市建设趋势，体现广安的实情和特点。同时本规定内容注重规划管理的刚性和弹性结合，保证日常规划管理、建设所必要的、相对全面的规划控制；又为后续规划设计、实施留有一定弹性空间。针对部门事权划分，对技术规定内容予以精炼，提高实施的效率。

项目作用与水平

本规定属于地方政府出台的地方性规章，是落实我国《城乡规划法》及省、市城市规划管理的重要举措；是实施城市总体规划，创造城市良好居住环境，实现城市可持续发展的重要技术法规文件。

本规定具有较强的系统性、科学性、实践性、规范性和可操作性；成果深度及内容与现有法定规划要求结合紧密，在现有城市规划编制办法的基础上，强化城市规划管理的科学性、强制性、有序性；体现出城市规划管理技术规定的科学性、民主性与实用性。

绵阳市规划管理技术规定

项目设计单位：四川省城乡规划设计研究院

委 托 单 位：绵阳市城乡规划局

主审负责人：韩　华

项目主持人：叶云剑

参 加 人 员：李　毅

研究背景

《绵阳市规划管理技术规定》（2007版）执行4年多以来，很好地规范和指导了该市的城市建设；但随着城市化进程的加剧，城市建设中出现诸多新的变化。为与之相适应，规划管理技术规定也需随之做出调整；另一方面，通过近几年建设实施中一些情况的反思，需要对"2007版技术规定"做出必要的补充及完善（国内各大城市的规划管理技术规定皆是不断修订完善，与规划管理的动态性相适应），以更好地确保城市规划所确定的宜居城市、历史文化城市、山水城市的有效实施。

研究过程

本次"技术规定"是根据《中华人民共和国城乡规划法》、《四川省城乡规划条例》等法律法规及规范，在总结国内城市"技术规定"实施经验的基础上，再通过现场踏勘、问卷调查、座谈等多种方式并结合绵阳市实际情况，对2007版技术规定进行的修订。

研究的主要内容

修编后的《绵阳市规划管理技术规定》（以下简称"本规定"）共包含8个章节和3个附录；分别是总则、建设用地规划管理、建设工程规划管理、公共配套设施规划管理、绿化环境及景观控制规划管理、城市交通规划管理、市政公用设施规划管理、附则；附录含名词解释、计算规则和综合技术指标表格。相较于2007版的技术规定，本次修订主要对以下3大方面进行了深入的研究：

（1）片区及地块开发强度制定思路

在编制城市总体规划计算城市人口容量时，往往基于自然和社会两方面的影响因素加以考虑；自然方面：土地、水源、能源是主要限制因素；社会方面，生产力和科技发展水平是主要限制因素。

那么，在编制控制性详细规划时，如何更科学合理地制定一个片区的开发强度呢？同一片区内的各地块是否存在开发强度的差异化？若有，那么影响它的差异化因素有哪些，进而如何科学合理地将这一差异化体现于地块开发强度上呢？

本技术规定将一个标准大区（约5～8km² 的建设用地）作为研究对象（本次将"绵阳市涪城中心片区"作为例子探讨）。

开发强度的确定分两步：第一步确定片区总体建筑容量；第二步确定各个地块的开发强度（各个具体地块建筑容量的总和自然不能超过第一步中所确立的片区总体建筑容量）。

1）片区总体建筑容量的制定思路

城市平均开发强度能提高到多少，受经济、社会、基础设施等多方面因素的综合影响。

而当涉及具体的片区时，从城市规划角度来看，城市交通是主要的制约因素，由于航空限高、通信通道、显山露水限高、文物古迹的风貌协调等对开发

强度的影响相对来说较容易通过相关规范标准或通过建立建筑模型进行视线高度分析而得以实现。

城市交通条件主要取决于道路资源的先天禀赋和后天潜力，集中反映在道路网密度和公交分担率两个指标上。由于目前还没有一个正式的交通条件对应开发强度的指标规范出台，所以可以选取国内外城市交通运行较好的发达城市，通过在这两项指标上的比较研究来得出相对科学合理的结论。

绵阳市现状平均毛容积率1.56，规划公交分担率为40%；涪城中心片区道路网线密度：现状7.4km/km²，本次规划达到10.73km/km²；涪城中心片区道路网面密度：现状16.4%，本次规划达到22.16%。通过对比可知规划中的绵阳市公交分担率仅有国外城市的一半，也仅有我国沿海城市的2/3。

涪城片区规划后道路线密度为10.73km/km²，道路面密度为22.16%，那么规划后的道路线密度只有国外发达城市的1/2，道路面密度为国外发达城市的3/4；绵阳近期内暂无轨道交通实施计划，同时老城区在航空限高范围内。故制约该片区容积率有如下几大因素：公交分担率、道路网密度、航空限高。

规划范围内现状建筑总面积为1270万 m²，平均毛容积率为1.56。通过比较研究数据的对应关系，确定该片区平均毛容积率应不大于2.0为宜。则老城区的建筑总量最高可提升到1630万 m²，即在现状基础上最高可增加约360万 m² 建筑量。

2）各地块开发强度指标的制定思路

通过案例分析，开发强度的合理程度至少跟地块所临的开敞空间情况以及地块大小有很大关系。大的地块容纳的居住人口更多，所以相应提供更多的配套设施及公共空间，就如《居住区规划设计规范》中人均居住用地控制指标一

样，居住区人均居住用地高于小区，居住小区又高于居住组团。因此随着地块增大，其容积率应逐渐降低。

通过分析，确定具体地块的指标主要受以下因素影响：地块大小、所临道路或开敞空间状况、地块用地性质。在实际操作中，为尽量简化以上因素以制定明的强度指标表格，可将临开敞空间的情况视为临路条件。然后制定的绵阳涪城中心片区强度开发表，除小地块外，容积率随地块面积增大而减小，随临路条件、开敞空间的减少而减小；而建筑密度则随容积率增大而减小。

（2）绿化环境及景观控制规划管理

1）规定建筑高宽比

新建建筑物的面宽，当建筑第一界面临大于等于50m宽道路或临涪江、安昌河时，须满足如下规定；当建筑临小于50m宽道路宜符合下列规定：

第一，建筑主体高度大于80m小于等于150m的，高宽比一般不小于2.0:1；

第二，建筑主体高度大于50m，小于等于80m的，高宽比一般不小于1.6:1；

第三，建筑主体高度大于24m，小于等于50m的，高宽比一般不小于0.6:1；

第四，建筑高度小于等于24m，其最大连续展开面宽的投影不大于80m；

第五，不同建筑高度组成的连续建筑，其最大连续展开面宽的投影上限值按较高建筑高度执行。

2）规定建筑群体形态

用地规模在3hm²以上的住宅、公共建筑类高层建筑项目，应依托城市开敞空间和主要道路，形成高低错落、层次丰富、疏密有致的城市轮廓。

建设项目在建设用地中宜以一幢（组）较高建筑形成空间制高点，较高建筑与周边建筑的高差比宜10%～25%，面向城市开敞空间和主要道路形成高低错落的天际轮廓与纵深的空间层次。

3）规定层高与容积率之间的折算率

分别对住宅建筑和阳台，办公建筑、写字楼、酒店型公寓建筑不同层高，独立建筑空间2000m²以下的商业建筑和新旧城区地下建筑不同标准层高与容积率之间的关系进行了详细规定。

4）山水自然环境引入城市

自然景观资源地区与其相邻地区之间，应尽量多地建立视线通廊和步行通道，提高自然景观资源地区的可视性和可达性。

自然景观资源相邻地区宜划分为小街块进行建设；街块划分时，应将短边朝向自然景观资源地区，短边宽度宜控制在100m以内。短边宽度大于100m时，地块内部宜提供通往自然景观资源地区并贯穿地块的步行公共通道，公共通道宽度不小于15m。

滨水地区的建筑宜采用退台处理，首排建筑宜以低层和多层为主，城市新区沿涪江、安昌江两岸距蓝线50m以内不得布置高度超过40m的高层建筑。

另外也在"建筑色彩、夜景照明"等方面做出了较为细致的规定。

（3）公共配套设施规划管理

为适应城市管理社区化进程，本规定将城市规划相关配套设施规划规范与社区建设相关政策要求相结合；明确了居住区和基层社区两级配建标准，并对建设的具体项目、建设方式进行了规范。

关键技术和创新点

除常规性条款外，本规定牢牢抓住对城市规划建设影响最大的三大方面：建设强度制定、城市景观控制及公共配套设施规范化，进行了定性定量深入的研究，以此为基础从而提出科学合理的解决办法和措施，有的放矢地制定条款，具备较强的实效性。

项目作用与水平

本规定的编制使绵阳市城市规划建设中累积的问题得到全面的梳理及应对，使规划管理有据可依，为建设更美好的城市形象提供了支撑与保障。

武胜县城市规划管理技术规定

项目设计单位： 四川省城乡规划设计研究院
委托单位： 武胜县人民政府
项目主持人： 胡仔
参与人员： 唐密、彭万忠、陶蕾

研究背景

各地在具体落实城市总体规划、委托编制详细规划、出具《规划设计条件》、许可及审批设计方案、管控各类建设项目的实施时，如果仅仅依据控制性详规和各类设计规范是不可能完全解决所遇到的问题的；控规和规范本身还存在有很多的技术空白，给许可审批部门留下了过大的自由裁量空间，管理依据不细致，极易造成审批许可的不公平甚至滋生腐败。

另一方面，因控制性详细规划成果和项目设计成果由众多不同的编制机构提交，成果质量良莠不齐；标准执行起来也存在各持己见、解释权不一致的问题，管理使用上统一困难，大大降低执行的效力和可操作性。

鉴于此，四川省内各地级市基本上都出台了自身的《城市规划管理技术规定》，要求所辖各县市区参照执行。但因各县市区情况有别，且市级管理规定未经县一级人大的审议通过，不具备地方法规效力；据其进行行政许可法律依据不充分；因此，各县都逐渐拟定、出台并发布了自己的技术管理规定。有了"规定"也便于管理操作和规划宣传。

研究过程

通过对省内各市（尤其是成都及广安市）的《城市规划管理技术规定》的研究，详细分析了武胜县在城市建设项目规划许可中的问题，对其经验教训进行总结，认真地研读城市总体规划、各专项规划、各控制性详细规划；对照各设计规范最终编制了《武胜县城市规划管理技术规定》（以下简称《规定》)。《规定》经广泛征求意见、调整完善后依次提交各部门讨论、专家评审、县规委会评议、政府常务会同意、人大审议同意后才发布生效。

研究的主要内容

通过与武胜县住房与城乡规划建设局紧密合作、联合编制才完成了《规定》的最终成果；本《规定》基于各地城乡规划行政主管部门的机构设定及各科室职能设定，成果由6个章节外加4个附录共同构成。

（1）总则

本章是《规定》的纲领性章节，其内容包括：《规定》编制的目的、依据、适用范围，其与控制性详规、专业设计规范的关系；规划设计文件依据的统一坐标、高程，地块规划管理统一编码规定，包括5条条目内容。指明《规定》是为了有效实施城市总体规划、实现空间管理目标，更公正公平地对土地开发建设行为进行管理；限定其适用范围为城市规划建设区内的国有建设用地项目，为中心节点地区、历史文化保护区留出了特殊要求的空间；阐明了与控规、专业技术规范互为依据、互相补充、统一一致的关系。

（2）建设用地规划管理

本章按照用地规划管理科室的许可内容进行编写，主要涉及建设项目《规划设计条件》、建设用地规划许可证办理中的相关内容。

主要内容包括：用地性质、用地兼容、零星用地开发、开发出让用地大小、专业用地、地块内配建设施、地块内配建停车位、地块场地竖向、地块地下空间利用、地块防护区、地块周边公共交通设施协调、地块开敞共享区、地块建设强度分区、商住地块基准规划控制指标、公共服务设施用地的规划控制指标、非生产性工业用地的规划控制指标、生产性工业用地规划控制、高等学校用地规划控制、物流用地规划控制、科研设计与行政办公用地规划控制、公共配套设施设置等21条条目内容。

（3）建筑规划管理

本章按照建筑方案管理科室的许可内容进行编写，主要涉及建设项目总平面布局及单体设计、建设工程规划许可证办理中的相关内容，特别是建筑退让距离与建筑间距。

本章共包括：建筑退让公共开敞区域红线距离、建筑退让道路中心线的距离、建筑退让未临公共区域用地边界的距离、地下建（构）筑物与建筑控制线的距离、地下建（构）筑物与建设用地红线的距离、临街建筑墙外设施、建筑日照间距、地块内居住建筑间距、地块内非居住建筑与居住建筑的间距、地块内非居住建筑间距、地块内高层建筑裙房与相邻建筑的间距、地块内低层辅助用房间距、地块内非生产性工业建筑间距、超高层居住建筑与低、多层居住建筑的间距、超高层居住建筑与高层居住建筑的间距、超高层居住建筑之间的间距、标高不一致时的间距、建筑与堡坎的间距、不规则平面间距的计算、采光面、退台间距的计算、拼接规定、城镇危旧房棚户区改造项目建筑间距等23条条目的内容。

（4）特别规划管理

本章主要涉及城市风貌景观、公共空间建设和防灾管理的内容；共包括13条条目。具体内容有：建筑高度分区、建筑风格、建筑色彩材质、建筑底层风雨廊与骑楼、公共空间周边控制、公共空间布局及可达性要求、公共步行通道、公园绿地控建、公共安全设施、净空保护、天际轮廓线控制、城市空间开敞性、基础设施景观控制、文物及重要建筑环境保护、生态廊道、公共安全设施、禁建区慎建区及地质灾害易发区、河道行洪区和限制使用区等。

（5）市政设施及管线规划管理

本章按照市政工程规划管理科室的许可内容进行编写；主要内容涉及建设工程项目涉及市政工程项目时的管理要求及市政工程建设项目的规划管理规定。

本章共包括25条条目，具体内容为：市政设施旁建筑控制线的划定标准、城市市政基础设施与现状的建筑控制线的关系、公路两侧建筑控制线防护绿带的划定、铁路的保护规定、河流的保护、现状道路的保护、道路临时用地的使用、特大型桥梁安全保护、特大型桥梁安全保护及绿化设置要求、公交停车港的设置、大型公共建筑的小型客车候客车道、交通影响评价、道路平面交叉口的展宽段、人行天桥及地道宽度净高规定、无障碍设施、建筑与现状管线的间距、建筑与架空电力线的间距、新建架空电力线建设要求、建筑工程附属设施的位置限定、市政工程管线在道路横断面上的布置、城市管道的最小建设规模、地下管道覆土厚度的规定、架空线及水电气设施位置确定、新建市政设施架空部分与现状建筑间距、市政设施架空部分的环保措施、公交首末站的设置及标准、退后市政设施距离特别说明等。

（6）附则

本章规定了生效的时间，以及生效后对已作出行政许可相关内容的延续。

还对名词解释、建筑及建筑容积率指标计算规则进行了普遍说明。

（7）附录一：建筑容积率计算规则

本附录规定了建筑容积率的基本计算方法，对特殊情况的计算进行了规定，包括层高设计过高，存在夹层设计，有过大阳台、过大飘窗、空中花园设计，有结构围护镂空空间设计及地下室作商业空间设计等情况明确了计算规则。

（8）附录二：综合技术经济指标

本附录规定了建设项目设计文件的综合技术经济指标表的具体内容；包括：各类用地面积、各类建筑面积、居住户数、建筑基地面积、建筑密度、各类建筑层数、容积率、绿地面积、绿地率、各类停车位、配套设施及建筑面积、日照分析结论等基本内容。

（9）附录三：工程方案设计总平面图编制的规定和报建要求

本附录具体规定了设计总平面图的规范性、统一性要求，规定了图纸的内容、深度，明确了签章等事项的要求。

（10）附录四：名词解释

本附录具体解释了规定中的专业名词，共有25个名词解释。

关键技术和创新点

修编之后的武胜县的《规定》，相对于其他城市的规定更突出了操作的方便性、突出了滨江山地城市的特点；考虑了相邻地块之间、公共空间与地块建设之间的协调性与统一性以及各个规划设计文件的统一性。

比如：坐标高程数据的统一、地块编码的统一、容积率分布的统一、高度分布的统一。

比如：明确了地形整理中竖向设计对地形的保护要求和相邻地块的协调要求、山地建筑错层的情况下地下建筑认定规则的统一规定。

具体规定了后退道路、公园等公共空间距离区域的共享开敞性要求、明确了地块建设与公共地下空间、公共交通设施的协调统一要求等。

项目地位与作用

第一，方便了武胜县人民政府管理操作和规划宣传。

第二，统一了各控制性规划在建筑退、容积率、建筑高度、建筑风格、停车配建、公共设施配建、地块编码等方面的规定，利于滨江山地宜居旅游城市建设的整体性。

第三，统一了各建设项目的报批、审批设计文件要求。

第四，尽可能限制了规划许可中的"自由裁量权"，有利于维护公平公正，防止规划管理上的腐败滋生。

眉山市青神县规划建设管理实施评估报告

项目设计单位： 四川省城乡规划设计研究院

委 托 单 位： 青神县人民政府

项目负责人： 韩　华

项目主持人： 叶云剑

参 加 人 员： 李　毅、蒲茂林、王　涛、
　　　　　　　　刘剑平

研究背景

相较于其他大多数国家城市建设的温和式发展，国内城市建设在短短二十余年内就实现了突飞猛进、日新月异；但在激进式的快速发展中，也使得城市建设累积了越来越多的矛盾，给城市建设管理者带来前所未有的压力与挑战。尤其是城市化进程加快的今天，各个城市间的竞争加剧，城乡间的统筹发展日益迫切，城市地域文化的缺失等等状况及问题，都需要在反思以前建设弊端、总结经验教训的基础上，提出更科学合理的解决办法。

"望得见山、看得见水、记得住乡愁"，这也是习书记对城镇化工作提出的最基本的要求。

鉴于此，四川省城乡规划设计研究院与青神县人民政府达成了战略合作协议。通过"院县"合作方式，依托规划设计单位的技术优势，以对青神县的城市规划、建设和管理提供技术支撑平台。

依据"院县合作协议"：县规划局

联合四川省城乡规划设计研究院，在每年的年初义务为青神县政府做出《规划建设管理实施年度评估报告》，以便于县政府对城建工作做出决策，并部署其年度行动实施工作计划。

研究过程

通过现场踏勘、问卷调查，分析、梳理、总结现状城市建设中的弊端；收集整理已审批及在编规划，梳理各层级规划之间未对接、不协调之处；与规划管理单位、建设单位以及政府其他相关部门召开座谈会，了解近期建设计划，并听取规划管理单位日常工作中亟需解决之诉求。

研究的主要内容

报告针对四个方面进行评估，包括：规划编制及现状建设评估、规划管理评估、近期建设计划、规划管理部门诉求。

1.规划编制及现状建设实施评估

（1）已编、在编规划情况统计

针对各层级已编及在编规划以列表方式进行汇总，包括：项目名称、审批情况、在编规划进度等，以期找出是否还有应编却未编制的规划。如梳理后建议编制"岷江休闲产业带规划"、"取水水源论证"、"给水工程专项规划"等。

（2）各规划之间的衔接问题

就各层级规划之间，在道路交通、市政管网、城市发展方向、用地结构、用地规模及用地性质等方面进行叠加比对，以期找出矛盾及需衔接之处；并通过深入地分析研究，提出合理的解决措施。如工业区货运交通与北入城交通（眉青快速干道）相互干扰，建议未来将入城大道东移；随着岷江航电水运通航的建设，打造滨江休闲绿地，应充分结合商业配套考虑其码头的规划建设；近郊

的白果乡场镇发展用地应纳入城市规划建设用地的管控范围之中；城市南部工业与居住用地及教育用地等相互干扰，应净化功能；城市道路交通与山体河流的呼应关系相对较差，应根据地形地貌再斟酌调整。

（3）城市建设管理现状的突出问题

青神县具有得天独厚的自然人文景观资源。该县为"苏轼第二故乡"、中国竹编艺术之乡、第一代蜀王蚕丛的故里、岷江古航道小峨眉、中国椪柑之乡。

青神县地貌以县城为中心，呈盆地状，有明显的坝丘地形之分。"两山"隔江环峙，形成盆周；中部为岷江冲积平坝，地势平坦开阔；县治青城镇就坐落在平坝中心。县境内江河纵横、溪流交错，有"一江五河三十二溪流"。

通过现场调研情况来看，青神县城市建设最大的问题归根结底还是城市特色不明显的问题，主要包括以下方面：

一是城市与江河（岷江、思蒙河）关系疏离，城不见水、水不映城；而总规对江河水景的利用不足，水景打造不够大气。

二是城市规划和建设还未充分挖掘出其自身的文化；未充分将人文、自然内涵付诸城市的功能布局及城市建筑、小品设计上去。

三是标识性场所缺失，缺乏供游人和市民"游购娱"的、能代表城市形象的特征区域（如成都的宽窄巷子、锦里）。

四是岷江休闲产业带及县域旅游观光沿线规划与建设力度皆不足。

五是对接高速、高铁的入城大道沿线应加强特色化研究，进一步提升环境品质。

六是中岩寺对岸的湿地要慎重利用，临村落侧宜加强湿地保护，宜打造水乡概念。虽然很多规划也提出了"半

城山水半城竹"的概念，但具体到总规、控规的城市用地布局中时，却基本上未能得到很好地承载。城市的特色化营造概念也完全看不到"爆点"。

（4）实施策略及落地措施

在对青神县的人文自然资源进行筛选后，确定了青神县"城市竹海"的城市营造意向，并针对以上六大问题提出了具体的落地措施。

如对城市整体意境的实施策略有以下三点：

一是临岷江北侧、思蒙河两侧规划至少200m宽的浩荡竹海林带。竹林掩映中增设休闲设施。

二是依托思蒙河及现状沟渠，在"竹艺城"一带组织更大气的水面。竹艺城围绕浩荡竹林、水面来组织建设、实施。

三是挖掘苏轼描写景物的诗词意境，以此进行滨江竹海林带、竹艺城中景色的打造。

《评估》对城市竹海打造的可行性进行了进一步论证。认为现状临岷江侧基本以散居民宅为主，思蒙河两侧散居的民宅更少，所以有用地实施的可操作性。此外，因岷江防洪堤会高出城市用地一部分，较宽的竹海能够放缓滨水坡度，使城市亲水性加强。目前城市临水而不见水，打造水景能使"岷江古航道小峨眉"的别称更加名副其实。

因岷江有较高的防洪要求，引岷江水造景的可行性不大，而思蒙河及区域内的现状水系则可很好利用。竹艺城一带紧靠思蒙河，为更大气的水景打造提供了水体与用地保障。用竹海、水景来营造城市特色，相较于其他方式有更高

的经济性，不但充分凸显了城市的地域文化特色，响应了习总书记"加强城市个性营造"的号召，这一方式更能达到事半功倍的效果。

竹子除了美化环境作用，因竹笋可食，竹竿可作为建筑材料、竹编材料，本身也是一种经济林木，所以大面积种植也有其实用性。

2.规划管理评估

由于规划管理的日常工作量很大，而县规划局里的管理人手又有限，这就迫切需要进一步优化管理程序，这样不但可以提高工作效率，也利于管理的更加规范。

目前面临的问题包括两大方面：

其一为管理程序优化问题；

其二为面临的技术问题。

（1）管理程序优化问题

包括规划调整的程序、规划信息核定的程序、公示程序、信息维护程序和归档程序五个方面。

（2）优化措施

包括制定规范的工作流程、划定职责分工和表格化日常管理两个方面。

3.近期计划

针对规划编制及现状建设评估的结果，按"急办事项"的轻重缓急、难易程度制定了"近期规划修编及新编清单"、"近期建设项目启动清单"。

4.规划主管部门的诉求

通过我院的调研，规划局作为县里城市规划管理的职能部门，为提高工作人员的业务能力及完善队伍建设，还需要政府提供一定的支持与保障。鉴于此，《评估》提出如下建议：

（1）建议组织相关工作人员到规划设计院、部分城市规划局去培训学习，以提升工作人员的专业技能与实战经验。

（2）亟需完善档案及信息管理程序，增设1~2人进行专职管理。包括已审批规划的信息入库，工作办件归档、档案借阅、市民咨询等工作内容。

（3）目前的办公场所已经过于拥挤，急需增加办公面积。

（4）办公设备如打印机、计算机等已老化，建议更新办公设备。

（5）为保障规划的编制经费的投入，建议将规划编制经费纳入县上的年度财务预算。

关键技术和创新点

该评估报告作为院内首个针对"院县合作"而编制的《规划建设管理实施评估报告》，在深入思索的基础上，创新性地将评估内容分成四个部分，尤其是对城市建设现状及规划编制问题的梳理、对规划管理问题的评估，提出科学合理的解决办法和实施措施，有的放矢，具备较强的实效性。

项目作用与水平

"院县合作"有助于规划设计单位为合作城市的规划、建设、管理和实施提供更有针对性的技术支撑；该报告的编制使青神县的城市规划建设中累计的问题得到全面的梳理和缓解，使规划管理更高效、规划实施更有针对性；为营造优美、可持续发展的城市面貌创造了条件。

寨子山
文化公园

帽顶山
森林公园

柴桑河
湿地公园

天府公园

天府大道

至成都市区

2.5 内部技术规定

城市总体规划编制技术规定

四川省城乡规划设计研究院内部技术规定

项目主持人： 严 俨

参与人员： 林三忠、任 锐、田 静、
常 飞

研究背景

为提高我院城市总体规划的编制整体水平，更好地指导与规范规划城市总体规划的编制工作，统一我院城市总体规划编制的内容与深度；增强城市总体规划编制的规范性、标准性和科学性；我院决定编制《城市总体规划编制技术规定》。

在编制过程中，依据《中华人民共和国城乡规划法》、《城市规划编制办法》、《城市规划编制办法实施细则》的有关法律法规及规定，认真总结我省各地城市总体规划编制的实践经验，参考国家、省、市有关资料，并广泛征求意见，最后经审查定稿。

研究过程

依据前述的国家法律法规和《四川省城乡规划条例》、《四川省中小城市总体规划编制暂行办法》等，充分落实科学发展观，遵从中央城市工作会议的要求，贯彻我省新型城镇化发展要求部署；从促进城市全面、协调、可持续发展出发，分析我省城市总体规划编制过程中的重点与难点，突出问题导向；总结

我院以往城市总体规划编制的经验和不足，重视总体规划需要解决的技术要点，最终编制出《城市总体规划编制技术规定》（以下简称"本规定"）。

研究的主要内容

本规定明确城市总体规划编制的主要任务为：制定市（县）域城乡统筹发展战略、综合研究和确定城市性质、规模和空间发展的形态，统筹安排城市各项建设用地，合理配置城市各项公共服务设施和基础设施，处理好远期发展与近期建设的关系，指导城市合理发展等方面的内容，提出城市总体规划编制的工作程序、内容深度及成果要求等。

（1）纲要的主要内容

编制城市总体规划纲要的目的是研究确定总体规划中的重大原则性问题，对总体规划需要确定的主要目标、方向和内容提出框架性意见。纲要经审查通过后，即可作为编制城市总体规划的依据。

城市总体规划纲要的编制应突出解决影响城市发展的主要矛盾，拟定城市发展重大战略性、方向性问题，为下一步规划方案的编制提供依据。

纲要成果主要包括文字说明和图纸两个部分；对于城市需要解决的重大问题，应增加专题研究报告。

（2）城市总体规划成果的重要内容

城市总体规划应体现战略性、综合性和长期性，体现国家现行政策指引和时代精神，科学确定城乡空间结构，促进区域协调和可持续发展，全面推进新型城镇化。

1）突出区域协调与城乡统筹发展

位于人口、经济、建设高度聚集的城镇密集地区的中心城市，应当根据需要，提出与相邻行政区域在空间发展布局、重大基础设施和公共服务设施建设、

生态环境保护、城乡统筹发展等方面进行协调的建议。发挥各个地区的优势和积极性，体现区域协调、融合发展。

探索区域补偿机制；提出市（县）域经济发展战略，确定产业结构，探索城镇化动力机制，研究城镇化模式。以资源承载力为基础，按人口与产业协调发展原则，统筹配置公共资源、改善人居环境，发挥城市的区域辐射与带动功能。

制定城乡统筹战略和镇村发展策略。统筹安排城乡空间体系、城乡产业支撑体系、城乡用地、城乡基础设施建设、公共服务建设、社会保障体系，确定产业发展及环境保护协调原则，探索土地资源可利用模式。

2）突出城市资源承载力分析与生态安全格局建构

提出常见的资源承载力分析，包括水资源、土地资源承载力分析，大气环境、水环境容量估算等。

确定生态环境、土地和水资源、能源、自然和历史文化遗产等方面的保护与利用的综合目标和要求，提出空间管制原则和措施。并提出空间单元引导空间建设的原则和保护措施。

涉及城市发展保障的资源利用、环境保护、区域协调、风景名胜、自然文化遗产和公众利益等方面的内容，要作为城市总体规划的强制性内容。

城市总体规划还应该在中心城区空间结构与用地布局中融入生态理念，重点强调建设用地的集约与高效利用。

3）划定城市边界、优化城市空间

在城镇化快速发展的背景下，生态环境保护问题日益得到重视，应该符合低碳环保、绿色发展的要求，实施更为严格的生态空间管控措施，统筹协调生态保护和城市发展之间的关系。

划定生态控制线，研究中心城区空间增长边界，确定建设用地规模，划定

建设用地范围。合理安排建设用地、农业用地、生态用地和其他用地。

优化城镇布局和形态，同时确定建设用地的空间布局，提出土地使用强度管制区划和相应的控制指标。

4）突出公共服务设施和基础设施高效利用和共建共享

提出主要的公共服务设施、政府与公共事务设施、文化设施、体育设施、医疗设施、教育科研设施的布局。

确定交通发展战略和城市公共交通的总体布局；落实公交优先政策，确定主要对外交通设施和主要道路交通设施的布局。

确定电信、供水、排水、供电、燃气、供热、环卫发展目标及重大设施总体布局。

5）园林绿地系统和风貌特色

确定城市园林绿地的发展目标及总体布局，划定各种功能绿地的保护范围（绿线）；提出城市绿道建立原则范围（蓝线），确定岸线使用原则和要求。

确定城市风貌定位于风貌分区，确定城市景观架构，提出城市风貌景观综合控制要求。

6）历史保护与文化弘扬

研究历史文脉、民俗文化、传统村落，提出综合利用原则；分析城市自然空间环境、挖掘文化内涵，重视城市形态研究，保护自然和历史文化遗产，关注非物质文化传承与发展，培育城市地域文化。

城市历史文化的保护应包含现有的城市文化现象；应延续历史文化街区的传统功能，使得遗产的历史价值成为现代城市生活的一部分；城市历史文化的保护应站在所在地居民的视角来审视。

7）积极保证城市生态环境与安全

确定生态环境保护与建设目标，提出污染控制与治理措施。

分析现有及潜在的各类灾害，提出灾害防治与减灾要求；提出综合防灾与公共安全保障要求，包括防震减灾、洪（潮）、消防、人防、地质灾害防治以及地下空间开发利用的等公共安全保障规划。

8）城市建设时序

城市开发建设应遵从经济规律，循序渐进。提出总体规划实施步骤、措施和政策建议。

城市建设时序应坚持集约化、规模化发展的原则；实现公共设施、基础设施的高效利用，提升新区活力。城市新区建设时序要坚持"建设一片、成熟一片、再建下一片"，形成规模效应，实现城市经济效益的提升。城市老区改造时序要保护和传承原有的历史文物、街道肌理、文化习俗和社会结构，实施城市老区有计划、分步骤地有机更新。

9）城市总体规划的强制性内容

包括城市规划区的划定；城市建设用地（包括规划期限内的城市发展用地规模、土地使用强度管制区划和相应的控制指标；城市各类绿地的具体布局；城市地下空间开发布局）等的布局安排；城市基础设施和公共服务设施；城市历史文化遗产保护；生态环境保护与建设目标、污染控制与治理措施；城市防灾工程等内容。

关键技术和创新点

本规定是在国家及四川省城市总体规划编制技术的基础上，联系实践，把"学"（学术性）与"理"（理论性）以及"规"（规范性）三者较好地结合起来。在总体层面提出了解决城市总体规划中的几个关键问题，为生态城市的建设提供了方法和技术路径。

首先，顺应了当下新型城镇化和城乡一体化的发展与要求。城市总体规划的编制应建立起科学严谨的规划体系和实施制度，不断创新出新的途径，正确处理好城乡建设与局部利益、与经济发展、环境和历史文化保护之间的关系，真正有机融为一体，更能体现出适应社会经济快速增长与发展的优越性。

其次，深化和完善了国家和省对城市总体规划编制内容的技术要求。逐章逐节逐条地列出文本、说明书及图纸的具体章节顺序、编写内容、表现形式与格式，便于查询和对照。明确了本规定自身的应用与示范效果。

项目作用与水平

本规定是我院内部规范的众多技术规定之一；它统一了现阶段我院技术人员对城市总体规划编制的认识，解决了编制过程中对规划重点和难点的把控；具有一定的系统性、科学性、实践性、学理性和严谨性。

本规定成果深度及内容与现有法定规划要求结合紧密，在现有城市规划编制办法的基础上，强化了统筹、协调、绿色、开放、共享的时代理念；着重了党的十八大精神的贯彻落实，对新型城镇化过程中的城市总体规划的编制具有较好的指导作用。

控制性详细规划编制技术规定（B模板）

四川省城乡规划设计研究院内部技术规定

项目设计单位： 四川省城乡规划设计研究院

项目主持人： 韩华

参加人员： 叶云剑、李毅、邓艳春、田文

研究背景

为提高我院城市规划编制的整体水平，更好地指导与规范规划编制工作，统一我院控制性详细规划的编制内容与深度；增强控制性详细规划编制的标准性、规范性和科学性；特编制《四川省城乡规划设计研究院控制性详细规划编制技术规定》（以下简称"本规定"）。

研究过程

本规定在编制过程中，依据《中华人民共和国城乡规划法》《城市规划编制办法（2006）》和其他有关控制性详细规划的规范和规定，认真总结我院多年的控规编制实践的经验，参考国家、住房城乡建设部、四川省、省内各地级市的有关资料，并广泛征求意见，最后经审查定稿。

研究的主要内容

本规定包含总则、术语、控制性详细规划的成果内容、编制的内容深度及成果要求、附录及用词说明六个方面。

（1）总则

总则纲领性地对本规定进行了介绍，其内容包括编制依据、适用范围以及相关要求。

（2）术语

就控制性详细规划中涉及的专用名词进行解释，如用地性质、建筑密度、容积率、绿地率、建筑限高、建筑退让、建筑红线、建筑间距、日照间距、分图图则、拆建比、规定性（强制性）控制、指导性（引导性）控制等专用名词。

（3）控制性详细规划的成果内容

控制性详细规划的成果包括技术文件和法定文件，法定文件包括法定图则和详细图则。

技术文件：是法定文件的编制基础和技术支撑，是对规划内容的详细论证和说明。技术文件编制的内容和深度应符合原建设部《城市规划编制办法》中对于控制性详细规划编制的要求。

法定图则：是以控制性详细规划的强制性内容为主的文件，具有强制性实施的约束力，是公众对规划实施进行监督的依据。

详细图则：是法定图则的深化和落实，是规划管理部门落实法定图则的详细文件，是规划实施和管理的依据。

（4）编制的内容深度及成果要求

1）法定图则的内容深度及成果要求

a. 法定图则的内容及深度

该部分内容包括5条条目：对法定图则中要表达的用地分类、控制指标、公益性设施、主次干道、交通设施、市政公用设施的具体内容和深度进行了要求和界定。

b. 法定图则的成果要求

法定图则由土地利用控制规划图、道路及市政设施（五线）控制规划图两张图构成。法定图则除在有效的地形图上表示土地使用性质、管理单元界线、地块编码及其他控制内容外，还要以插图方式表示所在的区域位置，以插表的方式表示主要的规划控制指标、以条文说明方式对规划控制内容进行说明。

第一，对土地利用控制规划图，从图纸信息、附图、附表及文字说明四方面逐项作出了要求。

现状公益性（半公益性）设施标识出用地界线、项目符号，用地划分至小类，规划的公益性（半公益性）公共设施仅标识出项目符号，在插表中规定其用地规模；现状已有的非公益性公共设施用地划分至中类，规划的非公益性公共设施用地划分至大类。工业仓储用地划分至大类即可等等。

第二，道路及市政公用设施（等五线）控制规划图的要求，其图纸信息应有别于详细图纸，如红线控制表达时，标明规划宽度20m及以上主、次干道控制技术参数（如道路红线宽度、道路绿化控制线、道路交叉点坐标等），已建成的20m以下、7m以上道路红线为实线；规划的可调整20m以下、7m以上道路红线以虚线表示。

绿线控制表达时，包括城市公园、绿带、市政管廊等刚性绿线需明确范围界限，小区绿地等为弹性绿线可用符号标注，并在附表中规定其面积和建设要求，但需再文字说明中阐述弹性绿线的控制规定。

2）详细图则的内容深度及成果要求

由详细图则的内容及深度、详细图则的成果要求两大方面构成。

a. 详细图则的内容及深度

包括6项：土地使用性质细分及兼容性控制、土地开发强度控制、公共服务设施控制、配套服务设施控制、道路交通控制、市政公用设施控制。

土地使用性质细分及兼容性控制：依据法定图则，深化落实规划范围内各

类建设用地的布局、用地面积与用地界线；确定地块的细分性质，按国家标准《城市用地分类与规划建设用地标准》GB50137-2011，将用地性质划分为以中、小类；同时，对地块使用性质的兼容范围做出较为详细的规定。

土地开发强度控制：根据法定图则合理确定地块的用地面积、建筑密度、容积率、建筑限高、绿地率、禁止开口路段等强制控制指标。

公共服务设施控制：对居住区及以上级的行政、经济、文化、教育、卫生、体育以及科研设计等机构和设施，依据总体规划和专项规划进行定项目、定位置、定规模的具体控制。

配套服务设施控制：必须根据规划区内的土地使用强度、居住人口规模和规划结构，按国家标准《城市居住区规划设计规范》GB50180-93（2002版）中的有关规定进行定项目、定位置、定规模控制；控制的重点是公益性或半公益性配套服务设施项目用地。

b. 详细图则的成果要求

以管理单元界限进行详细图则分区，如果管理单元面积过小可多个合并。

详细图则分区一般在1km²左右，以比例为1：2000，图幅大小在0号图以内为准，必要时可加长。

详细图则成果内容包括：说明书和图则，图则应为硫酸纸绘制黑白图，提交成果为蓝图。图纸比例为1：2000（特殊情况可用1：3000），图纸折叠后和说明书一并装订为A3册子。

详细图则的图纸包括：现状图、土地利用控制规划图、道路工程规划图、市政工程规划图。并就以上四张图分别从图纸信息、文字信息、附图及附表等方面进行了详尽的规定。

（5）附录

为便于广大使用者对以上内容深度及成果要求的理解，特以具体项目为例形成了六个附录，分别是：成果标准、说明书基本内容、图纸内容、公众参与报告、图纸制图标准、配套服务设施及公用设施标准图例。

（6）本规范用词说明

该章节针对要求严格程度不同的用词进行了说明。

关键技术和创新点

本规定在结合国家、省市相关规范规定的基础上，结合实践经验，就控制性详细规划的编制进行了系统全面深入的归纳和总结，尤其是为增加控规弹性，杜绝频繁调整规划的状况发生，将法定文件拆分为法定图则和详细图则。

明确界定法定图则是以控制性详细规划的强制性内容为主的文件，具有强制性实施的约束力，是公众对规划实施进行监督的依据。

详细图则是法定图则的深化和落实，是规划管理部门落实法定图则的详细文件，是规划实施和管理的依据。

项目作用与水平

本规定使控制性详细规划在编制内容、深度，成果要求、制图标准等诸多方面进行了统一和规范；使规划设计人员更规范地进行控规的编制，同时也使规划管理人员能更高效、直观地获取控规信息，具备一定的推广意义和借鉴作用。

镇（乡）总体规划编制内容深度规定

四川省城乡规划设计研究院内部技术规定

项目主持人： 陈懿

参与人员： 衡姝、熊胜伟

研究背景

为提高我院小城镇规划编制的整体水平，更好地指导与规范小城镇规划的编制工作，统一我院小城镇规划编制的内容与深度；增强我院小城镇规划编制的规范性、标准性和科学性；我院决定编制《镇（乡）总体规划编制内容深度规定》。

研究过程

在编制过程中，依据《中华人民共和国城乡规划法》《村镇规划编制办法》《镇规划标准》《镇（乡）域规划导则（试行）》等有关法律法规及规定，认真总结四川省各地小城镇规划编制的实践经验，参考国家、省、市有关资料，并广泛征求意见，最后经院审查定稿。

依据前述的国家法律法规和《四川省城乡规划条例》《四川省镇总体规划编制办法》等，充分落实科学发展观，贯彻四川省新型城镇化发展要求部署；从促进小城镇全面、协调、可持续发展

出发，分析四川省小城镇规划编制过程中的重点与难点，突出问题导向；总结我院以往小城镇规划编制的经验和不足，重视小城镇总体规划需要解决的技术难点，最终编制出《镇（乡）总体规划编制内容深度规定》（以下简称"本规定"）。

研究的主要内容

本规定明确小城镇规划编制的主要任务为：制定镇（乡）域城乡统筹发展战略、综合研究和确定城镇性质、规模和空间发展的形态，统筹安排小城镇各项建设用地，合理配置镇（乡）、村各项公共设施、公共服务设施和基础设施，处理好远期发展与近期建设的关系，指导小城镇合理发展等方面的内容，提出小城镇规划编制的主要内容、深度及成果要求。具体内容分为四部分，共21节，81条。

（1）小城镇规划编制的主要内容

此章分5小条，对小城镇总体规划分为两个层面进行了规定，并就两个层面的主要规划内容进行了确定。明确了小城镇规划的一般期限。

小城镇总体规划，包括镇（乡）域镇村体系规划和镇区（政府驻地）建设规划两个部分。

（2）明确了编制镇（乡）域镇村体系规划的具体要求和深度

该部分为10节，40条。主要明确了镇村体系规划的具体要求和深度规定。主要内容有：1）镇村体系及规划要求；2）产业与居民点布局；3）居民点用地控制与布局；4）工程基础设施的内容；5）镇区（乡政府驻地）的公共设施与村级公共服务设施；6）镇（乡）域

区空间管制与环境资源历史文化保护；7）环境资源与历史文化保护；8）镇（乡）域的防灾减灾；9）镇（乡）域体系规划的强制性内容。

（3）规定了编制镇区（乡政府驻地）建设规划的具体要求和深度

该章共9节，30条。规定了镇区（乡政府驻地）建设规划的具体内容和深度要求。主要内容：1）镇区（乡政府驻地）用地布局；2）道路交通规划；3）镇（乡）本级公共设施规划；4）公用工程设施规划；5）生态环境建设与保护规划；6）镇区（乡政府驻地）的防灾规划；7）明确了近期建设规划的内容；8）镇区（乡政府驻地）建设规划的强制性内容。

（4）小城镇总体规划成果内容

这部分共有6条。对小城镇总体规划的成果内容进行了明确。包括：1）规划文本；2）规划图纸；3）规划说明书；4）基础资料汇编。

项目作用与水平

《镇（乡）总体规划编制内容深度规定》是我院内部规定的众多技术规范之一；它统一了现阶段我院技术人员对小城镇规划编制的认识，解决了编制过程中对规划重点和难点的把控；具有一定的系统性、科学性、实践性、学理性和严谨性。

本规定成果深度及内容与现有法定规划要求结合紧密，在现有小城镇规划编制办法的基础上，强化了统筹、协调、绿色、开放、共享的时代理念；对新型城镇化过程中处于城乡过渡地带的小城镇总体规划的编制具有较好的指导作用。

风景名胜区总体规划编制技术规定

四川省城乡规划设计研究院内部技术规定

项目主持人： 罗 晖

参 与 人 员： 谢 蕊

研究背景

为了规范我院风景名胜区总体规划（以下简称风景区总规）的编制，根据国务院《风景名胜区条例》、四川省《四川省风景名胜区条例》和《城乡规划条例》和住建部《风景名胜区规划规范》及其他相关法规，制定本技术规定。

本技术规定适用于我院承担的国家级、省级风景名胜区总体规划编制及修编工作。

研究过程

通过对我院风景名胜区总体规划编制情况的研究，依据国务院《风景名胜区条例》、四川省《四川省风景名胜区条例》和《城乡规划条例》和住房城乡建设部《风景名胜区规划规范》及其他相关法规，最终编制了四川省城乡规划设计研究院《风景名胜区总体规划编制技术规定》及审查标准。

研究的主要内容

该研究包括风景名胜区总体规划编制技术规定、规划成果编制要求和院内部技术审查评定简表三个部分的内容。

（1）总则

风景名胜区总体规划应当包括：区位关系与定位分析；基础资料分析；现状、分析、问题和对策研究；规划总则；确定范围、性质、容量、规模；编制专项规划；编制规划环境影响评价；提出实施建议和措施等内容。

风景区总规应与省域、市域和县域规划、城市总体规划、土地利用总体规划及其他相关法定规划之间的相互协调。

风景区总规，除执行本规定外，还应符合国家有关强制性标准与规范的规定。

（2）基础资料与现状分析

基础资料应依据风景区的类型、特征和规划需要，提出相应的调查方案，收集资料，重点对景源进行统计和典型调查。资料应注重多学科综合考察，获取完整、正确的现状和历史基础资料，做到统计口径一致或具有可比性。

现状分析结果必须明确提出风景区的定位与地位、发展的优势与动力、矛盾与制约因素、规划对策与规划重点等四方面内容。

（3）风景资源评价

风景资源评价必须在真实资料的基础上，把现场踏勘调查与资料分析相结合，实事求是地进行客观评价；风景资源评价应采取定性概括与定量分析相结合的方法，应选择适当的评价单元和评价指标，综合评价景源的特征；对独特或濒危景源，宜作单独的评价。

（4）规划一般规定

1）风景区范围、性质、目标

划定风景区范围应依据以下原则：景源特征及其生态环境的完整性；历史文化与社会的连续性；地域单元的相对独立性；保护、利用、管理的必要性与可行性。

风景区性质，必须依据风景区的资源类型、景观特征、景源级别、主要发展方向和职能来综合确定。

风景区的发展目标，应依据风景区的性质和社会需求，提出适合本风景区的保护目标和发展目标。

2）容量、人口和规模控制

风景区游人容量应随规划期限的不同而有变化。对一定规划范围的游人容量，应综合分析并满足该地区的生态、环境容量允许标准、游览心理标准、功能技术标准等因素而确定。

风景区总人口容量测算应包括外来游人、服务职工、当地居民三类人口容量。

风景区人口规模的预测应包括外来游人、服务职工、当地居民三类；一定用地范围内的人口发展规模不应大于其总人口容量。

3）风景名胜区分区、规划结构和布局

风景区应依据资源分布、特征及其存在环境进行合理区划。依据发展目标和规划对象的性能、作用及其构成规律来组织整体规划结构或模型。依据资源的地域分布特征、空间关系和内在联系进行综合部署；形成合理、完善而又有自身特点的整体布局。

（5）专项规划

1）区域风景名胜体系规划

区域风景名胜体系规划应分析区域风景名胜存在的问题，确定：区域游人规模、区域风景名胜体系结构、功能布局、区域内各级风景区地位、区域接待设施布局、区域市政基础设施布局等。

2）核心景区规划

核心景区规划应划定核心景区范围，明确范围坐标；对核心景区提出强制性的保护措施。

3）保护培育规划

保护培育规划应包括：查清保育资源，明确保育的具体对象，划定保育范围，确定保育原则和措施等基本内容。

4）典型景观规划

典型景观规划应分析本风景区典型景观的特征、作用；提出典型景观保护和展示的原则、目标和措施，规划内容、项目、设施和组织。

5）风景游赏规划

风景游览欣赏规划应包括：景观特征分析与景象展示构思；游赏项目组织；风景单元组织；游线组织与游程安排；游人容量调控；风景游赏系统结构分析等基本内容。

6）游务设施规划

游务设施规划应包括：游人与游览设施现状分析；客源分析预测与游人发展规模的选择；游览设施配备与直接服务人口估算；旅游基地组织与相关基础工程；游览设施系统及其环境分析五部分。

7）土地利用协调规划

土地利用协调规划应包括：土地资源分析评估；土地利用现状分析、统计；土地利用规划、用地平衡表等内容。

8）道路交通工程规划

风景区道路交通规划应包括：交通规划和道路规划两方面内容；道路交通规划应以风景区所在地的大区域交通发展战略、专项规划相协调；并对涉及风景区的区域性交通干线提出调整要求。

9）市政基础设施规划

风景区市政基础工程规划应包括给水排水、邮电通信、供电能源和环境卫生等专项规划内容。

10）社会经济引导规划

经济发展引导规划应以国民经济和社会发展计划、规划为基本依据，与风景区所在地区域旅游产业发展战略、发展规划相协调。

11）居民社会调控规划

居民社会调控规划应包括：居民现状、分布特征与增减趋势分析；居民调控规模与分布；居民经营管理与社会组织；居民点系统调控模式、布局；性质、职能、动因特征和分布；居民居住、产业、服务等关切原住民生存、发展的用地规模、布局；产业和劳动力引导建议等内容。

12）综合防灾规划

风景区防灾规划应包括：消防、防震、防洪、防地质灾害等方面的内容。

13）近期建设规划

近期建设规划应提出：近期发展目标、范围、重点、主要内容，并应提出具体建设项目、规模、布局、投资估算和实施措施等，进行投资效益分析。

14）规划环境影响评价

包括环境影响预测；环境影响评价结论；环境影响减免措施。

关键技术和创新点

在国家现行相关法律法规的基础上，结合我院实际编制的情况，梳理和完善了风景区总规编制的技术规定，并新增了总规阶段的内部技术审查标准。

（1）首次编制风景名胜区总体规划院级技术规定

《风景名胜区规划规范》GB50298-1999已经发布15年，在近年来编制总体规划的过程中，遇到了很多在该规范中尚未涉及的内容，因此，特编制了院的编制技术规定，深化和完善国家规范，作为我院编制风景名胜区总体规划的技术要求和工作标准。

（2）首次编制风景名胜区总体规划院级审查标准

为保证我院风景名胜区总体规划的编制质量，特根据我院的技术规定，制定了风景区总规的审查标准。

通过对风景总规具体内容的打分，来评价规划编制成果的完整性、质量评判等方面的情况，以保证我院风景区总规编制的规范性和出院成果的高质量。

项目作用与水平

《风景名胜区总体规划编制技术规定及审查标准》，已经作为我院编制风景名胜区总体规划的技术规定使用；统一了我院在风景总规编制中的基本要求，保证了规划成果的编制质量。

县域新村建设总体规划技术规定

四川省城乡规划设计研究院内部技术规定

项目设计单位: 四川省城乡规划设计研究院
项目主持人: 高黄根
参 与 人 员: 彭代明

研究背景

建设社会主义新农村是贯彻落实科学发展观、解决"三农"问题的重大举措;是现代化建设顺利推进、全面建成小康社会的必然要求。四川省委、省政府按照新农村建设的要求,提出了建设"幸福美丽新村"的决策部署。

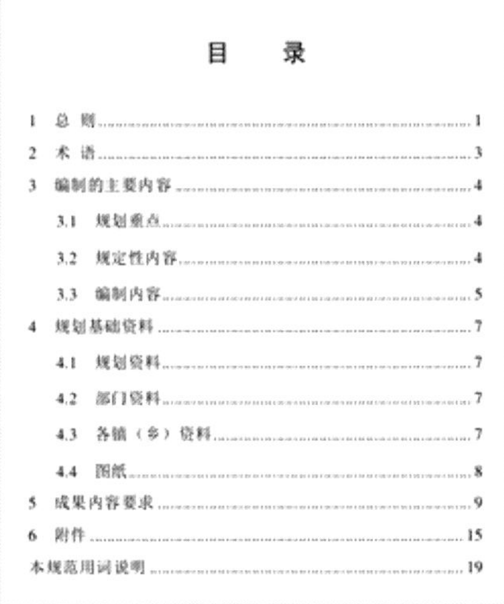

为落实规划先行的要求,规范全省和四川省城乡规划设计研究院(以下简称院)编制《四川省新村建设总体规划》工作,特制定《四川省县域新村建设总体规划技术规定及审查标准》(以下简称"本规定")。

研究的主要内容

本规定根据四川省编制新村建设规划的特殊性和要求,提出了须编制的主要内容、成果要求和院技术审查评定标准。具体内容包括县域新村建设总体规划的标准技术规定、规划成果编制要求、附录、院技术审查评定简表等四部分,共十大条内容。

(1)第一部分县域新村建设总体规划标准技术规定

此章节包括三大条:一是总则共8条,明确了规划编制目的、地位、适用范围、指导思想、工作方法等;提出了新村建设总体规划必须和村镇体系规划、国土规划、产业规划等相关规划协调;二是规划基础资料共三大条,提出了需要收集的资料,包括相关规划资料、部门资料、各镇(乡)资料和图纸等;三是编制内容含规划重点、规定性内容、编制内容等三条;规划重点包括明确规划指导思想和原则、提出新村建设模式和行政区划调整建议、镇乡村体系结构和新村产业发展与布局、基础设施和社会公共服务设施统筹布置和配置标准、保持文化地域特征和景观风貌要求以及户型设计指引、分年度提出

县域新村建设规划方案和投资估算共六条;规定性内容包括新村的建设用地标准和宅基地标准、县域新村空间布局和景观风貌控制要求、基础设施和社会公共服务设施统筹布置和配置标准、县域禁建及限建和适建等需要进行控制的区域、防灾减灾规划等五条;编制内容共12条。

(2)第二部分:规划成果编制要求

此章节包括四大条:一是明确了新村建设规划成果内容要求和法律效力;二是明确了文本格式和内容;三是明确了文本、说明书的格式和内容;四是规定了图纸和必须表达的主要内容。

(3)第三部分:附录

本章节包括三大条:一是规定用词说明;二是术语解释;三是明确了规划须执行的国家标准和规范。

(4)第四部分:院技术审查评定简表

本章节把前述内容要求制为《院技术审查评定简表》,根据项目完成情况打分并划分不及格、及格、良好、优秀四个等级。

项目作用与水平

《县域新村建设总体规划技术规定及审查标准》提出了新村建设规划编制的详细技术规定及审查标准。它落实了四川省县域新村建设的总体要求,明确了文字、图件等成果的具体内容,规范了相关技术术语和计算方法,提出了技术审查的打分标准,是四川省新型城镇化过程中的县域新村建设总体规划的编制和审查标准。

图1　县域新村建设总体规划技术规定目录

风景名胜区详细规划编制技术规定

四川省城乡规划设计研究院内部技术规定

项目主持人： 黄东仆

参 与 人 员： 曹珠朵、王亚飞、黄　鹤

王　丹、王荔晓

研究背景

依据国务院《风景名胜区条例》和原建设部《风景名胜区规划规范》的规定，风景名胜区规划分为总体规划和详细规划。两个阶段的规划共同作用，才能对风景名胜区的保护和利用工作提供全面的技术支撑，总体规划和详细规划相辅相成，缺一不可。

《风景名胜区规划规范》作为国家层面的技术标准，其指导风景名胜区总体规划的作用和意义重大。而风景名胜区详细规划一直缺乏相应的规范或技术规定；2016 年才出了规范征求意见稿。

为提高我院风景名胜区规划编制整体水平，更好地指导与规范规划编制工作，统一我院风景名胜区详细规划编制的内容与深度；增强风景名胜区详细规划编制的标准性、规范性和科学性，我院决定编制《风景名胜区详细规划编制技术规定》（以下简称"本规定"）。

研究过程

本规定在编制过程中，依据《中华人民共和国城乡规划法》、国务院《风景名胜区条例》、《四川省风景名胜区条例》、《风景名胜区规划规范》、《城市规划编制办法（2006）》和其他有关风景区规划的规范和规定，认真总结我院实践经验，参考国家、省、市有关资料，并广泛征求意见，最后经审查定稿，于2015 年 5 月 1 日开始正式实施。

研究的主要内容

（1）总则

先对风景名胜区详细规划进行了定义。根据风景名胜区的特殊性，提出风景区范围内需要进行详细规划编制的地方主要包括：风景游赏区、游览设施区（含独立设置的承担旅游服务接待功能为主的村、镇以及景区内的居民点建设区域）。其中，独立设置的村、镇、城等居民点建设区的详细规划，应参照国家相关法律法规和技术规范并遵循风景名胜区总体规划的相关要求编制。

风景区内按总体规划确定的风景游赏区、游览设施区是需要编制详细规划的主要区域。风景游赏区详细规划为修建性详细规划，游览设施区详细规划则分为控制性详细规划或修建性详细规划。因此，本技术规定针对这两大区域不同规划类型分别制定相应的技术要求和规定。

（2）规划基础资料

主要包括已批准的风景区总体规划、相关规划、已实施或已批准项目的规划资料；当地规划行政主管部门对规划区的有关审批文件及规划设计技术要求；委托方对规划地段开发模式、拟建项目及规模要求；规划区的现状资料；文物古迹、名木古树、构筑物等其他资料；各类建设工程造价等资料。

（3）风景游赏区修建性详细规划

以风景名胜区总体规划为依据，对总体规划所确定的风景游赏区提出功能组织和总平面布置，并对景观组织、游赏设施提出规划建设要求。主要包括以下内容：

1）解读并优化上位规划，作出必要的需求分析，进行功能与项目构思，确定规划目标和任务。

2）划定规划区用地范围，确定规划区性质、容量、规模、结构、功能分区等各项具体要求。

3）明确规划区内的景观特征和游赏主题，确定游赏项目及展示构想，进行游线组织安排。

4）详细确定规划区内景点、游赏设施、交通、绿化等的空间布局及与周边环境之间的关系。强化景观资源的保护和景观空间的展示，按技术规程、规范控制游赏设施等的体量、规模、建筑形态等。提出主要建构筑物的平面、造型、色彩的规划要求。若甲方要求进行建筑方案设计的，则需按勘察设计另行计费。

5）对重要景点及游赏设施建设区域进行规划设计，并提出景观风貌示意和要求。

6）确定规划区各景观区域的保护和管理要求，提出绿化布局方案。

7）明确规划区内的标识系统的类型和样式，对各类标识设施进行规划布点。

8）合理组织规划区道路（步游道、电瓶车道、旅游公路、外部交通）、停车场地、码头、索道、轨道交通等交通系统设施及规模，确定机动车道道路走向、红线宽度、横断面形式、控制点的高程及坡度坡向，确定步游道大致走向、基本宽度、材质、纵横断面形式。

9）对规划区进行用地竖向规划，地形复杂地段应做场平和土方平衡估算。

10）确定规划区给水排水、邮电通信、供电能源、环境卫生等基础设施的标准、规模、布局和形态等。

11）明确综合防灾要求和措施。

12）对建设项目进行工程量统计及投资估算，并对其综合效益进行分析。

（4）游览设施区控制性详细规划

以风景名胜区总体规划为依据，对总体规划所确定的游览设施区，按照旅游点建设用地、游娱文体用地、休养保健用地、购物商贸用地、其他游览设施用地、居民点建设用地及其他相关用地进行规划控制，同时明确提出用地建设的规划控制和管理要求，指导修建性详细规划和设计。主要包括以下内容：

1）解读并优化上位规划，作必要的需求分析，进行功能与项目构思，确定规划目标和任务。

2）划定规划区用地范围，确定规划区性质、规模（设施规模、用地规模、人口规模等）。

3）确定规划结构、游览方式、功能分区、用地布局等各项具体要求。

4）明确各地块土地使用性质及其兼容性等用地功能控制要求。

5）明确各地块各项控制指标，控制规划范围内的土地使用强度。

6）对规划范围内的游览设施体型和空间环境提出设计引导和控制要求，提出各地块的建筑形式、体量、色彩和风格等规划要求。

7）确定规划范围内配套游览服务设施和市政设施的位置，并提出重要的配套设施项目和空间环境要求。

8）明确公共服务设施、基础设施、公共安全设施的用地规模、范围及具体控制要求，各管线布局及控制要求。

9）提出规划范围与周围地区的交通联系方式，确定规划范围内的道路系统，确定各级道路的红线位置、主要控制点坐标和标高。

10）确定工程管网的平面位置、走向、管径、控制点坐标和工程设施的用地界线。

11）明确综合防灾要求和措施。

（5）游览设施区修建性详细规划

以风景名胜区总体规划或游览设施区控制性详细规划为依据，对游览设施区提出功能组织和总平面布置，并对游赏设施提出建设方案及景观风貌规划。主要包括以下内容：

1）解读并优化上位规划，作必要的需求分析，进行功能与项目构思，确定规划目标和任务。

2）划定规划区用地范围，确定规划区性质、规模、结构、功能分区等各项具体要求。

3）详细确定规划区内各类游赏设施、交通、开放空间、绿化的空间布局形式及与周边环境之间的关系，强化空间组织，按法规控制建筑物、景观小品等的体量、规模、建筑间距及建筑与周边设施的间距。

4）按标准配套各项旅游服务设施和基础设施，确定其位置、规模和设置形式。

5）为表达规划设计意图，推荐主要建筑物的风貌示意。

6）明确规划区内的景观保护和展示方式，以及绿化布置方式。

7）进行道路交通规划，进行规划区内部各级道路的平面定位和动、静态交通设施规划。确定道路的横断面布置形式，控制点高程及坡度坡向等。

8）对规划区进行用地竖向规划，地形复杂地段应做场地竖向设计，设置防护工程设施、平衡土石方。统计工程量（含防护工程）。做出土石方调运方案，统计工程量并进行投资估算。

9）确定规划区给水排水、邮电通信、供电能源、环境卫生等基础配套设施的标准、等级与规模。布置各类管线的走向，说明管线设施的来源及去向，计算本规划区对设施容量的需求，计算管线的断面尺寸，统计工程量并进行投资估算。

10）明确综合防灾要求和措施。

11）对建设项目进行工程量统计及投资估算。

（6）附则

包括本规定用词说明、名词解释、文本及说明书的编写内容、规划电子文档数据标准等。

关键技术和创新点

本技术规定针对四川省风景名胜区特征，以及风景区内需编制详细规划区域的不同，重点对风景游赏区、游览设施区制定了相应的技术要求和规定，以更好地指导景区详规的规划编制。

项目作用与水平

本规定率先于国内相关单位制定的规范、规定出台，是我院发挥风景区规划传统优势的又一科研结晶成果；其深度及内容与现有法定规划要求结合紧密，对我院乃至全省、国内的风景区编制具有较好的指导作用，对致力于风景区研究的科研院校，具有重要的学术参考借鉴价值。

城市设计编制技术规定

四川省城乡规划设计研究院内部技术规定

项目主持人：彭万忠
参 与 人 员：石效国

研究背景

城市设计是关于城市物质空间的设计，是城乡规划学、建筑学、风景园林学"三位一体"的规划设计；涉及城市土地利用、生态培育、交通体系、环境艺术、地上地下空间开发等工作内容。

城市设计贯穿城市规划的各阶段，对应于城市总体规划和分区规划的是城市总体设计，对应于城市控制性详细规划和特定街区（地块）的则是局部城市设计。

城市设计暂系非法定城乡规划，往往可以是从某个特定的角度，提出城市设计探索；就目前国内的状况来看，从"生态、文态、业态、形态"这一思想脉络进行设计工作是一个共识的技术路线。

研究过程

通过对国内外城市设计经验的总结以及文献检索、调研、分析，汇总国内外城市设计相关案例，分析城市设计的内涵、定义、主要内容及技术路线的演变过程；总结城市设计案例的经验和教训，确定城市设计的科学内涵及定义。并梳理相关的技术要点，最终编制了《城

市设计编制技术规定》（以下简称"本规定"）。

研究的主要内容

本规定基于城市设计的特点，从总体城市设计和局部城市设计两方面对编制的主要内容和成果内容进行规定（详见图1）。

（1）总则

本章从宏观角度对规定进行介绍，其内容包括编制目的、编制意义、编制层次等5条条目。

（2）编制的主要内容

本章共包括总体城市设计和局部城市设计两个阶段的内容18条条目。明确总体城市设计阶段编制的主要内容包括：

研究相关规划，提出城市的生态定位、职能定位、文化定位、形象定位；明确城市空间景观建设目标。

研究城市山水格局、分析地形地貌、河流、湖泊、植被等自然生态环境特色，提出保护与合理利用的策略。

研究城市建设与生态环境的协调关系，提出建设用地与非建设用地的合理规模与形态。

研究城市传统风貌与文物古迹的保护与利用，提出地方特色的传承与弘扬的策略。

研究城市发展脉络，明确城市空间功能结构。

研究市民的活动分布（居住、工作、学习、商务、购物、文化娱乐、保健、旅游、观赏、出行交通、休闲等）及其相互间的联络。明确城市主要公共空间的层次、分布及其网络。

研究城市绿地景观系统，提出优化城市环境艺术的措施。

分析城市重要景观要素，突出城市景观特色；提出道路、桥梁、河堤、护坡、

挡墙、塔架及其他地标建构筑物的形象设计引导。

研究传统历史街区以及历史文化遗存，提出保护与更新的策略；研究本土传统建筑特色，提炼建筑文化符号，提出建筑创作地域化的引导。

研究城市土地利用与空间机理现状及其生长趋势，提出主要公共建筑群体组合方式、体量与高度控制；提出城市天际轮廓线的控制要求。

研究城市主要空间景观构成及其体系；提出保护与优化城市主次轴线、对景、借景、主要视廊、主要地标、园林绿化、滨水岸线等的技术措施。

明确局部城市设计阶段编制的主要内容包括：

研究相关规划，提出工作片区的生态定位、职能定位、文化定位、形象定位，明确片区空间景观建设目标。

分析工作片区和相邻区域的自然生态环境，明确其在片区的作用；划定自然保护或历史性保护区的范围，明确允许建设和禁止建设的界限。

分析工作片区内人工环境，从改善环境质量和创造宜人活动场所的角度出发，提出改造和利用方案。

研究人的活动特点，明确人的静态与动态活动在公共空间内的分布；提出人在公共空间的停留、观赏和进出集散、交通与换乘等的解决方案。

分析公共空间的布局设计，明确出广场系列、广场自身、通道、换乘空间、园林绿化等的位置、规模和用地布局。

分析地上地下空间及临近空间的联络与区分，和空间引导，明确地下空间的规模用途。

分析工作片区重要景观要素，明确主要景观视点的位置，地标建筑的数量、位置与高度，建筑群的总体轮廓、景点设计等内容。

其他相关专业的专项设计等。

关键技术和创新点

本规定把城市设计的层次和要点进行了系统总结，从实际操作出发，理论联系实践，具有很强的指导意义。

首先它在总体层面提出了城市设计的积极意义和层次分级，明确了城市设计可以服务于城市规划各个阶段。

其次从总体和局部两个层面对城市设计的主要内容进行了总结，为城市设计的编制提供了方法和技术路径。

第三，明确了各阶段城市设计的主要成果内容，对规范城市设计表达方式和制定评价体系起到积极作用。

项目作用与水平

《城市设计技术规定》是国内对城市设计进行技术性规定研究的先行者。它统一了对城市设计内涵的基本认识，具有较强的系统性、科学性、实践性和严谨性，成果深度及内容与其相对应的规划结合紧密，对新型城镇化过程中的城市各阶段规划的编制具有较好的辅助研究作用，对从事城市设计研究的科研单位和设计机构，具有重要的参考价值和借鉴作用。

目 录

图 1 城市设计编制技术规定目录

市政工程详细规划编制技术规定

四川省城乡规划设计研究院内部技术规定

项目主持人：刘　丰

参 与 人 员：曹珠朵、陈　懿、周忠民、
　　　　　　盈　勇、田　文

编制背景

为了促进和保障四川省各地市政工程的规划设计和建设实施得以科学、有序地推进，避免在城市市政工程建设过程中出现系统性差、时序混乱、各自为政等现象，有利于节省城市基础设施的建设投资；同时，规范四川省城乡规划设计研究院市政工程详细规划的编制工作，提高市政工程详细规划编制的科学性和可操作性；搭建一个"城市总体规划（市政部分）-市政详细规划-市政工程设计"的联系平台，正确处理好"整体与局部、总规与详规、近期与远期、老城与新区、管线与管线"之间的协调关系；合理有效地指导城市市政工程专项规划和设计、为城市规划建设行政管理部门提供管理和决策依据，特制定了《市政工程详细规划编制技术规定》。

研究过程

通过对国内有代表性的一些城市进行了实地考察以及文献调研，重点调查市政工程详细规划在各地开展状况；收集各院编制市政工程详细规划的依据、

编制背景、编制内容及成果内容深度要求，以及规划实施和管理情况。过程中与调研对象的专业技术人员座谈、交流；查阅和收集各院的规划设计实例、成果；参观规划设计的实施实例。

在研究国内市政详细规划制定和管理机制的基础上，提出市政详细规划的主要内容，并梳理相关的技术要点，最终编制了我院的《市政工程详细规划编制技术规定》（以下简称"本规定"）。

主要内容

规定共四部分即：总则、市政工程详细规划编制的内容深度要求、市政工程详细规划成果内容要求、附录。

（1）总则

本章对规定进行介绍，其内容包括编制依据、适用范围、与《城市规划编制办法》的对接关系、基础资料基本要求、相关规范要求。

（2）市政工程详细规划编制的内容深度要求

市政详细规划编制的内容包括道路交通工程规划、用地竖向规划、给水工程规划、排水工程规划、燃气工程规划、电力工程规划、电信工程规划、工程管线综合规划、建设时序安排及投资估算等。具体如下：

1）道路交通工程规划

确定规划目标及原则，道路现状分析，对外交通规划，道路工程规划，交通设施规划。其中道路工程规划的内容包括道路技术标准、城市道路网规划及重点、难点问题的技术处理。交通设施规划的内容包括公共交通系统布局、货运系统布局、汽车加油（气）站布局（充装站）、停车场（库）。

2）用地竖向规划

确定规划区范围内各地块的用地竖向组织方式及排水方向；确定主、次、

支三级道路交叉点、变坡点的控制高程及坡长、坡向等技术数据；合理组织用地防护工程；确定用地地块或街坊用地的规划控制高程，分区、段统计土（石）方量和防护工程量；落实防洪、排涝工程设施的位置、规模及控制点高程。

3）给水规划

现状分析，确定规划目标及原则，水量预测和水源选择，给水系统规划，给水管网规划，提出节水措施。

4）排水工程规划

现状分析，确定规划目标和原则，防洪治涝规划，雨水及污水工程规划。其中防洪治涝规划的内容包括设计参数与取值、水系划分和理水规划、确定排洪分区、防洪治涝工程设施规划。雨水及污水工程规划的内容包括合理选择排水体制、确定规划目标和原则、确定排水分区、计算规划区污水总量，并校核上位规划中区域污水厂规模、排水管网规划。

5）燃气工程规划

调查规划区燃气系统现状情况并分析存在和亟待解决的问题；确定规划目标；计算规划区用气总量，并对上位规划中的用气量预测结果进行校核；确定气源及供气方式；管网及设施规划。

6）电力工程规划

调查规划区电力工程现状情况并分析现状电力设施特点、发展条件和存在问题；依据上位规划落实规划区电力系统发展原则及目标，选定供电电源；根据不同性质类别用地分别确定其用电指标，进行负荷预测计算，并校核上位规划中用电负荷规模；根据负荷增长率及上位规划，选定规划区不同电压等级容载比及计算变电容量；根据各级变电容量确定规划区变电站等级、数量、容量、类型、占地面积及防护要求，划分供电分区；明确35kV及以上高压输电线的敷设方式及高压走廊防护要求；10kV中压配电网规划；根据不同城市道路等级确

定其照明标准；规划设计城市道路照明方式，确定其供电电源。

7）电信工程规划

分析规划区电信设施现状特点、发展条件和存在问题，根据不同地区城市发展需求，规划其他城市弱电系统种类；合理确定规划区电信及其他城市弱电系统原则及目标，确定其区内重要位置是否有无线通信设施，划定保护界线；确定市话普及率，根据不同性质类别用地分别确定其电信指标，进行用户（固话、移动）预测计算，并校核上位规划中电信用户规模，进行交换区划分；通信线路规划；根据规划区性质确定有线电视普及率，并规划信号源位置；划分有线电视分配区，确定系统干线的传输方式，规划分配设施的位置及供电；规划其他城市弱电系统，有条件的应考虑城市综合布线系统。

8）管线综合规划

主要包括以下三个方面的内容：

明确管线综合规划原则。

管线平面综合，综合管沟敷设；提出了建设综合管廊的条件和要求。

管线竖向综合。

9）建设时序及投资估算

根据城市规划时序安排和地方政府对城市建设发展要求，结合城市建设现状、建设开发进度，以尽快衔接和配套市政基础设施为原则，合理确定城市市政工程设施的建设时序。

尽量保持市政基础设施在各个实施阶段的完整性和实用性。

根据城市市政工程建设时序安排，结合当地实际情况，依据实际工程量和当地当时的单价，提出各建设时段市政工程建设的投资估算，重点在近期投资估算。

（3）市政详细规划成果内容

市政详细规划成果由技术文件组成，包括：

规划说明书；

规划图纸；

专题研究和基础资料汇编。

（4）附录

包括：市政详细规划说明书的基本内容、市政工程详细规划图纸要求和市政详细规划电子文档数据标准。

项目作用与水平

本规定编制始于2004年，修订于2013年；是国内较早关于市政详细规划的技术规定，统一了对市政详细规划的基本认识，具有较强的系统性、科学性、实践性、学理性和严谨性，成果深度及内容与现有法定规划要求结合紧密。

本规定也体现了中共十八大提出新型城镇化道路在城市建设中体现"三新"的精神要求，即城市建设发展由粗放式管理转向精细化管理，建立良好高效的城市基础设施，完善城市公共服务体系，提升城市承载力；转变"重地上,轻地下"的城市发展观念和"重建设轻维护"的市政管理模式，转向"先规划、后建设、先地下、后地上"科学发展理念；

本规定对加强城市空间的管理、调整优化空间布局、特别是对城市地上地下空间的统筹有很好的综合引领作用，兼顾了"综合管廊"的建设要求；对四川省新型城镇化过程中的城市市政规划的编制具有较好的指导作用。

城市建设项目交通影响评价编制技术规定

四川省城乡规划设计研究院内部技术规定

项目主持人： 任　敏

参 与 人 员： 任　锐、郑　远、刘　丰

研究背景

建设项目的交通影响评价在我国各地城市实施已经有十余年的时间了，目前已成为在城市规划指导下城市建设阶段协调交通与土地利用关系的重要环节。我院开展建设项目交通影响评价工作也已持续了数年，随着此项工作的广泛开展，已形成了一套交通影响评价工作的管理体系，并在实际工作中取得了不错的成效。

2010年4月，住房城乡建设部发布了中华人民共和国行业标准《建设项目交通影响评价技术标准》CJJ/T141—2010（9月1日起正式实施）。为促进土地利用与交通系统的协调发展，统一规范我院承接的城市建设项目交通影响评价的工作内容及标准，更好地服务于城市建设和交通发展，更好地贯彻执行中华人民共和国行业标准《建设项目交通影响评价技术标准》CJJ/T141—2010，特制定四川省城乡规划设计研究院《城市建设项目交通影响评价编制技术规定》。

研究过程

依据《建设项目交通影响评价技术标准》CJJ/T 141-2010，认真总结我院实践经验，收集国内外城市交通影响评价的相关资料，对不同类型的城市商业、办公、居住、医院、餐饮、酒店、综合7类设施及用地进行了抽样调查，以确定出行率参数，提出建设项目交通影响评价的相关技术要点，并广泛征求意见；最后经审查定稿，最终编制了四川省城乡规划设计研究院《城市建设项目交通影响评价编制技术规定》（以下简称"本规定"）。

研究的主要内容

本规定基于建设项目交通影响评价的特点，提出其最终成果应包括概述、建设项目概况、交通影响程度评价、交通系统改善措施与评价等内容。

（1）概述

本章包括项目来源、项目位置、交通影响评价的范围和年限、编制依据、技术路线。

（2）建设项目概况

本章包括建设项目用地现状、项目规划设计情况。分成两类：

地块《规划设计条件》准备出示阶段的建设项目，应包括建设项目规划用地性质、规划建筑使用功能、服务对象和经济技术指标；

进入报建阶段的建设项目，应包括建设项目详细经济技术指标、建筑平面布局方案、停车场（库）位置、内部道路系统（车行、人行）、内外部出入口位置及数量等。

（3）现状土地利用与交通分析

本章包括评价范围内土地利用现状、交通系统现状，以及评价范围内现状交通分析。

（4）评价年限土地利用与交通系统规划分析

本章包括评价范围的法定土地利用规划、交通系统规划，并按照开发建设时序和建设分期情况，确定各评价年限评价范围内的土地利用发展状况与交通系统发展状况。

（5）交通需求预测

本章包括背景、交通需求、项目新生成交通需求的预测。

（6）交通影响程度评价

本章包括：建设项目新生成交通需求对评价范围内交通系统运行的影响程度评价和评价范围主要交通问题分析。

（7）交通系统改善措施与评价

本章包括：评价范围内交通系统改善措施和改善措施评价，以及内部交通系统改善措施与建议。若建设项目新生成的交通需求对评价范围的交通系统有显著影响，为了降低影响程度，要求提出可行的必要性交通改善措施，以消除交通影响的显著性。

（8）不同开发强度下的项目交通影响程度分析

此项内容为项目仅处于《规划设计条件》准备出示之前交通影响评价中的内容；项目设计总平方案报批阶段的交通影响评价不包含此项内容。主要对不同开发强度下（有时包括不同业态）项目交通影响程度进行列表分析。

（9）结论及建议

本章包括：评价结论、必要性措施和建议性措施。

（10）图件

包括但不仅限于以下图纸：

1）建设项目设计总平方案示意图

标示建设项目经济技术指标、楼座使用功能、内部道路布局及宽度、停车场（库）位置及规模、出入口位置、与交叉口距离、紧邻建设项目的用地范围和开口等内容。

2）用地及道路交通规划示意图

采用控制性详细规划成果，说明评价范围各地块的规划土地使用性质；并用图例说明各种颜色的用地性质名称；

标示出各种等级的规划道路，用不同图示符号标示出评价范围立交节点的型式等。

3）区域交通组织现状示意图

以规划路网为底图，标示出评价范围内现状道路信号交叉口、交通组织、未形成（或未完全形成）道路等内容。

4）区域交通组织优化示意图

以规划路网为底图，标示出评价范围内的道路宽度、信号交叉口、交通组织等内容。

5）项目交通组织方案改善示意图

以规划路网和项目总平面叠加图为底图，以距离项目最近的干路为方案，标示出针对项目交通组织进行改善的相关内容。

6）项目地下交通组织示意图

标示项目地下分层机动车、非机动车、行人出入口和交通组织组织流线，标示地下停车泊位尺寸和通道宽度等内容。

（11）附表

包括评价范围内主要路段和交叉口早、晚高峰交通流量调查表。

关键技术和创新点

本规定从总体上对建设项目交通影响评价的内容做出了明确的规定；并详细地对章节内容做出了安排，对具体内容和深度要求做出了明确的说明。

本规定对我院建设项目交通影响评价的规范性具有实际指导作用。

同时，针对我院承接相关项目的实际情况，将城市建设项目交通影响评价分为如下两个阶段：地块《规划设计条件》出示阶段、项目总平报批方案阶段。地块《规划设计条件》出示前这一阶段的交通影响评价，是研究满足项目周边道路交通承载能力的地块最大开发强度，为出具《规划设计条件》提供可靠的技术参考，旨在从源头上遏制由于用地过度开发带来的交通环境恶化，主要对不同开发强度下（有时包括不同业态）项目交通影响程度进行列表分析。

项目作用与水平

本规定是我院针对建设项目交通影响评价的第一版技术规定，是为了促进土地利用与交通系统的协调发展，规范城市和镇建设项目交通影响评价。

本规定较为详尽地对建设项目交通影响评价的主要工作内容作出说明，对实际工作有较强的指导意义；在满足相关法律法规的前提下，结合本规定对建设项目交通影响评价的编制进行规范和引导。

城市消防规划编制技术规定研究

四川省城乡规划设计研究院内部技术管理规定

委 托 单 位：四川省城乡规划设计研究院

项目主持人：林三忠

参 与 人 员：田　文、陈　东、乐　震

研究背景

2015年前，国家关于城市消防规划编制的规范一直还是缺失，各地城市消防规划的编制，都缺乏完整的规划标准来统一进行规范编制技术标准。

原有消防规划其最大不足（缺陷）是参照《建筑设计防火规范》和消防管理部门的行业技术标准而"兼顾"编制出来的，局限于按建筑耐火等级来划分城市防火分区；而城市规划需要根据用地布局划分防火分区；特别是"5·12"地震后对消防在城市抢险救灾中的作用有了新的要求。

为提高我院消防规划编制水平，更好地指导与规范规划编制工作，统一我院城市消防规划编制的内容与深度，增强城市消防规划编制的规范性、标准性和科学性，2012年我院决定编制出台院内的《城市消防规划编制技术规定》。

研究过程

通过认真总结我院编制城市消防规划实践经验，收集整理国内其他省市编制城市消防的案例和地方规定；并广泛征求甲方客户的反馈意见，最后经院内技术审查定稿；形成了四川省城乡规划设计研究院《城市消防规划编制技术规定》（以下简称"本规定"）成果。

研究的主要内容

本规定针对消防专项规划的特点提出的最终成果包括：总则、术语、城市消防规划编制的主要内容、城市消防规划编制的具体要求和深度、城市消防规划成果，共5章97条。

（1）总则

本章的内容包括：编制目的、适用范围、编制组织、资料要求、强制性内容、与其他防灾专项规划相结合、其他要求7条条目。

特别明确了本规定适用于我院城市消防规划的编制和院内的技术审查、管理工作。

（2）术语

本章共16条条目，对城市消防规划、城市规划建成区、火灾风险评估、城市重点消防地区、城市防火隔离带、防灾避灾疏散场地、城市消防安全布局、公共消防设施、消防站、消防供水、城市消防水池、消防通信、消防车通道、易燃易爆危险化学物品、规划文本、图纸及附表等术语进行了解释。

（3）城市消防规划编制的主要内容

本章提出城市消防规划主要包括：城市现状、上位规划解读、城市火灾风险评估、城市消防安全布局规划、城市消防站布局规划、城市消防支撑系统规划、消防协防要求、消防近期建设规划、分期建设项目库及投资估算、规划实施保障、编制城市消防规划的法定文件与技术文件等11条条目。

有别于以前的消防规划，本规定首次明确了要进行城市火灾风险评估。

（4）城市消防规划编制的具体要求和深度

本章共包括：区域消防、城市火灾风险评估、城市消防安全布局、城市消防站及消防装备、消防通信、消防供水、消防车通道、城市避灾系统共58条条目。

城市消防规划应包括：区域层面和城区层面。

区域消防重点在以下几个方面：

第一，要注重区域消防队伍（建制）规划，根据《四川省消防条例》要求地方各级人民政府应当根据经济和社会发展的需要，建立公安消防队、政府或企业专职消防队、志愿消防队等多种形式的消防队伍；

第二，要注重乡镇消防安全布局；小城镇消防安全布局的关键是小城镇的各项建设用地的选址和定点、布局，都不得妨碍小城镇的发展，危害小城镇的安全，污染和破坏小城镇环境，影响小城镇各项功能的协调；

第三，要注重乡镇消防设施规划，小城镇消防站及装备建设，必须符合小城镇的实际发展状况，必须具有现实性和可操作性。结合四川省和其他省市小城镇消防站及装备设置经验，提出了小型消防站、微型消防站、消防室三个不同类型、规模的消防建制；

第四，要注重乡镇消防给水规划，消防给水规划应结合小城镇给水规划的要求，做到保护无空白，经济上合理。一方面对现有的水厂要进行设备更新、扩建改造，同时新增建自来水厂，逐步提高供水能力；另一方面，要积极开发、利用就近天然水源（如江、河、湖泊、水池、水塘、水渠等）、人工水池或地下水，以达到多水源供水，保证消防用水的需要。在一些用水困难地区（特别在山区，困难特别突出），必须结合各地实际，根据自身自然条件、经济条件的发展状况，结合生活用水的改造工程

有计划、有步骤地逐步完善消防给水条件；条件具备的，可以结合小城镇给水管网设立消火栓，没有管网的，可以建水池、利用天然水源等，凡是能达到"近水解近灾"的目的，都可以采用。

城区层面的消防规划重点应放在以下几个方面：

第一，首次明确了要进行城市火灾风险评估，城市消防规划应根据城市历年火灾发生情况、易燃易爆危险化学物品设施布局状况和城市性质、规模、结构、布局等的消防安全要求，以及现有公共消防基础设施条件等城市现状情况，科学分析评估城市火灾风险，为城市消防规划和建设提供科学的依据；

第二，要重视城市消防安全布局，对易燃易爆危险化学物品场所和设施、建筑耐火等级低的危旧建筑密集区、历史城区、历史地段、历史文化街区、文物保护单位、城市地下空间及人防工程、城市防灾避灾疏散场地的设置等规划布局做出了规定；

第三，要重视城市消防站及消防装备建设，明确了城市消防站及规划布局原则及规划标准，专职消防队设置要求，消防装备配置要求；

第四，要重视消防支撑系统规划，对消防通信、消防供水、消防车通道、消防供电规划要求等提出了明确规定；

第五，要重视城市避灾系统规划，

针对"5·12"抗震救灾的经验和教训，对城市避灾系统规划提出了更高要求；本规定提出城市避灾疏散场所划分为三级，城市应设置Ⅱ类、Ⅲ类避难场所；中等以上城市应根据需要，设置Ⅰ类避难场所；在此基础上对各级避灾疏散场所人均指标、服务半径等提出了要求；也对各级避灾疏散通道标准做出了规定。

（5）城市消防规划成果内容

本章共包括成果组成、规划文本、图纸、规划说明书、基础资料汇编5条条目。对成果内容做出了详细规定。

本规定界定了成果图纸应该包括：（市）县域消防综合现状图、（市）县域消防体系规划图、消防安全布局现状图、消防基础设施现状图、城市火灾风险评估图、城市消防安全布局规划图、消防站布局规划图、消防车通道及避灾系统规划图、消防给水规划图、消防供电规划图、消防通信规划图、现状消防隐患重点区近期整治规划图、消防近期建设规划图等13张基本图纸。

关键技术和创新点

本规定目的明确，特点鲜明，针对性强；是在总结以前实际工作中遇到的问题的基础上编制完善的，特别是在总结了"5·12"抗震救灾宝贵经验的基础

上编制的，具有以下特点：

第一，明确要求城市消防规划应包括市域层面和城区层面；

第二，摒弃了以前按建筑耐火等级来划分城市防火分区的方法，首次明确按用地布局划分城市防火分区；

第三，首次提出了消防规划要进行城市火灾风险评估，根据评估结果进行城市消防安全布局和消防设施规划；

第四，强化了近期规划的可操作性，特别是对现状消防隐患地区的整治、改造要落实到位；

第五，针对四川省多灾频发特点，对城市避灾系统和消防救援提出了更高的规划要求。

项目作用与水平

本规定是在尚无国家城市消防规划规范和明确的技术标准的情况下，通过编制四川省城乡规划设计研究院《城市消防规划编制技术规定》来规范和提升我院城市消防规划的编制水平；

通过近几年工程项目的实践应用，取了的良好效果，编制成果也不断得到了肯定和认可。

由于本规定有较强的系统性、科学性、规范性、标准性；且符合四川省的实际情况，四川省内的规划编制单位在编制城市消防规划时的都参照了本规定。

四川省城市总体规划实施评估编制规定

四川省城乡规划设计研究院内部技术规定

项目设计单位: 四川省城乡规划设计研究院

项目主持人: 严 俨

参 与 人 员: 田 静

研究背景

为提高我院规划编制的整体水平,更好地指导与规范规划编制工作,统一我院城市总体规划评估报告编制的内容与深度要求;增强城市总体规划评估报告编制的规范性、标准性和科学性;我院决定编制《四川省城市总体规划实施评估编制规定》。(以下简称"本规定")。

研究过程

本规定在编制过程中,依据《中华人民共和国城乡规划法》、《四川省城乡规划条例》、《城市总体规划实施评估办法(试行)》、《四川省城市总体规划实施评估编制办法》的有关规定,认真总结我院的实践经验;参考国家、省、市有关资料,并广泛征求意见,最后经审查定稿。

研究的主要内容

城市和县人民政府所在地(建制镇)的总体规划实施评估原则上应当每2年进行一次,最长不应超过5年;开展评估工作的具体时间,由当地政府根据本地实际情况确定。但需上报城市总体规划的审批机关。

评估工作应科学合理地评价原规划的实施情况,客观分析城市面临的问题和发展的需要,总结经验和提出建议,纠正城市发展过程中的偏差,维护依法批准的城市总体规划实施的严肃性,使城市总体规划能够更好地引导城市建设,促进规划科学合理有效地实施与经济社会又好又快的发展。

(1)总则

进行城市总体规划实施评估,须明确评估范围与期限;提出评估依据与技术路线;提出评估指导思想和原则。

进行城市总体规划实施评估,要将依法批准的城市总体规划与现状情况进行对照,坚持实事求是与科学客观相结合、静态与动态相结合的原则,采取定性和定量相结合的方法,全面总结现行城市总体规划各项内容的执行情况,客观评估规划实施的效果。

(2)评估工作框架

采用定性分析和定量分析相结合的方法,重视基础数据的分析,建立总体规划实施的评估框架。

1)以原规划目标为依据,与具体发展目标的实施情况作对比、分析来确定规划的目标实施情况以及契合程度。

2)比较城市空间与布局的变化以及建设用地实施情况,评价城市发展的适配度与规律。

3)评估规划强制性内容实施情况、规划决策机制实施情况、相关各层次规划实施情况及内容。

4)通过评估分析规划实施出现偏差和影响规划实施绩效的原因,从中揭示城市规划实施过程中各种内在机制的影响因素及作用。

5)结合发展所面临的新形势、新背景对城市发展的影响,提出城市总体规划评估结论及实施建议,并对城市总体规划的进一步实施提出具体建议。

(3)评估的主要内容

1)社会经济及城镇化目标实施评估

将城市现状社会经济指标、产业结构指标、城镇化水平指标与原规划目标进行对比分析。评价各目标的实现情况,分析偏差产生的原因,明确社会经济和城镇化发展态势。

2)城市人口及用地规模指标完成的实施评估

主要从人口规模、人口结构、人口分布以及人口与城市空间四个方面入手,将城市人口发展现状与总体规划的阶段性目标进行分类对比;在此基础上进行了定性与定量分析,解读其形成原因,并提出了一定的思考与建议。

对现状城市用地规模,是否突破城市总体规划确定的用地规模以及用地的使用情况进行评估,并与规划起始年数据、近期与远期规划目标进行对比分析。

3)市(县)域产业发展实施情况评估

通过对产业发展历程、产业现状情况,产业用地数据和经济指标等资料的分析,结合对国家、省、市宏观产业政策的研究,对城市现有的产业整体发展和空间布局进行分析。并与原规划产业发展方向进行对比,找出偏差原因,提出现状产业发展中存在的问题,对未来产业发展趋势进行判断,做出相应调整建议。

4)市(县)域城镇体系规划实施情况评估

对市(县)域行政区划调整、市(县)域城镇体系规模、等级、职能、空间结构的规划实施情况进行对比分析。梳理发展现状与原规划之间存在的差异以及差异产生的原因;对原规划理念进行反思总结,明确下一步市(县)域城镇体系发展重点和方向。

5)市(县)域交通体系、电力、通信、

生态建设等实施情况

对比分析原总体规划中区域交通体系格局，结合现状已经实施和未来规划的重大交通线路和设施，梳理区域交通产生变化的原因和影响要素，分析由于对外交通格局的变化有可能带来的对城市发展的影响。同时分析对比原总体规划所确定的电力、通信、生态建设等实施情况。

6）城市发展方向及空间结构实施评估

分析评估现状城市发展方向及空间结构与规划发展方向及空间结构是否一致。重点审视影响城市发展方向的重要战略性资源的落位和布局情况，分析由此带来的对城市发展方向和空间结构的影响与变化的原因。

7）城市建设用地使用情况评估

总体判识城市各类建设用地指标实施情况，分析对比城市各类建设用地的建设实施情况。对各类建设用地的增长比例、使用情况，与城市总体规划确定的近期、远期目标及建设用地平衡表的用地指标进行对比与分析。重视定性和定量分析相结合，重视基础数据的分析。创建城市用地数据库。

8）其他强制性内容的执行情况评估

对城市规划区范围、市域内应当控制开发的地域、城市各类绿地、城市基础设施、城市历史文化遗产保护、生态保护和污染控制、综合防灾工程等强制性内容执行情况进行分析评估。

9）专业规划与下层次规划制定情况评估

在总体规划的指导下，对城市综合交通、市政基础设施、绿地系统规划等各项专业规划以及各片区控制性详细规划制定及实施情况进行分析评估。

第一，综合交通体系规划实施情况评估。从综合交通角度，以定量分析为主要技术手段，对实施现状与原总体规划确定的综合交通规划目标进行比较，评价各系统规划目标的实现状况，分析差异产生的原因，并对原有规划理念进行规划反思，为下一轮城市总体规划综合交通规划的编制提供经验借鉴。

第二，市政基础设施规划实施情况评估。通过对城市总体规划实施以来市政基础设施的发展现状及其与总体规划的契合程度或差异性的研究，回顾总体规划对市政基础设施发展的指导作用，为进一步理清现状和当前各专业系统的发展规划提供规划建议，作为修编的参考。

第三，生态绿化规划实施情况评估。主要论述上轮总体规划实施以来生态绿化建设的发展变化、契合与差异，论述总体规划实施以来生态绿地系统布局和建设与总体规划的异同，包括在总体规划指导下系统的实施效果和两者产生的差异及其原因。

10）规划决策机制建立与运行情况评估

对城市规划委员会制度、信息公开制度、公众参与制度等决策机制的建立和运行情况进行分析评估。

11）分析城市发展所面临的新形势，新背景，论证其将对城市发展的带来影响

对城市发展形势背景的变化、城市产业发展及城市空间结构的新诉求，论证其是否对城市发展方向、主导产业、城市性质、功能布局、设施配套等造成影响。

关键技术和创新点

本规定思路清晰，理论联系实际，系统地提出了城市总体规划评估工作中需要解决的几个关键问题。

首先，提出评估范围与期限，明确科学评估、全面评估、对比评估、动态评估的评估原则，架构起评估工作的技术框架。

其次，采用问题导向的方法，客观评价上轮总体规划的实施情况，梳理城市发展过程中遇到的问题和实施差异，实事求是地总结出现事实偏差的原因，运用科学的态度评价上轮城市总体规划的实施绩效和不足之处。

再次，正确把握当前城市在区域发展和新形势与新机遇下面临的问题。

最后，实事求是地提出评估结论；依照《中华人民共和国城乡规划法》对原城市总体规划提出继续实施或者重新修编的建议。

项目作用与水平

本规定是针对四川省关于城市总体规划实施评估编制的技术导则，它统一了对城市总体规划评估工作的基本认识，具有较强的实践性和规范性；以问题为导向，体现了科学发展观、实事求是、与时俱进的工作理念，对我省新型城镇化过程中的城市总体规划实施评估的编制具有较好的指导作用。

城市住房规划技术规定

四川省城乡规划设计研究院内部技术规定

项目主持人：高黄根

参 与 人 员：贾刘强

研究背景

制定和实施城市住房规划，是贯彻落实国家和我省各项住房政策的重要工作；是指导城市住房建设和发展的基本依据；对强化政府住房保障职责、引导市场合理预期、促进房地产健康平稳发展，实现广大群众住有所居的目标具有重要意义。

为增强我院编制城市住房规划的科学性、规范性和系统性，依据国家和四川省相关文件，经过大量调研，结合四川省实际，编制《城市住房规划技术规定》。

研究过程

通过对国内代表性城市的住房规划建设管理进行实地考察以及文献调研，汇总国内外城市住房规划相关案例；分析城市住房规划的目标、建设重点、规划内容和建设管理等方面的发展历程，总结相关案例的经验和教训，深入分析研究国家《城市住房建设规划编制导则》（建房改研〔2012〕1号）的相关要求，落实国家和四川省住房保障相关政策；结合四川省城市住房发展实际，梳理城

市住房规划的技术要点，编制形成了《城市住房规划技术规定》（以下简称"本规定"）。

主要内容

本规定由总则、术语、基础资料收集、编制的主要内容与要求、城市住房规划成果内容与深度等5个部分组成（详见图1）。

其中：

总则明确了本规定的编制目的、依据、适用范围；

术语规范了主要规划名词的表达及内涵；

基础资料收集规定了规划编制必须掌握的现状及规划情况；

成果内容与深度统一了规划成果必须涵盖的文字、图纸及表达深度；主要内容与要求是本规定的核心部分，包括以下10个方面：

（1）住房建设现状分析

要求对城市住房建设现状进行梳理，绘制住房建设现状图，应标明各类住房项目的类别、位置、规模；分析总结现状建设中存在的问题；并规范了住房建设现状的系列统计表。

（2）明确指导思想和规划原则

应认真落实国家、省和地方城镇住房发展规划的相关要求，以保障和改善民生为重点；积极发挥城市住房规划的引导和调节作用，着力强化政府住房保障，加强房地产市场调控；推进住房建设消费模式转型，促进住房事业科学发展，努力实现广大群众住有所居的目标。

具体规划应在以上总体指导思想基础上，结合实际提出针对性的指导思想和规划原则。

（3）构建住房供应体系

结合城市各类棚户区改造，以廉租

住房（公共租赁住房）、限价商品住房等保障性住房为基本保障形式；结合城市房地产业发展，构建适合城市实际情况的分层次、多形式、梯度化的住房供应体系。

（4）合理确定住房保障范围

保障对象的家庭年收入准入标准与城镇居民人均可支配收入挂钩；以家庭年收入和人均住房建筑面积两项指标进行控制，合理确定城区住房保障对象。

（5）科学确定住房建设标准

根据城市社会经济发展水平，科学确定居民人均居住面积标准。以《四川省保障性住房建设标准》为基础，结合城市实际情况，合理确定保障性住房单套建筑面积的控制标准。

（6）规划目标

立足城市住房和经济社会发展现状及存在的问题，结合未来人口和城镇化发展趋势预测，分析判断居民住房需求特征和发展趋势，科学合理预测城市住房需求。综合考虑资源环境承载力和政府公共财力，统筹确定城市住房发展与建设目标。

提出了建立住房发展指标体系，明确了约束性指标和预期性指标。

（7）空间布局规划

在规划范围内，基于城市住房发展目标，结合各类住房的建设规模和空间需求特点，依据城市规划和功能布局要求，提出住房建设总体布局结构；合理安排各类保障性住房和商品住房用地。

（8）保障性住房公共服务设施规划

住房规划，应专章进行保障性住房建设规划，重点内容有：

一是从公平、可持续发展的角度，对保障性住房建设项目提出质量标准、配套水平、使用功能、居住环境标准等方面的要求；

二是根据保障性住房用地布局，考虑与周边地块的协同发展、共享设施，对保障性住房进行公共设施配套规划，

包括社区服务中心、医疗、教育、娱乐、体育、防灾等方面；

三是结合城市总体规划，对规划范围内与保障性住房相关的道路交通、给水、排水、电力、电信、燃气等市政基础设施进行规划；并进行投资匡算。

（9）制定配套政策和规划实施措施

重点从土地供给、资金来源和建设模式与参与主体三方面提出政策建议；并提出规划实施的措施。

关键技术和创新点

本规定提出了城市住房规划编制的总体框架结构，对住房发展现状调查、规划目标体系和成果表达形式与内容深度要求进行了深入地研究；对规划编制的重点内容提出了总体要求。形成的技术规定在全省城市住房规划标准研究领域尚属首次，具有政策联系实际紧密，实用性强的特点。

项目作用与水平

本规定的作用体现在两方面：

（1）对四川省住房和城乡建设厅制定全省住房政策及发展规划提供了技术支撑；

（2）具体指导了我院承担的多个城市相关规划的编制工作。

目　次

图1　城市住房编制技术规定目录

城市绿地系统规划编制内容深度规定

四川省城乡规划设计研究院内部技术规定

项目主持人：罗 晖

参 与 人 员：谢 蕊

研究背景

《城市绿地系统规划》是在城市总体规划指导下的专业规划，是对城市总体规划的深化和细化。本技术规定适用于四川省城乡规划设计研究院编制城市、县城、建制镇的绿地系统规划。

为统一我院城市绿地系统规划编制的主要内容与深度，实现城市绿地系统规划编制的标准化、规范化和科学化，特编制本规定。

研究过程

通过对城市绿地系统规划的研究，依据《城市绿化条例》（国务院〔1992〕100号令）、《国务院关于加强城市绿化建设的通知》（国发〔2001〕20号）、《城市绿地系统规划编制纲要（试行）》建城〔2002〕240号、《城市绿地分类标准》CJJ/T85-2002、《四川省城市园林绿化条例》、《四川省城市绿地系统规划编制技术导则》、《四川省城市防灾避险绿地规划导则（试行）》和其他有关城市绿地系统规划的规范、规定；最终编制了四川省城乡规划设计研究院《城市绿地系统规划编制内容深度规定》（以下简称本规定）。

研究的主要内容

本规定包括总则、术语、编制的主要内容、编制的具体要求和深度、城市绿地系统规划成果内容5个方面的内容。

（1）总则

城市绿地系统规划必须以所在地城市总体规划为依据，科学制定各类绿地的分期发展指标，合理安排城市各类园林绿地布局和市域大环境绿化的空间布局；达到保护和改善城市生态环境、优化城市人居环境、促进城市可持续发展的目的。为城市绿地管理和绿化建设提供依据。

（2）术语

对公园绿地、生产绿地、防护绿地、附属绿地、其他绿地、人均公园绿地面积、绿地率、绿化覆盖率、城市绿线、规划文本、图册及附表等术语进行解释阐述。

（3）编制的主要内容

分析现状城市公园绿地指标，提出城市园林绿地分类目标、控制指标和分期实施方案，分析城市绿地现状及存在的问题，确定城市绿地布局的网络和系统；提出公园绿地、防护绿地绿线控制规定，以及防护绿地规划导则；规定了各类专项规划的内容。

（4）编制的具体要求和深度

1）现状资料分析

研究城市绿地布局，分析绿地发展结构，预测城市可能达到的绿地率；分析城市风貌特色与园林绿化景观特点；研究城市人口对公园绿地的需求量，分析现状公园绿地在城市建设用地中所占比例是否合理；综合分析绿地建设条件（有利条件、不利因素）。

2）市域大环境绿地规划

分析市域大环境绿地的现状，提出市域大环境绿地的结构与布局；提出市域各类绿地分类发展目标；构筑城乡一体化的市域绿地系统。

3）城市绿地系统布局

研究城市绿地系统，充分结合城市所依托的大环境，包括城市近郊、远郊甚至城市规划区以外的市域范围内的国土绿化，特别是对城市空气、气候影响较大的区域以及城市生态景观区域，在规划布局上要有统一考虑和合理安排。提出城市绿地（包括公园绿地、生产绿地、防护绿地、其他绿地）系统结构及布局。

4）绿地规划指标

提出城市各时期绿化发展的绿地指标；绿地指标与规划绿地结构分列标准。各级、各地城市按其所在的地理及区位分区查对相关标准要求。

5）公园绿地（G1）绿地规划

预测公园绿地发展的规模，提出发展指标，确定公园绿地的布局；公园绿地规划面积应根据城市人口规模确定。按城市常住人口计，人均公园绿地面积要达到或超过7m²/人，国家级、省级园林城市应满足城市所处区域各级园林城市的低限标准。

6）生产绿地（G2）规划

生产绿地总面积不低于规划建设区总面积的2%；应结合城市规划区交通、地形地貌、土质水源等条件，进行生产绿地布局。根据城市分期发展的目标，设定生产绿地的分期发展目标。

7）防护绿地（G3）规划

结合城市建设项目的布局要求，规划各类防护绿地，合理布局城市绿化隔离带、组团绿化隔离带、楔形通风林带、滨水防护林带。提出防护绿地的控制措施。

8）附属绿地（G4）规划

对居住绿地、公共设施绿地、工业绿地、仓储绿地、对外交通绿地、道路广场绿地、市政公用设施绿地和特殊附属绿地，根据相关规范的要求，提出了用地内绿地率的要求。

9）其他绿地（G5）规划

分析其他绿地对城市的作用，提出风景名胜区、水源保护区、郊野公园、森林公园、自然保护区、风景林地、生态绿化隔离带、野生动植物园、湿地、垃圾填埋场等恢复绿地的发展建议。

10）防灾避险绿地规划

根据城市灾害类型及危害程度，结合城市综合防灾规划，确定并落实城市避灾绿地的标准、等级、规划结构及布局。

11）城市绿化景观引导规划

分析城市绿化景观现状特征，结合城市风貌分区，按点（街旁绿地等）、线（带状公园等）、面（公园及其他绿地等）提出绿化景观的引导要求。

12）树种规划

确定园林植物物种比例，包括：常绿与落叶、乔木与灌木、速生与慢生、树木与地被。确定园林植物物种选择，包括基调树种、骨干树种、一般树种。推荐候选市树、市花，报请属地人民政府按程序确定。

13）生物（重点是植物）多样性保护与建设规划

分析市域及城市生态多样性现状，找出本区域生物多样性保护存在的问题。按照生态系统多样性、物种多样性、基因多样性和景观多样性，分类提出市域及城市各类生态系统的保护对象和保护措施，以及利用方式和途径。

14）古树名木保护规划

分析现状建成区古树名木分布、生存环境、树种、树龄、病虫害、人为破坏等现状，分析现状存在的问题。提出城市建设区古树名木保护目标、规划措施和保护要求；提出古树名木保护规划（名录）表。

15）绿线控制规划

应规定城市公园绿地和防护绿地的绿线控制原则，在城市控规的基础上划定绿线，标明绿线控制坐标或宽度。

16）分期建设规划

依据城市规划分期建设目标，提出绿地建设的时序、目标及指标。提出各类绿地分期建设项目计划；提出各类绿地分期投资匡算。

17）实施城市绿地系统规划的具体措施

提出城市绿地建设的法规性措施、行政性措施、技术性措施、经济性措施、政策性措施。

（5）城市绿地系统规划成果内容

《城市绿地系统规划》成果由法定文件和技术文件两部分组成：法定文件包括规划文本和图则（含附表）；技术文件包括附件（规划说明书、基础资料汇编）和规划图纸。

1）规划文本：指由所在地县及以上人民政府经法定程序批准的、具有法定效力的规划管理文件。

2）图纸（含附表）

相关图纸及缩图（图册），图纸上注明比例尺，图纸比例视装订幅面确定。

3）规划说明书

绿地系统规划说明书内容包括有关制定绿地系统规划背景和过程的说明，是对绿地系统规划文本的具体解释。

4）基础资料汇编

基础资料汇编单独编制，阐述城市的基本概况、现状、管理机构等内容。

关键技术和创新点

本规定在国家相关法律法规的基础上，结合我院近年来实际编制的情况，在技术上有两点创新：

一是将绿地系统的防灾避险规划纳入了城市绿地系统规划

防灾避险绿地分为五类：防灾公园、临时避险绿地、紧急避险绿地、隔离缓冲绿带、绿色疏散通道。

阐述对五类防灾避险绿地的位置、数量、面积、宽度、长度等指标要求，明确不宜作为防灾避险的绿地。

二是将城市绿线规划纳入了城市绿地系统规划

在具有法定效力的城市控规的基础上着手编制。绿线控制的基本要求包括绿线控制规划，阐述绿线控制规划的范围，对范围内的公园绿地进行四角坐标控制，对防护绿地进行宽度控制。

项目作用与水平

《城市绿地系统规划编制内容深度规定》，已经作为我院编制城市绿地系统规划的技术规定普遍使用。

传统村落保护发展规划编制指引（试行）

四川省城乡规划设计研究院内部技术规定

委 托 单 位：四川省城乡规划设计研究院

项目主持人：岳 波

参 与 人 员：高黄根、夏一铭、杨 猛

研究背景

传统村落，传承着中华民族的历史记忆、生产生活智慧、文化艺术结晶和民族地域特色，维系着中华文明的根，寄托着中华各族儿女的乡愁。但是，近一个时期以来，传统村落遭到破坏的状况日益严峻，加强传统村落保护迫在眉睫。

为贯彻落实党中央、国务院关于保护和弘扬优秀传统文化的精神，加大传统村落保护力度，住房和城乡建设部、文化部和国家文物局等于 2014 年发布了《关于切实加强中国传统村落保护的指导意见》（建村〔2014〕61 号），要求各地按照《城乡规划法》以及《传统村落保护发展规划编制基本要求》（建村〔2013〕130 号）抓紧编制和审批传统村落保护发展规划。

研究过程

按照国家、四川省、省住房和城乡建设厅对传统村落的保护要求，通过对省内传统村落保护现状进行走访和资料分析，结合我院已经完成的村庄保护规划，课题组开展了传统村落保护发展规

划编制的研究工作，并形成了《传统村落保护发展规划编制指引（试行）》（以下简称《指引》）。

研究的主要内容

《指引》基于传统村落保护发展规划编制的要求，提出的最终成果包括规划编制总体要求、规划编制主要内容和规划成果三个部分。

（1）规划编制总体要求

该部分提出编制传统村落保护规划的基本原则，确定规划期限应与村庄规划的规划期限相一致，近期一般为 5 年。

保护规划的范围应以传统村落主体，包括周边山体、水系和农田等历史环境要素关联区域，可扩大至与传统村落联系紧密的周边区域。

主要任务包括：调查村落传统资源，建立传统村落档案；分析评估村落传统资源历史文化价值、特色和现状问题；确定保护对象，划定保护范围并制订保护管理规定；提出传统资源保护、村落人居环境改善以及村落发展的措施；制定村落近期保护发展行动计划。

确定了传统村落保护发展规划编制过程中除了需依照本《指引》以外，还应遵守有关法律法规、标准规范、历史文化名村保护规划。

（2）规划编制主要内容

《指引》确定规划的主要内容包括11 个方面。

1）综合概述村落的区位关系、社会经济、自然环境、传统（历史文化）资源、建设保护现状等情况。认真分析研究村落保护发展建设情况，剖析其存在的主要问题。

2）综合评价村落建筑。提炼村落选址与自然景观环境特征、村落传统格局和整体风貌特征、传统建筑特征、历史环境要素特征、非物质文化遗产特

征，通过与较大区域范围（地理区域、文化区域、民族区域）以及邻近区域内其他村落的比较，综合分析传统村落的特点，评估其历史、艺术、科学、社会等价值。对各种不利于传统资源保护的因素进行分析，并评估这些因素可能威胁传统村落的程度。

3）解读传统村落所在的村庄规划及有关上位规划，梳理各规划对木村落的相关规划内容和要求。

4）明确传统村落保护发展规划的指导思想、基本原则和规划依据，根据传统村落的发展环境、保护与发展条件的优劣势，提出村落保护发展定位及策略，确定保护发展目标，突出规划重点。

5）依据传统村落现状调查与特征分析结果，明确传统资源保护对象，一般包括：村落传统建筑、村落整体格局和历史环境要素和非物质文化遗产。

6）划定传统村落的保护范围，针对不同范围的保护要求制订相应的保护管理规定。

7）明确村落传统格局与整体风貌保护要求，并提出整治措施。对村落建筑进行分类，按照文物保护单位、历史建筑、传统风貌建筑进行分类并分别采取措施，保护有价值的传统建（构）筑物。并提出对非物质文化遗产的传承人、场所与线路、有关实物与相关原材料的保护要求与措施。

8）明确传统村落展示与利用的原则与内容。

9）按照村落保护要求，优化用地布局，明确各类建设用地范围及用地性质。提出村落居住建筑、公共建筑、道路和绿地等的空间布局和景观规划设计，布置总平面图。提出传统建筑在提升建筑安全、居住舒适性等方面的引导措施，明确民居建筑风格与形式，提出建筑整治措施。对新建建筑功能布局、外观装饰、风貌、色彩、

高度等提出引导。

确定本地绿化植物种类，提出村庄环境绿化美化措施，确定沟渠水塘、壕沟寨墙、堤坝桥涵、石阶铺地、码头驳岸等的整治方案，提出村口、公共活动空间、主要街巷等重要节点的景观整治方案。

优化完善村落道路交通，提出村落路网规划、交通组织及管理、停车设施、可能的旅游线路组织；提出村落基础设施改善、公共服务提升措施，安排防灾设施。

10）明确传统村落保护发展近期目标，确定近期保护发展重点，拟实施的保护发展项目、整治改造项目及其分年度实施计划和资金估算。

提出远期实施的保护发展项目、整治改造项目及其分年度实施计划。

11）从法规、政策、资金等方面提出传统村落保护发展规划的实施保障措施与建议。

在上述 11 个方面的基础上，确定了规划文本包括的四个方面的强制性内容。分别是核心保护范围、建设控制地带范围及保护管理规定；自然、历史环境保护的要求及措施；文物类建筑、历史建筑的范围及保护措施；基础设施、公共服务设施、防灾工程等相关的内容。

（3）规划成果要求

传统村落保护发展规划的成果应当包括规划文本、图纸及附件，应采用纸质和电子文件形式。

此外传统村落档案应参照住房城乡建设部、文化部、财政部《关于做好2013 年中国传统村落保护发展工作的通知》（建村〔2013〕102 号），对调查收集到的传统村落有保护价值的物质形态和非物质形态资源进行系统汇总，作为规划成果的支撑依据。

《指引》还对传统村落保护发展规划的规划文本格式和图纸内容、深度进行了规定。

关键技术

该《指引》是我院根据工作实际需要所编制的，主要对四川省传统村落规划的主要内容及重点进行指引。

在编制过程中，注重结合四川实际，因地制宜地提出了符合本地传统村落的保护和展示利用规划内容。

同时，注重与相关规范标准的对接，提升了《指引》的法定效力，并避免出现指引与现行法律、法规和规范间的冲突。

项目作用与水平

《传统村落保护发展规划编制指引（试行）》是指导我院编制传统村落保护发展规划的技术标准，强调了实用性和实践性；也保障了我院技术成果的质量，对于提升我院在传统村落保护规划技术水准将起到重要的促进作用。

3　优秀论文

"多规合一"：新常态下城乡规划的传承与变革——以四川实践为例

何莹琨　高黄根、贾刘强、岳　波

[摘要]文章梳理了在新常态背景下四川省"多规合一"规划编制的思路和框架内容，总结了"多规合一"规划编制的重点问题和关键技术；在全域空间分类体系的构建、空间资源评价、重要控制线的划定等方面进行了探索；并以德阳市中江县的"多规合一"规划为对象进行了案例研究。

[关键词] 多规合一；空间规划；控制线

传承与变革，以空间规划为核心的"多规合一"备受关注。针对各类规划空间冲突，缺乏统筹，难以对有限的空间资源进行合理、有序地保护利用的问题，中央城镇化工作会议明确提出"在县（市）探索经济社会发展、城乡、土地利用规划的'三规合一'或'多规合一'，形成一个县（市）一本规划一张蓝图"。但目前对"多规合一"的概念尚未形成共识，各地各部门、不同领域的专家对"多规合一"工作的目的及重点认识不一。

在此背景下，本文结合国内外研究现状，重点研究总结四川省"多规合一"规划编制的成果和经验，以期对各地"多规合一"规划编制和研究工作提供借鉴。

1. 研究进展

（1）概念界定

四川省"多规合一"工作的落脚于编制"多规合一"规划。"多规合一"规划是以实现区域空间有效保护和有序利用为总目标，统筹安排区域生态建设、农田保护、产业发展、重大设施和城乡建设等各类用地，具有"空间宪法"性质的区域空间综合利用总体规划，是空间利用的战略性、基础性和指导性规划。

"多规合一"规划通过多方协调，形成具有共识的"一张蓝图"，并以这张蓝图指导涉及空间利用的其他各类规划编制工作，实现"建立空间规划体系"和"一张蓝图管到底"的工作目标。

（2）国内外研究情况

1）国外概况

国外并无明确的"多规合一"的提法，但发达国家经过多年的积累，已形成较为完善的规划体系，通过研究其规划体系特点，发现对我们编制"多规合一"规划具有以下借鉴价值。

①规划编制实现全域覆盖。如英国1991年即立法要求所有地区政府必须编制全地区范围的地方规划，以达到全英国的土地都由地方规划所覆盖。

②该层次规划应体现战略性。如新加坡概念规划通过环境承载力分析得出终极人口规模为550万人，并相应地分配所有土地资源，配套基础设施，强调采用集约、高效的精明增长发展模式。

③建立不同部门的沟通平台。新加坡为了有效协调各个部门和机构的发展需求，设立了概念规划工作委员会、总体规划委员会、开发控制委员会等多部门委员会，成员由环境部、土地管理局、经济发展局等各个部门的代表组成，使规划的编制、审定、修改及开发申请等，通过委员会协商取得共识。

④构筑完善的法律保障体系。一般有两种方式：一是直接赋予具体的规划以法律地位，二是以法律的形式制定和颁布政策。如英国大伦敦规划属于法定规划，同时还在一些配套法律和行动方案上给予支撑，包括"未来城市规划指导原则法"、"工业布局法"、"城乡规划法"、"新城法"等。

⑤建立各层次内容明确的空间规划体系。借鉴德国单一型、垂直型体系，日本并行体系，构建各层次功能作用清晰的空间规划体系和事权明晰的规划管理体系。（谢英挺，王伟，2015。）

2）国内概况

自2014年国家发展改革委、国土部、环保部和住房城乡建设部四部委联合下发《关于开展市县"多规合一"试点工作的通知》以来，各试点市县积极开展"多规合一"工作。其中厦门市针对空间规划冲突和审批效率低下等问题，利用信息化的手段建立统筹发展的信息平台，以"美丽厦门战略规划"为引领，以"一张图、一个平台、一张表、一套机制"、"四个一"为抓手，"多规合一"实践工作取得一定成效。海南省作为全国试点省，2014年开始编制《海南省总体规划》形成引领全省发展建设的一张蓝图，对各部门、各市县规划起到指导、管控、约束作用。总结各地值得借鉴的经验有以下几点。

①规划范围实现了县市域行政管辖区域的全覆盖。一是"全空间"，即规划具有全地域性，包括城镇、乡村以及大量非建设用地；二是"全要素"，即从市县域调动土地、经济、社会、生态等发展要素，实现空间发展与资源承载、产业、基础保障、生态保护的协调发展。

②重视"多规"衔接。各省市均在规划探索中重视与国土、发改、环保、交通、水利、电力等部门的衔接。厦门市通过建立全市统一的信息共享和管理平台较好地实现了这一目标。

③完善法律保障及配套体制。海南省总体规划、重庆城乡总体规划、浙江的县（市）域总体规划都具有法定地位，同时，各地还通过法规条例和规章等支撑"多规合一"工作；如厦门市的《多

规合一控制线实施管理规定》、《多规合一组织架构和协调机制》等。

2. 研究思路与框架

（1）思路探索

在新常态的背景下，我们强调认真贯彻落实中央和省委城镇化工作会议的精神，落实先进的规划理念，要求从以城镇为中心的规划向城乡一体化规划转变，从优先关注建设用地向优先关注非建设用地转变，从优先关注需求向优先关注供给转变，从城镇的外延扩张向城镇精明增长转变。

"多规合一"规划强调以资源环境承载力为支撑，按照促进县域生产空间集约高效、生活空间宜居适度、生态空间山清水秀的总体要求，合理布局生产、生活和生态空间，形成城乡空间一体化发展格局（图1）。

（2）研究框架

一是在建立全域空间分类体系和全域空间资源评价的基础上，根据区位条件、上位规划、当地经济社会发展的阶段特征，明确县域发展定位，确定区域空间保护和利用的总体策略。

二是突出底线思维，划定重要控制线。根据区域生态格局的总体特征，结合空间资源评价结论，划定生态红线、城镇开发边界、永久基本农田、重大设施及廊道等四类重要控制线，明确各类规划控制线的范围、边界和保护控制要求。

三是进行比对和多部门协调，从理想空间到"一张蓝图"。根据区域经济社会发展的需要，结合空间资源现状利用情况，对评估形成的区域空间保护利用理想模式进行调整，形成区域空间综合利用初步方案。在此基础上听取相关部门和专家的意见，了解各地各部门在空间保护利用方面的诉求，将初步方案与区域中现有的各类空间利用规划进行比对，找出冲突和

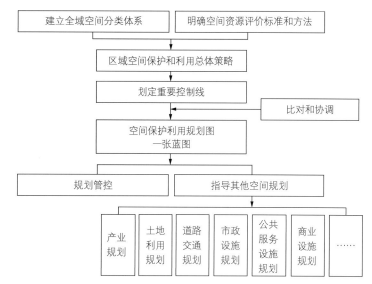

图1 研究思路示意图

矛盾所在；在当地党委政府的直接领导下，通过部门协调、统一思想，逐步缩小差距、化解矛盾、优化方案，调整形成空间保护利用规划图，即"一张蓝图"；成为各部门必须共同遵循的"空间宪法"。

四是指导其他空间规划，形成"1+N"空间规划体系。充分发挥现有县（市）城乡规划委员会的作用，由当地城乡规划主管部门牵头，依据省政府批准的"多规合一"规划，指导相关部门编制和修订涉及空间利用的相关规划，包括城乡规划、产业规划、土地利用规划、交通规划，以及区域基础设施和公共服务设施规划等。

3. 重点问题和关键技术研究

（1）全域空间分类体系的构建

目前，各部门根据自身工作的需要，对区域空间进行了不同的分类，形成了各种分类体系，除了建设部门的"城市用地分类与规划建设用地标准"，还有国土部门的"土地利用分类系统标准"和林业部门的"林地分类标准"等。这些分类方法目标不同、标准不一，概念和内涵也存在较大差异，不利于对区域空间进行整体评估和统筹安排。因此，推动"多规合一"规划的基础性工作，

就是要对区域空间进行统一分类。

在全域空间分类体系的构建方面，四川省的做法是，按照总书记"生产空间集约高效、生活空间宜居适度、生态空间山清水秀"的总体要求，参照城市规划大类、中类、小类的分类方法，设计出"3+1"区域空间的四个大类，"3"指生产空间、生活空间、生态空间，"1"指区域设施空间。每个大类之下，将建设、国土等部门现有分类体系中的相关"大类"作为区域空间分类的"中类"，将上述部门分类体系中的相关"中类"作为区域空间分类的"小类"，建立起既适应现有分类标准，又具可操作性的区域空间分类体系，以此作为"多规合一"规划布局的基础。

（2）空间资源评价方法的确立

首先选用工程地质、地形、水文气象、自然生态、人为影响五类评价因子，每类因子分别包含灾害、坡度、高程、坡向、气象、水文、植被等子因子，通过层次分析法（AHP法），计算出各因子的权重，并对各因子赋权重值。

其次确定各因子打分标准，分值在1～5分之间，分值高低反映适宜开发或适宜保护的程度，适宜保护的得低分，适宜建设开发的得高分。然后对每类因

子进行评价打分，得出单因子评价结果后进行叠加，加出区域空间综合评价得分。最后按得分高低对应转化为生态高敏感区、生态敏感区、生态一般敏感区和生态低敏感区四类空间，并确定每类空间的保护和利用要点，作为"多规合一"规划布局的基础。

（3）重要控制线的划定

我们提出划定生态红线、城镇开发边界、永久基本农田、重大设施及廊道四类重要控制线，各类控制线原则上不重叠、不交叉。同时，各类控制线之间分别与相关部门充分对接，并明确各类控制线的管理主体，明确各部门在区域空间内的事权。

其中城镇开发边界的管理主体是建设部门；是在合理确定城市终极规模的基础上，根据自然环境条件划定的、可进行城市开发建设和禁止进行城市开发建设的区域之间的空间界线。

对于城镇开发边界的划定方法，四川省出台了《城市开发边界划定导则（试行）》等技术标准，专门予以指导。

4. 案例

下面以四川省城乡规划编制研究中心编制的《中江县多规合一规划》为例，简单介绍我省"多规合一"规划编制工作的思路和内容（表1）。

中江县隶属德阳市，辖区面积2200km²，县境处于成都平原与川中丘陵的过渡地带，全县现辖29个镇、16个乡，户籍人口143万人，常住人口110万人，城镇化率达到33.53%。其规划特点主要有：

（1）以多因子综合评价为基础，形成覆盖全域的空间布局规划

"多规合一"规划的核心内容即全域空间的合理利用与保护；要做到这一点，必须对全域空间进行综合评价，以指导全域空间利用选择（图2）。

首先根据前文介绍的空间资源评价

方法，利用GIS对全域空间进行适宜性评价，根据得分将中江县域土地根据其建设适宜性划分为生态高敏感区、生态敏感区、生态一般敏感区和生态低敏感区四类。

在此基础上，通过灯光模型的"平均灯光强度"指标分析区域经济发展联系和态势，通过构建城镇发展综合评价指标体系明确城镇建设发展重点，并协调各规划的主要空间利用和布局意向；最终按照生态空间、生活空间、生产空间、区域设施空间的分类方式，对中江县全域进行统筹布局。规划中江县四大类空间占全县域面积的比重分别约为37%、11%、50%、2%。

（2）根据资源环境承载能力合理确定城镇终极规模，划定重点城镇开发边界

规划改变以往城镇外延扩张式发展模式，以资源约束为前提条件，以承载能力为发展限制，主要选取土地资源承载力、水资源承载力等要素，通过短板

控制，合理确定中江县的终极总人口规模（150万人）。并在科学预测终极城镇化率（75%左右）的基础上，进而预测全县城镇终极城镇规模。

在此框架下，根据城镇用地适宜性分析结果及城市发展方向的选择，依照

"多规合一"规划用地分类标准与"城规、土规"用地分类标准对照表　表1

类别名称		城乡用地分类	土地规划分类
生态空间		E 非建设用地	01、02、03、04、12
其中	严格保护类生态用地	E1 水域、E2 农林用地、E9 其他非建设用地	01 耕地、02 园地、03 林地、04 草地、12 其他土地
	一般保护类生态用地		
生活空间		H11（R、A、B、S、U、G）、H12、H13、H14	05 商服用地、07 住宅用地、08 公共管理与公共服务用地（不含088）
其中	城市	H11 城市建设用地(R、A、B、S、U、G)	071 城镇住宅用地、05 商服用地、08 公共管理与公共服务用地、103 街巷用地
	镇乡	H12 镇建设用地、H13 乡建设用地（R、A、B、S、U、G）	
	村庄	H14 村庄建设用地	072 农村宅基地
生产空间		H11（M、W）、H5	06 工矿仓储用地
其中	工业用地	H11 城市建设用地（M）	061 工业用地
	采矿用地	H5 采矿用地	062 采矿用地
	物流仓储用地	H11 城市建设用地（W）	063 仓储用地
	农林生产用地		
区域设施空间		H2、H3、H4、H9	09、10（不含103）、118、088
其中	区域交通设施用地	H2 区域交通设施用地	10 交通运输用地（不含103、107）
	区域公用设施用地	H3 区域公用设施用地	107 管道运输用地、118 水工建筑用地
	特殊用地	H4 特殊用地	09 特殊用地
	其他设施用地	H9 其他建设用地	088 风景名胜设施用地

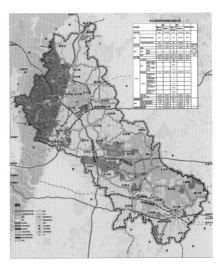

图2　空间利用总体规划图

基本农田、风景区、生态园地、水源保护地等保护要求，原则上以自然界线（山脊、河流）和人工界线（高速公路、铁路）为界，根据城镇终极规模和空间布局，划定重点城镇开发边界。

（3）划定生态保护红线，构建生态安全格局

中央城镇化工作会议明确要求要划定生态红线，构建山清水秀的生态空间，将保护生态提到一个新的高度。因此中江县域"多规合一"规划改变传统规划注重建设用地轻视非建设用地的问题，特别重视生态空间的布局，并划定生态红线区，切实保障区域生态安全。

规划通过分析深圳、武汉、成都、江苏省等地生态红线规划案例，按照《国务院关于加强环境保护重点工作的意见》（国发〔2011〕35号）和国家生态文明建设的要求，借鉴《国家生态保护红线—生态功能红线划定技术指南（试行）2014》，结合中江县域生态空间分布特点，认为中江县生态保护红线，即严格保护类生态空间，包括：龙泉山区、继光水库水源保护、凯江河控制区等，面积约535km²，占县域总面积的24.32%。

（4）强调多部门协调，形成"一张蓝图"从而指导各部门规划

中江县已编制的各类规划有34项，分析发现各规划间存在许多协调不足的矛盾，大多是各地普遍存在的问题；如土地利用总体规划与城乡规划相比，城镇建设用地指标缺口较大；各乡镇总体规划确定的城镇人口及用地规模之和远大于城市总体规划确定的规模；各规划对工业用地空间的布局差异；林业保护与农业生产间的

矛盾；区域重大设施廊道各自为政等等。本次规划力求协调各部门规划，尤其强调在空间保护与利用方面的协调。

最终的"一张蓝图"是在协调各部门规划和意见的基础上形成的，通过沟通达成共识，再由各部门将一张图分头转化为专项规划，具体指导操作，最终实现"多规合一"的目标（图3）。

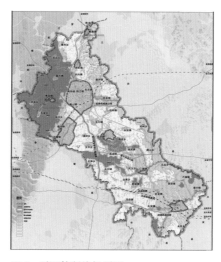

图3 重要控制线规划图

5. 结论与展望

与其他省市主要将"多规合一"工作重点放在对现有各部门规划的矛盾进行协调不同，目前四川省的主要成就体现在"多规合一""一张蓝图"形成过程的研究，在全域空间分类体系的构建、空间资源评价、重要控制线的划定等方面总结了一些经验。

我们认为，应首先完成这个战略性、基础性和指导性的"多规合一"规划，构建科学的区域空间保护利用格局，在此框架下才有"多规合一"的目标和方向，为下一步各部门的协调提供基础。

下一步，四川省将在以下几方面继续努力，以确保"多规合一"工作的有序推进；继续加强制度建设，建立实施保障机制；搭建统一的规划信息管理平台，实现规划建设全过程动态管控；明确城乡规划主管部门的职责，加强部门之间合作。

[参考文献]

[1] 王蒙徽. 推动政府职能转变，实现城乡区域资源环境统筹发展——厦门市开展"多规合一"改革的思考与实践[J]. 城市规划，2015（6）:9-13,42.

[2] 谢英挺，王伟. 从"多规合一"到空间规划体系重构[J]. 城市规划学刊,2015(3):15-21.

[3] 蔡玉梅，高平. 发达国家空间规划体系类型及启示[J]. 中国土地，2013（2）:60-61.

[4] 张少康，温春阳，房庆方，杨保军，许景权，马向明，徐险峰，张尚武. 三规合一——理论探讨与实践创新[J]. 城市规划，2014（12）:78-83.

[收稿日期] 2016-06-25

[作者简介]

何莹琨：四川省城乡规划设计研究院工程师，四川省城乡规划编制研究中心注册规划师。

高黄根：四川省城乡规划设计研究院院长，注册规划师，教授级高级工程师。

贾刘强：四川省城乡规划设计研究院高级工程师，四川省城乡规划编制研究中心注册规划师。

岳波：四川省城乡规划设计研究院高级工程师，所长，注册设备工程师。

"多规合一"理念在世界遗产保护中的运用
——以四川大熊猫世界自然遗产阿坝片区保护规划为例

冯可心、陶蓓、周智慧、余云

[摘要]世界遗产的申报与保护是当今中国新常态发展下的重要关注点。中国拥有众多的世界遗产,怎么对其进行保护与利用是我们当务之急。本文通过"多规合一"的视角,对遗产保护规划面临的诸多问题进行探索性的研究,从而形成一个可操作性强、适合当地发展需求的遗产保护规划。

[关键词]世界自然遗产;大熊猫;多规合一;生态遗产保护平台

1. 背景分析

2013年12月,习近平总书记在中央城镇化工作会议上提出"在县市通过探索经济社会发展、城乡、土地利用规划的'三规合一'或'多规合一',形成一个县市一本规划、一张蓝图,持之以恒加以落实"。2014年12月,中央经济工作会议提出"要加快规划体制改革,健全空间规划体系,积极推进市县'多规合一'。当前各地正在开展"十三五"规划编制,部分市县也在推进"多规合一"试点工作。

截至2015年,经联合国教科文组织审核被批准列入《世界遗产名录》的中国世界遗产共有48项(包括自然遗产10项,文化遗产34项,自然与文化遗产4项),含跨国项目1项(丝绸之路:长安－天山廊道路网)。在数量上居世界第二位,仅次于意大利(51项)。

遗产保护意识的增强,是我国生态文明建设的重大成就。遗产保护规划迫在眉睫,且面临多种挑战及困难,其中最重要的是对现有生态环境的保护及管理。当今遗产保护区内涉及的现状保护区种类较多,如:国家级/省级风景名胜区、国家级/省级自然保护区、国家级森林公园、国家级地质公园等。且遗产地大都跨越省、市、县等多个行政区,十分不利于管理。遗产规划涉及的行政部门多,主管部门多,从而带来了协调上的难题。

2. 中国世界遗产保护现状及存在问题

世界遗产的申报成功往往能够极大地提升遗产所在地的知名度和市场地位,促进当地旅游业的迅速发展,带来非常可观的社会与经济收益。

由于经济利益的吸引,全国有近百个项目宣布要申报世界遗产。但是,各地对于世界遗产的理解和认识存在着严重偏差。目前众多遗产所在地人民政府往往过度关注世界遗产带来的知名度和经济效益,动用远远超出当地经济发展可以负担的资金进行申遗,而对遗产景观大量日常性的基础维护工作重视不够,投入不足。

随着申报世界遗产的成功,遗产旅游不断升温,旅游业往往会成为遗产所在地经济发展的重要支柱产业。但遗产旅游的市场化炒作、商业化经营、超容量开发,甚至建设性破坏,导致濒危物种生存环境恶化、生物多样性减少、历史文化景观变质,违背了遗产资源保护和持续利用的原则,损害了世界遗产的原真性和完整性,进而会失去世界遗产本身的价值。

世界遗产保护还存在重视景区的发展,忽略社区参与的问题。目前,国内世界遗产地一般都比较重视景区经济的发展,尤其是与旅游业紧密相关的商贸、饮食、住宿服务业以及交通业发展较快。在遗产保护方面,往往只是侧重于景区内单体文物的鉴定和保护,而对遗产保护背后的形形色色的"人"的因素却视而不见,将遗产与其所处的自然人文环境及其包含的人文现象分割开来,对遗产所在地及周边的社区如何实现和谐发展缺乏系统全面地研究。即所谓重"物"轻"人"问题严重。

3. 现有遗产保护规划主要内容及存在的问题

现有世界遗产保护规划主要依据《世界遗产公约》、世界自然遗产自然与文化双遗产申报和保护管理办法(试行)及地方上针对自身特点制订的保护条例。遗产保护法律依据不充分,没有专属法律保护,使规划难以实施。

现有国内编制的遗产规划主要内容有:

(1)世界遗产突出价值和完整性陈述;

(2)世界遗产资源本底及管理现状评价、威胁因素分析;

(3)禁止建设、限制建设区域划定及保护规定;

(4)突出价值保护措施;

(5)重要资源、生态环境和人类活动的监测管理;

(6)旅游活动管理与建设控制;

(7)遗产展示与解说教育;

(8)社区参与协调发展;

(9)科学研究、能力建设与实施保障措施。

遗产保护强调对遗产地本身的资源保护,即对遗产地普遍性价值的保护。大多数已经编制的遗产保护规划存在以下三个方面的问题:

一是世界遗产专项规划的制作水平有待提高,可操作性不强。具体化、可操作性的内容较少，缺乏科学论证，对世界遗产如何实现与周边社区的协调发展缺乏针对性对策。

二是世界遗产专项规划与遗产所在地城乡总体规划、控制性建设规划、土地利用规划、经济社会发展规划的衔接不够，各类规划之间甚至出现内容矛盾、不相协调的现象。

三是世界遗产专项规划的执行有待加强落实。目前多数规划都不同程度地存在着重视规划过程、轻视规划实施的问题，规划编制单位一般也较少提供持续跟踪和后续服务，使规划只是停留在纸面上。

4. 四川大熊猫世界遗产阿坝片区保护规划背景

四川大熊猫栖息地世界自然遗产包括卧龙、四姑娘山、夹金山脉，面积 9245km²，涵盖成都、阿坝、雅安、甘孜 4 个市州 12 个县。这里生活着全世界 30% 以上的野生大熊猫，是全球最大最完整的大熊猫栖息地。它曾被自然保护国际选定为全球 25 个生物多样性热点之一，被全球环境保护组织确定为全球 200 个生态区之一。

四川省曾于 20 世纪 70 年代、20 世纪 80 年代和 21 世纪初及 2015 年分别开展了第一次、第二次、第三次全省大熊猫资源调查。2011 年至 2014 年，在国家林业局的统一部署下，四川省开展了全省第四次大熊猫调查（图 1～图 4）。

四川省野生大熊猫种群数量 1387 只，占全国野生大熊猫总数的 74.4%。与第三次大熊猫调查的 1206 只相比，增加了 181 只。全国野生大熊猫数量最多前三个县依次为四川省的平武县、宝兴县、汶川县。截至 2013 年底，四川人工圈养大熊猫数量 314 只，其中中国保护大熊猫研究中心 186 只，成都熊猫基地 128 只。

除此，与第三次大熊猫调查相比，尽管四川省大熊猫种群数量及其栖息地面积持续恢复性增长，但四川省大熊猫保护仍面临着一些威胁：大熊猫小种群灭绝风险较高；地震、泥石流、洪水、竹子开花等自然灾害对大熊猫的威胁较大；社区对大熊猫栖息地自然资源依赖程度较高。

2010 年 3 月，四川省世界遗产管理委员会为履行提名承诺，向 UNESCO 世界遗产中心和 IUCN 监测任务组提交的《四川大熊猫栖息地世界自然遗产落实第 30 届世界遗产大会 8B.22 号决议的进展报告》，在进一步的管理措施中，明确"根据 2006～2010 年的管理实践与汶川 8.0 级地震灾后面临的新问题，修编四川大熊猫栖息地世界自然遗产保护规划"。

四川大熊猫栖息地世界自然遗产保护规划于 2016 年基本完成，对整个遗产地进行了宏观层面的规划控制，从而引导下一层次的规划。四川大熊猫世界自然遗产阿坝片区保护规划（下简称阿坝片区规划）就是在上位规划的指导下，对遗产地进行更加深入的规划，从而使规划更落到实处。

阿坝州内涉及的遗产地总面积 6542km²。涉及三个县一个区，分别为：汶川县、小金县、理县、四川省汶川卧龙特别行政区（表 1）。

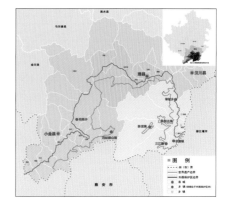

图 1 行政区界分析图

图 2 综合现状图

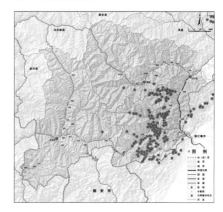

图 3 大熊猫分布图

图 4 现状矿产资源分布图

	遗产地面积统计表			表 1
行政区		遗产地（km²）	外围保护区（km²）	遗产地＋外围保护区（km²）
阿坝州	汶川县（含卧龙特区）	2447(1943)	493(129)	2940(2072)
	小金县	932	1507	2439
	理县	675	488	1163
	小计	4054	2488	6542

四川大熊猫栖息地世界自然遗产阿坝片区保护区及其外围保护区，在现阶段覆盖4个自然保护区、4个风景名胜区和1个森林公园、1个地质公园，即由6个遗产地单元构成。它们分别是：

（1）卧龙国家级自然保护区。

（2）四姑娘山（国家级）风景名胜区（小金县；覆盖四姑娘山国家级自然保护区、四姑娘山国家地质公园）。

（3）夹金山国家森林公园（小金县片区）。

（4）米亚罗（省级）风景名胜区毕棚沟与梭罗沟景区。

（5）草坡省级自然保护区。

（6）三江（省级）风景名胜区。

遗产地涉及的大熊猫保护区的类型较多，有各自的管理办法及保护区分级划定方式，没有共同的保护标准，这样就造成了大熊猫遗产地保护工作的诸多问题。

5. 影响阿坝片区大熊猫遗产保护的主要因素

（1）地理环境因素

地理环境因素是大熊猫生境质量评价的重要指标之一，是指一定地理位置上的各种因素，包括海拔因子、坡度因子和坡向因子等。

大熊猫多选择海拔高度1600～3500m山体的脊部、上部和中部，坡形为均匀坡和凸坡，西南坡向，坡度6°～30°，与水源距离大于300m的环境，很少选择3500m以上区段的山体下部、平地和谷地，坡形为凹坡、无坡形，无坡向，坡度小于5°，与水源距离小于100m的环境。对其他类型或等级则随机选择。

（2）生物群落因素

大熊猫生活的生物环境因子主要由该区域的森林资源空间结构决定。同时森林资源的空间结构也对大熊猫分布有着直接影响。描述森林植被的空间结构

主要有两个尺度，一是从景观尺度描述，二是丛林分尺度描述，其中不同尺度空间影响因子的表现形式不同。

可以将植被类型分为四类：一是温性针叶林、温性针阔混交林，二是落叶阔叶林、竹林，三是常绿、落叶阔叶混交林，四是灌丛、草甸及裸地。

（3）大熊猫对主食竹的选择偏好

邛崃山山系野生大熊猫痕迹点最多的竹种是冷箭竹，占山系野生大熊猫痕迹点总数的52.92%；其次是短锥玉山竹，占17.18%；第三是拐棍竹，占17.04%。

竹子开花对大熊猫的栖息地变化具有很大的影响。四川省大熊猫取食竹开花2000～2013年间数据记录，共记录到26种大熊猫取食竹1806个开花点数据。

（4）人为干扰因素

遗产地周边城镇规模的快速增长，导致了用地的增加及资源的大量消耗。随着人口的不断增长，用地的需求更加迫切，再加上旅游带来的开发热潮，使森林资源遭到严重的破坏，森林被砍伐，植被破坏严重，大熊猫生存的环境遭到破坏，原有的栖息地被侵占，这些都是导致大熊猫种群数量减少，生存空间不断缩小的原因，很多栖息地甚至被分成许多"孤岛"存在着，这种现象直接导致了大熊猫近亲繁殖的机会增加，因此

降低了种群的生存和适应能力。

对大熊猫生境的干扰主要人为因素主要包括：道路交通、居民点建设、水电开发、高压输电廊道、矿产开发、放牧、旅游及其他干扰等。其中横穿保护区的各级道路、高压输电廊道、矿产开发、放牧对野生动物的干扰最大。

（5）法律因素

目前我国已有不同层次的涉及世界遗产保护管理的法律法规，如《风景名胜区管理条例》、《文物保护法》、《文物保护法实施细则》、《森林和野生动物类型自然保护区管理办法》等．也颁布了一系列相关文件，如《世界自然遗产自然与文化双遗产申报和保护管理办法(试行)》、四川省世界遗产保护条例（修订）（四川省第十二届人大常委会，2015）等。

虽然制定了一些针对世界遗产的法规，还是缺少内容上的广度和深度，可操作性不强。虽然风景名胜和文物保护的法律体系相对完善，但不能涵盖世界遗产的全部内容。

6. 规划构思

规划构思

遗产片区规划主要规划理念：保护、协调、共享、发展。从多方面分析解读

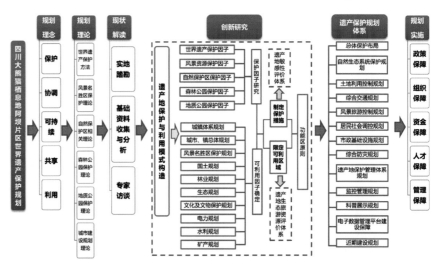

图5　大熊猫栖息地遗产保护规划框架

大熊猫栖息地面临的问题及挑战，从而提出较好的解决办法（图5）。

1）保护第一

首先要保护世界遗产地突出普遍价值，保护遗产地的完整性与原真性。落实上位规划，对阿坝片区规划范围进行深入核查，准确定位。根据全国第四次大熊猫调查结果，将边界外侧的栖息地片区纳入遗产地，以确保批准的遗产地面积不变、为重新安置灾损原住民社区并满足基本生存需求提供场地和有利于管理的原则，局部调整遗产地边界。

2）协调合作

遗产保护是人类共同的责任，不是某个群体或者个人的事情。遗产地涉及到的各个管理部门都应协调统一的对遗产地进行管理。涉及到遗产保护的相关法律要相互协调，以达到对遗产地保护的最佳效果。同时要对遗产地范围内的多种类型规划进行协调，在保护遗产地的前提下进行相关规划实施。

3）信息共享

在信息技术高速发展的今天，要注重信息资源的共享。只有合理共享才能避免重复的基础资料调研所消耗的人力和物力，消除矛盾。

4）持续发展

可持续发展是对遗产资源保护的前提下进行科学地展示利用，从而更好地对遗产进行保护。

7. 多规合一在遗产保护规划中的运用及作用

（1）理念贯穿整个研究框架

规划从规划理念、规划理论、现状资料解读、遗产地保护因子研究及遗产地保护体系中都运用了多规合一的规划理念。注重遗产保护的多面性、综合性，从而得到一个逻辑清晰、结论可靠的遗产保护规划。

（2）增加栖息地保护影响因子研究的科学性

本次规划对遗产地的空间管制区划定主要从保护与利用、多因子协调、多规合一的角度进行研究（图6）。

保护因子研究主要包括：世界遗产保护因子、风景资源保护因子、自然保护区保护因子、森林公园保护因子及地质公园保护因子。主要从保护的角度，全方位的解读现有保护区及其他栖息地中必须进行保护的因子，以保护遗产地的突出普遍价值而不受外界干扰，最后形成遗产地敏感性评价体系。

可利用因子研究主要研究内容包括：城镇体系规划、镇总体规划、风景名胜区保护规划、国土规划、林业规划、生态规

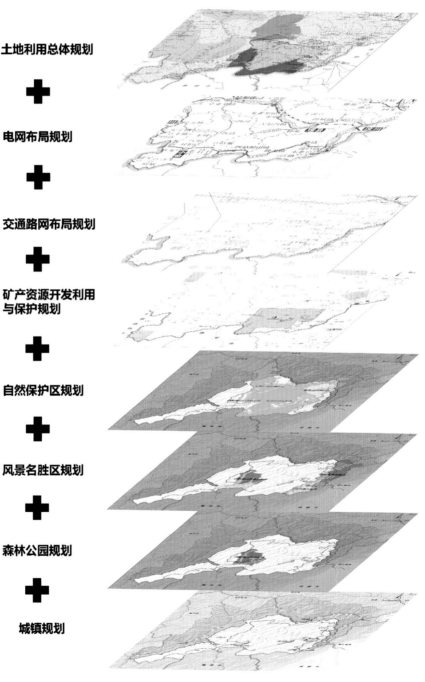

土地利用总体规划

╋

电网布局规划

╋

交通路网布局规划

╋

矿产资源开发利用与保护规划

╋

自然保护区规划

╋

风景名胜区规划

╋

森林公园规划

╋

城镇规划

图6　功能分区规划图

划、文物保护规划、电力规划、水利规划、矿产规划等。通过对多种相关规划的分析，从中分析现有规划中相关布局对遗产地的不利影响，最后综合获得遗产地缓冲区及保护区内，在不影响遗产地普遍价值的前提下的可利用资源情况，形成遗产地展示利用资源评价体系（图7）。

通过多规协调，得出功能区划原则，从而较科学的划定遗产地的核心保护区、保护区及缓冲区，以对大熊猫栖息地形成合理保护。

（3）遗产保护平台建立

以遗产保护为主体，建立遗产保护规划平台。将遗产地相关规划的主要内容纳入平台数据库中，方便查询及管理。遗产保护平台类似于"多规合一"信息化服务管理平台，针对国民经济发展规划、城乡规划、土地利用规划、环境保护规划、遗产保护规划、风景区保护规划、自然保护区保护规划等多规划的协调工作。该平台的建立，对遗产的保护时效性有很大的提高。

根据四调的数据显示，遗产地周边的居民对栖息地依赖性增强，主要体现在遗产地申报成功后旅游的兴起。旅游发展带来的诸多问题是遗产保护急需解决的。通过遗产保护平台的建立，能够将游人量及时的反映到平台中，从而对旅游容量进行科学控制，使旅游产业可持续发展。

通过遗产保护平台数据的共享，顺应当今大数据时代的发展要求，使遗产保护及地方发展相互促进。

遗产平台的建立，也增强了遗产地监测的能力。大熊猫栖息地的主要监测内容是大熊猫及同域分布的野生动物野外种群状况、植被变化情况、栖息地受干扰状况、保护管理状况等。监测内容

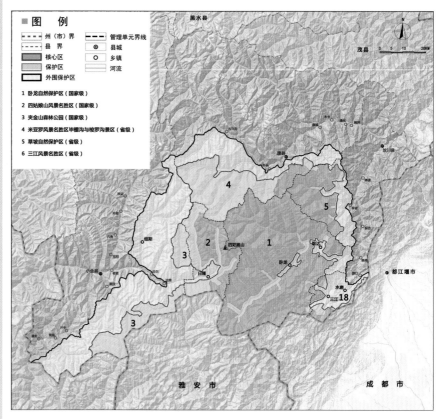

图7　功能分区规划图

都是动态变化的，数据是多变的。平台数据库的建立，能够及时地监测，从而可及时进行人工干预。

8　结语

通过"多规合一"的规划理念运用到遗产保护当中，使遗产保护规划更具有可操作性、高效性、科学性、准确性，较全面、系统的分析与解答，也使遗产保护规划更加适合当地的发展需求。遗产保护平台的建立，将充分利用发改委、规划局、国土局、环保局、林业局、水利局等相关部门的现有规划信息，实现信息互通、信息共享。将各规划叠加，并协调消除各规划存在的矛盾，从而使遗产地的保护工作更好地推进。

[参考文献]

[1] 李如生 . 中国世界遗产保护的现状、问题与对策 [J]. 遗产保护，2011(5): 38-44.

[2] 世界自然遗产自然与文化双遗产申报和保护管理办法（试行）[S].2015(11): 7-8.

[3] 四川省第四次大熊猫调查报告 [R].2015 (12): 2-9.

[收稿日期] 2016-06-25

[作者简介]

冯可心：四川省城乡规划设计研究院工程师。

陶　蓓：四川省城乡规划设计研究院高级工程师。

周智慧：四川省城乡规划设计研究院助理工程师。

余　云：四川省城乡规划设计研究院实习生。

基于城乡发展的规范编制应对——《城乡建设用地竖向规划规范》修编侧记

刘 丰、陈 平、曹珠朵

[摘要]经过30多年快速发展,尤其2008年《中华人民共和国城乡规划法》的颁布实施后,我国城乡建设已从外延式的急剧扩张、快速增长模式,进入到精明的内涵式发展模式;《城乡建设用地竖向规划规范》在原行业标准《城市建设用地竖向规范》的基础上进行了修编,着重从适用范围、注重生态保护、落实"海绵城市"理念、加强综合防灾四个方面进行修改、补充与完善。

[关键词] 规范;修编;背景;重点

《城市用地竖向规划规范》(以下简称原规范)自1999年10月1日颁布施行以来,为我国城市规划中的用地竖向规划工作提供了科学、统一的标准和依据。随着我国城乡建设的快速发展,城乡发展的新理念不断涌现、国家标准化体系建设的客观需要,尤其2008年《中华人民共和国城乡规划法》的颁布实施后,对城乡规划技术标准的制定、执行提出了更高的要求。为配合《中华人民共和国城乡规划法》的施行,适应城乡建设的新要求,需对现行的城乡规划标准体系进行补充、调整和完善,不断提高标准的适应性、针对性和有效性,从而把城乡规划工作提高到一个新水平。修编工作从2010年正式开始,历时6年,经过反复调研、会审、修改,现已通过住房城乡建设部终审,即将颁布。

1. 规范修编背景

(1)原规范适用性滞后于我国城乡建设的发展

原规范自1999年颁布实施十多年以来,我国城乡建设飞速发展,城乡建设范围迅速扩大,由此带来的安全、生态环保、建设成本、水土流失、城市风貌等问题不断出现。同时,由于跟竖向控制相关的建设技术不断地提升,原规范的内容已经不能适应城乡建设的发展需求。

同时建设社会主义新农村是我国现代化进程中的重大历史任务,是缩小城乡差距、全面建设小康社会的重要内容,是实现农村可持续发展、构建和谐社会的必然要求。为统筹城乡建设发展、积极稳妥推进新型城镇化,需要进一步提高对村镇规划建设的综合服务能力,加强对村镇规划建设的引导和支持,保障村镇规划建设水平和发展质量。在我国面临日渐凸显的人口增长与能源、土地、水等资源环境约束和冲突的背景下,对村镇建设标准体系及关键技术标准开展的全方位研究,对支撑我国今后村镇建设健康快速发展有重要的现实意义。

建立并实施科学规范的建设标准体系,是实现城乡统筹,扎实推进社会主义新农村建设和城镇化进程的迫切需求

(2)《中华人民共和国城乡规划法》对规范的内容提出了新要求

《中华人民共和国城乡规划法》已于2008年1月1日起正式公布施行。这是一部关于城乡规划建设和管理的基本法律。它的颁布实施,是全面贯彻落实科学发展观,协调城乡空间布局,改善人居环境,依法促进城乡经济社会全面协调可持续发展的客观要求,也是走中国特色城镇化道路的客观需要。

《中华人民共和国城乡规划法》强调城乡综合规划,更加注重城乡统筹,

它不仅包括城市规划、镇规划,也包括乡规划和村庄规划,这意味着城乡二元的体系即将被打破,城乡规划进入一体化的新时代。人居环境建设提升到了法律的高度。改变了城市规划法为规划编制而规划的指导思想,强调城乡规划要与经济、社会、环境等协调发展融合在一起,这也为建设和谐人居环境提供了一个良好的契机。

《中华人民共和国城乡规划法》的颁布与实施,客观上要求原《城市用地竖向规划规范》进行修改,以适应城乡建设的新要求。

(3)城乡发展的新理念为规范的编制提出了具体要求

改革开放30多年来,我国城乡建设已从外延式的急剧扩张、快速增长模式,进入到精明的内涵式发展模式,十八届五中全会提出"创新、协调、绿色、开放、共享"五大发展理念,是指导"十三五"发展、取得全面建成小康社会决胜阶段胜利的新理念,也是改革开放30多年以来我国发展实践和发展经验的集中体现。城乡建设应以"五大发展理念"为指导,更加注重城乡生态保护、加强城乡综合防灾、建设"海绵城市",规范的修编也应具体体现这些要求。

(4)国家标准化体系建设的客观需要

2015年国务院发布了《国家标准化体系建设发展规划(2016-2020年)》,该规划要求落实深化标准化工作改革要求,推动实施标准化战略,建立完善标准化体制机制,优化标准体系,强化标准实施与监督,夯实标准化技术基础,增强标准化服务能力,提升标准国际化水平,加快标准化在经济社会各领域的普及应用和深度融合,充分发挥"标准化+"效应,为我国经济社会创新发展、协调发展、绿色发展、开放发展、共享发展提供技术支撑。

2. 调研分析与总结

《城乡建设用地竖向规划规范》修编调研分为问卷及实地调查两种模式。

编制组于2011年6月向全国62家甲级规划院共发出调研函，截至2011年9月30日共收到34家单位回复，共计71份，其中，一些规划院反馈回多份回复，回函单位涉及华东、华北、华南、华中、西南、西北、东北等主要省、市城乡规划院。

同时，主、参编单位按照所在地域的分工负责情况，针对修编规范所涉及的主要方向，有重点地对原规范使用反馈意见、修编重点、典型案例、特殊个案以及具有地域代表性的近期实施工程进行了专题调研。四川省城乡规划设计研究院、广州市城市规划勘测设计研究院、沈阳市城市规划设计研究院完成了"重庆及三峡库区移民搬迁城市的竖向工程实施案例及滨江景观处理"调研，四川省城乡规划设计研究院完成了"四川省城市规划的场地竖向工程及高挡土墙处理"及"西北片区的典型竖向实施案例及防护工程处理"调研，沈阳市城市规划设计研究院完成了"东北片区的典型实例——沈阳市沈北新区场地竖向及防护工程处理"调研，广州市城市规划勘测设计研究院完成了"华中华南地区竖向规划编制情况普遍调查"调研，福建省城乡规划设计研究院完成了"福建省范围内竖向规划编制、规范使用情况及修编建议"调研。

从调研函回复及实地调研中，各单位对原规范使用的体会及问题主要体现在以下几个方面：

（1）规范适用范围仅限于城市，应涵盖城乡，重点放在"城乡建设用地"和"竖向规划"上。

（2）规划实践中主要使用规范内常识性内容，原则性条文为主，指导性不足，可操作性不强，适用性不广。

（3）城乡建设中对规范尊重不够，原规范缺乏强制性条文，尤其在城市快速发展中，为了提高"出地率"，高强度的使用土地，破坏了自然景观风貌，出现了超规范的防护工程。

（4）原规范中的"竖向与景观"规划的条文基本上都是原则性的规定，指导性不强，未强调保护自然，安全与景观的协调，修编后使之更加具有可操作性。

（5）重视城乡防灾，"公共安全的最基本要求；现行标准要求均为普通要求，而各城市在防灾方面要求、类型等均不同，不存在统一标准"，建议单列"用地竖向规划与综合防灾"。

（6）竖向规划应与防洪排涝规划相结合。

（7）反应较多个别条款处理，如"道路规划坡度"是否可以放宽，高边坡、高挡墙最大高度如何确定，用地选择最大坡度等等。

3. 修编的重点

（1）调整适用范围

2008年颁布的《中华人民共和国城乡规划法》强调城乡规划综合调控的地位和作用，指出："为了加强城乡规划管理，协调城乡空间布局，改善人居环境，促进城乡经济社会全面协调可持续发展，制定本法。"、"任何单位和个人都应当遵守依法批准并公布的城乡规划，服从规划管理"。从法律上明确，城乡规划是政府引导和调控城乡建设和发展的一项重要公共政策，是具有法定地位的发展蓝图。同时，法律适用范围扩大，强调城乡统筹、区域统筹。

《城市用地竖向规划规范》CJJ83-99原先条文限定的适用范围为城镇，依据《城乡规划法》的要求，需要涵盖城乡，因此《城市用地竖向规划规范》

被确定为修编，其新的规范序列名称更换为《城乡建设用地竖向规划规范》（替代CJJ83-99）。原文"1.0.2 本规范适用于各类城市用地竖向规划。"修改为"1.0.2 本规范适用于城市、镇、乡和村庄的规划建设用地竖向规划。"即"国家行政建制设立的城市、镇、乡和村庄，并覆盖城市、镇的总体规划（含分区规划）和详细规划（含控制性详细规划和修建性详细规划）以及乡、村的总体规划和建设规划；规范适应的重点主体是在城乡'规划建设用地'范围内。"

（2）注重生态保护

我国在快速推进城镇化进程的同时，也出现了资源约束趋紧、环境污染严重、生态系统退化的严峻形势。党的十八大强调"大力推进生态文明建设"，建设现代生态城市势所必然。推进现代生态城乡建设是保护自然生态系统和环境的需要。传统城乡建设给大面积的生态系统和自然环境造成了无可修复的破坏。通过对广大城乡生态进行有建设规划的初步设想与稳步实行，人们会逐渐发现，生态城乡的建设规划是通过实施市生态化战略，促使社会、经济和自然协调发展，并最终实现人与自然和谐发展的根本目标。建设生态型城市及乡村，这既是顺应城乡演变规律的必然要求，也是推进城乡的持续快速健康发展的需要。推进现代生态城乡建设，运用生态学原理和系统工程方法，遵循生态规律和经济发展规律，在城乡发展的同时保护自然生态系统和自然环境，实现城乡人工环境与自然环境的高度融合。

本次修编中更加注重城乡生态保护方面内容。总则中的第1.0.3条"保护城市生态环境，增强城市景观效果"改为"保护城乡生态环境、丰富城乡环境景观；保护历史文化遗产和特色风貌"；一般规定补充了"有利于城乡生态环境保护及景观塑造；有利于保护历史文化遗产和特色风貌"条文。既说明了城乡建设用地竖向规划工作中的基本出发点。也是《中共中央 国务院关于进一步加强城市规划建设管理工作的若干意见》关于"营造城市宜居环境""保护历史文化风貌"精神的具体体现。原规范的第六章节"竖向与城市景观"调整为第九章节"竖向与城乡环境景观",要求"城乡建设用地竖向规划应贯穿景观规划设计理念",竖向规划应"保留城乡建设用地范围内具有景观价值或标志性的制高点、俯瞰点和有明显特征的地形、地貌","保持和维护城镇生态、绿地系统的完整性,保护有自然景观或人文景观价值的区域、地段、地点和建(构)筑物"。对于滨水地区提出"竖向规划应结合用地功能保护滨水区生态环境,形成优美的滨水景观"。补充了对于乡村地区竖向建设内容,乡村地区往往由于就地取材进行建设,为适应不同的材料和气候条件采用独特的施工工艺,久而久之形成独特的风貌,要求"注重使用当地材料、采用生态建设方式和传统工艺"。

(3)落实"海绵城市"理念

为贯彻落实习近平总书记讲话及中央城镇化工作会议、《中共中央、国务院关于进一步加强城市规划建设管理工作的若干意见》的精神,大力推进建设自然积存、自然渗透、自然净化的"海绵城市",节约水资源,保护和改善城市生态环境,促进生态文明建设,在各地新型城镇化建设过程中,推广和应用低影响开发建设模式,加大城市径流雨水源头减排的刚性约束,优先利用自然排水系统,建设生态排水设施,充分发挥城市绿地、道路、水系等对雨水的吸纳、蓄渗和缓释作用,使城市开发建设后的水文特征接近开发前,有效缓解城市内涝、削减城市径流污染负荷、节约水资源、保护和改善城市生态环境。"海

绵城市"建设要求在城市规划、工程设计、建设、维护及管理过程中体现低影响开发雨水系统构建的内容、要求和方法。低影响开发是近年开始强调的生态建设理念:强调通过源头分散的小型控制设施,维持和保护场地自然水文功能、有效缓解不透水面积增加造成的洪峰流量增加、径流系数增大、面源污染负荷加重的城市雨水管理理念。因此,竖向规划在排水防涝、城市防洪同时还要考虑满足雨水滞、蓄、渗、用要求的竖向措施。

为此,在本次规范修编中在规范第3.0.2条一般规定中第一项增加"排水防涝、城市防洪以及低影响开发的要求"。在规范第4.0.1中增加"应结合低影响开发的要求进行绿地、低洼地、滨河水系周边空间的生态保护、修复和竖向利用",要求城乡建设用地选择及用地布局应充分考虑对绿地、低洼地区(包括低地、湿地、坑塘、下凹式绿地等)、滨河水系周边空间的生态保护、修复和竖向利用。在第6.0.1条中提出"依据风险评估的结论选择合理的场地排水方式,重视与低影响开发雨水设施和超标径流雨水控制设施相结合,并与竖向总体方案相适应",指出竖向规划要重视与低影响开发模式的紧密结合,组织安排透水铺装、设置下凹式绿地、留辟生物滞留设施、蓄水池、雨水罐,规划利用湖库、湿塘、湿地等进行系统的规划布局和竖向上的有机衔接。

(4)加强综合防灾措施

近年来,城乡公共安全问题和城乡防灾减灾问题得到了全世界范围内的普遍关注,城乡公共安全问题已成为发展的国家战略问题之一。《中华人民共和国城乡规划法》第四条明确,制定和实施城乡规划,尚应符合防灾减灾和公共安全的需要;第十七条明确,防灾减灾的内容应当作为城市总体规划、镇总体

规划的强制性内容。在这一思想的指导下,城乡防灾规划一直围绕着消防规划、防洪(潮汛)规划、防空袭规划和抗震规划这几方面进行。防灾规划内容主要包括合理确定城市消防、防洪、人防、抗震、防地质灾害等各项设防标准;确定各项防灾设施及设施的等级规模;确定防灾设施的用地布局;组织城市防灾生命线系统;制定应对各类灾害的管理对策和措施。2016年2月《中共中央、国务院关于进一步加强城市规划建设管理工作的若干意见》提出"切实保障城市安全"、"提高城市综合防灾和安全设施建设配置标准,加大建设投入力度,加强设施运行管理"、"健全城市抗震、防洪、排涝、消防、交通、应对地质灾害应急指挥体系,完善城市生命通道系统,加强城市防灾避难场所建设,增强抵御自然灾害、处置突发事件和危机管理能力"。

按照上述精神并征求相关部门意见,本次规范修编特增加了专章,即第七章"竖向与防灾",新规范要求"编制用地竖向规划,同时需要满足综合防灾的要求,应符合《城镇综合防灾规划标准》和防洪排涝、地质灾害、抗震、消防等相关规范的规定要求。"重点提出"城乡建设用地防洪(潮)的规定是保证城乡建设用地安全的基本条件。有内涝威胁的城乡建设用地应进行内涝风险评估,综合运用蓄、滞、渗、净、用、排等多种措施进行不同方案的技术经济比较后,确定场地适宜的排水防涝措施,结合排水防涝方案和应对措施来确定相应的用地竖向规划方案。进行用地竖向规划(尤其是场地大平台)时,应尽量减少大挖高填,保护性地进行竖向规划控制,避免对原有地形地貌做较大的改动,降低对原有地质稳定性的影响,防止次生地质灾害的发生,减少对原地貌、地表植被、水系的扰动和损毁,保护自

然景观要素；防止场地整理引起水土流失。"

根据相关规定补充了关于防灾内容的强制性条文，即第7.0.5条"城乡防灾设施、基础设施、重要公共设施等用地竖向规划应符合设防标准，并应满足紧急救灾的要求。"第7.0.6条"重大危险源、次生灾害高危险区及其影响范围的竖向规划应满足灾害蔓延的防护要求。"其重要意义体现在防灾、避灾、救灾需要，医疗、消防、救灾物资储备库、防洪工程、防灾应急指挥中心、疾病预防与控制中心应急避难场所等城乡防灾救灾设施，排水、燃气、热力、电力、交通运输、邮电通信、广播电视等基础设施，体育场（馆）、文化娱乐中心、人流密集的大型商场、博物馆和档案馆、会展中心、教育、科学实验等重要公共设施，建设用地的竖向规划应符合防御目标和设防标准、具备抗御严重的次生灾害和潜在危险因素威胁的能力。同时在竖向设计上满足安全防护距离和卫生防护距离要求，并应符合相应行业设计规范的特殊要求；在重大危险源区、次生灾害高危险区及其影响范围的竖向规划能够防止泄露和扩散等灾害的扩大与蔓延。

4. 竖向规划的实例应用

（1）苏州市中心城区建设用地竖向规划

1）项目概述

苏州是我国重要的历史文化名城和风景旅游城市，自古以来就享有"人间天堂，东方水城"的美誉。在长期的发展过程中，由于忽视了城市竖向控制对城市风貌、城市防灾等的影响，严重影响了苏州的城市建设和苏州古城风貌保护。也正是基于这些方面的原因，苏州市城市规划局提出了编制城市用地竖

向规划。该规划的编制，对于苏州市城市建设以及古城保护都会产生积极的影响，具有重要的现实意义（图1）。

图1 苏州中心城区低洼点分布

由于竖向规划在我国还属于探索阶段，目前全国没有一个城市完整、系统地进行编制，可借鉴的经验不多，尤其在规划技术路线上，项目组进行了长时间的讨论，最终得到苏州市规划局的认可。

该规划于2007年1月启动，2007年12完成项目鉴定审核批复，项目历时整整1年的时间。一年来，从制订《规划纲要》到修改总体方案，项目组与苏州市规划局建立了良好的协调机制。尤其是在规划的编制过程中，规划局与项目组反复讨论、积极协调，根据苏州市存在的具体问题对方案不断进行优化、调整，形成了最终方案。

2）规划主要内容

规划对苏州市的防洪排涝现状、市政工程建设现状、城市规划竖向控制现状、城市雨水排放现状以及苏州市城市地形地貌等现状进行了详细调研，提出苏州市城市用地竖向控制存在的主要问题（图2、图3）。

规划对与竖向相关的规划包括城市规划部门相关规划、水利部门相关规划、航道管理部门相关规划、港口管理部门相关规划、市政建设管理部门相关规划，进行了积极协调和落实，并在此基础上

提出了规划主要内容：

①城市用地竖向分区；

②城市道路竖向规划；

③城市桥梁竖向控制规划；

④城市用地竖向规划；

⑤城市风貌保护竖向规划；

⑥规划管理措施；

⑦近期建设规划策略等。

图2 苏州中心城区竖向单元划分图

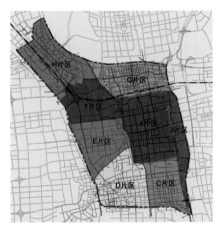

图3 苏州中心城区竖向分区图

3）项目特点

①规划具有较强的可操作性，是城市规划部门编制中较少的具有一定挑战性的规划。

②在全国首次在城市用地竖向规划中采用arcgis对苏州市1：500现状地形图进行处理。形成苏州市地形地貌及防洪排涝分析数据，为规划的进一步分析提供可靠、准确的参数。

③在全国首次在城市用地竖向规划

中提出低冲击影响措施，并进行专题研究。提出低冲击措施在苏州的利用条件，具有较强的社会效益和经济效益，与苏州市创建生态城市步伐一致，尤其与现阶段"海绵城市"建设步调一致。

④有效保护了苏州古城风貌。提出了降低古城部分道路标高，恢复古城原有竖向风貌格局，并与相关规划协调，使得降低部分道路在技术上得以实现。

⑤规划协调了城市防洪排涝规划、城市雨水排放规划等一批专项规划，使得相关规划和谐统一，具有较高的可操作性。

⑥规划采用城市控制性规划中导则理念，将苏州市中心城区用地划分为若干个管理分区导则，内容包括：分区编码、分区名称、分区用地性质、道路名称、道路标高控制、截留措施、断面改造措施、场地竖向控制等内容，使得竖向管理更方便、更科学。

（2）海南洋浦石化功能区场地与道路竖向规划

1）项目概述

洋浦位于泛北部湾中心区域，与周边 20 多个港口距离200 海里左右，是北部湾离国际主航线最近的深水良港；是中东、非洲油气进入中国 的第一节点；是我国距离南海石油天然气资源最近的石油化工储备加工基地。石化功能区规划面积约 29.83km²，其中陆地面积约 20.13km²，填海造地面积约 9.7km²（图 4）。

2）项目主要规划内容

规划对场地现状坡度、土壤特性、海浪潮位、水系梳理、石化功能适应性、综合造价等进行全方位评价，提出了一下主要规划内容：

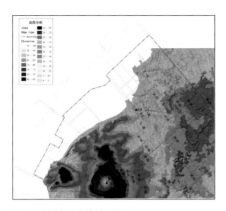

图 4　规划区现状分析图

①场地最低高程控制规划；
②规划区道路竖向控制规划；
③场地土石方调配规划；
④河道水系改造规划；
⑤竖向分区规划；
⑥水土保持规划；
⑦化工污染源控制规划等。

3）项目特点

结合石化功能区特点，对杨浦石化功能区的水体污染防控提出了三级防控。一级防控主要针对企业提出要求，二三级防控结合功能区的竖向规划、防洪排涝措施进行防控（图 5）；

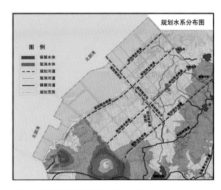

图 5　规划区规划水系分布图

有效结合海浪潮的特点，提出了规划区的最低控制高程，为下一步的高程实施提供了依据；

根据现状场地情况，提出了河道改造的方案和措施，并预留缓冲空间；

竖向规划与上一级的规划有效衔接，动态调整，使得各级规划有效衔接，避免规划实施过程中的潜在的矛盾。

5. 结语

通过对《城乡建设用地竖向规划规范》的修编，深深地认识到规范编制的复杂性与长期性，规范的编制应紧扣我国城乡建设的脉搏，加强规范的适用性与可操作性，立足于保护自然生态和绿色发展。

在本规范即将颁布之际，再次感谢住建部相关部门领导、专家在本规范编制过程中对于编制组的悉心指导；感谢参编单位专家的严谨求实；感谢在调研过程中各单位的无私奉献。

[参考文献]

[1]《城乡建设用地竖向规划规范》修编相关调研成果
[2]《城乡建设用地竖向规划规范》修编报批成果
[3] 住房城乡建设部 . 海绵城市建设技术指南，2014

[收稿日期] 2016-06-25

[作者简介]

刘　丰：四川省城乡规划设计研究院教授级高工，总市政师，所长，注册规划师。
陈　平：广州市城市规划勘测设计研究院主任工程师，高级工程师，注册规划师。
曹珠朵：四川省城乡规划设计研究院副院长，教授级高工，注册规划师。

以保护为目标的景区规划
——以泸州张坝桂圆林景区详细规划为例

唐　密、万　衍、贾　春、曹　利

[摘要]《泸州市张坝桂圆林景区详细规划》以"保护优先、合理利用"为指导思想，提出了"保护重点、保护特点、带动周边"的主要规划策略；并结合相关规划对景区进行总体布局、形成"一核、一带、两区"的规划结构，力求将景区建设成为一处以百年桂圆林古树为核心，集生态观光、都市休闲和养生度假于一体的综合性城市风景公园和生态度假地。

[关键词] 详细规划；保护；规划策略；桂圆林

1. 引言

泸州张坝桂圆林景区位于泸州市江阳区的东南，行政管辖隶属于江阳区茜草镇。张坝桂圆林地理环境优越，生物资源独特，集桂圆林，桃花水母、长江、奇石、沙滩、天然氧吧等自然奇观为一体，是泸州独具特色的自然资源。目前泸合路和茜草干道可分别从南北两端进入该景区。

依据泸州市总体规划：张坝桂圆林景区的规划和建设将突出生态主题，强调历史文脉的保护。同时，如何依托张坝桂圆林的自然生态资源优势，带动周边地段的开发与建设也是一个需要深入研究的问题。基于这样的思考，本次规划有针对性地提出了"保护重点、保护特点、带动周边"的规划策略。

2. 规划定位

（1）场地分析

1）场地现状构成

该场地呈南北长、东西窄；主要由三大板块构成，总面积约有 3km²。即西面山地、沿江江滩以及二者之间的桂圆林平坝。

根据现场踏勘和系统分析，本规划区的场地现状和周边环境具有以下几个方面特点（图1、图2）：

①丘陵地与平坝结合且分区明显

张坝地区属浅丘地形，尤其是西侧老鹰岩山体东缘，丘陵地貌很典型。张坝桂圆林景区除部分位于山上之外，大部分是临长江的平坝。这里地势少有变化，略高于长江水面。

②水体

本规划区东缘即为长江，通过长江江滩向规划区过渡。规划区内水体主要以季节性自然沟渠为主，另有部分鱼塘等。

③建筑

场地现状建筑稀少、体量小，多成组团布局，保证了桂圆林的整体自然风貌。

④道路

现状道路主要有泸合路、桂圆林游道（南北通道）以及其他一些步行游道。其中泸合路为外围边界；桂圆林游道路幅在 3m 左右，水泥铺砌，无路肩设置；景区游步道穿梭于桂圆林间。其余步行道宽度 1.0～1.5m 不等。

⑤植被

大面积为林地，其中桂圆林地较为茂密。其余部分为农田。植被状况长势较好。

2）自然景观资源

张坝桂圆林作为中国内陆唯一的桂圆种质基因库，以及北回归线以上桂圆林适宜地带最集中的、具有上百年历史的桂圆实生树林，其植物学价

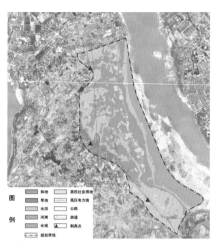

图1　场地现状分析图

图2　现状景点分布图

值一如动物学中的大熊猫一般珍贵。素有"十里绿色长廊"、"泸州绿色客厅"等美誉，为四川省"永久性绿色保护区"。 林中多百年果树，如树龄最高的 300 年桂圆古树被称为"树王"，为国家二级保护古树；以及百年古树"美人树"、"情侣树"、"贵客留"等形成不同的果园景点。

（2）关键问题解析

由于张坝桂圆林景区位置的特殊性、生态与历史复合的唯一性，以及张坝桂圆林作为"省级永久性植物保护区"的特殊地位，如何协调保护现有的百年桂圆林和利用百年桂圆林的关系是本次

规划必须优先考虑的。

（3）规划定位

基于上述分析，张坝桂圆林景区的功能定为：以百年桂圆林古树的保护和利用为核心，集生态观光、都市休闲和养生度假于一体的综合性城市风景公园和生态度假地，是泸州的城市绿心和张坝桂圆林风景旅游区的核心所在。在开发和建设方面应致力于控制桂圆林中心景区的开发规模，以中心景区的低强度开发来促进周边地区土地的增值。

3. 规划指导思想与规划策略

针对张坝桂圆林景区的唯一性和原真性，本次规划确立了"保护优先，合理利用"的规划指导思想，为实现这一思想，本次规划提出了"保护重点、保护特点、带动周边"这一主要规划策略（具体措施将在功能布局规划中详细阐述）：

保护重点：桂圆林核心景区是本次规划的保护重点，本次规划通过设立"微型自然生态保护区"、开挖沿长江防洪堤的内河、控制核心景区建设量等措施来实现保护桂圆林的这一目标。

保护特色：桂圆林有三百年的历史，其农宅与桂圆林融为一体是其固有特色，本次规划主要通过增设架空采摘体验步道；利用原有宅基地集中发展旅游服务设施，引导人流集中活动等措施来保护这一特色。

带动周边：通过对桂圆林的保护创造高品质的城市开放空间，为周边地段的综合增值提供条件。

4. 结构形态及功能布局规划

（1）形态结构规划

规划秉承"保护优先，合理利用"的思想，结合相关规划对本区的定位对

其进行总体布局。景区规划和布置都格外注意山水景观的妥善保护与合理利用，强调有序发展，提升整体品质。

张坝桂圆林景区详细规划将景区规划结构概括为："一核、一带、两区"。

"一核"：桂圆林核心景区，位于整个景区中央，依托生长条件最好、树龄较长的桂圆树种植区设置，是整个景区的核心所在。

"一带"：即滨江带状大众体育公园，这个区域为修建防洪堤后的回填区域，着力打造运动与休闲的功能区。

"两区"：即入口服务区和山地休闲区。

入口服务区：位于景区西侧中部山顶，功能较为复合。

山地休闲区：除前述几个区域之外的区域规划为山地休闲区（图3）。

（2）功能布局规划

根据张坝桂圆林景区自身的特点，我们在四个大区的基础上进行了更为详细的功能布局。整个景区布局为：滨江大众体育公园、森林小镇、青少年营地、采摘体验区、微型生态保护区等功能区（图4，图5）。通过对景区土地的集中低强度利用来实现"保护优先，合理利用"的规划指导思想（表1）。

（3）功能区详细规划

1）半岛迎晖——滨江大众体育公园

位于规划区域东部，滨临长江，是

长江防洪大堤和防风林带之间回填而成的地段，地势东高西低，但高差不大，相对平坦。

该休闲公园主要是以为市民提供休闲和运动场所为目的，并围绕这一主题来布局安排各项内容和建设，是泸州市

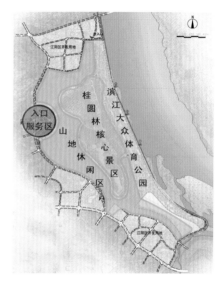

图3　规划结构图

民沐浴阳光雨露、进行体育锻炼的户外活动区域。主要零散的点状体育设施和休闲步道为主，为全开放式公园。

此外，该公园西侧利用回填的注地开挖了一条沿长江防洪堤的内水，一则缓解因防洪堤建设而造成的桂圆林片区地下水位变化，二则可以在排涝有困难的时候起到一定的蓄滞（山）洪涝的作用。

各功能区规划策略与规划手段　　　　　　　　　　表1

功能区	规划策略	规划手段
滨江大众体育公园	带动周边、保护重点	开挖沿长江防洪堤的内水，最大限度地缓解因防洪堤的修建造成的桂圆林片区地下水位变化
森林小镇	保护重点、保护特色	利用原有宅基地建设景区配套设施；对原有农宅进行整治；集中发展引导人流在小区域内活动
青少年营地	保护重点	营地周边划定桂圆树观测区
采摘体验区	保护特色、保护重点	搭建高架步道
微型生态保护区	保护重点	该保护区中的核心保护区禁止任何人进入
中部入口服务区	带动周边	布局商服设施，体现土地经济价值
生态休闲区	保护特色	新植桂圆树，集经济林和观赏林于一身

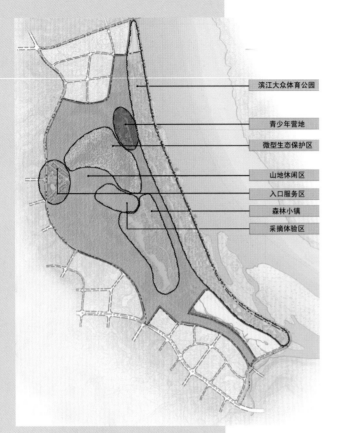

滨江大众体育公园
青少年营地
微型生态保护区
山地休闲区
入口服务区
森林小镇
采摘体验区

图4　景区功能分区图

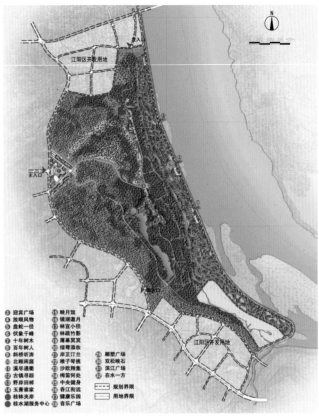

③ 迎宾广场
④ 放坝风物
⑤ 盘蛇一径
⑥ 伏象千峰
⑦ 十年树木
⑧ 百年树人
⑨ 斜桥听涛
⑩ 北顾闲庭
⑪ 溪尽通衢
⑫ 古镇寻踪
⑬ 野岸回裸
⑭ 玉萧雏家
⑮ 桂林夹岸
● 桂水湖服务中心

⑯ 映月馆
⑰ 镇湖邀月
⑱ 林宜小径
⑲ 林疏竹影
⑳ 薄幕冥冥
㉑ 绿粤添放
㉒ 岸芷汀兰
㉓ 稚子琴挑
㉔ 沙欧翔集
㉕ 梅笛何处
㉖ 中央健身
㉗ 吞江街巷
㉘ 健康乐园

㉙ 雕塑广场
㉚ 双松映石
㉛ 滨江广场
㉜ 在水一方

---- 规划界限
---- 用地界限

图5　总平面图

2）森林小镇

张坝桂圆林中的森林小镇主要依托规划中桃花水母湖设置一"桂水湖"，利用原有洼地整理而成，南北长、东西较为狭窄。两岸桂圆林繁茂，环境幽雅。湖岸处理为自然岸线，维持原貌。

森林小镇位于桂水湖东侧、内河西侧，为张坝桂圆林景区最重要的地段（图6）。该小镇是在原有农宅的宅基地上修建，不影响现状与宅基地参差的桂圆林。除了森林小镇之外，本规划区内没有新增用地用于开发，因此森林小镇的建设在提高景区品质的同时，更好地保护了景区的原有格局。森林小镇的设立，主要是为了引导游人在该小镇附近活动，在该区域内欣赏桂圆林，感受桂圆林。因此选择一个相对集中的区域作为重点体验区和服务区，既可以减少建设，又可以避免因游人在其他同质的区域无序漫游而对景区造成的破坏。

作为本景区的最主要部分，森林小镇沿景区内南北干线依次规划了北顾闲庭、溪尽通衢、博闻聚落、清心庭院、镜湖邀月等多个组团。集成休闲娱乐、观景住宿、会议等多项功能。同时也是桂圆林核心区旅游、休闲的补给与集散中心。

3）青少年营地

古语有云：十年树木，百年树人；对人的培养乃千秋大计。保护不仅体现在本规划对核心景区对集中布置建筑与

图6　森林小镇农宅改造效果图

游览项目、引导人流不分散的活动组织上，也要体现在专门拓辟出一片营地，对青少年开展环境保护、生态保护等方面的意识的培养。这就是本次规划"百年树人"的点睛之笔——青少年营地。

该营地的主要作用是：通过冬令营、夏令营、周末教育等，以张坝百年桂圆林为场地，培养青少年的环境意识，普及生态知识，使保护桂圆林、保护基因库、保护生态平衡的意识根植于青少年的心中。

4）采摘体验区

位于森林小镇西侧，地形变化丰富的山上。每逢九月桂圆成熟时节为游客提供采摘体验（但应先经过一定的培训与教育）。在采摘过程中使游人充分理解如何正确地保护桂圆林、正确地采摘果实（图7）。

由于桂圆树比较高大，果实生长点也较高。故采摘区采用架空林间步道的方式，将步行通道抬升到一定高度，使人们在步道上对成熟桂圆触手可及。架空步道以下，可局部新建木构小屋，作为采摘区服务用房，提供器械，供给饮水等。架空步道多为线性通道，局部扩大为面，作为休息平台，在非桂圆成熟时节亦可作林间休息场地。

5）微型生态保护区

位于青少年营地西南侧，利用地质灾害高易发区划定。

张坝桂圆林的开发与建设，对该地区的生态环境、生态平衡将带来影响；因此，本规划在桂圆林中地形较为复杂的山地上辟出一块区域（以现状老桂圆树、大桂圆树为主，如图中红线范围），作为微型生态保护区。其外围一定范围为缓冲区（主要为新植桂圆树，如图中黄线范围）。在生态保护区内，严禁任何人员进入，要真正做到"人迹不至"。

张坝桂圆林景区是集生态旅游、生物基因库为一身的绝版生态景区，而

图7 采摘体验区意向图

微型生态保护区则是"宝地中的禁地"。微型生态保护区的确立，将是留给子孙后世最宝贵的财富。

6）中部入口服务区

中部服务区位于园区侧中部，西靠老鹰岩山，东面直面江北罗汉片区，尽览江景山景。主要由三个地块组成，南北两侧地块为商业服务区，中间是集会型广场，兼容部分展览及服务用地。

整个中部服务区提供小型商务会议、接待展示、旅游纪念品发售、信息服务、婚庆接待、房地产会所服务、后勤办公等。室外展览结合广场布置。

此外该区域东侧设置一观景平台，可由此东望长江，居高临下欣赏桂圆林。

7）生态休闲区

除上述几个大区之外的区域作为生态休闲林，规划建议在此区域新植桂圆树，使其成为集经济林和观赏林于一身的游赏区域。同时利用现有小路于其中设置健康步道、驻足休息设施、体育器械（少量）等，服务于晨练或者长距离散步者。除上述个体外，不再新增人为景点及设施，使游客快速通过，不让留恋其间；保证桂圆林少受干扰。

5. 道路系统规划

（1）对外交通规划

规划区主要依靠原"泸合公路"和规划区西侧的32米城市干道与沙茜片区、城南新区和中心半岛的联系（图8）。

（2）道路网络布置

为更好地保护景区环境，道路在景区周围形成环路，对过境交通形成较好的分流引导；景区内部应紧密结合现状和地形，随坡就势，并控制红线宽度，线路线形应尽量减少破坏核心景区的用地、避免较大土方量的填挖；现规划"一横两纵"三条道路。在实施中，应调查易发生山体塌方等灾害性地质地段，做好保坎等工程防护措施，避免次生灾害的发生。

6. 水系规划

对于张坝桂圆林景区这样临江且现状季节性沟渠较多的地段，水系整理规划既是创造优良环境的手段，更是保护原有生态系统的重要措施。因此水系的整理规划在本次规划的重点之一。

张坝景区的水系规划按照"一江、一河、一湖、多溪"布置。

（1）江，即长江。是整个桂圆林景区的重要水景。

（2）开挖内河（暂名桂圆林内河）：修建防洪大坝，无疑有利于长江的防洪，但是硬化江岸，使长江被管渠硬质化之后，明显不利于张坝桂圆林地区地下水的补充。对张坝地区桂圆林的生长肯定会产生不利影响。因此，本规划开挖内河于张坝桂圆林东侧防风林外，开凿桂圆林内河蓄水，以保持桂圆林地下水的补充，并通过闸门与泵站联系长江。宽度20—40不等，最大限度地维持桂圆林的生长环境，不作更大改变。内河还串联桃花水母湖，并通过渔子溪在南部连通长江。

（3）开挖桂水湖

利用规划区内原有的相对低洼的稻田区整理为内湖——桂水湖。将其作为景区内部景观。

（4）溪流

自桂水湖到桂浆，开挖数条小溪，宽度1.5～3m不等，增加森林公园的景致，同时以分段筑坎、层层叠水的方式来解决高差及水位不等的问题。

7. 结语

在近郊旅游方兴未艾的今天，如何保护好我们原来固有的资源，是我们面临的一大课题。在张坝桂圆林景区规划中的"微型自然保护区"、利用原有宅基地升级服务设施、以内河补充地下水等措施，为以自然为特色的景区规划提供了有益的借鉴。

[参考文献]

[1] 赵之枫，张建。城乡统筹视野下农村在基地与住房制度的思考[J]。城市规划，2011（3）

[2] 金姝兰，金威，徐磊，侯立春。环鄱阳湖区域低碳旅游规划设计[J]。生态经济，2011（1）

[3] 吴晓，吴明伟，徐伟。基于旅游功能策划的景区规划——以射阳岛去的总体规划为例[J]。城市规划，2007（10）

[4] 鞠迪岸。试论人造旅游景区的建设经营与创新发展[J]。旅游学刊，2000(4)

[5] 石铁矛，唐密，李殿生。特殊地形条件下城市边缘区居住小区建设探讨——以本溪市新立屯小区规划方案为例[J]。规划师，2006（4）

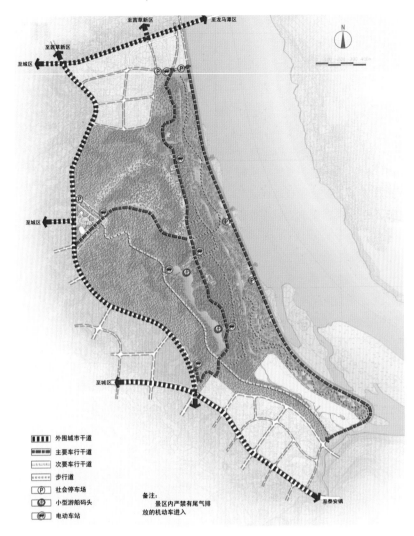

图8　道路系统规划图

图例：
外围城市干道
主要车行干道
次要车行干道
步行道
P 社会停车场
小型游船码头
电动车站

备注：
景区内严禁有尾气排放的机动车进入

至茜草新区　至龙马潭区
至城区
至茜草新区
至城区
至城区
至泰安镇

[收稿日期] 2016-06-25

[作者简介]

唐　密：四川省城乡规划设计研究院城市设计所副所长、主任工程师，高级工程师。

万　衍：四川省城乡规划设计研究院主任工程师。高级工程师。

贾　春：四川省城乡规划设计研究院高级工程师。

曹　利：四川省城乡规划设计研究院高级工程师。

此文曾发表于《规划师》2011年增刊；本次再刊时已有局部修改。

"长者经济特区"的规划实践
——以绵阳仙海"乐龄城"规划为例

唐密、周智慧

[摘要] 在新型城镇化和老龄化社会临近的背景下，提出了"长者经济特区"的概念；本文以"长有所为"为出发点，针对老年人既能作为消费者，又能作为生产者的现实状况，对仙海周边地块功能做出适当的安排，创造一个老年人既可以作消费者，同时也能作为价值创造的新型社区，以适应未来人口老龄化的发展趋势和需求。

[关键词] 长者经济特区；公共服务；价值再实现

1. 引言

目前全世界都面临"人口老龄化"问题，我们中国也不例外。在这样的一个背景下，全国各地几乎都提出了老年社区建设的计划，有些也已经付诸实施。似乎建设老年社区就是在"积极应对老龄化"了。事实上，远没有这样简单。面对我国人口老龄化，不是仅仅靠建些老年社区就可以解决问题的。因为仅仅安排老年人的居住和保健是不够的，老年人需要的还体现在关怀、交流、甚至是社会价值的在实现。此外，如果仅仅建设老年社区，而拒绝这些"老年社区"再创造价值，可能会把我们"未富先老"的国家搞得加倍难堪。其根源在于它缺失的是这样的"建筑"——意识形态领域的"上层建筑"，在"经济基础（生产关系的总和）与上层建筑"范畴的解释。

因此，我们在"老有所养、老有所乐"的基础上，提出了"长有所为"的养老模式，让愿意作为生产者的一部分长者在"长者经济特区"中有自己的"岗位"。从而实现另一个层面上的"产城一体"。即长者不仅仅是"特区"里的消费者，同时能在这里实现价值，创造价值。

2. 长者经济特区的主要特征

长者经济的特区，是在人口老龄化背景下，肩负特殊使命并给予更加开放和灵活的特殊政策的特定地区。其主要特征可概括为"因龄配置"。在这样的特区内，引进更多的资金、技术和管理经验，扩大社会就业，尤其是为"壮心不已"的长者提供合适自己的岗位，加快区域经济发展速度，"和谐助养"，形成新的产业和社会经济结构，新的城市营运管理模式。

3. 长者经济特区的建设模式

由政府主导（包括特许），社会参与，"先行"、"先试"获得更多的地产、金融、物业、配套、服务等收益，对"老龄化城市及地区"和"老龄化社会"形成对"实体经济和成员"定向吸纳和反哺的"新总部经济"，是"长者与青年人群"共同相处、适宜长者生活并发挥余热、真正实现积极老龄化的社会。

特区是中国老年经济的创新"经济体"，是现阶段"选择在城市有条件的边沿地区"，融合"农业转移人口落户城镇，改造城镇棚户区城中村，引导中西部地区就近城镇化"。通过就近城镇化，使得特区有劳动力保证。

4. 长者经济特区的核心理念

构成长者经济特区的核心理念是：长有所为或老有所为；而不是无"为"而乐。它诠释"银发产业"如何健康发展，提出"长有所为"，与实现"乐"在其中的理论依据。

特区是长者的智慧和资源的高度聚合，是特别具有爆发力的生产力，其产业将是一项在新时期中迅速崛起的新兴产业。众多的智者聚合一起，长者贡献的是他为社会可以付出的睿智和他数十年精心培育的公共资源。他们从知识和公共关系两方面同时迸发出来的力量必然会转化成巨大的社会生产力。他们同时也是传承民族文化保证新兴城镇化健康发展的积极推动力，以促进老龄事业的发展（图1）。

图1 乐龄城区位图

同时，长者在"老有所为"中，享有人生的欢乐时光。从这个意义上讲，是中国人给21世纪人类的突出贡献，长期适宜于"老龄社会"。

5. 长者经济特区的规划实践

（1）宏观选址

长者经济特区的首期示范区选址于四川绵阳，以"乐龄城"为其品牌。将绵阳作为长者经济特区的首选之地，主要基于以下考虑：

1）智力优势

绵阳是四川第二大城市，是经国务院明确命名的科技城，拥有中国工程物理研究院、中国空气动力研究与发展中心、中国燃气涡轮研究院等国家级科研院所18家，国家重点实验室7个、国家级工程技术中心 4 个、国家级企业技术中心 5 家，中国科学院、中国工程院院士 28 名，各类专业技术人才 20.2 万人。

2）产业优势

绵阳科技城建设全面实施《绵阳科技城发展规划（2011 ～ 2015 年）》；省政府出台推进科技城建设的指导意见和支持政策；绵阳制定了促进科技型企业发展政策，科技城建设政策体系逐步形成；启动建设军民融合创新驱动核心示范区；科学新城、空气动力新城、航空新城加快建设；科技城军民融合企业达 261 家。

基于以上两点，将长者经济特区选址于绵阳，有利于结合绵阳自身的科研优势和产业转化能力，充分利用已经退休的老专家、老教授、资深技术人员的在"乐龄城"创造新的价值。即，要充分利用在科技城绵阳的智力要素，把绵阳（也可以是全国）的老龄人才再次集聚起来，重塑人才资源的"年龄结构"层，留住优秀人才，保护优秀人才，合理分布人才。

（2）微观区位分析

绵阳仙海"乐龄城"地处绵阳城市东北部，绵梓（绵阳到梓潼）路南侧。距离绵阳市区约 10km，是绵阳市游仙区仙海旅游片区的一部分，整个用地围绕绵阳市仙海湖展开，有优越的山水资源和比较完备的基础设施。

（3）总体功能布局规划

规划秉承"长有所为，老有所养，老有所乐"的理念，结合老年人工作和生活的一般规律，布局整个"乐龄城"地区。该区域的总体功能布局可为："一心、三区"（图 2）。

1）一心，即天龙半岛生态绿心（图 2 中 D 区）。该区域主要布局与老年人有关的论坛会址、酒店等功能；

2）三区，即老年人康居综合体示范区（图 2 中 A 区）；以"产城一体"融合式发展为主题的乐龄科研产业区（图 2

图 2 "乐龄城"功能分区图

中 B 区）；乐龄养生度假区（图 2 中 C 区）。

（4）重点区域分区功能解析

在"一心三区"中，乐龄科研产业区和乐龄养生度假区是重点区域。本规划对这两个区域进行了更为详细的功能布局。

1）乐龄科研产业区功能解析

乐龄科研产业区是"长有所为，老有所乐"精神的集中体现和"长者经济特区"功能布局模式的主要载体。该区域内布局了供老年人生活、工作、游乐设施。其布局可概括为"一心、两轴、六区"（图 3）。其中六区即科研商务区、文化娱乐区、入口门户区、商住休闲区、综合居住区、乐龄低密住区。

①科研商务区

该区域位于乐龄科研产业区中部，结合场地中央的马蹄形山丘布局。主要提供研发、产品交易、办公等城市功能，而这些城市功能的使用者主要为有"退休后再创业"需求的人群，同时也兼顾其他创业人群。该区域的主要任务就是实现老专家、老技术能手的知识与技能的再市场化。这也是"乐龄城"选址于中国科技城绵阳的主要原因。

此外，该区域内布置了一所综合医院，用以服务周边市民，以及研究各种老年人特殊疾病。

②文化娱乐区

在实现长者价值再实现的基础上，

我们还需要为长者提供休闲与娱乐的场所，真正做到"乐龄"。对于中国老年人而言，"乐"除了自身的锻炼、休闲之外，还包括"含饴弄孙"等天伦之乐。

因此，本规划在"乐龄城"中科研商务区西侧布局了一处文化娱乐区。该区域类除了供老年人使用的老年大学等设施外，还布局了一处游乐场，既满足本区域内居住人群的需求，同时也为整个绵阳市提供一处高品质的游乐场。

③综合居住区

综合居住区是乐龄城的主要区域，该区域环绕科研商务区布局，同时考虑结合仙海湖北部的山形地貌，并保留了既有水塘，创造良好的环境。该居住去主要为老年人提供住房，同时也为给老年人服务人群提供住房。

按照中国人的生活模式（主要指中国目前老年人积极参与照顾孙辈的生活模式），该区域内按照户均 3.2 人的指标配置相应的幼儿园、学校、社区医疗等公共服务设施。

在该区域内，居住建筑以安装电梯的塔式高层和低层联排住宅为主，主要面向老年消费者。另外提供一部分非电梯住宅供其他居民使用。

老年住宅要求按照老年人的生活习惯和特殊要求做好无障碍设施。同时要求在户型设计时，提供有护工卧室的特殊户型。

④商住休闲混合区

为保证整个"乐龄城"片区的有足够的商业服务，本规划在片区东北部、绵梓路南侧布局了一处集中商住休闲区。该区域内布置各类大型卖场、步行商业内街、SOHO 公寓等。该区域功能相对混合，以大型且集中的商业为主，重点服务"乐龄城"居民。

⑤入口门户区

该区域位于从绵阳到"乐龄城"公路靠近绵阳一侧，是"乐龄城"主要对

图 3 乐龄科研产业区功能解析图

外交通线上的，是展示"乐龄城"第一印象的关键。

结合整个"乐龄城"的功能布局，本规划将滨湖度假酒店、"乐龄城"游客中心、乐龄广场等利于塑造形象的功能建筑和功能区布局于该区域内。以起到展示和提升"乐龄城"形象的作用。

⑥乐龄低密社区

本规划在综合居住区以南、仙海湖以东地区结合自然地形布局了一处低密度住宅区，该区域以打造优良的居住环境为重点，主要针对部分对居住品质要求较高的长者。

2）乐龄养生度假区功能解析

乐龄养生度假区功能较为简单，主要以文化、旅游、养生为主，重点突出中国传统文化中的"修"、"养"，是老有所"养"的集中体现（图 4）。在这里，"养"不仅仅指颐养天年，同时这指是老年人修身养性。该片区结构可概括为"一心、两轴、四区"，其中"四区"分别为：乐龄禅修区、七星养生度假区、乐龄商业街和乐龄社区。

①乐龄禅修区

在乐龄养生度假区东部，现存一佛教寺庙—云盖寺（图 5）。本规划结合对云盖寺的保护和改造，在乐龄养生度假

区东部布局一处乐龄禅修区。禅修区以既有的云盖寺为焦点，向西延伸轴线，并南北拓展为面，即整个禅修区。该区域布局禅修苑、佛教文化研究中心、佛光古街等功能区，主要为长者提供心灵修养和研究佛法的场所。

②七星养生度假区

该区域位于仙海湖南侧，沿滨湖公路依次展开。规划结合该区域内的鸡爪状地形，将城市建设用地分别布局于七个山丘之上。并以中国传统文化中的北斗七星命名之，其主要功能为居住区和度假别墅。

③乐龄商业街

乐龄商业街是禅修片区向西的延伸，其主要功能为世俗化的商业街，主要为仙海湖南部区域提供必要的商业服务。该区域原始地形为一狭长沟谷，本规划结合既有地形构建了此段乐龄商业街，其建筑形态结合云盖寺以中国传统建筑为主，形成区别于乐龄科研产业区商业休闲片区的特色街区。

④乐龄社区

本区域位于乐龄禅修区南北两侧，为传统模式布局的居住区，也是仙海湖南部片区内开发强度较高的地区。主要面向该区域内为老年人服务的其他人群。

6. 后记

　　"乐龄城"的成果是一个系列。分领域、不同的城市、地区、选择规划不同模式的发展老龄事业路径，为当地政府提供"社区（复合型）养老、家庭自助型、医疗型养老、旅游分时（候鸟）型、休闲农业型"等多种新型模式。

　　此外，"长者经济特区"是中国老年经济的创新"经济体"，是现阶段"选择在城市有条件的边沿地区"，融合"农业转移人口落户城镇，改造城镇棚户区城中村，引导中西部地区就近城镇化"——2014政府工作报告"三个1亿人目标"，是实现城镇化与老龄产业相互支撑二元发展的新兴产业支柱。

[参考文献]

[1] AFP (2006). China Facing Health Disaster Due to Rising Tobacco Use. Agence France-Presse, November 8,

[2] China State Council (2006). The Development of China's Undertakings for the Aged (White Paper). Information Office of the State Council of the People's Republic of China, Beijing

[3] 胡际权.中国新型城镇化发展研究［D］.重庆：西南农业大学，2005

[4] 杨珍.城市政府在生态城市建设中的主导作用[J].21世纪城市发展，2001（7）

[5] 刘怡.生态城市的理念与运作构想[J].青岛建筑工程学院学报，1999（5）

[作者简介]

唐　密：四川省城乡规划设计研究院城市设计所副所长、主任工程师，高级工程师。

周智慧：四川省城乡规划设计研究院工程师。

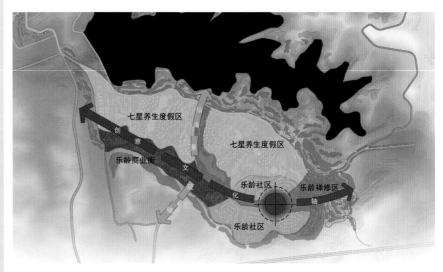

图4　乐龄养生度假区功能解析图

图5　云盖寺及乐龄禅修区鸟瞰图

新常态下控制性详细规划图则编制的探索——以《泸州市茜草组团控规》为例

廖琦

[摘要] 控制性详细规划是城市规划管理中承上启下的主要操作管理平台，是实施规划管理的核心层次。控规图则是城市规划管理部门实施控制性详细规划的操作依据。新常态下，城市控制性详细规划的编制及实施面临更多不确定性因素；作为控规成果中操作性最强的控规图则，其编制内容及方法也亟需跟进城乡规划建设管理的要求。本文通过对"泸州市茜草组团控规"图则的编制内容及方法进行了研究，深化了控规细则的控制，力求规划编制的成果更具科学性与合理性。

[关键词] 控制性详细规划；图则；编制方法

2008 年《城乡规划法》的颁布实施在国家法律层面明示了控制性详细规划的"法定性"，从而将控规的权威性提到了前所未有的高度；控制性详细规划的地位与作用得到了进一步的确认与强化。同时，对控制性详细规划的方法、体系等也提出了新的要求。

控制性详细规划的核心是定性、定量、定位和定界；是将规划目标、指导思想以及宏观的规划构想和具体的规划方案向定量化、微观化转化的关键技术和支撑。它毋庸置疑地成为了土地出让、项目开发和规划管理不可或缺的指引与依据。

伴随着经济结构的调整和经济体制的转型，我国大城市普遍完成了控规的二次修编或全覆盖工作。但是，现行控制性详细规划的控制体系却存在"刚性"

过刚、"弹性"过柔，控制指标制定的随意性和缺乏可操作性等诸多问题；传统控规图则在表达内容、编制方法上滞后于城市规划建设管理的实际情况，实用及适用性减低，无法直接指导实际建设，城市开发超出"控制"甚至"失控"的现象屡见不鲜，控规在市场和权力面前显得极为脆弱。

1. 控规编制面临的问题

控制性详细规划由最初的注重形体设计发展到注重指标控制，后又发展到强制性和引导性相结合的控规体系；控制性详细规划的编制和实施已经有 20 多年的历史，在规划、建设、管理中发挥了重要作用。随着建设方式、市场诉求与投资渠道的不断多元化，控规所面临的问题也越来越多，导致控规面临不敢审批，频繁修改的乱象丛生，控规面临的矛盾日益尖锐。

（1）控规编制"不灵活"

在《城市规划编制办法》中，对控制性详细规划进行了明确的规定，对控制性详细规划的编制也提出了相应的要求，《办法》指出："控制性详细规划确定的各地块的主要用途、建筑密度、建筑高度、容积率、绿地率、基础设施和公共服务设施配套规定应当作为强制性内容"。可见控制性详细规划的主要任务是对城市的多项建设内容进行控制，尤其是重点对土地使用强度的控制。这就要求编制的内容必须要具有灵活性和多变性，才能够适应新常态下城市建设与发展的需求。

然而，在控规的实际编制过程中，经常出现控规土地分类按照国家标准过于单一简单化处理的情况，用地性质过于"刚性"，不仅忽视了市场瞬息万变的事实，而且单一的用地性质使规划变得十分被动。另外由于规划的超前性，对于容积率、建筑密度等指标势必要求其在一定程

度上保证灵活性，缺乏"弹性"的"一刀切"控制，往往使控规失去了应有的可操作性和"回旋余地"。控制性详细规划过分地强调了对城市建设的控制，而缺乏对城市建设的引导，容易造成城市建设动力不足，对市场和新形势应对很吃力。可见，控制性详细规划的编制一旦缺了灵活应变，看是编制技术层面的问题，实质上是导致控制性详细规划在城市建设中失去真正龙头作用的问题核心。

（2）控规成果"不适用"

在过去十多年间，我国经济的超高增速是阶段性的；这种非常态的发展模式带来了诸多的弊病，在控规修编、控规全覆盖等形势下，控制性详细规划的编制出现了为完成任务，求快求效益的不正常现象，导致控规的编制缺乏深入研究；空有规划但实际指导性不强。很多控规指标的"给出"都演变成了规划师的"主观经验法"，即仅根据个人感性认识和惯常经验来确定指标，尤其是容积率与建筑密度等的设定，过分关注空间美观或技术规范，而缺乏对当地实际问题的分析，科学依据和说服力都不足。

另外，现行控制性详细规划中引导性指标如体量、色彩等，仅简单定性为"与周边环境相协调"或"与历史氛围相协调"这些含糊简单的表述。如此无约束的"弹性"引导，并不能很好的辅助良好城市空间的设计和建设，还会造成放任自流、盲目建设的混乱局面，也使引导性指标失去了其应有作用的根源。

（3）控规审批后"不好改"

《中华人民共和国城乡规划法》把控规的管控确定为核心制度。划拨土地、出让土地必须依据控规来给出《规划条件》，同时规定了复杂严格的控规修改程序，规定"修改控制性详细规划的，组织编制机关应当对修改的必要性进行论证，征求规划地段内利害关系人的意见，并向原审批

机关提出专题报告，经原审批机关同意后，方可编制修改方案。修改后的控制性详细规划，应当依照本法第十九条、第二十条规定的审批程序报批。控制性详细规划修改涉及城市总体规划、镇总体规划的强制性内容的，应当先修改总体规划。"

经审批通过后的控规，已经具有了法律效应；然而，各地却普遍存在着对控规任意、频繁的修改。究其原因，一是：控规制定科学性不足，总规批准后，就盲目追求一次性全覆盖地完成控规的编制；规划编制单位对现状调查不深入，对控规涉及的问题研究不透彻。二是：控规制定没有建立起因应城市发展需求变化的动态适应（调整）机制，一些城市的控规批完后就束之高阁，没有及时进行动态维护、更新管理，无法适应城市发展建设中出现的各种新情况、新问题、新要求。三是：利益主体逐利行为导致的控规修改。

2. 传统控规图则的编制内容及局限性

《城市规划编制办法》第四十四条规定："控制性详细规划成果应当包括规划文本、图件和附件。图件由图纸和图则两部分组成"。可见控规图则是控制性详细规划的重要成果图件，具有法律效应。

控规图则是控制性详细规划的各类控制要求在图纸上的反映，是规划理念、要求的具体化呈现，直接显示出规划对控制地块的各类具体控制要求，因此也是城市规划主管部门进行规划建设管理的第一手的法定文件。然而《城市规划编制办法》中虽然确定了图则的重要性，但并未对图则内容做出具体的规定。

深圳市参考了香港的"法定图则"（Statutory Plans）和国外关于"区划法"（Zoning Ordinance）的经验，结合其规划管理的实际，经过多年的探索后，于1996年底决定逐步推行"法定图则"制度，

并将其定位于控规阶段，并制定了具体的图则编制内容及方法。经过多年的发展与研究，以深圳法定图则为基础，我国控制性详细规划形成了一套比较完整而科学的图则编制表达方法，表达内容也予以固化，主要包括图表及文本两个部分。

（1）图表：要求在最新实测地形图上表达用地性质、布局、地块编号及其控制指标，包括用地性质、用地规模、容积率、绿地率、配套设施等内容。并以插图方式表达本图则所在区域位置及其他控制要求的内容。

（2）文本：用法定文件的文体阐述，包括：总则、土地利用性质、土地开发强度、配套设施、道路交通、城市设计、其他特殊设施等内容。

然而，随着改革开放的不断推进，一系列制度与环境发生了变迁，城市建设也由改革开放初期的增量扩张为主，转向当前存量优化为主的阶段；传统控规在实际运行中被频繁调整、广泛诟病，出现了诸多挑战和不适应。而作为整个法定规划体系中操作性最强的控规，在城市管理和开发中的作用不断增强。传统控规图则作为控规的操作性图件，已经体现出其刚性过度、缺少弹性及选择性的局限。主要表现在以下方面：

（1）传统控规图则静态蓝图式的控制方法与动态的城市发展不相适应。传统的控规图则是一种理想化的蓝图下静态控制，而我国的城市发展面临很多的不确定性，城市发展对用地的要求是不断改变的。在现今瞬息万变的市场经济影响下，任何规划师都不可能完全掌握城市发展过程中所有的制约和影响因素，也根本没有能力事先对一个地区做出准确的超前预测；蓝图式的图则控制也不能对出现的问题进行主动修复，其结果是让规划管理陷入被动状态以及大量、反复的控规调整和控制指标修改。

（2）传统控规图则无法体现城市设

计的要求。随着存量规划时代的到来，粗犷的控规全覆盖带来的批量化、同质化城市空间遭到诟病；而城市设计受到越来越多的关注。在传统的控规图则中，城市设计的内容最为薄弱，控制方式空泛、千篇一律，无法体现城市特色；即使控规文本中有城市规划引导的相关内容，传统控规图则中的控制指标体系也并不能与城市空间形态形成直观紧密的联系，仅凭一张图则出发，很难达到理想的空间效果控制。建筑空间组合、街道界面、公共空间设计等实际城市建设中的重要内容并不能在传统图则中得到直接体现。

3. 茜草组团控规图则编制内容的探索

（1）项目背景

茜草组团位于泸州市中心城区中央，三面环江、一面依山，拥有得天独厚的山水生态基础，是泸州未来城市建设最优美、最精彩的区域，泸州市委、市政府对于它的开发建设给予了高度的重视。为了高起点规划建设茜草组团，提升泸州城市形象、空间品位并传承城市文明，泸州市于2013年针对茜草组团的开发进行策划以及城市设计举行了国际招标，结合城市设计中标方案编制了茜草组团的控规（图1），并根据当地规划主管部门对控规图则成果的弹性要求，结合当下新的建设情况及新的规划要求，编制了控规图则。

（2）图则编制思路

以"注重弹性"、"注重实际操作性"、"注重城市设计"为图则编制指导，以追求最有操作意义的城市规划与管理时效为目标。借鉴上海地区单元普适图则与附加图则的方法，实行单元控制图则与地块详细图则两层控制的方法。在单元图则的层面上，着重规控单元定性、定总量、定位以及引入城市设计空间形态的定形表达；

主要强调对刚性内容的控制。地块图则的层面上，则是面向具体的城市土地开发，重点是适应市场开发的灵活性和不确定性，主要强调弹性内容的控制和引导。

（3）单元图则

根据规划的功能分区及主要道路分隔，茜草组团划分为文化创意单元、中央商务商业单元、滨江居住单元、商住复合服务单元及市政设施5个控制单元（图2）。以控制单元为基本单位，对功能、建筑容量进行分解和控制，落实社区级公共服务配套设施，确定市政、道路等基础设施的分布和规模，对单元的整体城市设计提出要求。在功能、建设总量

等刚性前提下，允许单元内部动态弹性调节。本文以滨江居住单元为例，详述单元图则的表达内容及形式（图3）。

1）主导功能

该单元以生活居住功能为主，由规划方案所确定的功能分区决定，体现控规的定性内容，不可随意更改。

2）用地规模

建设用地面积96.98hm²，可开发用地面积62.46hm²。其中可开发用地是指本单元内除主次道路用地、公园绿地、必要市政基础设施用地之外的城市建设用地上限规模，体现控规的定量内容，不可随意增加。

3）总建筑面积

总建筑面积229.4万m²。其中：学校1.3万m²，住宅172.1万m²，商业商

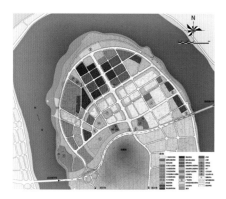

图1 茜草组团用地规划布局图

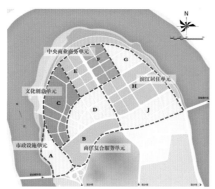

图2 茜草组团控制单元分区

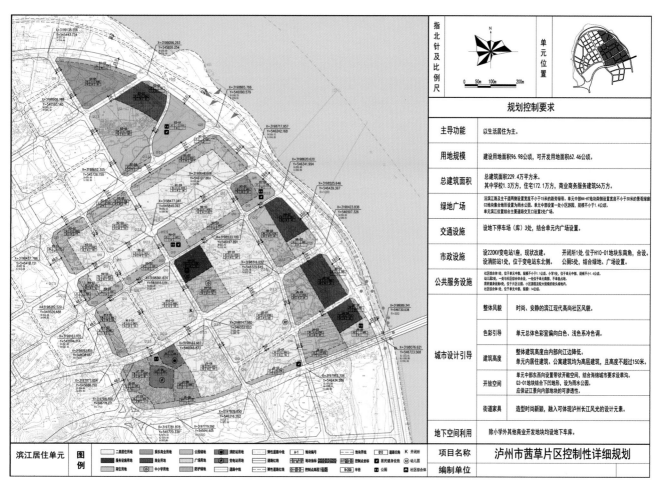

图3 滨江居住单元图则

务服务建筑 56 万 m²。该部分数据参考茜草组团城市设计方案及泸州市规划主管部门提供的规划建设情况与地方标准综合得出，数值取中间值为参考，可根据实际情况在一定范围内浮动。

4）结构性功能布局

单元沿滨江位置布置商业娱乐及商住功能，居住功能布置于内侧，小学及社区综合体布置于单元中央。该部分为单元内部的用地结构布局，为刚性的控制内容，体现控规对土地空间分布的指导。

5）绿地广场

沿滨江路及主干道两侧设置宽度不小于 15m 的路侧绿带；单元中部 H4-H7 地块南侧设置宽度不小于 30m 的景观绿廊；C3 地块结合地形设置为雨水公园；单元中部设置一处小区游园，规模不小于 1.4hm²；单元滨江的位置，结合主要道路交叉口设置 2 处广场。该部分内容结合图则上的绿线内容一并进行控制。

6）交通设施

设地下停车场（库）3 处，结合单元内广场设置。

7）市政设施

设 220kV 变电站 1 座，现状改建；开闭所 1 处，位于 H10-01 地块东南角，合设；设消防站 1 处，位于变电站东北侧；公厕 5 处，结合绿地、广场设置。市政设施的种类及数量为刚性控制内容，具体位置在单元层面仅仅是示意性表达。

8）公共服务设施

社区综合体 1 处，位于单元中部，规模不小于 1.1hm²；小学 1 处，位于单元中部，规模不小 1.4hm²；幼儿园 2 处，一处与社区综合体合设，一处位于单元南部，不单独占地；居民健身设施 4 处，位于片区公园、小区游园及较大规模的街头绿地内。公共服务设施的种类、数量及最小规模为刚性控制内容，具体位

置在单元层面为指引性控制。

9）城市设计引导

整体风貌：时尚、安静的滨江现代高尚社区风貌。

色彩引导：单元总体色彩宜偏向白色、浅色系冷色调。

建筑高度：整体建筑高度由内部向江边降低；单元内居住建筑、公寓建筑均为高层建筑，且高度不超过 150m。

开放空间：单元中部东西向设置带状开敞空间，结合海绵城市要求设草沟；QC3-07 地块结合下凹地形，设为雨水公园。应保证江景向内部地块的可渗透性。

街道家具：造型时尚新颖，融入可体现泸州长江风光的设计元素。

该部分是根据茜草组团城市设计中的具体形态设计，结合控规本身需控制的空间形态要素的种类及深度；它是将城市设计导则转译为控规单元图则引导性要求的一个过程，弥补了传统图则在城市设计方面较弱的问题，体现控规定性的内容。

10）地下空间利用

除小学外其他商业开发地块均设地下车库。

11）控制线

在单元图则的单元布局图中，应划定"六线"的控制线位置，标注坐标，体现控规定位的内容。土地是城市规划的基础载体，土地制度及其衍生的权利关系决定了城市规划的价值理念与技术逻辑。

（4）地块图则

在传统控规指标体系基础上，根据国内生态控规案例，结合海绵城市要求，构建本次规划地块生态控制指标体系，按基础性指标、强制性指标、引导性要求共三大类 24 个分项指标。本文主要针对新型控制指标及弹性控制进行讨论，对传统的控制指标及控制要求本文不再详述。地块图则在单元图则刚性

规定的基础上，结合城市建设及规划实施的具体要求，对具体指标进行弹性控制（图 4）。具体的弹性控制方法及新型指标主要为以下几点。

1）用地边界

传统控规地块图则用地边界控制毫无弹性，地块分隔线均标注坐标定位，导致在实际规划项目选址、设施落地中缺乏弹性，一旦遇到项目规模与规划用地边界出现冲突的情况，就必须走严格的调规程序。本次规划在地块边界的控制上，采取虚线控制的方法，地块的位置不能改变，但是用地边界线的形状可根据具体情况进行调整，地块图则上只反映规划建议的理想用地边界线，但不做严格的坐标定位。

2）用地性质及土地使用兼容性

地块图则规定的土地使用性质不应单一化，建议针对每一块用地，详细规定其兼容条件，使规划具有较强的应变性。另外，兼容用地部分的控制比例不宜超过原用地比重的 40%，以保证整个地块的规划功能。具体到图则表达中，可用兼容性质与兼容比例的形式纳入控制指标表格中。另外，彼此临近的几个地块可以根据实际情况，地块之间的用地性质可以相互转换或者统一，在地块图则中以备注形式注明。

3）开发强度的弹性控制

为避免盲目提高开发强度，为居民提供良好的生活环境；根据市场优化配置原则，可采取基准容积率和浮动容积率来明确地块的开发强度弹性区间。其中，基准容积率是在能保证开发建设顺利进行，并在经城市设计研究能保证空间形态的前提下的基本控制标准，可以作为土地出让的基本条件。浮动容积率是指在基准容积率之上允许上浮的最高设定值，任何情况下不得突破。本次规划的基准容积率及浮动容积率取值根据城市设计及《泸州市规划管理技术规定》

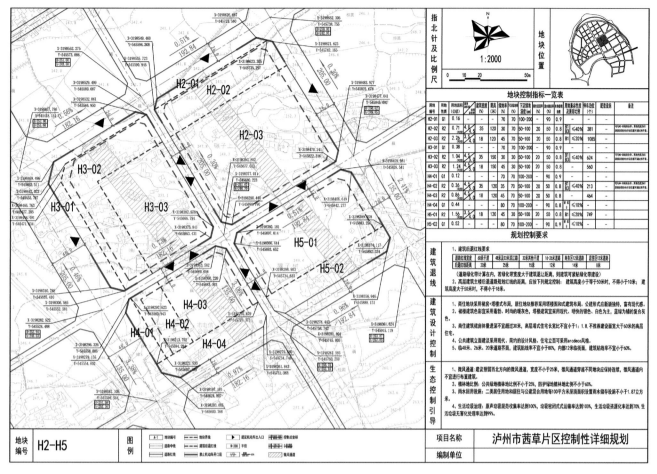

图4　单元内部具体地块图则

综合得出。另外容积率的弹性与建筑密度联动，以 0.1 容积率为浮动单位，每增加 0.1 容积率，对应的建筑密度应减少 0.5%～1%。

4）新型控制指标及引导内容

本次规划地块图则除增加了对地块弹性控制的内容外，还增加了海绵城市及生态型控规的内容，在控规图则编制层面落实了海绵城市与生态规划对控规的新要求。

根据《海绵城市建设技术指南（试行）》中要求"详细规划（控制性详细规划、修建性详细规划）应落实城市总体规划及相关专项（专业）规划确定的低影响开发控制目标与指标，因地制宜，

落实涉及雨水渗、滞、蓄、净、用、排等用途的低影响开发设施用地；并结合用地功能和布局，分解和明确各地块单位面积控制容积、下沉式绿地率及其下沉深度、透水铺装率、绿色屋顶率等低影响开发主要控制指标"在图则控制指标表格中落实了下沉式绿地率及其下沉深度、透水铺装率、绿色屋顶率的指标；指标取值根据《指南》要求给予一定弹性。

另外在地块图则的控制指引文本部分，落实生态控制的要求，包括：微风廊道、植林地比例、雨水回用设施及生活垃圾治理要求。其中，微风廊道在地块控制图中仅表达建议位置及宽度，不

给定控制点的坐标，以保证实施弹性。

[参考文献]

[1] 曹培灵.控制性详细规划控制体系的适应性研究——以上海控规编制实践为例[A].新常态：传承与变革.2015中国城市规划年会论文集（06城市设计与详细规划）[C].2015.

[2] 平茜.基于弹性控制理念的控规核心指标确定思路与方法探讨[D].苏州科技学院.2013.

[作者简介]

廖　琦：四川省城乡规划设计研究院工程师。

以遗产传承为核心的城乡规划

彭万忠

[摘要] 通过对都江堰灾后重建系列规划建设的回顾与剖析，进一步强调保护与传承自然文化遗产是塑造地区特色、建设理想城乡、实现地区可持续发展的有效规划之道。

[关键词] 灾后重建；遗产；传承

从汶川地震灾后恢复重建总体规划于2008年10月初公示到2010年5月初重建任务基本完成的一年半的短暂时间里，一个涉及60万人的都江堰市城乡重建规划蓝图得以基本实施和检验，总体看来，建设实施基本实现了规划的意图，规划的制定与实施管理以遗产传承为核心的基本思想应该长期坚持①。

1. 都江堰市的遗产特色

（1）水利传奇，流芳百世

仙山下、圣水旁、田园里、都市上，如诗如歌…2266年历史的都江堰。

200万年前，伟大的地壳运动造就了青藏高原与四川盆地，就在两者结合部的中央，千里岷山终于一落平原，放纵不羁的岷江水从崇山峻岭中奔腾而下，贯入川西的千里沃野。

战国末期李冰父子率领蜀民在山水与平原交会处开凿了"无坝引水、自流灌溉"的生态水利工程——"都江堰"，从此凶猛的岷江水即被梳理成甘甜的乳汁，润泽了一个天府之国，织出了一幅

锦绣平原，造就了独具魅力的川蜀文明，开创了"水旱从人，不知饥馑，时无荒年"的盛世纪元，历经2266年长盛不衰，永续造福（图1）。[1]

（2）历史名城，源远流长

都江堰市天生丽质，江分内外，城伴山原，半城依山，半城融水，负阴抱阳，玉带分流，山、水、城、林、堰相因相借，浑然一体，犹如一把巨扇镶于平原西北端。"满城水色半城山"理想的城市格局将"道法自然，天人合一"的生态营城至高境界演绎得淋漓尽致，特色鲜明，举世无双（图2）。[2]

（3）道教圣地，生生不息

在城市的西南，一代天师张陵在公元143年于青城山创立了道教，师法自然的道教文化就此生根，宗派繁衍，久盛不衰。

（4）久负盛名，享誉古今

杜甫赞："锦江春色来天地，玉垒浮云变古今。"李白赞"九天开出一成都，万户千门入画图。"董湘琴赞："流出古今秦汉月，问他伏龙可曾寒？"赵朴初赞："长城久失用，徒留古迹在，不如都江堰，万世资灌溉。"余秋雨赞"拜水都江堰，问道青城山。"

都江堰—青城山以独特的中华智慧征服了世界，已被列入《世界遗产名录》10年。

2. 地震的破坏

劫难，突如其来！天崩地裂、山河

图2　古城鸟瞰

破碎、家毁人亡！

2008年5月12日14点28分，经过几千年的能量积聚，地壳应力突然爆发，仅80s从映秀到青川近300km的大地被撕裂。地震破裂带穿越都江堰北部山区的龙池镇、虹口乡，距城区仅约6km。天崩地裂、山河破碎、家毁人亡、突如其来。都江堰遭受了巨大损失。

3. 重建规划面临问题

压力，前所未有！全球关注、全民期盼、千头万绪、何去何从？

因地震波和房屋质量好劣等原因，都江堰旧城区建筑损毁（严重、中度、轻微）分布参差不齐，犬牙交错，甚至同一栋楼的不同单元损毁程度也不同。同一栋楼受灾户的重建意愿自然就各不相同，底楼商铺要加固使用以便于尽快营业、楼上经济条件好的要原地自建以便原地居住、经济条件差或外购居住户要置换政府的安居救助房。大量灾毁房屋面临无证、证照不全、违规修建等诸多历史遗留问题…如此复杂的局面下如

图1　都江堰市整体环境

何协调统一，开展重建？要等多久？

在旧城区，原规划提出了河边退出20米作为滨河休闲开敞空间要求、道路交叉口的展宽要求，房屋间距符合日照要求等，这又使部分原址自建商铺与住户的重建甚至维修加固与规划要求间产生诸多冲突。

城区规划政策涉及近20万受灾群众的居住与生计，人人关注、家家急盼，必须尽快作出回答。

城市规划管理部门首先提出了跳出旧城区在远离地震断裂带的聚源新区实施重建，既利于快速建设，又要有利于旧城区适宜尺度的保护和降低古城高强度开发压力。全球十家著名规划设计机构提出的都江堰市灾后重建概念方案也响应了这一提法。此言一出，立即引来了更大的争论，大多数人都不愿离开旧城区。

灾后重建在短短时间内必须迅速推进，大量建设需求几乎同时释放，带来了高难度和高强度的规划协调要求。灾后城市规划建设不仅要平衡历史遗留的和灾后新出现的空间利益问题，还包括城市空间管理目标的实现。产业结构、城市特色、空间品质、居住环境等许多方面是否能在灾后重建过程中得到优化？

作为世界遗产地城市，灾后发展目标是建设国际休闲旅游城市，灾后重建受到全球的广泛关注，必须向世界和国人作出令人满意的交代！

重建规划面临前所未有的压力！千头万绪、何去何从？

4. 重建规划基本思想

问道？传承遗产！传承历史、因势利导、顺势而为、持续更新。

根据震后建筑受损评估和地质灾害评估，都江堰"青山绿水依旧美丽，世界遗产安然无恙"。都江堰发展的核心资源没有缺失，地区建设的构架未受

到结构性的破坏。

如何抓住机遇进行规划优化，推进规划的实施达到国际水准的要求，真正做到"向历史负责、给世界交代"？复杂的现实局面令人不由自主地从全球认可的遗产智慧中寻找答案。

都江堰水利工程流芳百世，核心是因为其巧妙利用当地自然山水条件、因势利导、化害为利，并持续维修至今，灌区也不断扩大；青城山道教广为流传，核心是因为其思想充分尊重了天体的规律、人性的本质，顺势而为，"天人合一、道法自然"，并不断得以传播和继承。

世界遗产给我们的启示就是："只有传承历史，保护好遗产的核心特色并不断加以发展，重建才能向世界作出令人满意的交代。"

都江堰的遗产核心特色为"青山绿水，田原林盘，水利传奇、天府之源，道教圣地、自在休闲。"一是优良的自然山水田园和高品质空气质量；二是以都江堰生态水利工程为中心的灌溉水系，包括干、支、斗、毛等渠系；三是深入人心的崇尚自然、自由平和的修心养生的道教思想；四是大众悠然自得、随性乐观的生活智慧。

灾后重建基本思想就是：保护好世界遗产的核心资源与价值，并不断加以发展。

（1）保护好都江堰水利工程及其灌溉干、支、斗渠水系，及因灌溉水系形成的农耕聚落，同时让水系跟上并适应本地区的城镇化进程，从单一的农灌渠系发展为"城乡灌溉水系"，提供多样化城乡水岸景观与水岸生活。

（2）保护好青城山优良的生态环境、道教古建筑群落和道教处事养生的哲学精髓，同时要跟上世界度假目的地的需求，由浅层次的生态避暑地、宗教朝圣地发展为高尚的国际休闲度假养生中心和文化创意服务基地。

（3）尊重旧城区既有的利益格局与社会结构、保护古城区宜人的尺度、街院空间体系和川西传统建筑风貌；同时要满足现代城市集约、高效的发展要求，建设具有古韵的优良居家置业城市。

5. 重建总规对遗产的传承

以堰为心，顺水一体、依山两翼、北山南田。

（1）保护总体生态环境，合理控制人口容量

坚持耕地与生态环境用地不减少，得到有效保护的原则。全域现有建设用地约140km²，通过对现有农村宅基地、镇村集体建设用地、河滩地、田埂和其他未利用土地的整合、流转、利用，可发展到终极的155km²。通过集约化土地利用，常住人口由近70万人发展到100万人。

（2）空间功能结构以世界遗产为核心，顺水一体，依山两翼

强化一体：沿岷江、成灌高速路形成城市的综合服务功能区，包括文化遗产旅游与服务、交通枢纽、商业、金融、教育、医疗、居住、文化创意服务等。

特塑两翼：依托赵公山—青城山—青城外山、沿沙沟河—泊江河构成西南翼，为休闲度假养生旅游与文化、软件产业园区。依托二峨山沿蒲阳河、成灌铁路构成东北翼，为环保制造工业与丘地运动休闲综合区。

提升北山：北部龙池、虹口山区沿龙溪河、白沙河构成自然生态保护区与山地运动休闲旅游区。

保育南田：南部石羊、安龙、柳街坝区沿泊江河、沙沟河、黑石河、羊马河构成田园风光保护区与平原乡村旅游区。

（3）总体空间布局

以古堰为核心，顺水、依山、融田，继承紧凑小扇形形态向外拓展通过田园

生态融入手段形成组团式的大扇形布局形态，由单一小型城市发展为由多个功能互补的小城市组成的城乡型都市；继承原有的道路，介入快速轨道交通、快速道路网、智能交通体系发展为现代绿色交通体系；改善原有各自为政的市政服务格局通过整合、共建、共享的手段，构建一体化环保型现代市政服务体系（图3）[3]。

6. 乡村重建对遗产的传承

林盘村落、有机集散、川西农耕、时尚田园。

（1）尊重民情，提供多种重建模式选择

住房灾毁农户分布广，情况复杂，意愿多样，因此群众主体、政府主导、社会参与成为灾后住房重建的基本思想。都江堰市委、市政府提出了货币置换、原址自建、就近统规统建、就近统规自建、社会参与联建、原房加固等模式供农户选择，根据农户意愿制定方案，主导推进。2010年已完成约3.5万灾毁户建设，加上约2.5万户非灾毁户组合加入，已完成约6万户的农户重建。相当于灾前农村20年的建设总量。

（2）统规为主，并小盘建大盘，聚散院成新村

都江堰水利灌溉工程造就了发达的川西农耕文明，具体则表现在大大小小的林盘上。林盘由约20户农家院落构成，包括农宅、院坝、竹树林、灌渠、小道和菜地、耕地及其环境，田地耕作距离在100～800m不等，适宜步行，这就是川西农村聚落构成的最基本细胞。在没有改变耕作生产方式的条件下，农民根本不愿搬到更远的地方居住。面对3万余户灾毁农户，都江堰提出结合林盘整理，拆小院并大院，统一规划，提高林盘内建筑密度与高度，根据具体情况

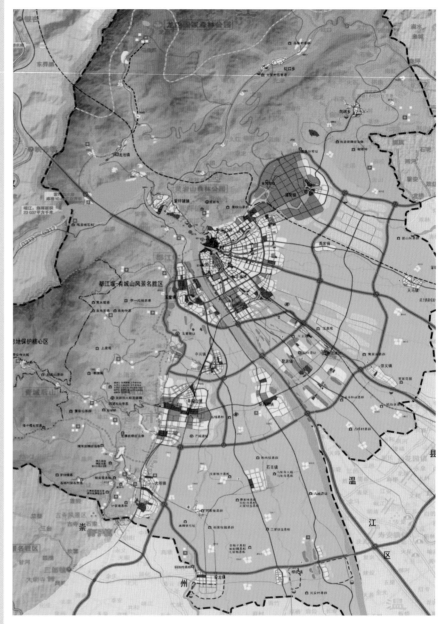

图3 灾后市域总体规划

建设集中安置点（图4）。

这样一来，如原来约100户的村民小组由约6个林盘构成，通过重组规划，一层的房子建两层，建筑布局更加紧凑，每户节约出来的建设用地为原来的65%，原来1户的屋基可容纳3户建房，使用其中2个靠近的林盘就可满足该组的重建，剩余4个林盘可满足临近的2个村民小组重建，临近村的林盘还耕，建设用地指标外挂；同时部分耕地置换调整，保证耕作最远距离不超

800m；如此，散居100户村民的区域在原有林盘内建设用地不增加却形成了3个100户的新林盘，构成了约300户的新村落，村落中心配套村级商业、文化娱乐设施，水电气可集中供应，污水集中处理，养殖分户集中，环境卫生专人管理，腾出的建设用地可流转创收，生活品质大大提升，又依然保持农耕环境与生活形态（图5）。

（3）建筑形式独院低层高密坡顶多样，保持田园风光特色

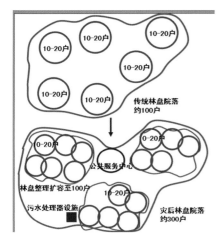

图4 林盘整治扩容示意图

图5 某林盘重建规划设计示意图

广袤的田园点缀雅致的农家小院是川西平原最具魅力的风光，农村重建不能将城市的小区搬进乡村田园，破坏独有的特色。在有机集中的大前提下，保持传统坡屋顶的统一风格，但平面布局要错落变化、屋顶高度要有起伏、设计手法要不同、建筑色彩要有所区别，虽是统规，宛若自成。保持独门小院的农宅特点，也为原真性的农家体验旅游奠定基础（图6）。

7. 城市安居新区重建对遗产的传承

新型社区、现代街院、宜人空间、生活家园。

（1）广征群意，满足民愿，科学选址

都江堰市政府对灾后城镇住房重建提供了原址重建、除险加固、置换土地建房、租住住房、购买安居住房、单位组织建房、置换安居房或货币终结等7种方式供受灾群众选择。根据灾后城区灾毁户重建意愿调查，愿意在新区置换安居房的约3万户，占4.0万户总灾毁户约75%，户型以70m²为主，85m²、105m²、120m²户型补充，地点要距旧城最近。

住宅需求约230万m²，须新征占土地约160万m²。规划为避免建成单一的大型灾后住宅区，结合城区建设与征地农民安置房建设，规划选址在城区二环路两侧，按5个小区错开布局。规划地块划为25块，每块大小不超过6hm²，道路间距200m左右，形成更多街道口岸，利于城市管理与交通运行效率（图7）。

（2）规划主导，全球参与，统一多样

图6 已建成入住的灾后五桂新村

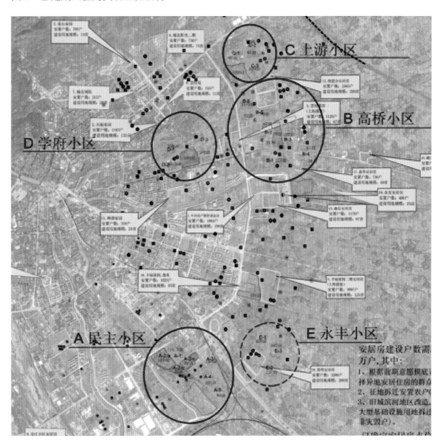

图7 安居新区分布图

城区安居房必须在 2009 年的年底基本完成，2010 年 5 月 12 日前全部完成，从 2009 年 1 月底选址、户型确定到基本建成仅有 11 个月时间。230㎡ 规模是灾前约 5 年新建住宅面积的总和。大规模、高速度的建设极易将安居新区建成标准化、单一型、兵营式的宿舍群，这样的结果无论对世界遗产地的风貌保护还是居民的未来生活品质都将是灾难性的。

规划部门受命牵头组织安居房地块的建筑设计，向国内外设计单位公开征集 25 个地块的建筑方案。近 50 家报名，选出的 19 家机构提出了 65 套方案，通过专家评选、大众提议、规委会决定的方式确定实施方案。确保了每个地块由不同建筑师设计，在坡屋顶的统一要求下，各具特色（图 8、图 9）。

（3）延续传统，全新配套，构筑新城

新区建设最担心建成无地域文化延续、配套缺乏、管理无序的空壳地区。如何让居民对新区居住生活产生认同，不觉陌生？规划部门在规划设计要求上强调要延续川西建筑传统，建筑形式以多层深色坡屋顶为主、局部点缀坡顶小高层，建筑群体布局以院落围合为主，沿街设计连续骑楼与商铺、形成具有活力的街院体系，使市民感觉虽住新区，如居旧城。小区中部临街地块规划的绿地、幼儿园、多层室内农贸菜场、多层停车楼同步设计，同步建成使用，预留部分城市地块规划酒店、宾馆、写字楼，使安居新区将来成为商业活跃、环境优美、生活方便的城区（图 10）。

目前，安居新区已建成约 180 万 ㎡。

8. 旧城区重建对遗产的传承

尊重历史、顺应民意、组合重构、共建街院。

图 8　永丰安居小区规划设计

图 9　建设完成的 E2 地块

（1）顺应民意，优化规划，延续格局

根据重建意愿调查，旧城区约 5000 户灾毁户愿意选择原地自建。点小分散，共计约 117 个点位涉及约 80 万 ㎡。详细规划完成后逐个社区征求意见，自建户特别是商铺自建户基本认为规划过于理想，反对规划提出的道路拓宽、打通、加密，反对建筑后退与间距增加等要求。规划一时难以实施。规划通过进一步的梳理，更加紧密地结合现状，延续了原有的空间利益关系，才获得重建户的认同。

（2）群众主体、政府主导、组合重构

旧城区建筑灾毁分布情况复杂，同一栋楼利益诉求多种多样，难以统一。政府有效创建街区包片工作推进机制，充分发挥社区作用，大胆创新重建

图 10　上海援建文化居住"一街区"

融资筹资方式，积极探索组合重建、业态整合、空间资源挂牌出让等 12 种重建模式。通过细致艰苦的引导，促成了大量留下自建户的组合重建：如多栋组合到一栋内，就近地块组合到几栋内，跨街区组合、跨社区组合等，促成了大量重建户与社会公司的合作联建，大大推进了旧城区重建进程（图 11）。

（3）规划组织、设计入户、传统复兴

规划部门将灾毁自建点分块打包，动员众多设计机构参与设计，得到了广泛的支持。各设计负责人挨家挨户落实设计方案，要求自建业主签章确认。新的建筑方案基本延续原有建筑格局，但建筑风貌按新要求得到大大的改善，旧城商业活跃的传统因建筑品质的提升

将得到复兴（图12、图13）。

两年之内，117点位全面动工，已完成约30万㎡。

9. 总结

短短一年半多的灾后重建时间，约1000万㎡建筑建成使用和即将使用，相应的路、水、电、气、信等市政配套相继建设完成。大规模、高速度、高强度的规划建设对城市空间形态、品质与产业体系的重塑、乡村地区的发展和世界遗产的保护与更新产生了深远的影响。

都江堰灾后重建在适应当代生活需求的同时充分利用现代科技成果，以遗产传承为核心，顺应本地自然山体、水系、田园、植被与风向条件，充分尊重了当地居民重建的意愿、生产生活方式与传统建筑形式，延续了城市传统的空间尺度与形态，协调平衡了既有的空间利益关系，维持了自身独特的文化特征，值得在其他旧区改建和新区开发的规划建设中借鉴。

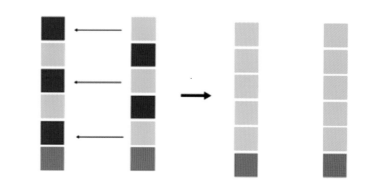

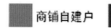

图11 组合重建示意图

■ 商铺自建户　■ 置换离开户　■ 留下自建户　■ 外来组合重建户

[注 释]

① 遗产，包括有形物质遗产和无形非物质遗产，尤其不能忽略历史积淀下来的既有的生产生活方式、利益格局与社会构成等多方面。

[参考文献]

[1] 四川省城乡规划设计研究院.都江堰城市总体规划（2003-2030）[Z].2003.

[2] 樊丙庚.四川历史文化名城[M].北京：中国建筑工业出版社，2000

[3] 上海同济规划设计研究院.都江堰市城市灾后重建总体规划[Z].2008.

[收稿日期] 2016-06-25

[作者简介]

彭万忠：四川省城乡规划设计研究院城市设计所所长、副总规划师，高级工程师。

此文曾发表于《城市规划学刊》2010年03期，此次再刊载时已经做了局部修改和调整。

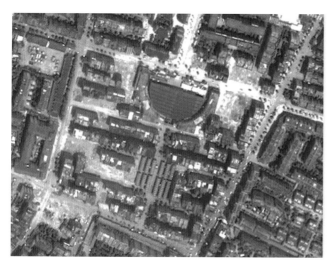

图12 "荷花池"原址自建灾毁航片

图13 "荷花池"原址自建建成照片

城乡规划以民意为本

彭万忠

[摘要] 本文研究分析了都江堰市灾后重建城乡规划编制与实施建设的方方面面，特别是对社会各界及广大市民对规划方案制定的影响过程、结果、原因进行了深入的剖析，论述了城乡规划以民意为本的重要性与必要性，提出了城乡规划编制过程中加强公众参与、实现民意的有效途径。

[关键词] 城乡规划；重建；实施；民意；公众参与

都江堰，地处青藏高原的东沿、岷江进入成都平原的隘口；缔造了中国古代水利传奇，成就了享誉世界的"天府之国"，孕育了中华道教祖庭，创立了川蜀灿烂文明；历经几千年长盛不衰、永续造福。"拜水都江堰，问道青城山"声名远扬。绝佳的生态环境与悠久的文化底蕴，承载无数安养梦想，千年一贯，持续不断。都江堰—青城山以独特的中华智慧征服了世界，已被列入《世界遗产名录》16年。

"5•12"汶川特大地震，让这位美丽的幸福使者背负着世间仇怨，饱受了巨大的痛苦与轮回。2008年5月12日14点28分，经过几千年的积聚，地壳应力突然爆发，仅80s从汶川县映秀镇到青川县近300km的大地被撕裂。地震破裂带穿越都江堰北部山区的龙池镇、虹口乡，距都江堰城区仅约6km。地震灾害使都江堰市瞬间浩劫，山河破碎，

满目疮痍，人员伤亡惨重，城乡房屋严重损毁，城乡基础设施遭受破坏。地震共造成全市3091人死亡，失踪191人，受伤10560人，受灾人口达62.21万人。城市80%以上房屋不同程度受损，山区、沿山区95%以上房屋损毁，经济损失高达536.65亿元，多年积累的发展成果毁于一旦（图1）。

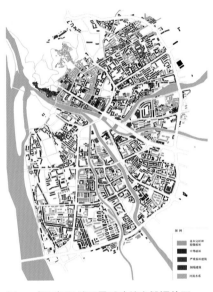

图1　都江堰旧城区震后建筑灾毁评估图

"凤凰涅槃、浴火重生"……重建总体规划于2008年10月初公示，2011年9月底重建任务全面完成。投资约400亿的1031个灾后重建项目覆盖全域城乡住房、交通、市政、教育、卫生、文化、旅游、工业全方面，建筑面积约1000万㎡。经过3年的灾后重建，都江堰城镇面貌焕然一新，城乡发展日新月异，城乡差距缩小，发展信心空前高涨。城乡公共基础设施全新标准、全域覆盖、城乡共享，服务水平提升20年。都江堰城乡统筹与农村建设取得硕果，社会事业蓬勃发展，社会关系日益和谐，知名度大大提升，市场竞争力增强，站上了跨越发展的新高点，迎来了新的发展高潮。回顾重建规划的编制实施过程，成功的关键在于民意为本。

1. 重建面临的复杂局面

因地震波和房屋质量好劣等原因，都江堰旧城区建筑损毁（严重、中度、轻微）分布参差不齐，犬牙交错，甚至同一栋楼的不同单元损毁程度也不同。同一栋楼受灾户的重建意愿也各不相同：底楼商铺要加固使用，以便于尽快营业；楼上经济条件好的要原地自建以便原地居住；经济条件差或外购居住户要置换政府的安居救助房。大量灾毁房屋还存在无证、证照不全、违规修建等诸多历史遗留问题……如此复杂的局面下，如何协调统一，开展重建？要等多久？

在旧城区，原规划提出了河边退出20m作为滨河休闲开敞空间要求、道路交叉口展宽的控制要求、房屋间距符合日照要求等，这又使部分原址自建商铺与住户的重建甚至维修加固与规划要求相冲突。

城区规划政策涉及近20万受灾群众的居住与生计，人人关注、家家急盼，必须尽快地作出答复。

灾后重建在短短时间内必须迅速推进，大量建设需求几乎同时释放，带来了高难度和高强度的规划协调诉求。灾后城市规划建设不仅要平衡历史遗留的和灾后新出现的空间利益问题，还包括城市空间管理目标的实现。产业结构、城市特色、空间品质、居住环境等许多方面是否能在灾后重建完成后得到优化？

作为世界遗产地城市，灾后重建受到举国甚至世界的广泛关注，必须向人作出令人满意的交代！

重建规划面临前所未有的压力！千头万绪、何去何从？

2. 重建的重要民意节点

2008年6月9日，灾后重建概念规划国际援助设计启动；

2008年7月12日，10套灾后重建

概念规划国际援助设计成果评审并公示；

2008年8月5日农村灾后重建动员，入村逐户设计开始；

2008年8月在法院大厅社区市民代表向市委市政府提出规划反馈意见；

2008年8月在政府临时办公地二楼会议室企业代表向市委市政府提规划意见；

2008年9月1日灾毁极重地段荷花池市场片区设计征求意见开始；

2008年9月23日城区规划征求意见；

2008年9月27总体规划向人大报告后再向公众公示；

2008年10月7对社区代表进行总规、控规、城区重建点详规培训与征求意见；

2008年12月9城区控规方案向社会公众公示；

2009年1月15日第二批安居房设计面向全球招标；

2009年2月17日荷花池片区开工；

2009年2月旧城修规编制完成；

2009年3月21城镇住房大会战动员，修规方案逐户征求意见；

2009年4月17日龙潭湾组合自建点正式开工；

2009年5月10日第二批安居房全面动工建设；

2009年5月31日覆盖全部旧城灾毁自建点的入户设计"大会战"开始……

3. 城市总体重建规划制定的民意为本

2008年4月由新加坡"规划之父"刘太格先生完成的《都江堰空间发展概念规划》中提出城市发展重点是在城区外5公里的聚源建立新区。为了尽快解决城区住房灾毁户的住房重建，城市规划部门首先提出了跳出旧城区在远离地震断裂带的聚源建立灾后重建主战场实

施城市重建，既符合长远规划、又利于快速建成，还利于旧城区适宜尺度的保护和降低古城高强度开发的压力。全球十家著名规划设计机构提出的都江堰市灾后重建概念方案也积极响应了这一提法。一个崭新的灾后重建新城在主要领导和许多规划专家的头脑中显现，聚源新区备受期待（图2）。

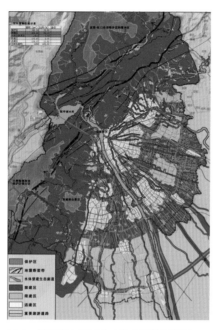

图2　都江堰灾后城乡建设空间管制规划图

然而，城区民众却"不买账"，各种质疑、反对的声音、信函、报告材料传入规划官员的耳中，摆在了大家的案头。于是各种形式的民意调查开始进行。坝坝会、板房夜话、代表座谈、入户调查……普遍的民意反对脱开旧城到新区重建，主要原因是觉得新区太远，远离工作单位、小孩上学、街坊邻居关系、自有资产保护、生活不便等诸多问题。虽然规划管理方解释新区规划一应俱全，环境比旧区好很多，建设速度会更快，但大多数民众没有切身感受，新区远不如旧区看得到、摸得着，依然反对城市重建放到聚源去（图3）。

最终规划采纳了民意，民愿得到了实现。都江堰城市住房灾后重建主要规划在现有城区，采取了外围建新小区、旧城原址建的基本方针。基础公共设

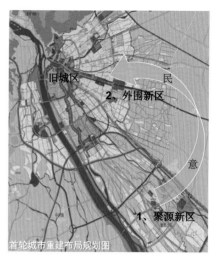

图3　都江堰城市住房重建区选址演变示意图

重建则采取"全域覆盖、就近外移"的政策。确立了"群众主体、政府主导、社会参与"的灾后住房重建的基本思想。政策上，政府对城区住房重建提供了原址重建、排险加固、置换土地建房、租住住房、购买安居住房、单位组织建房、置换安居房或货币终结7种方式，供受灾群众自愿选择。

民意的正确把握强化了民众重建的主人翁意识和责任感，奠定了良好的民众基础和重建环境。

4. 乡村重建的民意为本

最早的乡村重建思路是利用重建机遇，推进新农村建设和规模化农业发展，实现农房向社区集中。政府官员、专家、规划设计师都认为是很好的规划设计图，实施推进时广大农民却"不领情"。他们认为居住在集中小区环境好了、标准高了，但是下地耕作半径太远、生活成本太高、家禽养殖不便、不适合农村生活习惯。

民意的不支持，迫使政府不得慎重思考和讨论研究。深入的研究发现了林盘的价值，林盘是川西农村构成的最基本细胞和都江堰水利世界遗产的延伸，多由20户农家院落构成，包括农

宅、院坝、竹树林、灌渠、小道和菜地耕地环境，耕作半径在 100～800m 不等，适宜步行。深入的研究确定了利用原有聚落林盘增容、宜聚则聚、宜散则散、整合配套的方针（图4）。

深入研究后就提出了货币置换、原址自建、就近统规统建、就近统规自建、社会参与联建、原房加固等模式供农户自愿选择。政府还组织了上百家设计单位走村串户，根据农户意愿制定规划设计方案，主导推进。很好地利用了土地流转政策，为农民建房找到了资金渠道。

顺应民意，使得都江堰农村重建得以顺利完成。不到两年，3.5 万灾毁户，加上约 2.5 万户组合加入非灾毁户，共

约 6 万户 200 个点的农村住房重建任务完成，相当于灾前农村 20 年的建设总量。

顺应民意，使得都江堰农村特色保持。广袤的田园点缀雅致的农家小院是川西平原最具魅力的风景；农村重建没有将城市的小区搬进田园。在有机集中的大前提下，保持了坡屋顶的统一风格，同时平面布局有错落变化、屋顶高度有起伏、设计手法有不同、建筑色彩有区别；虽是统规，宛若自成。独院低层高密坡顶多样的建筑形式，为原真性的农家体验休闲旅游奠定了基础。目前许多农家已经接待了大量前来休闲度假的游客（图5、图6）。

顺应民意并结合林盘整理，使得都

江堰农村品质提升。拆小院并大院、并小盘成大盘，提高林盘内建筑密度与高度，将原有散落的林盘整合成一系列新村落。村落中心配套村级商业、文化娱乐设施，水电气集中供应，污水集中处理，养殖分户集中，环境卫生专业管理，建设用地节约部分可让农民流转创收，提高生活品质。

5. 旧城区重建的民意为本

旧城区约 5000 户灾毁户选择了原地自建，点小分散且原有房屋权属复杂、居民意愿多样。共计约 117 个点位，涉及约 80 万 m²。最初政府组织的旧城区详细规划设计较为理想，将商铺集中成商场，开辟了广场绿化，提出了道路系统拓宽、打通、加密和建筑后退与间距增加等要求。规划设计成果进入社区征求意见时，遭到了自建户特别是商铺自建户的强力反对，城市空间管理的理想目标与商铺业主的利益诉求矛盾凸显，

图4 都江堰灾后乡村林盘整并演变规划图

图6 都江堰五桂村"东桂苑"林盘重建规划图（增容、统规自建）

图5 都江堰五桂村"东桂苑"林盘重建实景

加之旧城区建筑灾毁分布的复杂性、同一栋楼利益诉求的多样性，灾毁房屋拆除无法推进，旧城区住房重建一时陷入僵局。都江堰的干部意识到碰上了一个世界难题（图7）。

政府有效地创建街区包片工作推进机制，充分发挥社区的作用，展开民意调查（图8）。不计其数的坝坝会、板房夜话、代表座谈、入户攀谈之后，工作取得了突破。政策上大胆创新重建融资筹资方式，积极探索组合重建、业态整合、空间资源挂牌出让等12种重建模式。规划设计上更加结合历史现状、基本延续原有地籍关系和空间利益关系。

建筑设计上，规划部门将灾毁自建点分块打包，动员众多设计机构参与设计，各建筑设计负责人挨家挨户落实设计方案，经自建业主签章同意后才报送审批。通过细致艰苦的引导，各自建点均建立了业委会，引导大量自建户的组合重建：如多栋组合到一栋内，就近地块组合到几栋内，跨街区组合、跨社区组合等，促成了大量重建户与社会公司的合作联建，大大推进了旧城区重建进程。

2年之后，旧城灾毁区住房重建已全部完成并入住使用。新川西风貌提升了旧区价值，旧城区商业活跃的传统因建筑品质的提升得以复兴（图9～图12）。

6. 城市安居新区重建的民意为本

根据灾后城区灾毁户重建意愿的调查，愿意在新区置换安居房的约3万户，占4.0万户总灾毁户约75%，户型以70m²为主，85m²、105m²、120m²户型补充，地点要距旧城最近。需求总量约230万m²，须新征占土地约160万m²。

城区安居房必须在2009年年底基本完成，2010年5月12日前全部完成，从2009年1月底选址、户型确定到基本建成仅有11个月时间。230m²规模是灾前约5年新建住宅量的总和。大规模、高速度的建设极易将安居新区建成标准化、单一型、兵营式的宿舍群，这样的结果无论对世界遗产地的风貌保护还是居民的未来生活品质都将是灾难性的。

规划设计上为避免建成单一的大型灾后住宅区，结合城区建设与征地农民安置房建设，规划选址在城区二环路两侧，按5个小区错开布局。规划地块细分为25块，每块大小不超过6hm²，道路间距200m²左右，形成更多街道口岸，利于城市管理与交通运行效率。选址方案确定后

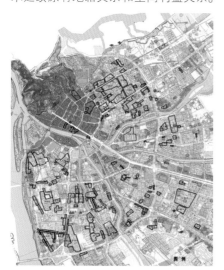

图7 旧城区灾毁自建地块分布图

图8 旧城区自建下社区工作责任分片图

图11 观江社区地块灾毁照片

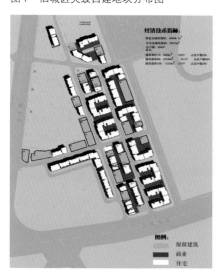

图9 观江社区地块重建未实施原方案图（商铺集中）

图10 观江社区地块重建实施建筑平面（延续原格局）

图12 观江社区地块重建建成实景图

上报向全民公示征求意见（图13）。

建筑设计上，规划管理部门向全球征集25个地块的建筑方案。近50家报名，选出的19家机构提出了65套方案，通过专家评选、大众评议和投票、规委会决定的方式确定实施方案。确保了每个地块由不同建筑师做设计；在延续川西建筑传统坡屋顶的统一要求下，各具特色。建筑形式以多层深色坡屋顶为主、局部点缀坡顶小高层，建筑群体布局以院落围合为主，沿街设计连续骑楼与商铺、形成具有活力的街院体系，使市民感觉到虽住新区，如同居住在旧城一样亲切。小区中部临街地块规划的绿地、幼儿园、多层室内农贸菜场、多层停车楼同步设计，同步建成使用，预留部分城市地块规划酒店、宾馆、写字楼，使安居新区将来成为商业活跃、环境优美、生活方便的城区（图14、图15）。

尤其在户型设计和结构设计上，规划部门、设计团队、居民代表多次协商修改，在有限的面积标准下，尽量提供更多的更好的使用空间。

一年之后，安居新区已全面建成和入住使用（图16）。

7. 规划审批的民意为本

住房重建涉及近10万户家庭，相当一部分属于自建群体，需要自办规划建设手续。复杂、专业的程序规定及相关资料要求使得自建业主根本不可能靠自己能完成建设报批。具体报批过程的重复往来使得报批业主心力交瘁，民众对规划审批程序的设定提出了质疑，误会与冲突频发。

因为民意的需求，规划建设管理部门精心设计了报建"绿色通道"，简化了程序与资料要求，大大缩短了审批周期。并将报批培训材料印成简要小手册，及时有效地对他们进行快速的报批培训。

因为对民意的尊重，规划建设管理部门派驻社区规划员，专门为各个自建

图13 纸质媒体公示征求意见的城区安居房地块图

图14 城区安居房地块与公共设施重建总平面拼图

图15 都江堰城区安居小区 E1、E2 地块设计图

图16 都江堰城区安居小区 E1，E2 地块实景

业主委员会组织和递交报批材料,大大提高了报批的效率。

8. 总结

民意为本,是都江堰灾后重建在"国家行动"下的重要特征,也是其成功的重要保障因素,虽然是非常态下城乡管理的经验总结,却值得在常态管理中继续坚持。

民意为本,不是一味满足民众的任何要求,而是要建立一套机制和搭建一个平台,将民众的利益诉求和政府的管理目标连接起来,使民众的权益得到伸张,政府的目标得到落实。

民意为本,更重要的是民众权益伸张与沟通的过程,不是过于关注其结果。

长期以来,城乡建设仍主要体现重要官员与资深专家的理想、在规划设计团队的笔下成形,在此过程中,城乡大众居民"被理想、被规划"。公众参与规划设计制定一直是人类社会管理的追求目标,但建立其有效的机制成功范例难找,要么通过媒体的概要公示、流于形式,要么各抒己见、难以统一、效率低下。

都江堰灾后重建以规划设计专家团队为中介平台,依托政府基层社区管理部门为基础机构,摸索出了政府决策和管理层与广大业主沟通对话的有效机制,实现了城乡规划制定和城乡建设管理过程中的民意为本,成为现代城乡规划建设与管理的生动范例,值得深入探讨和发扬(图17~图21)。

[收稿日期] 2016-06-25

[作者简介]

彭万忠,四川省城乡规划设计研究院城市设计所所长、副总规划师、高级工程师。

2008~2010年间在都江堰市规划管理局挂职任副局长。

本文已在《时代建筑》2011年第6期发表;此次再刊载时已经做了局部修改和调整。

图17 都江堰灾后重建规划街头公示

图18 都江堰重建规划政策板房坝坝会

图19 都江堰灾后重建规划下社区培训讲解

图20 都江堰住房重建方案专家评议

图21 都江堰灾后总体城市设计图

科学合理风貌整治积极保护名城古镇

戴 宇

[摘要] 四川省的历史文化名城、历史文化名镇名村资源丰富、分布广泛，但保护现状不容乐观。为平衡经济发展与文化建设的多重需求，本文通过总结了近年来四川省多个名城名镇的保护规划以及风貌整治规划设计的实践经验和教训，为积极保护名城古镇，科学合理地开展风貌与环境综合整治提出了有益的建议。

[关键词] 历史文化名城；历史文化名镇；保护；风貌整治

1. 四川历史文化名城古镇的保护现状

四川省拥有为数众多的国家级、省级历史文化名城，还有不少未纳入保护系列的古镇和村落。在关注这些丰富的历史文化遗产的同时，应深刻意识到名城古镇的景况并不令人乐观，保护现状令人堪忧。

（1）传统格局与风貌特色正在消失

根据调研走访的情况可以看出，名城古镇普遍存在传统格局与风貌特色急速消失的问题。

许多城镇历史上存在的传统格局，如城镇布局、街巷空间、路网水系、山水格局等；以及具有特色的城镇风貌，如建筑风格、体量关系、地标建筑等，被不恰当的改造、遮蔽、废弃，及至破坏、拆除。

比较突出的问题还包括赖以为继的空间环境，由于城镇发展被与传统风貌不相协调的环境环绕包围；文物保护单位被孤立，丧失了应有的空间环境；许多历史街区或古镇村落，被大量新建的呆板砖房所围合。这些都导致名城古镇传统格局与风貌特色的模糊、弱化、空泛，直至消失。

（2）传统建筑质量普遍较差，新建建筑风格突兀

四川省现在强调保护的历史文化名城古镇，多数是明清、民国时期以来的传统城镇，建筑遗存多数已历经百年沧桑。加之传统竹木、砖石结构受四川潮湿多雨气候环境的侵蚀，更容易加快损朽。除个别重点保护的文物单位外，多数古老建筑年久失修、保存质量更是令人堪忧。特别是构成历史文化街区的大量传统民居建筑，通常未被纳入文保单位，没有任何渠道的保护资金投入；保护的事权责任主体不明确；仅靠住户自身根据使用的需求，做了一些家庭作坊式的小装修、小改造，仅仅满足"不垮"的使用功能而已，对整个街区和历史地段的保护毫无裨益。

（3）掠夺式开发与消极保护模式并存

最近20年以来，因"旧城改造"、"危房改造"、"棚户区拆危"等一系列运动式的拆城行动，各级政府层层下达政绩考核指标并严格督办，导致建设性破坏越来越没底线了，使很多名城古镇的改造、更新与建设走了很多的弯路，甚至是错误的路径，造成无法挽回的损失；许多城镇最后的传统风貌特色消失殆尽。

这种掠夺式的开发如同家族落魄时期，要依靠变卖家藏古董度日，为发展经济导致的城市历史文化资源建设性破坏几乎成了"发展过程中必须付出的代价"！各级政府和官员都是统一的说词。

同时，许多欠发达的城镇，由于经济基础薄弱城市建设起步较晚，以对历史文化资源投入最小的消极保护模式居多。许多文保单位大门一关了事，任它风吹雨打；居民住户改造只要不找当地的管理部门申要少许的保护补助资金，就随他去建房；或是只要层数、高度、面积、宅基地界限等简单量化的指标符合管理要求，改造户使用的材质、色彩、风格、形式等都不再干预或过问了。这造成了许多历史文化街区里乱改乱建行为失控，古城古镇中加塞了很多风格冲突的"现代"建筑。

（4）历史文化资源尚存，亟待保护利用

四川是一个山区丘陵地形为主的省份，许多偏僻、贫穷的地域还保留有丰富的历史文化资源。这些古城古镇多数地处偏远，经济发展落后，但人文风尚犹存。

由于没有开发资金、缺乏开发意识，今天还难能可贵地保留下许多历史文化遗存。最近公布的历史文化名镇多数属于此列。[1]

在构建和谐小康社会的时代背景下，在已经取得可贵的名城古镇保护经验教训的基础上，现在开始科学、有效地采取严格保护、合理利用的措施，正逢其时。

2. 风貌整治对名城古镇保护的适应性

本文所指风貌整治 Townscape Rehabilitation，与《历史文化名城保护规划规范》确定的"整治"含义是一致的；即指：为体现名城古镇风貌特色所进行的各项治理活动。

风貌整治突出的特点在于针对现状开展治理。这首先否定了对名城古镇大

拆大建的粗暴改造方式；也是要让不切实际的复古理想主义打住。所注重的是关注现状—现状格局、环境、景观、交通、路网、风格、型制、体量、色彩、基础设施……

（1）整治总平面布局延续传统格局

1）传统城镇格局是该城镇最有特色的宏观图底。这样的格局包含周边环境、景观要素、传统风水要素、建筑布局关系、功能组合、路网交通关系、山体水系等。

但是应该看到，名城古镇之所以"古"，在于农业社会时期，生产力水平相对低下，古人对于自然的索取和开发力度远远小于现代人类的作用力。因此名城古镇在过往历史上的人口增长、物质需求通常都自发限定在城镇环境容量之内的，一旦有所突破便会寻觅生存空间另谋发展，比如分家、搬迁（另址聚居），甚至外迁移民。

进入工业社会后，人类改造自然的能力大大增强，名城古镇空间飞速发展，城镇人口快速增长，名城古镇再也不可能如像传统缓步推进模式那样自然生长的有机发展了；代之以满足经济增长、功能需求、各方利益诉求为特征的功利型发展模式，对自然环境资源的开发，达到了前所未有的力度。传统温和驯服的利用自然方式不可能满足现代城镇的发展要求。

所以现在的名城古镇发展首先就是对传统城镇空间的极大突破，这是历史发展的必然！只是在发展过程中，建设部门对于城镇发展空间的规划布局充分发挥科学引导、控制的作用就显得尤为重要。

2）我国的城镇发展模式主要是依托旧城外扩来布局新区，另辟新城的方式实践中事实上并不多见。特别在四川多山区丘陵的地形条件下，历经多年的场镇选址是祖辈精选出来的最适宜的建

设用地，另开建设用地非常困难。同时旧城的人气繁华、社区成熟、商业网点等条件更是城市发展的核心原动力所在。这也难免许多城镇新区发展不得不紧紧围绕旧城而展开。只是这同时也导致了名城古镇传统城镇格局的迷失、混沌与模糊的根源。

3）风貌整治把控全局的做法首先是梳理总平面布局。作为全面可持续发展的前提，在当前历史时期名城古镇的要务之一是发展建设的同时，保护好名城古镇风貌特色延续传统格局。尤其是通过总平面布局调整、完善等整治措施，在寻求历史遗留布局特色的基础上，深入研究其原有的科学布局。

对大城市而言，应当充分注重保留历史文化街区、历史地段和历史城区，严格保护好文物古迹与文保单位，并高度重视对非文保单位的传统民居建筑的保护。再也不能重蹈武断地消灭小青瓦、粗暴地推倒重来、粗制滥造的新建仿古街等做法。

尺度较小的古镇村落，应充分重视总平面布局中道路交通（车、步、停车、步道、水系等）、山水环境、田园水系、步行街巷空间、景观节点控制等因素。尤其是新建城区与古镇核心相连接的部分，应完善街巷路网系统、改造街巷尺度或设置适宜的隔离方式，使新旧镇区有机相连。

这些城市规划一再强调的做法，都应通过历史文化保护规划的编制，予以公布、确立。并通过风貌整治规划实现对具体实施的落实、指导。

（2）建筑风貌整治延续传统风格

名城古镇保护区内，许多传统建筑应通过严格保护、修缮、维修、改善等方法予以保留。但是新建城区与传统风格存在冲突是名城古镇常见的问题，即使在核心保护区里，通常也可能遗留有少量没有任何建筑风格的房屋。对与历

史风貌有冲突的建筑物和环境因素进行改建，是建筑风貌整治的重要内容。

应该看到，传统建筑风格从来就不是一成不变的，也一样在随着历史缓步的演进。这表明了传统建筑风格在继承的同时，存在着现代工艺条件下的改进可能。因此对于名城古镇需要改造风格的大量建筑，应当通过仔细研究、精心设计、和地方化的施工加以整治。

建筑风貌整治不是简单的"穿衣戴帽加腰线"，不是单纯的屋顶平改坡，不是用现代材料一味地模仿传统构造。应当在建筑体量、层数、高度、色彩、依据现状建筑平面的屋顶形式、尺度段式划分、虚实空间对比、细部设计、节点与小品设计等方面加以全面考虑，采取诸如总体高度控制、改坡屋顶、加檐廊、原地落架异地重建、外墙装贴传统材料、外墙涂刷色彩、铺地改装、换门窗构件等"修旧如旧"的措施，以达到折中样式的传统风格建筑。

同时，在局部地段内，通过少量风格严格推敲、精细施工、"修新如旧"的新建建筑，可以基本实现恢复整合街区内传统风貌的风貌整治目标。

（3）改善基础设施

公众对风貌整治成果的理解，很大一部分来自于基础设施水平的提高。名城古镇通常位于旧城之内，市政基础设施配套跟不上，也不完善。供水不足、排水不畅、电力设施老旧、通信能力不足是常见的历史遗留问题。风貌整治在这些方面应充分结合规划布局调整与建筑风貌整治开展，完善基础设施。

（4）较低的造价、较快的施工周期

风貌整治工程量具有突出的节约造价的优势。由于大部分工程量避免了拆除重建，只是针对现状开展一些改造，因此总体造价还是大大节约了。

但是由于工程量的发生存在较大差异，难以通过施工图精确控制造价，实

际运用以现场工程量收方为主。

风貌整治的施工工艺主要是外场制作、现场安装；材料做法较为成熟，如传统大木作构件的加工、架立、灰砖青砖外装材料的装贴、屋脊青瓦脊饰构件的就位、小木作门窗、吊瓜、撑弓等构件的安装，施工周期明显较大规模砌筑或现浇混凝土的施工方法快了许多。

（5）较少的居民动迁、较大的社会综合效益

风貌整治力主避免大规模拆迁，宜尽量将居民动迁、施工影响降低到最小的程度。虽然在规划与实施阶段，出于总体布局的考虑，存在部分建筑拆迁，例如对违章搭建、不协调的加扩建部分的拆除、对个别难以实现整治效果极度破损建筑的清理拆除等。

同时，出于对非物质文化保护的考虑，大量保留本地居民及其住所的做法，是为民俗精华、传统工艺、传统文化的保留提供了真实的活载体。对少量新建建筑，可以通过商业运作、招商引资的方式，有选择性地引入带有盈利目的、并兼顾传统民俗工艺继承、展示、表演性质的商家。通过风貌整治，已经在许多名城古镇实现了较好的社会综合效益；原有居民从不理解到实施后由衷地拥护城镇改造、更新和建设，历史文化得到保护，环境景观得到维护，城镇历史文化资源同时做到了合理利用，以旅游休闲产业为代表的服务业带动地方经济得到了正常的发展。

3. 风貌整治的驱动力

（1）风貌整治的外因

四川省名城古镇风貌整治的起源，多具有自发性，多数风貌整治的启动初衷来自于具有功利心态的发展旅游、促进地方经济的诉求与考量。这种利用名城古镇历史文化资源的朴素愿望推动了风貌整治的开展与不断深化。

风貌整治首先总结了急功近利的建设性破坏之后的得失与教训，学习参考了国内外"城市美化运动"、旧城改造成功实施案例的成果。并且事实上，已经通过实施风貌整治，实现了许多名城古镇的积极保护与合理利用，带动了地方经济的可持续发展。

（2）风貌整治的内因

改革开放30多年以来，我国的经济建设取得了辉煌的成果，城镇经济实力大大增强。这为城镇建设奠定了坚实的基础，也展现出了欲通过精细发展、建设自身文化品牌的迫切愿望。城镇经济发展模式不再仅仅依靠第一、第二产业作为主要支撑，需要多元产业维持全面可持续增长。名城古镇的风貌整治为活跃地方经济、带动旅游服务业、促进传统文化产业等方面起到了重要的促进作用和转型发展的可能。

名城古镇的风貌整治以保护传统文化、发扬地方风格为主。我国的历史文化自近现代以来，苦于急迫改变经济极度落后状况的需要，保护工作一度处于发展停顿的境地。虽然风貌整治是刻意对名城古镇开展的保护建设，但这种积极的应对措施在科学设计精心组织的前提下，实践已经证明能够切实起到让名城古镇延年益寿的功效。

在当前历史时期，通过科学合理的开展风貌整治，使得名城古镇在经历消极保护、建设性破坏的阵痛期之后，名城古镇历史文化传统能够走出农业社会自身慢慢进化发展的模式并发扬光大，能够取得与现代工业、信息技术和经济文化相融合、相协调的结局，能够健康有机、与时俱进继续的发展，得以真正成为子孙后代可以缅怀祖国伟大历史文化传统的城镇空间载体，是值得肯定和认可的。

[注释]

①至当时成稿日期为 2009 年。

[参考文献]

[1] 应金华，樊丙庚　主编 . 四川历史文化名城 . 成都：四川人民出版社，2000

[收稿日期] 2016-06-25

[作者简介]

戴　宇：四川省城乡规划设计研究院高级工程师。

本文曾发表于 2010 年第 2 期《四川建筑》；本次再刊时已做局部修改。

原乡自然与人文景观资源的保护与共生

易 君、骆 杰

[摘要] 在哲学意念的引导启发之下，自龙村的村庄修建性详细规划注重原乡自然与人文景观资源的保护与共生；一方面创新性地利用了景观动态视觉感受"旷奥度"的分析，实现重要景观空间管制策略，保护村落原生态，传承文脉，深度挖掘藏文化内涵；另一方面则优化布局、健全功能、完善设施、改善环境；从而实现人与自然和谐共生。

[关键词] 原乡自然与人文景观；旷奥度；保护与共生。

稻城县地处甘孜州的南部，是大香格里拉生态旅游区的核心区，素有"香格里拉之魂"和"蓝色星球上最后一片净土"的美誉；是世界共有的宝贵自然遗产，也是四川藏区发展的重要节点和高海拔地区新型城镇化的示范区域。具有发展国际精品旅游目的地的极高品质，是四川省最具旅游开发潜力和价值的重要地区之一。

根据四川省委省政府关于推动藏区旅游发展和建设金沙江流域大香格里拉（四川）国际精品旅游区的战略部署，在四川省住建厅的指导下，受稻城县人民政府委托，四川省城乡规划设计研究院继"一城一镇两村"规划后再次承担了稻城县"五村"村庄修建性规划的编制工作。

此次的傍河乡自龙村作为"五村"之一，在稻城县总体规划架构下，通过实地考察，创新规划，期待能为稻城亚丁景区创造出极具深度的文化生态村落旅游路线。在远期目标中，更期望可以通过本次的规划设计，保留和挖掘地域文化特色；建设世界级藏文化旅游村落作为未来发展目标，让稻城亚丁景区无论在自然或人文资源上，皆可做到资源互补、强强联手，以展现稻城亚丁最完整、最美好的一面，让此珍贵的资源可以源远流长。

1. 规划主要内容

（1）现状分析

自龙村隶属稻城县傍河乡，位于县城金珠镇以南 6km 处、稻亚公路右侧。村落地理位置优越，是亚丁景区沿线的一座极具藏寨民居群落特色的村落（图 1）。

自龙村自然环境优美，民居建筑风貌特色浓郁；自龙村所在傍河乡境内有万亩青杨林、美丽田园风光、嘛呢长廊、扎郎寺、自麦经堂、青杨之母等美丽景点，吸引着过倦了城市生活的游客不断前往并寻找一片静谧的空间（图 2）。

（2）项目定位

在自龙村，自麦经堂古老而神秘，距今已有 600 多年的历史，拥有藏传佛教中的 2 个教派：黄教、花教并存的经堂。在自麦家族历史上已出现转世活佛 13 个；其数目之多，且两派共存、同属一家，全国独一无二。在这里，是与亚丁三座神山这一自然圣境相媲美的人文圣境；香巴拉王国民族和谐、文化共生、宗教融合、佛法包容的本质真谛得到淋漓尽致地体现。

自龙村的形象定位为：千年经堂、人文圣境、深度感悟、四维修心。

市场定位为：与亚丁神山自然圣境相媲美的人文圣境；世界级藏文化旅游村落。

（3）规划理念

图 1　综合现状分析图

图 2　自龙村现状鸟瞰图

1）自龙村整体功能定位及景观等级的提升；

2）利用景观动态视觉感受"旷奥度"分析，实现重要景观空间管制策略；

3）保护原生态，整合要素，实现人与自然和谐共生；

4）因地制宜，巧借并利用有利的地形空间，尊重及保护传统风貌；

5）传承文脉，传承及深度挖掘藏文化内涵；

6）优化布局、健全功能、完善设施、改善环境。

（4）规划目标

全域性分析稻城县自龙村在州县的地位和传统村落的重要性，分析其在康巴藏区乃至全国范围内人文资源的重要作用；从实际出发，从保护和利用传统村落生态格局和精品旅游资源的大局着想，在全面保护自龙村整体风貌的前提下，发挥潜在优势，突出特色，充分利用现存宗教人文资源，结合乡域旅游资源综合发展；同时完善基础设施，改善居住环境，提高居民生活水准，以申报国家历史文化名村为村落保护的近期目标。（图3）

（5）规划构思

此次规划结构为"一轴两核三层级、五区一网络"。

"一轴"打造一条景观游览路径，形成藏文化深度体验空间；

"两核"：为自麦经堂和土司官寨两个重要节点；

"三层级"：即以自麦经堂为核心，采用景观空间"旷奥度"分析，实现景观保护区、建筑控制区、环境协调区三层级空间管制；

"五区"：即根据地块功能，形成一个藏文化深度体验区、两个原生藏居聚落区、两个配套的旅游服务区；

"一网络"：构成村庄藏文化活动的网络组织体系（图4）。

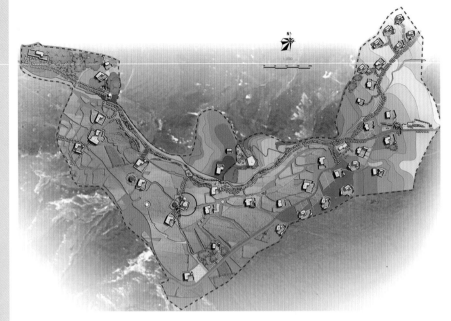

图3 规划总平面图

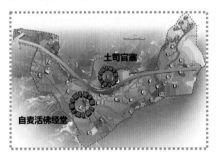
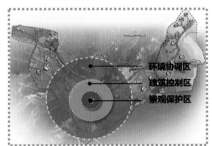
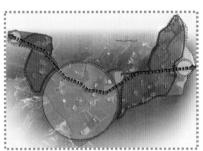

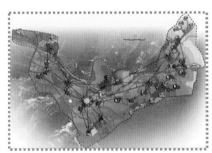

图4 规划结构分析图

2. 空间管制规划——基于景观动态视觉感受"旷奥度"分析的空间管制规划

自龙村拥有独特的自然环境与人文资源，是大旅游环线上的重要人文历史资产，更是生态旅游关注的焦点。在进行规划工作时，需要遵循"统一规划、分类管理、有效保护、合理利用、利用服从保护"的原则。在开发过程中，不仅要发展旅游，更要保护自然原生环境与游牧民族传统文化，方能可持续发展，让自龙村在大旅游环线上占有重要的一席之地。

规划在概括提炼了自龙村风貌特色的基础上，通过自龙村文化环境要素的整体把握，确定村落保护框架，利用景观动态视觉感受"旷奥度"分析，重点研究自麦活佛千年经堂这一重要景观建筑的景观动态视觉影响距离，提出村落空间管制规划，整体地保护自龙村传统的物质形态和文化内涵。

"旷奥变化"一直被看作是景观动态视觉感受的最重要的元素。"旷奥"一词涵盖了景观在空间和视觉上众多层面的变化①。笔者通过景观空间旷奥模式分析，首先对千年经堂这一重要建筑景观节点进行空间管制和景观空间保护，确定以千年经堂为空间核心，提取半径 $R \leq 50M$ 的空间界面，形成景观保护区——建筑严格保护，精细化景观处理；提取 $50m \leq$ 半径 $R \leq 160m$，形成建筑控制区——严禁新建建筑，保持区域内景观现状；提取 $160m \leq$ 半径 $R \leq 390m$，形成环境协调区——协调建筑风貌，增加景观构筑，形成借景（图5）。

村落空间管制在尊重重要景观节点旷奥度分析的基础上，规划分为控建区、限建区、禁建区和生态保护区共四个区。（图5）

以千年经堂为空间核心，半径50米范围内区域的现状居住用地及农田环境为禁建区；其开发原则：第一，保留传统建筑"语汇"，不得做大规模开发及改变；第二，建筑物——传统工法、建材及设施应以当地建筑观念为准则，安置必要的步行游览和安全防护设施；第三，控制机动车辆的进入，高强度的交通流应避开保存区域；第四，控制游客人数，不得安排旅住床位；第五，建构完善的解说机制。

以千年经堂为空间核心，半径390m范围内区域的现状居住用地为限建区；

其开发原则：第一，保存重要的人文资源及历史古迹，在对整体环境评估考虑基础上有条件地允许相关建设；第二，分级限制机动交通及旅游设施的配置，适合地区允许兴建适当娱乐设施及有限度的资源利用；第三区内建筑物需进行层高、色彩、材质、造型灯项目的控管。

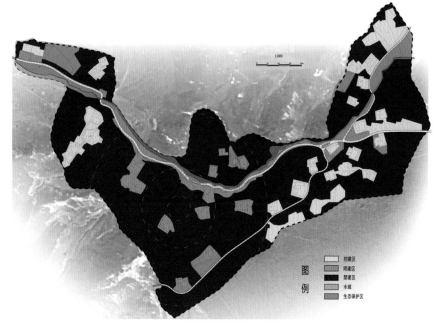

图5 空间管制规划图

以千年经堂为空间核心，半径390m以外的现状居住用地及新建居住用地为控建区。其开发原则：第一，准许原有土地利用方式与形态，允许相关旅游设施及服务设施的建设；第二，可安排有序的生产、管理经营设施，但应分别控制项目的规模与内容；第三，允许多数机动性交通通过，需配备完备的解说指引设施。

3. 分区介绍及景观设计

在"藏密"中，本体论是指以"六大为体"，其中，六大——即水、火、地、空、风、识，结合而成大日如来的法身。藏密认为，六大是组成世界万物的本体及存在根源，而修行者在修行中分别将自己的身体划分为"地大、水大、火大、风大、空大"五个部分，主观修行过程为识大，统一称为"六大"。本次规划通过景观设计手法抽象藏密"六大"，将规划区划分为6个景观主题功能区，分别为：

阡陌田野——以展现田野景观、烘托视觉感受为主——地大。

流水有情——以展现滨水景观，烘托视觉听觉感受为主——水大。

叶色为诗——以展现多彩植被景观，烘托视觉触觉感受为主——火大。

直林问天——以展现笔直林带景观，烘托视觉听觉感受为主——风大。

经堂修心——以展现宗教场所景观，烘托心灵及视觉感受为主——空大。

玛尼堆路——以展现沿途道路景观，烘托视觉触觉感受为主——识大。

通过穿越整个规划区的一条景观路径，带领人们走过一条"修心之路"，通过听觉、视觉、触觉、感觉刺激，达到"四维修心"的最终精神目的（图6、图7）。

地大：田园景观

该段以大地田园景观为主，以大面积青稞田作为本底，以层峦叠起的群山作为背景，烘托大气磅礴、极具视觉震撼力的入口空间。打造门户广场，设置下马驿、村落大门、金翅鸟雕塑等；结合晒草场、玛尼石堆等大地景观构筑物，作为"六大"途径的起点，强调烘托通往修行圣境的神秘氛围。

水大：滨水景观

该段以滨水景观为主，利用现状溪流，

431

设置滨水栈道，设置临时休憩平台及藏式观景亭；以大片的青杨林、溪水石滩以及水生植物为主，形成一条可游、可赏、可娱、可憩的滨水景观廊道。借景对面山体侧的土司官寨，强调烘托藏区的神秘氛围。

火大：植物景观

该段以多彩植物景观——红叶小檗树为主的背景；保留现状玛尼石墙，沿途道路宽敞处设置休闲广场，以土司官寨（图8）作为视觉环绕聚焦点，沿山体走势设置大片经幡阵，烘托环境氛围。

风大：植物景观

该段以大片青杨林及玛尼旗阵形成的大面积竖线条为背景，通过随风飘动的经幡、树叶沙沙作响的听觉与视觉刺激，抽象表达"风"这一主题元素；在通往千年经堂的入口处设置"煨桑"灶台矩阵及小广场，沿传统转经廊道形成小型入口广场，烘托即将进入祭祀场所的神圣氛围。

空大：宗教景观

该段以宗教景观——千年经堂为背景，保留现状修行玛尼路及千年青杨树。以一大一小两棵千年青杨作为视觉重心，规整场地后以形成开敞的公共活动空间，以毛石铺地为主，环绕青杨之母设置"点灯台"，供修行祈福祭祀之用；围绕千年经堂设置环形修行路，结合转经廊道，烘托神圣的宗教氛围（图9）。

识大：道路景观

该段以沿途景观带——特色五彩玛尼路为背景，保留现状修行玛尼墙，增加道路两侧的五彩玛尼堆形成线性空间序列，以人的感知为主体，烘托升华其洗涤心灵的作用（图10）。

4. 结语

自龙村古老而神秘，是与亚丁三座神山这一自然圣境相媲美的人文圣境；在这里香巴拉王国里，民族和谐、文化

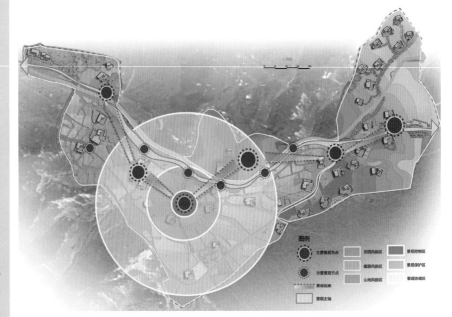

图6　景观结构分析图

图7　六大景观序列分析图

图8　土司官寨效果图

共生、宗教融合、佛法包容的本质真谛得到淋漓尽致的体现。

在哲学意念的引导启发之下，自龙村村庄修建性规划注重原乡自然与人文景观资源的保护与共生，一方面创新性地利用景观动态视觉感受"旷奥度"分析，实现重要景观空间管制策略，保护村落原生态，传承文脉，深度挖掘藏文化内涵；另一方面优化规划布局、健全功能、完善设施，改善环境；从而实现人与自然的和谐共生。

[注释]

①刘滨谊、张亭.基于视觉感受的景观空间序列组织.中国园林，2010，(11).

[参考文献]

[1] 刘滨谊、张亭.基于视觉感受的景观空间序列组织.中国园林，2010，(11).

[收稿日期] 2016-06-25

[作者简介]

易君：四川省城乡规划设计研究院主任工程师，注册城市规划师，硕士。

骆杰：四川省城乡规划设计研究院景观工程师，硕士。

图9 千年经堂及宗教广场效果图

图10 鸟瞰图

寻找藏城　再现曼荼罗
——青海省措温波高原海滨藏城修建性详细规划

易君、钱洋

[摘要] 藏传佛教密宗的曼荼罗图式包含深邃的宗教哲理和现实的宇宙观，蕴含着人类对理想空间的认知与追求。在这一哲学意念的引导与启发之下，《青海省措温波高原海滨藏城修建性详细规划》编制过程中，继承了传统藏文化特征、审美特征和造型特征，并赋予了时代的特征；在完成现代城市规划设计的基础上，也尝试了进行"曼荼罗理想城市空间"的再创造和再应用。

[关键词] 藏传佛教；藏城；曼荼罗图式

千百年来，人类就一直在苦苦追求城市的"理想范式"，追求和渴望一个适宜人类生存和创造的理想环境。早在公元前四世纪，古希腊哲学家柏拉图就曾经在西那库斯尝试建造一个理想的城市；古罗马建筑师维特鲁威提出了"理想城市"模式；到欧洲文艺复兴时期，英国杰出的人文主义者托马斯·莫尔提出了"乌托邦"的理想城市模式；中国古代对理想城市的追求更是一种古代哲学，糅合了儒、道、法等各家思想，象天法地建造城市。

1. 寻找藏城——对藏文化理想城市的追寻

地处中国西部的藏区，人们也在孜孜不倦地追求着心目中神圣的理想城市。在藏文化盛行的地区，藏传佛教是藏族人民信奉的宗教，公元7世纪，佛教传入中国西藏，渐为全民信仰，10世纪后半期已形成了有其自身仪轨的藏传佛教，一般人把它称为"密宗"或"喇嘛教"。藏传佛教对藏族地区及信仰地域的哲学、政治、文化、艺术、历算、医药、建筑乃至人们的生活习俗、心境都有着直接和巨大的影响。因此藏族人民对理想城市的追寻，自然而然地蕴含了浓郁的藏传佛教宗教色彩。

（1）藏传佛教密宗的曼荼罗艺术

藏传佛教密宗认为，生活在钢筋水泥的现代都市中，人们生活压力过大、思绪混乱无序，内心难以平静，无法好好地安排自己的工作和生活。这些其实都是源自我们脆弱的精神自控能力。古老的密宗认为修行者可以通过曼荼罗唤醒个人专属的能量，排除干扰，净化自己的精神意识。同样，也可以经由曼荼罗唤醒人们内心强大的精神力量，帮助人们走出生活困境。

曼荼罗，梵语为mandala，"圆轮具足"、"聚集"或"坛城"的意思；引申为"诸佛菩萨聚集的空间或者是彻悟的本质"，万法聚集之处，是源于印度教的一种十分神秘、古老的宇宙模式图，后为佛教密宗所继承和发展。曼荼罗是佛教徒心中有正法所在的理想国度，是众神居住的宫殿（图1）。

图1　曼荼罗

它以须弥山为世界中心，十字轴线对称、方圆相涵的布局概念化地表现佛教的世界结构。同时，金刚墙、城垣、殿宇以及圆形璧水等众多建筑符号的纳入，大大充实和丰富了曼荼罗的构图。藏密曼荼罗类型众多，近一千多种，但无论曼荼罗的具体形式为何，在空间意义上，都强调表现中心、四极与边界，着重于聚集和屏蔽。

现在曼荼罗艺术已经突破最初的供养菩萨的道场；作为宗教体系中一切最高层次和最深远境界的图像，涵盖到了绘画、建筑、雕塑等多个视觉艺术领域。它频繁地出现在白塔的基座上，在华丽的唐卡中，也在厅堂的藻井上。

（2）曼荼罗图式原型在建筑文化中的表象

由于宇宙图示与生俱来的神圣性，古代人们对于城市、聚落和圣殿的创造总是以一种宇宙起源作为它的原型。瑞士心理学家荣格曾对曼荼罗进行过深入研究，提出了自己的原型学说，总结出不同文化的原始意象中出现概率最高的五种几何母题，都是具有绝对中心而又最为简约的图形：中心（·）、圆形（○）、方形（□）、三角形（△）及十字形（+），当它们相互结合并共享同一中心时，就形成曼荼罗图式的原型。

曼荼罗并非仅为印度教和佛教所特有。古代世界各民族文化中都曾广泛存在过以类似的几何形状作为宇宙图式的例子；荣格认为，这种广义的曼荼罗图式，是古人空间知觉和空间限定的一种表达方式，典型地反映出人类天性中对完满与整合的追求。荣格以此来证明人类存在着集体无意识原型。一般认为，圆是自我中精神灵魂的象征，方则是物质肉体的象征；圆是精神世界中天国与宇宙的象征，方则是现实世界中世俗与大地的象征[①]（图2）。

城市规划与建筑设计中许多固定的模式正是滥觞于这种集体无意识的曼荼罗原型，其形式满足了包括政治、宗教信仰、审美及景观构图在内的多种需求，"从而

图2 曼荼罗

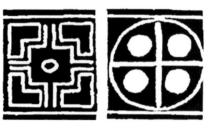

图3 印度河谷出土的古代"理想城市"图案

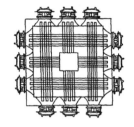

图4 中国《周礼·考工记》

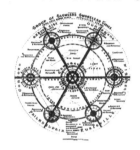

图5 维特鲁威"理想城市"和霍华德的现代田园城市

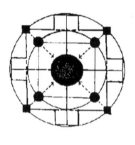
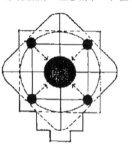
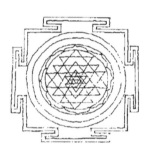

图6 罗马圣彼得大教堂分析图(勃拉孟特、米开朗基罗)和柬埔寨的安戈·瓦佛寺

达到建筑形式、宗教需要、心灵和谐的统一"②。建筑文化归根结蒂也是一种人类精神的产物。古代人们就已经用曼荼罗图示来设计建筑单体、建筑群乃至城镇,使建筑、城镇具有符号、图示和象征意义。印度河谷中出土的两个古代"理想城市"图案,明确地反映出方、圆两种完整的四分曼荼罗布局(图3)。中国人富有实用理性精神,入世观念远较出世观念强烈,所以更倾向于将城市布局为四分的方形,在构图中心设置皇宫和衙署(图4)。自商代至明清之际,几乎毫无二致③。尽管古人赋予这种格局以"礼制"色彩,但这种典型的"四分方城"曼荼罗的基本构图与西藏曼荼罗内部的方城是完全一致的。在西方的市镇规划中也体现出了相似的意象,从维特鲁威的理想城市到霍华德的现代田园城市(图5),从中世纪许多城镇和封建领主的城堡格局到现代世俗建筑的平面布局和立体形态(图6),无不表象出向心式圆形等分的曼荼罗布局。

人们以曼荼罗图式作一种转化,将一座城市转化为一个井然有序的世界、一个借助其中心到达其他世界的圣地。

2.再现曼荼罗——以青海省措温波高原海滨藏城修详规划为例

此次青海措温波高原海滨藏城修详

规划便是现代城市规划和城市设计构思中,很好地运用藏传佛教密宗曼荼罗图式原型,进行藏文化理想城市空间再创造的一个典型规划案例。

青海省省委领导和刚察县委县政府在充分调查研究的基础上,提出了重点突出地方民族特色,打造青海省"措温波高原海滨藏城"这一独具浓郁藏式风格旅游小城镇的构想。此次藏城核心区的规划和建设,理所当然就是刚察县将"措温波藏城"打造成为"民族文化底蕴深厚,民族建筑别具一格,特色旅游经济彰显"的旅游服务基地、发展宝地的关键举措。

(1)刚察县概况以及规划用地现状情况

刚察县位于青海省东北部,海北藏族自治州西南部;地处祁连山西中部大

通山地段,青海湖盆地的北部,距省会西宁196公里,距海北州府所在地——西海镇88公里,交通十分便利,自古为交通要隘,因地处青海湖滨,是环湖集市贸易的集散地,是东西南北通行的要道,为西宁、湟源西行的湖北要道。

此次规划区位于省刚察县城南部,规划区总用地面积约1.2km²(图7)。

(2)规划构思与定位

规划通过对青海湖旅游资源特征的swot分析,确定针对青海湖地区自然旅游资源较强,但民族文化旅游资源挖掘尚不充分,且没有具有冲击力的藏文化旅游项目支撑的这一特点,进行对藏文化特色,特别是藏文化在建筑文化中的物质表象进行深入挖掘,从而确定了此次的规划构思与定位。

1）规划构思

①景城一体的生态概念

藏城与沙柳河湿地融为一体，藏城与青海湖融为一体。应处理好城镇建设与景区建设的关系，旅游开发与传统文化保护、生态环境保护的关系。

②形成独特的藏城人文景观，打造青海湖景区新的旅游景点

以青海湖为背景，依托刚察县城和沙柳河，充分展示藏文化、民族风情，将青海湖景域和游客活动地域延伸，形成青海湖风景区新的人文旅游景点，进而支撑青海湖旅游环线上的藏文化旅游项目。

③考虑市场化运作的可能性，市场理念

以"政府引导、市场机制、企业运作"为基本原则，围绕规划确定的重点建设项目，创新投融资体制，引导和促进藏城项目的开发建设。

④藏文化中的理想城市

曼荼罗（mandala），意思是"坛城"，是藏传佛教宇宙观的集中体现，也是藏文化中理想城市的模式，曼荼罗的空间图式是藏城的规划构思的核心元素。藏城的空间图式并不是"曼荼罗"的简单再现，而是结合藏族传统文化的特点以及具体的条件下而进行的一次再创造。

⑤藏文化洁净观

圣俗之分，圣俗建筑的空间隔离。内外有别，圣俗建筑的型制区别，内外有别的层化空间（图8）。

本次规划总体构思："神山圣水、飞鸟花鱼、藏城圣坛、景城一体"。（图9）

2）规划定位

①功能定位：青海湖环湖地区重要的城镇节点；青海湖风景名胜区游接待次中心；藏文化体验、高原湿地生态体验。

②形象定位：高原藏城海滨城市，藏文化中心城市；高原藏情天堂，感染人心灵的地方。

图7 藏城规划区范围

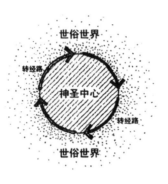

转经仪式划分神圣和世俗的界限

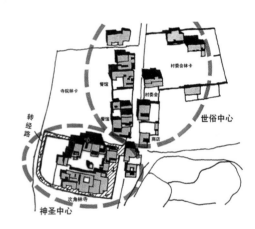

图8 藏文化洁净观

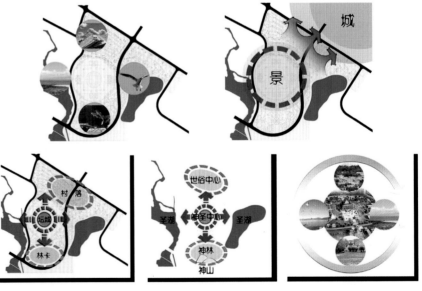

图9 规划总体构思："神山圣水、飞鸟花鱼、藏城圣坛、景城一体"

3）规划区职能

措温波高原海滨藏城是青海湖环湖地区旅游服务小城镇、青海湖生态休闲基地、旅游住宿接待服务次中心。藏城是刚察措温波藏城近期建设的重点区域，是依托青海湖风景名胜区、以藏文化和民族风情为主题、展示藏族传统文化和高原生态环境的旅游景点；是刚察县城的旅游功能片区，具有游购娱食宿等综合旅游服务功能。

（3）规划总体布局形态——藏文化元素的空间解构

藏城，总体平面形成"两轴一带九区"的布局结构：两轴是指藏文化景观轴线、高原生态景观轴；一带是指绿化景观带；九区是指藏城圣坛片区、藏城旅游服务片区、拉色波商业街片区、海滨藏寨片区、沙柳河湿地公园片区、湟鱼家园片区、祥和生态园片区、四面景观湖片区、末尼林卡片区（图10）。

总体布局：以藏城圣坛片区中心主体建筑为主导，通过道路骨架向外辐射，以同心放射、环状道路边界为约束向心凝聚，同时以绿化景观带为缓冲空间，划分神圣和世俗的界限，在空间上与其他功能片区隔离，由此构成圣俗有别、内聚外屏的曼荼罗神圣场所。各功能片区围合藏城圣坛形成"环状向心"布局形态。总体布局象征整个宇宙轮圆具足，统一于圆满佛性的法力之中，也是佛教密宗中理想空间观的

体现（图11、图12）。

（4）重要片区规划及建筑设计——立体曼荼罗的空间再现

本规划不仅在总体布局形态上展现了曼荼罗图式内屏外聚理想空间观、藏文化世界观和圣俗分开、内外有别的藏文化洁净观；同时在重要片区规划和重要建筑设计上也充分体现了曼荼罗（坛城）的传统设计理念。

例如规划的藏城圣坛片区，其设计构思来自藏传佛教的曼荼罗（坛城），在

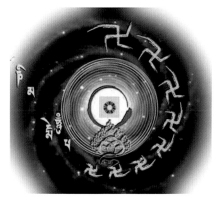

图11 藏文化元素融入总体布局形态

藏传佛教中占有举足轻重的地位，也是佛教文化中最吸引人的精华部分。它象征本尊的智慧和威德，也是一种"无限大宇宙"和"内在小宇宙"相即的微妙空间。

曼荼罗又称为坛城，曼荼罗图式是一种以几何图形为主的构图，而坛城就是佛的宫殿。其中心主体建筑代表佛陀，围绕坛城中心环从内向外分别由同心圆构成的六个环分别为莲花圈、金刚杵圈、身相圈、金刚杵圈、火焰圈、八大寒林。

布局上形成以中心为主导向外辐射，以边界为约束向心凝聚，由此构成内聚外屏的神圣场所。主要功能为文化博览、文化研究、科普教育、景观游览（图13）。

该片区布局严格按照曼荼罗图式的几何图形构图方式，中心布局主体建筑藏文化博物馆，建筑风格采用藏传佛教宫殿式建筑风格。中心环内依次布置四方重檐宫殿、东南西北设四城门、藏传佛教八宝供；莲花圈、金刚杵圈分别以景观石阶、铺地图案构成；身相圈主要表现佛的各种

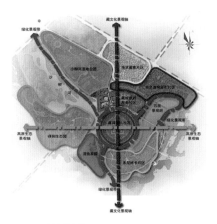

图10 规划结构图

图12 规划总平面图

图 13　藏城圣坛片区平面

姿势的身像，在此圈布置 32 个白塔分

为 4 组排列，以佛塔代表法身；火焰圈内布置火焰形状园林修剪灌木；八大寒林位于坛城最外圈，具有屏蔽的功能要求，应在圈内布置大量高大的乔灌木（图 14、图 15）。

3. 结语

曼荼罗（mandala）构思玄妙，内涵深厚，包含深邃的宗教哲理和现实的宇宙观，抽象奥秘的意境和具象的繁絮图式交融，罗织出一幅幅神人共同追慕的虚幻的佛家理想世界图式。

在哲学意念的引导启发之下，《青海省措温波高原海滨藏城修建性详细规划》以曼荼罗的空间图式为规划构思的核心元素，构成措温波藏城的规划空间格局，以凝固的形式用建筑符号、开放空间、绿化、道路表现出向心形的严格秩序。在规划空间处理上，强调表现中心与边界，着重于凝聚和屏蔽，这也是曼荼罗的实质所在：以中心为主导向外辐射，以边界为约束向心凝聚，由此构成内聚外屏的神圣场所。

措温波藏城规划的空间布局并不是"曼荼罗"图案化图式化的简单再现，

而是在继承传统文化特征、审美特征和造型特征；在完成现代城市规划设计的基础上，也尝试了进行"曼荼罗理想城市空间"的一次再创造和再应用。

[注释]

①孙丽萍．深层心理结构与建筑符号意象，北京市建筑设计研究院。

②布达拉宫修缮工程报告，北京：文物出版社，1994。

图 14　藏文化博物馆（立体曼荼罗）

③孙丽萍．深层心理结构与建筑符号意象，北京市建筑设计研究院。

[参考文献]

[1] 孙丽萍．深层心理结构与建筑符号意象，北京市建筑设计研究院．

[2] 布达拉宫修缮工程报告，北京：文物出版社，1994

[3] 唐颐．图解曼荼罗．西安：陕西师范大学出版社，2009

[4] 洛桑杰嘉措．图解西藏密宗．西安：陕西师范大学出版社，2007

[5]（美）L·旨雷·罗恩．从弗洛伊德到荣格．中国国际广播出版社，1989

[6]（瑞士）卡尔·荣格．论曼荼罗象征．1950

[收稿日期] 2016-06-25

[作者简介]

易君：四川省城乡规划设计研究院主任工程师，注册城市规划师，硕士。

钱洋：四川省城乡规划设计研究院主任工程师，高级工程师。

图 15　鸟瞰图

城乡规划之文化体系构建的探索与思考——盐边县"多规合一规划"为例

李卓珂

[摘要] 在深入推进新型城镇化的时代大背景下，构建文化体系是城乡规划的重点之一。城乡规划必须突出文化的异质性和多样性，研究文化融合与创新的空间规划机制，传承与弘扬优秀传统文化，引导其在发展过程中保持自身的特色和品质。

[关键词] 文化；新型城镇化；多规合一规划；体系构建

中国的城镇依然还处于快速发展时期，各地城乡建设如火如荼，发展迅速；同时也受到全球一体化影响下的文化泯灭的困扰：乡情逐淡，特色消失……当城乡面貌沦丧到大家都寻不到一点韵味后，人们才猛然惊醒：文化去哪儿了？

党的十八届三中全会明确指出，坚持走中国特色新型城镇化道路，"推进以人为核心的城镇化"。2015 年召开的中央城市工作会议提出"以人民为中心的城市发展导向"。"人"的需求不仅是造城这一个"壳"，更是精神层面的"软刚需"。

习总书记强调城镇建设要保护和弘扬优秀传统文化，李克强总理也提出"文化是民族的灵魂，承载着亿万群众的精神家园；要建设'书香'社会"。

"乡愁"、"书香"拥有丰富的文化内涵，它可以透过乡村以及城市等更大的空间尺度来进行视角转换，并使之产生联系、升华，提高到价值观的高度。全球化的背景下，城市之间的竞争力粗看是城市创新能力、城市服务水平和服务能力的竞争，其实质是城市文化的竞争。

1. 文化背景

四川省攀西地区自古以来就是中原与东南亚交流的重要节点，是我国南丝绸之路上的一片热土。这里有不同民族、宗教、风俗等多元的文化类型、文化特质和城乡建设面貌极具代表性。

盐边县位于攀西地区东部，历史悠久，文化灿烂，本文以四川省盐边县多规合一规划之文化体系构建为案例，基于盐边县地域文化，探索城乡规划中的文化体系构建模式，研究城乡建设文化特色，意在为规划同行提供借鉴。

2. 构建思路

（1）构建理念

1）以文化提升新型城镇化质量

我国建设城乡经历了较长期的快速发展，存在粗放扩张，营镇雷同等问题。推进新型城镇化强调的是城镇化的质量；围绕提高质量，以问题为导向，有针对性地解决突出的矛盾。以文化提升新型城镇化质量，是满足时代发展中"人"的需求。用文化强化城镇核心聚合力，是加强城镇辐射效应，提高公共设施服务水平。通过文化这根"软绳"，牵引城镇科学发展，提高城镇土地利用效率、合理调控城镇建成区的人口密度等。

2）以文化落实以人为本的发展观

营建城乡人文环境，以文化传承传播为纽带，加强文化宣传教育。结合文化特色开展多彩多姿的文化活动；展示人文精神，丰富城乡居民精神生活，提升城乡人口素质和幸福感。

打造城乡文化场所环境，增强城乡居民居住获得感，提高居民生活质量。适当增加城镇文化设施用地（A2）比重；加强城乡文化设施建设，结合文化打造养老、休闲、健身等公共服务设施。结合城乡自身条件，塑造文化节点，展示城乡文化底蕴；营建文化场所，丰富居民生活空间。

（2）构建目标

传承文化脉络，保护地域特色。

（3）构建步骤

通过对地域文化的梳理，在掌握第一手资料的同时，规划师应切身去体验当地文化对生产、生活乃至生态环境的影响，用专业的视角去捕捉文化传承的着力点。依托历史文物古迹、非物质文化遗产和民间民俗等文化因子，理清文化保护脉络，探明文化渊源区域，保护文化与特色。

1）追根溯源，从城市到乡村

文化的形成与传承。城市源于乡村，乡村是城市存在的大环境，城市与农村的历史文化一脉相承、互为依存、不可割裂，共同构成了一个完整的体系。

2）动静相依，从保护到利用

构建文化体系的核心意义在于使人们能够长期感知、体会文化。在保护传承文化的前提下探索合理的利用方式，从静态的保护到动态的利用，从被动走向主动，体现文化价值。

3）文化生态，从本体到环境

美国学者 J.H. 斯图尔德在 1955 年提出了文化生态学的概念，指出它主要是"从人类生存的整个自然环境和社会环境中的各种因素交互作用研究文化产生、发展、变异规律的一种学说"，强调文化与周围的环境像一个有机生命体，保护文化，就必须保护其存在的外部环境，形成完整的文化生态系统，让文化保持持续、旺盛的生命力。

这种观念在中国早已有源可循，先

辈们的"天人合一"已不仅仅是一种理想，更发展成一种哲学；今天我们强调"绿水青山就是金山银山"也是这个道理。

3. 构建实践——以盐边县多规合一规划的文化体系构建为例

多规合一规划是整个全域空间调动土地、经济、社会、生态等发展要素，实现空间发展与资源承载、产业驱动、基础保障、生态保护的系统性计划和布置；同时也是区域协调、与上位规划衔接互动的全方位规划；国土、环保、发改、规划在这里从协调到协同，一张蓝图干到底。

多规合一规划中的文化体系，就是社会多元文化与多规合一规划融合为一个新的文化体系。本论文参考凯文·林奇的意向五要素划分；结合盐边城乡建设与文化分布，针对多规合一规划领域的关键目标和内容，通过对文化元素的梳理，提出以文化脉络轴、文化渊源分区、文化点的多层次立体化文化导引结构为主，保护特色文化、强化文化宣传和发展城乡文化展示体系为辅的文化体系构建模式。

该模式力求保障文化传承发展空间，为城乡建设、旅游发展、商业宣传等提供一个共用平台来传承文化。

（1）建一方热土，醉一方文脉

文化体系构建应从了解、熟悉规划地域繁杂的多元文化因子开始。规划师除了收集历史文化名城、名镇、名村资料，了解当地民风民俗、非物质文化遗产，走访名胜古迹，记录文化传说，归纳、整理文化资料等常规调研外，还应参加民俗活动，参与生产劳作，品尝特色食品，融入当地生活；以原住民的心境去体验，用专业的视角去观察分析，敏锐捕捉需要的点滴。感受一方水土，感悟

一方渊源，找寻文化与城乡发展的关系，使文化体系构建精准、扎实，能够直接为城乡规划服务。

盐边县彝族、苗族等少数民族众多，历史悠久、文化积淀深厚。三千多年前新石器时期即有先民居住，县内有多处珍贵文物，众多非物质文化遗产和民族民间文化；代代相传，口耳相播。通过对盐边的文化探源，总结盐边县主要有三大文化：

1）大笮文化

盐边史称之大笮。据传，华夏始祖黄帝，其次子昌意降居若水，娶蜀夷之女，繁衍生息，是为笮人。沧海桑田，数代休养生息，大笮儿女创造了灿烂的

图1　大笮文化遗存报道

大笮文化，是盐边的文化根源（图1）。

2）非物质文化遗产与民间艺术

盐边有诸多的民族民间文化艺术留存。苗族传统民俗"绷鼓仪式"、传统音乐"斗笒歌"、"国胜茶"、"油底肉"等，被列为省、市县级非物质文化遗产保护名录，并有指定传承人。民间神话传说、绘画、雕刻等文化艺术也绚丽多彩（图2）。

3）现代文化

改革开放后，盐边产业发展迅速，带来了新兴的产业文化：二滩高峡出平湖，矿产园区日月新，展示出盐边的新时代文

图2　非遗——绷鼓仪式

图3　二滩电站

化魅力。现代文化为盐边注入了活力，展示欣欣向荣的现代文化氛围（图3）。

（2）文化经纬，探源筑领

根据盐边县历史文化渊源，文化发展脉络和民族民俗分布，形成"一脉相承，三区共荣，文点亮睛"的全域文化传承格局。即以脉络流畅的文化脉线、底蕴交互的文化区面、熠熠生辉的文化节点共同组成盐边全域线面点的文化格局，联系盐边古、今、未来的文化传承，促进盐边民族文化与现代文明共融，使得传统与时代相辉映；在全域上拥有盐边历史文化的记忆，承载现代文化的发展（图4）。

1）一脉相承

"一脉相承"：盐边文化之脉

该脉络成"S"形状蜿蜒贯穿盐边全域，辐射区域串联起了新石器、红星遗址、土司衙门、笮山若水、二滩电站、现代城市、工矿产业园和休闲度假胜地等盐边文

图 4　文化传承规划图

化集中区。从高山到库区再到城镇；从历史古迹，民族民俗，大笮文化到现代文明；从远古辗转到现代，并展望未来。盐边文化脉络的文化渊源有迹可循，文化光芒五光十色，将盐边文化传承下去。

2）三区共荣

三个区域相互融合，各有特色，展示出不同的文化风味，是盐边多元文化传承过去，展示现在，发展将来的沃土。

"民族风情文化区"：高山溪流，跑马欢歌，少数民族文化从餐饮、服饰、节日庆典、生活耕作，镇乡风貌，乡情乡音等各个方面沿袭传承，民族气氛浓郁。

"笮山若水文化区"：是盐边出土新石器时代器物的集中地带，大笮文化的发源地，大笮文化在这里有迹可循，影响着这里人们的生产生活，该区域是当地人心中认可的"老盐边"地域。

"现代时尚文化区"：该区域位于盐边县南部，新县城，现代工矿区都在这个区域。现代文化与传统文明在这里交融，是盐边县吸收外界文化，展示时代风貌的前沿地带，新兴的文化在这里得到展示。

3）节点展示

"节点展示"：打造展示文化，交流文化，具有文化感召和吸引力的文化节点。借助历史遗存、文物点、名胜点、特色点构建具有影响力的文化展示节点，将宝贵的文化资源节点展示世人，成为盐边历史的证据、民俗的记忆、文化传承的平台和文化标识的旗帜。

（3）用特色接轨世界，以文化丰富生活

"民族的就是世界的"，构建文化体系规划还应补充强调在规划建设中秉承地方特色，传承乡土文化。"最传统的

图 5　地方传统文化—对歌

最时尚"，通过保护、宣传手段，提高城乡文化辨识度（图 5）。

1）加强传统村落保护

保护盐边县境内的传统村落、特色村寨和周边环境，让居民记得住乡愁。

要保护村落整体空间环境和风貌的完整性，延续古村肌理，适宜保留原住民的生产生活方式，注重传统文化的延续性，传承优秀的传统价值观、传统习俗和传统技艺。

2）别致的城市"饰品"

在城镇建设公园、广场等开放空间里注入文化内涵。在构筑物、环境设施、建筑小品及雕塑等方面融入盐边笮山文化、民族风情和展示盐边现代风貌的文化元素，打造以文化体验、休闲娱乐、城郊旅游、生态保护等功能为一体的城镇公共活动空间。

3）不可或缺的软"硬件"

结合旅游、娱乐等产业发展建设古风步行街、影视产业园、文化演艺中心及芒果乐园等文化休闲特色产业设施，开发

与盐边文化相关的图书展陈、艺术品制作、特产展销、歌舞娱乐、休闲观光等项目，培育新的文化业态和特色产品。

（4）点、线、面展示体系

在多规合一规划中，补充展示体系，完善文化体系构建。展示体系是通过实在的文化展示如博物馆、剧院、广场活动、街头宣传、商业活动等进行展示，营建出城乡空间活色生香的文化底蕴。盐边文化的展示体系构成要素主要有：现存历史文化遗产、广场馆街体系、标志物体系和非物质文化体系四个方面。

通过多规合一规划，依据全县域文化资源的空间分布特征，县域文化传承展示空间组织为"一线三区多点"，由"城镇、村、景点—文化线路—文化片区"构成的文化保护和传承展示总体框架。全域范围如一张幕布，展示的文化元素散落幕布的各区块，让幕布更加璀璨生辉。

通过展示体系，懵懂的孩童们能在博物馆看到的知识里、街头巷尾能买到的传统玩具中接受和领悟先人的智慧与光芒；一些随着农耕时代过去的民间技艺可以用重新以商业活动、旅游观光、教育实践等形式展示在世人面前；经济社会活动中的各种项目也因扎根文化才能饱含生命力。文化除了承接过去，还必须在社会经济发展中书写未来。

（5）体系构建，传承文化

盐边县多规合一规划中，文化传承规划根据盐边自身文化资源禀赋，保护全域历史文化资源，以大笮文化、民族民俗文化和现代新兴文化为自身的主题文化特色；传承和弘扬盐边优秀的历史文化和地域文化，形成地区文化价值认同感；结合规划其他内容，力求在新一轮的城乡建设中，加倍重视传承文化。

4. 反思

改革开放 30 多年过去了；在展望未

来30年，挥笔蓝图时，也应反思城市工作的系统性、全局性。快速建城，囫囵吞枣，拷仿雷同，浮于世情，传统丢失，难成经典。我们的制造力惊人，但是我们的创造力呢？现实显示很多城市倾力打造的城市地标建筑成功率不高，很多建筑生命力短暂，快速建设不是要形成一片片文化沙漠。

国外上百年的剧院比比皆是，经岁月磨砺，像一杯红酒越发香醇，往往成为城市的文化精神中心。我们祖先留下的中国古代城市与建筑，依旧一直在成就、展示永恒的美。是什么让我们现代建设如此苍白？在快速城镇化的道路上，城乡建设将如何承接过去与孕育美好未来；怎样才不会出现"奇奇怪怪的建筑"；如何才能让我们的城市既有国际范，又有民族魂；乡村怎么才能业兴、家富、人和、村美;实现城乡和谐、生态、可持续发展？

雅布斯（J.Jacobs）在《美国大城市的死于生》中提出：必须保持有不断的观察。"观察"是一个耐人寻味的意境，一种侵染的态势。街区、建筑、小品是述说着故事的，焕发着精神。城镇不只是一种容器，更是一种有营养的环境。凯文·林奇（Kenvin Lynuch）的城市意向五要素，路径目的，边缘界定、地区划分，节点形成，都需要文化意境营建和文化元素体现，城镇地标更需要文化、精神的支撑。

中国古人营城建屋的建筑物与营建空间并不单讲功能。《易经》记载：风者气也，水者形也。峦头与理气需风水相生，万事万物要五行相合。四川西南重镇阆中，千水城垣，金城环抱，充分借助天造地设之地物营城，匠心独具，历经千年风霜后，阆苑仙境依然独具一格，饱含生命力。古人营城将五行属性渗入其中，营建一个从空间到精神的宜人的环境，力求最后达到功能、精神与环境的高度统一，即今天讲的"以人为本"、"和谐"。

5. 结语

加快推进新型城镇化，需要规划引领；当下各地积极开展多规合一规划，生态山清水秀，生产集聚集合，生活宜居适度，皆围绕"人"而展开，有人就离不开文化的沁润，否则就是一片干土。

本文通过相关理论，研究文化体系的建设目标及内容，力求打破空泛，将文化与规划对接，通过城乡多规合一规划落实到空间，初步构建城乡规划领域文化体系的框架，具有针对性和可操作性。以盐边县多规合一规划的文化体系构建为例，探索在新型城镇化下，城乡规划领域实施"规划与文化融合"的模式。该文化体系构建迈出的仅仅是多规合一规划与文化融合的第一步，针对不同地区不同城市，该体系的实施应体现其地方性和动态性，应随实施对象的变化加以调整和完善。

以文化推进新型城镇化，促进城乡建设的健康有序发展，是由内而外逐步发力，从根本上着手。保护和弘扬传统优秀文化，延续城市历史文脉，以文化做引子，使概念落实到空间，将特色融入生活，发展有历史记忆、地域特色、民族特点的美丽城镇。让规划沁润墨香，让文化照进城乡闪耀光芒。

[参考文献]

[1] 汪光焘.建立和完善科学编制城市总体规划的指标体系[J].城市规划，2007(4)：9-15.

[2] 闫志杰.空间资源调控背景下的城市设计—探寻城市设计的法定作用[C]// 转型与重构—2011中国城市规划年会论文集2011.

[3] 田宝江.总体城市设计理论与实践[M].武汉：华中科技大学出版社，2006.

[4] 王建国.现代城市设计理论和方法[M].南京：东南大学出版社，1991.

[5] 任绍斌、吴明伟.可持续城市空间的规划准则体系研究[J].城市规划，2011(2)：49-56.

[6] 应金华、樊丙庚.四川历史文化名城[M].成都：四川人民出版社，2000.

[7] 杨柳、黄光宇.风水思想与古代山水城市营建研究[D].重庆大学建筑城规学院2005.

[收稿日期] 2016-06-25

[作者简介]

李卓珂：四川省城乡规划设计研究院工程师，省城乡规划编制研究中心主任工程师。

完善商业网点规划提升小城镇魅力

李卓珂、彭代明

[摘要] 自2004年商务部、建设部联合下发《关于做好地级市商业网点规划工作的通知》以后，商业网点规划工作在全国迅速推开；至2010年底四川省已实现区市县全覆盖、市州一级已启动第二轮修编。实践表明：商业网点规划能准确定位城乡商业发展，提升商业品质地位，拉动以商贸、旅游休闲、物流业等为主导的第三产业发展，提升区域整体竞争力，避免重复建设和投资；同时也能对城镇基础设施配套、城镇功能及空间优化、传统文化的传承与发扬、城镇亲和力与舒适感的培养、土地高效集约利用等方面产生积极的促进作用。

[关键词] 商业；小城镇；特色

1. 背景

到了21世纪的第二个十年，我国进入了快速城镇化阶段，2010年，我国的城镇化率为46.6%[①]，到2011年，中国颠覆了几千年来的城乡人口格局，城镇人口首次多于农村人口。其主因之一为我国小城镇发展迅猛，数量众多，已近2万个[②]。小城镇的面貌日新月异，在布局、交通、产业、人口等各方面也发生了巨大的变化。

小城镇快速发展对城镇商业提出了更高的要求，对城乡商业网点规划的要求也越来越高。在这样的背景下，商业网点规划如何有效、有序、有力地支撑、促进小城镇商业体系乃至城镇的健康、生态、和谐、可持续发展，是急待研究的问题。

2. 现状分析

我国小城镇发展常常是工农商并存：开始出现大中型骨干企业和特色产品；城市人口居住比较集中，且达到了一定规模；受高速道路、高铁、动车快速发展影响，区域大城市对城镇的影响日益增强；城镇基础设施及功能已初具规模，逐步向城乡一体化方向发展，其经济、政治、文化地位在本地区有一定的影响。城镇外部环境的变化给城镇的发展带来了新的机遇，也带来新一轮的竞争。商业体系的建设发展为提升城镇经济潜能、增强城镇活力、增大城镇影响力提供了广阔空间，是小城镇核心竞争力的重要组成部分。

本次研究主要以位于四川省攀西地区安宁河谷的米易县为例。米易县属南亚热带河谷气候，冬季阳光充沛，夏季多雨湿润，青山碧水，植被茂盛，自然环境十分优美，是国家皮划艇冬训基地。县城驻地为攀莲镇，总人口25万，成昆铁路、214省道、西攀高速公路纵贯全境，有傈僳族等少数民族聚居于此，多元文化相容互衬，物产丰富，是四川省的菜篮子基地，特产是反季蔬菜和优质水果。

3. 规划主要内容及特色的探讨

（1）城镇商业定位

商业网点规划的首要任务是分析城镇在一定区域内、在国民经济、在商业发展中商业定位。首先要明确商业在区域发展中的地位，在社会经济发展中的作用，需要服务的地域、人群，要体现的特色。这要求在分析研究现有社会经济特征和存在问题的基础上，找准城镇和区域商业发展的特色、地位。正确的商业定位，应与地方产业协调，有机共生，共利双赢，为地方的经济发展插上翅膀。

例如，米易县城乡商业网点规划对米易的商业定位是：建成商业总量适度、功能分区优化、商贸集中集约、物流高效便捷的以生活与工业配套服务、休闲旅游、商贸物流为三大特色的商业网点体系。通过商业的渠道，扩大米易县在地方的影响力，努力提升米易县在攀西经济圈中的地位，成为攀西地区阳光休闲度假基地，攀西城镇群中商贸活跃的阳光亲水现代城。

四川有名的旅游城市乐山市，在其商业网点规划中的商业定位为：国际旅游商贸城市，突出其世界文化遗产与商业发展的支撑和承载关系，突出"文化立商"的理念，与成都中心城市反磁力作用相协调。该定位结合了乐山市的世界级自然和文化遗产的旅游和城市功能，强调了城市的商业发展方向。

（2）挖掘地方特色，彰显城镇个性

我国诸多城镇历史悠久，传统文化源远流长，具有较强的城镇个性。若缺乏深入分析研究城镇商业网点与城镇自身的关系，容易陷入千篇一律的"拷贝"模板，浮于表面，抹杀了城镇特点，城镇将失去很多发展的机会。商业网点规划中应充分分析挖掘城镇地方环境条件、城镇特色，保存历史商业遗留，延续商业文化特色，并与上位城镇体系规划和相关规划衔接，打造具有本地特色、符合当地商业发展模式的亮点、特点，用城镇优势条件去促进商业，用文化内涵去支撑商业，建立起具有地方特色的与环境、需求、发展相和谐的商业网点体系，提升城镇商业魅力。

1）特色环境包装商业

米易县城的城南新区，地处河谷台地漫滩地带，阳光充沛，逶迤河水穿城而过，水质清澈，两旁由郁郁青山合抱，城市空间通透，景观视线优良。得天独厚的环境，配合水上运动热潮，让休闲、阳光、亲水成了该片区的主题，旅游接待服务为其主要商业功能。这个背景下，其商业体系以突出滨水文化特色、旅游风情为主导，以商业文化为中心，借滨河广场、主题公园等项目为龙头，以滨河广场、桥头广场等功能节点为核心，以沿江路各种酒店、餐饮店、零售店等商业设施为依托，形成滨水旅游休闲商业体系，展示城市现代、亲水、阳光的特点（图1）。具体策略有：

图1　米易城市商业现状

①依托良好的山水景观，开发建设一批既具有优美的休闲景观，又有良好的商业氛围的滨水休闲商业区。

②强调多样化的滨水空间，使水脉在其中有机渗透。引水入城，结合该区域滨水住宅的建设，以低层与多层建筑围合成宜人尺度的滨水步行街（图2）。

图2　米易城市亲水场所

③设置文化商务街，布置360度观景商务中心、高档星级酒店、大型高档餐饮店、休闲会所，为城镇即将修建

的工业园区提供商务接待服务。

④构筑港湾式亲水广场，以游船码头、游艇俱乐部为中心，设置滨水度假商业接待区，发展阳光生态休闲养生项目，成为水上旅游线路中的重要节点。

⑤商业与建筑景观统一考虑。滨水沿岸不宜设高层建筑，避免遮挡视线；丰富河岸绿化景观层次，合理布置商业网点。呈现"城在水中生，水在城中流、店在林荫下，林在店面旁"（图3）。

图3　米易城市绿化景观

2）历史文脉繁荣商业

城镇的商业购物休闲街区是展示城镇的重要窗口，体现城镇特色，展现城镇历史，体验城镇文化，感受城镇风情。随着人们生活水平提高，人们消费从单一的满足物质购物，上升到精神需求。商业购物休闲街区除了购物，更为人们提供一个交流的平台，一个感受城镇历史文化信息的地方，展示当地特点和城镇魅力。

成都市北端的彭州市历史悠久，是我国"五教共地"和中国三大牡丹观赏基地之一。彭州市的旅游购物休闲街区就顺应城市的特点形态、布局结构，并结合城市商业发展需求而设置。彭州市商业中心的龙兴寺系著名古刹，寺内佛塔高81.8m，是目前我国乃至东南亚第一高塔，也是彭州旧城标志性建筑；龙兴寺周边是旧城商业中心，也是人们心中认可的城市中心。规划严格控制龙兴寺周边街坊的建筑高度、体量、色彩和建筑形式，以营造宜人、传统、古朴的历史氛围，形成历

史文化街区的环境风貌；旅游购物休闲街区依托龙兴寺旅游和城市中心商业口岸，融汇宗教文化、牡丹文化、西蜀民俗文化，打造集旅游休闲、文化博览、购物、餐饮娱乐为一体的旅游休闲购物区。街区内有体现彭州宗教文化、牡丹文化、西蜀民俗文化等的博物馆，设置龙兴寺旅游休闲水街，以地方风味小吃为特色的美食街，以牡丹系列产品、肥酒等本地土特产品为特色的旅游纪念品购物街，休闲娱乐街，服饰步行街等特色街。结合祈福新天地——以龙兴寺为中心，构成祥和、古朴、怀旧的氛围，展现城市历史文化，延续传统中式建筑风格（图4）。

图4　彭州市商业街效果图

（3）商旅一体，互助共赢

商业和旅游业是相互联系、相互依存的有机整体，其完美的互动是旅游城镇发展的关键；目前，我国许多城镇其商业与旅游业都存在一定程度地各自为政：业态凌乱、配套不全、缺乏管理，制约了商、旅业发展。现状大多数城镇的商业和旅游业互动还处于初级阶段，直观表现形式有"卷帘门商业"和"门票旅游"。

"卷帘门商业"是指城镇中商业门面沿路布置，且多为单门面底层商业，数量多、店铺小、业态杂、档次低。"门票旅游"是指旅游城镇中旅游业仅给旅游景点带来门票收入，而对其他旅游相关产业和商业拉动不大。

在商业网点规划中，深入调查旅游客流来源，了解游客需求，配套完善的服务设施，找准商业与旅游业的增长"节点"，抓住发展的各种契机，使商业

与旅游产业在互动和碰撞中擦出火花，达到商旅共赢的目的。

1）小旅游借大旅游

米易县凭借优良的休闲旅游资源，已经成功举办了"山花节"等旅游项目，但缺乏名气与自身条件限制很难上规模、上档次，商业服务业发展受到局限。规划提出米易与丽江、香格里拉、稻城、西昌连线打造民族生态精品旅游环线。米易县在该环线中借势发挥，与其他旅游地错位发展；从配套、休闲、服务等方面明确自身角色，打造休闲圣地、养生天堂。本规划实施 5 年后回访，米易旅游人气扶摇直上，已成为省内休闲养生度假的首选地之一，冬季一床难定，酒店入住率甚至超过了香格里拉、稻城等热门旅游地（图 5）。

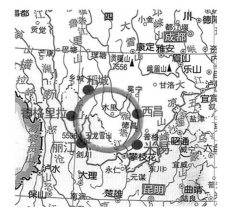

图 5　旅游区位图

2）心理攻略策划旅游商业

旅游城镇多配套打造旅游休闲商业街区，寄予其引导、搞活当地旅游经济的厚望；然而，街区成功案例凤毛麟角。怎样激活新建商业街区？商业规划环节必不可少。在加强街区项目可操作性的背后，要对商业街区中人的行为模式和心理变化历程进行研究，才能对旅游休闲街区的商业结构、业态布置提供更为正确的指导，以人性化规划促进经济创收。

旅游商业要以人为本，让人充分感受到细腻体贴的商业氛围带来的满足感，从心里认可、喜欢上这个地方，从而提高街区商贸交易量，提升街区的品质。街区商业成功是旅游休闲商业街区成功的根本。

金川县老街街区规划设计对人的行为模式进行了研究。运用马斯洛需求层次理论，根据人游览的心理变化，设置相对应的商业业态和服务设施，把街区从入口到结尾划分成了安全、展示、鉴赏、休闲娱乐、购物五个区域，每个区域设置不同的商业业态和服务配套。

入口安全区的设置目的是让来客尽快适应新环境。避免客人走出大巴车，就被扑面而来的各种小商小贩围住，形成脏、乱、差的第一商业印象，从而产生紧张和反感情绪，更会握紧自己的钱袋子。入口安全区是为了让游客最大限度地得到放松，提供便利型服务商业和人性化配套设施为主，停车、休憩、厕所、饮水、食品、医疗、解说等配套完整，配以优美的环境，标识清楚，严格限制商贩、流动小商品、控制商业性设施数量，目的为给客人全方位提供安全感，让游客轻松地开始游览之旅。

展示区为展示当地文化特色平台，如民族服饰、地方特产等；该区可结合文物古建筑设置小型博物馆，文化与休闲共存，展现当地特色和产业发展水平，让人了解、认可该地。展示区主要展示当地文化特色，比单纯的商业展示具有更大的吸引力与互动性，该区以展示为主要功能，不鼓励设置交易型商业。

鉴赏区结合该区现有两个寺庙和其他文物古迹点，在游客体验、感知该地的基础上，适当布置商业，引入各种互动环节，如品尝、体验手工，唤起人的热情，提高人的兴趣，让人融入其中，从而喜欢这个地方，当然也喜欢上这里的产品。鉴赏区则以交易、互动为主要功能，第一波消费开始介入。

通过前几个区的游览，游客到达休闲娱乐区时更需要提供饮食等服务。休闲娱乐区结合老戏台、茶馆等原生建筑为街区配套餐饮、特色小吃、棋牌等服务型商业，为第二波消费，主要满足客人游览过程中的基本需求，突破游客的消费防线，催生游客的购买欲。

购物商贸区，第三波消费，前面几个区之集大成者，也是最主要的商贸区。购物商贸区打造惬意的购物环境与热烈的购物氛围，商业业态齐全、产品丰富、选择面大，满足大众化消费和团购等。提供打包、订单、快递等多种服务。购物商贸区以交易为主要功能。

分区域设置商业业态，把握商业节奏，最大限度上满足消费者的旅游休闲购物心理，从而让街区成为缅怀历史，传承文化，展示当地风土人情的商业热土。商业规划配合街区其他规划建筑设计，使该商业街区达到金川城市名片的设计初衷（图 6 ~ 图 8）。

3）让门票旅游走开

我国很多城镇具有旅游资源，也有利用旅游资源发展地方经济的美好愿

图 6　金川县老街街区规划设计（一）

图 7　金川县老街街区规划设计（二）

图8　金川县老街街区规划设计（三）

望。怎样有效利用旅游资源，是城镇旅游资源开发的前提。如今很多地方单纯地就资源而开发旅游，吃老本，相关旅游配套设施没有达到人性化要求，没有形成完整的旅游商业体系；情急之下，滋生拔苗助长：门票价高、过路费高，普通餐厅收星级酒店价格，宰客让人望而却步，低配套、低服务，让人感受不到旅游的乐趣。若通过网络平台发散出去，还会产生巨大负效应。云南省豆沙关古镇有秦五尺道，约300m；有自然景观豆沙关，可远观；有一小段古街巷。秦五尺道景点已被圈为旅游景点，门票价格60元。游客走完道，远观豆沙关后，另再难寻吸睛之处，整个过程不到1h。古街巷商业业态单一，商气不足。街配套服务主要为短时间消费的餐馆、小吃、茶楼等；缺乏文化特色旅游项目支撑，难以让游客感受其独有的地域文化，过境旅游现象明显。

城镇旅游开发不仅依托景点，更需要为旅游提供全面的配套、提供文化、艺术服务，以配套论输赢，靠文化出魅力。因此，将吃、住、游、购、娱、行等商业服务配套完善，需挖掘历史渊源、地方文化和民间特色，把其转化为商业资源，创造物质空间，引申精神领域，增强旅游吸引力。让人来，让人留，让人住，让人消费，就要有玩、有看、有想；从而让人再来，让更多的人来。旅游打名气，文化促人气，商业强经济。开发城镇旅游，应以地方特色文化引项目，结合传统民风民俗与迎合现代时尚的消费观念，把握旅游开发的内涵和外延，立体发展，开拓商业空间。

（4）激发老城区商业潜能

老城区，地方精髓所在地，是城镇及其周边居民心中普遍认可、接受的城镇核心区，也常是城镇的传统商业中心。老城区在地理位置、道路交通、风俗习惯等各方面历经时间检验，具有当地适应性；在人气聚集度、商业号召力、形象影响力方面具有优势，商业氛围浓厚。但传统老城区往往存在业态混乱、铺面低端现象；还普遍存在购物环境差、停车难、用地紧张问题，难以承接多样和大型商业落户。受外围商业、电子商业的冲击，一些老城区商业逐渐走向低迷，甚至衰败。

改善老城区商业的硬件条件要结合城镇改建和风貌规划进行，借助旧城改造、机构搬迁等机遇，改善片区环境，拓展商业空间。以宜人的建筑街道空间尺度创造具有亲和力的商业氛围。改善老城区商业的软件则在当地特色店、民族特色店、老字号、民俗民风商业、土特产、精品购物、手工制作、休闲娱乐等方面进行商业引导；对一些商业业态进行必要的奖励与帮扶。结合商业发展民间传统技艺、手工工艺等，制定相关保护、鼓励政策，让非遗传承、发扬，让城镇商业特点更加鲜明。老城区应完善商业配套设施，配置街道小品、加强绿化，改善购物环境，体现人性化服务，重拾老城区商贾云集、热闹非凡的商业氛围。

米易县商业网点规划中，规划米易城区构建"一主两副三社区"的商业体系（图9）。一主即老城区，是传统的城镇商业中心，规划为县级商业中心。其功能为金融、商贸、文教娱乐等。老城区是城市商业的枢纽和龙头，它以强大的内聚力、辐射力和影响力成为广大消费者首选的购物场所。

图9　商业网点体系规划图

1）老城区商业特点与存在问题

米易老城区商贸中心是历史悠久的传统商业中心，商业氛围浓厚，集聚了米易县绝大部分的大中型零售商业网点，形成了桥东街与北街、城中街与河滨路等的交叉十字路口商贸中心。但存在问题有：

①商业业态布局比较混乱，精品店、专卖店、名店少，经营品种档次较低。

②以小型铺面为主，规模较小，缺乏大、中型现代化卖场，难于创造商业区的品牌。

③购物休闲环境普遍较差，街道狭窄、陈旧，缺乏休憩驻留空间，停车问题突出。

④滨水休闲购物、滨水休闲游憩设施不足，导致商业街区特色不突出。

2）老城区商业定位

老城商业区定位为：米易县滨水休

闲购物中心。突出购物、娱乐、餐饮、休闲、服务功能，带动米易城区商业发展。消费对象主要是米易县城区居民、游客和县域各乡镇人民。

3）老城区布置要求

①将城北商贸中心内小商品市场、批发市场迁出。商业中心的建设以拆迁、整改和新建相结合，借助现状城市街道开敞见绿，街道两端视线通透，青山绿水的良好基础，配套休憩停留场所，打造富有人情味和文化底蕴的具有米易特色的商业中心。

②经营方式以零售为主，服务内容以休闲游憩、购物、餐饮娱乐和金融商贸等综合商业为主。

③适当调整业态结构。提升现有超市，积极提升和引进专业店及大中型超市。

④打造米易文化娱乐核心，引进大、中型百货商场、娱乐中心、星级宾馆等网点。

⑤零售商业网点布置要求大中型百货店、大中型超市；专业店包括珠宝专业店、通讯专业店、服饰专业店、鞋帽专业店、文化体育用品专业店、手机电脑专业店等。

⑥改善城北商贸中心交通和停车条件，增加停车位，改建或扩建停车场。新建商业设施必须设置足够停车位。

⑦充分利用空间丰富的山水城市层次感营造独特的商业文化氛围，保留城区通透的亲水亲山空间，营建绿色生态商业环境。

4）业态设置导向

①鼓励设置：购物中心、百货店、大中型超市、大中型专业店、专卖店、休闲餐饮娱乐网点等。

②适度设置：仓储商店、小型超市、便利店等。

③限制设置：各类批发市场、建材家具市场、生产资料市场等交通量需求

较大的网点。

5）民族风情购物商业街（区）

老城区特色商业缺失是由于对米易县傈僳族、彝族等民族文化、历史文化、阳光旅游资源等挖掘不足，缺少对传统文化传承的商业业态，规划集旅游购物休闲为一体的民族风情购物商业街（图10）。

图10　商业街规划布局图

抓住旧城改造、县政府搬迁、镇政府搬迁的机遇，改善片区环境，打造民族风情购物商业街（区）。充分挖掘米易县特有的少数民族文化、攀西民俗文化；依托优美宽阔的安宁河滨水景致，打造成为集傈僳族民族风情展示、南丝绸古道民俗文化、休闲购物为一体的商业街（区）。

①街区内引入著名连锁店、老字号店、精品及品牌店，民俗工艺品店、民族服饰店、土特产品店等，提高商业档次，使其成为民族文化氛围浓郁、适宜购物消费、文化交流、娱乐休闲、旅游观光的商旅长廊。

②在街区内可设置1-2家高档米易特色中餐馆，推广鸡枞、爬沙虫、安宁河沙鳅、二滩银鱼、斑鸠菜、马齿苋、高山酸菜、野茼蒿菜、野薄荷等米易特色美食。

③建筑风格采用攀西民居的传统建筑风格，粉墙黛瓦，限制使用玻璃幕墙等现代建筑元素。

（5）让新区成为热土

商业不应是城镇新区的软肋，而应成为城镇新区具有吸引力的闪光点。

快速城镇化涌现出一大批城镇新区。新城、新区或者城镇扩张地带的商业往往面临人气不足，业态单一、购物气氛淡薄等软环境的考验，加上新建的宽大直道路、未成荫的绿化、商业底蕴缺乏等诸多因素，新区商业氛围营造困难，使新区商业往往一开始就陷入疲软的被动境况。新区开发中，地产商开发的楼盘往往自成一体，商业配套设施缺乏统一的规划和协调。新区商业业态的单一和配套跟不上会拖累新区的进一步开发。

小城镇新区发展很难跟大城市一样借助大型项目如知名购物中心、大学城、地铁等入驻，激活一方土地。对小城镇而言，常用较有影响力的举措是政府搬迁入驻等手段带动新区，有一定效果，但新区商业要成形，要靠良好的规划和后期严格的执行管理实现。

1）制造亮点，吸引人气

借助新区的交通、景观、市政等打造商业节点、商业街区。及时引入与城镇规模相匹配的购物、金融商贸和文化娱乐集中区，成为新区商业增长点（图11）。

2）完善配套，严格管理

在新区房地产开发中引入奖惩制度，鼓励其配套各种服务型商业，从城市宏观层面调控商业配套，确保新区商业体系健康合理。商业体系的规划与管理必要时借助城市控规等法定规划管控，确保执行。

3）处理好新区与老城的商业关系，错位发展，业态协调，相互促进，共同繁荣。

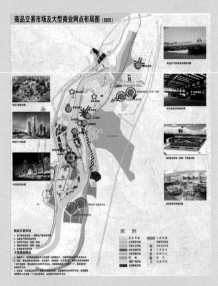

图 11 商业市场及大型商业网点布局图

米易"一主两副三社区"商业体系中的"两副"是为城市南北两片为新城区服务的两个商业副中心。北为行政商业中心，以县政府迁入带动发展，职能为行政办公、商务会展、商贸酒店。南为南部新城旅游度假商业中心，以旅游开发带动发展，职能为星级酒店、文化娱乐、会展休闲、超市百货、高档餐饮等。各区域中心结合各自区域的特点和商业发展的基础条件，突出发展重点、形成特色，逐步形成具有米易特点的南北两个商业中心。

（6）商业配套应与社区水平门当户对

社区商业定位应是便民、利民，满足社区居民的日常生活消费需求，具有市场性和公益性的双重特征。根据恩格尔系数等指标，社区配套商业设施应与社区居民收入相协调。高档社区的居民收入、文化水平较高，对休闲娱乐、儿童教育等消费要求较高，其商业业态，除了满足居民日常需求，还要满足多目的的消费需求，如异国餐厅、精品休闲、时尚潮品、宠物医院、健身俱乐部、儿童早教中心等。

居民收入偏低的社区，消费能力有限，消费需求与日常基本生活息息相关。其商业业态，应更多体现公益性，让居民感受到家门口实实在在的便捷服务，杜绝"贵族化倾向"，配套如超市、集贸市场、快餐店、便民药店、修鞋缝纫等。商业规划中必须要充分考虑到社区商业需求的多样性，立足于具体的社区，使社区商业的规模、形态、业态等特征与社区的需求相一致，满足城市居民的多层次需求，体现人性化的服务，提高城镇空间宜居性与城镇亲和力。

米易"一主两副三社区"商业体系中，按用地结构和社区规模形成城西、柳贤和城南共三个社区商业服务中心。

社区商业是满足居民综合消费为目标的属地型商业，社区商业中心基本营业面积根据服务人口以达到基本集聚效益为参考，主要配置居民日常生活消费必需的商服业，服务半径 500～1000m，方便居民日常生活，提高生活品质。服务内容包括：连锁超市、便利店、洗衣店、彩扩、快递、报刊、快餐、家政等（图12）。规范各种生活服务项目网点，社区商业中心可结合社区宣传、文化、体育、图书、医疗卫生等其他功能形成社区会所，成为居民的交流场所；鼓励发展符合社区特点的餐饮、茶楼、美容、家政、超市、专业店、快

图 12 农贸市场布局规图划

餐店等与当地生活习惯合拍的服务业，充分体现人性化。

（7）城镇商业规划的实施

1）商业规划实施的刚性化

商业规划具有法律法规的权威性，经由人民政府批准后就成为城市商业发展的重要依据；县级相关主管部门具有规划的解释权。在城镇商业网点里面设置强制性实施内容并引入城镇总体规划、控制性详细规划等法定规划，通过相关法律法规监管实施，形成必须实施的刚性内容。

2）商业规划实施的柔性化

社会发展迅速，我国商业业态已经从供销社、自营店、便利店发展到连锁超市、大型购物中心；用不到30年的时间走完了西方百年的商业发展史。受国家宏观政策、技术发展、意识形态的影响，商业发展变化是难以预测的。规划人员很难保证规划能够完全覆盖到规划期限十几年的发展过程中可能出现的各种不可预测的情况，也需要规划不断修编。所以在推进新型城镇化的过程中，商业规划实施应具备柔性、可调性。

[注释]

① 中国社科院 2010 年 7 月 29 日发布的城镇蓝皮书称，截至 2009 年，中国城镇化率为 46.6%，城镇人口达 6.2 亿，城镇化规模居全球第一。

② 据住房城乡建设部统计数据，截至 2008 年底，我国小城镇数量多达 19234 个，比 1954 年的 5400 个增加 13834 个。

[参考文献]

[1] 范天吉.城市商业网点规划编制规范实施手册 [M].长春：吉林电子出版社

[2]（美）Berry, B.J.L 等.商业中心与零售布局 [M].王德 等译，上海：同济大学出版社，2006

[3] 齐晓斋. 城市商圈发展概论 [M]. 上海：上
海科学技术文献出版社，2007

[4] 张立生. 城市游憩商业区（RBD）研究
[M]. 郑州：郑州大学出版社，2008

[5] 柴彦威. 城市空间与消费者行为 [M]. 南京：
东南大学出版社，2010

[6] 长江三角洲城市市场信息协作网 .2008 长

江三角洲城市商业发展报告 [R]. 上海：上
海科学技术文献出版社，2008

[收稿日期] 2016-06-25

[作者简介]

李卓珂：四川省城乡规划设计研究院工程师，
省城乡规划编制研究中心主任工程师。

彭代明：四川省城乡规划设计研究院高级工
程师，省城乡规划编制研究中心副
总工程师。

本文曾发表于《理想空间》，第 47 辑，同济
大学出版社，2011 年。

本次再刊时已经做了局部修改和补充。

对地震多发区城镇的规划设计思考

李卓珂

[摘要] "糖葫芦"式的街道布局，旨在避灾抢险、赈灾救援的关键时刻使城镇街道能最大限度地提供逃生避难场所、保障道路畅通、提供紧急救援场地和应急设施。优化城镇选址、建筑抗震设防、拓辟避灾防灾绿地等举措，应是地震多发区各级城镇规划建设中的重点任务。

[关键词] 防震；城镇选址；糖葫芦式布局

地震，是地球生命历程中每时每刻都在发生的自然现象。全世界每年约发生500万次，其中有1%为人们可以感知，造成严重破坏的地震（7级以上）约每年18次。中国是地震多发区，近百年来发生6级以上地震800多次。2008年5月12日汶川特大地震袭击了半个四川省，据中国地震局提供的数据，此次地震的面波震级为Ms8.0，矩震级达到了Mw8.3，破坏地区超过10万km²。地震对当地及周边地区城镇带来了毁灭性打击。距离震中约70km的成都市震感强烈，当时人们惊慌失措、倾巢而出、堵塞交通、全城几近瘫痪；当晚城区的开敞空间都挤满了五颜六色的帐篷。

近年来随着我国城镇化进程的加快，各地城镇建设快速发展。在规划建设城镇（特别是处于地震带上地块活动频繁区域的城镇）时怎样在规划建设中更有效地防震、抗震，协调震后救援重建？是城镇规划建设中一个不容轻视的

重点。城镇规划工作应有防震防灾的超前预防设计意识，力保民众的生命财产和国家利益。

1. 地震多发区城镇规划选址因素

城镇建设应特别注重规划选址。"高勿近阜而用水足，低勿近水而沟防省。"用现代的眼光看古人的聚落选址：生态、节能。从当时的角度看是以满足人的基本生活角度而定，这两者其实是相辅相成的。一个最生态的城镇选址是能最大限度地降低一个城市的营造和运行成本。

（1）城镇选址对地质活动频繁区的避让

良好的城镇选址是城镇建设和未来发展的首要条件，为城镇的可持续发展奠定了坚实的基础。城镇选址能避开地震带中地质活动频繁区才能排除隐患，此乃建城选址之上策。受行政区划及经济影响等人为因素对不可避免、只能存在于地震带中地块活动频繁区的城镇，在选址工作中应加强重视地质勘探和适宜性评估。

"5.12"地震中，广元到震中汶川的直线距离是成都的3倍，而成都的灾情却比广元轻。成都与汶川间隔了缓冲地域邛崃山脉，加之成都自身为扬子冲积平原，减缓了地震强度。广元处于龙门山脉地震带北端，地震中受波及影响大，灾情严重。城镇选址充分考虑自身及周边的地理小环境，这是中策。对既无法避让的地质活动频繁区，地理小环境又差的地方，建议尽量避开使用，依靠人工干预或设防，往往得不偿失；宜考虑退耕还林，县域内转移人口，选择适宜的场地，逐步搬迁。

（2）城镇选址中的地理环境因素

从空中鸟瞰崇山峻岭中的那些城镇，大多依山傍水。中国风水格局对选

址"避风聚水"的考究，让依山傍水的城镇格局延续至今。"依山"也是一把双刃剑，无灾时山可以给城市以庇护，但地震时山体滑坡、泥石流、崩塌等却是城市的致命杀手。如"5.12"灾情最惨烈的北川县城，就是次生灾害滑坡将半个县城淹埋。城镇选址的地质勘探，除了对用地的考察论证，还需对地块周边区域的地形地貌、山体岩性、地质构造等进行全面的研究。对山体的稳定性，地层运动走势，山体垮塌预测等做好预先评估，从最基本的角度防止灾害；相对于在未来城镇建设中采取补救防护措施，更为安全、生态、经济。

"傍水"的忧虑。城镇有了水，方便了生产生活，同时也带来洪涝隐患。近年小水电开发的高潮，虽然带来了一些经济效益，但是，山谷上游筑坝、开山凿洞修建发电引水渠等设施，宛如给城镇的头顶悬起了一盆夺命的覆水，加上水电站对水环境的影响，城镇的安全系数大打折扣。水电站与城镇的选址在地理位置上的安全协调是区域统筹中防震减灾的关键，总体把控区域布局是协调城镇建设与经济发展的前提。涸泽而渔，在地质条件薄弱区，是否真的需要凿山断河？

（3）城镇选址需力求震后与外界能建立交通联系

路是城镇联结外界的通道，无论遭遇天灾还是人祸，保持城镇对外交通畅通的战略意义重大。"5.12"告诉我们，单一的对外交通，会限制抗震减灾工作的全面铺开。确保多条道路对外畅通是抗灾抢险的最基础的保证。不依靠单一的陆路，若能借助水路、空中交通等多种方式，就能为抗震抢险、防灾减灾增加救援保障。水路可遇而不可求；而常年天气状况相对良好，能提供救援飞机起降条件的区域可增加城镇空中救援的通道，因此，在陆地交通相对受限的区

域，发展通用航空，无论是地震抗灾还是紧急事件发生，空中交通不失为一种快速、灵活的补充方式。

2. 地震多发区城镇街道的"糖葫芦式"布局

地震多发区城镇规划布局中对防震抗震的要求更高，更需要城镇规划布局的科学性。"糖葫芦式"街道布局能在灾后最大程度提供逃生避难场所、保障道路畅通、能便捷接纳、分发、安排救援设施，在防灾救灾时起到特殊的功效。

（1）"糖葫芦式"街道布局结构

地震多发区城镇规划布局，必须考虑地震时人们有逃生避难的场所。地震来临时，纵波传送比横波快，若能抓住从纵波到达时立即行动，到横波来临的10s钟黄金逃避时间，就能挽救不少人的性命；但是"安全区"太远或者根本无处可逃就使人被动了，只能听天由命了。地震中"逃跑"者的生存率实验结果能达到80%，"蛰伏不动"的最高生存几率只有50%。常规中建筑垮塌后建渣覆盖范围的半径约为建筑高度的35%，建筑垮塌时，人与建筑的距离大于建筑高度的35%，才会有安全保障。根据地震逃生安全函数计算公式里 $F(t)=[t_s]-t_s$，为了使 $F(t)>0$，即灾害发生时人能够逃逸的时间满足人到达安全地带的时间。糖葫芦式街道布局力求在地震多发区城镇，规划一个疏密有致的城镇空间，确保城镇各个地段都能为受灾人群提供一个可达的"安全区"。

糖葫芦式街道是借用城镇街道十字路口、拐弯处、大型建筑入口广场等地进行局部拓宽，根据周边地块容积率，留足开敞平地。该平地一般大于1500m²，作为一个抗震单元。为了用地经济，抗震单元平时可结合丁字路口、街头绿地、娱乐休闲设施等设置，每个抗震单元的服务半径为150～200m；也可以服务一个居住组团。根据现状和规划，在大型街道十字路口、街头广场、公园绿化等开敞区域设置比抗震单元更为开阔的开敞空间，这类场地的面积在3000m²以上，具体面积大小与周边地块容积率成正比。这个较大的开敞场地作为一个抗震区。抗震区一般在两条以上街道的交接处，服务两条以上街道。抗震区比抗震单元在抗震救灾中可发挥更大的防震抗震功能。

抗震单元、抗震区周围建筑严格限高，提高建筑抗震级别。一条街道根据地形设置2～5个抗震单元/区，这样街道的平面形状就像一串糖葫芦（图1）。

地震多发区城镇可根据自身条件，利用体育场馆、城市中心广场、中小学操场等按3-5个居住小区（或组团）的人口规模设置抗震中心。抗震中心是市级的抗震指挥部和救护、安置中心。抗震中心统筹多个抗震区和数十个抗震单元。

"糖葫芦式"街道布局在街道与街道之间首尾相扣，成网状交织。一条道路遭到破坏后还有多条道路保证其可达性。整个糖葫芦式街道布局为开敞平地（抗震单元、抗震区）为点，串联点的街道为线，街道交织成面，呈现"点、线、面"结合的布局形式。

地震多发区城镇规划格局宜疏而有序、尺度适中、空间通达。抗震单元和抗震区平时就像一颗颗绿色珠子，穿在街道这根线上，使整个城镇机理张弛有度。

（2）"糖葫芦式"街道布局的抗震配套设施

在多地震的日本，地震频繁区的居民家里常备有防震箱，里面放有简单的抗震自救设备。"糖葫芦式"街道布局中的"糖葫芦"就是地震多发区城镇的公用防震箱。在每个抗震单元配备有帐篷、水、干粮、药品等基础的求生设施。抗震区的配置高于抗震单元，除了基础的求生设施，还配有蓄电池、蓄水净水装置、通信设备等，具有相对完善的救援设备和急需物资。抗震中心则配置全面的救灾设施设备，以保证灾后其统筹片区的水、粮、医、住、行、通信等多

普通街道：

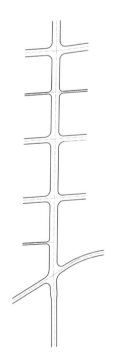

糖葫芦式街道：

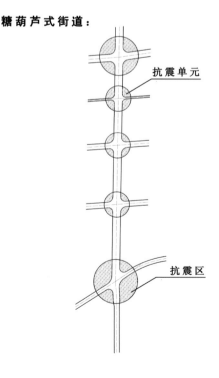

抗震单元

抗震区

图1 "糖葫芦"式街道与普通街道对比图

方面需求。在抗震中心规划高级别的抗震建筑，以便灾后提供抗震指挥部、临时手术室、临时安置区等必要的建筑保障。无灾时这些高抗震建筑可根据需要作为文艺展览、社区会馆、旅游服务场所等。

糖葫芦式街道布局方案在灾害来临时可在第一时间提供一个逃生场所；提供灾民安置、救护场地；能保证就近、便捷地提取、分发求生物资；能有效地控制次灾害的扩散，如火灾等；能最大限度地保证交通畅通；避震区、避震中心的备用物资在灾后可提供急需，赢得救援时间，为逃灾、避灾、救援创造条件。

3.地震多发区建筑抗震设计的"古为今用"

建筑抗震性能的好坏关系到地震时内部空间人员财产的安全，这是防震抗震的核心问题。高级别抗震建筑能减少伤亡损失，但并不是每一栋楼都能做到高抗震；如何在现有的经济、技术条件下，利用现状环境、材料有效避震，是应思考的问题。现在很多专家学者痛心建筑的地方特色退化、千楼一面，让人渐渐忘却了地方传统建筑其特有的功能和与当地环境相适应的特点。其实，历经几千年形成的各地不同的地方传统建筑形式，并不仅仅只是一个外表的区分。

四川自古以来是一个自然灾害较多的省份。仔细研究川南民居，我们能够发现古代劳动人民惊人的智慧和高超的建筑抗震手法：

从建筑结构上，传统的川南民居以穿斗式为主。穿斗式建筑由柱、檩、枋、椽等构件形成框架来承受屋面、楼面的

荷载以及风压、地震破坏力；墙多数为竹篱笆土墙，这种墙并不承重，只起到围蔽、分隔和稳定柱子的作用；竹子是川南常见的植物，把竹条编成片网再抹上泥土做墙，自重轻且经济；地震来临时墙倒可屋架不塌。传统木构架为榫卯结合，木材本身的柔性加上榫卯节点一定程度的柔性可使整个建筑在削减地震力的破坏上有很大的适应能力。

从建筑的空间上讲，川南民居常采用围合式空间布局。这样的空间布局中间为天井，天井四周屋檐下为走廊。地震时屋面的瓦片随着震动顺着椽滑落，滑落线与地面为一个夹角，这样飞落的瓦片与走廊就有一定距离，不会伤到人；瓦片滑落减轻了屋顶的重量，一定程度上保护了房屋构架，加强了室内空间的安全性。在地震过后，检查加固房屋结构，重新铺上瓦片，房屋又可以继续使用了。在地震多发区城镇，低多层建筑可吸纳先辈们总结的抗震经验，使用仿木质结构材料、有活动空间的框架结构、轻质材料围合等，运用以柔克刚的防震思路来指导新建筑建设。

现存古建筑都是经历了当地历史检验的结果，是先人们留下的财富，对后来的建设具有指导意义。2008年"5.1"长假期间，笔者曾到青城后山的泰安镇，吸睛的是山腰间的建筑山墙上耀眼的梁和枋，那是画在砖楼上的！古建符号仅用作了外观装饰而已。"5.12"地震后，此处的山墙只剩下残垣断壁，无比心痛。我们对古建筑除了欣赏其特有的外观，更重要挖掘内涵，在传统建筑里寻找更"靠谱"的建筑修造办法，寻找古人留在建筑里的"修建书"的真正内涵，向历史学习，获取经验，得到启迪。

4.结语

"5.12"早已渐渐远去，留在人们脑海里的记忆却日渐深刻。切身体会和密切关注重建过程之后，深感对城镇防震抗震的探索是规划建设者义不容辞的社会责任。总结经验，亡羊补牢犹未晚矣。

在地球环境相对恶劣，地表植被严重破坏、地质灾害频发、自然资源紧缺的生存条件下，应充分尊重合顺应自然，运用可持续发展观，注重城镇的科学选址，避让地质灾害高发地带；充分考虑防震抗震场所设施的设置；充分运用生态建筑建造理念，实现人与自然和谐相处。

[参考文献]

[1] 姚攀峰.地震灾害对策[M].北京：中国建筑工业出版社，2009.

[2] 忘清勤、张靖岩等.防灾减灾与应急技术[M].北京：中国建筑工业出版社.

[3] 季富政、庄裕光.四川小镇民居精选[M].成都：四川科学技术出版社，1994.

[4] 潘谷西.风水探源[M].南京：东南大学出版社，1990.

[5] 李德华.城市规划原理[M].北京：中国建筑工业出版社，2010.

[收稿日期] 2016-06-25

[作者简介]

李卓珂：四川省城乡规划设计研究院工程师，省城乡规划编制研究中心主任工程师。

本文收录于内部交流的《西南地区规划院联谊会论文集（2009）》；本次再刊时已经做了局部修改和补充。

基于城市特色系统的青海民族地区小城镇环境整治规划研究

李尹博、杨 猛、刘 丰

[摘要] 本文以青海省民族地区小城镇开展的环境整治规划中的具体研究与实践为案例，对民族地区城镇的规划研究方式和策略进行了探讨；对如何形成具有民族特色、地域特色以及适应生态环境和功能发展的城市空间环境进行了研究和阐述。

[关键词] 城市特色系统；民族地区；小城镇；环境整治规划

青海省是一个多民族聚居的地区，各地的自然条件、人文资源差异性较大，城镇建设水平、经济发展不均衡；人居环境亟待改善和提高。

为了有效地落实中央城镇化会议精神和国家新型城镇化规划，青海省人民政府于2014年出台了《关于青海省美丽城镇建设的指导意见》，要求集中打造充分体现地域文化、民族特色和历史记忆、生态环保、设施配套、宜居宜业、社会和谐、人民幸福的美丽城镇，推进城镇特色化、差异化发展。

在此背景下，黄南州泽库县率先启动了县城环境整治规划，在规划建设的实践中探索特色城镇建设的道路。

1. 青海民族地区小城镇环境整治规划的背景与特点——以泽库县为例

泽库县位于青海省东南部，青、川、甘三省交界区域，是青川甘旅游环线的重要节点，青海东南部出省通道。该县具有独特的高原草原、湿地、森林景观，素有"高天圣境"之称；还具有麦秀国家森林公园、和日石经墙等省内著名的自然和人文旅游资源，也是黄南州热贡文化长廊上的重要节点；独特的自然环境和人文历史文化塑造了泽库县的特征和城市性格。

随着高速公路和县域境内黄南州机场的修建，交通区位格局将得到极大的优化，旅游产业将进一步融入区域，成为泽库县的重要支柱产业。另外在草原民族地区集中定居的政策引导下，城镇化将进入高速发展期，县城的职能将进一步完善，城市空间和人居环境需要得到全面提升。

本次规划的对象为泽库县城，是泽库县的政治、经济、文化、旅游服务中心和县域最大的牧民定居点；藏族人口占90%以上。现状城区的环境存在建筑老旧、缺乏维护、风貌混乱、缺乏特色、设施欠缺、湿地保护乏力等问题；城市空间品质较差，城市人居环境处于较低水平。

本规划以提升县城承担区域旅游节点职能，发展旅游产业，提升藏民族同胞生活质量水平，建立和谐城镇为目标，对泽库县城进行以主要街道、公共空间和周边湿地为对象的综合型环境整治规划。

2. 城市特色系统的研究与提取

对于泽库这样的高原民族城镇，自然环境和人文环境具有独特性，需要找出符合自身特色的城镇风貌定位，注重从地域特征、文化传承、风貌类型、主题形象等多方面引导城镇整体形象和地域特色的塑造，营造富有个性和魅力的小城镇。因此，本规划努力从泽库的自身的基因中，寻找并梳理出一套指引城市建设的"城市特色系统"。

（1）城市色彩系统

城市色彩是每个城市经过历史、自然和文化影响沉淀下来的特有属性，受到自然环境、建筑材料、文化审美、民族风俗等要素的综合作用，如欧洲历史名城都有着自身的代表色。藏族建筑特征鲜明、独具魅力的色彩构成更有着深厚的人文和自然印记[1]。因此城市色彩代表了一个城市的灵魂和记忆，寻找根植泽库地域文脉的城市色彩对泽库城市形象至关重要。

本次色彩研究通过理性、科学的方式，用"色相构成、色彩比例、色彩明度、色彩重心、环境色"四个指标，对藏区经典建筑、泽库周边重要藏式建筑和泽库现状城市建筑的色彩作出科学分析，找准泽库城市色彩的问题，制定符合泽库城市历史文化基因的色彩库，形成主色调、辅助色、点缀色组成的色彩系统（图1）。

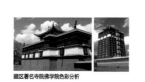

藏区著名寺院佛学院色彩分析　　泽库县域色彩分析

色相分析——色彩构成

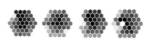

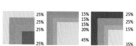
色相分析——色彩比例

色相分析——明度对比度

深色（N1-N3）：50%　中间色（N4-N6）：30%　浅色（N7-N9）：20%

图1　城市色彩系统研究

1）经典藏式建筑色系研究

通过色彩分析软件，对甘肃夏河拉卜楞寺、甘肃合作安多米拉佛阁、甘肃郎木寺等文化同源、地貌相近的附近区域经典藏式建筑以及日喀则扎什伦布寺等大藏区经典藏式建筑进行色彩提取，并对色相构成、色彩比例、色彩明度对比度、色彩重心和环境色进行了分解研究。得出这些著名藏式建筑的色彩具有以下特征：以白色、藏式土红色为主色调，以赭红色、金色、灰色为辅助色，以黑色、蓝色、绿色等为点缀色；深色调色彩占到总体比例的20%以上，色彩重心在竖向层次上分布平衡，稳重大气；与高原蓝天白云绿色草原的环境色搭配起来对比明显。总体色调鲜明、主次色对比明显、明暗清晰、建筑庄重、有力、层次感强。

2）泽库县现状城市色彩分析

对现状泽库县城四条主要大街的风貌用色彩分析软件进行提取和分析，得出：泽库城市没有主色调，色彩较多、以浅黄、红、橙、白，夹杂蓝、绿色；整体色彩明度对比度较弱，整体色彩较灰，未使用重色调，建筑较轻飘、无层次，不够清晰稳重；所用的色彩与自然环境不够协调，没有在整体清新壮丽的高原中存托出来；与民族与地域文化没有关联，现有色彩无法传递地域特征。

3）提取泽库城市色彩库

应突出主色调，形成主色调、辅助色、点缀色的色彩构成关系；遵循传统和自然环境关系，使用藏民族和当地的主体色彩，采用藏式经典的"白色、藏式土红色"为泽库城市主色调，传承民族文化和灵魂，主要使用在主要墙体立面；以藏式经典的"赭红、木黄"以及源于泽库本土特有的石经墙文化的"青灰"为辅色，用在墙角、屋檐、梁、柱、窗构件等处；以"金色、黑色、橙色、红色、蓝色"为点缀色，用在装饰性的铜饰、木椽、布幔等处。增加重色使用，加强建筑色彩对比。

（2）建筑构件系统

研究并选取传承泽库历史文化、适宜自然条件、兼顾现代功能的建筑元素；包括安多藏区、热贡地区以及泽库当地的藏族建筑的构件元素，适宜泽库自然气候的当地特殊建筑构件，以及现代藏式建筑的构成元素。运用于环境整治的建筑立面改造、街道小品设计以及环境美化；以传承历史、进取创新为原则，融合传统性、地域性、现代性（图2）。

1）提取安多藏区、热贡地区藏族建筑的构件元素

提取藏式建筑典型的"边玛墙、牛脸窗、收分墙、雕花雀替柱、藏式柱廊、斗拱门头[2]"等传统藏式建筑特征性构件，形成风貌设计的传统元素库。

2）提取适宜泽库自然环境和气候的构件元素

泽库县城地处高原高寒地区，具有极冷暴晒、大风、多雪等天气特征；在泽库和周边地区，不论居民的传统住宅，还是公共建筑与宗教寺庙，多在南向设置玻璃阳光房。既能避寒遮风，又能采光取暖，在恶劣的环境中求得一块舒适宜人的小空间，这是人民生活智慧的产物。但是由于经济条件较差，多为后期自行加建，阳光房形式较为简陋，与建筑整体风格不协调，成为乱搭乱建的临时空间。规划提取阳光房这一特殊的民间构件，将其经过设计和现代化处理，与建筑本体融为一体。

另外，和日寺和日石经墙是泽库最重要的人文历史遗产，也具有空间实体的形式，我们提取石经墙的材质和堆砌方式，运用于新建和改建建筑的墙面处理，传承地域文脉和文化特色。

3）提取现代藏式的构件元素

借鉴优秀的藏区现代建筑设计，如拉萨火车站、拉萨瑞吉酒店等现代藏式的建筑设计手法，将抽象化的藏式构件运用到泽库的城市建设中，传递出传统与现代的交融和发展这一理念。

（3）文化图腾与符号系统

研究安多藏区、黄南州热贡文化走

图2　建筑构件系统研究

廊地区的藏族传统装饰图腾和符号，对藏传佛教图案、热贡艺术、格萨尔王文化相关的装饰符号进行归纳。主要构成元素细分为：八吉祥图（盘长、法论、莲花、金鱼、法螺、伞盖、宝瓶、法幢）、七政宝图（金轮宝、神珠宝、玉女宝、臣相宝、白象宝、绀马宝、将军宝）、格萨尔王文化（故事绘画、人物绘画、雕塑石刻）、六字真言（十相自在）等。

通过对藏式传统建筑装饰纹理位置的研究，结合城市整体风貌结构规划和片区主题定位，制定出既符合传统，又能够全面展示和传递出文化意义内涵的图腾符号系统，运用于建筑立面、街道小品设施、景观雕塑、湿地公园中。

对建筑立面的文化图腾运用采用如下规则：

吉祥铜雕：边玛墙、屋顶、公共雕塑；

石经文、石像：主墙面；

绘画、雕花：梁柱、雀替、公共雕塑。

3. 环境整治规划的实践策略

（1）整治目标

塑造高海拔地区草原民族城市典范，具有传统、现代、民族、生态特征的魅力草原城镇和旅游目的地。将城市街道建造成现代时尚与民族风情有机交融的草原城市建筑群，将环城湿地塑造成高原湿地生态景观与浓郁民族地域文化融合的自然保护区和旅游目的地。

（2）整治原则

空间整治促进产业发展原则：通过空间整治优化城市功能、布局、环境，提升空间品质和城市品牌；为旅游业、生态畜牧业和相关产业发展提供空间支撑。

空间整治改进民生原则：通过空间整治提升人居环境品质，改善居民生活条件，让空间整治成为惠民工程。

保护与发展原则：通过空间整治及时对湿地保护、历史传统文化保护采取

实质措施，同时也将资源保护转变为城市发展的竞争力。

传承与创新原则：空间整治既要传承传统藏文化和地域文化，也要立足时代发展，融合现代功能与元素；实现新旧交融，进取创新。

近远结合原则：结合实际情况，空间整治规划要制定操作性强的实施计划，分期分阶段安排近中远的实施《纲要》。

（3）环境整治总体结构

规划根据泽曲镇的现状空间结构特征和景观资源分布情况，选取以点激活地块，以线激活片区，以核心城市骨架整治带动全城发展的整治思路，形成"四街、七点、一环、一带"的综合整治结构。

四街：东西大街、南北大街、民主路、王家路主题风貌街道；

七点：两个门户节点、三个老城节点、行政区滨河节点、湿地公园节点；

一环一带：环城湿地公园、古河道滨河带。

（4）建筑风貌整治

整治街道包括泽曲镇空间功能架构中最重要的四条街道：东西大街、南北大街、民主路、王家路。根据四条大街的功能定位与环境景观不同，将四条大街风貌文化划分为四个主题，包括"藏文化风貌、现代生活风貌、现代行政风貌、五彩草原风貌"（图3）。

1）特色街道整治要点

东西大街藏文化风貌主题要点：传统藏式为主，融合现代元素，形成藏族文化特色鲜明的街道形象。色彩采用泽库标准色库，即主色调采用白色、赭红、土红，点缀色采用灰、黄、黑等；墙面材质采用石材面砖、彩色水泥喷砂、仿木饰面金属构件、玻璃、水泥预制构件；特殊立面元素包括局部藏式玻璃阳光柱廊、藏式门头、彩绘和铜雕装饰（图4）。

南北大街代生活风貌主题要点：现代新藏式风格，塑造独一无二的新泽库城市风貌的泽库生活新风貌，体现现代时尚与传统文化的新旧交融，色彩采用泽库标准色库，即主色调采用白色、赭红、土红，点缀色采用灰、黄、黑等；墙面材质采用石材面砖、彩色水泥喷砂、仿木纹金属构件、水泥预制构件、玻璃，特殊立面元素包括格栅、木条窗、外挂阳台、简洁藏式石柱。

民主路现代行政风貌主题要点：与现状行政区风貌协调，体现现代简洁、高效的行政文化区形象，塑造泽库特色主街。色彩采用泽库标准色库，即主色调采用白色、赭红、土红，点缀色采用灰、黄、黑等侧重白色、藏红；材质采用石材面砖、彩色水泥喷砂、仿木纹金属构件、水泥预制构件、玻璃；特殊立面元素包括屋顶造型构件、玻璃幕墙、遮阳格栅（图5）。

王家路五彩草原风貌主题要点：体

图3 民主路街道整治效果图

现民族融合现代、质朴而又大气的草原城市风貌特征。色彩采用泽库标准色库；材质采用石墙、石柱、条、木格栅、涂料、布等；特殊立面元素包括阳光柱廊、石材墙垛等。

2）整治重点分级

根据街道功能、重要节点分布、形象展示需求、合理控制造价、分期实施等因素，将整治范围划分为"核心风貌区"和"风貌协调区"。核心风貌区以"精细打造、重点整治、全面提升、风貌出彩"为要点，风貌协调区以"基础整治、适度改善、控制成本、风貌协调"为要点。

3）整治模式分类

对公建、民居等不同类型建筑采取不同整治模式，突出重点建筑的整治效果；同时整体城市面貌全面提升。公共建筑采用"一楼一策"的整治模式，街道民居采用"分段模块化"方式。具体元素使用中，以传承和创新为原则，既要体现传统藏文化和地域文化，也要融合现代功能与元素，塑造现代传统有机交融的创新形象。根据城市空间功能和性质，分类分程度地运用现代和传统元素。

（5）街道家具及其他设施

作为特色城市空间的一部分，结合每条街道的总体风格特色，对人行道、路灯、公共座椅、路牌、公交站、垃圾桶、公厕、环卫亭等设施进行了风貌协调设计。运用提取的泽库城市色彩库、特色构件库和特色文化符号库，对各个街道小品的材质、色彩及装饰图案等方面进行特色化设计，做到与建筑、周边环境的有机协调。同时结合泽库县当地的气候环境，进行了有针对性的设计。

（6）湿地公园

泽库县城西部、北部和南部被草原湿地和水系包围，主要为夏德日河及其支流，从北侧注入，形如"树枝状"，湿地类型为黄河外流水系及高原缓盆地湖泊湿地。随着城市的发展和牧民定居点安

图4　东西大街路口整治效果图

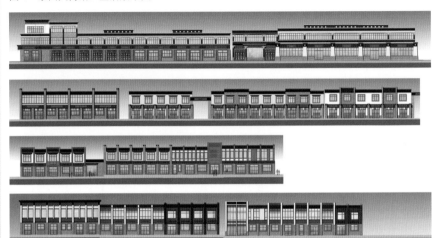

图5　街道立面整治设计图

置行动的实施、粗放式放牧等影响，湿地面临人类活动的侵蚀，逐年减少。湿地片区主要存在问题为：缺乏明确的保护范围、受到建设侵蚀、缺乏清晰的保护措施、优越的生态景观资源未合理利用、缺乏科学规划、未促进城市人居环境改善、未促进城市生态产业发展（图6）。

1）生态保护规划

建立湿地圈层保护模式——在对泽库县湿地河流的保护与恢复模式研究中，借鉴自然保护区理论中常用的"圈层式"保护模式，即"核心区——缓冲区——试验区"的划分与利用模式；在现在的场地核心区（天然湿地河流）与外围环境协调区之间建立缓冲区（沿河后退30～50m地带），达到对外界不良生态干扰的屏蔽，以及对场地内部原生湿地的保护和过渡。

构建湿地生态水网体系—— 联通城市内部河网水系，湿地公园所在的县城中心片区规划有带状水系，毗邻城市用地，可考虑"湿地＋城市带状公园"模式，打造城市绿地水系生态网络。对原生湿地采取雨水收集、地下水开采、自来水补充等多种水源补给，平衡蒸发量，保障健康湿地的水量需求。以现状河流水系及场地内部地表径流分析为依据，设计分为三级淹没区域，建造湿地的永久性水域、半永久性水域，完善、修复湿地的生境条件。

丰富湿地生物多样性——天然湿地植物配置应尽量避免其他优势物种的入侵对有湿地群落造成破坏，植物配置原则上选用青海省其他湿地群落中的伴生植物，既维持了现有湿地群落的完整性，同时丰富了本地植物的多样性。

2）湿地与特色城市文化的融合

规划立足于区域内独特的湿地水

系、丰富的草原自然资源，深度挖掘特色自然资源和地域人文资源，以"草原文化"与"湿地文化"、"都市文化"相结合，以"勇敢泽库、浪漫泽库、吉祥泽库、五彩泽库、圣洁泽库"为主题，融合湿地建设、生态科普、草原户外运动、浪漫花湖观赏等功能为一体的原生态湿地环境，建设泽库县的亮点—湿地公园。

勇敢泽库片区——位于公园主入口西北侧，该片区以功能服务性建筑为中心，以户外草原活动为主题，是最能集中展示泽库草原游牧民族文化、格萨尔王历史文化的片区。

爱情泽库片区——位于公园西南侧，该区以自然生态本底为基础，以湿地观光、草原花海游览为主题，是湿地公园中最能集中展示"高原湿地、广阔草甸、五彩花海景观"的片区。是"最美泽库"片区。

吉祥泽库片区——该区自北向南贯穿城市河道，以一个完整序列的宗教文化景观形成带状公园，以藏传佛教文化展示为主题，是湿地公园中最能集中展示"宗教文化"的片区（图7）。

五彩泽库片区——自南向北形成带状公园，是湿地公园内集中展示泽库地区热贡艺术、融合新老城区的景观绿链。

圣洁泽库片区——是湿地公园内集中展示泽曲河发源及汇入黄河过程的片区，在了解泽库人文历史的同时，也是感悟和体验高原水脉滋养生命发展的过程。

4. 结语

针对民族地区城镇规划，应着重挖掘城市地域和文脉里的特色基因，利用

图6 湿地公园鸟瞰图

图7 湿地公园文化景观节点设计

文化的原生性塑造特色美丽城镇。本次规划研究在这样的理念下，将民族文化、地域文化、原住民需求、现代城市功能需求有机结合，塑造了具有特色系统支撑的整体城市空间，城市空间品质和环境的得到提升，湿地得到保护与科学开发。目前泽库县城环境整治工程正在按照规划实施，城市环境已经得到了极大地改善。期望本次研究和实践能为后续民族地区城市的建设提供了宝贵的经验借鉴。

[参考文献]

[1]丁昶，刘加平.藏族建筑色彩体系特征分析[J].西安建筑科技大学学报，2009(6):375-379.

[2]徐宗威.西藏传统建筑导则[M]，北京：中国建筑工业出版社，2004

[收稿日期] 2016-06-25

[作者简介]

李尹博：四川省城乡规划设计研究院工程师。

杨猛：四川省城乡规划设计研究院主任工程师；

刘丰：四川省城乡规划设计研究院总市政师，所长，教授级高工。

旅游背景下藏族传统村落的保护性发展探析——以大香格里拉地区稻城亚丁卡斯村为例

李易繁、钱 洋、胡国华

[摘要] "保护与发展"是城乡规划的主旋律，而传统村落的发展与保护关系的处理则是一直备受关注的话题。旅游热的兴起，让传统村落受到了巨大诱惑的同时，也面临着被过度开发、特色遭毁的苦境；传统村落的保护对策也应"因村制宜"。

本文总体分析梳理了传统村落的发展现状及困境，从"大香格里拉"环线的藏族传统村寨保护着眼，提出大旅游背景下藏族传统村落保护性发展的探究；以稻城县卡斯村传统村落的发展保护规划为具体研究对象，总结得出一些经验；可为类似的传统村落保护提供值得借鉴的经验。

[关键词] 旅游背景；香格里拉；传统村落；藏居文化体系；保护性发展

1. 引言

"香格里拉"藏语音译为"香巴拉"，其意为"极乐园"。"香格里拉"是人类向往的人与自然和谐统一、生态多样共生、社会祥和安宁的一种理想世界；它既是藏传佛教中的"香巴拉"，也是中国传统文化的"世外桃源"，还是西方文化中的"伊甸园"。

稻城县位于青藏高原东南缘，横断山脉中部，四川省甘孜藏族自治州南部，以小贡嘎雪山为中心，区内有藏区著名的三座神山、冰川、原始森林、高山草甸、海子湖泊、峡谷溪流；宗教文化深厚，

有千年古寺、黄卷青灯；有古朴、纯真、敦厚的民风民俗。这里自然山水与民族文化高度融洽，高原风光与民间风情交相辉映，与传说中的香巴拉王国完全吻合，素有"香格里拉之魂"和"蓝色星球上最后一片净土"的美誉；其丰富的自然风景资源堪称"遗世独美"，具有发展国际精品旅游目的地的高品质。

但是，随着近年来稻城旅游热情的高涨，稻城传统藏居文化也面临着前所未遇的挑战。传统藏居文化的形成有着独特的历史背景，藏族村落在千年的传统农牧自给自足的经济形态下，长期隐秘于各自的地理单元中，较少受到外界的干扰，延续着自我循环、自我演化。

因此，藏式传统村落及藏式建筑的独特造型是该区域自然生长的结果，同时也形成了一套独特的居住文化理念。而今，随着旅游业的兴起，虽然为藏族群众带来了经济条件的改善，也对藏式村落的地方性和民族特征造成了巨大的冲击；正如苏联建筑师金兹堡所指出的："跟现代技术和经济的一致化力量相比，当前地方和民族的特征就太微不足道了"。

藏居文化体系在稻城亚丁旅游业快速发展的背景之下，面临着经济结构的变迁对传统村落的冲击。它们存在许多问题，但同时也呈现出了一种机遇和挑战，如同凤凰涅槃一般，或许预示着一个更美好的村落系统的即将到来。

2. 传统村落的发展现状及困境

中国传统村落是农耕文明的精髓和中华民族的智慧的根基，蕴藏着丰富的历史文化信息与自然生态景观资源，是传统文化的重要载体和民族的精神家园。传统村落与民居因自然地理文化等因素的差异，呈现出浓郁的乡土特征，是千百年来人们利用自然、顺应自然、改造自然所积累的经验技术与艺术的展现，并在千年的

发展过程中，自下而上逐渐形了成特有的地域风格，以单纯的物质空间为载体，升华出精神层面的文化内涵，使得传统村落和民居具有很高的文化与乡土价值。

近年来，传统一二产业的发展放缓，旅游业逐渐成为稻城的重点支柱产业和重要的经济增长点。但是，对于旅游经济较活跃的地区而言，过度开发是一个极大的威胁，如云南丽江、山西平遥、湖南凤凰、四川九寨沟等，皆因过度开发曾饱受诟病。传统村落在千百年的演进中所传承的经济结构、方式、社会架构以及人文背景正在发生着根本性的转变，村民的聚居观念、生活方式也在逐渐改变。具体的现状问题可以概括为以下三个方面：

（1）原住民的迁出导致了传统村落的空心化与传统文化的断裂

传统村落原住民的生产生活方式，为传统村落赋予了丰富的人文内涵，是传统村落整体架构的一个重要组成部分。

对于众多传统村落而言，由于其所处地域和历史等原因，其经济的拉动多依靠地域自身有限的生产资料而展开生产活动，生活条件相对较差。近年来，随着旅游业的兴起，众多旅游前景较好的传统观村落因外来经营者的介入、游客需求的刺激，经济效益较低的原住民生活逐步被高效率的商业活动所替换。传统村落原有的朴实、惬意的生活气息，逐渐被商业氛围浓、同质竞争的运营模式所更替，传统的原住民生活模式逐渐退出了历史舞台。失去了原住民的传统村落意味着深厚人文内涵的断裂，逐渐沦为了单纯的商业化旅游服务接待基地，仅剩下了铜臭味十足、人声鼎沸的村落空壳。

（2）传统村落风貌逐渐消失、风格呈现媚俗化

当前旅游游憩功能对传统村落产生的威胁也表现在风貌方面：为招揽外地游客，居民或投资者对传统民居进行风貌改造。在建筑构件与装饰方面，抛弃

了原来朴素的当地传统建筑式样，转为复杂夸张的雕花彩绘。同时，为在有限的村落空间制造更多吸引游客的文化元素，大量本不属于当地的建筑符号在村落乱用；加上建筑体量的大增，空间尺度感很不协调。

（3）用地规模盲目增大，破坏了村落的宜人空间与肌理

传统村落由于特定的历史发展原因，一般均呈现出与自然、气候契合的小而精的空间尺度特征。但是随着旅游经济的发展，旅游人口逐年增长，伴随着旅游服务人口的同步增加，村落空间不断向外盲目扩展，大量侵占周边的生态绿化本底。无序建设导致的新旧间不顾尺度、比例、高度、协调等因素，无形中破坏了村落环境和肌理，对传统村落小而精的空间精髓造成了巨大的破坏。

3. 藏式传统村落保护性发展转型模式探索

随着传统村落所依赖的经济基础、观念意识、社会背景的巨变，对传统村落的保护和继承，也应在坚守中有所开拓与发展才能适应之，一味地固守村落古老形态的做法只是一种理想，完全外部输血性的村落保护也是不可持续的。在传统村落保护举步维艰的现实下，借助旅游发展来拯救濒危的乡土文化，不失为获取再生的有效途径；合适的旅游转型应是传统村落更新保护的可操作性。具体工作中应该有所取舍，理性处理保护与发展的关系。

藏族传统村落，由于自然生态的脆弱性与传统文化的稀缺性，在旅游发展中会比一般传统村落更加难以适应商业化的侵入。对此，我们应该在具体的操作中针对村落特征认真思考，在发展与保护的平衡度上寻求一个适度的取舍。

（1）保持传统村落风貌的完整性

对传统村落的保护，除了其本身的民居建筑外，建构村落空间的环境因素也该得到保护。一般情况下传统村落的美与内涵，是民居的格局与周围独特的自然地理环境的一种契合与共生的有机融合关系。在旅游发展中仅仅保护建筑本体，对周边的环境刻意忽视的做法是绝对不可取的，同时也是破坏传统村落风貌完整性的最大败笔。

对建筑进行保护的同时，应重视自然环境的人文内涵的完整性保护；传统村落的乡土环境对旅游业发展、产业转型都是至关重要的基础资源。

（2）保护传统村落生产生活方式的原真性

传统村落的保护应为开发性保护。村落在修复后继续鼓励村民在里面居住生活，不是为保护而保护，丢失掉乡土建筑的原有价值功能。传统村落向游人展示的不仅是民居自身，还应包括当地的传统文化、生产生活、风俗民情等。

（3）谨慎改扩建，保持新旧建筑的协调一致

在进行传统村落的旅游开发时，不可避免地要进行新的建设。因此，新建筑的规划、设计要做精做细，还要做到位；要进行多方面比较，保持与旧村落、建筑间的协调一致。原有建筑的改造要特别谨慎，风格、样式、材料、建造方式等都应传承老式做法，修旧如旧。

（4）村落的复兴与发展应突出地方特色

从根本上说，传统村落要延续和发展下去，必然要与当代社会对接发展经济和生产，因而发挥其文化资源禀赋和特色优势，发展具有文化创意内涵的产业；以独具特色的历史文化来增加产业附加值。传统村落只有发掘出其自身与众不同之处，方能吸引游客。而藏式传统村落均具有十分强烈的地域民族色彩，更应该充分地利用自身的优势资源。

一个有开发价值和前景的传统乡土村落，首先应有自己独特的魅力，只有坚持自己的特色，发挥特色，才能正确地可持续发展下去。

4. 卡斯村保护与发展规划

稻城县卡斯村，由于发展的滞后，这里还保留及传承着藏族千百年来的民俗文化、传统文化和风俗习惯，丰富而独特，底蕴深厚（图1）。卡斯村保护与发展规划，力图在实际操作中融入对旅游背景下传统藏式村落发展转型的思考与探讨，以满足不同的经济水平、生活方式、家庭需求为目的，并为未来的发展留有余地，以此来最大限度地改善人居环境。

图1 卡斯村整体风貌

（1）村落概况与存在的问题

卡斯村位于稻城县城南部，建于明末清初，至今已有400余年历史。村域面积178km²，辖3个村民小组，现有住户28户，总人口164人。该村为藏区农业村，其主导产业为种养殖业。卡斯村依山傍水，气候温和，山清水秀，是进入亚丁景区的重要入口区域，是朝拜三座神山的重要途径，旅游区位优越（图2）。近年来，旅游服务业逐渐成为村民收入的重要支柱产业。

伴随着旅游的兴起，村落的无序发展也已呈现，现状村落暴露了以下几个问题：村落风貌较为混乱，建筑单体私搭乱建现象严重，传统风貌有被逐渐抛弃的趋势；旅游设施、旅游服务功能不完备，处

于自发乱建的状态；环境卫生、基础设施
与配套公用服务设施较差（图3）。

（2）设计思路

诠释并理解一个地区的传统村落，
应从自然生态、文化传统、地域经济、建
构技术四个方面入手，才能获得一个完整
及与时俱进的传统村落保护发展体系。

自然生态是人居环境的形成、发展
最直接相关的物质基础，它除了为村落
提供基本生存条件外；反向观之，它也
成了制约村落发展的不利的因素；

文化传统构成了聚居环境稳定的
社会传承性；即：区域传统文化的传承，
并在此基础上逐渐产生和繁衍了丰富而
成熟的民俗文化、生产生活方式等，使
聚居发展带有了其独特的文化特征；

地域经济是一个村落甚至是一个地
区的社会、经济能够正常运转的基本动力，
任何社会反映在物质表观上的一切本质
都是内在经济利益的驱动；所以在具体的
村落保护发展中，应该以经济的发展作
为推动的动力，避免严苛绝对地谈保护，
对经济发展应该顺应趋势地加以引导；

建构技术是传统村落和建筑发展的
最为直接、最根本的物质推动力，它很
大程度上决定了建筑的结构方法；而结
构方法则直接表现为建筑的形式、风格、
内部空间划分等，进一步影响传统建筑
的色彩、质感、虚实关系，乃至民居建筑、
村落景观的乡土特质。

所以在具体的设计上必须从这四个
方面为出发点来思考，设计中要注重尊
重、体现自然生态与文化的传统、地方
建造技术，并在具体的项目类型上对这
四个方面进行不同层面的把控，从而达
到多重利益下的一种理性平衡。

（3）规划对策

1）保留传统村落环境的完整性，
周边田园重点保护

传统村落是建筑、人居、环境、文
化等的一个综合体系。藏族传统村落中，

图2　卡斯村与卡斯风景区的整体关系

图3　卡斯村整体现状

其周围独特的自然地理环境是建构村落
的重要因素，同时藏区群众对山形、流水、
植被、岩石、地标等自然形态视为神灵、
倍加崇敬，进一步加强了其自然环境的
人文内涵；因而保存好藏族乡土村落的
环境，对旅游开发转型来说至关重要。
具体的规划设计中，不可只把保护着眼
于传统建筑之上。除了本身的民居外，
建构传统村落的环境要素也要应该得到
保护，特别是周边的较为平坦的青稞田，
切忌不可为了一时的经济利益而侵占之，
应协同保护村子周边的青稞田（图4）。

图4　卡斯村平面图

2）缜密进行建筑改造分析，合理
制定建筑整治改造方式

规划对于建筑整治的判定与结论，
必须充分建立在对现状建筑的分析之
上；具体操作中应该对村落内所有建筑
进行编号，逐一对编号建筑所有权人进
行统计记录，包括建设年代、面积、层
数、功能用途、结构材料（墙体、屋顶、
装修、门窗、色彩）风貌等详细信息，
在此基础上对现状建筑层数、质量、功
能类型、风貌、环境空间要素等进行深
入分析；然后根据建筑的现状、风貌特
点、历史、艺术价值，制定不同的整治
模式。地上空间中，根据不同的保护等
级，采取分级的保护发展措施（图5）。
如可分为完全保持传统风貌、基本保持
传统风貌、适当改造、新建、拆除等不
同类别。地下空间中，基础设施的建设
应改善村落的物质条件，但不影响地上
表观风貌和建筑格局。只需改善其环境

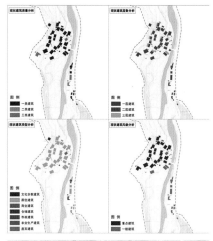

图5 卡斯村建筑分级整治图

质量，完善设施水平，做好修缮维修工作，维持村落的空间形态和肌理不变。

3）建筑内部功能改造，外貌保护

在建筑改造方面，应从两个方面进行：建筑内部根据功能需求进行相应改造，使房屋居住环境得到改善；建筑外部按照当地传统建筑的风貌进行逆向性恢复和保护。

①建筑内部改造

通过对村落内建筑的勘测，发现现状建筑存在以下几个问题：第一，建筑一层为牲畜养殖空间，基本没有窗户，采光相对困难，且牲畜圈的异味能扩散到建筑的二三层，影响居住环境品质；第二，建筑内缺乏供排水系统、卫浴设施，卫生状况较差且影响生活的便捷性；第三，现状楼梯为可移动的简陋单木梯，坡度大，踏步宽度小，而且没有楼梯扶手，安全性较差；第四，部分房间拘泥于原有柱网，面积偏小，可用空间十分局促。

针对以上问题，提出建筑内部的改造方案，在满足村民原有居住功能的同

时，为未来开展藏家接待打下良好的基础。具体的改造方法如下：

一是人畜分离，将底层养殖空间改造成储藏或娱乐休闲空间；二是规划供排水系统，并逐步实施，增添卫生间与洗浴设施；三是楼梯优化，撤去可简易单木梯，替换成固定的木质双跑梯，折向并增加踏步数，降低坡度，提高安全性；四是对房间的分割进行重新设计，减少交通空间，扩大卧室使用面积（图6）。

②建筑外貌改造

在对当地藏式传统建筑样式的分析的基础上，对村落现有传统民居建筑风貌保存较好的区域要认真地进行实地踏勘，把握准当地传统藏居建筑的风貌。规划从建筑外墙、门窗构件、屋顶三个

方面进行传统风貌保护性整治（图7）。

从建筑外墙方面来看，现状建筑的巴苏和门窗装饰较为完好，样式基本按照传统做法进行修缮。传统建筑多年来都秉承经堂等公建使用红色巴苏、其他居住用房使用黑色巴苏的用色习惯；但近年来的新建建筑或旧建筑翻新时，巴苏色彩经常混用，已不再有严格的规制和区分。为保护村庄的传统建筑风貌，建议恢复传统的用色习惯，保留经堂的红色巴苏，居住建筑统一采用黑色巴苏（图8）。

从门窗构件方面来看，现状部分建筑外窗已采用铝合金窗，相比传统木制窗而言，前者更为便捷，但其质感与传统木柱窗棂相差较大。为协调传统村落整体风貌，建议对现状铝合金窗棂进行

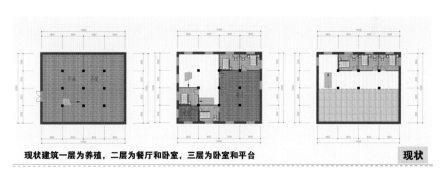

现状建筑一层为养殖，二层为餐厅和卧室，三层为卧室和平台　　现状

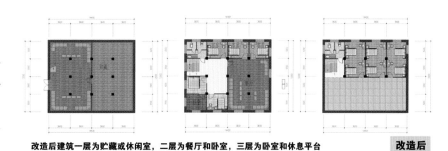

改造后建筑一层为贮藏或休闲室，二层为餐厅和卧室，三层为卧室和休息平台　　改造后

图6 建筑内部平面改造图

图7 建筑外墙恢复性改造

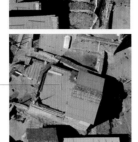

建筑屋顶的彩钢瓦，虽然防水效果优于传统方法，但严重影响村庄传统风貌。

改造建议：采用传统处理方法，使用彩钢瓦或波形瓦防水，同时在其上覆盖传统的木石片，使其呈现藏式建筑的传统风貌。

图8　建筑屋顶恢复性整治

喷涂处理，采用仿木色喷漆的方法，使之接近传统木制窗棂的视觉效果，达到风貌与功能的统一。

从屋顶方面来看，现状建筑最大的问题为选材，现状建筑屋顶多为蓝色彩钢瓦，虽然防水效果优于传统方法，但严重影响了村庄传统风貌。对此参照云南中甸独克宗古城恢复重建中藏族闪片房的处理方法，使用彩钢瓦或波形瓦防水，同时在其上覆盖传统的木片或石片，在满足防水功能性的同时，又呈现出藏式建筑的传统风貌（图8）。

4）还原村落地域性特征，留住原住民，保护村落生产生活的原真性

保护村落真实性应该从规划空间上杜绝外来经商户对原住民的替代，本规划原则上在村落范围内不设安置房不新建建筑，对村落肌理与范围不做改变，坚持维持固有规模就是最大发展的指导思想，秉承小而精的村落发展理念（图9）；并且在单体建筑装饰、街巷空间的布置上不做过分商业化的风貌改造，尺度与形态均按照民居生活尺度进行整治；延续自然风光与乡土文化相融的景观风貌体系，不设计过分城市化的、单调尺度的人工广场绿化景观，强调以自然田园绿化为主，维护村落内外部的青

秆田园绿色本底。

5）活态保护，提高村民生活质量

传统村落要持续健康发展就必须关注原住民的利益，没有经济产业支撑的村落保护是空头支票；只有切实从经济利益上提高村民的生活质量，才能从根本留住原住民。适当发展第三产业，系统性地进行一三产业的对接；村落风貌改造的指引，在保存村落传统风貌的同时，适当发展藏家接待，在维持原有生活生态系统的基础上发展旅游。并完善基础设施，吸引游人来，控制好游客接待的量，对床位数进行精确的计算，尽量做到与原住民的生活不冲突、不矛盾、不争利。

图9　村落地域性风貌

6）实地规划汇报，强调公众参与

传统村落发展与保护过程中，三分规划七分实施，所以规划十分重视村落

原住民的公众参与；坚持在规划节点实地和村民交流规划思路、听取村民意见、宣传村落保护的重要性。

自然的村落形态和情态离不开原住民在其中的生产生活。在传统村落旅游发展中，村民对开发、保护的态度起着至关重要的作用。只有充分考虑了村民生活需求并让村民成了事实上的"利益攸关方"和责任主体之后，才能调动村民在保护开发中的积极性；只有村民参与到了传统村落的保护，才能防止外来资本对村落的过分商业化改造。

5. 卡斯村旅游发展保护规划深层次反思

传统村落与民居建筑均属于物质层面的产物，而区域经济发展背景、人文情怀、经济利益为意识形态的产物，两者互相融合，才符合循辩证唯物主义的"物质决定意识，意识又能反作用于物质"这一客观规律。当地村民对传统村落有向往、建造、使用、改造的活动，为追求利益，个体对村落环境的改造都是个体意志的体现，且一般情况下个体意志往往具有追求利益最大化的倾向，而传统村落的旅游发展本身即为一

种直接的利益衍生品，这在很大程度上决定了传统村落旅游发展将成为一种为经济利益而创造的空间，有可能被朝着单一的发展方向而进行不可逆的复制与生产。

通过物质与意识上的反思，传统规划仅从物质空间层面对传统村落的发展做了相应的引导，从形而下的物质层面去决定意识层面的发展，的确存在一定的限制性，这也造成了村落规划的粗糙和不科学性。静心细思，我们也必须承认传统村落的旅游发展业的确存在"正"与"负"的两面性。

通过对传统村落的分析后，笔者自主定义了一个判定标准：若村落的旅游发展中尊重了村落的发展历史，会对民居单体与村落起到较好的保护与传承作用，也延续了传统村落的肌理、风貌、文化特征，同时提升了村民的生活质量；还能用理性的态度去对待传统村落旅游转型的，我们就可以定义其为正向转型；反之则为负向。如果规划对传统村落的发展影响是正向作用大于反向作用的话，就可以认为本规划对传统村落的旅游发展转型的引导是成功，也是可提倡的。

6. 结论及思考

发展旅游可以保护传统村落，稀有的藏族传统文化可以成为村落发展保护的资本，让传统村落拥有了延续生命与

价值的特殊方式；但是从以旅游开发的传统村落的发展来看，目前却大多是为了商量经济利益而将传统村落盲目加以改造：大量农田被占据，大量传统要素被强加上了现代快餐文化符号、喧嚣的人群代替了以往平静的田园生活。

传统村落身上的历史要素一旦被啃食殆尽，那么，厚积的历史和地域色彩将很快褪去，田园再难恢复、水源不再清澈、村落不再古朴；传统村落的本真也将逝去，后果是不可逆转。

传统村落的旅游转型时刻处于动态与变化之中，现在很难预知其未来走向与发展趋势。在协调传统村落的发展与保护关系、处理传承与利益追求的矛盾关系时就会迷茫无措；技术层面支撑只是一种手段，更重要的是民众对于传统村落文化价值层面认知和感悟。

实施中应该放慢急功近利的步伐，从意识层面先分析清楚利弊，坚持传统村落的保护底线，避免"一刀切"盲目制定规划政策；放宽思考和解决问题的视野，重视非物质空间层面的调控，灵活运用软性规划手段。

卡斯村具体的发展与保护规划也不能一成不变，我们将在相应的时间节点对卡斯村做相应的发展与保护的动态分析，并对卡斯村的规划做一定的维护与修正，期许在保持村落原有古朴纯真特色的同时，着力提高村民的生活水平，也希望后续的跟进与研究能为类似的传统村落的发展保护继续做出探索和指引。

[参考文献]

[1] 葛丹东，华晨 . 论乡村视角下的村庄规划技术策略与过程模式 [J] . 城市规划，2010（6）

[2] 郁枫，当代语境下传统聚落的嬗变——德中两处世界遗产聚落旅游转型的比较研究 [J] . 世界建筑，2006（5）

[3] 车震宇，传统村落保护中易被忽视的"保存性"破坏 [J] . 华中建筑，2008

[4] 范俊芳，文友华，熊兴耀侗族传统民居转型与发展探索 [J] . 小城镇建设，2011（9）

[5] 周载，吴卫新浅谈传统聚落"原真性"本质与"价值主体"以大研古城与束河古镇对比为例 [J] . 建筑学报，2010（4）

[6] 安玉源，传统聚落的演变・聚落传统的传承——甘南藏族聚落研究 [D] . 北京：清华大学 .2004(5)

[7] 王应临，基于多重价值识别的风景名胜区社区规划研究 [D] . 北京：清华大学 .2014(5)

[8] 林敏飞，从传统民居到旅游民居的转型研究——以丽江为例 [D] . 昆明：昆明理工大学 .2014(5)

[收稿日期] 2016-06-17

[作者简介]

李易繁：四川省城乡规划设计研究院工程师。

钱　洋：四川省城乡规划设计研究院主任工程师，高级工程师，注册规划师。

胡国华：四川省城乡规划设计研究院工程师。

震后灾区建筑文化遗产保护探析
——汶川地震灾后建筑文化遗产保护反思

李易繁

[摘要] 地震不仅会造成大量的人员伤亡和财产损失，而且还严重威胁着灾区各类建筑文化遗产的安全。过去因受经济条件的影响，我国民众的抗震防灾意识相对薄弱，对于灾难下的建筑文化遗产的保护研究更少；5.12 汶川特大地震后，通过对灾区建筑文化遗产的受损统计和分析，总结了建筑文化遗产受损的特点与主要原因；从中吸取一些教训，并对建筑文化遗产的保护给出了措施和建议。

[关键词] 汶川地震；建筑文化遗产；保护探析

序言

2014 年 8 月 3 日 16 时 30 分在云南省昭通市鲁甸县（北纬 27.1 度，东经 103.3 度）发生 6.5 级地震，震源深度 12km，余震 1335 次，为近年来继 "5.12 汶川特大地震"、"4.20 雅安地震" 后的又一个较大强度的地震。中国地震局地质研究所韩竹君在接受媒体采访时曾表示："20 世纪以来，中国共发生 6 级以上地震近 800 次，遍布除贵州、浙江两省和香港特别行政区以外所有的省、自治区、直辖市；死于地震的人数多达 55 万人，占同期全球地震死亡人数的 53%。中国人常为 '我们用占世界 7% 的土地，养活了占世界 22% 的人口' 而自豪，却很少有人知道中国 7% 的国土上也承受了全球 33% 的大陆强震，是世界上大陆强震最多的国家之一，受灾的程度仅次于岛国日本"。

地震不仅会造成大量的人员伤亡和财产损失，而且也严重威胁着灾区建筑文化遗产的安全。过去因受经济条件的影响，抗震防灾做得不够好；直到今天，中国人的抗震意识依然还比较薄弱；对于灾难下的建筑文化遗产的保护研究更少。

为了更好地保护各类文化遗产，本文就汶川地震灾区的建筑文化遗产特点、受灾影响成因分析、灾损程度评估等方面做出一些探讨；期望从中吸取一些教训，并对以后的保护提出几点措施和建议。

1. 灾情简介

2008 年的 5.12 汶川特大地震在造成大量人员伤亡、人民财产损毁的同时，也给该区域的文化遗产带来了灾难性的破坏（图 1）：其中，四川省 20 个市、州的 1060 处不可移动文物（其中全国重点文物保护单位 83 处）、1839 件可移动文物和 44 处文博办公机构、库房遭受损毁；甘肃省共有 18 处全国重点文物保护单位、17 处省级文物保护单位、19 处市县级文物保护单位受损；陕西省共有 56 处文物保护单位发生灾情，其中，29 处为全国重点文物保护单位。这些文化遗产中包括大量的建筑遗产，亟需灾后予以抢救和保护。

图 1　都江堰地震前后对比

同时，也应对未知灾害的预防也应加以理性思考，对以后可能出现的灾害积极有效地开展建筑文化遗产抗震防灾工作。

2. 四川建筑文化遗产受灾分析

汶川地震造成了四川境内 83 处全国重点文物保护单位和 169 处省级文物保护单位遭受了不同程度的灾损：世界遗产地都江堰的二王庙古建筑群受损最严重（图 2）。

图 2　都江堰二王庙的秦堰楼

都江堰的伏龙观屋脊被震坍塌、"鱼嘴"被震裂。

青城山片区道教古建筑群的屋脊、屋面全部受损。

阆中古城明代白塔被拦腰折断。

绵竹剑南春"天益老号"酒坊遗址古建筑、理县桃坪羌寨局部垮塌。

世界自然遗产九寨沟山体因滑坡而变形。

成都市内的杜甫草堂和武侯祠也受到一定的损伤。

羌族和嘉绒藏区的碉楼、吊脚楼以及各种富有民族特色的古寨都不同程度地受损。

汶川地震灾区文化遗产建筑除少数为明代建造外，绝大部分为清代中后期修建的，多采用小式木作，檐下不施斗拱；为了防止飘雨而伸长的屋檐，多采用撑弓支撑挑檐部分的水平挑梁，从而形成独特的川西建筑风貌。

此前，已有不少学者对汶川地震灾区古建筑的抗震性能做过一定程度的研究，但这些研究仅针对某一类型的结构形式或者某一具体的古建筑物，没有探究到这些建筑的特点对文化遗产建筑抗震性能的影响和作用。

尽管这些文化遗产古建筑表现出了较好的抗震能力，但因其建筑结构形式多种多样，其所处地理位置、海拔高度、气候条件也各有不同，所以，灾损差异较大。

从受损建筑的建材结构来看，砖石结构建筑的损毁程度要高于土木结构；而石木结构、砖木结构稍次，钢筋混凝土框架仿木结构抗震性能较差；新建或扩建的不符合设计规范要求的混杂结构受损最重。

3. 震后反思及保护措施

（1）完善国家相关法律规定

就如今的技术而言，在灾难后对遗产的修护已经有了突破性的技术进步；但是，在灾难来临之前做好预防才是建筑文化遗产保护最好的出路。

从国家层面上来讲，主要从法律法规上对灾区建筑文化遗产进行特别的保护，具体责任主体及事权单位应在有相关法律的支持下，更好地去做好预防、拯救、常态化的保护工作。

近年来，我国在保护文化遗产方面的法制建设取得了巨大进步。1982年颁布的《文物保护法》经过多次修订，已日臻完善。同时我国于2004年8月正式加入了联合国教科文组织的《保护非物质文化遗产公约》，2005年12月又颁发了《关于加强文化遗产保护的通知》。到目前为止，我国关于文物保护的法律法规已有40余部。

但是，所有这些法律法规，都没有

图3　建筑遗产保护的缺失

对灾害中的建筑文化遗产保护问题做出特别性的规定和要求（图3）。

可以说，在规范震前、震中和震后的建筑文化遗产保护方面，我国现有的法律还未真正做到"落地"。所以亟需针对汶川地震中在建筑文化遗产保护方面出现的问题，通过收集整理相关资料提出改进建议和措施，并修订相关的法令和规范，从源头上就建筑遗产保护提供依据。

（2）保护渠道的探讨

1）加强震前预防措施，切实保护好建筑文化遗产。

我们可以通过配套完善《文物保护法》的实施细则，制定颁布地震对策法等实施条例，对震前建筑文化遗产的保护作出明确详细的规定和要求。比如，我国目前只有20余个民族拥有自己的博物馆，并对各自的民族建筑遗产做了相应的研究与探索，虽然这对抢救各民族的物质和非物质文化遗产已经发挥了很大作用，但震后反思，这一数字对一个拥有56个民族的国家而言还是太少了。

因此，我们完全可以通过法律作出硬性的规定，要求每一个民族至少建立一个以上的大型民族或民俗博物馆，并且对各个民族的建筑遗产做相应的收集、

整理、研究；通过良好的基础与硬件设施建设，将建筑文化遗产妥善地保护起来，以利于地震等意外灾害来临时能够尽可能多地保护住珍贵的建筑文化遗产。

2）法律上明确建筑物防震标准

据统计，我国现有建筑文化遗产2400余个，其中，少数民族聚居的西部12个省区拥有建筑文化遗产近800个，而这些建筑文化遗产许多还处在地震带上。对这些建筑物的抗震设防标准要提高至少一级，对遗产本体更要严格保护；落实保护措施，在执行中有据可依。

3）注重非遗建筑文化的保护

目前，我国法律对古文化遗址、古墓葬、古建筑、石窟寺、石刻、壁画、近现代重要史迹和代表性建筑、历史文化名城、历史文化街区和村镇等的保护规定比较详细；而对非物质性文化遗产的保护规定相对比较欠缺、简单，特别是与建筑文化遗产相关的文化、技艺的保存保护。

应通过立法补救，将我国非物质性文化遗产的采访、收集、评定、注册、保护规划以及必要的复制等各种措施加以细化；避免或减少地震灾难的损失。

4）强化震时与抢救中的保护

尽可能多地保护、保全建筑文化遗产；避免和减少在震时和震后抢救过程中对文化遗产的二次人为破坏，以及因不及时修复等原因导致的文化遗产的毁灭。

重建过程中应以最新的技术手段迅速将现有的各种文化遗产记录、整理和复原；尊重遗产地居民选择灾区重建的道路和模式；在重新规划文化遗产保护方面更多地去考虑地震的抗震和预防要求；在经费上给予遗产地居民特殊的救助政策和更多的经费倾斜，拟定细密的重建策略。对地震中以及地震后侵犯文化遗产的行为如各种盗窃、哄抢、私分或者侵占国家文物的犯罪行为予以严厉打击。

法律对国民的行为不仅具有规范、

惩罚作用，还有引导、鼓励、促进和教育的警示作用，我们应当在立法和法律的执行过程中，加大对保护建筑文化遗产的宣传教育，强化保护建筑文化遗产意识。

（3）公众参与重建规划的意义

国家的法律法规是普遍性的强制要求，具体的执行落实情况还有待各地去细化；而具体的规划建设、民众的积极参与才是建筑文化遗产保护的原动力所在。

5.12汶川地震以后，大量的羌族碉楼和古寨受损，重建过程中，当地羌族人民针对羌族碉楼和村寨的抢救采取了一种全新的恢复重建组织形式：先由具有相应资质的勘察设计单位进行详细的文化遗产资源和文化信息的调查与挖掘，然后编制保护规划，且在具体规划方面特别重视保护其原真性与完整性。

然后，在当地有针对性地举办培训班，结合规划设计请当地的老工匠们传承修建技艺，手把手地教给羌族青年人传统施工技术。具体的修复实施中验证这种方式的效果较为明显，让受损的羌族碉楼都很快由这些传统工匠带领的施工队伍完成了修缮和复原，并且确实

图4　羌族碉楼维修后

保存了建筑遗产的独有形态与地域特性（图4）。

归纳起来，这种重建方式有三大好处：第一，当地民众来修自己村庄、修自己家里面的这些文物建筑会非常精细。第二，在他们生活最困难的时候，采取以工代赈的补助形式，用自己勤劳的双手能够重建家园、改善生活。第三，最重要的意义是通过灾后重建这一机会，实现建筑文化遗产的传统技艺的大传承，使很多年轻人通过这次大规模的修复掌握了羌族碉楼、村寨的最本真的修缮技术。

4. 结语

建筑文化遗产是一个民族认识与改造世界的客观历史记录与真实的反映。在对濒危文化遗产进行抢救、保护的过程中，应特别注意防止历史链条的断裂与缺失，及时做好甄别归类和价值引导工作。

应对列入抢救保护视野范围内的各种文化遗产进行系统的深入研究和科学的规划安排，以便为民族文化遗产的科学传承提供价值导向。对那些具有更为长久的生命力，能为实现文化大繁荣大发展、促进社会和谐服务的文化遗产，可在做好抢救与保护的同时，进一步做好传承与弘扬工作；对那些历史阶段性痕迹浓重的文化遗产，可保存到民族博物馆中，以保持文化发展历史的完整性与连续性。

"防患于未然"对于建筑文化遗产保护来说，在任何时候都不能只当做一

句简单的口号；只有意识到潜在的"患"，才能在"未然"之时做出最科学、最有效的预测和拟定预防措施，才不至于在事后扼腕叹息。

在健全和完善了预防灾害、保护文物的法律体系和管理制度后，从规划入手，一直延伸到具体施工、维护所开展的系统而明确的保护举措与行动，都是为了让那些承载民族历史和岁月峥嵘的建筑遗产在灾难突临时，能得到有效、妥善的保护。

同时，还应加大宣传力度，让国人提高震时、震后抢救与保护文化遗产的意识。

[参考文献]

[1] 何昉，姚南"心灵之城"——都江堰灾后重建规划探讨[J]规划师，2008.24

[2] 林世超，古迹的震后重建[J].建筑学报，2008(07)

[3] 郭黛妲关于文物建筑遗迹保护弓重建的思考[J]，建筑学报，2006(6)

[4] 阎波，谭文勇，陈蔚.汶川大地震灾后重建规划的思考[J]，重庆大学学报（社会科学版）.2009.15(4)

[5] 王信、陈迅历史建筑保护和开发的制度经济学探讨[J]，同济大学学报.2004.15(5)

[6] 邱建，"5.12"汶川地震灾后恢重建城乡规划设计[J]，建筑学报.2010.9

[收稿日期] 2016-06-25

[作者简介]

李易繁：四川省城乡规划设计研究院工程师。

川南—渝西地区城乡空间拓展时空特征对比分析

王世伟、胡上春、周瑞麒

[摘要] 川南地区包括了泸州、宜宾、自贡、内江4个城市以及乐山的井研、犍为、沐川、马边、峨边5县；渝西地区位于重庆西部，与四川接壤，主要包括永川、大足、荣昌3县。川南——渝西区域自古以来就城镇密集，经济发展联系紧密。基于DMSP/OLS夜间灯光强度数据的资料，分析研究了该区域城市群空间1992、2002、2012年的城乡动态拓展，揭示了城乡空间拓展规律，并对空间分布格局和发展矛盾做出了系统性的总结。

[关键词] 城乡空间；灯光强度

自20世纪50年代以来，城市群逐渐成为区域社会经济发展的先导区域；其经济发展速度和城市化进程，在区域城镇体系中起到了支柱的作用。城市群的发展既是城市空间扩展的过程，也是各城市之间的相互作用不断增强的过程；各城市的所有要素在一定空间范围内处于分散和联结的状态，很难去准确描述城市群的空间形态，揭示城市系统的内在规律。

1.DMSP/OLS 夜间灯光数据

随着现代遥感技术的快速发展，遥感数据开始大量应用于城市群尺度的空间拓展动态和时空变化的定量定性研究。遥感数据具有信息丰富、准确、现势性强等突出特点，使其迅速成为城市群空间研究中的一种重要数据源。QuickBird数据、SPOT数据、TM数据都是众所周知的遥感影像，但这些遥感数据源具有一定的有偿性。夜间灯光数据则是一种无偿遥感数据，可免费下载。他是美国军事气象卫星Defence Meteorological Satellite Prograni(DMSP)搭载的Operational Linescan System (OLS)传感器为大尺度的城市群研究提供了新的数据源。

DMSP/OLS传感器的应用始于20世纪70年代，其特点是可在夜间工作，能探测到城市灯光甚至小规模住区和车流、船只等发出的低强度灯光，并与黑暗的乡村背景区分开来。从宏观尺度出发，使用夜间灯光数据探讨川南城市群（主要指内江、自贡、宜宾和泸州四市以及乐山的井研、犍为、沐川、马边、峨边5县）的空间扩展动态、腹地变化和分形特征，对比渝西地区（主要包括永川、大足、荣昌3县）可以清楚地描述出川南城市群城乡空间发展的脉络；对比川南和渝西地区城乡空间未来的发展状态，同时为城市规划设计和管理等实践活动提供重要依据。

2. 川南城市群城乡空间拓展动态

城乡空间扩展不仅是二维形态的空间概念，更强调城市地域的占有；如区域、居民聚居地、景观等；同时也注重空间的"运动和转化"，注重城市在空间上的"位置"与"过程"的动态特征。从川南地区最近20年灯光指数图我们可以看出其城市扩张变化状况：

1992年川南地区首先是自贡强度最耀眼，其次是宜宾，再其次是泸州和内江。自贡灯光强度达到35～45，为川南最耀眼的极核，也充分说明了自贡当时作为四川老三的地位。北部内江，因依托成渝交通之便得到了扩展，北部的富顺、隆昌、威远、资中等县城指数能级还高于渝西荣昌、大足，略逊于永川。其他南部和西部的县城灯光指数较弱，基本体现了当时"各自为政、相对分散"的城镇布局特征。

到2002年，整体态势呈现内自宜泸四足鼎立的局面，廊道经济影响下的城镇连绵发展形态逐渐显现，原来相对独立的小组团，如内江与资中、隆昌，自贡与富顺、威远，泸州与纳溪、泸县，乐山与井研、犍为，高县与珙县连接成了一个整体。

这个时期的发展如火如茶。在短短的10年间，城市建设用地和待建地的面积扩大了好几倍，就连城镇发展一直偏慢，位于南部的古蔺、筠连、兴文等县也在这一时期形成了一个小的发展"亮点"。

与此同时，渝西三县的发展速度明显加快，荣昌、永川、大足（包括邮亭、龙岗）都形成了较明显的"亮点"。

2010年之后，国家城镇发展和国土总体政策调整，对本地区城镇化的影响在这一时期的灯光指数图上明确地反映了出来：沿主干道城镇连绵发展的态势得到一定程度的遏制，可能是出于内自宜泸4市自身聚集发展的需要，各自的集合外拓的趋势继续显现，成渝高速、隆纳高速、沿长江经济带等沿线城镇连绵发展态势得到进一步体现。自贡通过沿滩区与富顺一体化发展的态势逐渐明显，但与泸州、宜宾以及隆昌有明显的断裂点。

经过重庆直辖后16年的快速发展，渝西经济区城乡空间发展水平实现超越，灯光强度明显高于川南各县（图1～图3）。

3. 川南城市群城乡空间拓展特征

以上是对川南城市群扩张时空概况

的简述,如果考虑城乡的自然环境条件和市政基础设施(特别是道路)的发展变化状况,我们对城乡空间拓展的规律的掌握就更加清楚:

(1)沿路发展,特别是沿成渝、隆纳高速的带状发展明显

资中、内江、隆昌、荣昌、大足、永川之所以发展紧密,就是因为交通的便捷——成渝高速极大地加强了该地区各城市间的联系。在区域成片的城镇建成区尚未成型时,首先沿着规划建成的城市间交通主干线形成了独特的"格网状"城镇。

(2)沿江发展,特别是沿长江的带状发展明显

由于河道的灌溉和运输便利,沿长江的传统城镇都具有顺长江航道发展的特色,形成别具特色的沿江城镇带。受"临水而居"传统观念的影响,使"水景"成为居所的畅销的重要追捧"卖点",促使大城市区域内各类滨江土地迅速升值;而现代城市工业发展对大水运的依赖,造就了大规模的各类临港工业区对港口岸线的旺盛需求,更使得水道沿线的土地价值急速飙升。

上述都是滨江区成为城市化进程中优先发展地域的重要原因,这些现象在川南沿江区域的发展中都有体现:①宜宾、泸州等滨江大型房地产开发项目,都吆喝着"临水而居"的卖点。②长江主航道江安、李庄、泸州泰安等都规划了众多的规模不一的各种门类的工业区。

(3)中心城市与周边城镇联动发展

2010年后,国家城镇发展和国土总体政策做出了调整,对城市用地指标进一步严格控制。各大城市在土地财政的惯性思维下,城镇空间依然有进一步扩张的冲动和需求。一方面,城市需要做大做强,另一方面,受大城市"摊大饼"式扩张弊端的影响,各城市纷纷跳出主城区发展范围,将城市近郊城镇组

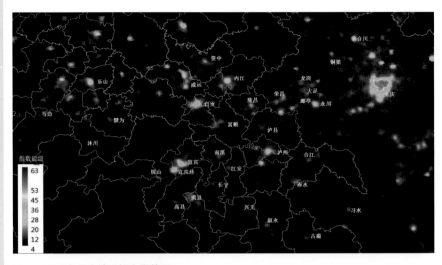

图1　1992年川南地区灯光指数图

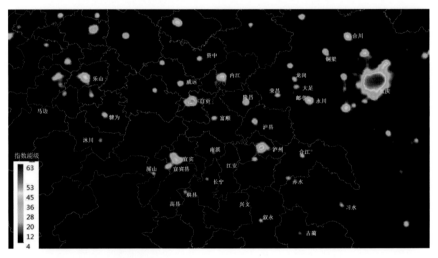

图2　2002年川南地区灯光指数图

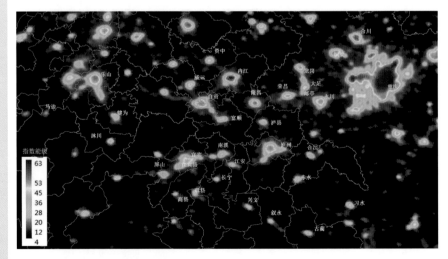

图3　2012年川南地区灯光指数图

团纳入中心城区,将城市部分产业和服务职能转移至近郊城镇组团。如内江与

白马镇、桵木镇、永安镇;自贡与富顺县;宜宾与罗龙镇、南溪区;泸州与纳溪、

太伏镇；这一趋势在各市 2010 年后修编的总体规划中纷纷得以纳入。这种中心城市吞并周边城镇而长大的态势目前仍在延续，它对疏解中心城市职能，缓解了土地紧张压力，带动周边小城镇发展起到了快速推动作用。

（4）内江自贡融合发展显现，而其南部、西部呈星点状发展

内江自贡空间距离相近，城市功能互补，长时期以来两城之间社会经济交往频繁。2000 年以后，两城在空间拓展上不约而同地选择了组团发展的模式，但中心城区外围小城市和乡镇沿交通干道沿狭长地带发展，并且近几年连片发展的态势进一步增强，如大山铺、白马、威远。由于受自然条件和交通限制，其南部、西部许多县城处于孤立点状触媒发展态势中，但随着辐射能力的增强，带动了周边众多小城镇和零星组团的发展。

综上所述，本区城市化进程中的主动力有以下三种：中心城区的吸引力、交通干线（陆路、水路）的吸引力、中心城市对周边城镇的带动力。

（5）渝西地区在重庆直辖后城镇发展速度加快

行政级别的提升，对县域经济发展的促进作用十分明显。比较重庆市直辖前后渝西各县的灯光强度可发现：永川、大足、荣昌的跃迁发生了质的变化，甚至 2013 年永川的灯光强度值达到 55，几乎接近自贡的 56、泸州的 60 和宜宾的 59。对比自贡和内江的富顺、泸县、资中、荣县等县区，1992 年城市人口、GDP 和城区建成面积均居川南各县前列，但至 2013 年均远远落后于渝西三县。由此可见，行政级别的提升对县域经济

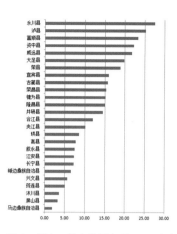 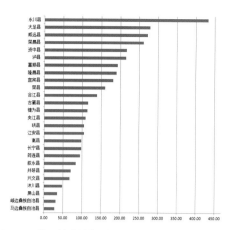

图 4　川南、渝东地区各县 1992 年与 2013 年 GDP 值比较（单位：亿元）

发展的促进作用十分明显，该规律同样表现在经济数据上，如图 4 所示。

4. 结语

本文在宏观尺度上研究了川南－渝西地区城乡空间拓展的时空特点，将夜间灯光数据作为分析数据源，以定量分析研究城市空间扩展，构建城市化综合指标，进行城市化强度指标计算，分析城市化水平的时空变化特征。

可以看出，使用夜间灯光数据，计算平均灯光强度、灯光面积及其灯光指数 (CNLI) 可反映城市化水平，灯光强弱与社会经济因子间存在正相关关系；可对地区城市化水平发展状况开展有效监测。

DMSP/OLS 夜间灯光强度数据在大区域尺度的城市化信息提取研究中具有很大的优势和潜力，用夜间灯光数据提取城市化信息，相对于其他同空间分辨率的遥感数据而言，在保证结果比较可靠的前提下，方法更为简单实用；因此，可以相信，DMSP/OLS 夜间灯光强度数据是目前监测人类城市化活动强度最好的数据源之一，有必要继续深入开发相关

数据，并进一步开展其应用研究，以提高该数据产品的应用水平和实用价值。

[参考文献]

[1] 吴建生、刘浩、彭建、马琳 . 中国城市体系等级结构及其空间格局——基于 DMSP/OLS 夜间灯光数据 [J]. 北京 . 地理学报，2014

[2] 陈黎，长江三角洲城市群扩展动态_腹地变化和分形特征 [J]. 南京 . 南京农业大学，2009

[3] 阴英超 . 基于 DMSP_OLS 灯光数据的新疆天山北坡经济带城市化研究 [J]. 新疆 . 新疆大学，2010

[收稿日期] 2016-06-16

[作者简介]

王世伟：四川省城乡规划设计研究院原副院长。

胡上春：四川省城乡规划设计研究院主任工程师，硕士，工程师，国家注册规划师。

周瑞麒：四川省城乡规划设计研究院工程师。

该论文发表于内部刊物《城乡规划与研究》2015 年；此次刊载有局部修改。

以实施为导向的生态型控规指标体系构建研究——以泸县城北新区控制性详细规划为例

胡上春、周瑞麒

[摘要] 在总结国内近几年关于控制性详细规划中的生态指标体系研究资料的基础上，提出了生态指标体系的建构应该面向可实施的操作性生态指标体系的建构。结合泸县城北新区的控制性详细规划，提出了面向可实施的生态指标构建的三结合原则，将生态指标类型分为基本型、约束型和绩效型；并明确界定各类型指标的作用、控制约束效用、责任主体等。

[关键词] 控规；生态指标；实施

改革开放30多年以来，我国经济社会实现了飞速发展，然而粗放的发展模式积累了资源、环境等方面的一系列矛盾和问题。在新型城镇化和新常态"双新"背景下，生态文明首次纳入国家战略，这标志着生态可持续发展的理念在我国已经从发展意识转变成了今后相当长一个时期我国的发展手段和发展目标。在城乡规划领域，从政策导向到规划实施再到建设实践，已经形成了许多关于生态保护与建设的研究成果和实践探索。

1. 相关标准和研究

控制性详细规划（以下简称"控规"）作为我国城乡规划编制体系的重要法定规划，其指标体系和管控方式侧重于对城市建设活动的控制，在生态保护和建设方面内容缺失较多。近几年来，国家住建部、环保部等单位颁布了多个政策及标准，对生态指标进行了引导；众多学者也从生态建设的角度对控规的生态指标体系进行了探索和研究。

（1）国家标准

《生态县、生态市、生态省建设指标（修订稿）》于2007年由国家环保总局发布；评定的生态指标分为经济发展、生态环境保护和社会进步三个类别，其中生态县子项指标22项，生态市的子项指标19个，生态省的子项指标16个。

《国家园林城市标准》由国家住房城乡建设部于2010年发布；生态指标体系涉及综合管理、绿地建设、生态环境等8类74项的细化指标。

《绿色低碳重点小城镇建设评价指标》由国家住房城乡建设部、财政部和发展改革委于2011年联合发布，评价指标分为社会经济发展水平、规划建设管理水平、建设用地集约性、资源环境保护与节能减排、基础设施与园林绿化等7大类，涵盖了35项指标。

《海绵城市建设技术指南——低影响开发雨水系统构建（试行）》由住建部2014年发布，控制性指标分为总体层面（如年径流总量控制率）和具体地块层面2类指标；地块层面主要包含透水铺装率、下沉式绿地比例和屋顶绿化率3项指标。

另外，中国生态城市研究专业委员会于2015通过微信平台就生态城市规划指标体系进行了专家调研问卷，就土地利用、生态环境、绿色交通等13个方面60余项指标进行了调查、统计。

（2）地方标准

深圳市规划局（现更名为深圳市规划和国土资源委员会）于2007年、2009年和2014年先后发布了《深圳市绿色住区规划设计导则》、《深圳市绿色建筑设计导则》和《深圳市步行和自行车交通系统规划与设计导则》，拟定生态指标27项。

《广东省低碳生态城市规划建设指引》由广东省住建厅于2015年发布，以低碳生态城市构成要素为切入点，确立以生态、产业、能源、空间、交通、市政、建筑、环境等要素为核心的14项具体技术指引。

另外，《武汉市海绵城市规划设计导则（试行）》和《南宁市海绵城市规划设计导则》关于海绵城市生态指标取值进行了详细的指导。上海市、北京市、厦门市、中山市也分别发布了指导当地生态建设的相关指导文件，规定了若干项生态指标。

（3）学者研究

匡晓明、陈君在《基于要素管控思路的生态控制方法在控规中的应用研究》中提出以低碳规划管控要素为出发点，从土地利用、交通系统、生态景观、建筑管理和资源利用五个角度，通过对19项指标体系的分类设计，来进一步对规划方案进行控制和引导。

叶祖达、耿宏兵在《绿色生态城区建设实施——法定控制性详细规划的治理体制问题》中从低碳生态设计的要求出发，将建筑节能、新能源、水资源、垃圾处理、绿色交通、绿色市政等相关指标纳入法定规划，在完成的《丰台区长辛店生态城规划》中将15项生态指标落实到了控规。

莫霞在《控制性详细规划阶段引入"生态型控制"的探讨》中研究了生态开发控制、生态设计控制、生态指标控制"三位一体"的生态型控制，并结合了万庄生态城、东滩生态城、曹妃甸生态城、中新生态城四个生态城建设案例来分析解读。

张伟娟在《生态指标体系在控规中的法定化控制研究》中系统地总结了生态指标法定化的原则和方法，提出了法定化的核心生态指标。

综上以上相关研究成果，可见生态指标从类型上皆围绕具体的地块建设控制；总体分为土地集约、建筑建造、设施配套、行为活动等几个方面；在控制层级上又以系统控制层面和地块层面分为目标检验型和控制实施型；从控制程度上又分为规定型和引导型。

2. 生态指标实施可行性分析

在中央政府大力推动绿色生态城市（区）的政策要求下，低碳生态城市理论逐渐受到地方政府关注，地方政府未来会陆续通过现有的城乡规划管理体系推进低碳、绿色、生态城市的实施与建设，具体措施反映在探索把低碳绿色设计要求纳入法定控规和以《土地出让条件》约定项目的实施低碳生态建设。因此应借助传统的控规管控体系提供有效的制度保障，在传统控规的基础上通过治理模式的优化控制体系，提升实施绿色生态城市建设的效率和可操作性。

指标控制体系是传统控规编制的核心环节，而生态指标体系的实施指导性直接决定了生态理念贯彻的有效性（表1）。笔者仅从控制指标的实施指导性方面分析发现以下特点：

（1）控制指标体系日益多元化，涉及层面多

从总系统、子系统再到分项指标，指标类型涵盖环境保护、道路交通、园林绿化、建筑科技多个领域，体系结构庞大，核心控制指标有待进一步明确。

（2）部分生态指标难以落地

尤其是对于控规地块的指标控制，部分生态指标既体现总体目标要求，又含实施路径要求；难以纳入刚性指标。

（3）控制指标缺法制和制度的保障

因生态指标涉及水务、园林、环保、交通、消防等多个部门的管理事权，谁管理、谁验收、谁定指标都缺乏相互协同的机制，各部门间事权关系无法明确界定。个别生态指标在地块建设和管理阶段要求具备可行性高、易操作的施工、验收和运营一整套标准，而地方规划管理部门对生态建设技术 和具体建设施工管理经验比较欠缺，不能对生态建设进行有效地监控，更无法提供科学可信的指标验收手段。

（4）指标的地区差异性大

中国各地方的地域差异较大，经济发展水平、气候水文条件、建设管理方式的不同导致生态指标的实施路径不同，没有可供完整照搬的生态指标体系，而地方的城市管理水平也有所差异。

3. 基于可控可实施的泸县城北新城控规指标体系

（1）项目概况

泸县城北新城位于四川省泸州市泸县县城的北部，结合国家新型城镇化总体战略，泸县总规提出了建设"成渝经济区腹地山水生态田园新城、文化旅游休闲目的地和绿色现代产业城市"的目标；拟将城北新城打造为生态化城区建设示范区，以品质生活"上"城、生态田园"绿"城、科教创意"智"城、休闲娱乐"慢"城为总体定位。该项目规划面积1096.57hm²。可容纳居住人口规模为17万人。

（2）泸县城北新城控规指标体系构建原则

1）区分目标控制与实施指导结合。将指标层级体系分为总体目标层级指标和路径实施层级指标两个层次。

总体目标层级指标主要包括混合功能街区比例、总体年度径流总量控制率、人均公园绿地面积、人均生活耗水量/日、绿色出行比例、自然湿地净失率等16项指标和要求。路径实施层级指标主要通过对地块的控制和要求实现，根据不同地段的分区特色来分配相应的控制指标，包括土地开发使用、资源集约利用、环境友好建设、空间风貌特征四个方面的控制指标和要求（图1）。

2）约束性和绩效性控制结合。明确约束性指标和绩效性指标，约束性指标刚性较强，具有明确的控制规定，要求量化评估建设和实施效果。在地块生态建设约束性指标约束下的实施路径为绩效性指标，如建筑节能率可通过星级绿色建筑比例、玻璃幕墙控制率、中央空调安装比例、节能照明普及率等几种实施的路径提出相应的控制要求，并且对建设施工、验收和管理提出一般性要求。

国内有关生态城（区）生态控制指标统计表　　　　表1

生态城区名称	指标数量	指标类型
陈家镇国际生态社区	19项	场地布置的控制要素（8方面）； 建筑节能设计控制的要素（11方面）； 清洁能源利用控制要素（3方面）； 水环境系统的控制要素（3方面）； 绿色建材与垃圾分类收集的控制要素（4方面）
丰台区长辛店生态城规划	15项	生态控制指标10项； 生态引导性指标5项
中新天津生态城	26项	社会生态环境、社会和谐进步、经济蓬勃高效22项；区域协调4项
深圳光明生态区	21项	——
曹妃甸生态城	141项	7个子系统指标

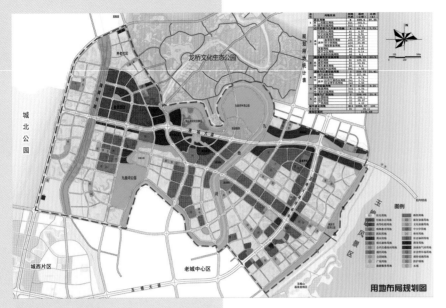

图1 用地布局规划图

3）示范区与一般区相结合。根据建设时序和地块生态区位的不同，分为生态建设示范区和生态建设一般区。

生态建设示范区生态建设要求较高，生态指标控制力度较强，能起到示范引领作用。对生态建设一般区，应对其生态建设指标、引导性指标进行评估，在验收阶段若达标情况较好，建议规划容积率可酌情上调。

（3）泸县城北新城控规指标体系构建方法

1）指标体系分类框架。借鉴国内外相关规划、研究的指标构建框架，参考我国已经制定的权威指标体系分类和当前在建生态城市的指标体系划分方法确定生态城市指标体系的分类框架

（表2）。

2）遴选评价指标。参考具有典型性和权威性的指标体系，确定潜在指标库。基于指标选取标准，遴选生态城市指标，构建指标体系。

3）指标赋值。参考我国已经制定的权威指标体系分类，包括《生态县、生态市、生态省建设指标》《国家园林城市标准》《绿色建筑评估标准》，以及当前在建的生态城市的指标体系划分方法（主要包括《天津生态城总体规划》、《广东省低碳生态城市规划建设指引》《武汉市海绵城市规划设计导则（试行）》《南宁市海绵城市规划设计导则》等为参考，科学合理地确定赋值。

（4）泸县城北新城控规指标控制分

类体系

对地块级的控制指标进一步深化，控制指标分为基础性指标、约束性和绩效性3类，涵盖土地开发使用、资源集约利用、环境友好建设、空间风貌特征四个方面。

1）基础性指标

包括地块代码、地块性质、地块面积这3项。

2）约束性指标

约束性指标有明确的生态设计控制方法来约束具体的设计和建设实施与管理行为，有具体的计算、实施和评估方法。该指标上承总体规划，由总体控制目标分解至地块层级，并在实施路径上留有适度的弹性，各地方可根据实际制定可实施路径指标；如：地块径流控制率，由总体层面和分区层面的总体年度径流控制流分解而得，在实施路径上可选择下凹式绿地率、透水性地面比例和屋顶绿化率三项指标组合实现控制。

3）绩效性指标

该类指标应明确指导规定和图示，相关部门提出生态建设原则和一般性指导方法，协商具体的施工指导方式和验收标准，以及实施后的总体评估效果，具体操作实施方法给地块建设开发业主一定弹性空间考虑。如雨水收集利用方面，提出总体雨水利用率达到90%后，指导方法包括建设地下雨水集蓄池、屋

地块控制指标分级体系一览表　　　　　　　　　　　　表2

指标类型		数量	分项指标				
生态建设示范区	基础性指标	3	地块代码、地块性质、地块面积、容积率、建筑密度、绿地率、建筑限高、建筑后退距离、机动车出入口方位、停车泊位数、配套服务设施				
	约束性指标	5	地块径流控制率	建筑节能率	节水利用率	绿化覆盖率	再生资源利用率
	绩效性指标	13	下凹式绿地率、透水性地面比例、屋顶绿化率	星级绿色建筑比例、玻璃幕墙控制率、中央空调安装比例、节能照明普及率	节水龙头安装率、雨水收集与利用率、供水管网漏损率	本地植物比例、乔灌比例	垃圾分类处理率、污水再生利用率

顶雨水收集系统等。实施路径的多样性和预留弹性是绩效性指标在对接下一步详细设计的优势。

4. 结语

在控规阶段，如何将低碳生态理念通过控规的法定平台予以落实，并指导下一层次的设计和建设，是一个迫切需要解决的问题。

本文关于生态指标在控规层面的法定化实施做了初步探索，对生态指标的选取和实施方案，仍需要结合各个地方的实践，给予系统性地分析和评定。

[参考文献]

[1] 张伟娟. 生态指标体系在控规中的法定化控制研究 [C]. 新常态：传承与变革——2015 中国城市规划年会论文集.

[2] 匡晓明. 基于要素管控思路的生态控制方法在控规中的应用研究 [J]. 城市规划学刊.2015（4）.

[3] 叶祖达. 绿色生态城区建设实施——法定控制性详细规划的治理体制问题 [J]. 城市规划 2015（39）.

[4] 俞孔坚、轰伟、李青、袁弘. 海绵城市实践：北京雁栖湖生态发展示范区控规及景观规划 [J]. 北京规划建设 2015（31）.

[5] 韩雪丽. 海绵城市指标体系在控规中的应用研究 [J]. 山西建筑.2015（17）.

[6] 莫霞. 控制性详细规划阶段引入"生态型控制"的探讨 [C]. 规划创新：2010 中国城市规划年会论文集.

[7] 柳庆元. 生态导则在城镇控制性规划中的建立——以上海市崇明县陈家镇实验生态社区为例 [J]. 上海城市规划.2008（3）.

[收稿日期] 2016-06-16

[作者简介]

胡上春：四川省城乡规划设计研究院主任工程师，硕士，国家注册规划师。

周瑞麒，四川省城乡规划设计研究院，工程师。

美国精明增长政策的实施绩效研究

胡国华

[摘要] 精明增长政策实施的 40 ～ 50 年间，在遏制城市蔓延，集约利用城市存量空间发展方面取得一定的成就。本文通过文献梳理及相关网站查询归纳，结合实际案例，对精明增长政策的实施绩效进行分析，以期为存量规划提供相关借鉴。

[关键词] 精明增长；实施绩效

1. 研究背景

2013 年 12 月召开的中央城镇化工作会议指出：推进城镇化应当提高城镇建设用地利用效率，"严控增量，盘活存量"。相比增量规划，存量规划在规划对象、规划策略、规划实施等各方面引起了新的认识与关注。

存量规划所针对的土地资源是现存的具有产权归属的建设用地，在再开发的过程中难免会面临更多错综复杂的利益纠纷，从而给规划实施带来更多的困难。在规划策略上应当重视各种产权所有者的空间诉求，理性协调并兼顾多方利益主体，否则建设项目难以落地实施。美国在第二次世界大战结束后同样出现了严重的城市蔓延现象，表现为严重的交通拥挤、大量农田被侵占和生态环境破坏等问题。精明增长作为遏制蔓延的政策工具，为城市发展提供更加经济、生态和人性化的发展模式。该政策始于城市增长管理和环境保护的迫切需求；并由最初

的管制规划向协调规划转变。显然，主要倡导紧凑开发的精明增长政策在土地私有化制度的美国推行必然会面临更多的利益纠纷，建立集合各方利益的"精明增长联盟"的协同管理机制是理性选择。

中国未来的城镇化发展正可从中汲取经验，但是介于两国在城市发展的时代、经济、政治和文化等背景存在本质差异，他山之石不可简单照搬。

基于此，本文以美国精明增长政策的实施为主要研究对象，结合两个案例剖析展示精明增长通过联盟运作达成的实际效果，尝试为存量规划的实践提供更多的经验参考。

2. 精明增长政策概念阐释

精明增长政策虽然得到不同政府部门、社会组织、市场及个人的拥护，其概念至今却未得到统一界定。根据 APA 的《精明增长政策指南》，精明增长政策是一种"城市中心、城市化区域、郊区及在配备基础设施的区域增长的再投资，精明增长政策减少了城市化新兴地区、现存的农用地和环境敏感区域的增长建设"的增长管理政策。SGN 认为精明增长政策包含了一系列发展和保护战略，以保障人类健康和自然环境保护，并创造更具有吸引力、经济强化和更加多样化的社会。SGA 将精明增长政策阐释为一种更好的城镇建设和运营方式，即在城市、郊区和乡村社区中提供临近工作、购物和教育的住房和交通选择，该方式支持地方经济的发展和环境保护。

精明增长政策本质属于一种增长管

理政策，根本目的在于遏制城市蔓延，提供良好的生活环境，达到经济、社会和环境共赢。不同组织的解读存在目标导向的差异，也从侧面解释了不同利益主体对精明增长实施的各自认识与理解。

第二次世界大战后，美国的城市蔓延现象愈演愈烈，很多支持城市可持续增长的理论政策相继诞生，从城市内部更新到增长管理再到精明增长，这一应对土地蔓延的土地政策演变历程在时间维度上可以大致分为三个阶段（表 1）。

早期土地政策（1960 ～ 1970s）更多是响应环境保护组织及公民第三方等环境保护诉求，意在通过设置城市增长边界等措施来限制土地的开发活动；发展至 20 世纪 80 年代，美国的州土地使用法律转向推广"增长管理"的概念，强调应采取适应的而非限制的规划方法，具体通过地方政府之间的合作（Intergovernmental Cooperation）来实现，可以理解为以政府为主要参与者的具有雏形意义的"增长联盟（Growth Coalition）"；而在 20 世纪 90 年代，这种"增长管理"渐转变为精明增长，美国规划师协会（American Planning Association，以下简称 APA）推出精明增长项目（1994），并于 2002 年出版了《GrowingSmart Legislative Guidebook: Model Statutes for Planning and the Management of Change》，马里兰州颁布《精明增长与邻里保护法案》（1997）等实践使精明增长政策日渐进入公共视野。

基于诸如上述提倡精明增长政策的努力，除了政府，来自社会各方的力量，

应对蔓延的土地政策发展历程一览表 表1

年代	主旨
1960 ～ 1970s	创造监督地方决策制定进程的机制
1980s	"增长管理"的概念普及化——强调应当通过地方政府之间的合作形式来适应而非限制各种开发活动
1990s	"精明增长"诞生，关注生活质量以及前沿的城市和区域政策，具有历史意义

资料来源：根据 Does 'Smart Growth' Matter to Public Finance? 一文整理

如商业开发组织、公众等，集合参与到支持精明增长的队伍之中，形成一种以倡导精明增长议程为核心的联盟，SGN和SGA即为这一时期著名的多主体增长联盟；同时美国政治经济也由政府干预和管理控制转变为依赖市场和非管制及公众参与的形式，这也为精明增长的公私合作提供了更好的发展环境。

进入21世纪，严重的环境、能源危机及重视投资公共设施一系列新形势更是促进了精明增长在全国范围内的推广与普及，预示着以精明增长政策为代表的第四次政策变革的即将产生。

3. 精明增长政策实施绩效分析

"精明增长联盟"成员通过参与活动，并借助支撑体系产生多主体的P-FGI（P-partnerships（成员），F-funding（实施资金），G-guidelines（实施指导），I-information（实施信息））成员关系网络模型；同时，精明增长实施绩效也通过实施资金的申请和获取、实施指导的应用来体现，实时信息则作为媒介联系各个主体。

（1）实施资金的申请与获取绩效

2005年，美国城市土地学会（Urban Land Institute，以下简称ULI），获得来自美国环境保护局(Environmental Protection Agency，以下简称EPA)提供的补助金，组建或资助现有的多元利益主体的子联盟，如Moving As One、Vision North Texas和Washington Smart Growth Alliance等（以下简称SGAs）。在相互合作中，SGAs动员社区支持促进可持续开发的区域对策，并为政府官员提供利于经济、环境和社会可

持续性的技术援助，而ULI则利用EPA的补助金创建精明增长联盟信息网络（Smart Growth Alliances Information Network），为不同SGAs提供互相交流的平台。实施的资金由于申请平台的多样化与透明化，获得了最大限度的申请与高获取率，有效推动精明增长政策的实施。此外，多样化的资金申请平台的宣传也为资金获取提高了知名度，不同主体竞相申请。

（2）实施指导的落实

1）指导原则的实践效果

精明增长政策"十条原则" ❶的实践包括其实施性和实践项目运用两方面。

就自身实施性来看，十条原则实施效果良好。《Getting to Smart Growth-100 Policies for Implementation》报告对十条精明增长原则及100条政策的在州、地方层面的实施性及与其他九条原则的兼容实施性进行了评价，笔者就此进行统计（图1）。在州及地方层面，后者的实施性普遍优于前者，体现了美国政府体系中，地方政府拥有更直接有力的话语权；而政策本身，第1条原则及其对应的十条政策的综合实施性最优，而

第10条原则及政策的综合实施性最差，其他八条原则及政策的实施性处于中游。

第1条原则：土地混合使用，较之第2～7条专项原则而言更具综合性，如推行精明增长法规以与现行传统开发法规相配合、将衰败的商场和商业街置换用于混合使用开发等；其强调基于土地基础的不同类型用途的用地的混合以获得"1+1＞2"的效益，而其他专项原则则针对某个具体的对象目标，如社区、交通等。第10条"鼓励利益主体和社区的参与"与"精明增长联盟"的成员合作紧密相关，政策从加强公众参与、知识教育、远景模拟、信息共享、吸纳意见、借助媒体、儿童教育、学术研究、与开发商互动和技术探讨十个方面为"精明增长联盟"组建提供了有效指导，并辅以相应实践案例；如：马里兰州大学园中的国家精明增长研究和教育中心，分析多种开发模式的影响，并评价社区中精明增长实践。此外，该中心还与开发商、地方政府官员、贷款方、公共卫生专家和公民领袖共同探讨精明增长实践中的问题和解决对策。尽管这些政策提供了良好的范式，但是实施起来却依旧问题重重。

在项目中的应用方面，这十条原

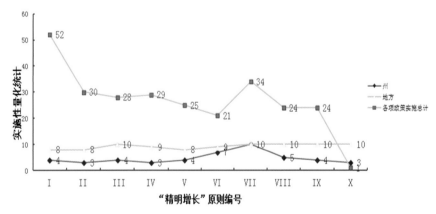

图1 十条"精明增长原则"实施性评价折线图
图片来源：根据 Getting to Smart Growth:100 Policies for Implementation 分析整理

❶ 1.土地混合使用；2.紧凑的建筑设计；3.提供更多的住房机会和选择；4.创造更多的住房机会和选择；5.建设具有个性吸引力和强烈场所感的社区；6.保护开发空间、农用地、风景区和环境敏感的区域；7.加强利用和开发现有社区；8.提供多样的交通出行选择；9.制定具有可预测、公平和产生效益的发展决议；10.鼓励利益主体和社区的参与。

则获得较为广泛地认可。其作为 EPA 自 2002 年始的年度优秀精明增长实践评选的主要标准；截至 2013 年已直接或间接影响 886 个参选项目。另外，EPA 公布部分精明增长项目地理分布，这十条原则也指导了共计 305 个项目的实践（图 2）。

2）技术援助的实践效果

EPA 的技术援助通过帮助精明增长项目组建"精明增长联盟"或实施导引等，为进一步实施奠定了坚实的基础（图 3）。

蒙彼利埃向 EPA 提出技术援助申请，以解决优化历史商业区中的自行车道和步行道的建设和绿色基础设施如何融入街道和停车场设计的问题。于此，EPA 的设计团队与城市及州层面的官员、社区成员、商人和其他利益主体组成"精明增长联盟"，合作研究开发策略，并提出资金解决方案。整个合作过程经历了：选取场地——开展公共工作坊（EPA 设计团队，三天）——公众和利益主体反馈——提出设计方案——建设更加绿色和更具吸引力的商业区。方案实施分为近期（2015 年）——中期（2016～2018 年）——远期（2019 年—）。潜在的资金保障则来自联邦、州、地方和非营利组织四个层面。

借由 EPA 的技术援助，美国祖尼环保项目开发七步骤的实施导引：①建立伙伴关系；②"社区愿景设想"融合多元利益主体；③开启经济储备建设；④开发一个区域尺度的再开发规划；⑤采纳土地使用和开发政策；⑥整治受污染的场地；⑦确保再开发的资金，更好地促进石油加工类的用地再开发。

4. 实践案例——《GO TO 2040》规划与丹佛大都市区实践

（1）芝加哥大都市区域《GO TO 2040》规划

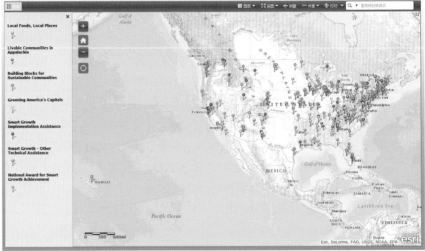

图 2　EPA 公布的"精明增长"项目分布示意图（更新于 2015 年 3 月 2 日）
图片来源：摘自网络

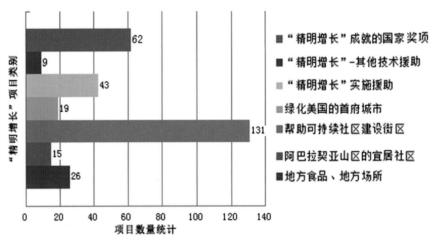

图 3　EPA 统计的精明增长项目分类统计图
图片来源：根据网络 http://www2.epa.gov/smart-growth/smart-growth-your-community 分析整理

2002 年，EPA 成立精明增长国家奖项，每年获得来自全美数十个州的项目报奖申请，依据不断充实完善的获奖类别：如政策、项目和规划、公平开发等。截至 2013 年，共计 886 项申请项目中评选出 61 项优秀案例（图 4）。EPA 的评判标准为应用精明增长的十项原则；以成功创造可持续社区、创新精明增长的规划和实施、建立完善的公共参与平台以及联合公共、私人和非营利利益主体的力量共同开发，具有国家层面上的示范意义。

2013 年，共评出 7 项优秀案例，《GO TO 2040》是芝加哥大都市区域自 1909 年始的第一部总体规划，规划由芝加哥大都市规划局（Chicago Metropolitan Agency for Planning，以下简称 CMAP）制定，旨在与区域内 284 个自治市和 7 个县合作创造可持续和繁荣的未来蓝图。

整个规划过程中，"精明增长联盟"发挥统筹协调的重要作用（图 5），切实保证了规划的积极落实，具体可以分为三大阶段：1）规划制定；2）规划实施；3）规划评估。

1）规划制定

①目标设定

图4 EPA评选的获奖精明增长项目分析图

图片来源：根据 Getting to Smart Growth: 100 Policies for Implementation 分析整理

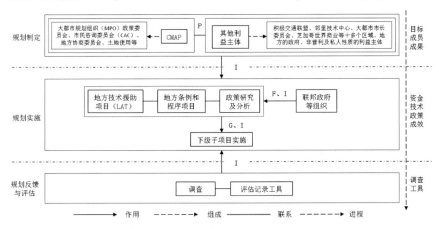

图5 《GO TO 2040》中精明增长联盟运作机制推动规划进程示意图

图片来源：笔者自绘

《GO TO 2040》目标的设定主要依据当前芝加哥大都市区域面临人口增长和老龄化、交通选择需求提升及产业簇群发展等背景。作为芝加哥大都市区域自1909年始的第一部总体规划，规划由CMAP制定，旨在与区域内284个自治市和7个县合作创造可持续和繁荣的未来。

②联盟成员

联盟成员的组织包含两个层级，首先为CMAP内部的委员会，从政策、咨询、协商和运作四个层次纳入了大都市规划组织（MPO）政策委员会、市民咨询委员会（CAC）、地方协商委员会、土地使用等多个相应的组织和内容。其次为CMAP外部，通过联合包含积极交通联盟、邻里技术中心、大都市市长委员会、芝加哥世界商业等十多个区域、

地方的政府、非营利及私人性质的利益主体，形成更为广泛的精明增长联盟；此外CMAP还征集了三万多份源自居民的反馈作为规划参考。值得提出的是，该联盟的作用贯穿于整个规划制定和实施的全过程中。

③规划成果

通过各类性质成员间的合作，经历为期三年的规划开发进程，规划提出一系列超越传统的规划模式主题，并确保源自商业集团的入股支持，具体内容包含：宜居社区；人力资源；高效管治；区域移动四个主题；规划最终于2010年获得采纳。

2）规划实施

①资金获取

资金主要源自上级联邦政府。规划一经采纳，CMAP便获得来自联邦参

与的可持续社区组织的地方技术援助项目提供的425万美元的补助金，建立了地方技术援助项目（Local Technical Assistance Program，以下简称LTA）。此外，联盟还为区域和州的交通项目提供专项基金，以确保将有限的资源投入区域的畅通性、生活质量和经济活力的最大化开发建设中。

②技术援助与政策研究

结合规划，联盟主要从技术援助、政策研究两方面为项目实施提供指导。

在LTA框架下，CMAP与100多个地方政府和非营利组织的联盟共同合作，以《GO TO 2040》为宏观指导，主要关注缺乏规划资源的低收入社区的发展，在交通、土地使用、住房、自然环境、经济增长和社区发展等方面提供技术援助。

地方条例和程序项目（Local Ordinance and Toolkits Program）是一个为当局提供制定政策的资源库。通过CMAP工作人员与市政官员及专家合力，提出一系列实施具体政策的指导。

为促进规划建议更好的实施，CMAP还领导创新性的政策工作，如成立工作组分析州和地方税收政策对土地使用和经济发展决策的影响，以及分析区域的货运和工业簇群以辨明区域的战略优势及劳动力、创新和基础设施方面的挑战。

③下级子项目实施

在资金、技术双重保障下，下级子项目获得了较好的实施效果。截至2015年7月1日，联盟共推动了在交通、土地使用、住房、自然环境、经济增长和社区发展等方面的共计164个地方项目的实施，其中108个已成功实施完毕，51个处于全面启动状态，5个将展开工作。

3）规划反馈与评估

规划反馈与评估是确保规划实施的重要环节。CMAP每隔两年对市级政府展

开调查，以 1）协助辨明通过 LTA 的技术援助的类型；2）通过地方条例和程序项目优先发展新资源的开发；3）为政策分析提供信息；4）通过更新规划进程的指示，协助追踪规划实施过程。另外，精明增长联盟还开发一项评估记录工具 MetroPulse——追踪记录区域指示因子并建立数据库。在精明增长联盟的合力推动下，《GO TO 2040》成功促进了芝加哥大都市区域可持续建设。

（2）丹佛大都市区域的精明增长实践

丹佛大都市区域的城市规划历程经历了 1950 年后期的郊区化发展——20 世纪 70 年代的增长管理运动——1990 ~ 2010 年代的精明增长、新城市主义和区域规划的演变过程，在美国大多数大都市区域中具有很典型的代表性。其精明增长实践有成有败，但从总体来看，"精明增长联盟"还是极大地促进了精明增长实践的推进。

20 世纪 90 年代，丹佛大都市区域的增长概率达到 30.7%，未来如何增长成为丹佛区域政府议会（Denver Regional Council of Governments）——一个包含了区域内所有的城市市长和县委的大都市规划组织（MPO），开展了《Metro Vision 2020》的规划议题。

该规划聚焦于增长和开发，自然环境和交通，并将精明增长方式运用到区域规划中。与 20 世纪 70 年代的增长管理最大的不同是：规划得到开发和商业集团对精明增长策略的支持，如由超过 3000 成员的丹佛大都市商会（The Denver Metro Chamber of Commerce）和由市长及县委组成的具有新区域主义性质的大都市市长委员会（Metro Mayors Caucus，以下简称 MMC）的合作化解了意见分歧和制度狭隘的痼疾。

在《Metro Vision 2020》的统领下，丹佛大都市区域的精明增长实践取得一

系列积极的进展。丹佛 Stapleton 机场区域的混合再开发是美国最大的城市填充式开发项目，并获得一系列国家和国际奖项，该项目始于 1995 年编制的《Stapleton Development Plan》，城市社会联盟在其中要求提供多种类型的住房和更多数量的学校以提高地区吸引力。至 2010 年，Stapleton 已拥有近一万居民，六个学校和两百多个商店、餐饮及其他服务设施。

另外一个重大的精明增长项目是地方交通区域（Regional Transportation District，以下简称 RTD）的 FasTracks 项目，该项目组建了空前规模的"精明增长联盟"。为保障充足的资金供应，RTD 的选民一改 20 世纪 70 年代至 1990 年的反对态度，通过提升 0.4% 的税收以提供 47 亿美元的发展资金，地方商业集团、包含 31 位市长的 MMC、区域监管联盟（the Alliance for Regional Stewardship）亦对 FasTracks 项目予以大力支持。但是，自 2004 年来，持续的上涨的建材价格和下跌的税收导致了 24 亿美元的资金空缺，大大阻碍了项目的推进。

除了资金问题，2000 年的一部法案《Colorado Voter Approval of Growth Act》（以下简称《Amendment 24》）也遭遇了滑铁卢。《Amendment 24》意图修改科罗拉多州的宪法，通过要求选民投票赞成制定未来开发的范围图，这些区域包括人口大于一万的县城和人口大于一千的市镇，同时还要求划定"固定区域"——增长不需经过选民同意以及选民提议的增长所带来的信息的影响。尽管这部法案得到科罗拉州公共利益研究组织（Colorado Public Interest Research Group）、Sierra 俱乐部及其他环境组织的强力支持，但因受到来自利用 600 万美元鼓动选民反对法案的科罗拉州内外的开发产业的倒逼阻碍，最终法案流产；也导致包括丹佛、其他前沿法案流产；也导致包括丹佛、其他前沿

城市和快速发展的山区社区的"精明增长"项目受限于地方或区域尺度范围。

5. 总结与启示

"精明增长联盟"的运作机制对精明增长项目的实施具有重要的推动作用，但是项目的顺利实施，需要 P-FGI 模型中各要素的互相配合。成功案例中，四个要素均发挥了各自作用，成员参与拥护"精明增长联盟"，资金的有效保障，实施指导的技术保障以及实施信息的广泛传达，反观失败或不完全成功的案例，或是联盟力量过于薄弱，或是资金不到位，抑或其他因素，都导致既定目标的实施落空。

综合精明增长项目的成败经验，存量规划的实施可借鉴"精明增长联盟"建立类似的形式，以政府为主导，联合市场、社会等多方力量，完善相关制度设计，确保资金、技术等要素的有效落实。

此外，还应当加强对规划实施评估的重视，避免规划方案成为一纸空文。

[参考文献]

[1] Smart growth network, International City/County Management Association. Getting to Smart Growth: 100 Policies for Implementation[EB/OL].［2002］. http://smartgrowth.org.

[2] Andrew Goetz .Suburban Sprawl or Urban Centres: Tensions and Contradictions of Smart Growth Approaches in Denver, Colorado [J]. Urban Studies.2013, 50(11): 2178-2195.

[收稿日期] 2016-6-25

[作者简介] 胡国华：四川省城乡规划设计研究院助理工程师。

区域空间视角下完善城镇体系规划的思考

贾刘强、陈涛

[摘要] 建立健全空间规划体系，为城乡规划的发展提供了历史机遇，也对城乡规划工作者提出了新的挑战。从区域空间规划的角度，梳理国外代表性区域空间规划实践，结合国家对区域空间规划的要求，提出区域空间规划的主要目标和内容。"对标分析"的结果显示：城镇体系规划在法律基础、规划内容、规划管理等方面是基本符合区域空间规划的编制要求的；针对各类空间规划自成体系、缺乏协调、空间冲突等问题，从"多规合一"的角度，提出完善城镇体系规划的总体思路，并结合规划实践，对空间分类体系、空间资源适宜性评价、重要控制线划定及空间分类管控等关键技术进行了探讨，证实了经过完善的城镇体系规划，可以发挥综合性空间规划的作用。

[关键词] 区域空间规划；城镇体系规划；多规合一

1. 对区域空间规划的认识

我国现行规划体系可划分为发展规划和空间规划两大类[1]，发展规划是目标性规划，会涉及空间发展方向的内容，但不可能取代具体的空间规划；空间规划是对发展规划的空间落实，又可分为专项空间规划和综合性空间规划两类；专项空间规划是对单项事业发展的空间布局，综合性空间规划从总体发展的角度对各类空间进行布局规划。

虽然我国空间规划类型不断丰富完善，但各类空间规划自成体系、缺乏协调、空间冲突等问题比较突出；在国家、省级、县级及区域层面，均亟需形成综合性的区域空间规划。

尽管目前尚未形成对区域空间规划的统一定义，但其基本含义是：社会经济发展到一定阶段，为解决空间协调、资源与环境等问题而做出的总体空间安排，是政府进行空间管控的有效工具，具有战略性和综合性的特点。

2005 年 11 月，在英国卡迪夫大学举行的欧盟区域空间规划研讨会上，提出了区域空间规划的特征[2]，总结起来有以下几点：一是能够融入组织机构、经济社会的背景中；二是能够建立广泛的、具有共识的区域未来发展的远景；三是能够为各利益团体的参与提供一个开放的，具有建设性的形式（平台）；四是能够明确规划的传播（宣传）和实施机制，并建立一个简明的、有效的实施监督控制框架。

2. 发达国家区域空间规划借鉴

发达国家近十年来的空间规划在相关法律、规划机构、规划体系以及规划编制等方面都在延续本国特色的同时，有了相同的发展趋势和进展；本文重点从规划体系和规划编制内容方面进行归纳。这些经验对我们构建空间规划体系，明确规划目标和内容有重要的借鉴价值。

（1）地位作用

英国于 2004 年以新法实施为基础，结合地方政府架构的变化而建立了新的规划体系：国家尺度的规划被更为简洁的规划政策取代；区域尺度的规划被法定的区域空间规划所取代，为地方规划机构制定发展规划和地方交通规划等提供区域空间利用的基本框架；地方尺度的规划被地方发展框架取代。日本 2005 年开始将过去包括全国、区域、都道府和市町村四级的国土空间规划转变为包括国家规划和广域地方规划两级的国土空间可持续性规划。德国作为最早开展空间规划的国家，其空间规划分为联邦级、州级、地区级和乡镇级四级，其空间规划并不完全受限于土地利用规划，空间规划的主要功能是通过协调一切有关空间的利益、职能和方案，指引经济、社会活动的空间安排；而土地利用规划则主要作为一项由州和市镇政府来完成的具体执法任务，其功能及内容已大部分融合在相应层级的综合规划和部门规划当中。美国依然是分散型的规划体系，但也加强了州级相关规划的编制。

（2）规划内容

日本空间规划更多的是关注发展的质量，包括保护和建设美丽的风景和环境；保障居民生活舒适、安全和稳定；增强地方自主发展能力；协调各种利益等内容。英国从 2004 年以新的城乡规划法为基础，以实现新旧不同规划体系的有效衔接为原则，将区域内的城镇住房、环境保护、交通、基础设施、经济发展、农业、废物处理等的发展规模和布局作为区域空间规划的重点内容。德国区域空间规划更强调可持续发展、以人为本和培育地区参与全球竞争的能力为目的，重点内容包括提供充分的、均等化的基本公共服务条件；增强内生性的发展潜力；促进可持续的、平衡的综合发展；利用一切有利的新地理政治因素[3]。

（3）特点及趋势

发达国家空间规划发展的历程表明：影响区域空间规划的因素包括资源禀赋、社会经济发展阶段、政治体制、经济体制、历史文化传统等多个方面。但在经济日益全球化的背景下，不同类型国家的空间规划在延续本国规划的特色之外，仍然具有一些共同的特点和发展趋势。

1）发展特点

一是配套法律的完备性，在各行政级别层面均制定与空间规划相配套的法律；空间规划一经批准即成为法案，其修改、申诉都要通过法律程序；二是管理机构的权威性，在健全的制度化协调机制支撑下，规划管理机构通过部门协调与利益整合，极大地提高了体制效率，有力保障了空间规划体系的科学性、可行性；三是规划层级的系统性，规划体系内部各级各类规划分工明确，在横向上是衔接与配合关系，在纵向上是指导与落实关系；四是制定实施的开放性，能不断地将各种空间规划逐渐整合到规划体系之中，各类规划能够适应不同地域空间和不同发展阶段的主体需求、并进行适时地调整，在规划制定实施过程中能够充分听取各个方面的意见。

2）发展趋势

一是国家级空间规划在强化，大多数欧洲国家已经确立对国家级空间规划的认同[4]；二是规划的目标由单一化向多样化发展，且越来越制度化和规范化，起着合理利用资源，提高地方竞争效率，平衡地方经济发展，保护自然和人文遗产的作用；三是转向互动互求、协商型规划，虽然国家级空间规划在德国、丹麦、法国和日本具有法律地位，但其实施还必须依赖于更具法律地位的地方规划，需要通过上下协调和公共参与来确保实施。

3. 城镇体系规划与区域空间规划的对标分析

（1）国家对区域空间规划的要求

2013年12月，中央城镇化工作会议提出要建立空间规划体系，推进规划体制改革，形成统一衔接、功能互补、相互协调的规划体系，并将探索县（市）

"多规合一"作为抓手和实现途径；提出了"生产空间集约高效、生活空间宜居适度、生态空间山清水秀"的总体要求。2015年12月，中央城市工作会议进一步强调了"多规合一"，指出其作用就是统筹各类空间性规划，解决各类规划自成体系、互不衔接、空间利用冲突比较严重的问题。要求既保持规划的协调性、兼容性、互补性，又引导专项规划发挥好各自特有作用，实现"各美其美、美美与共"。2015年12月，国家发展改革委、国土资源部、环境保护部、住房城乡建设部联合下发《关于开展省级空间规划研究工作的通知》，要求围绕"解决突出矛盾问题、编制统一省级空间规划、构建合理空间规划体系、健全统一规划编制机制"等方面展开研究。

（2）编制区域空间规划的目标任务

由此可见，编制区域空间规划并建立健全空间规划体系，是全面深化改革工作中的一项重要任务；是解决各类规划自成体系、内容冲突、缺乏衔接协调等突出问题的迫切要求；是强化政府空间管控能力，实现国土空间集约、高效、可持续利用的重要举措；对优化空间开发模式，促进经济社会可持续发展具有重要意义。

参照国外经验，结合国家要求，编制区域空间规划的重点任务应包括合理安排生产、生态和生活空间，对各类空间规划进行协调；统筹布置交通、市政基础设施和协调各种空间利益等内容，促进"多规合一"，为各类产业发展提供适宜的空间资源，保障居民生活的舒适、安全和稳定；提供均等化基本公共服务，保护自然生态环境，实现空间资源的有效保护和有序利用，做到"一张蓝图干到底"。

（3）城镇体系规划的对标分析

在《中华人民共和国城乡规划法》、《省域城镇体系规划编制审批办法》、《城

市规划编制办法》以及地方配套法律法规的指导下，城镇体系从法律基础、规划编制审批，到理论研究、人才储备、实施机制，均已形成比较成熟的规划管理体系。下面从城镇体系规划编制的内容来分析其与区域空间规划的契合关系。

1）规划的核心对象是区域空间

《省域城镇体系规划编制审批办法》明确地提出了省域城镇体系规划是省、自治区人民政府合理配置区域空间资源，优化城乡空间布局，统筹基础设施和公共设施建设的基本依据；《城市规划编制办法》也明确含了市域城镇体系规划在内的城市规划是政府调控城市空间资源、指导城乡发展与建设、维护社会公平、保障公共安全和公众利益的重要公共政策之一。

因此，城镇体系规划在合理配置、调控区域空间资源上具有明确的法律地位，对区域空间的规划是法律授权的强制性内容，其规划的核心对象是区域空间。

2）规划的核心内容是空间布局

城镇体系规划在明确区域和城镇发展定位和目标的基础上，按照切实保护资源、生态环境和优化区域城乡空间布局等的综合要求，对区域产业发展、城乡建设、综合交通、重大市政基础设施、公共设施和生态环境保护等空间进行总体布局；并研究划定适宜建设区、限制建设区、禁止建设区，提出空间管制措施，为实现区域全面协调、可持续发展提供空间支撑。

以上规划内容基本涵盖了国外区域空间规划的相关内容，也基本符合我国对区域空间规划的总体要求。

3）规划的主要方法是统筹协调

城镇体系规划要综合分析经济社会发展目标和产业发展趋势、城乡人口流动和人口分布趋势、区域内城镇化和城镇发展的区域差异等影响本区域发展的主要因素；要综合评价土地资源、水资源、

能源、生态环境承载能力等城镇发展支撑条件和制约因素；要协调经济社会发展、城乡建设、生态环境保护、土地利用、自然保护区、产业发展、交通、水利、能源等各专项规划；在此基础上提出城镇化的目标、任务及要求，提出城镇化进程中重要资源、能源合理利用与保护、生态环境保护和防灾减灾的要求，对区域空间保护与利用做出总体安排。

同时城镇体系规划注重与相邻行政区域在空间发展布局、重大基础设施和公共服务设施建设、生态环境保护、城乡统筹发展等方面的统筹与协调，提出具体的规划要求和实施建议。

因此，城镇体系规划强调统筹协调的方法与思路，与国家提出的"多规合一要统筹各类空间性规划"的工作方法总体是一致的，也符合国外发达国家区域空间规划强调"部门协调与利益整合"、"互动互求、协商型规划"的发展趋势。

4）需要进一步强化区域空间统筹

综上所述，我国的城镇体系规划的核心对象、内容和主要方法基本符合区域空间规划的编制要求；但在具体规划实践中，区域空间安排的落地性和操作性仍存在一些问题，需要在区域空间统筹方面进行强化，需要将"多规合一"的工作要求进行落实（图1）。

因此，现阶段在城镇体系规划的基础上，通过丰富完善内容、强化区域空间统筹、形成区域空间规划，是一种高效率、低代价的工作途径。

4. 强化城镇体系规划中区域空间统筹的建议

（1）总体思路

通过笔者的实践工作总结，认为造成各类规划自成体系、内容冲突、缺乏衔接协调等问题的主要原因有三点。

一是空间分类体系不统一，各部门

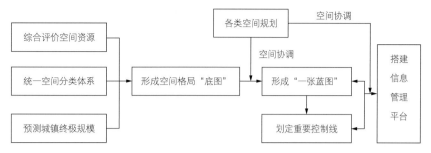

图1 强化区域空间协调的技术路线

根据自身工作的需要，对区域空间进行了不同的分类，形成了各种分类体系，除了建设部门的"城市用地分类与规划建设用地标准"，还有国土部门的"土地利用分类系统标准"和林业部门的"林地分类标准"等。这些分类方法目标不同、标准不一，概念和内涵也存在较大差异，不利于对区域空间进行整体评估和统筹安排。

二是空间认知不统一，各部门对区域空间的保护和利用缺乏统一的认识，均从部门各自工作和职责角度提出了规划方案，如国土部门侧重于耕地保护，林业部门侧重于林地保护，住建部门侧重于城乡建设等等，加上规划期限的不一致，造成区域空间利用上相互冲突问题。

三是空间信息不共享，各部门目前均有各自的空间地理信息基础，但相互之间缺乏交流和共享，平台不一致；一方面造成规划方案的沟通不畅、缺乏协调，另一方面也会影响具体项目的实施效率。

针对以上问题，提出解决问题的总体思路是：落实"创新、协调、绿色、开放、共享"的发展理念，坚持"生态优先、优化布局、集约高效、统筹协调"的原则，以问题为导向，首先应探索建立统一的区域空间分类体系，然后再站在客观中立的立场，从有利于全域空间资源保护和利用，有利于区域长远可持续发展的角度，去构建统一各方认识的、理想状态下的空间格局"底图"；在此基础上，

以底线控制为基本要求，进一步协调各类空间规划矛盾，形成各部门共同遵守的"一张蓝图"，并建立统一的信息管理平台，为规划实施管理和动态维护提供技术平台，从而达到合理配置区域空间资源、实现区域空间资源有效保护和有序利用的目标。技术路线如下图所示，对其中关键技术需要重点研究，本文结合四川某市区域空间规划进行了一些探索，详见下节。

（2）关键技术

本节部分内容以四川省都江堰市域空间规划为案例展开探讨。

1）统一的空间分类体系

以《城市用地分类与规划建设用地标准》和《土地利用现状分类》为基础，结合《国家生态保护红线—生态功能红线划定技术指南》，并参考林业、农业、交通等各部门相关标准，设计出由"生产、生活、生态空间和区域设施空间"组成的"3+1"空间分类框架，将各部门的现有分类纳入其中并保持各自体系不变，建立既适应现有分类标准，又具可操作性的区域空间分类体系（表1）。

2）空间资源适宜性评价

本着优先保护、有序利用的原则，考虑地形、地质、水文、植被和各类保护区等因素，对四川都江堰市的市域空间资源进行综合评价，并将评价结果归纳为"生态高敏感区、生态敏感区、生态一般敏感区和生态低敏感区"四个等级（图2），作为确定空间格局"底图"的基本依据。

区域空间分类体系建议　表1

类别名称		备注
生态空间		
其中	严格保护类生态用地	自然保护区、风景名胜区、世界遗产、森林公园、饮用水水源保护区、地质公园、地质灾害密集区、河流水体控制区等用地
	一般保护类生态用地	严格保护类生态用地外的防护林、特种用途林，坡度大于35%的山体等用地
生活空间		
其中	城市	城市和县人民政府所在镇人民政府驻地的居住、公共管理与服务、商业服务、道路交通、绿地与广场用地
	镇乡	镇、乡居住、公共管理与服务、商业服务、道路交通、绿地与广场用地
	村庄	农村聚居点或散居村民建设用地，包括村民住宅用地、村庄公共服务用地、村庄基础设施用地等
生产空间		
其中	工业用地	独立或依托城镇建设的各类工业园区
	采矿用地	采矿、采石、采沙、盐田等各类采掘区、工矿区及尾矿堆放地
	物流仓储用地	物资储备、中转、配送等用地
	农林生产用地	耕地、菜地、茶场、园地、牧草地；用材林、经济林、薪炭林等用地
区域设施空间		
其中	交通设施用地	铁路、公路、港口、机场和管道运输等及其附属设施空间，不包括城市建设用地范围内道路
	公用设施用地	为区域服务的公用设施空间，包括供电或通信线路及其附属设施用地，跨区域供水、供气及其附属设施用地，火电厂、大型水电站及其附属生活区，以及垃圾处理厂、殡葬场
	特殊用地	监狱、拘留所、军事单位及其训练场所等军事安保用地，以及区域内的殡葬用地和宗教用地
	其他设施用地	风景名胜区、自然保护区、森林公园等的管理及服务设施用地等

3）构建空间格局"底图"

以空间资源适宜性评价结果为基础，对照4.2.1小结提出的"3+1"空

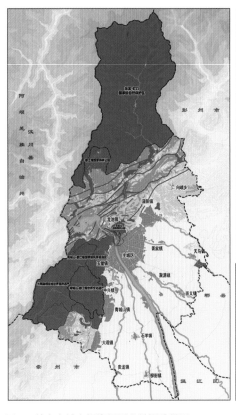

图2　某市市域空间资源适宜性评价结果

间分类体系，按照图3对应关系，构建出都江堰市由生态空间、城镇空间（合并布局的生活生产空间）和农林生产空间格局"底图"。

4）协调各类空间规划，形成"一张蓝图"

首先建立了协调准则：将各类空间规划与空间格局"底图"进行比对，对不符合"底图"要求的规划内容，原则上按照"底图"进行调整，现状无法改变等原因确实无法调整的规划内容，在符合底线要求的前提下可予以保留，各类规划空间利用不一致的，在符合上述两条准则的前提下，提出了具体的协调方案。然后按照以上协调准则，对都江堰市各类空间规划进行了全面的协调，形成区域空间总体布局图——"一张蓝图"（图4）。

5）划定重要控制线

在"一张蓝图"上，划定了生态保护红线、基本农田控制线、城镇开发边

界和重大设施廊道等4类控制线，并提出了相应的空间管控要求。

6）搭建"多规合一"规划信息平台

以上规划过程采用了GIS和CAD双平台协同工作的方法，将现状、分析过程和规划成果全过程集成在GIS平台中，形成了统一空间坐标体系和数据标准规划数据库，为将来建设规划管理平台奠定基础。

在平台搭建过程中，应重点考虑业务功能、各部门业务协同和日常维护问题，同时应配套完善规划用地审批程序、规划实施保障和动态维护制度等方面的政策。

5. 结语

目前我国空间规划体系正在形成过程中，各部门和相关领域均展开了一系列的研究和实践工作；在此背景下，本文提出了从完善城镇体系规划来达到区

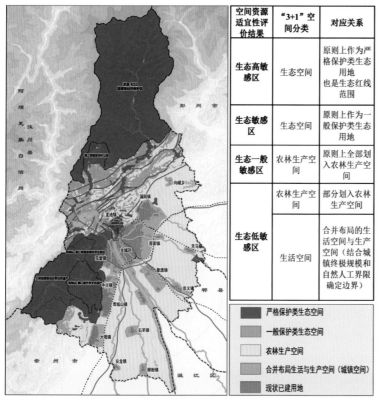

空间资源适宜性评价结果	"3+1"空间分类	对应关系
生态高敏感区	生态空间	原则上作为严格保护类生态用地 也是生态红线范围
生态敏感区	生态空间	原则上作为一般保护类生态用地
生态一般敏感区	农林生产空间	原则上全部划入农林生产空间
生态低敏感区	农林生产空间	部分划入农林生产空间
	生活空间	合并布局的生活空间与生产空间（结合城镇终极规模和自然人工界确定边界）

图例：
- 严格保护类生态空间
- 一般保护类生态空间
- 农林生产空间
- 合并布局生活与生产空间（城镇空间）
- 现状已建用地

图3　某市市域空间格局"底图"

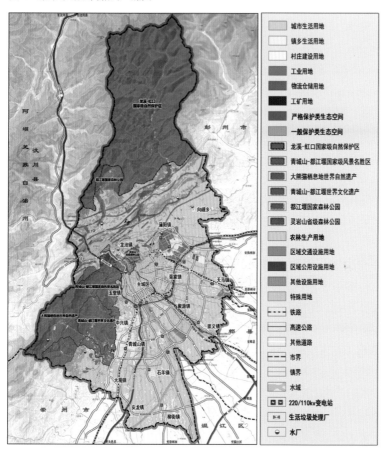

图例：
- 城市生活用地
- 镇乡生活用地
- 村庄建设用地
- 工业用地
- 物流仓储用地
- 工矿用地
- 严格保护类生态空间
- 一般保护类生态空间
- 龙溪-虹口国家级自然保护区
- 青城山-都江堰国家级风景名胜区
- 大熊猫栖息地世界自然遗产
- 青城山-都江堰世界文化遗产
- 都江堰国家森林公园
- 灵岩山省级森林公园
- 农林生产用地
- 区域交通设施用地
- 区域公用设施用地
- 其他设施用地
- 特殊用地
- 铁路
- 高速公路
- 其他道路
- 市界
- 镇界
- 水域
- 220/110kv变电站
- 生活垃圾处理厂
- 水厂

图4　某市市域空间总体布局"一张蓝图"

域空间规划目标和任务要求的技术途径，对城镇体系完善的总体思路和关键技术也处于探索阶段，期望能起到抛砖引玉的作用，同时，对空间规划体系的构建还需要进行系统的研究。

[注释]

① 第2节部分内容参考了 http://www.mlit.go.jp/kokudokeikaku/international/spw/general/china/index_e.html 网站内容，该网站对欧洲和亚洲主要国家的空间规划体系、管理、内容进行了综述。

[参考文献]

[1] 李兆汝，曲长虹. 区域规划：部门的？空间的？ [N]. 中国建设报，2006-09-05002

[2] 于立. 欧盟区域空间规划研讨会在英国卡迪夫大学举行 [J]. 城市规划通讯，2005，23：5.

[3] 蔡玉梅. 不一样的底色不一样的美——部分国家国土空间规划体系特征 [J]. 资源导刊，2014，04：48-49

[4] 胡天新，杨保军. 国家级空间规划在发达国家的演变趋势 [A]. 中国城市规划学会. 规划50年——2006中国城市规划年会论文集（上册）[C]. 中国城市规划学会：2006：5.

[收稿日期] 2016-06-25

[作者简介]

贾刘强：四川省城乡规划设计研究院院长助理；四川省城乡规划编制研究中心高级工程师，博士，注册城市规划师。

陈　涛：四川省住房和城乡建设厅规划处长，教授级高工，注册城市规划师。

"5.12"汶川地震对城镇规划选址的启示

贾刘强

[摘要] 5·12汶川地震是近代世界地震史上最严重的灾难性地震之一，造成了大量的人员伤亡和财产损失。在5·12汶川地震建筑物震害调查研究的基础上，分析了规划选址对建筑物震害的影响，综述了规划选址与其相关的重要理论和方法之间的关系；最后在研究规划选址方面提出了建议，希望由此引发相关研究人员的思考和讨论。

[关键词] 汶川地震；选址；启示；地震烈度；城市规划

2008年5·12汶川地震是发生在龙门山断裂带的8级特大地震，其震源深度不足20km，在断裂带区域造成的地面垂直位移最大达9m，波动时长超过100s（地震史上罕见），地震烈度达到11度。5·12汶川地震直接受灾人口达1000多万，房屋倒塌650多万间，损坏2300多万间，直接经济损失5500亿人民币[1]，是新中国成立以来，乃至近代地震史上最严重的地震灾难之一。

灾害发生后的一年内，我国学术界对地震相关问题展开了广泛和全面的研究和讨论，研究内容涉及社会、经济、人文、医药、农业和工程科学等各个学科领域，这些研究和讨论成果可为人们应对未来的地震灾害提供有益的借鉴和指导作用。

但是，从规划选址角度研究应对地震的措施方面的成果尚不多见，规划选址是影响震害程度的重要因素，由于北川、青川等城镇位于地质断裂带之上，是使其成为5·12汶川地震极重灾区的主要因素[2]~[4]。

本文在震后实地考察的基础上，结合相关专家的研究结果，分析规划选址与震害间的关系，探讨规划选址的基本原则，抛砖引玉，期望引起相关管理和技术人员的重视和展开深入研究，为在未来地震灾害中减小震害提供借鉴经验。

1. 汶川地震震害与其规划选址

（1）规划选址与地震烈度

地震烈度：即地震发生时，在波及范围内一定地点地面振动的强烈程度[5]，其大小直接影响人的震感，房屋建筑的破坏程度和地面景观点变化情况。因此，除地震超前预报、建筑抗震设计等措施外，采取措施使地面建筑的实际影响地震烈度尽量减小，是一种减少震害的有效的途径。

影响地震烈度的因素主要包括震级、震源深度、震中距、地质结构、地形地物、土壤特性等，其中震中距、地质结构、地形地物和土壤特性因素与城乡规划选址有着密切的关系；故规划选址合理的城镇和建筑可有效减小地震发生时的地震烈度，从而减小震害。另一方面，城市规划、建设的基本目的之一就是满足居民生命财产安全的需要[6]，在城市规划和建设中如何恰当地处理地震断层等地质问题，是不容回避的重要课题。

地震效应可分为地面破坏（地裂、滑坡、沙土液化等）和地面震动[1]；显然，只有地面震动引起的建筑物振动可以通过良好的结构设计和施工质量将其降低到可以接受的程度，而地面破坏则需要通过科学规划选址来避免。因此，建筑物的规划和设计必须根据具体的地震地质条件确定合理的建筑物布置区域，尽量避开地质断层等危险地段。由于地质条件不同，即使这紧邻连接到两个场地，地震发生时造成的灾害程度也可能相差甚远，出现地震烈度异常现象，所以必须做好建筑物的局部选址规划。

（2）地震烈度与汶川地震震害

汶川地震震害严重的主要原因之一是震级大、实际烈度超过设防烈度过多[3]~[7]。我国建筑主体结构抗震设计采用了先进的多目标抗震设防原则，"大震不倒"是《规范》的设防目标之一，"大震"是指比设防烈度高1度的地震；当地震烈度超过设防烈度1.5度时，倒塌是难抗拒的。

根据最新的《中国地震烈度区划图（2001）》，汶川地震极重灾区的建筑设防烈度为7度，而其中的汶川县城、北川县城、青川县城、映秀镇、都江堰市区等城镇由于处于龙门山断裂带上，地势陡峭、地形起伏大，滑坡、崩塌、泥石流等地质灾害发育[8]，其实际烈度普遍均达到了9~11度（图1）。显然，按7度设防的房屋建筑根本无力抵抗超过如此大的地震烈度带来的冲击；而大多数2002年之前修建的房屋建筑是按抗震设计要求较低的《建筑抗震设计规范》进行设计建设的，且施工质量和建设标准低，因此，给人民生命和财产造成了巨大的损失。

2008年6月，《汶川地震建筑震害分析与重建研讨会》提出的10点建议中，其中的第2点即为科学规划灾后重建设场地，明确哪些地方能建、哪些地方不能建；避开地震危险地段和地质条件复杂地段，避开存在安全隐患的不适合居住的区域，根据实际自然条件，科学规划人口和生产力布局，保护自然环境和生态，少占农田，实现和谐发展[9]。

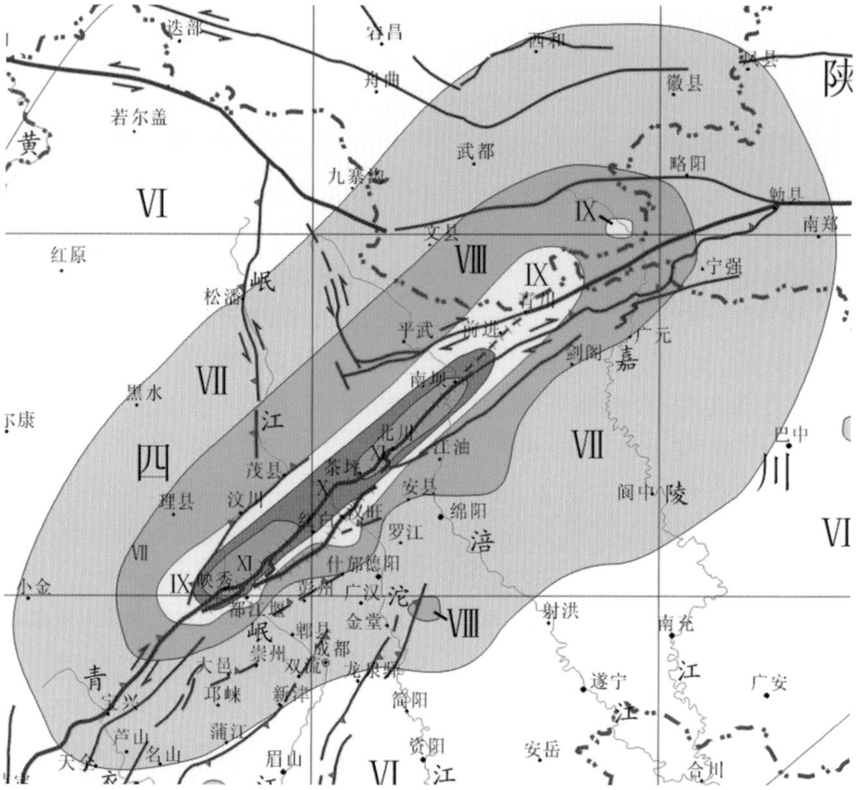

图1 5.12 汶川 8.0 级地震等烈度线分布

（中国地震局公布资料，2008）

2. 减轻震害的规划选址方法与相关理论

目前我国的地震烈度区划图是大区域尺度下的地震烈度区划，同一烈度区内地质条件、地形地貌等因素千变万化，这些都会影响到具体的城镇和聚落的地震烈度，甚至场地内也存在烈度异常现象。

针对这一规律，从减小震害角度讲，合理的规划选址包含两个层面：一是城镇和聚落选址尽量远离地质断裂带，减小与震中的距离；二是房屋建筑选址，应避免处于地质灾害危险场地，防止地震引发的次生灾害，并考虑地形地物和土壤特性对局部地震烈度异常的影响。

（1）我国古城选址历史借鉴

我国是城市发源地之一，具有悠久的城市建设历史和丰富的城市选址与规划思想。早在新石器时代（仰韶、龙山时代），人们就已经积累了一些选择环境的知识，注重对城的具体位置与周围地理环境进行有意识的选择[10]，城址和居住地基本上都选择在河流沿岸的台地或阶地之上，现代科学分析这些场地地质条件较好且利于取水；中国先秦时期人们已经十分重视城市和村落的选址问题，在长期的选址时间中积累了丰富的经验，形成了以"择中"、"胜形"、"相土"为核心的"风水"选址经验，并沿用数千年之久。这些选址理念，对防风抗寒、通风日照、避免自然灾害和战争防御等因素均有系统的考虑。虽然古代城市和村落选址的经验不可避免带有历史局限性，在当时并未充分考虑到对地震等自然灾害的防御问题，但从防震视角分析，其都有可借鉴之处。本节重点分析和借鉴我国古代城市选址在避免震害方面的经验和方法。

1）"择中"思想

"择中"即"择天下之中而立国"（《吕氏春秋·审分览》），这是先秦及后续封建王朝都城选址的一个基本原则；这种思想可追溯至尧舜时代（《史记·五帝本纪》），传说周武王和周文王亦热衷于考察四方寻找"中土"。在当时的时代背景下，择中的主要目的是为统治服务，有利于形成"四方辐辏"式的政治、军事中心[11]，便于发挥中央政权对周边地区的控制作用，同时体现皇权等级与天命神权的观念。

现在看来，居中的交通区位利于形成"政治、文化和经济"的中心。而汶川大地震又给我们以新的启示：古蜀开明王朝迁蜀都城至成都，历代均为蜀地中心，位于成都平原中部的成都市体现了"择中"思想，在地震中，虽然成都距震中映秀仅 73km，但震害轻微。"择中"是在一定的地理环境空间尺度下进行选择的，地理空间环境的边界往往是山脉、峡谷等突变的地形地貌；与山脉和峡谷的地质状况相比，地理空间环境中间的地质条件要好，因此"择中"也就从方向上选择了比较安全的城乡建设用地，但对该思想到运用也应一定是"方向性"的。

2）"形胜"与"相土"思想

"形胜"即山川形势优势足以胜人，是古人从军事防卫需要出发所提出的城市选址思想，其思想核心是对山川形势的重视。"相土"思想源于作为农业大国对土地肥沃程度和平坦程度的依赖，也被称为"因地制宜"的实用思想[11]，西周末年伯阳甫提出"国必依山川，山崩川竭，亡国之征也"的观点，实际上是对"形胜"思想的补充和完善，"形胜之国"固然好，但是如不重视与山川形势的有机结合与合理利用，"山崩川竭"必然给国家带来巨大灾难。《管子·乘马》则继续总结发展了"形胜"的思想，提出"凡立国度，非于大山之下，必于广川之上，…，因天材，就地利，故城郭不必中规矩，道路不必中准绳"。

"形胜"思想的发展及其与"相土"思想结合，自然成为我国古代城市抵御自然灾害的原始原则。《管子》主张"经国于不倾之地"[12]，即城市要建于地质条件好的地方，使城市免受地质灾害。春秋末期的伍子胥在创建姑苏城中则"相土尝水，相天法地"[13]，定性地分析备选地的土质和水质，注意地理地质环境，避免自然灾害的发生。而郭璞在1680年前的古温州城选址中，则进一步采用了定量分析的方法，采用称土法来分析江北土壤的密实程度[12]，虽然江北土质较差，地基不稳定，但古温州城址土质情况较好，这说明郭璞对地质环境的分析发挥了重要作用，在科学选址避免自然灾害方面可谓一大创举。

我国古代城市抵御自然灾害的基本原则和经验告诉我们：在城市选址中，要重视对地形地质和建设场地的研究。这种思想在北川灾后恢复重建的选址中也得到体现，震后北川新县城选址进行了较科学的建设用地适宜性评价，并分析了山水格局与城市建设用地的关系，同时对地质、地形、地貌、环境、气候等方面进行了全面地分析，最后选择在受地震破坏较小，周边自然环境良好的安昌镇东南约2公里处，该地区现状地形为浅丘、平坝，远离地震断裂带，地质条件良好。

（2）规划选址与相关理论关系

规划选址是一项系统工程，需要综合考虑的区位、交通、政治、文化、环境等各种因素，具有多目标导向的特点，本节仅以抗震减灾为目标，探讨规划选址与相关重要理论和方法的关系。

1）规划选址与地震学

地震学是研究固体地球介质中地震的发生规律、地震波的传播规律以及地震的宏观后果等课题的综合性科学，是固体地球物理学的一个分支，也是地质学和物理学的边缘科学。

地震学是预测地震最重要的基础理论之一，虽然现在人们尚无法完全准确预测地震，但地震学在解释地震成因、地震波的性质、地震强度的显著变化以及整个地球的地震活动明显的分区特征等方面取得了显著进步。

地震区划和地震预防是地震学的重要研究内容。地震区划按照某一标准划出各个地震活动带的活动情况和危险程度，规划选址可根据地震区划成果选择地震风险较小的区域进行建设。地震预防则专门研究地震对建筑物，人造结构的影响和破坏规律，为寻求最科学最合理的抗震设计提供依据，可在一定程度上增大规划选址的可选范围。

地震烈度异常现象也是地震学研究的课题之一；在汶川地震中出现很多在同一烈度区内出现有的房屋倒塌而有的破坏轻微的截然不同的震害结果。影响地震烈度异常的因素包括：局部地质构造、局部地形及场地土壤的工程特性[1]。

影响局部地质构造的主要因素是断层，断层错动将直接导致其上部和附近场地中地面建筑的破坏；加重震害的局部地形包括山梁和山丘等影响地表平整性的因素；受其影响，地震波袭来时会造成局部地表变形的差异，从而对地表建筑产生程度不同的破坏；不同的覆土层厚度和土质对地震产生的能量的吸收能力不同，从而造成了完全不同的震害。

因此，单纯的结构分析和设计理论很难确保人员和财产的安全，灾后恢复重建和规划应在规定的基本烈度基础上，对局部场地的特点作深入细致的研究，做好局部场地的建筑选址规划能在一定程度上改进抗震设计，减小震害。

具体工作中应综合考虑地形、滑坡、地基土液化、地裂缝等因素，根据当地的地震地质条件进行科学地分析和决策，把局域规划放在统筹考虑的突出位置上去，扭转"轻前期选址论证规划并过分相信结构设计理论"的倾向[1]。

2）规划选址与地质学

地质学是关于地球的物质组成、内部构造、外部特征、各层圈之间的相互作用和演变历史的传统学科。进入20世纪以来，社会和工业的快速发展，使地质学出现很多分支学科；其中水文地质学、工程地质学、环境地质学和灾害地质学等，都与规划选址关系密切。

水文地质学是研究地下水的形成、分布和运动的规律，除对预报地震有重要作用外，其对地下水的研究可为判断局部场地地震烈度异常提供依据，地下水丰富的场地在地震中容易产生地基液化而导致房屋受害。地下水的分布特点可为科学规划选址，减小震害提供依据。

工程地质学是以调查研究和解决各类工程建设中的地质问题为任务，包括评价地基的地质条件，预测工程建设对地质环境的影响，选择最佳的建设场所、路线，为工程规划设计提供可靠的地质依据。

环境地质学是研究地质环境质量和人类活动与地质环境的相互关系的学科，如人类对植被的破坏以及工程项目的影响，会造成滑坡和泥石流的地质危害；这些地质危害在地震中可能成为次生灾害，造成更大的损失。灾害地质学则是研究地质灾害的发生、分布规律、形成机制和对人类的影响及其预测预防的学科。环境地质学与灾害地质学的研究成果可应用到选址规划中，避开不利地段或选择灾害可控地段，减小震害。

3）规划选址与"3S"技术

"3S"技术包括——地理信息系统（GIS）、遥感（RS）和全球定位系统（GPS）。在本次地震中，地理信息技术已发挥了重要作用，如遥感技术被应用中在快速查看和统计受灾面积、评估受害程度和范围，为部署抗震救灾提供了决策依据。

在规划选址中，可综合利用3S技

术，快速获取大范围、高精度的地表影像，利用 GIS 强大的空间分析功能，对地质、地形、土壤等数据进行分析，进行地震灾害风险评估，获得土地适宜性利用图，为规划选址和建筑选址提供科学依据。

同时该技术可集成城市抗震防灾规划、避震防灾规划等成果，为政府震后迅速组织抗震救灾提供决策支持。

3. 结语

地震是地球自转所带来的亘古不变的自然现象，其本身是不可避免的；但通过科学规划选址则可有效地减小其对人类的震害程度。

然而针对地震灾害的规划选址方法体系尚没有建立，为此，应从以下几个技术方面开展今后的工作：

（1）进一步深入研究不同规模和级别城镇的抗震设防要求，并对地质、地形条件等条件提出相应的具体选择标准。

（2）开展规划选址地震风险评估技术的研究，达到预防为主的目的。

（3）以减小震害为目标，系统总结国内外先进的规划选址规律和经验，并形成我国的强制性规范要求。

（4）深入研究地震烈度异常现象的形成机制，量化相关指标，出台并补充完善相应的建筑抗震选址规范和标准。

（5）加强地理信息技术在规划选址中的应用研究，提高规划选址的可靠性和科学性。

[参考文献]

[1] 陈肇元，钱稼茹．汶川地震建筑灾害调查与灾后重建分析报告．北京：中国建筑工业出版社，2008.

[2] 任晓崧，吕西林．5.12 四川汶川地震后青川房屋震害调查与初步分析 [J]．会议文集．2008：65-75.

[3] 李英民，刘立平，韩军，et al．5.12 汶川地震建筑物震害与启示 [J]．2008.

[4] 蒋航军，郁银泉．北川地区底部框架砖房震害分析 [J]．2008.

[5] 顾淦臣．土石坝地震工程：河海大学出版社 [M]．南京：河海大学出版社，1989.

[6] 李三练．城市规划建设与防震减灾 [J]．城市与减灾．2009：22-24.

[7] 王凤来，翟长海，支旭东，et al．5.12 汶川地震中民用房屋的震害分析与维修建议 [J]．2008.

[8] 官善友，肖建华，孙卫林．从"5.12"汶川地震看工程地质工作在城乡规划中的作用 [J]．城市勘测．2008.

[9] 中国工程院土木、水利与建筑学部．《汶川地震建筑震害分析与重建研讨会》建议书 [C]．北京：2008.

[10] 张国硕，程全．试论我国早期城市的选址问题 [J]．河南师范大学学报（哲学社会科学版）．1996，23(2)：28-31.

[11] 赵立瀛，赵安启．简述先秦城市选址及规划思想 [J]．城市规划．1997(5)：53-55.

[12] 吴庆洲．斗城与水城——古温州城选址规划探微 [J]．城市规划．2005，29(2)：66-69.

[13] 陈珍珍，朱建达，张伟刚．巴城镇文化特色塑造探析 [J]．小城镇建设．2007(12).

[收稿日期] 2016-06-25

[作者简介]

贾刘强：四川省城乡规划设计研究院院长助理；四川省城乡规划编制研究中心高级工程师，博士，注册城市规划师。

生态道路新技术研究

郑 远

[摘要] 本文以当前道路交通污染日趋严重的事实为背景，阐述了道路交通污染所带来的危害，介绍了目前国内外道路交通污染生态化处理技术研究的现状，为建立道路交通污染生态化处理的新型体系提供理论依据。

[关键词] 道路交通污染，生态化处理技术，控制对策

道路网络已经成为当今社会和经济发展的中枢，其分布范围之广和发展速度之快，都是其他建设工程不能比拟的。在道路网络和各种交通工具为社会带来巨大效益的同时，它们对城市中自然景观和生态系统的分割、干扰、破坏、退化、污染等各种负面的影响也在不断加大。

因此，在道路工程的建设中应充分考虑其对环境的影响，在追求效益的同时，最大限度地减少道路工程对城市已有自然生态系统的影响和破坏。

随着交通污染问题的凸显，如何使道路交通系统的发展符合未来环境保护、健康、安全和效率的共同需要，已经成了一项非常紧迫的任务；道路交通污染生态处理新技术也应运而生。

1. 道路交通相关污染类型

（1）交通废气污染

汽车污染物排放来源于发动机汽缸的废气排放、汽车的曲轴箱混合气和燃油蒸发系统，约有 100 多种有害物质。其中发动机汽缸的废气排放约占 65%，主要有一氧化碳、碳氢化合物、氮氧化物、二氧化碳和烟尘及铅的污染。

（2）交通噪声污染

交通噪声是指在交通运输中所产生的干扰周围生活环境的声音。噪声作为交通环境污染的主要因素之一，正呈现出越来越严重的趋势，它已成为我国城市环境的一大公害。

（3）交通粉尘污染

它包括汽车在行驶过程中轮胎磨损产生的橡胶粉尘以及车辆行驶中在道路上的扬尘，由于这些粉尘会经过各种途径进入水系和大气，给道路周围的生态环境造成极大的危害。

（4）交通对自然水体污染

交通对水系的影响，指道路运营期、货物运输过程中在路面上抛撒，汽车尾气在路面上的降落，汽车燃油在路面上的滴漏及轮胎与路面的磨损降尘等，当降水形成路面径流就会携带这些有害物质排入水体或农田。

（5）道路交通其他污染类型

公路建设有时因线形走向需要拆除某些景观。而且公路作为永久性的建筑物，要尽量考虑其与周围景观的协调性，使公路能够融合到自然景观环境中去，减少因高填或深挖等对景观环境的危害。

道路建设和营运还会干扰沿线野生动物的正常活动，对地区局部生态环境的影响往往是永久性的；还可能在一定路段对森林、草地、湿地、荒漠等生态系统产生一定程度的破坏。

2. 道路交通污染生态处理新技术概述

（1）吸收分解汽车尾气的路面材料与施工技术

光催化技术是一种近年来日益受到重视的一项污染治理新技术。它以适当的物质作为催化剂，利用光催化方法来氧化降解空气中的有害物质，整个过程不需要其他化学助剂，反应条件温和，不产生二次污染，具有发展潜力；有结果证实，许多种气相有机污染物可以通过光催化氧化过程快速分解。美国环保局曾公布了九大类 114 种有机物被证实可以通过光催化氧化处理；该方法尤其适合于无法或难以生物降解的有毒有机物质的处理。

20 世纪 60 年代开始，美国、欧洲、日本等发达国家为了解决共同所面临的汽车尾气污染问题，相继开始投入大量资金和人力进行针对汽车尾气污染问题的光催化技术研究试验，经过近 40 年的发展，已取得一定成果。日本率先研制出一种以二氧化钛为催化剂的路面材料，当这种含有催化剂的路面材料被阳光照射时，能生成活性氧分子与汽车尾气中的氮氧化物发生化学反应，一遇下雨，就变成稀硝酸溶液，可以被路面上其他物质吸收，从而达到清除氮氧化物污染的目的。而二氧化钛起到的是催化剂的作用，其本身并不消耗，所以这种清除污染的效率是恒定不变的，不会因路面使用时间长了而有所下降。

（2）透水性道路设计、施工与维护技术

20 世纪中叶，法国最早提出透水性路面的设想，尔后，欧洲的其他国家及美国和日本对此项技术都产生了浓厚兴趣，纷纷效仿并开展了研究，并在公园、停车场、运动场及城市道路铺筑了大量不同类型的透水性路面。我国对多孔透水性铺装的研究尚处于起步阶段，目前集中于透水性面层的研究，在部分路段铺筑了 OGFC 试验路，在部分停车场和人行道铺筑了连锁块路面。这些研究与实践为该领域的研究积累了一定的

经验，可以为后续研究提供思路和借鉴。

（3）低噪声路面结构和降噪设施

1）多孔型沥青路面

美国从 20 世纪 70 年代初期，就开始研究多孔型沥青路面的相对安静性。1979 年美国第一条真正的低噪声路面的修筑。在美国，联邦公路管理局（FHWA）为了推广低噪声排水路面，采用提供财政补贴的方法予以鼓励。据调查，铺筑里程已达 15000km。美国的民用机场和军用机场也广泛使用排水式沥青路面。

日本的观测表明：在多孔性沥青路面上的噪声比普通沥青路面明显要低，对于小汽车可以降低 5 ~ 8dB，对于载重汽车在停车空运转时，仍有 2dB 的降噪效果。日本每年产生 100 多万吨废轮胎，这些轮胎 90% 作为燃料使用于水泥制造业、炼铁（热力循环）、鱼池以及轮胎翻新（材料再利用）。

各国对低噪声路面使用的材料选择和设计略有不同，如美国和德国铺筑的低噪声路面厚度一般为 25mm，而欧洲其他国家和日本一般为 40mm 左右。美国各州低噪声路面的混合料组成不尽相同。各州根据本州的气候和交通情况，沥青通常采用针入度 40/50 或 80/100。日本研究认为，铺筑排水性沥青路面应采用针入度 40/50、软化点 70 ~ 90℃ 的高黏度沥青，这种级配沥青混合料的强度，按马氏稳定度要求大于 5000N，所采用的沥青为半氧化沥青、聚合物沥青和环氧沥青。荷兰，沥青针入度 80/100，空隙率 20%，为了提高沥青材料对石料的裹覆能力，混合料拌和时加入石化填料，其一般铺筑厚度为 50mm。

同济大学的吕伟民和王佐民等在我国最初修建低噪声沥青路面时，提出了适合国内的相应要求和各项指标。这些指标在告诉公路材料要求的基础上，对有可能影响路面声学特性的指标，如集料、沥青提出了更高的要求。根据研究

的成果在杭州—萧山公路和杭州—建德公路修建了两段低噪声路面，经实测，其轮胎—路面接触噪声降低了 3dB 以上，取得了较好的降噪效果。

2）低噪声水泥混凝土路面

世界各国对低噪声水泥混凝土路面的研究也一直在进行，由于表面变得不平整而使驾驶的舒适性受到很大影响，在各国未得到大规模的应用。水泥混凝土路面行车产生的噪音要大于沥青路面，其原因主要有两点：首先是水泥混凝土路面即使有粗细两级抗滑构造，其大体上依然是平面，对汽车发动机噪音的反射是正反射，因此，发动机噪音大。其次，水泥混凝土路面上大部分情况下的抗滑构造是横向的，车轮与路面车轮空气摩擦产生的噪音就大。

在荷兰进行的多孔性水泥混凝土路面试验显示，可以获得和多孔性沥青路面一样的降噪效果。Caestecker 在比利时采用的多孔性水泥路面，厚度为 44mm，空隙率 19%，最大集料粒径为 4 ~ 7mm，取得了 5dB 的降噪效果。在施工方法方面，改传统地横向刻槽为纵向刷槽，也获得了良好的降噪效果。

3）声屏障

声屏障是使声波在传播途径中受到阻挡，从而达到某特定位置的降噪作用的一种装置。广义的声屏障包括路堑两侧的边坡、土堤以及路边的楼房等对声音起着同样阻挡作用的各种物体。狭义的声屏障主要包括用于道路两侧的隔声墙和隔声屏。从 20 世纪 60 年代开始，发达国家就开始对声屏障的设计和施工进行深入研究和大量实践，积累了丰富的经验。美国是世界上修建声屏障里程最长的国家，到 1986 年已修建公路声屏障 720km，投入超过 3 亿美元，还设计了"公路声屏障设计专家系统"，进一步提高了公路声屏障的设计水平。德国早在 1974 年就颁布了《污染防治法》，

要求在公路选线时极力避免对周围环境产生有害影响，如找不到更有利的公路路线，则必须修建声屏障，将公路与住宅区隔开。

在我国，声屏障作为交通噪声的治理方法还是近十几年的事，一般用于城市高速或快速干道线上，以上海为例，如今在内环线及南北高架上已建成 30 多公里的声屏障。与此同时，国内对声屏障技术的研究也有了进一步发展，颁布了道路声屏障声学设计技术规范。

（4）道路冰雪自融与防滑技术

20 世纪 90 年代以来，北美、北欧、日本、俄罗斯、中国等许多国家和地区，投入了大量的人力物力，探索出许多有效的预防和清除冰雪的方法。综合这些方法，主要包括三类：物理防滑、化学融雪和机械除雪三类。

物理防滑可以有效地提高雨雪天气的路面使用性能，但是物理防滑的应用会对路面造成破坏；机械除雪弥补了以往的"人海战术"和"各扫门前雪"的传统做法，采用机械代替人工，开发了多种锹铲镐刨的除冰机械。化学除冰常用材料有固体和液体两种状态，主要有氯化钠、氯化钙、氯化镁等。化学方法在气温相对较高、降雪量不太时，除雪效果非常明显，但是化学材料对水泥混凝土构件有一定的腐蚀作用。由于这种方法具有容易操作、除雪效果好等有点是目前全世界应用最广泛、最有前途的一种除雪方法。融雪剂适用于城市道路车流量大、不能及时清楚积雪的情况，但是大部分融雪剂在使用过程中对道路环境、江河水域、路边植被和行驶车辆等造成污染和腐蚀。

（5）非吸热式地面及其铺装技术

非吸热式地面并非一种全新的路面，完全可以依据现有道路技术和道路材料而实现。例如，对于增加铺面的反射能力就可以通过传统的水泥混凝土铺

面或者碾压混凝土铺面，超薄白色罩面技术或者使用浅色集料的稀浆封层和碎石封层技术，以及彩色沥青路面技术等。对于多孔隙路面也可以采用沥青混合料，普通水泥混凝土或者其他松散类材料，如石块、砌块或者植草来实现。对于在夜间散热方面具有优点的复合式降噪路面，则可以采用在水泥板上罩面橡胶沥青路面等来实现。要指出的是，以上这些非吸热式铺面技术并不是可以通用于各种场合的，必须要在考虑交通量等级、地理位置，并综合对于其他特性的要求，如降噪性能、渗水性能等，才能做出合理的方案选择。

通过采用非吸热式地面来减低城市热岛效应，不但可以显著改善空气质量，降低制冷费用，改善都市居民居住环境和舒适水平，同时也可以提高水体质量，降低噪音，增加安全性以及改善晚间照明状况。根据对于美国洛杉矶地区的研究显示，在采用了非吸热铺面之后整个城区平均温度下降了 1.5℃，由此节约的能源消耗接近 1500kW·h/a，峰值电量消耗下降 100MW/a。与此同时，还将会减少城区内 12% 的臭氧和烟雾生成量，折合经济价值约 7600 万美元 / 年。

非吸热型铺面技术目前在国外部分城市得到了应用，但是目前仍处于研究阶段，尚缺乏系统的设计方法和评价指标，更没有一个系统的养护对策。而该项技术在我国尚未进行相关研究，缺乏对于非吸热铺面材料的系统研究。

（6）路表径流生态处理技术

植被控制、湿式滞留池、渗滤系统和湿地是几种雨水径流管理控制的有效措施。研究表明，渗滤系统可以有效去除公路路面径流中的重金属、SS

和 PAHs 植草渠道对重金属，尤其是对离子状态的重金属有很好的截留效果（表 1）。

污染物去除过程　　　表 1

污染物	去除过程
BOD	生物降解，沉淀，微生物吸收
有机污染物	吸附，挥发，降解
悬浮物	沉淀，过滤
N	硝化 / 反硝化，植物、微生物吸收
P	沉积，过滤，吸附，植物、微生物吸收
重金属	沉积，吸附，植物吸收

德国在 3 条交通量很大的公路上对 145 场降雨的 850 个径流水样进行了连续监测和分析研究，结果表明，公路路面径流中的污染物有 SS、COD、重金属、P、N 营养物、氯化物、油和脂、农药和 PAHs（多环芳烃）等。在德国最典型的控制措施是修建大量的雨水池截留处理合流制和分流制管渠的雨水，以及采取分散式源头生态措施消减和净化雨水。美国控制非点源污染配套的城市雨水资源管理和污染控制第二代 BMP 方案更强调与植物、绿地、水体等自然条件和景观结合的生态设计和非工程性的各种管理方法。

渗滤系统需要占用大片的土地，对我国土地资源紧张的大部分城市来说是不现实的，适宜采用分散收集、集中处理的方法，通过洼地、浅沟渗渠渗透或蓄水池储存，是几种比较可行的方法。目前国内污水回用深度处理技术已日趋成熟，一些新型、高效的处理技术也相继诞生并应用。常用的有高效纤维过滤

技术，改性硅藻精土处理技术，膜处理和土地处理技术。

3. 结语

城市建设要逐步改善基础设施的环境适应性，污染排放总量要与生态承载力相匹配，形成自然生态系统健康、人居环境舒适安全的生态型城市框架体系，达到建设资源节约型、环境友好型城市的要求。

道路交通设施作为最为重要的城市基础设施，其向环保型的转变是建设生态型城市的重点之一。根据当前道路交通污染问题的特点和趋势，紧随当前科技发展的最新形势，道路交通污染生态处理工程技术的研究应加快追赶；不仅可服务于城市区域生态化建设的需要，也为我国道路交通的可持续发展提供现实的指导意义。

[参考文献]

[1] 黄光宇，陈勇 . 生态城市理论与规划设计方法 . 北京：科学出版社 [M]，2004

[2] 邱亚光，王亚洲 . 城市交通环境污染的防治 [J]. 现代交通管理，1997（6）：9-11

[3] 葛亮，王炜，邓卫等 . 城市交通对环境的影响及其对策研究 . 交通标准化 [J]，2003（12）：50-53

[4] 吴国勤 . 公路设计中环境保护设计的探讨 . 中外公路 [J]，2005，25（4）：216-218

[5] 魏鸿，凌天清 . 低噪声水泥混凝土路面的研究现状及前景分析 . 中外公路 [J]，2006，26（1）：64-66

[收稿日期] 2016-06-21

[作者简介]

郑远，四川省城乡规划设计研究院主任工程师，硕士。国家注册规划师。

综合交通规划中道路通行能力参数研究

郑 远

[摘要] 道路的通行能力是综合交通规划过程中的关键因素，目前关于通行能力的研究很多，但在交通分配的实践和应用过程中所得到的结果并不理想。本文对国内外关于通行能力的参数研究状况进行了介绍与比较，并提出了建立有效的参数模型的思考。

[关键词] 综合交通规划；通行能力；参数

道路的通行能力是指在一定的道路交通条件下，单位时间内某一车道或道路某一断面能通过的最大车辆数。通行能力是进行公路和城市道路交通理论研究的基础参数之一，也是综合交通规划、设计、运行分析以及控制管理过程中不可或缺的重要参数。

1. 道路通行能力理论研究

（1）早期研究

关于道路通行能力的理论研究最早可以追溯到 20 世纪 20 年代中期，几乎所有这些研究都是基于下式进行的。

$$C_{ap}=5280V/S_p$$

式中 C_{ap}——单车道通行能力，车 / 小时；

V——车速，英里 / 小时；

S_p——行驶车辆的平均车头间距，英尺。

$$S_p=aV^2+bV+c$$

式中 a，b，c 为常数。

（2）交通流模型

伴随着交通流理论的发展，关于道路通行能力的研究大都围绕着流量、速度和密度三大交通流基本参数的关系进行。

首先建立速度和密度的基本关系模型，再根据 $q=uk$（其中 q 为流量；u 为速度；k 为密度）这一基本关系将其转换成速度和流量的关系模型，从而找到流量的最大值作为其通行能力。

第一个交通流模型是由 Greenshields 在 1934 年提出的速度—密度线性模型：

$$u=u_f（1-k/k_j）$$

式中 u_f 为自由流车速，k_j 为堵塞密度。

（3）跟车模型

始于 20 世纪 50 年代的跟车模型的研究，为交通流模型的发展开辟了一条新路，即基于驾驶员行为的交通流模型建立方法。Grazis 等研究人员于 1959 年在 Operation Research 上最早讨论了跟车模型和交通流模型的关系。

随后的研究表明，跟车模型通过改变参数值可以实现上述多个交通流模型的统一，得到以从驾驶员行为的角度对交通流模型进行了解释。

2. 道路通行能力应用研究

（1）交叉口通行能力

上述交通流模型为道路断面通行能力的应用研究提供了理论基础。实际中，几乎所有的道路通行能力研究都将公路和城市道路截然分开，以期能够反映公路连续流和城市道路间断流之间的区别所在。而对已有研究的总结却表明两者所采用的研究思路完全相同，都是基于上述交通流模型，选用某一代表道路断面的通行能力作为整条道路的通行能力，所不同的仅是由于各自影响因素不同所导致的代表断面的选择不同。

考虑到公路的交叉口间距很大且高等级公路多采用立体交叉，路段受交叉口影响很小，同时，路边开发强度不高，这使得路段上各断面交通特性相差不大，因此可以采用路段断面的通行能力作为整条公路段的通行能力。

而对于城市道路而言，一个路段上各个断面的交通特性差异很大，这主要是由交叉口、非机动车、路边商业经营和人员活动等一系列城市道路特有的影响因素造成的。通常认为，信号控制交叉口是道路的瓶颈所在，因此选用交叉口进口车道断面通行能力作为城市道路的通行能力。

目前通行能力的测量方法通常有两种：折减系数法和实测法。

（2）折减系数法

折减系数法以美国通行能力手册（HCM）和日本道路公团的设计规范为代表；其基本思路如下：首先给出一些理想条件下道路断面的经验速度——密度曲线，将其对应的速度——流量曲线的峰值作为理想道路的基本通行能力 CO；而后对于非理想条件下的道路通行力，则引入大量的参数 λ_i 对 CO 加以修正，得到道路的可能通行能力 C_λ，见下式；最后，采用参数 Plos 对 C_λ 进行修正得到一定服务水平要求下道路的设计通行能力（即实际通行能力）c。

$$c_\lambda=\prod\lambda_i \cdot C_0$$

$$c=Plos \cdot C_\lambda$$

（3）实测法

实测法可大致分为两种：速度——密度模型实测法和车头间距实测法。

前一方法多用于公路断面通行能力的确定中，对于城市道路交叉口则难以实施。

城市道路交叉口的实测方法有停车线法和冲突点法两种，其实质都是对道路断面车头间距进行实测，再用绿信比进行折减，所不同的仅仅是断面的选择不同。

3. 理论假设分析

（1）已有研究的基本假设

采用交叉口断面的通行能力作为城市道路的通行能力，实际上蕴含着以下三点"假设"：

1）交通流—密—速模型是确定城市道路通行能力的理论基础；

2）信号灯交叉口是城市道路的交通瓶颈所在；

3）瓶颈断面的通行能力可以代表城市道路的通行能力。

交通流—密—速模型是交通工程学的理论根基所在，"假设一"无可厚非，"假设二"和"假设三"却值得商榷。

（2）假设二分析

"假设二"在一定的情况下并不成立，而真正的瓶颈断面的判断十分困难。这一点在HCM中也有提及：在某些情况下，中间路段有特殊阻塞，从而也限制道路的通行能力。然而，即使不存在特殊阻塞，交叉口的过度密集也会造成瓶颈断面出现在路段。

而在实际工程中，对整个道路单元各个断面的通行能力逐一做检测很困难，甚至是不可能的。因此，真正瓶颈断面的判断十分困难。

（3）假设三分析

用瓶颈断面的通行能力表征城市道路单元的通行能力，完全忽视其他非瓶颈断面的影响并不合理，在一定的情况下也是错误的。假设瓶颈断面存在于交叉口。

首先，由相同通行能力的交叉口和不同长度的路段组成的城市道路单元，其对交通流的适应能力不同。

其次，即使采用传统的通行能力概念，不考虑分析期这一因素，采用通行能力最小的交叉口断面的通行能力作为整个道路单元通行能力的方法有时也是错误的。

这是由于组成城市道路单元的路段和交叉口并不是相互独立的，如前所述路段断面的通行能力会因交叉口的存在而降低，反之，在一定条件下，交叉口断面的通行能力也会由于其连接路段长度的限制而不能完全发挥。

此时，道路单元的通行能力不再受交叉口控制，而更多的由路段长度决定。

4. 结语

（1）由于交叉口和路段干扰对驾驶员期望车速的影响，其上游路段通行能力也随之下降，这使得道路单元的瓶颈断面有时并不出现在交叉口，而真正瓶颈断面的判断在实际中十分困难；

（2）传统的采用瓶颈断面的通行能力作为整个道路单元的通行能力，完全不考虑"时间"和"空间"这两个与交通息息相关的因素，不能全面地反映不同道路设施之间差异，对于满足一定条件的道路单元也不具有代表性；

（3）进一步分析还表明：即使在传统的通行能力概念下，在一定条件下道路单元的通行能力也不受瓶颈断面的控制，而是由连接瓶颈断面的路段长度决定。

由此可见，采用道路上某一断面的通行能力作为整条道路通行能力的思想方法，并不适用于城市道路通行能力研究。

[参考文献]

[1] Highway Capacity Manual, Bureau of Public Roads, Washington DC, 1950.

[2] Highway Research Board Bulletin 167, Transportation Research Board, Washington DC, 1957.

[3] Highway Capacity Manual, Special Report 87, Transportation ResearchBoard, Washington DC, 1965.

[4] Interim Materials on Highway Capacity, Transportation ResearchCircular 212, Transportation Research Board, Washington DC, 1980.

[收稿日期] 2016-06-21

[作者简介]

郑远，四川省城乡规划设计研究院主任工程师，硕士。国家注册规划师。

浅析绿色发展理念下的山地城市排水防涝规划——以叙永县为例

陈 东

[摘要] 海绵城市建设是绿色发展理念在城市生态中对雨洪危害管理的具体实践。本文以叙永县城市排水防涝规划为例，从山地城市的特点出发，探讨在海绵城市理论指导下建设城市排水防涝工程的实施路径，分析"绿色"与"灰色"基础设施在不同尺度上的衔接与作用，以期为类似的规划与项目建设提供借鉴。

[关键词] 山地城市；海绵城市；排水防涝；绿色基础设施；叙永

1. 引言

理念是行动的先导，稳步有效的发展实践都是由先进的发展理念来引领的。党的十八届五中全会明确提出了"创新、协调、绿色、开放、共享"五大发展理念，将绿色发展作为关乎我国未来发展全局的一个重要理念。绿色是永续发展的必要条件，绿色发展就是要解决好人与自然和谐共生关系。在城乡规划领域，绿色发展理念引导出新的城镇发展模式，由传统的量增长转变为以质的提升和结构优化的主旋律，切实保障城市安全和更加注重营造城市宜居环境。

基于此认识基点，国家就推进绿色发展、生态文明建设做出了系统的顶层设计与具体部署。海绵城市建设理念与此一脉相承，其本质是实现城镇化与资源环境的协调发展，是解决城市水生态、水环境、水资源、水安全问题的正道。传统的排水模式认为，雨水排得越多、越快、越通畅越好，这种"快排式"的观念没有尊重水的自然循环规律。海绵城市遵循"渗、滞、蓄、净、用、排"的六字方针，统筹考虑内涝防治、径流污染及峰值流量控制、雨水资源化利用和水生态修复等多个目标。

城市排水防涝是事关民生问题和城市安全的重要基础，国家对此高度重视，将其作为了新型城镇化的重大战略部署，以期提高城市防灾减灾能力和安全保障水平、提升城市基础设施建设和管理水平。

近年来，在全球气候变暖的大背景及城市"雨岛"效应下，城市短时强降水等灾害天气的发生有增强的趋势，同时传统的外延式城镇化发展带来城市不透水地面的大面积增加和市政排水设施的建设管理跟不上，导致局地性强降水极易引发城市内涝，造成了越来越大的损失，城市内涝防治已迫在眉睫。

由于山地城市特殊的地形地貌等自然条件，与平原城市有较大的差异，其内涝防治与雨水利用也有其特殊性，如何把排水防涝与海绵城市建设结合起来，促进山地城市的可持续发展，是一个值得深入探讨的问题。

本文以《叙永县城市排水（雨水）防涝综合规划》的编制和实施为例，针对山地城市排水防涝规划的特点提出一些思考，以期与同行们共同探讨。

2. 山地城市降雨和内涝特点

我国西南山地城市的降雨特点一般为：雨旱分明，降雨集中，60% ~ 75%集中在 6 ~ 9 月；降雨以单峰雨型为主，雨峰靠前，雨型急促，降雨历时短，短时易形成暴雨或强降雨（图1）。根据叙永县气象站雨量资料分析：县域多年平均降水量为 1183.5mm。汛期从 5 月中旬 ~ 9 月底，其降水量占年降水量的 65.8%，而旱季（11 ~ 3 月）的降水量仅占年降水量的 19.5%。近 20 年叙永县发生的 1995 年"5.30"特大洪灾、1998 年"7.28"特大洪灾、2001 年"7.7"特大洪灾、2008 年"6.29"特大洪灾等，每次特大洪灾时的全县平均降雨量都在 100 ~ 200mm 之间。

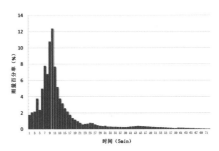

图 1 叙永县 6h 典型暴雨雨型

山地城市内涝的形成往往受大暴雨和区域河流外洪的双重叠加影响，比如叙永县 1998 年、2001 年两次特大洪灾的暴雨强度达到 50 年一遇的特大暴雨，已远超城区排水管网的设计标准；同时又遇上永宁河流域的大洪水，产生雨洪叠加效应，城市雨水排水系统难以承受，形成局地内涝（图 2）。再如 2007 年 7 月 17 日，受西南低涡影响，重庆市最大日降雨量达到 271.0mm，酿成了百年不遇的特大暴雨；加上两江河水猛涨，造成主城区多处受涝。遭遇暴雨的城市基本都是在短时间内降雨量达到一定程度后就很快出现局部甚至大范围的低洼区受淹，使得城市在暴雨洪水灾害面前呈现得越来越脆弱。

3. 山地城市内涝问题成因分析

夏季，南方的山地城市（特别是滨江山地城市）水汽来源丰富，容易在城市区域集中，冷热空气对流就极易产生暴雨。山地城市地形引导上升气流加速，更容易导致局地降水增强，因此在城市的迎风坡暴雨次数增加，暴雨量也随之增大。

图2 叙永城区易涝点

其次，山地城市地形起伏较大，一般坡度较陡，地表径流流速较快，客观造成城市周边雨水高速下泄。山地城市虽有较大坡向，利于雨水快排，但城市道路、用地随着绵延起伏的地形在峰与谷、背坡与阳坡之间交替上升下降，其谷底易形成积水点，难外排，极易造成城市内涝灾害。同时，山地城市立交桥较多，立交桥底层一般为低洼地带，加上立交桥匝道多为高斜坡道路，汇集的雨水流向底层，使其成为内涝重灾区。城市立交桥即是内涝高风险区，亦为交通枢纽点，一旦发生内涝，周边数公里的交通可能瘫痪。

对比平原城市，山地城市的平均坡度较大，滞水能力差，滞水深度值小于同样土壤覆盖情况下的平原城市，滞水能力随着坡度的增加而下降。相比于透水地面，不透水地面的滞水能力随着坡度的增加而剧减。此外，山地城市地质有其特殊性，表层土较浅，其下往往是岩石，且地质表层构造变化大，渗透性很差的岩石位于浅表地层甚至裸露。下垫面的不透水性使得雨水的汇流速度加快，总体趋势呈现出暴雨径流峰值到达时间提前，洪峰值高。

山地城市同样有其他城市以往建设时的通病，如硬化面积增加、排水系统建设滞后、合流制的溢流污染、排水理念与设计手法陈旧、管理协调不当等普遍性问题，这些也加剧了山地城市的内涝形成。

4. 叙永县城市排水防涝规划特点

通过对山地城市下垫面特点和内涝成因分析，我们在进行《叙永县城市排水（雨水）防涝综合规划》编制时，首先是在规划理念上进行创新，由过去单一的工程思维（"快排"模式、小排水系统）转变为基于绿色基础设施的城市生态雨洪调蓄系统构建，使区域的水生态系统整体功能得以恢复。综合运用"LID"技术，实现源头系统、小排水系统、大排水系统相耦合、相协调的城市良性水循环，达到灰色排水设施有效衔接绿色排水设施的海绵城市建设目标。

本规划根据叙永县新老城区各组团的特点，从问题导向及目标导向两方面重点进行研究，既布局区域雨洪大系统规划，又兼顾局部排水工程建设落地的需求。一方面，在充分掌握《叙永县城市排水防涝设施普查数据》成果的基础上，对叙永现状排水防涝系统能力进行科学的评估，厘清、分析现状问题，并以此为切入点，提出相应的规划对策；另一方面，依据《城市排水（雨水）防涝综合规划编制大纲》及《海绵城市建设技术指南（试行）》制定的目标要求，结合叙永经济发展水平及山地组团式小城市的自身特点，科学合理地提出近远期规划目标。

（1）细究现状普查，找准症结所在

对现状情况的准确研判，是本规划具有针对性及可操作性的基础，也是如何构建绿色生态排水系统的必要条件。

叙永县地处川、滇、黔三省结合部（图3），是位于四川省泸州市南部的山地小城市。城区地形以盆中丘陵和盆中山地为主，城区周围群山环抱、层峦叠

嶂。永宁河以及其上游东门河、南门河在城区形成了三江汇流盘绕的独特景观

图3 区位图

及山水地貌。

本规划充分运用城区地下管线普查成果，通过 GIS 平台、遥感解析、图表分析等多种技术手段，对现状城区进行下垫面解析与内涝风险评估。分析得出现状城区的综合径流系数为 0.78（图4）。此系数超过了规范要求的 0.7 上限值，在下一步旧城管网改造更新时，应采取"渗透、滞留、调蓄"等措施，降低现状综合径流系数。

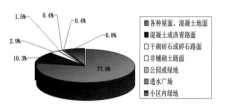

图4 城区现状下垫面分析

对城区现状排水管渠的达标率分析中，旧城区（西城、东城片区）及龙凤乡集镇现状排水管渠使用年代较长，管网、明渠淤积现象较为严重，管网水力条件较差，排水能力较低下。城南新区按"雨污分流"新建了雨水管渠，排水能力基本达到设计要求（表1）。

（2）依托生态本底，构建雨洪排泄廊道

城区现状管渠一览表 表1

片区名称	建成区面积（km²）	排水管渠长度（km）	管渠密度（公里/平方公里）	管渠达标率（%）
西城片区	2.90	17.08	7.43	22.9
东城片区	1.93	8.51	4.41	20.8
南城片区	2.12	9.59	4.52	75.6
龙凤片区	1.97	2.97	1.51	14.1
合计	8.92	38.15	4.28	35.0

海绵城市与城市排水防涝工程建设不能仅局限于中心城区的建设用地范围内，这种"头痛医头、脚痛医脚"的短视行为只能是治标不治本，如果不把一座城市的排水防涝系统放在大区域、全流域生态中去综合协调考虑，往往会带来盲目建设、顾此失彼的结果。

本规划尊重叙永县的自然生态本底，通过对现状山、水、田、林、湖的识别分析，预留关键的生态斑块与生态廊道，再结合生态基础设施布局构建出绿色排水设施的宏观生态基底；进一步根据防涝目标所对应的设计重现期下的地表径流模拟分析，梳理出各级生态雨洪廊道的基本构架，融合城市绿地系统和慢行系统，逐层细化布置相关"LID"设施。

叙永县城市规划远期用地面积不足30km²，仅在此范围内研究城市的排水防涝是不全面和不可行的。本规划从流域研究的角度，科学划定各排水分区，把研究范围扩展到城市周边区域近100km²的范围内，共分七大排水分区（图5）。在梳理现状水系及山体绿地的基础上，优化自然水网，构建从地表径流源头到出境的三级雨洪廊道系统（图6），形成逐级削减、层层滞蓄、多重净化的生态雨洪调控体系。

1) 城市级雨洪生态主廊道：

建议宽度为80～100m，该廊道依托城市主要河流、湖泊、水库及外围生态绿地等，能够在暴雨时吸纳和滞留整个城市的径流，控制向下排放速度；同时河岸缓冲带能够通过吸附、滞留、分解等方式有效的过滤地表营养元素流入河流对水体造成污染，也能较好地控制沉积物及土壤元素流失。永宁河为叙永县城市级雨洪主廊道，也是城市主要的生态廊道，承担城市公共活动空间亲水功能。

2) 排水分区级雨洪次廊道：

建议宽度为40～70m，该廊道依托独立排水分区内的河道支流、沟渠、堰塘及城市主干道路、带状防护绿地等，能够在中到大雨时吸纳和滞留排水分区内的径流。本规划区内的九曲溪、三叉河、南门渠、东门渠、驾校溪沟等为叙永县分区级雨洪次廊道，它们在调蓄排水分区内雨水流量，减轻下游城市级雨洪主廊道的压力中起到相当重要的作用，也是建设组团公园湿地，实现"望山见水"的重要载体。

3) 居住区级雨洪支廊道：

建议宽度为20～30m，该廊道依托

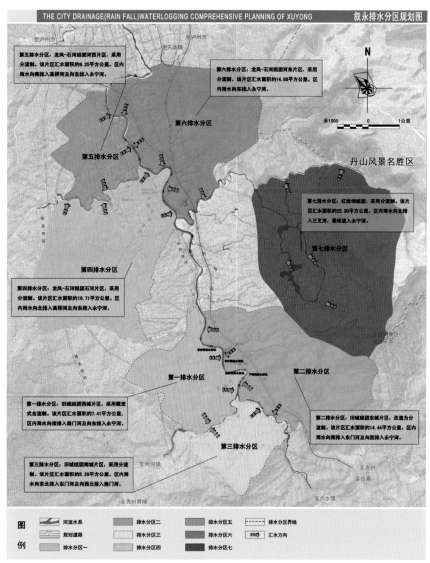

图5 城区排水分区

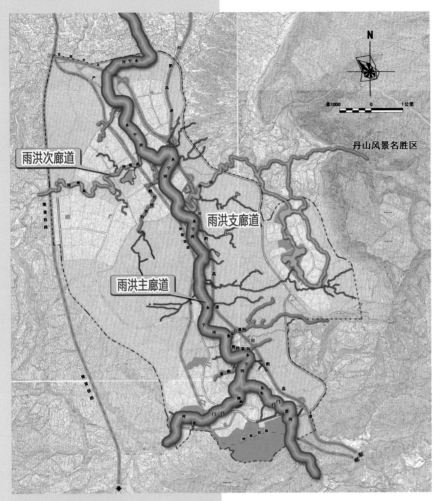

图6 城区雨洪廊道平面图

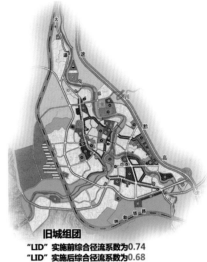

旧城组团
"LID"实施前综合径流系数为0.74
"LID"实施后综合径流系数为0.68

图7 分组团指标验算图（一）

龙凤-石河组团
"LID"实施前综合径流系数为0.63
"LID"实施后综合径流系数为0.50

图8 分组团指标验算图（二）

红岩坝组团
"LID"实施前综合径流系数为0.47,满足规范要求。

图9 分组团指标验算图（三）

排水主管渠及居住区级绿地、下沉式绿地、植草沟等，能够在小雨及中到大雨初期时就地滞蓄低强度的地表径流，保证该时段雨水不外排。同时该级别的廊道系统平时也兼小区绿廊功能，为市民提供就近休憩、健身、娱乐的公共开敞空间。

上述各层级的雨洪廊道可对应不同强度降雨的排涝蓄洪要求，构成城市、组团、社区不同尺度的公共活动空间，使城市绿地、绿廊既具景观游憩功能，也具雨洪下渗、滞蓄、净化的生态功能的"城市海绵体"的作用。

（3）区域统筹规划，组团分类指导

在完善区域大排水统筹规划的前提下，根据叙永城区各组团自然地形条件、水文地质特点、城市用地结构和现状建设情况等因素，提出分类指导要求

（图7～图9）。分组团计算其综合径流系数，对综合径流系数超标的组团提出径流系数控制要求，并进行通过"LID"措施后径流系数的校核，检验其是否达到规范及《大纲》的要求。同时分析其达标或超标的原因所在，针对各组团、各分区从规划上提出相应的控制措施，使规划更有针对性和可操作性。

另一方面，通过对径流系数、硬化地面透水率等参数的达标校核验算，也进一步反思和验证我们的城市规划用地布局方案及指标取值是否合理，原控规指标体系是否符合海绵城市规划设计理念，是否满足建设海绵城市的目标要求；从建设绿色基础设施方面为优化城市用地布局规划方案提供依据。

（4）辩证理解绿色，对接灰色设施

我们在进行海绵城市规划，积极推进"LID"设施建设时，要辩证地理解绿色市政基础设施在城市排水防涝中的作用。在提升城市排水系统的时候要优先考虑把一部分雨水滞留下来，优先利用生态环境及自然水系来蓄积和组织城市排水。绿色设施不仅可以大大节省成本，同时可以实现良好的景观效果。但我们也要充分认识到，光靠绿色设施的建设是远不能解决城市排水防涝中的问题的。

城市雨水收集利用主要针对 0.5 ～ 3 年重现期的场次与对应强度的降雨，城市排水主要针对 3 ～ 5 年重现期的短历时降雨（通常 2h 以内），城市内涝防治主要针对 10 ～ 100 年重现期的降雨，城市防洪是传统的水利技术，主要针对 50 ～ 200 年重现期较长历时暴雨的洪水。

城市雨洪管理将上述几方面的内涵统一纳入其范畴，强调各种措施之间的有机联系、动态反馈和协同优化。

因此海绵城市不等于没有灰色设施。灰色设施是基础建设，绿色设施是处理手段，因而两者不是非此即彼而是互利并存的结合，海绵城市讲的也是"优先"考虑

自然力量，而不是"只许"考虑自然力量。

绿色设施基于低影响开发的策略和技术，原本就是灰色设施的增益和补充，

考虑到综合性价比，它不可能完全代替灰色设施，在极端天气状况下，还是需要灰色设施来快速排出场地中的积水，以解决水安全的问题。

特别是针对如叙永县城这类西部欠发达的普通县级城市，历史上排水基础设施建设本来就欠账较多，如不尽快补齐其短板和历史欠账，而是一味过分地夸大绿色设施的作用，将会使城市的排水防涝问题依旧存在。

同时，也要认识到，增强城市排水防涝能力，基础设施的升级改造只是一方面，还需要城市管理智慧化的同步提升和社会各界的密切配合，将整个雨洪系统有效地协调起来，既不产生浪费，也不至于出现信息孤岛。

5. 结语

基于绿色发展理念下的叙永县排水防涝规划，转变了传统的以单一"快排"模式为主的工程思维。根据山地城市的雨洪特点和组团式分散布置的城市空间结构，提出了在大区域内搭建城市的"大海绵"系统的规划，从宏观到微观构建各级生态雨洪廊道，区域统筹，层层推进，整体多目标地解决城市雨洪问题。

在强调实施绿色设施的同时也大力推进城市灰色设施的建设，构建出绿色与灰色相互补充、有机联系、协同优化

的城市雨洪管理体系。

（注：《叙永县城市排水（雨水）防涝综合规划》荣获 2015 年度四川省优秀城乡规划设计二等奖）

[参考文献]

[1] 中共中央宣传部编. 习近平总书记系列重要讲话读本（2016 年版）[C].北京：学习出版社，人民出版社，2016.4

[2] 住房和城乡建设部印发.海绵城市建设技术指南—低影响开发雨水系统构建 [J].建设科技，2015.01:10

[3] 刘亚丽.山地城市重庆"海绵城市"规划建议和指引，城乡规划 [J]，2015.02

[4] 陈恺丽、耿虹、王立舟.基于"绿色雨水基础设施"构建的海绵城市规划探索—以安顺市为例 [J].2015 全国城市规划年会论文集，2015.07

[5] 俞孔坚、李迪华、袁弘、傅微、乔青、王思思."海绵城市"理论与实践，城乡规划 [J]，2015.06

[6] 张智、祖士卿. 山地城市内涝防治与雨水利用的思考，给水排水动态 [J]，2011.37

[收稿日期]2016-06-08

[作者简介]

陈东（1970-），男，高级工程师，国家注册规划师，四川省城乡规划设计研究院主任工程师。

具有空间耦合关系的小城镇与风景名胜区协调发展路径探讨——石海洞乡风景区内石海镇规划为例

陈懿、李易繁、钱洋

[摘要]伴随着旅游业的发展，各方诉求的纷争对于风景资源保护的挑战也日益加大；我国对风景资源的保护力度也在升级。与风景名胜区相邻相融、关系密切的小城镇如何科学地发展存在较大分歧，发展与保护的矛盾关系很难处理。分析这些小城镇的基本特征和存在问题之后，本文以石海洞乡风景名胜区内石海镇总体规划为例，提出了风景区内小城镇建设推进的思考与对策，以求在小城镇发展建设与风景资源保护的互动与协调中探索"双赢"策略，实现小城镇建设与风景区整体环境的有机融合；探讨小城镇与风景名胜区协调发展的路径，以期对这些小城镇的发展提供一些有益的借鉴。

[关键词]小城镇；风景名胜区；耦合关系；协调发展

近年来，旅游业迅猛发展，国家也出台了一系列支持旅游业发展的相应政策，但同时国家对风景名胜区实行科学规划、统一管理、严格保护、永续利用原则的出台后，对与风景名胜区在空间上有耦合关系的小城镇的发展与建设争议较多，但其发展的重要性不能被忽视；小城镇合理、科学、适当的发展，既能提高当地居民的经济收入，改善群众的生活水平，也能促使作为"利益攸关方"的居民更加积极、主动地参与风景资源的保护，让风景资源保护规划得以更好地实施（图1）。

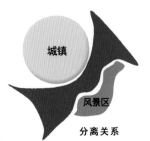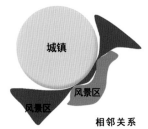

图1 城镇风景区关系

1. 核心问题梳理

石海镇是世界地质公园、国家级风景名胜区、国家AAAA级旅游区——石海洞乡风景名胜区的景区所在地。全镇约有60%的面积在风景名胜区范围内，其城镇与风景区呈现耦合的空间关系（图2）。通过对石海洞乡风景名胜区以及石海镇的调查分析，并结合全国多个城镇发展分析，发现石海镇的建设发展过程中存在的如下问题：

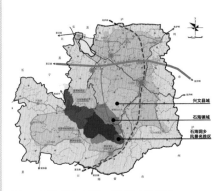

图2 石海镇与县域、风景区的关系

（1）城镇经济发展缓慢，对风景区整体经济的带动作用严重乏力

从石海镇2013年的产业分析来看，与旅游相关的第三产业仅占石海镇GDP总值的20%，其主要收入仍然来自于第二产业。可以看出石海镇对于旅游产品和旅游市场的开拓还很不足；旅游业并没有发挥出应有的龙头带动作用。另外，对于石海洞乡风景区的文化、特色挖掘也不够，没有形成自己旅游品牌，且与省内周边多个旅游型城镇在产品的开发、市场的开拓等诸多方面无明显差异，形成同质同构的旅游小城镇，同质竞争不可避免，以致在一定范围内出现恶性竞争的局面；严重地制约了石海镇的发展（图3）。

图3 原有旅游产业所占比例

（2）传统产业对风景资源危害较大，城镇经济发展不可持续

由于特殊的成矿条件，镇域内矿产多分布于石海洞乡风景区内。矿产开采不仅对环境带来严重污染，而且还严重损害了风景资源。但由于这类传统的采掘产业能就近采掘、见效迅速，而且经济效益尚好，因此在风景区内采矿就屡禁不绝。

（3）建设用地的局限性，城镇建设与风景资源保护之间的矛盾突出

石海镇由于地处川南的喀斯特山区，土地资源相对贫乏，缺乏建设后备土地资源。在旅游业的飞速发展与经济利益的驱使下，如果城镇建设缺乏预见性与统一引导，就会导致城镇建设与风景区保护相冲突的情况，侵占风景区内本已稀缺的土地资源，并对风景资源产生严重的危害，城镇空间发展就处于被动需求的局面。

2. 小城镇发展与风景资源保护之间交互关系的思考

（1）两者间的相互矛盾的关系

1）小城镇发展中受制于风景区的保护范围和措施的制约，如果对产业不加以科学地选择，环境的污染、建设的零乱就势必会大大降低风景资源的景观价值，对风景资源产生损害。

2）如片面地过分强调风景区的保护，对小城镇发展建设加以绝对的禁止和限制，这种被动的单纯保护方法无疑会限制和阻碍小城镇的正常发展。

3）不加以本土化的商业化和机械人工化的环境氛围，对风景区传统人文、自然资源的冲击，将造成风景区传统文脉的断裂和遗失。

（2）两者间的相互促进关系

1）风景区内小城镇的健康发展之后，能承担风景区旅游后勤保障基地的功能，有利于提高风景区旅游服务水平，减少游人对风景资源的破坏，促进风景资源的保护与利用。

2）风景资源的有效保护，为风景区内的小城镇的持续发展创造了良好的环境优势，对小城镇发展旅游业为主的第三产业起到了积极的保障作用。

3）城镇经济的发展可以增加第三产业的就业岗位，疏散风景区内破坏性的生产活动，并为搬迁安置核心区内村民提供保障条件，能改善风景区内居民的生活水平，对防止开山采石、淘汰景区内粗放的采掘业、促进产业转型和优化等方面都起到积极而重要的示范带头作用。

3. 规划目标与规划策略

（1）规划目标

从当地传统文脉的整理、传承、利用为出发点，结合其独特的历史文化以及优美的自然风光，优化重塑文化与生活氛围、合理布局空间与功能、科学构建自然与人文环境，建设与石海洞乡国家级风景名胜区相匹配的旅游综合服务基地，营造"生态石海、文化石海、魅力石海"为主题的"山水田园宜居的川南精品旅游镇"。

（2）规划策略

1）建立"自然+人文"相辅相成、"景区+村镇"特色突出的全域旅游模式。

合理规划布局旅游接待设施的点位、规模和数量，通过改善对外交通环境，联通景区通往各行政村、新村聚居点的道路，串联和整合公路沿线的苗寨、村庄、田园、河流等景观要素，组成有机的文化生态序列。既增强景区可进入性和通达性，也有利于吸引科考、教学人员及游客到与景区有耦合关系的苗寨居住、休闲、度假、娱乐、消费，促进旅游全域化。

2）利用特色农产品资源，发展主题村落游，塑造带动农村经济快速发展的特色旅游产品，实现产业发展与风景资源保护"双赢"的局面。

根据不同旅游类型，划定主题发展片区，将旅游发展与新农村建设、农业发展、文化产业发展、手工业发展和其他服务业进行互补发展、各具特色。

3）城镇建设与风景区整体环境相互融合、相互促进，整体风貌凸显风景区内的田园景观之美与人文特色。

城镇建设尊重自然地形，符合自然、人文特色，避免城镇建设的无序与千篇一律。使城镇建设与风景区环境两者既相对独立，又互补融合；形成城镇大区域良好的人居环境和旅游氛围（图4）。

4. 空间形态与布局特色

从城镇功能分区、尺度与肌理、景观空间体系、特色风貌格局、多系统配套体系等方面提出符合城镇地域性与风景区发展的规划布局理念。

（1）产业耦合发展思路下的产业布局规划

一三产业联动，即农业和手工业围绕旅游发展而展开，农业为旅游接待提供物资和优美的旅游环境，限制污染型工业发展，主要生产旅游纪念品。

（2）有机离散的组团式空间布局形态

综合考虑镇区用地的自然条件、自然生态系统构成、经济发展情况等方面的因素，提出"田园聚落"的空间发展模式，规划形成有机、离散的组团式城镇与自然环境相融的空间布局形态，结合"保护"与"发展"的要求，合理布局城镇功能与基础设施建设，满足旅游服务业发展对优质环境的特殊要求（图5）。

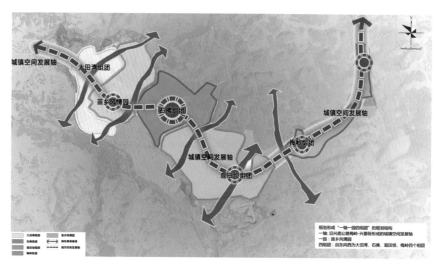

图4　功能结构图

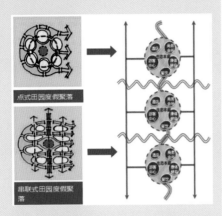

图5　田园聚落模式

（3）适度空间尺度的"串珠式"道路交通系统组织

合理控制交通路网密度，使城镇空间的生长相对紧凑、有序，避免传统城镇规划的无序生长与尺度失衡。

规划依托现有道路，促进石海镇区形成干路与支路两个道路等级。规划结合用地情况形成"串珠式"的组团发展结构，不同功能组团在路网结构方面采用不同的布置形式（图6）。

图6　串珠式路网

（4）维持绿色生态基底，凸显自然之美

规划充分利用石海镇自然景观和城镇的形态特点，制定出基于"斑块（Patch）—廊道（Corridor）"理念，打造出景、镇、田、林与人文相融的生态绿地网络；强调城镇对自然生态的亲密性和依存性，有意识地建立生态廊道和城镇绿地主体构架（图7）。

（5）搭建自然风光与乡土文化相融的城镇景观风貌体系

城镇景观风貌构建以突出小巧宜人的城镇氛围，充分解读当地人文（僰苗文化）与自然（兴文石文化）禀赋，优

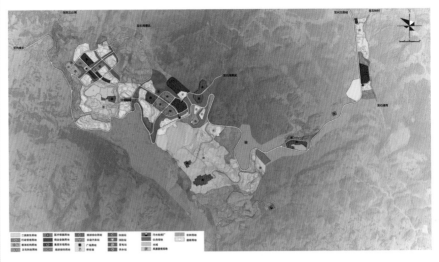

图7　用地布局规划图

化城镇轮廓，构筑城镇旅游服务特色为目标，使自然风光和乡土文化有机融合，突出"兴文石海,炫丽苗乡"的旅游定位。打造人文与生态和谐、城镇与自然共融、景观与田园相呼应的兼具自然风光与乡土文化特色的城镇景观风貌（图8）。

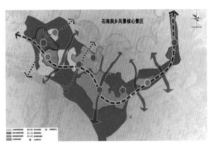

图8　生态本底及景观

（6）适度拓展总规内容深度，制定《城乡建设导则》用于指导和协调城镇建设与风景名胜区保护

由于石海城镇与风景区耦合的特殊空间关系，为统筹全镇城乡规划管理，有效地保护和合理利用风景名胜资源，保护生态环境，适当拓展总体规划的内容深度，在小城镇总体规划中加入控制性详细规划、城市设计的内容，分别从全域控制、镇区控制、村庄控制、景观旅游、近期建设重点区域城市设计几个方面提出相应的保护与控制措施和风貌建设指引，纳入石海镇的《城乡建设导则》。

5. 创新思考体会

随着石海镇总体规划的编制的深入，对于具有空间耦合关系的小城镇与风景名胜区的总体规划层面我们有以下三点思考与体会：

（1）生态、文脉为底——风景名胜区资源生态、地域文脉保护优先、开发服从保护

在充分研究分析生态资源承载力的基础上，强调风景区景观资源、地域文脉的保护与利用，强化保护优先、开发服从保护的基本原则，强调对区域生态资源与风景资源的保护。

规划提炼景观、文化要素作为建构景镇建设的核心资源所依靠的空间基础载体；城镇建设理应考虑地域特色，彰显地域文化内涵，并使人文生态与自然生态环境有机融合。

（2）城镇空间、风貌为表——城镇建设生态有机生长，适当拓展总体规划深度，塑造景镇整体形象品牌

借鉴离散数学的思维模式，规划城镇与自然环境相融的空间布局形态，让城镇建设用地包裹在生态自然之中；交通网络结构顺应地形、自由穿插其中，形成生态有机的旅游小城镇空间。

适当拓展总体规划内容，用修建性

详细规划、城市设计的方法对城乡景观风貌（全域控制、镇区控制、村庄控制、景观旅游、近期建设重点区域城市设计等）进行建设行为的引导与控制。

（3）产业联动为谋——产业发展强调以旅游业为产业龙头，区域产业经济根据旅游活动规律进行组织

在全域旅游发展方面，规划通过调整和优化景镇经济产业结构，把农业发展与资源保护、风景旅游相结合，发挥农业和旅游业的联动效益；抓住发展生态观光农业的契机，发展特色产业并提高农产品的市场竞争力；发挥农业和旅游业相结合的优势，以旅游业带动区域经济的发展，实现景镇功能互补、双赢的局面（图9）。

6. 结语

在局部经济利益的驱使下，盲目无

序的城镇发展，将会使自然与历史人文环境显得十分脆弱，如何在城镇建设中尊重自然、保护风景资源，并在其中挖掘、提取、利用其自然禀赋与特色，在规划中显得尤为迫切与重要。风景区环境及特色保护和城镇发展建设不应是一对矛盾，在科学规划的引导下可以相互促进，互利互荣。

对于类似石海洞乡与城镇空间关系密切耦合的风景名胜区，只有在认真调研、分析、研究的基础上，以风景资源合理保护为前提条件，树立"具体问题、具体对待"的辩证思想，合理选择小城镇的产业发展方向与路子，科学进行小城镇建设，才能实现小城镇与风景名胜区的协调发展，开创风景资源保护与居民社会发展双赢的有利局面。

[参考文献]

[1] 莫琳. 武陵源风景名胜区索溪峪镇总体规划实施的空间实效性 [D]. 北京大学，2012

[2] 胡佳. 城市风景名胜区与城市共生途径研究—以常熟虞山景区为例 [D]. 南京林业大学，2010

[3] 武旭阳. 与风景名胜区衔接的城市地段规划策略探讨 [D]. 北京林业大学，2013

[4] 邓武功，贾建中. 城市风景区研究（二）—与城市协调发展的途径 [J]. 中国园林，2008(1):4-9

[5] 陈战是. 小城镇与风景名胜区协调发展探讨—以桂林漓江风景名胜区内小城镇为例 [J]. 城市规划，2005

[6] 赵新平，等. 小城镇重点战略的困境与实践误区 [J]. 城市规划，2002，（10）

[7] 唐进群. 风景名胜区毗邻城镇地带范围界定的探讨 [J]. 城市规划，2011(1):24-26

[8] 黄光宇，等. 生态城市理论与规划设计方法 [M]. 北京：科学出版社，2002

[9] 张兵. 历史城镇整体保护中的"关联性"与"系统方法"—对"历史性城市景观"概念的观察和思考 [J]. 城市规划，2014

[收稿日期] 2016-06-17

[作者简介]

陈懿，正高级工程师，四川省城乡规划设计研究院副总工程师；李易繁，工程师，四川省城乡规划设计研究院；钱洋，高级工程师，四川省城乡规划设计研究院。

本文已在《小城镇建设》2016年第2期发表；此次再刊载时已经做了局部修改和调整。

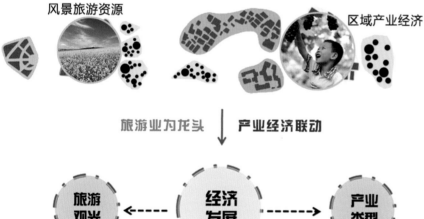

图9 产业经济策划图

转型升级理念下青城山旅游城镇规划探索

陶　蓓、彭代明、余　云、冯可心

[摘要] 新常态下城乡规划理念进入一个转型升级的新时期。本文以世界遗产地都江堰—青城山脚下的旅游小镇—《青城山镇总体规划》为例，探讨了城乡规划由规模扩张向内涵提升、产业转型升级和空间布局优化、突出小镇山水自然特色和历史文化禀赋等方面的内容，并在构建"城乡规划一张图"方面做了尝试；力求实现青城山镇的精明增长，打造"以道文化创新为特色的国际休闲度假康体养生旅游小镇"；规划建设"与自然山水和谐共生、留得住乡愁的旅游小镇"，保护"以林盘为特色的川西美丽乡村"。

[关键词] 转型升级；空间布局优化；精明增长；城乡规划一张图；林盘

1. 新时期转型升级的城乡规划理念

我国社会经济发展进入了"新常态"为特征的新时期，经济从高速增长转为中高速增长，经济结构将不断优化升级，发展动力将从要素驱动、投资驱动转向创新驱动；这是以习近平为总书记的党中央治国理政的新理念[1]。城乡规划建设更加注重理性发展，回归城市本源，以人为本，突出共享、共建、共管[2]。新时期城乡发展也进入城镇化加速发展的中后阶段，城镇化发展由速度型向质量型转型。

城乡规划作为政府公共政策，更需要转型和变革以适应新时期下城乡发展

与建设的要求，规划将从引领城市快速发展转向引领城市理性发展、特色发展、和谐发展；更加注重新理念应用、精细化管理与特色塑造，全面提升城市内在品质。规划编制将得到更多行业、更多领域专业人才的重视和参与，逐步实现城乡空间规划体系的"多规合一"。

（1）城乡规划由扩张性规划逐步转向内涵提高

城乡发展应理性发展，城市和产业发展速度应逐步减缓，从高速转为中高速。城乡发展规模也应根据不同城市的环境资源承载力、吸引力和门槛差异进行调整或收缩，实现城乡精明增长。城乡规划和建设应从追求规模的扩张转向城乡品质的提升，规划和建设更有活力、更加宜居、更加生态的城市和乡村。

（2）城乡规划更加注重产业转型发展

新时期经济发展从单纯依靠工业化转向更加多元和特色化的发展，城市的信息化水平、国际化程度、人文魅力、公共服务水平和生态环境将成为新时期的核心竞争力。因此，城乡规划应促进产业转型，寻求更具活力、更有质量、更可持续的城乡发展动力。城乡空间结构应根据产业发展转型调整和优化，适应新时期新常态下的产业发展要求。

（3）城乡规划要更加突出自然环境和历史文化特色

城乡规划应充分认识区域自然山水特征，挖掘本地历史文化内涵，保护生态环境和历史文化资源，注重建筑与环境相协调、人居与自然相协调，处理好传统与现代、继承与发展的关系；突出区域特色和田园风光，规划好建设人文魅力突出、与自然山水和谐共生、留得住乡愁的特色城镇和美丽乡村。

（4）城乡规划要健全空间规划体系

城乡规划要落实习近平总书记健全空间规划体系的指示精神；积极促进更多行业、更多领域专业人才的重视和参

与。加强城乡统筹规划，实现"多规合一"，做到城乡规划与国民经济发展计划、国土规划、生态环保规划等多种规划在空间上的统一协调，"一个市（县）一张规划图、一张蓝图干到底"。

（5）城乡规划要注重公平和共建共享

城乡规划作为政府的公共政策，应更加注重公平性，体现社会和环境资源的公平享用；充分考虑人民群众的需要，改善人居环境，方便群众生活，关注中低收入人群，扶助弱势群体，维护社会稳定和公共安全。规划应根据实际城乡人口规模确定基础设施和公共服务设施数量、规模、分布，并统筹考虑设施的共建共享，节约社会资源。

2. 青城山镇规划概况

（1）特征分析

都江堰市青城山镇位于世界遗产地都江堰－青城山、道教名山青城山的山麓，成都平原西北部、都江堰市南面，距成都市主城区68km，距都江堰市区15km。

青城山镇是一个典型的旅游小镇，自2000年以来逐渐成为全国著名旅游目的地，吸引了大量的游客，旅游人口逐年升高。同时青城山得天独厚的地理气候条件，也吸引了成都、重庆的市民来此消暑，带来了旅游地产和农家乐的蓬勃发展，加快了以休闲度假为主的第三产业的发展。

但是青城山镇旅游观光游客的停留时间短，消费低；支撑度假休闲产业的吃、住、行、医疗养生等支撑体系不够健全，旅游产品相对单一、季节性起伏明显；以度假为特色的旅游地产膨胀，占现状建设用地面积的1/3，旅游地产楼盘画地为牢，设施不配套，商业网点不健全；潮汐特征明显，缺乏活力。

（2）规划思路

青城山镇作为青城山麓的旅游度假小镇和全国重点镇，应发挥旅游和度假的

产业优势，突出道教文化特色，打造国际旅游度假和道文化特色小镇，结合规划新理念，本次规划重点突出以下几方面：

产业转型升级：发挥旅游和度假两大产业优势，挖掘产业发展潜质，延伸产业链；实现观光游向休闲度假转化、季节游向全年游转变、传统业态向现代业态转变的产业升级。

空间优化布局：依托产业的升级转型，从镇域和镇区两个层次优化产业用地布局，结合自然地貌和现状用地分布，分类集中布局产业用地，在建设用地比例上加大旅游服务、养生、休疗养等产业用地。

城镇精明增长：在认真分析研究青城山镇的环境资源承载力和产业发展支撑力后，准确定位青城山镇发展方向和城市规模，适当缩减城镇规模，整合旅游和度假产业用地，优化城镇空间布局，理顺青城多网融合下的旅游交通线路组织。

突出文化特色：结合都江堰青城山世界遗产保护，梳理青城山镇的物质和非物质文化保护名录，突出道教文化特色，提出完整的保护体系。

严格保护生态：分山地、平原不同地理特征来进行分类保护，突出典型的川西坝子林盘特色。

3. 新理念在青城山镇规划中的落实

（1）产业转型和空间优化布局

1）产业升级和城镇定位

以产业转型升级理念推动青城山镇一、三产业的发展，提高全镇产业的整体竞争力。打造以新兴第三产业为主导、高效现代农业为支撑的全域产业体系（图1）。

充分利用世界遗产、国家级风景名胜区这一文化价值品牌；提档升级旅游业，细化完善休闲度假业。以"大道文化"为中心，依托青城山的品牌效应和国内外影响力，将道家养生、佛教禅修、

中医养生、西医保健、医疗美容、温泉疗养、运动健身、休闲娱乐、商务会议、住宿接待、游客集散、信息咨询融为一体，让来青城山镇观光的游客留得住、度假人群留得长、变得开心、过得舒心。

因此青城山镇的城镇性质定为：是以道文化为特色，以娱乐康体养生休闲文化创意第三产业为主导功能的国际旅游文化医疗名镇。

2）空间优化布局

①镇域总体空间布局

结合产业升级转型和自然地形地貌、世界自遗产地的特质，镇域总体空间优化为"一心两带三区"：

一心：青城山镇区，由"青城山产

业发展三个动力核"组成（图2）。

两带：东西向两带，是山区到坝区的人文自然旅游休闲景观带，形成青城山重要的文化长廊、生态长廊、产业长廊、景观长廊。

三区：西部山区、中部镇区、东部坝区。西部山区依托世界遗产地，突出发展旅游，注重世界文化遗产的传承保护，将青城丹道、青城易学、青城气功、青城医药养生、青城山道教音乐、青城画派、青城武术进一步发扬光大；中部镇区突出传统旅游接待、度假休闲产业，注重传统文化传承，引导新兴文化产业，成为道教创新发扬的重要平台。布局旅游服务中心、康体养生中心、道文化创新区、芒城生态

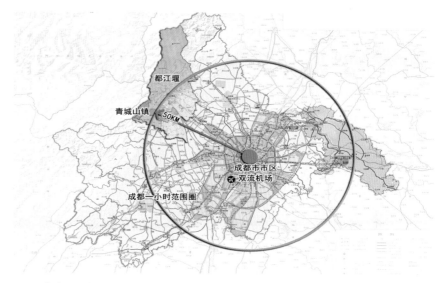

图1 青城山区位图

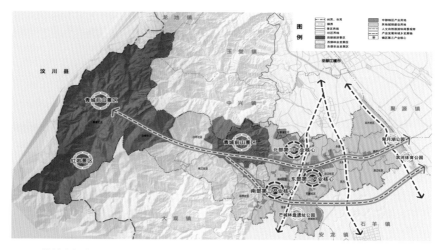

图2 镇域空间布局图（2015-2030）

郊野公园；东部坝区突出特色川西林盘田园观光农业文化，打造文化特色村落。

②镇区空间结构优化

根据产业分布和未来产业发展趋势，分析常住人口、"候鸟"人口、旅游人口聚集情况，从突出产业用地、合理布局城镇用地出发，优化青城山镇区空间结构为"三核四廊一带六区"（图3）：

三核：分北部、南部、中部三个动力核，为青城山产业发展活力核心，聚集人气最旺的区域。北部山门旅游服务中心是到青城山山门的门户段，依托高铁、高速公路发展旅游服务业，以酒店群、特色民居、博物馆群落、商业街、商业综合体店群、特色民居为主；南部道文化康体养生综合区是依托古镇和道文化的高端休闲度假服务区，以酒店群、古镇、特色商业街、中医疗康体养生医院为主；东部"太极岛怡养康体中心"是活力新区，以生物、IT科技、现代医疗、美容康体、教育文化为主，安排主题酒店、培训学校、博物馆、展览馆、道文化创业园、现代康体美容机构、生物科技研发基地、专科医院等。

四廊：文化长廊、生态通廊、景观通廊、交通通廊，由慢行干道将青城旅游生活交通性道路紧密联系在一起。

一带：沿沙沟河形成滨河休闲体育景观带。

六区：北部生态休闲居住区、景区大门文化旅游综合服务区、教育居住综合服务区、太平中医康疗古镇旅游综合区、现代医养产城融合综合服务区、芒城林盘遗址公园（图4~图7）。

（2）城镇精明增长

1）规模缩减

国土规划中青城山的规划建设用地共28.3km²。从土地利用图斑分析，世界遗产地的都江堰—青城山风景名胜区的山区穿插了部分建设用地；在东部坝区翠月湖几乎与青城山镇区形成粘连发展模式。从保护世界遗产和

自然生态的角度来看，这样的发展模式不尽合理。

因此规划以精明增长为理念，以世界遗产地规划和自然生态的承载力为基础，预留出生态通廊；分析人口增长构成和水资源、生态的承载力，确定到2030年全镇域建设用地规模为20.4km²，在国土规划基础上减少用地规模8.1km²。

2）人口预测根据旅游度假特色分类预测

青城山镇是依托青城山世界遗产

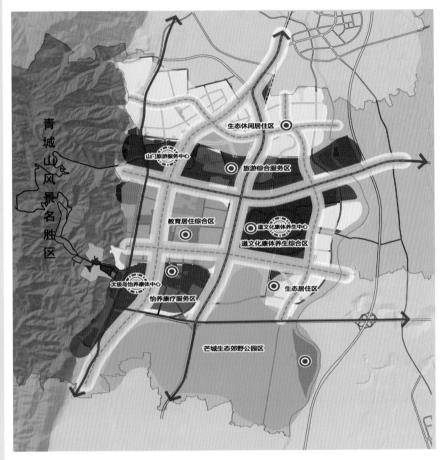

图3　镇区功能结构图

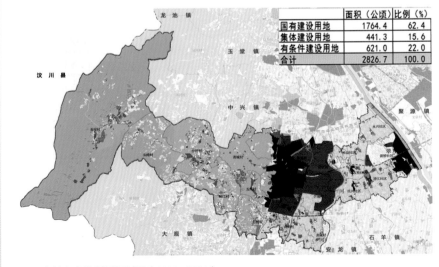

	面积（公顷）	比例（%）
国有建设用地	1764.4	62.4
集体建设用地	441.3	15.6
有条件建设用地	621.0	22.0
合计	2826.7	100.0

图4　青城山土地利用规划图（2006-2020）

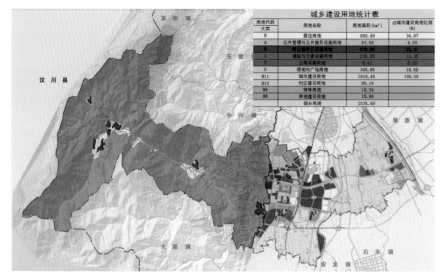

城乡建设用地统计表			
用地代码大类	用地名称	用地面积(hm²)	占城市建设用地比例(%)
R	居住用地	650.89	34.07
A	公共管理与公共服务设施用地	93.56	4.90
B	商业服务业设施用地	578.99	30.31
S	道路与交通设施用地	235.95	12.35
U	公用设施用地	5.41	0.28
G	绿地与广场用地	345.65	18.09
H11	城市建设用地	1910.45	100.00
H14	村庄建设用地	95.16	
H4	特殊用地	19.24	
H9	其他建设用地	10.84	
	城乡用地	2035.69	

图 5　青城山镇域用地布局图（2015-2030）

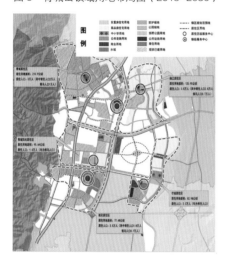

图 6　青城山居住用地分布图

图 7　青城山商业设施分布图

的旅游和度假小镇，人口结构独特，分常住人口、旅游人口、夏季来避暑度假的"候鸟"人口。每类人口对城市用地、基础设施和公共服务设施的要求不同。通过对现状用地分析，用地中居住用地分为安置点用地和商品房两类，其中 34% 为安置点用地，由常住人口使用；66% 为商品房用地，全部由度假人群使用，已占现状建设用地面积的 36%；度假基本集中在夏季，使得青城山镇在一年大部分时间，都显得活力不足。商业用地大部分为酒店，主要为旅游人口使用。因此在人口预测中根据旅游度假的特点对人口进行分类预测（表1）。

青城山镇域总人口（万人）表 1

		常住人口	旅游人口	候鸟人口	总计
2020年	高峰日	7.5	6.34	3.8	17.64
	平均日	7.5	3.54	1.2	12.24
2030年	高峰日	11.1	12.37	4.43	27.9
	平均日	11.1	6.92	1.4	19.42

备注：度假人口多集中在假日和盛夏来青城山度假避暑，定义为"候鸟"人口。

平均日指全年 365 天进行平均；高峰日指高峰月的平均日。

从上表可看出，青城山镇域人口 2020 年 12.24 ～ 17.64 万人之间，2030

年可达 19.42 ～ 27.9 万人。旅游人口和"候鸟"人口按规律高峰日和平均日波动较大。旅游人口又根据现状情况和发展趋势分别对景区旅游人口、城市旅游人口、乡村旅游人口进行分别预测。

3）分类配备基础设施和公共服务设施。

对人口预测的细化，旨在对基础设施和公共服务设施的布局以及规模预测更加科学合理。比如在中小学预测中，就不考虑候鸟人口和旅游人口。在幼儿园和医疗设施的预测中需要常住人口和部分候鸟人口。基础设施的规模预测也需要对三类人口分别进行校核，主要避免预测过大，造成配套及基础设施的浪费。

4）基础设施和公共服务设施共建共享

青城山北接中兴镇，南临大观镇。在基础设施和公共服务设施共建共享方面，青城山与中兴镇合设垃圾转运站和中学，与大观镇合设消防站。

（3）特色发展

1）突出都江堰道教文化特色

青城山旅游发展目标为：提炼道文化优势，把握特点，赋予全新内涵；把青城山打造成为具有独特的生态、人文双优势，集文化生态观光、度假、养生为一体的国家级生态度假旅游城镇（图8、图9）。

旅游产品的开发以世界遗产观光游为主导，以道文化为主题的多选项的休闲旅游度假，已逐渐成为居民旅游方式的首选。游憩活动在类型上逐步向休闲度假旅游转变，在空间上逐步由风景区为主向风景区外围城镇拓展；增加并丰富休闲游览类型；积极拓展近程游客户外运动和休闲度假游览范围。观光旅游主题包括道教朝圣之旅、佛家祈福之旅、峡谷探秘之旅、地质科考之旅、山地休闲之旅。休闲主题旅游包括道文化、禅修康体养生、生态农业体验。另外还设置以道文化为主题特色的参与性节庆活动。

2）山地和平原差异化发展

青城山镇域的山地区域全部属于青城山－都江堰国家级风景名胜区的范围内，前山核心景区属于青城山——都江堰世界遗产地的保护范围内，后山高山区域部分则又属于世界自然遗产－－四川大熊猫栖息地。因此山区的发展必须符合《青城山－都江堰风景名胜区总体规划》和《遗产保护规划》，保护生态，保护世界遗产。青城山镇域平原区域确定了宽度1公里以上的纵横生态廊道，避免城镇粘连发展，生态环境恶化（图10）。

3）梳理林盘，突出川西坝子乡村风格

青城山镇域的平原农区，具有川西典型的林盘特征。林盘是具有文化象征和使用价值的集生产、生活和景观于一体的复合型居住模式和重要的乡村景观；林盘宅、林、水、田的景观格局，不仅具有典型的地域文化特征，还具有高度的景观生态学价值（图11）。

随着青城山持续土地整理和农业产业化的快速推进，川西林盘这种独特的农耕环境和农耕生态形态正受到威胁。因此规划中强化了对镇域林盘的梳理和保护。通过对尺度规模、居住聚集度、区位优势、与农业产业的结合、农民生产生活半径多方位进行筛选。对有保护和利用价值的林盘，保持其原有形态不变，适当增加配套设施，对建筑和环境进行修缮，增强林盘景观的生态功效；对过于分散的林盘进行集中建设，丰富川西林盘景观生物多样性；对于一些丧失原有功能的林盘赋予新的功能，如特色产业、旅游产业等，发展林盘经济，促进林盘的保护与更新。

4）多规合一

青城山的城镇规划做到了多规合一，融合了《土地利用规划》、《四川省

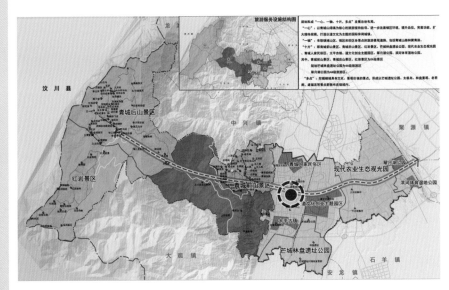

图8　青城山镇域旅游空间规划图（2015-2030）

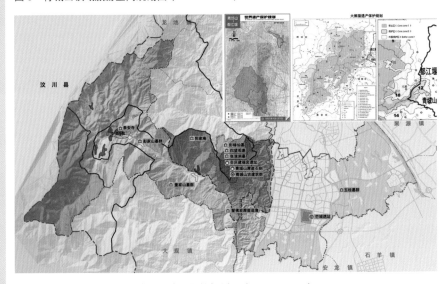

图9　青城山镇域历史文化古迹与遗产保护规划图（2015-2030）

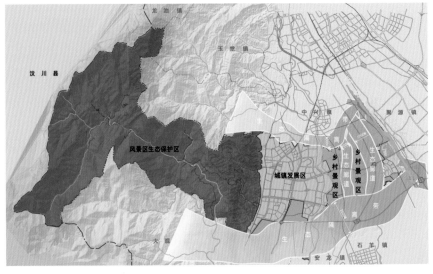

图10　青城山镇域生态廊道规划图（2015-2030）

图 11　青城山镇域林盘规划图（2015-2030）

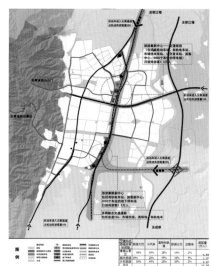

图 12　青城山镇多网融合公共交通规划图

生态红线方案》、《林业规划》、《遗产保护规划》、《青城山 – 都江堰风景名胜区总体规划》和各基础设施和公共服务设施的专项规划。比如新增安置点的选址，其形态边界与《土地利用规划》中的所选的村庄建设用地斑块完全一致。

5）多网融合特色旅游交通

旅游交通是沟通旅游需求与旅游供给的纽带和桥梁，是旅游业发展的动脉。只有高品位的旅游资源和畅通、安全、便利的旅游交通，才能吸引大量的游客，发展规模化的旅游经济（图 12）。

规划青城山交通推荐模式为：以慢行为主导，公共交通优先、小汽车适度发展的多种交通方式并存的交通发展模式。

通过对旅游人口出行方式的分析，规划青城山发展包括有轨电车、公交、都市快线（地铁）、高铁在内的多网融合的公共交通系统。同时规划包括旅游

交通枢纽换乘系统、旅游停车场、旅游集散通道、旅游自行车系统在内的旅游交通设施。

4. 结论和启示

新时期城乡规划和建设进入一个理性的时期；城乡规划如何转变思路，升级提高，落实国家新型城镇化精神是我们每个城市规划师的责任和义务。

青城山镇总体规划在规划思路的转型提升方面做了诸多尝试和创新，但是要把规划落实，除了需要进一步完善规划外，还更需要地方政府的重视和坚持、"多规合一"平台的搭建、多部门的共同努力等作为支撑和保障；相信在大家共同努力下，青城山镇将更加充满活力、美丽宜居，成为具有美丽乡村、留得住乡愁的国际旅游和度假小镇。

[参考文献]

[1] 中央城市工作会议精神 [Z]，2015 年 12 月 20 日至 21 日

[2] 杨保军：新时期城市工作的价值取向 [J]，城市规划网 2016.5.24

[收稿日期] 2016-06-25

[作者简介]

陶　蓓：四川省城乡规划设计研究院高级工程师，注册城市规划师。

彭代明：四川省城乡规划设计研究院高级工程师，编制研究中心副总工，注册城市规划师。

冯可心：四川省城乡规划设计研究院工程师，注册城市规划师。

余　云：四川省城乡规划设计研究院实习生。

基于空间可达性的乐山市防灾避险绿地建设研究

马晓宇

[摘要] 借助于遥感、地理空间分析等研究手段，在现有公园绿地的应急避险服务盲区进行研究的基础上，对乐山市现有公园绿地按照影响因子及可达性进行筛选，确定可以进行改造建设成为防灾避险绿地的"公园绿地"。考虑乐山大佛风景名胜区游客的紧急避险的需求，合理布局城市的防灾避险绿地。

[关键词] 防灾避险；公园绿地；应急避险；可达性

2015年天津滨海新区"8·12"危险品仓库爆炸事件后，社会公众要求对城市自身存在的危险源必须实现有效的空间隔离，并在灾害发生后能够实现人员的紧急疏散。住房和城乡建设部出台了《关于加强城市绿地系统建设提高城市防灾避险能力的意见》，要求"各地需尽快完成城市绿地系统的防灾避险绿地规划及建设"。城市绿地能有效地防御和阻止灾害，避免对城市及居民生产生活造成巨大损失，并为人们提供灾时紧急疏散、临时避险和长期避难提供开敞空间，是城市综合防灾减灾体系中的重要组成部分。

乐山市属于地震烈度六度区，乐山五通桥区也是四川省两个拥有危险品仓库的特别地区之一；再加上乐山地处川南雨水充沛，岷江、青衣江、大渡河等在此汇合，洪灾及城市内涝等危险出现概率偏高。同时，随着乐山市对外交通

条件的改善，游客规模出现了大幅增长，因此游客的紧急避险需求也日渐重要。

为了减轻或防止灾害发生对城市发展和人口造成损害，急需对乐山市防灾避险绿地的建设现状及功能情况进行研究，从而有针对性地提出改善建议。

本文研究范围为：乐山市主城区（市中区）、五通桥区、沙湾区在内的三个区的集中建成区，面积约为66km²（图1）。

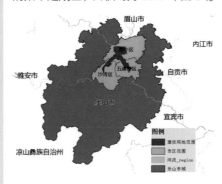

图1　研究范围示意图

传统的防灾避险绿地的可达性只是考虑到公园绿地的直线距离，未考虑到实际的道路通达性是否能够满足人们的时间疏散要求；借助Arcgis空间分析中的可达性功能，可提供公园绿地基于道路网络连通度和通达性的实际服务范围，对防灾避险绿地的设置具有更好的指导意义。

1. 公园绿地空间分布

城市绿地分类可根据《城市绿地分类标准》CJJ/T85—2002，分为公园绿地、生产绿地、防护绿地、附属绿地和其他绿地。能承担起避灾作用的绿地应是集中成片、与建筑物保持安全距离（一般为建筑高度的2/3）的绿地，公园绿地符合这一标准，并已经具备了一定的基础设施和服务设施，是最为适合用作避险的绿地类型。

本文将公园绿地作为防灾避险绿地的备选绿地。结合现场踏勘及相关资料分析，可将研究范围内的公园绿地细

为综合公园、专类公园、社区公园和带状公园4类，共有93个，面积约为441.96hm²（图2）。

图2　研究范围内公园绿地分布图

2. 现有防灾避险绿地服务范围分析

（1）选择可进行防灾改造的公园绿地

1）面积规模因素

面积不小于1hm²的最低要求。根据《四川省城市防灾避险绿地规划导则（试行）》（下简称《导则》）的要求，其中防灾公园规模不得小于5hm²、临时避险绿地不得小于2hm²，紧急避险绿地不得小于1000m²。

2）绿地类型因素

专类公园中的历史名园、名人故居、风景名胜区、动物园等这些拥有文物、遗产、珍稀动植物的专类公园，是在灾害中必须重点保护的，不能用作避险。可排除大佛乌尤风景区、乐山文庙、烈士陵园、郭沫若旧居、沫若文化苑、丁佑君纪念碑广场等6个公园绿地。

3）交通条件因素

交通便利，至少在两个方向上与主要道路相连接，能够满足人员、物资的快速疏散要求。从分析来看，基本所有公园绿地都能满足该需求。

4）安全因素

距次生灾害危险源的距离应满足国

家现行重大危险源和防火的有关标准规范要求。在研究范围内共有55个加油加气站，根据国家《汽车加油加气站施工与设计规范》，二级加油站与普通民用建筑物的安全距离为12m，三级加油站为10m。因此确定防灾避险绿地距离加油加气站距离不宜小于12m（图3）。乐山五通桥区危险化学品主要来自于化工企业，包括和邦生物、福华农科、永祥多晶硅危险化学品罐区。参考《危险化学品经营企业开业条件和技术要求》GB18265-2000中对大中型危险化学品的防护距离要求，本文认为在危险化学品仓库1000m范围内不得设置防灾避险绿地（图4）。

图3 加油加气站分布图

图4 危险化学品缓冲区1000m范围

5）地形因素

防灾避险绿地的地形应相对平坦，能够提供帐篷、简易房屋搭建的场地。避难场所坡度控制在10%以内，不高于25%。本文主要利用地理空间数据云网站上下载的GDEM 30mDEM数字高程数据作为基础，进行地形要素分析。在Arcgis中利用DEM计算表面坡度，并按照0~10%、10%~25%、25%以上进行分类。对坡度分析图进行重分类；将重新分类结果（图5）赋值给现有公园绿地，剔除坡度在25%以上的公园绿地。经分析，坡度大于25%的有嘉州绿心公园、东方佛都、沫若文化广场等13个公园绿地。

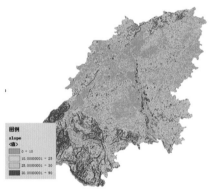

图5 坡度分析图

6）自然灾害因素

由于岷江、青衣江、大渡河穿越乐山市中心城区，洪水及城市内涝灾害危险较严重。在洪灾来临时，洪水位线以下的绿地将无法发挥防灾避险功能，研究范围内河流水面高程约为330~359m。因此水面高程低于360m的地面都可能被洪水淹没或发生城市内涝。同时防灾避险绿地还必须同时满足远离洪灾危险且距离不少于500m。利用ARCGIS重分类工具，将中心城区范围内的高程分为5个等级：1（315~350）；2（350~360）；3（360~370）；4（380~390）；5（390及以上）。然后以公园绿地为中心，设置半径500m的缓冲区。

利用Arcgis的"按掩膜提取工具"通过将重分类结果赋值给公园绿地及其缓冲区，判断出有可能受洪灾威胁的公园绿地（图6）。通过分析，滨江公园、通悦公园、滨江路南段绿地等24个公园绿地在半径500m的缓冲区内有发生洪灾的风险。

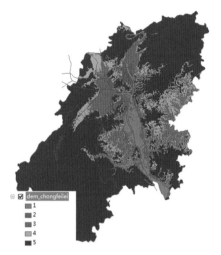

图6 高程重分类结果图

7）选择结论

确定现状有12个公园绿地可作为防灾避险绿地，总面积为120.94hm²，其中可承担防灾避险功能的面积约78.92hm²。

（2）现状常住人口需求

1）人均防灾避险绿地指标

根据国内外防灾避险绿地建设经验，考虑到人安全站立时的需要，紧急避险绿地的人均有效避难面积至少应在1m²左右，有条件的地方应为1.2m²左右。临时避险绿地的面积至少应达到2m²/人左右。而国内外对中长期防灾避难空间的人均指标的设置差异较大，北京提出长期避难场所人均避难面积为2.0~3.0m²，但根据汶川5.12地震经验，考虑到场地内道路、医疗卫生设施、市政应急设施等占地后，宜取人均用地为10m²。

在四川省住房和城乡建设厅颁布的《导则》中仅确定了人均紧急避险绿地

规模为 1m² 的标准，对于人均临时避难绿地规模和人均防灾公园绿地规模未作规定，但提出了临时避难绿地规模不得小于 2hm²，防灾公园规模不得小于 5hm² 的建设标准。

考虑到乐山市属于山地城市建设用地紧张，且大多数居住用地位于老城区范围内，若大规模的建设公园绿地拆迁成本非常高，因此本文认为将人均防灾公园绿地指标调低至 4m²/人。

2）各类防灾避险绿地规模需求

防灾避险绿地中各类绿地可一并承担下等级绿地的职能，比如，防灾公园可兼顾临时避险绿地和紧急避险绿地，临时避险绿地也可兼顾紧急避险绿地。在计算常住人口规模中，需考虑这一使用特点，避免重复设置。

①防灾公园规模需求

根据《导则》的要求，防灾公园应不小于 5hm²，大约 20～25 万人一座。2014 年乐山中心城区建成区人口约 55 万人，需设置 2～3 座防灾公园。目前乐山市可作为防灾避险绿地的公园绿地中，有 4 座有效服务公园绿地面积大于 5hm²，可提供 53.74hm² 的有效防灾避难空间。从个数上来讲，现有的公园面积已满足防灾公园设置要求。但按照人均防灾公园面积 4m²/人的标准进行计算，目前需要的防灾公园面积应达到 220hm²，防灾公园规模缺口为 166.26hm²。

②临时避险绿地规模需求

按照人均临时避险绿地 2m² 的标准，常住人口的临时避险绿地面积应达到 110hm²。根据《导则》要求，临时避险绿地规模不得小于 2hm²。在乐山现有公园绿地中面积在 2～5hm² 的公园绿地可提供的有效防灾避难面积合计为 12.43hm²。由于防灾公园也可做临时避险绿地使用，按照"临时避险绿地的缺口＝现状所需临时避险绿地面积－防灾

公园面积－现有临时避险绿地面积"的公式计算，乐山市中心城区仍需增加临时避险绿地 43.83hm²。

③紧急避险绿地规模

取人均紧急避险绿地规模 1m² 的标准，常住人口的紧急避险绿地面积应达到 55hm²。按照上一等级绿地可兼顾下等级绿地职能来看，紧急避险绿地总需求规模已经完全满足了标准。

④分析结论

临时避险绿地规模缺口为 43.83hm²。防灾公园规模缺口为 166.26hm²，同时可改造成为防灾公园的公园绿地达到 5 座，数量过多，需进行可达性分析以选择可作为防灾公园的公园绿地。

（3）旅游人口需求

乐山市域 2014 年接待国内外旅游者 3354.73 万人次，其中接待国内旅游者 3342.12 万人次，入境旅游者 12.61 万人次。实现旅游综合收入 385.7 亿元。其中，国内旅游收入 383.9 亿元，旅游外汇收入 2908.74 万美元。乐山大佛作为乐山市中心城区最重要的旅游景点，全年接待国内外游客 319.88 万人次，占全市旅游接待总人数的 9.5%。东方佛都则是依托于乐山景区建成的旅游服务景点。2007～2013 年乐山大佛和东方佛都旅游人次从 289.01 万人次增长到 361.5 万人次，日均游客量从 7918 人次上升到 9903 人次。

乐山旅游旺季出现在 3～6 月份以及元旦、劳动节、春节、国庆等节假日。在 2014 年 10 月 1 日至 5 日，乐山大佛景区接待游客 18.33 万人次，日均游客量为 3.67 万人。

高峰期游客与平日游客规模差异巨大，若按照旅游高峰期配置防灾避险绿地和防灾设施，可能造成巨大的资金及资源浪费；事实上，游客在乐山大佛景区的游览时间约为半天，游览完成后大

多数游客将乘车离开景区，因此防灾避险绿地的规模可按照高峰期游客的 1/3 考虑，即 1.2 万人左右。

旅游人口在灾害发生时将进行紧急避难，在灾害发生后 1 天之内将被疏散至安全地区离开乐山，因此只需考虑旅游人口的紧急避难需求，按照人均面积 1m² 计算，需为旅游人口配置 1.2hm² 紧急避难绿地。

（4）公园绿地可达性分析

1）可达性计算

可达性是指一个地方到另一个地方的便利程度，反映出在运动过程中所受的阻力大小。本文所指的防灾避险绿地的可达性，主要用于衡量绿地为人们提供防灾避险功能的可能性及潜力，实际上也是计算某一绿地服务范围的指标，可以衡量某居民区到达某绿地的难易程度。

根据《导则》所确定的标准，要求紧急避难疏散场所的绿地，大约步行 5min 之内即可到达，对临时避难疏散绿地和防灾公园的达到时间并未作出特别要求。根据日本的建设经验，临时避难疏散绿地应步行 10～15min 达到，防灾公园应满足居民步行 0.5h 至 1h 之内达到。人的步行速度日常为 5km/h，在逃难时预计可达到 7km/h 左右。即 5min 所能步行的长度约为 600m 左右，15min 步行距离约为 1800m 左右，60min 为 7km。

本文利用 Arcgis10.0 平台，首先建立起公园绿地为点、道路中心线为轨迹线的文件数据库，并采用拓扑检查工具，删除悬挂点，然后利用网络分析工具，设立道路长度阻力值为 600m（5min）、1800m（15min）、7000m（60min），从而获得从各个公园绿地（设施点）沿着道路到各区域（设施服务区）的时间距离。

利用网络分析工具，新建服务区，并将公园绿地作为设施点导入，创建服务区的网络分析层；执行分析并导出结

果，并将结果叠加到现状居住用地要素上，可筛选出在公园绿地特定时间距离覆盖范围内的居住用地。

2）可达性结果分析

通过提取公园绿地的服务面积，大量居住用地未在紧急避险服务区的覆盖范围内。在405个居住用地斑块（总面积17.65km²）中，在灾害发生时仅有109个斑块（面积2.7km²）可以实现紧急避险，仅占总居住用地面积的15.3%（图7）；仅有226个斑块在临时避险服务区的覆盖范围内，面积为7.47km²，仅占总居住用地的42.32%（图8）；仅有257个居住用地斑块在长期避险服务区的覆盖范围内，面积为10.41km²，仅占总居住用地的58.98%（图9）。

通过对绿地可达性较差的区域进行资料分析后发现，这些区域大都属于新开发区，嘉州江北片区北部、江西片区、江南片区近几年由城镇（村）建设用地被划定为城市建设用地，住宅、商业逐步得到开发，而绿地可达性最差的沙湾区和五通桥区北部地区在目前是城镇（村）建设用地。而在嘉州老城区，由于历史久远，建筑密集，城市开敞空间较少，绿地面积较小，道路蜿蜒曲折，可达性也较差。

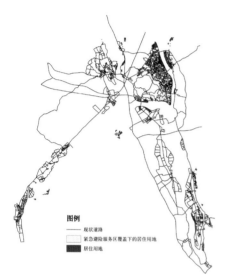

图7　紧急避险服务区覆盖下的居住用地

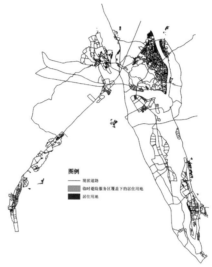

图8　临时避险服务区覆盖下的居住用地

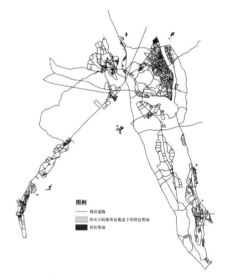

图9　防灾公园服务区覆盖下的居住用地

3. 近期防灾避险绿地建设指引

根据四川省城乡规划设计研究院编制的《乐山市城市绿地系统防灾避险绿地专项规划》（下称《专项规划》），到2030年乐山市需建设8处防灾公园和43处临时避险绿地。考虑到防灾避险绿地建设的资金成本巨大，为了满足现状城区常住人口的避难需求，提出了近期需启动建设的防灾避险绿地项目。

（1）城区防灾避险绿地建设

以《专项规划》中所确定的防灾避险绿地作为设施点，以规划道路为网络，计算各避险绿地的服务区面积。通过对比图10服务区面积与图7服务区面积，使用了Arcgis"擦除"工具，即可判断出哪部分现状居住用地在规划实施

后被纳入到了服务区覆盖范围中。利用Arcgis"空间连接"工具，将服务区属性

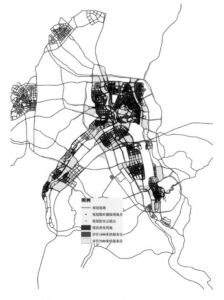

图10　规划防灾避险绿地可达性分析图

赋予现状居住用地中，即可判断出哪些项目建成后弥补了现有避险绿地的服务区面积过小的缺口。

为了满足现状城区常住人口的避难需求，确定近期启动16个临时避险绿地建设项目的建设工程，工程规模的总面积为121.68hm²，有效使用面积为99.42hm²；优先启动4个防灾公园的建设，规划总面积92.8hm²，有效避难面积81.95hm²。

（2）旅游人口紧急避险绿地建设

乐山大佛风景名胜区2014年接待国内外游客达到319.88万人次，日均游客人口的紧急避难需求面积约为1.2hm²左右。游客主要分布在乐山大佛风景名胜区大渡河西岸景点密集的区域，东岸高新区范围内几乎无游客涉足。而在大

渡河西岸区域中，又以东游线为主，西游线游客甚少。

利用 Arcgis 中空间分析功能，选择在风景名胜区核心区和世界遗产地范围外、距离在 600m（5min）步行范围内的绿地，同时考虑景区内各景点的客流空间分布，进行景区紧急避险绿地的选择。首先利用缓冲区分析工具，确定在景点周边半径 600m 的区域范围，然后以乐山大佛风景名胜区核心景区范围"擦除"在缓冲区范围，余下的区域可防灾避险绿地的备选用地。最后比选绿地规模大

图 11　乐山大佛景区紧急避险绿地规划及可达性分析图

小，确定景区紧急避难绿地（图 11）。

为满足旅游人口的紧急避难需求，确定建设 4 个紧急避难绿地，有效避难面积达到 1.2hm² 以上。

4. 不足与展望

目前，城市防灾避险绿地的建设主要是根据城市总体规划、绿地系统规划而进行点块状的布局规划，还是属于总规层面的专项规划，城市防灾避险绿地并未参与到上位规划的规划过程当中，使得防灾避险绿地的建设处于被动状态。

老城区内人口密度较大，需要面积更大的避难绿地，新城区建设又以商业、居住、行政办公为主，对防灾避险绿地的全面布局考虑不足。

随着人们对于自身安全的重视，为了防范可能出现的各类灾害，城市防灾避险绿地的建设将越来越受到重视。遥感信息与地理信息系统平台的建设，以及"大数据时代"的到来，将为城市防灾避险绿地提供更为直观、更为准确的基础数据，可对城市布局、人口分布、人口流动等相关信息进行采集、管理、分析、应用，从而能够辅助城市防灾避险绿地规划编制，使其更具有科学性、

可行性。

总之，城市绿地防灾避险功能的改善有利于城市可持续发展、有利于人们安居乐业，可借助新技术、新方法，加强研究以更好的改善其功能。

[参考文献]

[1] 四川省城乡规划设计研究院 . 乐山市城市绿地系统防灾避险绿地专项规划（2013-2030）

[2]《四川省城市防灾避险绿地规划导则》[S]

[3] 地理空间数据云 [EB/OL]. http://www.gscloud.cn/

[4] 李树华 . 防灾避险型城市绿地规划设计 [M]. 北京：中国建筑工业出版社 . 北京 .2010

[5] 刘颂 . 城市防灾避险绿地布局适宜性评价 [J]. 园林，2002（5）

[6] 张凯云、王浩等 . 基于功能适宜性评价的城市防灾避险绿地体系规划 . 林业科技开发，2012（2）

[7] 张灿强、张彪等 . 北京城区绿地防灾避险功能评估 . 地理研究，2012（12）

[收稿日期] 2016-06-25

[作者简介]

马晓宇，工程师，注册规划师，四川省城乡规划设计研究院总工办副主任。

四川省阿坝州茂县国际高山滑雪场规划初探

黄东仆、王亚飞、王荔晓

[摘要] 通过全程参与阿坝州茂县国际高山滑雪场的规划建设，探讨风景区内重大旅游项目规划建设的实施及程序安排，落实风景名胜区总体规划中如何确定滑雪场及旅游镇的选址、规模等事宜；总规批复后怎样深化编制旅游镇的详细规划及滑雪场对风景名胜区的影响专题论证。

[关键词] 风景名胜区；滑雪场规划；专题论证

1. 项目的提出与前期分析

（1）基本情况

九鼎山——文镇沟大峡谷是四川省省级风景名胜区，位于阿坝藏族羌族自治州茂县境内，距成都市公路里程约140km（图1）。风景区规划面积345km²。风景区地处四川盆地与青藏高原过渡带，区内山高峡深、雪山群峰环列、彩林花丛密布，高山海子娇柔妩媚、高山草甸广袤宽阔，山顶四季积雪，盛

阿坝州茂县国际高山滑雪场位于九鼎山一文镇沟大峡谷省级风景名胜区内，距成都市公路里程约140km（图1），四川省城乡规划设计研究院承担了该项目相关前期论证、规划工作，为保障项目顺利落地与建设做出了一定贡献。总结并回顾该项目相关规划、论证的编制过程，对以后各风景区类似项目的落地建设具有一定借鉴意义。

夏不消（图2）。风景区发展具有以下优势：

图1 区位关系图

图2 风景区现景照片

第一，区位及交通优势突出。风景区处于九环线上，往来国际、国内游客众多；距成都这一国际旅游城市、西部旅游交通枢纽城市约2小时的车程内。风景区交通便利，国道213线以及建设中都汶高速、汶九高速、茂绵高速、成兰铁路从风景区周边经过。

第二，自然生态优越。风景区内负氧离子浓度极高，PM2.5长期低于50。雪季运营期内，70%的时候太阳高照，白天气温可达25℃，夜晚约为零下10℃。夏季凉爽、适宜避暑。风景区光

温条件突出也使区内苹果、大樱桃、红脆李等农副产品品质极高。

第三，立体分布的多类型景观。风景区景观具有立体分布的特征，从高至低形成垂直的景观竖向结构：高山群峰地貌景观—高山草甸景观—杜鹃灌丛植被景观—海子溪流瀑布景观—植被季相景观—民居风情景观，十分适于开展四季旅游。

经受住了"5·12"汶川大地震考验景区虽处于"5·12"汶川特大地震极重灾区茂县境内，但风景区灾损则较轻，究其原因为风景区所在的九鼎山西坡总体上为一大型缓坡山地，这一稳定的地形支撑结构大大减轻了地震对景区的破坏。

风景区发展劣势为：游览活动区主要集中于海拔2400～3500m之间，海拔偏高；现状交通、旅宿、给水排水、电力、电信等基础设施薄弱，需要投入的资金量大。

（2）项目的提出

2007年5月，景区当时仅为尚未开发的户外游胜地，独特的高山草甸风光、原始森林多样植被吸引了大批驴友前往徒步活动，风景区管理部门正在积极思考如何在保护前提下利用好这一资源；同时一个国际知名滑雪场建设专家与国内机构组成的团队正在成都周边遍寻可供建设国际滑雪场的山地，当他们看到九鼎山这一大型高山缓坡地带时，眼前一亮，就是这里（图3）。

（3）项目前期分析

一个成功的滑雪场需具备4个成功要素：山好、雪好、交通好、市场好。

山好：能够开发出高质量的雪道和相应规模的度假村，能满足目前和将来市场的需求。风景区大水沟、鸡公山、青龙坪一带约30km²的缓坡地带可供建设滑雪场，全部建成可形成约36km滑雪道，是亚洲商业滑雪场中唯一连续滑

图3　滑雪场勘察现场

降落差超过1200m的滑雪场，满足全亚洲初、中、高级市场需求。在2400m～3100m之间的足耙邑、青龙坪、卧龙池一带约1km²的区域地势开阔、平缓，坡度小于10%，十分适宜建设滑雪旅游镇。

雪好：九鼎山冰雪资源较丰富，雪为颗粒雪，雪质非常好。积雪从10月中旬至次年4月上旬，可达180天左右。冬天滑雪场气温足够低，又有充足的水源，当天然雪量不足时，可以大量人工造雪，所需造雪用水完全满足。

交通好：成都至茂县高速贯通后，可实现2h及时到达项目所在地，在国际级大型滑雪场与中心城市之间距离和到达时间指标上都具有较强的竞争力。

市场好：根据对滑雪市场的调查表明：占城市总人口25%的人一生中将会去体验一次滑雪，而这25%的人中将有

1/3成为永久滑雪者（指：每个冬季都要多次重复滑雪的人），最终约占总人口的8%。据统计，滑雪场建设前的2010年仅成都、绵阳、德阳、重庆四地的城市人口规模就达5386万人，可推算一次性体验滑雪人数可达1346万人次，市场规模达40亿元；多次性滑雪者人数可达330万人次，每个滑雪季的规模就可达387亿元（表1）。中远期还可辐射东南亚乃至整个亚洲区域，市场前景十分乐观。风景区除了可滑雪外，春可观花、夏可避暑、秋可观彩林、冬季可在阳光下赏白雪皑皑，四季可游，床位利用率高。

结论：九鼎山具备"好山、好雪、好到达、好市场"4大要素，前景乐观。

2. 规划路径

首先编制风景名胜区总体规划，并在总体规划中落实滑雪场及旅游镇选址、规模等事宜。风景区总体规划批复后编制滑雪场旅游镇的详细规划及滑雪场对风景名胜区影响专题论证，因滑雪场涉及宝顶沟自然保护区部分实验区域，还需同步编制自然保护区生态旅游规划。待上述规划编制完成后，再行编制其他相关部门的法定规划，如滑雪场环境影响评价报告、水土保持方案、使用林地可行性报告、建设性项目可行性报告等。

3. 风景区总体规划简介

（1）风景区性质

风景区性质确定为：九鼎山—文镇沟大峡谷风景名胜区属山岳型，以高山及峡谷景观为主体，以雄山、秀水、繁花、茂林、幽谷为景观内容，以高山体育运动为功能特色，供体育运动、度假休闲、旅游观光的省级风景名胜区。

（2）功能布局

1）三片

生态保护区：主要位于风景区的高山地带，包含风景区内的宝顶沟省级自然保护区九鼎山片区内的核心区和缓冲区范围，以及风景区内的九鼎山自然保护区核心区区域，该区域以森林生态保护为主，其山峰和森林构成展示游览区的背景景观。面积为138.5km²。

展示游览区：位于风景区的中山地带，为风景区内游客游览的集中区域，可开展生态旅游、旅游观光、山地运动、休闲度假、文化体验等活动。面积为156.7km²。

景观协调区：位于风景区的低山地带，该区域为居民生产、生活的集中区域，结合藏羌民族风情和生态农业产业可开展独具特色的乡村旅游活动。面积为50.6km²。

2）四景区

四个景区为：黑龙池景区、文镇沟景区、白水寨沟景区、宗渠沟景区。滑

九鼎山滑雪场市场分析　　　　　　　　表1

一次性市场					多次性市场			
城市与人口（万人）	体验滑雪比例	体验滑雪人数	平均消费（1天）	小计（亿元）	永久滑雪人口比例	永久滑雪者人数	平均消费（3天/冬季）	小计（亿元/冬季）
成都 1149	25%	2872750	￥300	8.62	8%	919280	￥900	8.27
绵阳 544	25%	1361750		4.09	8%	435760		3.92
德阳 389	25%	973000		2.92	8%	311360		2.80
重庆 3303	25%	8258625		24.78	8%	2642760		23.78
合计		13466125		40.40		3309160		38.78

雪场处于黑龙池景区内（图4）。

（3）保护分级

风景区保护分级划分为特级、一级、二级、三级保护区。

滑雪场处于规划的三级保护区内，规划要求区内的旅游服务设施、游览设施、交通设施、基础工程设施均须进行详细规划和设计，经有关部门批准后严格按规划实施；详细规划必须符合总体规划精神，区内建设要控制设施规模、建筑布局、层高体量、风格、色彩等，保持与风景环境的协调。基础工程设施必须符合相关技术规范和满足环保要求；必须配置完整的治污设施，禁止可能造成环境污染项目的设立（图5）。

（4）旅游设施布局

风景区的游览设施以风景区内配置和外围依托相结合。风景区内以滑雪场旅游镇为主要支撑，形成旅游镇、旅游点、服务部的三级布局方式。外围依托为紧邻风景区的茂县县城。

（5）总体规划对滑雪场要求

滑雪场处于黑龙池景区内，该景区定位为高山运动区，以"高山滑雪"为主题，以滑雪运动、山地休闲度假、生态观光为主要游赏内容。滑雪场旅游镇设于黑龙池景区的滑雪场中山台地上，滑雪场及旅游镇属风景区的三级保护区（图6）。

规划将九鼎山滑雪场定位为发展成高品质的国际高山滑雪场，滑雪场旅游镇则作为国际高山滑雪场的接待服务基地和休闲度假基地。

根据地形地貌，规划滑雪场旅游镇由上滑雪场旅游村和下滑雪场两部分组成。下滑雪场旅游村主要为游客提供景区公共服务，如景区接待中心、停车场、直升机停机坪、旅游对外客运站、度假宾馆、基础设施集中处理等，上滑雪场旅游村主要为游客提供滑雪及度假服务设施，如滑雪道、滑雪索道、造雪设

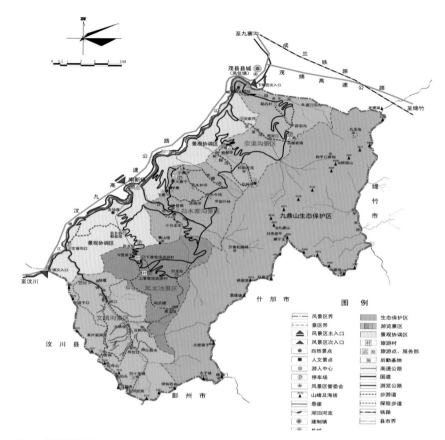

图4 总体规划图

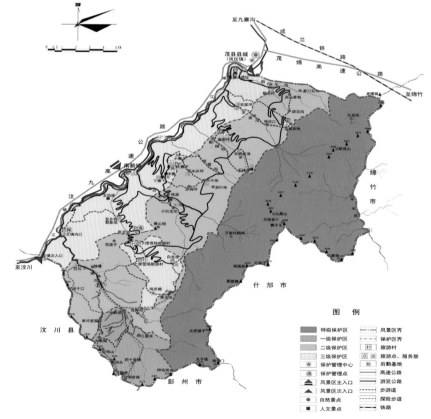

图5 保护培育规划图

施、度假宾馆、营地、餐饮、购物、娱乐、保健等。滑雪场所在的黑龙池景区35km²，滑雪场旅游镇面积约1km²。接待床位规模为4000床。

4. 滑雪场旅游镇详细规划简介

（1）规划目标

九鼎山国际高山滑雪场规划目标：以高山滑雪运动为的品牌，以滑雪场为旅游支撑，建设可承办世界级赛事的国际性大型滑雪场，以期达到国内顶级、国际一流的高标准竞技滑雪场和以滑雪为主要特色、生态观光为辅的高端冰雪度假休闲目的地。

滑雪场旅游镇规划目标：风景区内为滑雪旅游、休闲度假服务，4000床接待床位的高品质冰雪度假休闲接待服务区，同时满足其他季节的避暑、观光游的需求。

（2）规划构想

为尽可能保护规划区本底的自然和景观格局，本次规划采用"隐于自然"的理念，沿袭四川山地聚落布局模式，规划区四周的山体、林地在作为背景加于保护，使山际轮廓线不受影响，山体形态不受改变；建设区域则呈组团式散布于平地、山林、台地、沟谷，以融入自然环境之中。

规划区分为入口服务区、上滑雪场旅游村和下滑雪场村三个片区。

入口服务区位于卧龙池山口处的缓坡地，布置入口管理服务功能。规划尽可能保留区内的杨树林植被景观和溪流景观，利用区域内的现状杂灌林地综合布置滑雪场的入口、游人中心、售验票点、生态停车场、景区管理、职工生活区等功能，形成滑雪场良好的入口形象。

上滑雪场旅游村与滑雪道联系最为紧密，有多条滑道联系或穿越各地块，

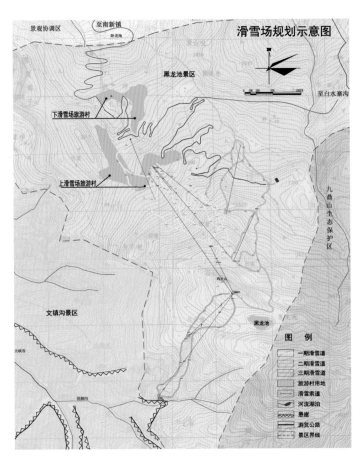

图6 风景区总体规划中滑雪场布局示意

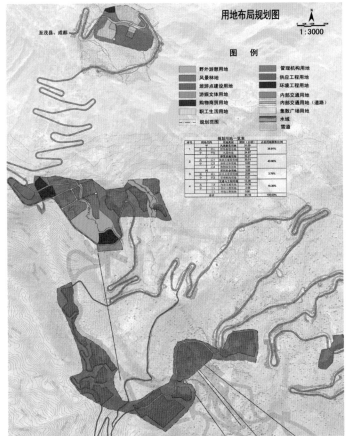

图7 滑雪场旅游镇用地布局规划图

滑雪爱好者可以滑雪进入主要的宾馆区域，因此，上滑雪场旅游村主要接待多日游的滑雪爱好者为主；下滑雪场旅游村海拔相对较低，依托黑龙池景区的异于成都平原的高山气候以及杜鹃花、高山草甸、色叶林、雪峰等四季景观，开展以避暑度假为特色的四季旅游接待服务，此外下滑雪场旅游村在冬季主要接待一日游的戏雪游客。上、下滑雪场旅游村通过道路和滑雪道将连成一个整体（图7）。

5. 滑雪场重大项目论证

（1）论证目的

九鼎山—文镇沟大峡谷风景名胜区属省级风景名胜区。由于"九鼎山国际高山滑雪场建设项目"位于风景区内，因此本报告的主要目的是依据国家有关法规、规范、标准要求，分析该建设项目对九鼎山—文镇沟大峡谷风景名胜区的风景资源、植被动物、生态环境、视觉空间、地质环境、基础设施等方面的影响，从风景区保护角度出发，对方案提出研究结论，并对因项目建设产生的不利影响提出恢复措施（图8、表2）。

（2）论证结论

通过上表可以看出项目建设对九鼎山—文镇沟大峡谷风景名胜区的景观环境、生态环境、地质环境等均有不利影响。在具体实施过程中可通过方案优化、技术优化、工程技术手段、加强管理等措施降低影响，并且大部分影响会随着施工结束即会消失，部分影响通过迹地恢复等措施将影响降低到最低或随着时间逐步消失。

本次论证认为，"九鼎山国际高山滑雪场建设项目"对风景区的景观环境、生态环境等有一定的影响，但是在可控范围内，因此项目建设是可行的。

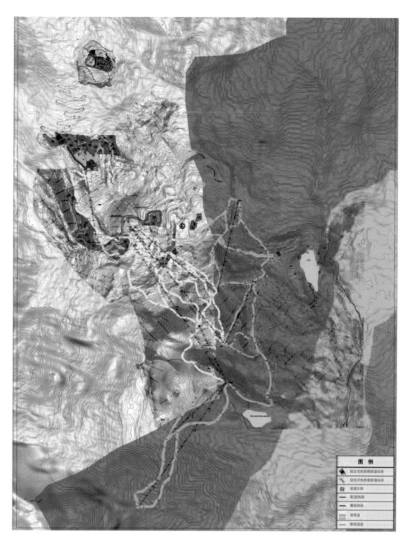

图8　九鼎山国家高山滑雪场项目总体规划图

影响评估论证表　　　　　　　　　　　　　表2

序号	影响项目		结论	备注
1	政策法规		符合	
2	景观环境	景观资源	一定影响	主要是对杜鹃的影响，但影响数量较少
3		景观视线	轻微影响	施工期内对途经的游客有影响，施工结束即会消除
4		景观风貌	轻微影响	存在于施工期内，施工结束即会消除
5	生态环境	陆生植被	一定影响	工程结束后及时进行迹地恢复，可将影响降低到最低
6		动物	一定影响	加强管理，严禁捕杀
7		水土涵养	轻微影响	严格执行"水土保持方案"
8		水环境	轻微影响	加强管理，采取措施降低影响
9		环境空气	轻微影响	存在于施工期内，施工结束即会消除
10	游览	游览交通	轻微影响	开辟临时步行游览通道绕开施工区域
		游览组织	较大影响	属有利影响
11	地质环境		一定影响	采用工程技术手段降低对地质环境的影响
12	临时工程		轻微影响	加强方案设计，加强管理，降低影响

6. 规划审批和实施

（1）项目审批

《九鼎山—文镇沟大峡谷风景名胜区总体规划》于 2012 年 3 月 22 日通过了四川省住房和城乡建设厅组织的专家评审，经修改完善，于 2012 年 9 月由四川省人民政府批复同意实施。

《茂县九鼎山国际高山滑雪场旅游镇详细规划》和《茂县九鼎山国际高山滑雪场建设项目对九鼎山—文镇沟大峡谷风景名胜区的影响评估论证报告》于 2013 年 1 月 24 日同时通过了四川省住房和城乡建设厅组织的专家评审，经修改完善，于 2013 年 5 月由四川省住房和城乡建设厅批复同意实施该详细规划，滑雪场建设项目也取得了"项目选址意见书"。

（2）项目实施情况

经过近两年的建设，九鼎山滑雪场按照规划现建成三条高级道、两条中级道、三条初级道、五条戏雪道，合计 4 公里雪道，以及配套的雪具大厅、鹤鸣庄度假酒店、餐厅、大型停车场，日可接待滑雪者 5000 人次，已成为在川渝两地滑雪爱好者的新天地。无论是青年人还是老人、小孩，无论是滑雪达人或是滑雪菜鸟都能在九鼎山滑雪场玩得尽兴（图 9）。

[收稿日期]2016 年 6 月 30 日

[作者简介]

黄东仆：四川省城乡规划设计研究院副总风景师，高级工程师。

王亚飞：四川省城乡规划设计研究院主任工程师，高级工程师。

王荔晓：四川省城乡规划设计研究院高级工程师。

本文已在《风景园林师 14 中国风景园林规划设计集》发表，本次再刊载时已做了局部修改和调整。

图 9 滑雪场建成实景照片

雅安芦山"4·20"地震风景区灾后重建规划思考
——风景美与居民富同频共振

黄东仆、王亚飞、王 丹、黄 鹤

[摘要] 基于芦山地震风景名胜区的灾后恢复重建规划，探讨灾后风景区发展思路与发展计划；风景区灾后重建中树立以人为本的宗旨，立足改善民生，优先恢复风景区内与居民生产生活密切相关的各项设施；并注重居民住房恢复重建、特色产业恢复重建与景区景点恢复重建的融合。

[关键词] 风景名胜区；灾后重建；居民社会；可持续发展

图1 地震灾区在四川省区位

4·20芦山地震是北京时间2013年4月20日8时02分四川省雅安市芦山县（北纬30.3，东经103.0）发生的7.0级地震（图1）。四川省城乡规划设计研究院承担了四川芦山地震灾后重建总体规划中城镇体系规划、灾后农村住房重建规划等相关专题地震灾后重建规划中城镇体系规划。地震极重、重灾和一般灾区21个县（市、区）范围内共13处国家级、省级风景名胜区。借鉴5·12汶川地震灾后重建经验在地震灾后重建规划中的城镇体系规划专题中特别对风景名胜区的灾后重建进行了相关研究，以促进灾区风景名胜区进行科学重建。

1. 雅安芦山4·20地震风景名胜区受灾情况

4·20芦山7.0级地震对灾区内风景名胜区造成的破坏是全面的，主要是风景名胜区景观资源、管理设施、风景游赏配套设施、接待服务设施、游览环境、旅游公路及其他基础工程、居民住房、生态环境等遭受了严重的毁损，居民生产生活受到极大破坏，经济上损失巨大，对地震灾区资源保护和旅游发展产生了不利影响，但最典型的生态系统、自然景观资源基本保存完好，均具备恢复重建条件。没有动摇四川省的风景资源核心，对四川省作为我国风景名胜区资源大省的地位没有影响。

4·20芦山7.0级地震极重、重灾和一般灾区21个县（市、区）范围内共13处风景名胜区，据统计，风景名胜区的核心景源景点、景区道路、管理服务设施3方面灾损共计14.5505亿元。

极重和重灾区范围（6县6区）内有6处风景名胜区，其中，重度受灾风景名胜区有天台山、蒙山、灵鹫山—大雪峰、二郎山、夹金山5处，中度受灾风景名胜区有碧峰峡1处。该6处风景区是此次灾后重建规划的重点。

2. 灾区风景区特征

（1）自然特征

地震灾区处于盆西高原与盆中平原山地的交接面上，区内风景区景观以高山峡谷、珍稀动植物生态资源为主要特征。地震灾区复杂多样的气候、地形、地貌及高差变化，使得该区域成为我国生物多样性最重要的地区，有着以大熊猫及其栖息地为代表的珍稀动植物资源和典型的生态系统。地震灾区处于长江三大源头—青衣江、大渡河与岷江的上游地区，是长江上游重要的生态屏障。

（2）文化特征

地震灾区古时是汉地联系西南氐羌、藏的主要门户地区，也是自古以来通商贸易的重要交流口岸，茶马古道为代表的历史文化遗产丰富。文保单位众多。非物质文化方面，茶文化、石刻文化、红色文化、根雕文化等方面尤为突出。

（3）社会经济特点

灾区复杂多样的地形地貌，导致山多地少，用地条件及交通条件均较差，工业发展先天不足，地方经济发展滞后整体。2012年灾区地方公共财政收入约为96.8亿元，占全省的4.0%，城镇居民人均可支配收入为20092元，低于全省平均水平215元。

3. 风景区灾后重建思路

按照"以人为本、尊重自然、统筹兼顾、立足当前、着眼长远"的科学重建要求，突出绿色发展、可持续发展理念，将灾区风景名胜区恢复重建融入芦山地震灾后重建的总体框架之中，重点发挥风景名胜区在灾后重建中的生态环境恢复、历史文明传承、精神家园建设和旅游的资源支撑作用。通过风景名胜区恢复重建促进经济社会发展，同时，利用灾后重建中产业和空间调整的契机，优化提升风景名胜区保护与发展，使灾区人民在恢复重建中赢得新的发展机遇和新的发展平台，与全国人民一道全面建设小康社会。

4. 重建计划

（1）恢复重建分类方案

根据风景名胜区受损程度，以及风景名胜区的知名度高低、价值大小、在区域旅游中的地位与作用，将受灾风景名胜区分为：重点恢复风景名胜区、重点建设的风景名胜区、一般恢复风景名胜区和新申报的风景名胜区共四类，作为恢复建设、资金安排以及不同管理方式的参考（图2）。

重点恢复的风景名胜区：是知名度高、具有较好恢复开放条件的省域旅游主要风景名胜区，以恢复游览为重点，满足风景旅游的重建需要。重点恢复风景名胜区的风景游览和服务设施要求基本达到灾前水平。重点灾区内为天台山、蒙山、碧峰峡3处。

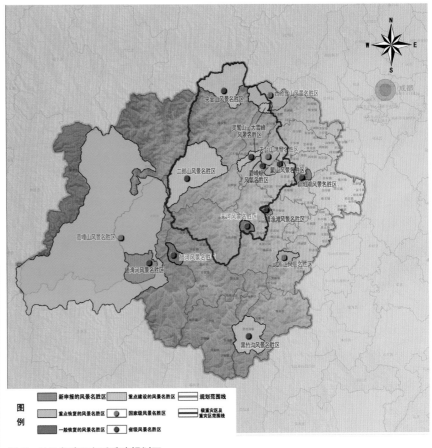

图2　风景名胜区灾后重建规划图

重点建设的风景名胜区：是具有较高风景价值，受损程度较轻，但现状开发建设较为落后风景名胜区，其开发建设对灾区经济恢复具有较大提升作用。重点建设的风景名胜区的风景游览和服务设施要求基本达到先进水平。重点灾区内为二郎山、灵鹫山—大雪峰、夹金山3处。

一般恢复的风景名胜区：受损程度较轻，有一定市场号召力，主要服务周边游客，能迅速恢复开放运营的风景区。重点灾区无一般恢复的风景名胜区。

新申报的风景名胜区：受损程度较轻，景观资源价值较好，其开发建设对灾区经济恢复具有较大的提升作用，要求尽快编制申报报告，并上报风景名胜区管理部门。重点灾区内为天河1处。

（2）编制各风景名胜区灾后重建规划

为了保证风景名胜区恢复重建工作科学有序进行，各受灾风景名胜区应尽快编制灾后恢复重建规划，如二郎山、碧峰峡、蒙山等风景名胜区无总体规划的，灾后恢复重建规划可与风景名胜区总体规划的编制相结合。

风景名胜区灾后重建规划重点内容包括：灾损调查与评估、地质安全性评价、优先开放的景区景点、管理与旅游服务设施规划、游览道路交通规划、基础工程设施规划、生态环境恢复和地质灾害治理、居民点调控等内容。

（3）风景名胜区开放时序

根据各风景名胜区的灾损评估分级、恢复重建分类以及交通条件、游览条件、对经济社会发展的重要性，确定规划范围内风景名胜区的开放时序，作为资金安排与管理的参考依据。规划将风景名胜区的开放分为3个阶段，第一阶段主要是优先开放的风景名胜区，包括知名度高、影响力大、有条件恢复开放的重点恢复类风景名胜区以及受灾程度轻的风景名胜区，重点灾区内为天台山、碧峰峡2处风景区；第二阶段主要是中度受灾或严重度受灾以及有条件恢复开放的风景名胜区，重点灾区内为蒙山1处风景区；第三阶段主要是重点建设类和新申报类风景名胜区，重点灾区内为二郎山、夹金山、灵鹫山—大雪峰、天河4处风景区（图3）。

（4）发展新的区域旅游"川西旅游小环线"

川西旅游环线是四川省一条重要的旅游线路，主要线路为成都—都江堰—四姑娘山—小金—丹巴—八美—塔公—新都桥—康定—泸定—天全—雅安—成都，以该旅游线穿越规划区的线路为主轴，在规划区形成南北两条川西旅游小环线（图4）。

川西旅游北小环线：主要加强雅安市北部区域景区与周边热门景区之间的联系，线路走向为：成都市—大邑县—西岭镇—芦山县大川镇—宝兴峰桶寨—夹金山—小金县—丹巴县—泸定县—天全县—雅安雨城区—名山区—邛崃市天台山—成都市。该线路以大熊猫生态观光、川西自然生态观光及民俗风情、康巴文化观光及康巴风情体验、红军文化观光及体验、川西雪山温泉度假等为主题。环线串联了规划区内的西岭雪山、灵鹫山—大雪峰、夹金山、贡嘎山、二郎山、碧峰峡、蒙山、天台山等风景名胜区。

川西旅游南小环线：主要加强雅安市南部区域景区与周边热门景区之间的联系，线路走向为：成都市—蒲江县—雅安市名山区—雨城区—芦山县—天全县—泸定县—石棉县—汉源县—金口河区—峨边县—峨眉山市—乐山市—眉山市—彭山县—成都市。该线路以峨眉山—乐山大佛世界遗产、川西自然生态观光及民俗风情、

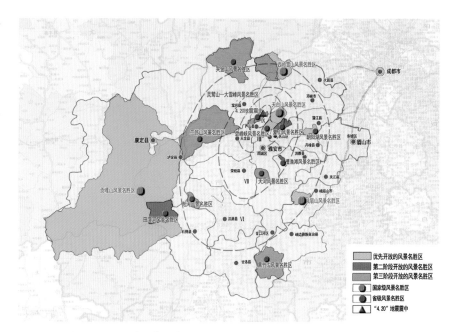

图3　风景名胜区灾后重建开放时序

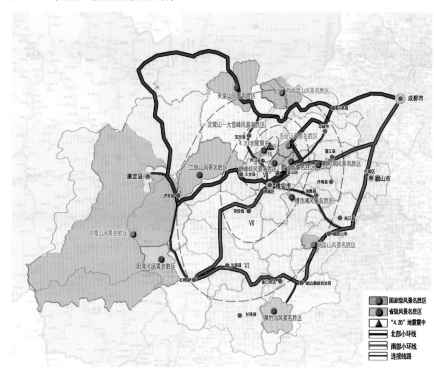

图4　川西小旅游环线示意图

红军文化观光及体验、阳光休闲度假、川西雪山温泉度假等为主题。环线串联了规划区内的朝阳湖、蒙山、碧峰峡、灵鹫山—大雪峰、二郎山、贡嘎山、田湾河、黑竹沟、峨眉山等风景名胜区。

（5）建立风景区的地震防灾体系

主要包括避难场所、避难路径、标识系统、物资储备、防灾管理、安全监测系统等方面的防灾体系建设。利用风景名胜区内的广场、开敞地作为避难场所；结合游览道路确定避难通道，在地震发生时作为引导疏散游客至避难场所的路径；结合风景名胜区标志标牌系统建设，设立风景名胜区地震避难场所和

避难路径的指示系统，在地震灾害发生时能够准确、快速的引导游客；结合风景名胜区的日常经营储备必要的食品、饮用水等生活物资，同时储备发电机、帐篷、棉被等应急救灾物资；进行日常的防灾管理，对容易产生泥石流、滑坡、落石等地段采取防治措施，早发现、早处理，同时制定地震灾害应急机制；国家级风景名胜区安区监测系统可在住房和城乡建设部要求的风景名胜区监管系统的基础上扩展完善，省级风景名胜区安区监测系统视条件，结合省住房和城乡建设厅开展的省级风景名胜区综合整治逐步推进。

5. 风景区灾后重建与居民社会恢复提升发展

根据习近平总书记"以人为本、尊重自然，统筹兼顾、立足当前、着眼长远"的科学重建要求，风景名胜区灾后重建要把以人为本、改善民生放在首位，优先恢复风景名胜区内与居民生产、生活息息相关的各项设施，注重风景区内的居民住房恢复重建和特色产业恢复重建与风景区恢复重建的融合。

（1）以生态型产业发展夯实居民的经济基础

风景区内农村居民由于地理、历史等原因，还普遍承续着传统的农业生产习惯，其使用工具落后、科技含量低、产品产业单一，生产力水平低下、不注重生态环境，思想观念落后的特征严重制约农村经济社会的发展，特别是在风景区实施大面积退耕还林以后，传统的农业生产格局受到了更加严峻的挑战。

如何利用现有的有限土地，发挥出更大的经济效益，而且不能以牺牲风景区生态环境为代价，则只有加快原有传统农业经济的调整与转型，依托风景区良好的生态环境及特征，以"林"为

主，着力抓好生态建设，大力发展有机农业、绿色农业，种植景观好、附加值高的经济林（比如茶园），发展林下生态型养殖业、中药材种植、山野菜种植等具有山区特色生态型产业。在产业发展中可依托雅安四川农业大学的科技人才优势，提升农产品科技研发与应用水平，实现传统农业向现代科技农业转型跨越。在生态优先的前提下发展农村生态型产业，既实现了对风景区荒山、疏林地的景观培育，又将农业综合开发和增加农民收入结合起来，使风景区居民的收入增长得到很好的保障（图5、图6）。

（2）通过新农村建设改善居民居住环境，保护和提升景区风貌

图5　芦山县灵鹫山景区生态茶园风貌示意

图6　景区内具有旅游服务功能居民点风貌示意

灾区风景区现状居民分布大量以分散居住为主，由于村庄及农房建设缺乏规划引导，大部分村庄行路难、没有公共设施、没有集中供水、没有排水和污水处理系统、垃圾随处丢放等问题突出，对风景区整体风貌环境造成不利影响，部分农家乐集中区域生态环境问题更加突出。

面对上述问题，可充分利用灾后重建的契机，将风景区的农村住房重建与新农村建设相结合，鼓励风景区内居民相对集中居住进行农房恢复重建，严格按照新村规划建设标准进行建设，注重统筹好镇（乡）、村基础设施和公共服务设施建设，突出产村相融，保护和提

升民居景观风貌。部分文化特色鲜明、建筑风貌突出的新村，还可发展成为风景区内新的景点或旅游接待设施区。按照有利于生产、方便生活的原则，科学合理考虑道路、给水排水、环卫及绿化等公用设施布局。实施乡村清洁工程，推进畜禽养殖污染治理，建设垃圾集中转运系统，因地制宜建设农村污水处理设施，推广使用清洁能源。通过加强风景区灾后重建中的新农村建设，既改善了居民生活环境，又更好的保护和提升了风景区风貌环境。

（3）新农村建设点作为风景区旅游设施的重要组成部分

灾区大部分风景区开发建设尚未成熟，如灵鹫山—大雪峰、夹金山等风景区尚处于开发建设的初始阶段，景区旅游接待服务设施不够完善。在风景区灾后重建的旅游设施布局中，优先考虑新农村建设点作为风景区旅游设施区，在此基础再配套少量高档宾馆设施，从而形成风景区完整旅游接待服务系统。该类具有旅游服务功能的新农村建设点，除了常规的依托新农村建设配套外，应根据风景区游览需求，建设具有浓郁民俗风情的餐饮、住宿、娱乐、购物等设施，成为风景区游览设施的重要组成部分，开发乡村休闲观光旅游、民俗风情体验旅游、农家乐旅游、村落古镇观光旅游、乡村生态度假旅游等多类型的乡村生态旅游产品，实现景区和社区互动发展。

将新农村建设点与风景区旅游设施建设结合，对于风景区来说，可大大减少风景区内的建设量，有利于保护风景区的生态环境，还可有效节约区内本就十分珍贵的土地资源；游客通过在村落逗留并与当地村民交流接触，可以更好地了解当地的文化和生产生活习俗，获得更为丰富的民风体验，从而使得整个游憩过程更加完整和富有参与性。对于当地居民来说，游客的流动带动了信息的流动、资金的流动、人才的流动，使"面朝黄土背朝天"的农民能了解更多外面的世界，促进了当地农民思想观念、价值观念的改变，带动农村的精神文明建设；另一方面，让居民直接参与到旅游中来，实现了居民就地就业和就地致富，并带动了第一、第二、第三产业的协调发展，为风景区广大农村地区可持续发展提供了强劲的经济增长动力。

（4）坚持走有组织的集体发展道路

灾区风景区内的农村产业要发展，必须走扩大生产和经营规模的道路。在没有集体经济的带动的情况下，要靠灾区群众依靠一家一户的力量，自己寻找解决生计的新路子、引进新的生产项目、学习新的技术、开发新市场等等，是非常困难的。在风景区内组建林、竹、茶、药、果、蔬、禽、乡村旅游等类型的农民专业合作社，发展农村集体经济，有利于提高农业生产的组织化程度，形成农产品品牌，提升农产品的竞争力和质量安全水平，实现规模效益，推动当地优势农产品生产和特色产业发展，做大名优特新农产品规模，从而实现带动灾区群众就业与致富增收。

6. 结语

风景区灾后重建，不仅仅是风景区旅游功能的恢复，还需统筹基础设施、公共服务设施、生产设施、城乡居民住房等各项建设，提升景区建设、群众生活、产业发展、新农村建设、扶贫开发、生态环境保护等各项事业，科学制定灾后重建规划。风景区的生态质量的保护和提升，景观（特别是田园、村落景观）的优化完善与居民息息相关，一个成熟的风景区必然居民的社会经济活动是与风景区的保护和利用有机结合的，居民通过旅游活动致富、安居乐业，有更大的积极性去保护风景区的生态和景观。因此，"风景美、居民富"是不可分割、相辅相成的。

[收稿日期] 2016 年 6 月 30 日

[作者简介]
黄东仆：四川省城乡规划设计研究院副总风景师，高级工程师。
王亚飞：四川省城乡规划设计研究院主任工程师，高级工程师。
王丹：四川省城乡规划设计研究院高级工程师。
黄鹤：四川省城乡规划设计研究院主任工程师。工程师。

本文已在《风景园林师13 中国风景园林规划设计集》发表，本次再刊载时已做了局部修改和调整。

新背景下城乡规划设计机构的发展思考

刘先杰、刘芸

[摘要] 从对城乡规划设计新背景的认识，到对新背景下城乡规划设计任务和发展趋势的展望，提出了城乡规划设计机构发展的几点粗浅建议。

[关键词] 城乡规划；设计机构；发展

1. 对城乡规划设计新背景的认识

（1）中国城镇化速度、水平影响下的规划转型

近三十年来，我国城镇化发展经历了一个高速推进的过程，每年约1个百分点的速度在增长，城镇化水平也提高了一倍多。2014年末，中国大陆总人口136782万人，其中城镇常住人口74916万人，乡村常住人口61866万人，城镇人口占总人口比重为54.77%，城镇人口已经超过了乡村人口。基于这种发展态势，各地政府对城镇化的发展态势非常乐观，对未来一二十年城镇化水平预期也相当高。

同时，按照城乡规划相关的规划编制办法，城市（镇）的总体规划期限一般是20年；各地在编制城乡规划时，对城镇化发展仍以加速、快速发展为主旋律，对城镇化水平的预测也往往是每年高于1个百分点在增长。由此可以看出，我们现在编制的城市（镇）总体规划，对未来二十年的城镇化水平预测已经达

到80%左右，这可能接近或超过中国城镇化水平的上限。

据行业内部分人士的判断，将我国各地的城市（镇）总规预测确定的人口规模加起来高达34亿（2015年底数据），大大超过全国现状总人口。这说明我们接下来要编制的城乡规划，基于城镇规模扩大、用地扩张的发展建设规划已基本脱离未来发展的需求了；放眼未来，城乡规划编制需要探寻新的方向和内容。

（2）城乡规划市场的变化

中国近三十年来城镇化处于稳定高速发展的时期，相应的城乡规划市场也发生了巨大变化。首先，20世纪90年代开始才是城乡规划由计划指令性向市场机制转变；以前计划经济时代的城乡规划，以上级指令性任务或地方政府的直接邀请为主，规划设计的编制机构主要是国家财政支持的事业单位，规划编制费用也以少量的补助、补贴为主要形式。

其后，随着市场经济的发展和地方政府迫切的规划发展需求，各地的城乡规划逐步以地方政府为业主、以城市空间拓展为途径、以规划项目落地实施为近期目标的形式，通过市场机制，政府采购公共服务来委托规划编制单位，按照合同约定的方式来完成规划的编制任务。

第二是规划队伍的不断壮大。随着城乡规划市场规模的扩大，原有的数量少、规模小的事业性规划编制单位已无力消化巨大的城乡规划市场需求，原有城乡规划编制单位规模在急剧扩大，新的城乡规划编制单位如雨后春笋般的增长，不仅是原有的事业性单位，还有更多的企业、科研机构和高校也参与其中，整个城乡规划队伍不断壮大。

第三是城乡规划的市场化运作及市场化程度不断提高。要维持和发展日益庞大的规划编制队伍，相应的逐步形成

了规划编制的市场性收费，城市规划协会也出台了《城市规划设计计费指导意见》或地方取费标准，用以指导和规范城乡规划市场。同时，以地方政府或其规划管理部门为主体，以业主的身份对规划设计项目也多采用市场化的运作方式，促使规划设计项目委托形式的市场化和多样化，包括直接委托、单一来源采购、竞争性谈判、比选和招投标等多种方式。

第四是规划层次体系及内容的不断丰富和完善。规划设计是一个紧跟时势和政策的行业，三十多年来的形势变化，规划设计项目以城市总规、修详为主不断地发展丰富，向上包括从国家到县（市）层面的城镇体系规划，满足地方发展需求的战略规划、概念性规划，配合地方城市土地出让而推行的法定规划——控制性详细规划，为提升城市形象而推出的城市设计、城市景观风貌规划、街道立面改造规划设计，为保护历史文化名城、名镇和文物古迹而增加的历史文化名城、名镇保护规划等规划设计内容和形式。

2. 新背景下城乡规划的业务发展与创新

（1）新背景下的城乡规划的转变

在中国新型城镇化的时代背景下，城乡规划面临三个转变，从企业型规划转变到政策性规划（规划导向）；从规划建设到规划管制（规划内容）；从规划发展到规划和谐（规划目标）[1]。从规划导向上看，近三十年来城镇化水平的快速提升，各地城市政府犹如一个综合型大企业，发展城市以扩大地方财政收入和扩大税源、税基为目的，多数地方政府下设城市开发公司、园区管委会等；再加上满足众多的城建开发商，城乡规划主要是为城市发展用地服务。

当下新型城镇化的要求是将城市（镇）发展从数量增加、规模扩大转变到提升城市（镇）的品质上来，致力于提升和改善城市基础设施、公共服务设施、生态环境等，并均衡、均等地服务于城乡居民。城乡规划的导向就要从服务于用地扩张的企业型规划转向致力于城乡综合品质提升的政策性规划。

从规划内容上看，以往的规划是以规划建设为主，包括规划建设用地选择、建设用地分类、开发建设强度、道路、市政及公用服务设施建设等。在新型城镇化背景下，城乡规划要求不再盲目扩大建设用地，城乡发展要求集约节约发展，保护基本农田，培育和保护生态环境，规划内容以五线划定与规划管制为主。

从规划目标上看，已有的城乡规划从人口规模和用地规模上，已能满足城乡发展的需要，新的城乡规划目标应该转向以人为本，满足人的全方面发展和需求，注重社会公平、协调与和谐发展上来。

（2）从城市（镇）建设区扩大到城市（镇）行政区

从城乡规划的范围上看，更加注重从整体上的全域规划。尽管以往的城市总体规划也包含区域层面的城镇体系规划，那是侧重于城镇发展建设的三结构一网络（城镇规模结构、城镇等级结构、城镇空间结构和区域道路市政网络设施）的城镇体系；下一个层次就是城市规划区和城市建设用地范围。新的城市规划在向城乡统筹、全域规划发展，以市（县）的行政所辖区域为规划范围，探索全域规划的内容和技术路线。

市（县）域全域规划，是以实现市（县）域城乡空间的科学合理、集约节约、综合配套和有序利用为总体目标，统筹协调城乡规划、经济社会发展规划、主体功能区规划、土地利用规划、生态环境和基础设施建设规划等的空间利用，合理安排县（市）域生态建设、农田保护、产业发展、重大设施和城乡建设等各类用地的空间布局规划。

（3）从扩大规模到提升质量的转变

前面已经提及新的城乡规划已逐步从扩大规模到提升质量的转变，在规划内容上，应从哪些方面来提升城市的质量呢？从国家层面也提出了一些政策措施，近年来住建部也在重点推进相关的工作，如棚户区改造、海绵城市规划建设、城市综合管廊规划建设、生态城市评估、推广城市设计、加强历史文化名城名镇名村的保护等。根据时代形势和社会新的需求，不断探索城乡规划新的内容和方向。

相应的，城乡规划的重点也应转向到提升城市品质上来，从注重经济利益转移到注重社会公平上来，从注重物质层面转移到兼顾文化精神生活上来，从注重满足功能需要到兼顾生态和谐上来。

（4）从城乡规划到"多规合一"

自2000年左右起，国家与地方都一直在探索"多规合一"，尝试规划改革。1999年1月发布的《中华人民共和国土地法》第十七条和第二十二条规定：土地利用总体规划编制应当依据国民经济和社会发展规划、国土整治和资源环境保护要求等；城市总体规划、村庄和集镇规划，应当与土地利用总体规划相衔接；2008年1月发布的《中华人民共和国城乡规划法》第一章第五条提出：城市总体规划、镇总体规划以及乡规划和村庄规划的编制，应当依据国民经济和社会发展规划，并与土地利用总体规划相衔接。2014年3月《国家新型城镇化规划（2014—2020年）》公布，明确提出加强城市规划与经济社会发展、主体功能区建设、国土资源利用、生态环境保护、基础设施建设等规划的相互衔接。推动有条件地区的经济社会发展总体规划、城市规划、土地利用规划等"多规合一"。

2014年8月，国家发展改革委、国土部、环保部、住房城乡建设部联合下发《关于开展市县"多规合一"试点工作的通知》（发改规划〔2014〕1971号），确定了28个多规合一市县试点单位，其中地级市6个，县级市（县）22个。与此同时，广州、厦门、重庆、北京、四川、上海、浙江、江苏、福建、广西、湖北等地也陆续开展"多规合一"的探索和研究。

同时，多规合一还面临诸多矛盾，如管理体制和机制不顺，部门协调不够，规划期限不合拍，技术标准不统一，规划成果表达不规范等，还需要上下联动，不断探索和创新。

（5）从纸质图文到信息系统的转变

随着计算机信息技术的发展，一方面改善了城乡规划的工具，提高了城乡规划设计的效率，从手画蓝图到计算机绘制黑白图，再到彩图；近年来的互联网与大数据技术的发展和地理信息系统软件技术的完善、成熟和稳定，为多规合一要求下的信息共享创造了条件。城乡规划设计的成果也由单纯的纸质图文发展到电子图文，再到城乡规划成果综合信息系统。

规划成果的综合信息化更是一次质的飞跃和提升，对传统绘图、制图的规划设计机构也是一次巨大的技术挑战。

3. 规划设计机构的发展思考

基于对我国城市化水平的发展预测和城乡规划行业发展态势的判断，我们认为城乡规划设计机构的发展也要因势利导，适时而变。

（1）分类发展、多类并举

城乡规划的作用是对城乡发展的合理引导和有效管制，是对城乡空间资源的合理配置，其本质是对城乡的总体发展和社会公共利益服务。长期以来，多数城乡规划设计机构属于事业单位，其工作性质属于技术咨询，其主要服务对象为各地政府。

随着城镇化水平的加快，规划业务量的增加，高校和科研建筑设计机构也纷纷加入这个行业，同时也涌现了大量企业性质的规划设计单位。相较于高校、建筑科研设计和企业性质的规划设计单位而言，传统的各地建设主管部门下属的事业性规划设计单位受到一些政策限制，在经营体制、机制上不够灵活，同时服务于主管单位的事务性工作较多，内部绩效管理不到位等，导致部分规划设计人才流失，或奔投企业型单位；因此，也催生了一些事业型规划设计机构的改制，从事业单位改制为企业单位，改企后的规划设计机构多数走上了多元化的发展道路，其规划类项目比例在降低，设计类项目比重在增加，更有扩展到建筑、道路、市政设计，以及测绘、监理、管理咨询、施工等相关产业链，走上了一条业务类别增加、产值提升、规模做大的综合发展之路。

而对于多数尚未改制的规划设计机构，其一是以服务于当地政府和规划设计行政主管部门为主，其二是以规划及研究类项目业务为主。一方面是政府部门工作业务技术支撑的需要，另一方面是其规划类项目比重较大，设计及其他相关产业链条延伸不够，改企进入完全竞争的市场恐难综合发展。因此，对于规划设计机构的发展，应分析自身的体制机制、组织管理、人员配备、业务类型及比例等特点，找准自身的定位和发展方向，不能以是否改制来断论发展前景。

（2）开拓渠道，扩展业务

城乡规划具有很强的政策性和时效性，如前面所述，随着城镇化速度、城镇化水平的阶段进程、国家关于城乡发展的政策方针的变化，城乡规划的方向和重点内容均有所变化。城乡规划设计机构应顺应时势，及时迎接和适应城乡规划的新需求、新变化，以城乡规划主要业务为中心，包括各层次的城镇体系规划、县市域全域规划和县市域镇村总体规划、城市总体规划、乡镇规划、历史文化名城名镇名村保护规划、新农村建设规划等。

同时，向外拓展和延伸产业链条，向上游可从城市基础地理测绘、数字城市、城市大数据的收集处理建库和分析应用扩展，向下游可从规划实施评估、大型项目的选址论证、大型项目对城市乡镇及风景名胜区的影响论证、规划设计成果的信息化加工处理和应用、规划管理技术服务延伸，横向拓展包括城乡规划所涉及到的各类专项规划，如城市交通专项规划、城市市政管网专项规划、城市绿地系统专项规划、生态宜居城市专项规划、城市防灾（消防、人防、防洪、防地震）专项规划、城市环卫专项规划等。

结合国家新型城镇化提出的多规合一的要求，依托传统城乡规划空间资源配置的技术优势，吸纳其他类别的规划技术，进一步向土地利用规划、国民经济和社会发展规划、生态环境保护规划、旅游规划等方向融合扩展。

（3）从规划技术咨询延伸到规划管理技术服务

城乡规划设计工作本质上是一种技术咨询服务工作，不应简单地采取就规划设计项目而论项目的工作方式，因为项目的属性具有起始时间和完成时间，把其看成一种技术咨询服务就是一个长期的过程，一个与城乡规划设计管理服务对象的长期交流、反馈和互动过程。

对已经完成的一个或多个城乡规划设计项目而言，还有定期的规划实施评估，规划设计版本维护与修改完善，规划设计成果的信息化及应用系统维护，甚至还包括对地方开展城乡规划设计新形势、新动态、新技术、新规范和新标准的宣惯和培训工作，是一个从规划设计转向规划服务的过程。

（4）储备人才，发展技术

城乡规划设计是一项涉及面广、需要多工种协调配合完成的工作，相应的规划设计人才也需要多个专业、多个学科、多个工种的配备。

传统的城乡规划设计队伍主要包括建筑、结构、预算、规划、道路、市政、地理、经济等专业人才；但是，随着新形势、新技术、新业务的开展，原有的城乡规划设计专业人才队伍不足以应对更全、更广的规划设计任务，需要引进和储备包括测绘、土地利用规划、环保、遥感、信息技术等方面的专业人才，并通过合理高效的培训，建设复合型规划设计人才队伍，以适应多规融合的社会需求和政策要求。

（5）完善制度、规范管理

前面我们提到城乡规划设计和城乡建设已经由量的增加转变到质的提升，相应的城乡规划设计机构也必须向高效的管理转变，才能走出一条生存和发展的道路，向规范管理要效益，向科学管理求发展，建设现代型规划设计机构，在此主要谈三个方面的管理：

其一是规划设计机构自身的管理，包括组织架构、利益平衡、规章制度和执行能力。

纵观国内规划设计机构的组织架构，除了统一的办公后勤服务部门外，业务部门一般有两种组织形式，一种是以某一业务为主导的综合所室，以所室项目管理为中心，规划设计项目多在所室内消化完成，即突出某一特色主业，但专业人员配备较齐，也可承接多类规划设计任务，大型规划设计机构主要采用这种组织架构方式；使得项目管理简单化，利益分配单元化，规章执行综合化，项目实施明确化，项目完成包干化。

另一种是以专业工种划分部门，一

个项目需要多部门多专业的协调配合来完成。其优点是突出专业优势、提高专业工作效率、提升专业研究水平，其缺点是管理复杂、部门协调难度大、效益与效率难以兼顾，对执行能力是较大考验。

其二是项目管理，城乡规划设计任务是以一个个项目的形式出现的，接受甲方的一项规划设计任务就是承接一个待完成的项目，项目是在一段时间内为完成某一独特的产品或提供独特的服务而进行的一次性努力过程。

为按时高效地完成城乡规划设计任务，有必要学习、研究和推行项目管理，项目管理是在项目活动中运用知识、技能、工具和技术，以便达到项目要求，其目的是满足或超过项目干系人对项目的需求和期望，包括项目范围、时间、质量、成本、风险、人力、沟通、采购、集成等九大管理知识领域，其内容广博。由美国项目管理协会 PMI(Project Management Institute) 组织编写的《项目管理知识体系 PMBOK 指南》已经成为项目管理领域最权威教科书，被誉为项目管理"圣经"，值得城乡规划设计机构管理部门学习推行。

其三是质量管理，城乡规划设计项目是一个个独特的产品或针对性极强的技术咨询服务，不具有复制性和批量生产性，每个项目都需要相映的技术质量程序管理，绝大多数规划设计机构都建立起一套项目技术质量管理的程序和机制。确实，必要的技术管理程序是规划设计成果质量的保证。

一些规划设计机构从学习推广全民质量管理（TQC）到贯彻执行 ISO9001 质量管理体系，形成了一套比较成熟的项目阶段划分、质量要求和项目节点、程序技术质量管理，将项目质量管理落实到人、落实到每个阶段、落实到每个节点、落实到具体的成果形式。

同时，城乡规划设计是一个影响到多方利益的空间资源配置的敏感性工作，可能受到地方利益集团的干扰和影响，城乡规划设计机构还要加强职工思想道德和法制纪律教育，在城乡规划设计工作中坚持职业操守，维护公众利益，力求规划设计的科学合理，保障规划设计机构的健康长远发展。

4. 结语

当前，城乡规划设计机构既面临诸多挑战，又喜迎不少机遇，面临转型与发展的关键时期，何去何从，值得深思。笔者从对城乡规划设计新背景的认识，到对新背景下城乡规划设计任务和发展趋势的展望，提出了城乡规划设计机构发展的几点浅建，还望同行同仁们批评指正，集智集谋，共同探讨摸索城乡规划设计机构发展的新模式、新路子。

[参考文献]

[1] 吴志强，邓雪湲，干靓 . 面向包容的城市规划，面向创新的城市规划 [J]. 城市发展研究，2015 年第 4 期。

[收稿日期] 2016-06-25

[作者简介]

刘先杰：四川省城乡规划设计研究院书记兼副院长，教授级高级工程师，注册规划师。

刘　芸：四川省城乡规划设计研究院总工办主任，高级工程师，注册规划师。

已在《规划师》杂志 2015 年增刊第 31 卷上发表；本次再刊时略有删改。

小城镇发展动力机制初探

陈懿、衡姝、陈思颖

[摘要] 通过对小城镇发展动力机制的概念以及构成因素的研究，尝试构建小城镇发展动力机制的系统和原则。以都江堰市石羊镇为例，阐述不同动力机制下的城镇发展模式。

[关键词] 小城镇发展；动力机制

1. 小城镇发展动力机制系统构建

（1）小城镇发展动力机制概念

城乡二元化的管理模式形成了"城市、镇、乡"三种基本社会聚集格局。通常将镇称为小城镇，住房城乡建设部对镇的界定为：镇是指经省、自治区、直辖市人民政府批准成立的，按行政建制设立的镇，通常将其称为小城镇。小城镇是一个区域性概念，既有城市的特征，又有乡村的特征。小城镇最大的特点是建立在周围乡村的基础上，它的形成、发展与周围乡村发展的特点，乃至兴衰有着密切的关系。小城镇不仅要发展成为吸纳和接收大城市功能辐射的地区，同时也要建设成为具有一定辐射和带动能力的农村区域经济文化中心。小城镇的发展过程，就是逐步变农村为城镇、变农民为市民的动态过程[1]。

牛顿力学体系中，动力是外物对物体的作用力，是推动物体运动的力量。系统科学领域，动力是"非平衡"。经济学科中，动力是一个能够把社会经济形态转变与生产力要素系统联系起来，从而体现社会经济发展快慢的变量。

机制则是系统内部特殊的约束关系，它通过微观层次运动的控制、引导和激励来是系统微观层次的相互作用转化为宏观的定向运动。

"动力机制"就是把上述二者结合起来，即系统动力按照特殊约束关系所进行的演化运动。

（2）小城镇发展动力机制的构成变量

小城镇发展的动力是与其社会经济发展速度相对应的变量。小城镇发展动力可分解为内源动力机制和外源动力机制两个方面。内源动力机制是自发的内在力量，表现为资源条件。外源动力机制源于外部环境与国家（政府）有意识的规划、调控行为，表现为区位作用及政策支持。小城镇的发展是在内外因的共同作用下发展起来的，表现为三因素的组合和比例配置。

1）内源动力机制

资源，是小城镇发展的内源动力机制，是至关重要的潜在动力。在适当的外部条件的促进下，将能转化为城镇经济发展的直接动力。小城镇的资源要素包括广泛，凡能形成经济价值的客观存在都能称为资源。它不仅包含硬性资源即自然资源、人力资源、资本资源等。还包括软性资源，如信息资源、科学技术、文化历史等。其中硬性资源为小城镇内可见的，物质的存在的资源，他们大多总量有限，先天存在，且具有地域差异性，如矿产资源、植物资源等。软性资源为动态发展的非物质资源，如信息技术、人文历史等。在小城镇发展历史上，硬性资源为发展核心的模式曾大规模存在。但随着社会经济的发展，小城镇的发展动力不再囿于自身物质条件，软性资源为发展核心模式的集约高效充分体现，社会经济发展从以硬性资源为核心向以软性资源为核心转变（图1）。

2）外源动力机制

区位和政策是外源动力机制，在一定的区位条件下，区域中心的经济辐射作用会使小城镇自动的"卷入"到区域经济体系中来，并按照区域经济体系分工的要求进行相关资源开发，从而带动小城镇经济的定向发展；同时，国家或地区的相关政策同样会促使区域及小城镇的经济要素的转化，刺激资源开发及发展经济。在这个过程中，不管是内在发展要求，还是外在刺激发展，都是通过资源这个核心起作用的。区位和政策虽然都可以对小城镇经济发展起到推力作用，但实际上其作用机理也是通过对资源这个内力的激发而使经济得以提升的。[2]

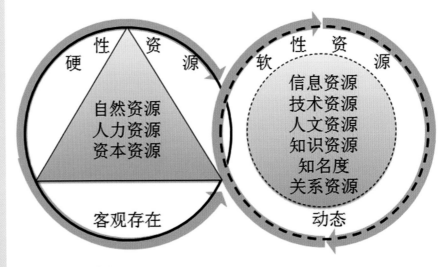

图1　内源动力机制内涵图

区位，包括了地理位置、道路交通、经济发展、劳动力、技术、资本、景观等要素在空间布局上相对于其他地区的优劣势所在。区位动力举足轻重。首先，地理区位直接影响资源条件和政策支持。一方面，良好的区位会吸引优越的软性资源；另一方面，结合国家发展战略及地区实际的优越条件能吸引到政策性考虑。第二，交通区位影响着城镇与外界经济交流的频率。与区域经济中心的区位联系影响着受外来辐射的强弱度，对外开放经济的依赖度等。第三，市场环境区位是否完善，影响到城镇外向型经济或内向型经济的形成以及城镇的开明度、透明度、能见度等。

政策是小城镇发展动力机制的另一要素。计划经济时代，我国的经济体制决定了政策对经济发展由上而下硬性的指令。这种作用渗透到了从宏观到微观的经济活动中。市场经济时代，政策更加倾向于宏观的间接弹性的引导作用。广域的政策影响力变大，政策的执行力变小，辐射范围更广，作用形式更有利于把握全局、突出重点、协调差异，更能激发市场中活动主体的活力。政策可直接影响小城镇未来的发展方向，具体的表现在小城镇发展目标确定、主导产业选择、发展战略及规划的制定、对外界经济活动的影响等方面。

3）动力机制系统构建

系统的构建，首先应分析历史上小城镇动力的演变过程，其动力因素变化的根源，再根据动力机制的内源与外源的因素确定小城镇发展的正向引力、推力以及负向阻力系统。两者相互抵消得出的主动因素，引导小城镇健康和谐发展的主导方向。通过动力系统的分类定位，确定这些因素的正负影响。最后由制动机制划分主导因素引导的小城镇发展类型，进而确定小城镇发展的目标、主导产业选择、发展战略等（图2）。

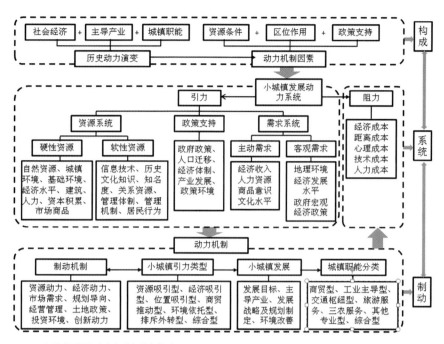

图2 小城镇发展动力机制系统构建

2. 都江堰石羊镇动力机制系统构建

（1）石羊镇概况

石羊镇地处成都市的西北部，都江堰市南部（图3，图4），世界文化遗产都江堰下游，距成都市区40km，都江堰市区19km。镇境南北约11km，东西约8km。北与翠月湖镇接壤；西邻世界自然遗产青城山，与青城山镇、安龙镇相连；南与柳街镇交界；东与温江区玉石镇与金马河隔河相望。

中崇路、玉沿路、徐石路、彭青路在这里交汇，黑石河、沙沟河、金马河穿境而下。全镇辖区面积49.6平方公里。

灾后镇域人口为51906人。镇区人口为7988人。

石羊镇素有川芎之乡，兰花胜地、花蕊故里的美称，还是古青城所在地。

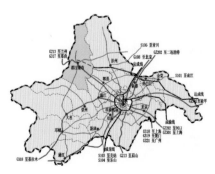

图3 都江堰市区位图

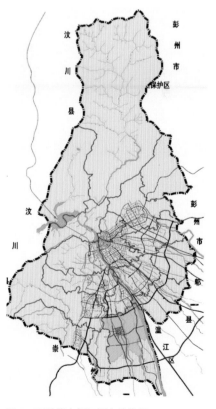

图4 石羊镇在都江堰市的位置

1994年被四川省列为省级小集镇建设试点镇之一。全镇以工农业生产为主，第三产业、旅游业为辅的经贸型集镇。

另外，石羊镇是5·12地震灾区，全镇在地震中除人员伤亡外，企业全部停产。学校、医院等公共服务设施以及道路市政基础设施均不同程度损毁。

石羊镇素有岷江河西重镇之称，但近年来，除去地震灾后重建刺激外，无论是产业发展还是城镇建设，却一直处于发展迟缓，甚至停滞的状态。

（2）石羊镇动力机制动力因素分析

1）资源

石羊镇拥有文脉、水脉、林盘、交通等多种联系人文与自然的脉络。自古都是川西优秀人居环境的体现。首先，水资源丰富，金马河、羊马河、黑石河、沙沟河灯明江暗河从境内通过。第二，承袭天府沃土的自然风貌和川西平远林盘形态。第三，历史久远，林盘、农耕、水、古青城、宗教、诗词等文化积淀深厚，是典型的川西城镇代表。

石羊镇整体自然资源优良。但无论是自然资源、城镇环境、风貌特色、基础设施等资源条件都与周边小城镇极为相似，同质竞争严重，欠缺特色。因毗邻青城山镇、翠月湖镇，使得其旅游资源竞争也处于劣势。石羊镇的乡镇企业在地震中全部受损，对二产业发展影响巨大（图5）。

2）区位

石羊镇是都江堰市域岷江以西片区的中心地区，交通可达性好，中元路、玉沿路、徐石路、彭青路在这里交汇。随着中崇路的改建和市域彭青线的投入使用使用，使得石羊镇与都江堰市区与成都市及成都市域西南的城市（如崇州、温江等）的交通联系更紧密。周边城镇与都江堰市的产业一体化发展对其有一定的带动作用。

石羊镇距都江堰市约16公里，曾

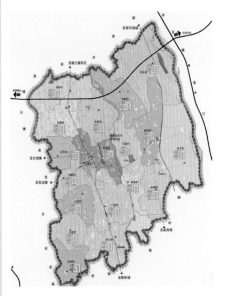

图5　石羊镇综合现状图

经的交通时间半径为半天，是河西片区南北东西方向纵横联系的交通枢纽，重要的交通驻足点，城镇因此发展。现今，石羊镇的过境道路主要为彭青线和中崇路。因区域道路网络的完善，交通方式的变化，中崇路的区域地位逐步下降。而彭青线的过境性质强，与城镇又有一定距离。使得城镇依赖交通区位发展的动力逐渐消失。

3）政策

①上位规划

《都江堰市域城镇体系规划》在城镇体系结构规划中将石羊划作为二级城镇发展。这一定位对石羊落寞的现状交通区位考虑不足。

石羊镇位于《都江堰市旅游发展布局》中的都江堰水利农业观光休闲景域定位为进一步弘扬兰花之乡美誉度，依托各类花卉苗木种植、观赏基地，培育富有休闲品味和艺术创意的休闲庄园。

②国家政策

除国家关于西部大开发以及社会主义新农村建设的宏观政策背景外，近期受灾后重建政策影响较大。2008年6月8日，国务院发布了《汶川地震灾后恢复重建条例》。都江堰市域城镇体系

规划也提出了关于灾后重建近三年总目标。石羊镇位于5·12地震灾区内，由上海市静安区援建。重创的背后存在巨大生机，在恢复石羊镇生活、生产秩序的同时，可借此机会解决石羊镇原本发展存在的问题。更新城镇机能，完善城镇基础设施、调整城镇功能，优化配套乃至空间结构与形态等。

4）综合评价

综上所述，正向引力主要素为自然资源。次要素为省级重点镇的定位以及灾后重建支援。前者的影响具有同质性与有限性，后者影响则为短期性。使正向引力后劲不足。现今负向阻力要素交通区位正引力的下降，在发展拉锯战中，阻力占据了上风。如果不能跳出现有社会经济发展模式、规划与建设的格局，不能打破规划定向思维，那么该镇未来将很难有所作为。

（3）以动力机制确定石羊镇发展定位

针对石羊城镇宏观发展方向，我们以动力机制研究为基础进行了多方案的探索和对比。共分为三个发展方向：

1）石羊城镇向东部朝黑石河方向发展

①正向引力因素（图6）

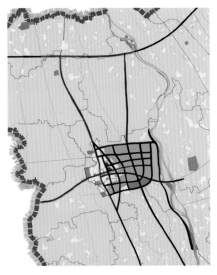

图6　城镇向东发展

基础设施：依托原场镇，工程量及资金投入少。

交通区位：新区建设以工业大道为轴，连接彭青路，发挥区域交通优势。

旅游资源：有利于黑石河沿岸林盘、院坝等乡村旅游资源的开发利用，也强化了对下一级城镇徐渡的服务带动作用。

居住环境：结合黑石河自然生态环境，形成宜人的城镇生活休闲空间，改善居住环境质量，提升城镇品位。

②负向阻力因素

城镇发展特色不够鲜明。城镇规模偏大，无人口聚居吸引力。

旅游开发：虽然带动了林盘、院坝等乡村旅游资源的开发利用，但也对这些旅游资源的原生态环境造成破坏，降低了旅游资源的价值。

③动力机制

为资源吸引型小城镇，采用资源动力机制，城镇类型确定为工贸型城镇。

城镇发展内源动力主要为工业、商贸带动，但由于自然资源限制，以及宏观规划层面对该区域工业的限制，工业发展动力有限；城镇发展外源动力依靠传统交通区位，开展商业贸易。工业发展区位优势不明显。工业大道与彭青线的联系为城镇发展提供新动力。

2）石羊城镇向北连片发展

①正向引力因素（图7）

交通区位：驾青线开通提升区域交通区位。城镇借助工业大道、中崇路向北发展有利于增强可达性。

基础设施：依托老城镇，近期投入小。

②负向阻力因素

产业发展：如作为工贸型城镇，缺乏特色工业、招商投资点和产业链。同时与区域性农业产业带的发展相矛盾。

城镇形象：不易形成鲜明的城镇形象。

旅游开发：工贸导向对旅游业发展

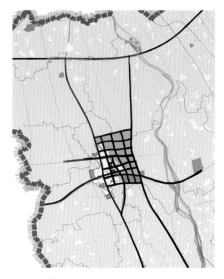

图7　城镇向北发展

不利，且远离水体，城镇与滨水旅游带联系不紧密。

③动力机制

为资源吸引型小城镇，采用资源动力机制，城镇类型确定为工贸型城镇。

城镇发展内原动力为工业与商贸业导向，但工贸未来发展动力不明。城镇发展外原动力为传统交通线动力，工业大道与彭青线的联系为城镇发展提供新动力。

3）城镇向黑石河一侧发展，依托老城区，形成哑铃形态

①正向引力因素（图8）

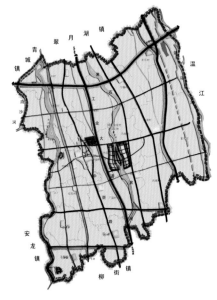

图8　哑铃形态

产业发展：有利于旅游业的发展，培育新的经济增长点。

吸引投资：新城镇可形成整体性开发项目。通过政府引导，市场运作，吸引外来资金，打造全新石羊。

城镇性质：城镇发展动力多面化。综合型城镇。

城镇面貌：有利于改善和形成新的城镇面貌。两侧风格迥异，形成鲜明特色对比。

人居环境：亲水近绿，易形成优雅的人居环境。

基础设施：便于全新配套，改善居住环境。

②负向阻力因素

近期基础设施工程量及投资较大。对滨水生态环境有一定的影响。

③动力机制

采用资源动力、经济动力、规划导向、创新动力机制，城镇类型确定为综合型城镇。

以城镇发展内原动力为主，一是宜人的城镇人居环境。二是对产业结构的调整，吸引外来资金，发展新型旅游业、地产业；城镇发展外原动力为辅，即交通动力，传统中崇路交通动力减弱，工业大道与彭青线的联系为城镇发展提供新动力。

综上所述，一二方案对城镇的远期发展动力评估不足，城镇发展后劲较弱。三方案跳出了原本的规划框架，为城镇发展提供了多样而创新的动力，给城镇带来跨越式发展的可能。

3. 总结

小城镇的发展受到经济社会发展政策的影响，在每个发展阶段的主导动力都存在着差异。但是，作为一个完整经济社会载体的小城镇，必然存在着复杂的、多样的发展要素体系。本问构筑的小城镇发展动力机制系统是一个中立

的，由正负向引力要素构成，自由选择
的综合系统。旨在城镇动态发展工程中，
提升优势，规避劣势，提供给小城镇一
个可选择的发展契机。

[参考文献]

[1] 许经勇.中国特色城镇化应从农村"化"
起来[J].江苏建设，2004，（3）

[2] 游宏滔，王士兰，汤铭潭.我国不同地区、
类型小城镇发展的动力机制初探[J].小城
镇建设，2008（1）

[3] 宁越敏.新城市化进程——90年代中国
城市化动力机制和特征探讨[J].地理学
报，1998，53(5):413-415.

[4] 苏志远.西部小城镇发展动力机制与实施
策略.小城镇建设，2003(10)

[5] 陈扬乐.中国农村城市化动力机制探讨
[J].城市问题，2000，(1):6.

[6] 许学强.中国乡村——城市转型的动
力和类型研究[M].北京:科学出版社，
1999.23.

[7] 建设部课题组.新时期小城镇发展研究
[M].北京:中国建筑工业出版社，2008

[8] 崔功豪.区域分析与规划[M].北京:高
等教育出版社，2001，144－148

本文已在《2010年中国小城镇年会论文集》
发表，本次再刊载时已做了局部修改和调整。

基于交通支撑系统的民族地区城镇空间重构
——以阿坝藏族羌族自治州为例

马晓宇

[摘要] 西部少数民族地区普遍存在着城镇间交通联通度低下，城镇体系框架松散等问题。以我国唯一的藏族和羌族自治州—阿坝藏族羌族自治州为例，通过增强"发展导向型"的交通系统对城镇体系空间的引导作用，以达到优化城镇空间结构，促进城镇科学发展的目的。

[关键词] 交通支撑；民族地区；城镇体系；空间重构

城镇空间是各种人类活动与功能组织在城镇地域上的空间投影。交通支撑系统是城市空间结构实现的重要保障途径之一。以往关于交通系统对城镇体系的支撑作用的一系列研究重点都放在中东部发达地区的城镇群内部，着重于研究城际快速交通。西部少数民族地区目前面临的仍是交通联通度低下，城镇联系松散的局面，交通系统对西部少数民族地区的城镇空间结构具有更深远的影响。阿坝藏族羌族自治州（下简称阿坝州）是"5·12"汶川特大地震极重灾区，构筑起合理有序的城镇体系，增强区域自我造血机制，促进全州经济发展成为促进灾区发展的重要任务。同时阿坝州作为我国唯一的藏族和羌族自治区，对川、青、甘结合部民族地区具有很强的凝聚力和带动作用，其发展在西部民族发展和民族团结中具有特殊的意义。笔者试图从分析城市空间演变趋势出发，建立具有前瞻性的交通支撑体系，从功能、结构方面支撑城镇空间体系的发展。

1. 概况

目前阿坝州已基本形成了以汶川县、茂县、马尔康、九寨沟县4个州级中心，松潘、金川、小金、黑水等9个县城为县域中心，18个城镇为节点，193个乡为依托的"多心多点"的城市体系雏形（图1）。沿国道213、317，省道302汇聚60%以上的城镇，已形成较为典型的以城镇为区域增长极，以干线交通为城镇发展轴的"点—轴"发展态势。由于全州90%的城镇都位于狭长的河谷地带，城镇用地普遍存在规模小、用地紧缺的特点，单个城镇缺乏承载多样高级职能（如文化中心、教育中心、工业中心等）的空间资源，因此加强城镇间联系，整合城镇功能结构显得尤为重要。目前阿坝州交通设施及运输方式单一，不通铁路，九黄机场主要服务于旅游，更缺乏通江达海的水运交通条件，公路几乎是全州对内对外交通的唯一支撑，复合交通走廊缺失，城镇之间联系不便，交通外引内联能力不足，严重制约城镇之间的协作及区域产业集群的形成，社会经济大发展的现代化交通平台尚未建立。阿坝州交通建设仍停留在"问题"导向阶段，被动地满足和适应区域交通需求，尚未形成以交通建设创造运输需求，优化城镇空间结构的意识。

2. 城镇发展动力机制分析

阿坝州由于诸多限制因素和交通、旅游发展条件的改善，不宜选择以工业驱动型为主的城镇化动力机制，以旅游城镇化为主、农牧业产业化和集贸流通业为辅的特色化城镇化动力机制应作为规划期内阿坝州主要的城镇发展模式。

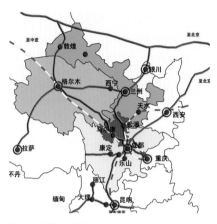

图1 区位分析图

（1）全域城镇发展动力

首先大力发展旅游产业，增强城镇发展推动力。积极构建西部省际旅游环线，重构省"新大九环线"，提升旅游业发展等级。结合城镇建设发展旅游项目，提高城镇旅游接待能力，遏制景区的城镇化趋势。其次大力保护生态环境，增强城镇发展的可持续动力，全面实施生态环境建设和保护工程。第三，重视发展特色生态产业，增强城镇发展的基础动力。夯实城镇发展经济基础，扩大城镇就业岗位数量，吸引农村劳动力进城就业。第四，加快重大交通设施建设，增强城镇发展的带动力。加强州域内外经济社会紧密联系，夯实城镇间生产要素流通通道，为城镇发展注入强大活力。最后参与周边区域合作，增强阿坝州城镇发展的外生动力，形成一个多民族经济文化的叠加区和潜在的隆起带，接受中心城市的辐射带动。

（2）分区域城镇发展动力

阿坝城镇的发展动力机制既具有普遍性，又具有独特的因素。根据生产条件、生产方式、民族民俗等多个因素可划分为以下四个片区，各片区发展动力机制各有差异。

1）小金—金川—马尔康片区

生态优势产业夯实城镇发展基础动力，矿产资源、水利资源开发赋予城镇发展强大动力。

2）阿坝—若尔盖—红原—壤塘

绿色畜牧业促进农副产品加工业发展，建立特色工业加工区，纳入城镇统一管理发展，工业与城镇发展相互促进；大草原及民俗体验式旅游，有力带动城镇旅游服务业发展，提供大量就业岗位，加速该区域的城镇化进程；红原机场落地带动周边乡镇大发展，激发城镇发展活力，带动旅游发展。

3）松潘—九寨沟片区

九寨沟——黄龙国际旅游强力拉动城镇发展。通过建设景点间的快速连接通道，加速该区域经济、旅游一体化进程；九寨黄龙口岸机场三期工程建设、加上川青高速、铁路的修建，该区域将形成立体交通网络，临空经济的进一步发展也将加速川主寺以及周边乡镇的城镇化进程。

4）汶川—茂县—理县—黑水片区

与成都平原地区实现旅游板块联动，促进城乡大发展。可借川青高速、铁路通车之机，打通与都江堰、龙门山、彭州鸡冠山连接的快速通道，以旅游板块联动实现区域共同发展；以"工业飞地"为抓手推进工业区域协作，完善两地合作机制，减轻产业对环境的影响。

3. 城镇发展规划

以"发展导向"建立城镇发展的交通支撑系统，必须充分分析各个城镇发展条件，确定重点发展城镇。充分对接并落实《四川省主体功能区规划》，将阿坝州224个乡镇分为四类，通过构建完善的区域交通系统，引导资金流、人流、物流向重点城镇、适宜发展城镇汇集，壮大城镇发展实力，优化城镇空间结构（图2）。

（1）重点发展城镇（乡）

指资源环境承载能力高、区位优势明显，基础设施、社会服务设施等配置较齐备、拥有较好的发展潜力的城镇。

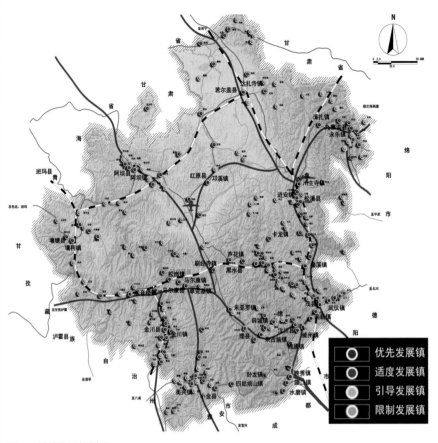

图2　城镇发展规划图

包括威州镇、水磨镇、米亚罗镇、凤仪镇、南新镇等53个城镇（乡）。

（2）适度发展镇（乡）

指已有一定的规模和经济基础，城镇发展建设用地较充足，具有一定区位优势和发展潜力但现状基础设施薄弱，进行开发建设需要较大投入，开发建设可能面临部分风险的城镇，规模可根据长远发展需要适当扩大。包括叠溪镇、古尔沟镇、桃坪、镇江关、龙日等63个城镇（乡）。

（3）引导发展镇（乡）

指资源环境承载能力和区位条件较差的城（乡）镇。包括地质灾害多发点影响范围内的城镇、水源保护地内的城镇、因工程建设需部分移民的城镇、建设用地不足的城镇。必须加强对这一类型乡镇的政策引导，对这一地区进行规模调整，缓解资源环境承载压力。城镇人口规模限定在2000人以下。包括卧

龙镇、夹壁、土门、小河、保华等78个城镇（乡）

（4）限制发展镇（乡）及搬迁镇（乡）

指海拔高度大于3200m，或人地矛盾突出，大型灾害点影响范围内、资源环境承载能力极差或因疾病等原因需搬迁的城镇。包括松坪沟、大寨、窝底、慈坝、壤口、江茸、查尔玛等33个城镇（乡）。

4. 构筑开放型、连通型城镇体系交通支撑骨架

区域交通设施建设应以区域社会经济及空间发展目标为指引，主动调整和优化发展方向和重点，促进区域空间发展战略目标的实现。阿坝州的交通体系应着重提升重点发展城镇、适宜发展城镇的交通网络的连通度，增强区域空间的可达性和城镇间引力，确保有形要素

（客、货流）流动的效率与稳定性，提高重点城镇的服务功能和辐射能力，促进城乡统筹和区域协调发展。充分重视阿坝州地处川、甘、青三省结合部的区位优势，增强交通的对外联系性，为建立开放型城镇空间结构搭建起支撑骨架。在毗邻成都平原区的汶茂地区，应通过快速交通设施的建设强化与成都平原经济区的融合，突出该地区在平原经济区中作为生态涵养及旅游休憩的职能作用，而阿坝县、红原、马尔康、九寨沟等县则应充分加强跨州和跨省交通通道建设，大力整合甘、青地区的旅游及地域文化资源促进区域经济合作并在区域生态保护方面协作发展。

（1）铁路

铁路应作为阿坝州的区域性交通大通道、旅游交通的重要支撑。以《西部综合交通枢纽规划》中提出的成兰、成西、川青及兰渝铁路为核心，结合甘、阿地区旅游资源富集及自然生态条件脆弱的特点，从促进地域旅游资源开发，保证社会经济健康发展，减少当地生态压力，保护区域自然生态出发，引导更多的游人以铁路加公共交通的方式出行，建设马尔康至金川、丹巴、康定及安羌至唐克、若尔盖的联络线，意图将川藏、川青及成西铁路联通，为开通甘、阿旅游环线列车作铺垫，形成区内"二纵三横"的铁路网络（图3）。

（2）航空

民航交通作为阿坝州域的旅游服务、应急抢险及长距离出行的重要支撑。提高民航交通的出行比重，充分调动两大机场的运输潜力。

（3）公路

公路作为阿坝州区域性交通大通道的组成部分、融入区域快速交通网络的重要支撑、区内交通联系的基础，充分发挥规划红原机场的运输潜力和双机场的协作优势，加密快速公路网，促进区

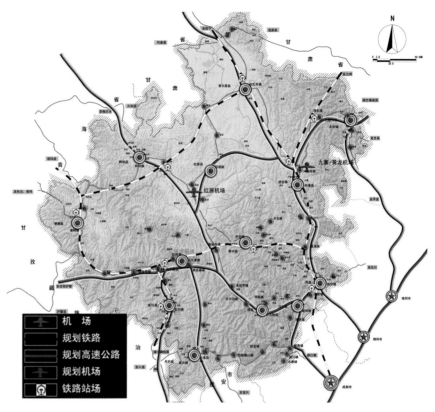

图3 高等级公路、机场及铁路交通规划图

域环线交通的形成，形成都江堰经汶川至茂县、马尔康至炉霍、红原至若尔盖及川主寺至九寨沟甘肃界、汶川经马尔康至阿坝青海界、茂县经川主寺若尔盖至郎木寺甘肃界及绵阳至九寨沟的"四横三纵"的高等级公路网络体系，并提升国道、省道、县道等级，形成"五横八纵"的地区干线公路网络体系，将阿坝州各县城、重点发展城镇紧密联系起来，促进经济社会发展和生态保护。近期建设以干线公路的升级完善及成都至州府马尔康、成都至九寨沟及绵阳至九寨沟三条高速公路建设为重点，在重点城镇和地区实现与成都平原经济区快速联系的基础上，再推动全域交通的全面提速升级（图4）。

5. 重构城镇体系空间

（1）城镇化发展策略

"全域、全时、多元景区"强化旅游产业支撑，促进城镇化健康快速发展。积极开展跨区域旅游合作，凸显"大九寨"旅游环线地位，"全域"促进旅游产业向全州腹地纵深推进。积极推动西部无障碍旅游区的建设，争取贯通连接川、甘、青、云南等旅游风景名胜区的高等级公路，与周边景区联合打造世界级的旅游发展高地。与成都、乐山、峨眉山、青城山、都江堰联手打造"四川世界遗产游"跨区域旅游产品。利用跨地区合作的"叠加效应"实现旅游产业的有序竞争、有序发展，抬升阿坝州在全省、全国乃至世界旅游目的地中的地位。

充分发挥九寨沟—黄龙世界级风景名胜区的强大带动作用，推进旅游产业向州域腹地拓展，打造覆盖全州主要景区和景点的"新大九环线"。"全时、多元"延长旅游上下游产业链，建设智慧景区，实现旅游开发与城镇发展的良性互动，坚持景区开发与城镇建设并举的

方针，抑制景区内城镇化现象，有效地促进城镇产业结构调整特别是第三产业的发展。

加强城镇风貌改造，优先将松潘、阿坝、若尔盖、红原、桃坪、甘堡、黄龙、卓克基、松岗、卧龙、日隆、叠溪、川主寺、米亚罗、卡龙、漳扎、麦尔玛等17个乡镇打造成为具有示范意义的精品旅游城镇，优化提升汶川至马尔康的嘉绒藏羌文化走廊，建设汶川至九寨沟的安多及白马藏羌文化走廊，积极改造城镇主干道沿线建筑风貌，提高城镇文化品位。延续历史文脉，加大城镇历史文化遗产保护力度，加强对以卓克基土司官寨（嘉绒藏区）、桃坪羌寨、甘堡藏寨、牟泥沟藏寨（安多藏区）等为代表的藏羌文化镇（村）的保护开发。

加快城乡统筹步伐，实现城镇化与牧民定居的良性互动。实施牧（农、林）家乐工程，积极发展农牧产品加工业，实现人口就地城镇化。

（2）城镇体系空间结构

在区域基础设施的强大支撑下，城镇联系强度得到有效改善，使阿坝州具备了整合区域空间资源，优化城镇空间布局的条件。在区域协同发展思想的指引下，以落实深化城市定位为目标，用区域视野，着眼阿坝州未来长远发展，构筑"一心多极两轴三带"的体系空间结构，实施"强化一心、培育多极、两轴优先、三带驱动、东展西联北接"的发展战略，拉开全州发展骨架，承载跨越式发展（图5）。

一心：马尔康县城。马尔康是州行政文化中心。

多极：九寨沟县城、茂县县城、松潘县城、汶川县城、小金县城、金川县城、阿坝县城、黑水县城、若尔盖县城、红原县城、理县县城、壤塘县城、川主寺镇、漳扎镇、四姑娘山镇。

两轴：包括沿成汶九高速、川藏高速

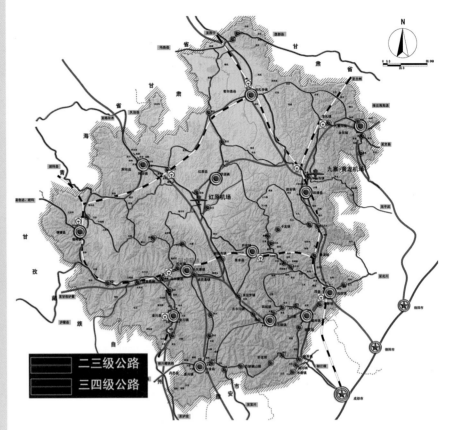

图4　二三级公路及其他旅游公路

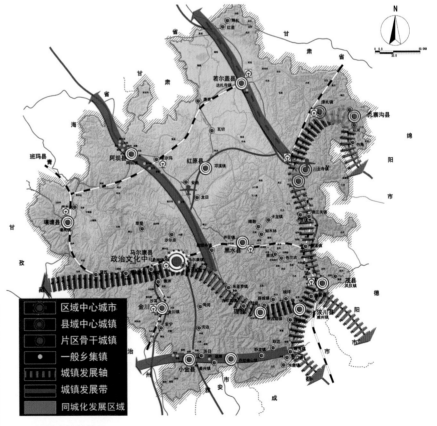

图5　城镇空间结构图

（国道 317）城镇发展轴。其中沿川藏高速(国道 317)城镇发展轴串联水磨、漩口、映秀、绵虒、威州、薛城、杂古脑、古尔沟、米亚罗、卓克基、马尔康、松岗、观音桥等城镇，以发展藏羌民俗和宗教文化旅游、绿色农产品种养殖和加工、商贸物流为主。沿成汶九高速城镇发展轴串联了南新、凤仪、叠溪、进安、川主寺、漳扎、永乐等 7 个镇，以发展自然生态旅游、民族文化旅游和工业为主。

三带：松潘 - 若尔盖城镇发展带是阿坝州对接甘肃、青海的出州通道。该城镇带通过联系沿线的城镇（乡），大力发展外向型的旅游产业、特色畜牧业，实现川、甘、青三省结合部地区的合作发展。马尔康 - 阿坝城镇发展带是红原机场与马尔康联系的主要路线，也是马尔康作为州府向北辐射的主要城镇发展带。沿线乡镇主要发展旅游服务产业、商贸物流产业，实现城镇与产业的双赢发展。汶川 - 小金城镇发展带串联起卧龙大熊猫自然保护区、四姑娘山国家级风景名胜区以及众多红色文化遗迹，是阿坝州未来重要的旅游游线，是旅游带动

城镇发展的重要城镇带。沿线乡镇主要发展旅游服务业、特色水果种植等产业。

东展、西联、北接：向东融入成都平原城镇群，以茂县汶川为核心，促进沿国道 213 的城镇率先发展，加快基础设施对接；向西联合甘孜州、西藏等周边区域旅游资源，以独具特色的旅游城镇为节点，注重旅游组团内外部城镇的合理分工和优化配置；向北对接陇海—兰新经济带，以马尔康为核心，培育阿坝、若尔盖、红原等增长极，积极与陇海—兰新经济带合作。

6. 需进一步解决的问题

阿坝州山高谷深，多数乡镇位于山谷之间，交通廊道的建设必然挤占城镇发展空间。因此在交通线路建设过程中，需充分与城镇发展规划相对接，避免分割城镇未来发展用地。

阿坝州以旅游发展为主，在联系城镇发展之外，还需加强境内风景名胜区与城镇间的联系，从而支撑阿坝州"全域旅游"发展。

[参考文献]

[1] 四川省城乡规划设计研究院 . 阿坝州城镇体系规划（2013-2030）

[2] 潘海啸，姚胜永，卢 源 . 组群城市空间对交通支撑体系转变影响研究——以淄博为例 [J]. 城市规划，2009，（7）.

[3] 孙斌栋，潘鑫 . 城市空间结构对交通出行影响研究的进展——单中心与多中心的论争 [J]. 城市问题，2008，（1）.

[4] 四川省人民政府研究室，四川省建设厅 . 西部综合交通枢纽建设中四川省城镇体系调整战略研究（送审稿）[Z].2009，8

[5]《阿坝州藏族羌族自治州概况》编写组 . 阿坝州藏族羌族自治州概况（2009）[Z].2009，1

[6] 阿坝藏族羌族自治州人民政府 . 四川省阿坝藏族羌族自治州地质灾害防治规划 [Z].2005，5

[收稿日期] 2016-06-25

[作者简介]
马晓宇，高级工程师，四川省城乡规划设计研究院主任工程师。